国家高新技术发展计划(科技部863)课题资助出版
国家自然科学基金课题资助出版

柴油/甲醇二元燃料燃烧理论与实践

Theory and Practice of Diesel/Methanol Dual-fuel Combustion

姚春德 著

内 容 提 要

本书详细介绍了在压燃式发动机上应用甲醇替代柴油的方法。通过对甲醇混合气形成、甲醇混合气由柴油引燃的着火和燃烧特性、两种燃料燃烧时的相互作用等机理方面内容的详细介绍，全面阐述了柴油/甲醇二元燃料实现高效清洁燃烧的相关理论。在二元燃料燃烧理论的指导下，提出了起动用柴油、暖机后改用柴油引燃甲醇混合气的柴油/甲醇组合燃烧的方法。同时，详细介绍了满足动力装置随工况瞬态变化的二元燃料的控制方法及其实现方式，给出了在载重车和其他动力装置中柴油/甲醇组合燃烧的多个应用实例。另外，对柴油/甲醇二元燃料燃烧的排放物生成特性、机理及其控制方法也做了详细的介绍，提出了不采用尿素还原从而实现氮氧化物和微粒排放同时减少的技术路线。本书对柴油/乙醇二元燃料燃烧有所涉及，由于乙醇的特性与甲醇相近，柴油/乙醇二元燃料燃烧可以比照柴油/甲醇二元燃料燃烧的相关结论。本书可供从事内燃机替代燃料研究的研究生、动力和内燃机专业的学生以及相关管理人员参考使用。

图书在版编目(CIP)数据

柴油/甲醇二元燃料燃烧理论与实践/姚春德著.
—天津:天津大学出版社,2015.8
国家高新技术发展计划(科技部863)课题资助出版
国家自然科学基金课题资助出版
ISBN 978-7-5618-5416-7

Ⅰ.①柴…　Ⅱ.①姚…　Ⅲ.①柴油－燃料－燃烧理论－研究②甲醇－醇类燃料－燃烧理论－研究　Ⅳ.①TK42

中国版本图书馆CIP数据核字(2015)第212027号

出版发行　天津大学出版社
地　　址　天津市卫津路92号天津大学内(邮编:300072)
电　　话　发行部:022-27403647
网　　址　publish.tju.edu.cn
印　　刷　廊坊市海涛印刷有限公司
经　　销　全国各地新华书店
开　　本　185mm×260mm
印　　张　23
字　　数　580千
版　　次　2015年9月第1版
印　　次　2015年9月第1次
定　　价　68.00元

前　言

随着我国经济的发展和对石油的需求日益加大，受国内资源的限制，石油的对外依存度逐年增大，给国家能源安全带来了极大的压力。作为石油需求量最大的内燃机产业，每年消耗的石油占全国总消耗量的60%以上，因此寻求合适的内燃机石油替代燃料是我国能源利用方面的一项重要任务。

自20世纪70年代世界上发生第一次石油危机以来，全球都普遍开展了石油替代燃料方面的研究，天津大学是国内较早开展甲醇替代石油燃料研究的单位之一。本人有幸在1982年初作为天津大学内燃机专业的研究生接触到以甲醇替代柴油的研究工作。当时采用的方法是用汽油机用的化油器吸入甲醇形成混合气，然后在缸内由柴油引燃。这种方法在试验中成功地解决了甲醇与柴油两种互不相溶燃料在不需要借助添加剂的情况下一起燃烧的难题。采用该方法后，发动机正常工作时不仅实现了甲醇对柴油的大幅度替代，而且丝毫不影响其动力性。限于当时的技术水平，当发动机实施柴油/甲醇二元燃料燃烧时，机械控制的化油器无法适时调整甲醇的吸入量以使之与对应的柴油喷射量相配合，在内燃机动力装置上无法满足实际应用的需求。另外，当时全球的甲醇和石油价格倒挂，致使该项工作没有进一步开展。然而，用甲醇在进气过程中形成混合气，并由柴油在缸内引燃的二元燃料燃烧方式优异的工作特点，给我留下了深刻的印象。

进入新世纪以后，世界的能源形势发生了很大的变化，石油价格较之20世纪80年代上涨了四倍多。反观甲醇，在先进技术带动下，同一时期的价格变化幅度却比较小，特别是我国拥有丰富的煤炭、焦炉气等甲醇生产原料，使其价格相对石油已经具有较大的优势。因此，用甲醇替代石油，特别是替代柴油有了很强的社会需求。另外，进入21世纪以后，内燃机的尾气排放治理已进入法规管理范畴，对于柴油机而言，氮氧化物（NO_x）和微粒（PM）是一对此消彼长的排放物，这已成为制约其发展的重大障碍。因此，在接触了甲醇替代柴油研究工作20年之后，从2002年开始由本人带领课题组人员重新开启了甲醇替代柴油的研究工作，探讨在用甲醇替代柴油的同时，利用其自身具有的高汽化潜热和含氧特性以降低柴油机排放这样一个重要的命题。

历经十余年的研究工作，除进一步开展在发动机台架上全面研究柴油/甲醇二元燃料燃烧和排放特性外，更从柴油在甲醇混合气中着火和燃烧的机理，柴油/甲醇二元燃料的控制方法，排放物形成机理及其控制方法等方面全面地开展了研究，主要完成了以下工作。①提出了柴油/甲醇二元燃料着火和燃烧的理论。根据在定容燃烧弹和发动机试验台架等装置中观察到的甲醇混合气会推迟柴油着火的现象，提出了柴油在甲醇热氛围中着火的化学反应途径，构建了着火的数学模型，揭示了柴油在甲醇混合气中着火时刻被推迟的机理。②阐明了柴油与甲醇共燃时可以同时降低 NO_x 和 PM 的机理。利用同步辐射装置，详细观察了甲醇和正庚烷一起燃烧时中间产物的变化规律，明确了柴油和甲醇共燃时各自燃烧反应的途径，揭示了甲醇降低 PM 排放的机理。③详细研究了柴油/甲醇二元燃料燃烧的特性。发现了这种二元燃料燃烧存在最佳经济运行、熄火、爆震等区域，并确定了相应的边界。提出了碳元素追踪法，建立了二元燃料共燃时各自放热特性的数学模型，为深入了解二元燃料燃烧提供了强有力的手段。④详细了解了柴油/甲醇二元燃料燃烧的废气排放特性，并提出了相应的控制方法。发现了柴油/甲醇二元燃料燃烧可以同时降低 NO_x 和 PM 排放量，但是未燃碳氢化合物（HC）和一氧化碳（CO）的排放量会有所增高的现象。提出了在发动机排气管上加装氧化催化转化器（DOC）消除排气中 HC 和 CO 的方法。实现了在不借助于其他措施的条件下采用柴油/甲醇二元燃料燃烧，达到国Ⅳ排放标准的技术路线。并提出了加装微粒催化转化器（POC）并结合废气再循环装置（EGR），以实现满足更严格排放法规要求的技术方法。此外，对甲醇和柴油燃烧排气中的醛类的排放特性也做了详细的研究，提出了醛类浓度的精确测量方法及其控制方法，最终实现醛类排放不高于纯柴油甚至低于纯柴油的目标。⑤全面研究了甲醇的喷雾及其混合气形成规律。提出了与现有发动机制造体系相兼容的甲醇混合气形成方式。⑥全面研究了柴油/甲醇二元燃料发动机的燃烧特性。针对发动机实际运行状态要求，在试验台架上仔细研究了甲醇和柴油两种燃料相互匹配的关系，建立了二元燃料发动机的标定方法以及一套行之有效的控制策略。根据甲醇燃料的特性，提出了起动用柴油、暖机后再用二元燃料的柴油/甲醇组合燃烧技术，成功解决了甲醇作燃料的冷起动难的技术障碍。⑦建立了台架研究和整车道路运行标定相耦合的方法。在完全不改动发动机结构的前提下，实现了将试验台架获得的发动机运行数据和整车运行控制进行耦合，为新车应用和在用车改装柴油/甲醇二元燃料模式提供了简便易行的方式。

经过十余年的努力，在定容燃烧弹、同步辐射燃烧站、发动机台架等试验装置以及柴油/甲醇二元燃料燃烧模型建立及其计算的基础上，由数十名研究生分别对采用机械式高压油泵、电控单体泵和高压共轨式燃油喷射系统的自然吸气、增压以及增压中冷式发动机开展试验研究，并前后在超过 30 台车辆的整车上进行道路试验，试验里程超过百万公里，对于柴油/甲醇二元燃料燃烧、发动机性能、排放物控制以及实际应用及其引燃甲醇混合气的着火和燃烧有了较为全面的认识。实现了在整车上平均可以替代 30% 以上的柴油，替换等体积柴油的甲醇量为 1.5 个单位（仅达其理论值的 70% 左右），总体燃料效率提高 10% 以上；二氧化碳减排达 7%；整车的起动性和动力性与纯柴油机相同，加速性优于纯柴油机；不需要喷射尿素等后处理技术协助，排放满足国Ⅳ标准，为甲醇成功替代柴油并实现高效清洁燃烧提供了切实可行的技术路线。在本项研究工作中，课题组全体成员付出了辛勤的劳动，其中李云强、段峰、刘希波、阳向兰、王全刚在发动机性能和燃烧特性研究方面，许汉君、徐广兰、贾丽冬、魏立江等在甲醇混合气形成及其着火和燃烧过程研究方面，王银山、黄钰、杨建军、陈绪平、刘军恒在两种燃料的瞬态过程控制方面，程传辉、项春艳、彭红梅、刘义亭、李帅、耿鹏在排放检测及其控制方面，夏琦、刘军恒、姚安仁、魏立江和王全刚在台架和整车标定以及控制策略方面都做出了重要的贡献，是他们的辛勤劳动和创造性的工作为本书打下了主要工作基础。

在本书的编写过程中，魏立江、刘军恒、耿鹏、王全刚、银增辉、臧儒振、陈志方、潘望、韩国鹏、王建云等做了大量工作，特别是王全刚、银增辉在书稿的编辑方面花费了大量的时间和精力，他们的辛勤工作为完成本书的撰写做出了重要贡献。

在进行本项研究期间，得到国家自然科学基金委（课题编号:50756064）、国家科技部高新技术项目(863)（课题编号:2012AA111719）的资助和支持，多个柴油机和整车生产企业以及柴油车的应用单位给予了配合和支持；研究工作中还得到了国家同步辐射实验室齐飞教授课题组给予的支持和协助。此外，本书的出版还得到了天津大学研究生院“研究生创新人才培养”项目资助。以上这些支持和协助是完成本项工作的关键和重要保障。

本研究开展至今，已历经十余年时间，其间得到的帮助以及为此付出努力的人员和单位还有许多，因篇幅有限不再一一枚举。作者在此一并向他们表示衷心的感谢。

著者于天津大学

2015 年 1 月

目　　录

第1章 绪 论

1.1 概述

石油、煤炭和天然气是当今社会的主要化石能源，人们日常生活中使用的从汽油、柴油到各种石化、化学产品，包括合成材料、塑料和药品都是由它们制备而来的。但是自从18世纪60年代第一次工业革命以来，随着人类社会的迅速发展和人口的快速增长，这些在地球上经过亿万年演变而积累的石油化石能源被人类消耗得日渐枯竭。虽然近些年来不断勘探出一些新的石油、天然气和煤炭资源，但是在人类极其巨大的消耗量面前，它们仍然是很有限的，距离它们完全枯竭已然是为时不远。由于石油、天然气储量的日益减少，市场的供需矛盾日趋凸显，各国对它们的争夺也越来越严重，其严重程度和引起的连锁反应是超乎想象的。伴随石油能源危机而来的粮食危机、金融危机随时都有可能发生，甚至可能引起政治和军事危机。在不得不依赖石油、煤炭和天然气等化石能源的条件下，一些包括中国在内的石油化石能源相对匮乏的国家，时刻在为国家的能源安全感到忧虑。

我国化石能源探明储量如表1-1所示，可见我国的化石能源相当匮乏，其中只有煤炭探明储量占世界总量百分比超过了10%，石油和天然气均只占2%以下。2012年我国石油探明储量为173亿桶，约为24亿吨，占世界总量的1.04%。1993年我国成为石油净进口国，多年来我国石油年产量基本稳定在约2亿吨的水平上，随着石油消耗量的不断增加，以进口石油满足国内市场需要已成定局，石油进口对外依存度还会进一步增大。图1-1所示是2002—2013年我国石油对外依存度示意图，2013年已经达到58.1%，预计2015年会达到60%。石油对外依存度持续增长，大量的石油进口给国家能源安全带来了巨大的压力，首先是海上能源运输的安全问题，其次是能否安全运行跨境油气管道供应能源，最后是国际能源市场价格的不断波动，这些无疑会增加保障国内能源供应的难度。更为严重的是，如果按照目前每年1.8亿吨的石油开采速度，在没有新的油资源被发现的情况下，那么13年后采油就将十分困难了。我国石油能源储备规模较小，应急能力相对较弱，能源安全形势非常严峻。

国内外普遍认为，未来15年，中国的能源安全将是一个大问题，它有可能威胁到国家的经济安全、社会稳定和国防安全。因此，外国一些国家对于中国的能源问题不仅议论纷纷，而且已经在采取一些行动。中国政府对能源问题也给予了高度重视，如表1-1所示，我国的煤炭资源较石油和天然气资源相对丰富，因此为应对能源压力，中国政府提出了“节约优先，立足国内，煤为基础，多元发展”的十六字方针。一方面对化石能源的利用追求多元化、高效化和清洁化，通过资源的合理配置、降低能耗等措施积极地节约宝贵资源，即“节流”；另一方面积极发展核能、风能、水能、地热等其他形式的新能源，形成化石燃料和可再生能源、新能源并存的能源结构,即“开源”。从开源和节流两个方面同时入手应对我国目前严峻的能源形势,在后石油时代将会是一条必由之路。

表 1－1　我国化石能源探明储量

	1992 年底		2002 年底		2012 年底	
	探明储量	占世界总量百分比/%	探明储量	占世界总量百分比/%	探明储量	占世界总量百分比/%
石油	150 亿桶	1.46	155 亿桶	1.17	173 亿桶	1.04
天然气	1.4 万亿立方米	1.19	1.3 万亿立方米	0.84	3.1 万亿立方米	1.66
煤炭	—	—	1 145 亿吨	11.6	1 145 亿吨	13.30

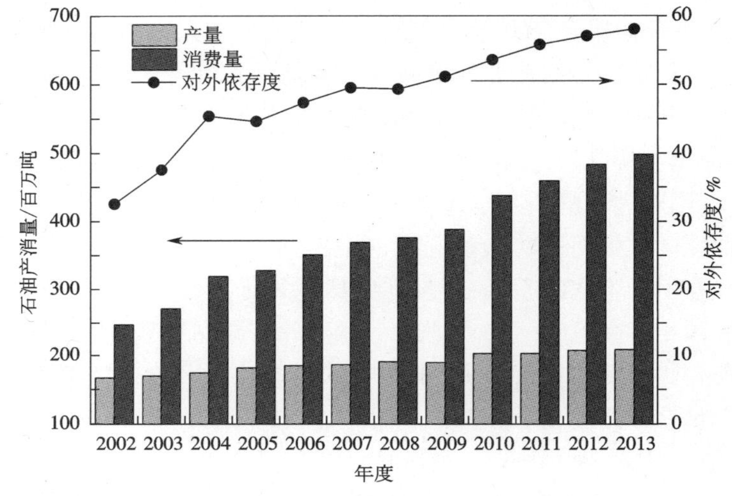

图 1－1　2002—2013 年我国石油对外依存度示意图

我国内燃机产业是汽车、工程机械、农业以及国防装备的主要动力,也是消耗石油的主体产业,作为世界内燃机制造大国,2012 年我国内燃机工业总产值逾 3 700 亿元,内燃机产量逾 7 700 万台,总功率逾 14.5 亿千瓦,超过国内发电 10 亿千瓦的总装机容量,内燃机的能源消耗量之大可见一斑。2012 年,我国内燃机产品消耗商品汽油 0.77 亿吨,消耗商品柴油 1.67 亿吨,消耗燃料油 0.33 亿吨,另外还有润滑油等,总量超过全年消耗石油总量的 60%。2012 年,我国进口石油总量 2.56 亿吨,占全国年消耗量的 55.8%。换言之,内燃机消耗了全部的进口石油。我国已经成为世界上最大的内燃机生产国,内燃机的保有量每年都在快速增长。因此,为了缓解石油的紧缺局面,“节流”很重要的一个方面就是要节约内燃机的能源消耗量。

为了降低内燃机每年消耗的石油量,降耗和替代显得尤为重要。由于我国内燃机关键部件技术底子薄、基础差,核心技术缺失,制约了内燃机节能减排水平和效果的迅速提高,造成我国内燃机产品的燃油消耗率比国外先进水平高 20% 左右,例如非道路用柴油机燃油消耗率、汽油机乘用车每百公里平均油耗均存在较大差距。为此,2013 年 2 月国务院办公厅发布了《关于加强内燃机工业节能减排的意见》(以下简称《意见》),其中就对乘用车用发动机、轻微型车用柴油机、中重型商用车用柴油机、非道路移动机械用柴油机、船用柴油机、通用小型汽油机及摩托车用汽油机等十一个重点领域的节能减排技术路线指明了发展方向，并提出了压燃式内燃机高压燃油喷射系统、点燃式内燃机缸内直喷燃油系统、内燃机高效增压系统应用等六大重点示范工程。由此可见，国家对内燃机产业节能减排的关注和重视，也从另一个侧面反映了内燃机产业给我国能源带来的巨大压力。

《意见》中将替代燃料内燃机产品研发作为一个独立的重点领域，将替代燃料内燃机应用作为一个独立的重点示范工程，显示出了替代燃料在未来我国内燃机工业发展中将会是一个重要方向，替代燃料在减缓我国对进口石油依赖的问题上将会发挥巨大的作用。我国最有应用前景的替代燃料包括天然气、生物柴油以及甲醇。我国希望通过替代燃料内燃机应用重点示范工程，开展天然气单一燃料及天然气/柴油二元燃料燃烧技术在车船用发动机上的推广应用，汽油/甲醇二元燃料燃烧技术在乘用车用汽油机上的应用，柴油/甲醇二元燃料燃烧技术在载重车、船舶、机车、固定柴油发电机组用重型柴油机上的应用，以扩大替代燃料内燃机的应用范围。到2015年通过推广应用天然气单一燃料、二元燃料及生物柴油内燃机，实现替代商品燃油1 000万吨；通过推广应用甲醇类燃料内燃机，实现替代商品燃油500万吨。

本书的主题就是围绕我国几种最有应用前景的替代燃料之一——甲醇在柴油机上的应用加以展开的。虽然甲醇作为车用燃料已经有超过40年的历史，但是大多数人对甲醇的了解并不充分。因此，本章接下来的几节从甲醇的物性、甲醇的生产及产能和甲醇类燃料的应用方面展开详细的介绍，以期读者能够正确地认识甲醇，进而更好地利用甲醇。

1.2　甲醇的物性

甲醇，也叫甲基醇或者木醇，是一种无色、透明、略带酒精气味且具有水溶性的液体。1661年，由英国著名化学家罗伯特·波义耳(Robert Boyle)首先分离获得，由于当时是通过蒸馏木屑得到的，所以被称为“盒子的精髓”。直到1834年，法国化学家杜马(Jean-Baptiste Dumas)和皮里哥(Eugene Peligot)才描述了其化学组成为CH_3OH。甲醇分子只含有一个碳原子，是最简单的醇类。

1.2.1　甲醇的一般物理性质

甲醇的分子式为CH_3OH，其相对分子质量为32.04，常温常压下为易流动、易挥发的可燃液体，密度比水小。甲醇可以与水、乙醇、乙醚、苯、酮、卤代烃和许多其他有机溶剂混溶，但不能与脂肪烃类化合物互溶。甲醇易于吸收水蒸气、二氧化碳和其他某些物质，因此只有用特殊的方法才能制得完全无水的甲醇。同样，也难以从甲醇中清除有机杂质，工业生产的精甲醇都含有一定量的有机杂质，产品甲醇含有有机杂质0.01%以下。甲醇蒸气和空气混合能形成爆炸性混合物，爆炸极限的体积分数为6.0%～36.5%。甲醇的一般物理性质如表1-2所示。我国现行的甲醇国家标准为《工业用甲醇》(GB 338—2011)，其技术要求见表1-3。

表 1-2 甲醇的一般物理性质

性质/单位		数据	性质/单位	数据
化学组成/%	碳	37.5	闪点(闭口)/℃	12
	氢	12.5	蒸气压(20 ℃)/Pa	$1.287\,9\times10^{4}$
	氧	50	汽化潜热(64.7 ℃)/(kJ/mol)	35.295
密度(20 ℃)/(g/mL)		0.791	熔融热/(kJ/mol)	3.169
熔点/℃		-97.8	液体比热容(20~25 ℃)/[J/(g·K)]	2.51~2.53
沸点/℃		64.5~64.7	高热值/(kJ/mol)	726.571
自燃点/℃		450	低热值/(kJ/mol)	629.906
			黏度(20 ℃)/(Pa·s)	5.945×10^{-4}
			表面张力(20 ℃)/(N/cm)	22.55×10^{-5}

表 1-3 甲醇国家标准的技术要求[1]

项 目		指 标		
		优等品	一等品	合格品
色度,Hazen 单位(铂-钴色号)	≤	5		10
密度,ρ_{20}/(g/cm^3)		0.791~0.792	0.791~0.793	
沸程*(0 ℃,101.3 kPa)/℃	≤	0.8	1.0	1.5
高锰酸钾试验/min	≥	50	30	20
水混溶性试验		通过试验(1+3)	通过试验(1+9)	—
水,w/%	≤	0.10	0.15	0.20
酸(以 HCOOH 计),w/% 或碱(以 NH_3 计),w/%	≤ ≤	0.001 5 0.000 2	0.003 0 0.000 8	0.005 0 0.001 5
羰基化合物(以 HCHO 计),w/%	≤	0.002	0.005	0.010
蒸发残渣,w/%	≤	0.001	0.003	0.005
硫酸洗涤试验,Hazen 单位(铂-钴色号)	≤	50		—
乙醇,w/%	≤	供需双方协商	—	

* 包括 64.6 ℃ ±0.1 ℃。

甲醇与水可以任意比例互溶,甲醇水溶液的性质是甲醇的重要物理性质,在甲醇应用、精制以及环境保护等方面具有重要的作用。甲醇水溶液的密度随着温度的降低而增加,在同一温度下,其密度几乎是随着甲醇浓度的增加而均匀地减小,表 1-4 为甲醇水溶液的密度与甲醇质量分数、温度的对应关系。表 1-5 给出了甲醇水溶液的部分其他物理性质与甲醇质量分数的对应关系,由表可以看出,甲醇水溶液的黏度随着甲醇质量分数的增加先增大后减小,而冰点呈现与黏度相反的变化趋势,沸点、闪点和比热容则表现出随着甲醇质量分数的增加而单调减小的性质,甲醇水溶液中甲醇质量分数越高则沸点和闪点越低,纯甲醇闪点仅为 12 ℃,应当特别注意安全防范。

表 1-4　甲醇水溶液的密度与甲醇质量分数、温度的对应关系

甲醇质量分数/%	密度/(g/cm³)				
	0 ℃	10 ℃	15 ℃	20 ℃	30 ℃
5	0.991 4	0.991 2	0.990 3	0.989 6	0.986 8
10	0.984 2	0.983 4	0.982 4	0.981 5	0.978 2
15	0.978 0	0.976 4	0.975 2	0.974 0	0.970 1
20	0.972 5	0.970 0	0.968 1	0.966 6	0.962 2
25	0.966 6	0.963 2	0.961 1	0.959 2	0.954 2
30	0.960 4	0.956 0	0.953 7	0.951 5	0.946 0
35	0.953 4	0.948 4	0.945 7	0.943 3	0.937 2
40	0.945 9	0.940 3	0.937 2	0.934 5	0.928 1
45	0.937 7	0.931 6	0.928 2	0.925 2	0.918 6
50	0.928 7	0.922 1	0.918 5	0.915 6	0.908 4
55	0.919 1	0.912 2	0.908 4	0.905 2	0.897 7
60	0.909 0	0.901 8	0.897 9	0.894 6	0.886 4
65	0.898 0	0.891 1	0.886 6	0.883 4	0.874 9
70	0.886 9	0.879 4	0.875 1	0.871 5	0.863 0
75	0.875 4	0.867 6	0.863 0	0.859 2	0.850 5
80	0.863 4	0.855 1	0.850 5	0.846 9	0.837 8
85	0.851 0	0.842 2	0.837 4	0.834 0	0.824 5
90	0.837 4	0.828 7	0.824 0	0.820 2	0.810 8
95	0.824 0	0.815 2	0.810 0	0.806 2	0.796 2
100	0.810 2	0.800 9	0.795 7	0.791 7	0.781 9

表 1-5　甲醇水溶液的部分其他物理性质与甲醇质量分数的对应关系[2]

甲醇质量分数/%	黏度(25 ℃)/(mPa·s)	冰点/℃	沸点/℃	闪点(闭口)/℃	比热容(30 ℃)/[kJ/(kg·K)]
0	0.89	0	100	—	4.415
10	1.18	-5.7	91.8	54.4	4.250
20	1.41	-14.5	86.3	41.7	4.187
30	1.55	-25.9	82.2	34.4	4.078
40	1.58	-39.5	79.0	28.9	3.965
50	1.57	-54.3	76.4	24.4	3.718
60	1.40	-74.0	74.2	20.6	3.437
70	1.22	-104.5	72.0	17.2	3.199
80	1.01	-115.0	69.7	14.4	3.040
90	0.79	-113.0	67.2	11.7	2.784

续表

甲醇质量分数/%	黏度(25 ℃)/(mPa·s)	冰点/℃	沸点/℃	闪点(闭口)/℃	比热容(30 ℃)/[kJ/(kg·K)]
100	0.55	-97.0	64.6	12	2.621

1.2.2 甲醇的一般化学性质

甲醇虽然是最简单的饱和脂肪醇,但是却含有羟基(—OH)和甲基(—CH_3)两种官能团,可以进行氧化、羰基化、酯化、胺化、脱水等反应制造甲醛、醋酸、氯甲烷、甲胺、碳酸二甲酯等多种有机产品,是重要的有机化工原料,也是农药、医药的重要原料之一。

1. 甲醇氧化反应

甲醇在催化剂作用下可被空气氧化成甲醛,是重要的工业制备甲醛的方法,依据催化剂的不同,一般分为银法(浮石银和电解银)和铁法(铁钼氧化物)两种。

$$CH_3OH + \frac{1}{2}O_2 \longrightarrow HCHO + H_2O \tag{R1-1}$$

生成的甲醛气体用水吸收和提浓,即生产出甲醛溶液。甲醛化学性质非常活泼,经过加压、取代、还原和聚合等反应,可以制成20多种化学品。

甲醇在 Cu-Zn/Al_2O_3催化剂作用下发生部分氧化:

$$CH_3OH + \frac{1}{2}O_2 \longrightarrow 2H_2 + CO_2 \tag{R1-2}$$

甲醇完全燃烧时氧化生成 CO_2和 H_2O,释放大量的燃烧热:

$$CH_3OH + \frac{3}{2}O_2 \longrightarrow CO_2 + 2H_2O \tag{R1-3}$$

2. 甲醇脱水反应

甲醇在高温和酸性催化剂如 ZSM-5、γ-Al_2O_3作用下发生分子间脱水反应生成二甲醚:

$$2CH_3OH \longrightarrow (CH_3)_2O + H_2O \tag{R1-4}$$

3. 甲醇裂解反应

在铜催化剂条件下,甲醇可以裂解成 CO 和 H_2:

$$CH_3OH \longrightarrow CO + 2H_2 \tag{R1-5}$$

如果有水蒸气存在,会发生甲醇蒸气与水蒸气的重整反应:

$$CH_3OH + H_2O \longrightarrow CO_2 + 3H_2 \tag{R1-6}$$

4. 甲醇胺化反应

在压力 5~20 MPa、温度 370~420 ℃下,并有脱水催化剂存在时,甲醇与氨发生反应生成甲胺类化合物(一甲胺、二甲胺和三甲胺的混合物):

$$CH_3OH + NH_3 \longrightarrow CH_3NH_2 + H_2O \tag{R1-7}$$

$$2CH_3OH + NH_3 \longrightarrow (CH_3)_2NH + 2H_2O \tag{R1-8}$$

$$3CH_3OH + NH_3 \longrightarrow (CH_3)_3N + 3H_2O \qquad (R1-9)$$

甲胺混合物经共沸、萃取、脱水、分离和蒸馏等操作分别得到纯净的一、二、三甲胺，并吸收成一定浓度的水溶液，甲胺主要用作有机磷农药的中间体。

5. 甲醇羰基化反应

在压力 3 MPa、温度 130 ℃下，以 CuCl 作为催化剂，甲醇和 CO、O_2 发生氧化羰基化反应生成碳酸二甲酯：

$$2CH_3OH + CO + \frac{1}{2}O_2 \longrightarrow (CH_3O)_2CO + H_2O \qquad (R1-10)$$

在碱催化剂作用下，甲醇与 CO_2 同样发生羰基化反应生成碳酸二甲酯：

$$2CH_3OH + CO_2 \longrightarrow (CH_3O)_2CO + H_2O \qquad (R1-11)$$

碳酸二甲酯是非毒性、绿色的新型化工原料。碳酸二甲酯非常活泼，作为重要的有机中间体，可用作甲基化剂与羰基化剂，替代剧毒、致癌的硫酸二甲酯及光气，还可用于生产聚碳酸酯和异氰酸酯、合成新型润滑油等，在涂料、医药、电池等领域也有广泛的应用。此外，碳酸二甲酯还是良好的溶剂及清洗剂，作为汽油的添加剂，可提高辛烷值和燃烧效率，降低尾气污染。

在压力 5 ~ 6 MPa、温度 80 ~ 100 ℃下，以甲醇钠作为催化剂，甲醇与 CO 发生羰基化反应生成甲酸甲酯：

$$CH_3OH + CO \longrightarrow HCOOCH_3 \qquad (R1-12)$$

甲酸甲酯多应用于溶剂，如杀虫剂和甲酸、甲酰胺制备等。

6. 甲醇酯化反应

甲醇可以与多种酸发生酯化反应。反应时，甲醇分子中的甲基易被取代，在有强无机酸存在时反应加快，如甲酸与甲醇作用生成甲酸甲酯：

$$CH_3OH + HCOOH \longrightarrow HCOOCH_3 + H_2O \qquad (R1-13)$$

甲醇和硝酸作用生成硝酸甲酯：

$$CH_3OH + HNO_3 \longrightarrow CH_3NO_3 + H_2O \qquad (R1-14)$$

7. 甲醇卤化反应

甲醇与氢卤酸反应得到甲基卤化物。如甲醇和氯化氢在 ZnO/ZrO_2 催化剂作用下发生卤化反应生成一氯甲烷：

$$CH_3OH + HCl \longrightarrow CH_3Cl + H_2O \qquad (R1-15)$$

1.2.3　甲醇的毒性

毒性问题涉及接触者的人身安全，是人们非常关心的问题。甲醇的毒性与其代谢产物甲醛和甲酸的蓄积有关。以前认为毒性作用主要由甲醛引起，甲醛能抑制视网膜的氧化磷酸化过程，使视网膜内不能合成三磷酸腺苷，细胞发生变性，最后引起视神经萎缩。近来研究表明，甲醛会很快代谢成甲酸，急性中毒引起的代谢性酸中毒和眼部损害主要与甲酸含量相关。甲醇在体内抑制某些氧化酶系统，抑制糖的需氧分解，造成乳酸和其他有机酸积聚以及甲酸累积，从而引起酸中毒。一般认为，甲醇的毒性是由其本身及其代谢产物所致。

作为燃料，其毒性与汽油和柴油对人体及环境的毒性程度相当。由于汽油和柴油是燃料，人们对其毒性已广为知晓，并已习以为常，而甲醇是20世纪70年代才逐渐被用作燃料，再加上有人将甲醇兑制成假酒致人误饮而造成中毒事件的影响，人们才特别关心其毒性问题。当甲醇作为燃料被开发时，有关的开发者及国家的科技、卫生、环保等部门，都非常认真地做了研究和分析测试，美国和中国尤其典型。

美国国家工程院院士、福特公司的罗伯塔·尼克尔斯（Roberta Nichols）博士在相关的文章中提到福特公司“在1983年生产第一辆甲醇汽车前，就对甲醇的毒性影响进行了详细研究”，结论是“如果正确对待甲醇，是不会有健康问题的”，“总的来说，甲醇是比汽油更安全的燃料”。文章中还表明了美国许多科学家的观点，即“如果现在再来审查汽油的市场准入问题，那是无论如何都通不过的”。

中国在开发甲醇类燃料的初期，原国家科委就委托北京医科大学就“甲醇中毒机理”、“甲醇对人体健康的影响”等课题做了3年的跟踪试验研究，并和不接触甲醇的人群进行了严格的对比，得出了与美国能源部及福特公司完全一致的结论：只要遵守操作规程，没有发现人体健康有任何异常。此外，以下资料也对甲醇的毒性进行了充分的说明。

①甲醇有毒，但绝非某些人所说的“剧毒”，而是典型的与汽油、柴油以及乙醇相近的“中等毒”。

中国石化出版社2002年出版的《有害物质及其检测》一书中，列出的“毒物毒性分级”见表1－6。

表1－6　毒物毒性分级[3]

毒性分级	大白鼠一次经口半致死量（LD50）/（mg/kg）	对人致死量	
		每千克体重剂量/g	60 kg体重总剂量/g
剧毒	小于1	小于0.05	0.1～3.0
高毒	1～50	0.05～0.5	3.0～30.0
中等毒	50～500	0.5～5.0	30.0～300.0
低毒	500～5 000	5.0～15	300.0～900.0
微毒	5 000以上	15以上	900.0以上

由张寿林等主编的《急性中毒诊断与急救》[4]一书中，列出了“常见有害物质的中毒量和致死量”，其中甲醇的致死量为75 mL，乘以密度0.791 7 g/mL等于59.4 g，确切地在表1－6“中等毒”范围内，乙醇也在这个范围内。该书中的数据还表明，常见的三酸两碱、醋酸、草酸、水杨酸、硫酸铜等都比甲醇的毒性大得多。

那么，甲醇的“剧毒说”从哪里来的呢？有资料表明，有人把“mL”误当作“mg”，把甲醇的毒性扩大了790倍。这样，以讹传讹，有的人为了市场竞争，正好借用来否定甲醇类燃料。实际上，甲醇是一种自然界天然存在的物质，通过食用水果、蔬菜和饮料，人体平均每天每千克体重吸收0.3～1.1 mg的甲醇，一个体重70 kg的人，每天自然地吸收21～77 mg的甲醇。当然甲醇对视神经的作用比较显著，因此甲醇绝不能作为饮料饮用，在酒类生产中既不能加入甲醇,也不能使用含甲醇的工业酒精勾兑。

②化学工业出版社 2013 年 3 月再版的《食品添加剂手册》19318 条明确指出, GB 2760—2011将甲醇列为食品加工助剂,可以作为食品的萃取溶剂,其用量可以根据生产需要而不受限制。该条还指出,联合国粮食与农业组织(Food and Agriculture Organization, FAO)和世界卫生组织(World Health Organization, WHO)也表明了上述观点。

③国际能源机构对各种汽车燃料的排放比较和测定也能说明问题。

一方面是液体甲醇储运使用过程中的渗漏、溅洒、蒸发等影响。因为甲醇能与水混溶,易被生物降解,所以即使有一些渗漏或溅洒,也易于从环境中脱除,相比之下,不溶于水的汽油、柴油等却很难脱除。

另一方面是燃烧后的排气污染问题。因为甲醇含氧,易于完全燃烧,所以排气中 CO、HC、NO_x、PM 等污染物比汽油、柴油少得多,并且根本没有化石燃料特有的苯、芳烃、烯烃及其他致癌物质,详见表 1-7 和表 1-8。

表 1-7 各种汽车燃料常规排放平均值

g/km

项目	氢(H_2)	二甲醚(DME)	甲醇 M100	天然气(CNG)	石油气(LPG)	柴油	汽油(有净化器)	汽油(无净化器)
CO	0	0.12	0.34	0.40	0.89	0.24	1.47	8.96
HC	0	0.04	0.04	0.41	0.12	0.10	0.09	1.27
NO_x	0.04	0.03	0.10	0.13	0.16	0.67	0.32	2.64
总排放量	0.04	0.19	0.48	0.94	1.17	1.01	1.88	12.87
定性分析	微量	很少	较少	较多	较多	较多	较多	最多

表 1-8 各种汽车燃料非常规排放量比较

g/km

项目	氢(H_2)	甲醇 M100	甲醇 M85	天然气(CNG)	石油气(LPG)	柴油	汽油(有净化器)	汽油(无净化器)
苯	0	0	1.5	0.6	<0.5	1.5	4.7	55
1,3-丁二烯	0	0	<0.5	<0.5	<0.5	1.0	0.6	1.8
甲醛	0	5.8	5.8	<2.0	<2.0	12	2.5	43

由国际能源机构提供的表 1-7 和表 1-8 可见,甲醇 M100 根本没有苯和 1,3-丁二烯排放,所谓的甲醛污染,也比汽油、柴油少得多,汽油安装净化器时才与甲醇排放的甲醛在一个数量级上。甲醇的常规排放仅次于超清洁的氢气和二甲醚,比 CNG、LPG、柴油、汽油等均清洁[5]。

④美国甲醇研究院对甲醇类燃料的毒性和使用安全性进行过十分详细的评价,认为甲醇类燃料的整体使用安全性高于汽油。美国能源部 1991 年曾指出,甲醇对人体的总危害要比汽油小得多。如果把危害程度分为 10 个等级,1 为没有危害,2 和 3 为低水平危害,4 至 6 为中水平危害,7 和 8 为高水平危害,9 和 10 为极端危害,则甲醇和汽油的毒性危害性比较见表 1-9。从表中可以看出,低浓度时甲醇的毒性要小于汽油的毒性,高浓度时二者相当,

但是处于高浓度时产生甲醇蒸气的可能性低于汽油，因为甲醇的蒸气压低于汽油。

表 1－9　甲醇和汽油的毒性危害性比较

指标		甲醇	汽油	指标		甲醇	汽油
吸入低浓度时	毒性	3	10	皮肤接触时	毒性	9	8
	可能性	10	10		可能性	3	3
吸入高浓度时	毒性	10	10	口服时	毒性	10	10
	可能性	3	4		可能性	8(2)*	3

注：* 括号中的数字表示添加剂存在时的可能性。

1.2.4　甲醇的使用安全性

1. 甲醇的储存安全性

甲醇能够腐蚀一些金属，包括铝、锌、镁和铜等，但对钢和铸铁不具腐蚀性。由于甲醇含有羟基(—OH)，在储运过程中较易吸水生成甲酸，会使钢管或钢板件腐蚀、生锈。与此类似，乙醇等其他含氧化合物都有这种性质，这个问题可以通过添加腐蚀抑制剂或使用不锈钢材质来解决。

甲醇与橡胶有一定的相溶性，某些橡胶件、塑料件受甲醇侵蚀后会发生溶胀变形或脆裂现象，最终导致泄漏和系统故障。这个问题可以在材料上采取措施，如采用耐溶胀的加氢丁腈橡胶、硫化橡胶及聚四氟乙烯等材料。

2. 甲醇对周围环境的使用安全性

美国甲醇研究院根据甲醇的物理化学特性，仔细分析了大规模使用甲醇时，对周围环境(如地表水、地下水和空气等)的影响。根据美国环保局 1994 年毒物排放清单(Toxics Release Inventory，TRI)年报，1992 年工业化学品向环境的排放量中甲醇名列第三。这些甲醇主要来源于胶黏剂制造厂、甲基叔丁基醚(Methyl Tert-butyl Ether，MTBE)生产企业、造纸厂和其他化工厂。表 1－10 为美国 1992 年和 1993 年甲醇年排放量估计值，总排放量大约为甲醇生产量的 1%。甲醇主要排向大气，约占总排放量的 80%，大约有 20% 的甲醇排放到土壤、地下水和地表水中。

表 1－10　美国 1992 年和 1993 年甲醇年排放量估计值

对象	1992 年		1993 年	
	排放量/万吨	百分比/%	排放量/万吨	百分比/%
大气	8.85	80.7	7.79	81.3
地下水	1.23	11.2	1.27	13.2
地表水	0.74	6.7	0.45	4.7
土壤	0.15	1.4	0.08	0.8
合计	10.97	100	9.59	100

空气中的甲醇易发生光氧化过程，半衰期为3～30 d。水中的甲醇通过挥发进入空气中，减小了甲醇的浓度，且发生生物降解，土壤中的甲醇也易于发生生物降解。表1－11给出了甲醇、苯、甲基叔丁基醚在自然环境中的半衰期，可以看出，甲醇在自然环境中容易脱除，不会对环境造成大的影响。一般情况下，甲醇泄漏对环境造成的污染是短期的、可逆的，不会造成永久性破坏。

表1－11　甲醇、苯、甲基叔丁基醚在自然环境中的半衰期

环境介质	甲醇/d	苯/d	甲基叔丁基醚/d
土壤	1～7	5～16	28～180
空气	3～30	2～20	1～11
地表水	1～7	5～16	28～180
地下水	1～7	10～730	56～359

3. 甲醇对接触人体的使用安全性

人体接触甲醇的途径主要有呼吸蒸气、误饮和皮肤接触吸收。

呼吸系统吸入甲醇蒸气是主要的接触途径。在正常的工作场所中，甲醇蒸气允许的最大浓度为200 ppm（1 ppm $=10^{-6}$，下同），对生命立即产生危险或严重损害健康的甲醇蒸气浓度为6 000 ppm，短期（15 min）工作允许甲醇蒸气浓度为250 ppm。有资料显示，在甲醇/汽油储罐附近（1.5～15 m）甲醇蒸气浓度为0.04～0.11 ppm，在驾驶室甲醇蒸气浓度为0.13～0.14 ppm，在维修间维修时距车8 m以内甲醇蒸气浓度为0.25～0.55 ppm，即在这些甲醇可能多的地方，实测量只有0.04～0.55 ppm，最大的只有允许浓度的1%（现行标准的0.2%）。即使车况很坏的其他测量，也远远低于允许浓度。此外，甲醇在常温下很快变成水溶性液体，不会在空气中停留。所以，通常情况下是不用担心甲醇蒸气中毒的。

进入人体消化系统的液体甲醇非常危险。由于个体的差异，所产生的中毒症状也不尽相同。一般认为饮用6～18 mL甲醇会引起中毒，导致双目失明甚至死亡，饮用30 mL甲醇直接会有生命危险。但是出现这些情况均是误食或误饮，我国和印度都曾发生过假酒事件，就是由于误饮过量的甲醇含量较高的工业酒精（勾兑到白酒中）造成受害人中毒，导致双目失明和死亡。

皮肤接触吸收进入人体的甲醇量很小，一般不会引起中毒。长期重复接触可能引起湿疹、红肿、起鳞等症状。

因此，只要严格遵守操作程序，尽量减少甲醇的泄漏，避免直接进入消化系统，甲醇是不会对人体造成危害的。

4. 甲醇的着火爆炸安全性

甲醇的蒸气压比汽油小，同样条件下，汽油的蒸气量是甲醇蒸气量的2～4倍。汽油的蒸气密度则是甲醇蒸气密度的2～5倍，在空气中，汽油蒸气会沿着地面流动分散，遇到明火极易点燃爆炸。甲醇蒸气的密度较低，只略大于空气的密度，很容易扩散，相比而言，甲醇蒸气扩散时要安全得多；甲醇是极性液体，燃料甲醇有优越的传导性，能够减小静电产生火灾带来的危害;甲醇蒸气能够点燃爆炸的浓度是汽油的4倍,燃料甲醇发生火灾爆炸的可能性低于汽油;燃料甲醇的闪点高,着火危险性低;甲醇火险热辐射比汽油小,不易造成临近的二次火灾;燃料甲醇发生火灾可以用水扑灭,而汽油则不能,所以燃料甲醇发生火灾后造成的损害程度要小于汽油燃料。

总体来说,燃料甲醇发生火灾的安全性要比燃料汽油好。正由于燃料甲醇的这种特点,在运输、存储、添加以及使用过程中,由火灾造成的人员伤亡、财产损失等要比燃料汽油小得多。

1.3 甲醇的生产及产能

甲醇最早通过木材的热解蒸馏过程得到,以这一工艺处理1.0吨的木材,仅得到10~20升的甲醇,同时伴随有其他副产物,直到20世纪20年代,木材一直是获得甲醇的唯一来源。1905年,法国化学家保罗·萨巴蒂尔首先提出了由一氧化碳和氢气反应产生甲醇的观点。1913年,巴蒂舍·艾尼林和苏达·法布里克提出了从煤炭的合成气中合成甲醇,开启了煤制甲醇的历史。1923—1926年,德国化学家F. 费舍尔和H. 托罗普舍提出了用合成气(一氧化碳和氢气混合物)生产甲醇的方法(即费-托合成气法),构成了甲醇正式进入大规模工业生产的基础[6]。今天全球的甲醇几乎都是采用费-托合成气法生产的。随着化学工业的发展,甲醇的需求量日益增加,在过去的40年里,甲醇的合成工艺经过不断改进,现在已经相当成熟,合成甲醇的选择性高于99.8%,能量利用率接近75%。

1.3.1 甲醇的典型生产流程

目前,全球几乎所有的甲醇都是由合成气制备的,典型的工艺流程包括合成气的制备、净化和压缩以及甲醇的合成和粗甲醇的精馏等工序。

1.3.1.1 合成气的制备

用于甲醇生产的合成气主要由CO、H_2以及CO_2等组成,可以通过对诸如煤炭、焦炭、天然气、石油、重油、乙炔尾气和沥青之类的任何含碳物质进行重整或部分氧化而获得。合成气的制备工艺视不同的原料而有很大的差异,但最终的合成气需满足下列要求才能保证进一步合成甲醇工序的稳定运行。

1. 合理的氢碳比例

甲醇合成的化学计量式为

$$CO + 2H_2 \longrightarrow CH_3OH \qquad (R1-16)$$

$$CO_2 + 3H_2 \longrightarrow CH_3OH + H_2O \qquad (R1-17)$$

由反应式(R1-16)和(R1-17)可知,H_2与CO合成甲醇的化学当量比ϕ_1为2,与CO_2合成甲醇的化学当量比ϕ_2为3。当CO和CO_2都存在时,H_2与CO和CO_2的总当量比应分别满足方程式(R1-18)和(R1-19)的要求[7]:

$$\phi_1 = \frac{H_2}{CO + 1.5CO_2} \quad (R1-18)$$

$$\phi_2 = \frac{H_2 - CO_2}{CO + CO_2} \quad (R1-19)$$

而实际生产过程中控制的合理氢碳比(H/C)一般要比化学当量比略高些,即 $\phi_1 = 2.10 \sim 2.15$ 或 $\phi_2 = 2.0 \sim 2.05$。过量的 H_2 有利于减少羰基铁和高碳醇的生成,也有利于将甲醇合成产生的大量热带走,在提高催化剂选择性的同时延长其使用寿命。另外,由不同的原料经过不同的工艺制成的甲醇合成气的组成往往很不相同,经常偏离上述 ϕ_1 或 ϕ_2 值。因此,由不同的原料制得的原料气需经过进一步的调制来满足甲醇合成的需要。例如,以天然气为原料采用蒸气转化法所得的合成气 H_2 过多,需要在转化前或转化后加入 CO_2 来调节氢碳比;而以煤为原料制得的粗合成气中氢碳比又太低,需要设置变换工序使过量的 CO 与水蒸气发生反应,生成 H_2 和 CO_2,再将过量的 CO_2 除去。

2. 合适的 CO 与 CO_2 比例

合成的甲醇合成气中应保持一定量的 CO_2。实践表明,一定量的 CO_2 存在能促进铜基催化剂上甲醇的合成反应速率,适量的 CO_2 可使催化剂呈现高活性。此外,在 CO_2 存在时,甲醇合成的热效应比无 CO_2 仅有 CO 与 H_2 合成甲醇的热效应要小,催化剂温度易于控制,这对防止生产过程中催化剂超温及延长催化剂使用寿命有利。但是 CO_2 含量过高会造成粗甲醇中含水量增多,增加气体压缩与粗甲醇精馏的能耗。CO_2 在合成气中的最佳含量应根据甲醇合成所用的催化剂与甲醇合成操作温度做相应的调整。合成气中 CO_2 最大含量实际上决定于技术指标与经济因素,最大允许 CO_2 含量为 12% ~14%,最好控制在 4.5% ~5.5%,此时单位体积催化剂可取得最大量的甲醇。

3. 有害杂质的清除

甲醇合成催化剂对合成气的成分要求较高,不但要有合适的氢碳比与 CO_2 含量,而且对其中的杂质含量也有很高的要求;否则,催化剂的寿命就会缩短,粗甲醇的质量就会降低。因此,对合成气必须经过净化处理,净化的任务就是清除其中所含的硫化物、油、水、尘粒、羰基铁以及氯化物等,其中特别重要的是清除硫化物。硫化物可能造成催化剂中毒、管道设备腐蚀、粗甲醇质量下降等许多不可逆的严重后果。

目前,大规模成熟的工业化生产甲醇是以天然气、石油和煤以及焦炉气作为主要原料生产合成气而制得的。

1.3.1.2 甲醇的生产

1. 用天然气生产合成气

根据反应原料以及条件的不同,天然气生产合成气又可以分为以下几种。

(1)甲烷水蒸气重整法

甲烷在有镍基等催化剂存在时,在高温加压的条件下(800 ~1 000 ℃、20 ~30 atm (1 atm =101.325 kPa,下同))[8]和水蒸气反应生成 CO 与 H_2。一部分生成的 CO 接下来和水煤气反应中的水蒸气反应产生更多的 H_2,也产生 CO_2。因此,得到的气体是 H_2、CO 和

CO_2的混合物。主要的反应式为

$$CH_4 + H_2O \longrightarrow CO + 3H_2 \quad \Delta H_{298\ K} = 205.4\ kJ/mol \tag{R1-20}$$

$$CO + H_2O \longrightarrow CO_2 + H_2 \quad \Delta H_{298\ K} = -41.0\ kJ/mol \tag{R1-21}$$

随着反应的进行,温度逐渐升高,压强逐渐减小,产自甲烷的合成气产量增加,而水煤气反应逐渐弱化,最终主要产品是 CO 和 H_2[8]。

(2)甲烷的部分氧化法

甲烷的部分氧化是指甲烷与不足量的氧气发生反应,这个反应是在高温(800 ~ 1 500 ℃)条件下进行的放热反应,有没有催化剂都可以进行[9]。反应通常产生 H_2与 CO 比例为 2 的合成气,这个比例是合成甲醇的理想比例。部分氧化带来的问题是产物 CO 和 H_2 在高温放热反应中会被进一步氧化成 CO_2和 H_2O,结果会引发安全问题并导致 ϕ_1 或 ϕ_2 值明显低于 2。

$$CH_4 + \frac{1}{2}O_2 \longrightarrow CO + 2H_2 \quad \Delta H_{298\ K} = -40.0\ kJ/mol \tag{R1-22}$$

$$CO + \frac{1}{2}O_2 \longrightarrow CO_2 \quad \Delta H_{298\ K} = -282.8\ kJ/mol \tag{R1-23}$$

$$H_2 + \frac{1}{2}O_2 \longrightarrow H_2O \quad \Delta H_{298\ K} = -241.4\ kJ/mol \tag{R1-24}$$

大量能量以热能的形式产生并不是预先期望的,因为这些热能如果不能立即用在其他生产过程中就浪费了。

(3)自热重整以及水蒸气重整与部分氧化结合法

为了生产合成气时既不消耗热量也不产生太多过剩的热量,现代化的工厂通常把放热的部分氧化反应和吸热的水蒸气重整反应联合起来,以便得到一个总体上热力平衡的反应,同时获得一个组分适合甲醇合成的合成气(ϕ_1 或 ϕ_2 接近 2)。在这个称作"自热重整"的工艺中,放热的部分氧化反应产生的热量被吸热的水蒸气重整反应消耗掉了。通过甲烷与水蒸气和氧气的混合物反应,部分氧化反应和水蒸气重整反应可以在同一个反应器里同时进行。只用一个反应器可以降低成本和系统的复杂性。由于这两个反应达到最优化是在不同的温度和不同的压强条件下,所以它们通常分成两个独立的步骤进行。在水蒸气重整后,重整装置出口的流出物流至部分氧化反应器中,在这里所有剩下的甲烷都被耗尽[10]。

(4)CO_2重整生产合成气法

合成气也可以通过 CO_2与甲烷或天然气反应来生产,由于这个反应不涉及任何水蒸气,因此通常称作 CO_2重整或干法重整,表示为

$$CO_2 + CH_4 \longrightarrow 2CO + 2H_2 \quad \Delta H_{298\ K} = 247.3\ kJ/mol \tag{R1-25}$$

反应式(R1 -25)的反应焓为 $\Delta H = 247.3$ kJ/mol,比甲烷水蒸气重整反应式(R1 -20)吸热更多[11],在工业规模生产中,这个反应在 800 ~ 1 500 ℃的条件下进行,一般使用镍基催化剂(Ni/MgO、Ni/$MgAl_2O_4$)。由于生产的合成气中 H_2与 CO 比例为 1,因此必须额外地加入产自其他来源的 H_2,才能用于甲醇的生产。

2. 用石油和高碳烃生产合成气

对甲醇生产而言,天然气不是用于合成气生产的唯一烃源。液化石油气及石油炼制中

产生的其他不同馏分(尤其是石脑油)也可用来制备合成气并进一步生产合成氨、甲醇和高碳醇(丙醇、丁醇等),只不过规模较小。原油、重油、焦油和沥青都可以转化为合成气。所用的方法与用天然气制备合成气的方法相似,包括水蒸气重整和部分氧化及两者相结合的工艺:

$$C_nH_m + nH_2O \longrightarrow nCO + \left(n + \frac{m}{2}\right)H_2 \quad (R1-26)$$

$$C_nH_m + \frac{n}{2}O_2 \longrightarrow nCO + \frac{m}{2}H_2 \quad (R1-27)$$

含碳量更高的原料所带来的问题通常是杂质含量高,特别是硫化物,它们可以非常迅速地毒化那些用于水蒸气重整与随后的甲醇合成的催化剂。因此,相当多的资金必须被投入到净化这一步。当然也可用其他的耐毒化的催化剂。重油、沥青砂及其他含有复杂芳香族结构的烃源的含氢量相对较少,这将导致合成气富含 CO 和 CO_2 而缺乏氢气。

3. 用煤生产合成气

在合成气的工业化生产中煤从最初到现在一直被用作原料。由于目前国内巨大的煤炭储量,煤在中国和南非仍然广泛用于甲醇和氨的生产,而且多年以来一直也有望成为美国大规模生产合成气的首选路线。通过气化可以用煤生产合成气,根据下面的反应可知,气化是一种部分氧化和水蒸气重整联合的工艺:

$$C + \frac{1}{2}O_2 \longrightarrow CO \quad \Delta H_{298\ K} = -123.0\ kJ/mol \quad (R1-28)$$

$$C + H_2O \longrightarrow CO + H_2 \quad \Delta H_{298\ K} = 131.0\ kJ/mol \quad (R1-29)$$

$$CO + H_2O \longrightarrow CO_2 + H_2 \quad \Delta H_{298\ K} = -41.0\ kJ/mol \quad (R1-30)$$

$$CO_2 + C \longrightarrow 2CO \quad \Delta H_{298\ K} = 170.7\ kJ/mol \quad (R1-31)$$

不同的煤炭气化工艺已被开发和商业化多年。对于特定设计的选择主要取决于所用煤炭的特点:褐煤、次烟煤、无烟煤和石墨有着不同的水分含量、灰分含量以及杂质含量等。由于煤的氢碳比(H/C)低,得到的合成气富含碳的氧化物(CO 和 CO_2)而缺乏氢气。因此,在被输送到甲醇生产装置之前,合成气必须进行水煤气(WGS)反应以提高生成的氢气的量。一部分产生的 CO_2 也必须被分离,任何 H_2S 也必须被移除,以避免毒化非常敏感的甲醇合成催化剂。

1.3.1.3　合成气的净化与压缩

从气化炉出来的粗合成气除了有用的成分外,还含有其他的一些有害杂质,如灰尘以及硫化物和氯化物等。煤气中的灰尘颗粒直径如大于 20 μm,极易沉积堵塞后续设备及管道,而硫化物及氯化物等气态杂质不但会腐蚀设备及管道,而且对甲醇合成催化剂的毒性非常大。当以天然气为原料时,要在镍基催化剂存在和高温下进行转化反应,其中所含的杂质如硫化物及氯化物等不但对其转化催化剂有很大的毒性,对后续的甲醇合成催化剂更是毒性很大。因此,合成气不但主要组分要符合要求,其有害杂质也必须净化到规定的标准。

除尘是指除去合成气中的固体颗粒，主要是针对通过煤气化所制备的粗合成气而言的。工业上应用较多的设备主要有旋风除尘器（尤其在高温部位）和电除尘器（主要用于最后的净化），湿法洗涤有时可以和脱硫等过程结合进行。

硫等杂质对铜基催化剂有明显的毒害作用，可缩短其使用寿命，对锌系催化剂也有一定的毒害作用。脱硫方法有湿法和干法两种。因硫对转化用镍基催化剂亦有严重毒害作用，脱硫工序需设在转化工序前面。对于其他制备合成气的方法，脱硫工序可设置在后面。

氯原子有未成键孤对电子，并有很大的电子亲和力，易与金属原子反应，从而造成催化剂的永久中毒。氯原子还具有很高的迁移性，常随工艺气向下游迁移，由此造成的催化剂中毒往往是全床层性的和永久性的。对于工业生产甲醇铜基催化剂，氯的危害比硫的毒害约大10倍，入塔气体中含0.1 mg/L的氯就会发生明显的中毒。因此，虽然合成气中的氯含量没有硫的含量高，但是其对催化剂的危害更大，必须脱除。实际生产中的氯主要来源于原料煤、工艺蒸汽、空气以及所使用的化工助剂等。解决合成气中氯的脱除问题最有效的办法就是使用脱氯剂进行干法脱氯。脱氯剂的主要成分为碱性氧化物，如 CaO、ZnO 及 Na_2O 等。净化后气体中氯的含量可以小于 0.1×10^{-6}。

合成气的净化还包括调节合成气的组成，使氢碳比例达到前述甲醇合成的比例要求，其方法有两个。如果合成气中 CO 含量过高（如水煤气、重质油部分氧化气），可采取蒸汽部分变换法脱除，这样增加了有效组分 H_2。若是 CO_2 多余，则采用溶液吸收法脱除。

合成气的压缩是通过往复式或离心式压缩机将净化后的气体压缩至合成甲醇所需要的压力，压力的高低主要视催化剂的性能而定。

1.3.1.4 甲醇的合成和粗甲醇的精馏

甲醇合成工序就是将合成气制备与净化工序制得的主要含 CO、CO_2 和 H_2 并且符合一定的组分比例要求的新鲜合成气，在一定的压力和温度下合成粗甲醇的过程，反应式见（R1－16）和（R1－17）。

甲醇合成的工艺流程有多种，其发展的过程与新催化剂的应用以及净化技术的发展是分不开的。最早实现的是应用锌铬催化剂的高压工艺流程，在压力 30 MPa、温度 360～400 ℃ 下操作，此法的特点是技术成熟但投资及生产成本较高。自铜基催化剂的研制以及脱硫净化技术成熟后，出现了低压工艺流程，操作压力为 4～5 MPa，温度为 200～300 ℃。中压法是在低压法的基础上发展起来的，由于低压法操作压力低，导致设备体积相当庞大，因此发展了 10 MPa 左右的甲醇合成中压工艺流程。也有将合成氨与甲醇联合生产的联醇工艺流程。从生产规模来说，甲醇装置日趋大型化，单系列年产 60 万吨、100 万吨甚至 150 万吨以上，新建厂普遍采用中、低压工艺流程。

甲醇合成流程虽有多种，但是许多基本步骤是相同的，图 1－2 所示为甲醇合成工艺流程示意图。它是一个最基本的流程图，各种流程原则上都包含图 1－2 中的各个步骤。合成气由压缩机压缩到所需的合成压力并与从循环气压缩机来的循环气混合后分两股，一股为主线，进入热交换器，将混合气预热到催化剂活性温度，进入甲醇合成塔，另一股为副线，不经过热交换器而直接进入合成塔以调节进入催化剂层的温度；经反应后的高温气体进入热交换器与冷合成气换热后，进一步在水冷却器中冷却，然后在分离器中分离出液态粗甲醇，送精馏工序提纯制备精甲醇；分离出水和甲醇后的气体小部分放空，大部分进入循环气压缩机增压后返回系统，重新利用未反应的气体。

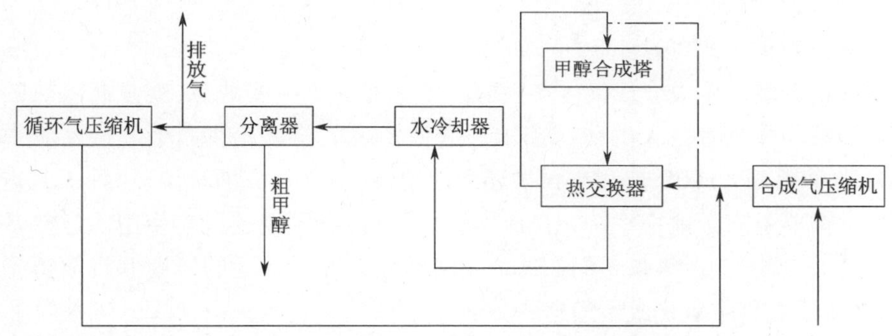

图1-2　甲醇合成工艺流程示意图

从甲醇合成塔出来的产物主要是由甲醇、水以及高级醇、醛、醚、酮、酸和烃等有机物组成的混合溶液，故称为粗甲醇。这主要是由于受到催化剂的选择性以及合成条件（如压力、温度、合成气的组成等）的影响，致使发生一些副反应造成的。粗甲醇必须经过精制除去其中所含的水以及其他有害杂质才可以应用，工业上精制粗甲醇大致分为物理和化学两种方法。

物理方法是指蒸馏。可以利用粗甲醇中的有机杂质、水和甲醇各组分的挥发度不同，通过蒸馏将它们分离，这是精制粗甲醇的主要方法。要将混合物用精馏的方法分离出各纯组分时，根据组分的多少，需要一系列串联的精馏塔，对 n 元系统必需 $n-1$ 个塔才能把 n 元的液体分离为 n 个纯的组分。粗甲醇含多元组分，但其有机物杂质一般不超过0.5%～6.0%，其中关键组分是甲醇和水，其他杂质根据各自沸点分为轻组分和重组分，而精制的最终目的是将甲醇与水有效分离，并在蒸馏塔相应的顶部和下部分离轻组分和重组分，轻、重组分一般不再做进一步分离，这就简化了精馏过程。

由于粗甲醇中有些组分间的物理、化学性质接近，不易分离，就必须采用特殊的蒸馏方法，如萃取蒸馏。有些影响甲醇稳定性的杂质，如异丁醛，与甲醇的沸点相近，很难分离。可以加水进行萃取蒸馏，水与甲醇可以混溶，与异丁醛不相溶，这样挥发性较低的水可以改变关键组分在液相中的活度系数，使其易于分离。

采用蒸馏的方法，如仍不能将其杂质降低至精甲醇所要求的指标，则需用化学净化的方法破坏掉这些杂质。如粗甲醇中的还原性杂质，虽采取萃取蒸馏的方法可以去除大部分，但残留在甲醇中的部分仍将影响其高锰酸钾值，若继续采用蒸馏的方法，势必导致精馏设备的复杂性和增加甲醇损失与能耗。为了保证精甲醇的稳定性，一般要求其中还原性杂质降至 4×10^{-5} 以下。因此，当粗甲醇中还原性杂质较多时，还需借助于化学氧化方法处理。氧化方法一般采用高锰酸钾进行，将还原性物质氧化成 CO_2 逸出，或生成酸并结合成钾盐与高锰酸钾泥渣一同滤去。

为降低精制过程中的腐蚀性，粗甲醇在进入精制设备前，要加入氢氧化钠中和其中的有机酸,这也是化学净化方法。有时,为有效清除粗甲醇中的某些杂质,或降低其电导率,也可采用加入其他化学品或采用离子交换的方法进行化学处理。

1.3.2 甲醇的生产新技术

1. 甲烷直接氧化生产甲醇

现存的通过天然气生成合成气生产甲醇的工艺有一个主要缺点,就是高吸热的甲烷蒸汽重整反应中第一步有着巨大的能源需求。这种传统工艺首先在一个氧化反应中把甲烷转化成 CO(和少量 CO_2),CO 反过来再被还原成甲醇,从这一方面来说,这种工艺也是低效的。现在非常需要更有效地把甲烷转换成甲醇,同时不需要经过目前使用的这些基于合成气工艺的新方法[12-15]。近年来人们在这个方向已经展开了广泛的研究并且取得了许多进步,特别是在将甲烷直接氧化成甲醇这一方面。

甲烷直接选择性地氧化成甲醇是一个非常令人满意的目标,但是这很难以一种可行的方式(高转化率和高选择性)达到。该方法剔除了用于生产合成气的工艺步骤,增加了可获得的甲醇量,并且节省了商业设备方面的资金成本。甲烷直接氧化成甲醇所带来的主要问题是与甲烷相比之下氧化产物(甲醇、甲醛和甲酸)自身具有更高的反应活性,最终得到 CO_2 和 H_2O。也就是说,热力学上更有利于甲烷的完全氧化。

$$CH_4 + \frac{1}{2}O_2 \longrightarrow CH_3OH \quad \Delta H_{298\ K} = -127.2\ kJ/mol \tag{R1-32}$$

$$CH_4 + O_2 \longrightarrow HCHO + H_2O \quad \Delta H_{298\ K} = -276.1\ kJ/mol \tag{R1-33}$$

$$CH_4 + \frac{3}{2}O_2 \longrightarrow CO + 2H_2O \quad \Delta H_{298\ K} = -519.2\ kJ/mol \tag{R1-34}$$

$$CH_4 + 2O_2 \longrightarrow CO_2 + 2H_2O \quad \Delta H_{298\ K} = -802.9\ kJ/mol \tag{R1-35}$$

目前,人们还在探索能达到甲烷对甲醇的高转化率且不会因完全氧化而生成 CO_2 的反应条件。然而,尚无工艺能成功达到集高产率、高选择性和催化剂高稳定性于一体的联合,这个联合可使直接氧化转化法能与传统的基于合成气的甲醇生产方法竞争。

2. 生物质制取甲醇

生物质是指和植物或动物有关的任一类型的物质,即由生命体产生的物质。这包括木材与木材废料、农作物及其无用废物、城市固体垃圾、动物粪便以及水生植物和藻类等。甲醇最初是从木材制备而来(因此又名木醇),但由于该方法效率低以及经由合成气合成甲醇工艺的出现,这条路线在 20 世纪上半叶就很快被淘汰了。由于石油与天然气价格的上涨、对外国能源供给的依赖、CO_2 诱发的气候变化所引起的关注以及易得化石燃料资源的消耗殆尽,促使人们开始重新考虑在更广的范围内使用生物质以满足能源需求。由于生物质本身占据空间较多而且又是多相的,所以要达到这个目的就需要将其转化为方便的液体燃料,也就是甲醇。目前,用生物质生产甲醇的方法与一个世纪以前大为不同,然而却更为有效。通常来讲,不但木头还有任何从生物系统所获得的有机质(例如含碳物质)都可用在这个过程中。把生物质转换成甲醇的技术通常与那些用煤生产甲醇的技术相似。这些技术意味着生物质转化成合成气后,紧接着可用基于化石燃料的工厂的同种工艺来合成甲醇。

虽然来自木材加工的废品、农业残余物与副产物以及城市固体垃圾在近期代表着甲醇生产的合适原料，但由这些资源可生产的甲醇量却有限。从长远来看，对生物甲醇日益增长的需求迫切需要一个更大的可靠的生物质原料来源。因此，如果大量的甲醇将从生物质资源生产而来，那么用于能源目的的专选的作物必须大规模种植，最有希望的作物包括陆生植物速生草和速成林、水生植物水葫芦和香蒲以及藻类。

速生草和速成林正在进行田间测试，因为依赖于气候，得到最好结果的物种有逻辑上的差异。大规模种植能源专用植物对生态系统、土壤侵蚀、水质和野生动物的潜在影响也正在进行评估。像美国、澳大利亚或巴西等低人口密度大国，相当一部分闲置的粮食作物用地、牧场和林区等都被用于种植能源作物。然而，在中国、日本以及西欧等高人口密度地区，大部分的耕地已经用于粮食生产。如果没有剩余的土地，那么极有可能种植能源作物需要的土地将直接与粮食生产用地产生竞争。

在淡水中，部分水下生长的植物（如水葫芦和香蒲，如图1－3和图1－4所示）被认为是能源方面有潜力的原料。原产南美的水葫芦是一种自由漂浮的能在水面形成稠密团状的草本植物，有意或无意地被引入到世界上大部分热带或亚热带地区，对受影响的国家来讲，它已成为一个浮动的怪物。在非洲，水葫芦大量滋生在每一条大河和几乎所有的湖泊中。在美国，水葫芦在从加利福尼亚州到弗吉尼亚州的整个南部无数水体中生长繁殖。我国云南省昆明市也曾引进水葫芦治理滇池，结果水葫芦快速扩张生长，不仅带来如何处理的难题，过快的生长也会堵塞河道和进水口，使河流湖泊沿岸的航行受到限制，而且会排挤本地植物。滇池里的水葫芦现在必须用围栏限制其扩张。水葫芦有极高的年产能力，达到每公顷30～80吨干生物质。

图1－3　水葫芦

图1－4　香蒲

生长在整个地球的沼泽地带和湖泊里的香蒲也被看作能源生产的一种好原料，因为它年产量高达每公顷40吨干生物质。一旦被收集起来，水葫芦、香蒲或任何其他合适的水生植物都可通过厌氧转化加工生成甲烷，然后再生成甲醇。

在海水或淡水环境中发现的藻类也被研究作为能源的一种潜在来源。大型藻——通常称作海带（图1－5）是速生植物，它可长到相当可观的大小（长达60 m），并且产量可观，曾有报道说近岸的巨藻养殖场一年每公顷可产30多吨干生物质。另外一种藻类——微型藻（图1－6）是极小的并且是光合生物的最原始形式。尽管它们的光合作用机制与高等植物类似，但微型藻通常能够更有效地把太阳能转化成生物质，由于它们的细胞结构简单以及它们能在水包围的水悬浮液中生长，CO_2和其他营养物质是其生长所必需的。水给予的浮力意味着藻类无须发展纤维素和木质素之类，而对于陆生的草本和木本植物来说，这些都是基本的构成成分，但又是难以廉价地转化为液体燃料的。某些种类的微型藻富含油脂，油脂可占其质量的50%，其余部分是淀粉和糖。据称每公顷的微型藻能比陆地含油种子作物多生产30倍的油，这促使美国能源部(Department of Energy, DOE)的国家再生能源实验室(National Renewable Energy Laboratory, NREL)在一项从1978—1996年的项目中研究这种生物，以便制造生物柴油[16]。

图1-5 大型藻类

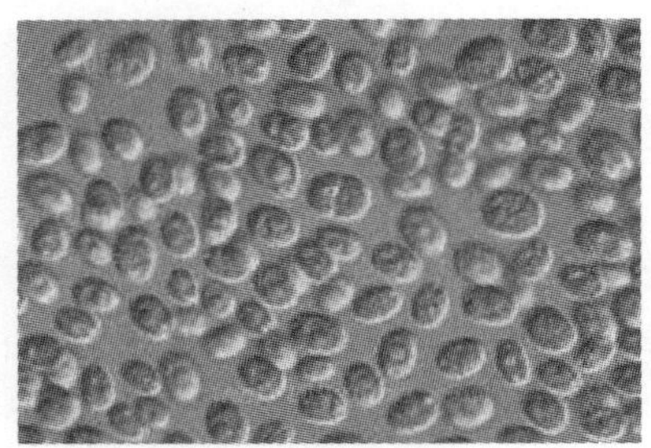

图1-6 微型藻类

以海洋、湖泊、河流、湿地的形式存在的水覆盖地球超过70%的表面。因此，尽管人们很少注意到把水生植物和生物体用于能源生产，但这些生物质资源还是有相当大的潜力。

3. 用二氧化碳生产甲醇

化学家们早在20世纪初开始就用CO_2和H_2生产甲醇：

$$CO_2 + 3H_2 \longrightarrow CH_3OH + H_2O \qquad (R1-36)$$

美国在20世纪20至30年代运营的一些早期甲醇工厂普遍使用作为发酵工艺副产品而得到的CO_2来生产甲醇。基于金属以及它们的氧化物的许多种高效催化剂(特别是铜和锌)曾被开发用于这一工艺。这些催化剂与那些目前用在从化石燃料制得合成气生产甲醇工艺中的催化剂非常相似。

德国鲁奇(Lurgi)公司在甲醇合成技术开发方面居于领先地位，该公司开发了一种高活性的用CO_2和H_2生产甲醇的催化剂，并对其进行了相当透彻的测试。在约260 ℃的温度(略高于常规的甲醇合成催化剂操作条件)下操作时，其对甲醇的选择性非常优异。这种催化剂的失活速度与目前在工业甲醇生产装置上使用的催化剂基本相同。日本也在实验室的规模上进行了用CO_2和H_2合成甲醇的演示，在甲醇产量为50 kg/d的规模上，对甲醇的选择性达到了99.8%[17]。还有人开发了一种液相甲醇合成工艺，可使$CO_2 + H_2$对甲醇的转化率达到95%，同时具备很高的单程选择性[18]。

许多文献报道了关于从CO_2和H_2生产甲醇技术的各种改进方法[17-20]。用CO_2和H_2生产甲醇工业装置的基本投资估计与常规的天然气制甲醇装置大体相当。这种工艺大规模应用的限制因素是CO_2和H_2等原料及所需能源的供应保证和价格。如果此种生产工艺用于大规模工业生产，对减少温室气体排放和提高能源生产具有重要意义。

1.3.3　甲醇的产能现状

我国甲醇工业起步于20世纪50年代,20世纪70年代开发了合成氨联产甲醇生产工艺,自20世纪90年代随着精脱硫工艺的成功研发和推广应用,甲醇工业进入以联醇为主的第一个快速发展期。“十一五”期间,随着市场需求增加和对新兴下游产业应用的预期以及大型甲醇装置设计和制造技术的日臻完善,出现了以单醇为主的我国甲醇工业的第二个快速发展期。根据中国氮肥工业协会统计,2011年中国甲醇生产企业为295家,总产能达到4 654万吨,同比增加22.9%,其中新增产能867万吨,产能居于前五位的省份或自治区分别是内蒙古、山东、河南、山西和陕西[21]。2011年全国甲醇产量为2 227万吨,全国除了北京、天津、广东和西藏地区外,其他地区均有甲醇产出,其中产量突破百万吨的省份或自治区有内蒙古(449万吨)、山东(336万吨)、河南(214万吨)、陕西(167万吨)和山西(129万吨),而产量达到30万吨以上的省份有18个,占全国省、自治区、直辖市的56.25%。2011年国内甲醇的富余产能达到了2 427万吨,为甲醇大规模替代汽柴油提供了条件。

目前,国际上生产甲醇的主要原料是天然气,我国则以煤炭和焦炉气为主要原料。在甲醇的生产原料中,大约70%是煤炭,17%是焦炉气,其余是天然气。由于甲醇生产技术已十分成熟,平均1.5 t煤炭可以生产1.0 t甲醇,高品质的煤炭甚至只需要不到1.2 t即可以生产1.0 t甲醇。焦炉气生产甲醇是我国特色。我国每年生产钢铁超过6.0亿吨,需要大量焦炭,平均1.0 t煤炭生产0.7 t焦炭,产生了大量的焦炉气。焦炉气的主要成分是一氧化碳和氢气,它们正是生产甲醇的原料。目前,相当多的焦炉气没有得到很好的利用。另外,我国煤炭资源中有约40%的高硫煤和劣质煤不能用作动力煤或焦煤,但是可以生产甲醇。如果这部分煤炭得到充分利用,我国的能源资源将增加一倍。

1.4　甲醇类燃料的应用

自1661年甲醇被成功分离以来,人类认识和利用甲醇已经超过了350年,甲醇最初只是作为照明、加热和炊事燃料加以利用,后来又发展到用于车用内燃机燃料。因为甲醇同时含有甲基(—CH_3)和羟基(—OH)两种官能团,所以很容易成为重要的基础化工原料。虽然目前甲醇用作化工原料的数量远超过用作能源燃料的数量,但是甲醇作为能源燃料的数量正在逐年增加,而且发展很快。

由于本书的主题是甲醇作为能源燃料在柴油机上的应用,因此本节将不再细述甲醇的化工及其他用途,仅针对甲醇作为燃料的性质及应用加以展开。

1.4.1　甲醇的燃料性质

甲醇常温常压下为液体,作为燃料便于运输、储存和加注,这是甲醇相对于天然气和二甲醚的天然优势。另外,甲醇不含硫,易于燃烧,而且化学组分单一,具有抗爆性好、含氧量高等特点,甲醇与汽柴油的性质比较见表1-12。

表 1-12 甲醇与汽柴油的性质比较

性质/单位	甲醇	汽油	柴油
化学式	CH_3OH	C4~C14 的烃类化合物	C16~C23 的烃类化合物
相对分子质量	32.04	95~120	180~200
含碳量/%	37.5	85~88	86~88
含氢量/%	12.5	12~15	12~13.5
含氧量/%	50	0	0~0.15
C 与 H 原子量比	3.0	5.6~7.4	6.4~7.2
密度(20 ℃)/(kg/L)	0.792	0.72~0.78	0.82~0.86
冰点/℃	-97	-57	-1~-4
沸点/℃	64.6	27~225	180~370
闪点/℃	12	-45	55
自燃温度/℃	450	350~468	270~350
比热容(20 ℃)/[kJ/(kg·K)]	2.55	2.3	1.9
动力黏度(20 ℃)/(mPa·s)	0.60	0.65~0.85	3.0~8.0
汽化潜热/(kJ/kg)	1 167	310	270
蒸气压(38 ℃)/mmHg	239	362~775	—
电导率(20 ℃)/(S/m)	4.4×10^{-5}	—	1×10^{-13}
水中溶解度/(mg/L)	互溶	不溶	不溶
着火界限(体积分数)/%	6.7~36.5	1.4~6.7	1.5~8.2
低热值/(kJ/kg)	19 930	43 030	42 500
辛烷值(RON)	114.4	89~98	—
辛烷值(MON)	94.6	81~84	—
十六烷值(CN)	3	0~10	45~55
理论空燃比/(kg 空气/kg 燃料)	6.5	14.8	14.6
理论混合气热值/(kJ/kg)	2 650	2 780	2 790
火焰传播速度/(m/s)	0.523	0.377	—
理论混合气燃烧分子变化系数	1.21	1.07	1.065

由表 1-12 可以看出,甲醇作为燃料时与汽柴油的区别及特点主要表现在以下方面。

①甲醇含氧量高达 50%,并且分子中只含有一个 C 原子,没有 C—C 键,使得甲醇的燃烧热值相比汽柴油要低,但同时甲醇完全燃烧所需的空气量也减少,理论空燃比比汽柴油也都低。值得注意的是单位质量的甲醇空气理论混合气的热值与汽柴油基本一致,因此发动机燃用甲醇类燃料时,只要对供油量进行调整是不会影响发动机的功率输出的。

②甲醇的电导率比柴油大得多,与甲醇接触的金属材料由于电化学反应而产生的腐蚀现象比较明显。甲醇的密度比汽油大,而比柴油小,在与汽油形成混合燃料分层时,上面是汽油而下面是甲醇,与柴油形成混合燃料分层时则刚好相反。

③甲醇的冰点比汽柴油都要低,即使在温度很低的严寒地带使用,也无凝固的可能,而

0#柴油只能在温度高于 -5 ℃时使用,在更低的温度下,就要使用 -10#、-20# 等牌号的柴油。

④甲醇的黏度比柴油小得多,如果用原来的柴油喷油泵和喷嘴向气缸喷射甲醇类燃料,必须要考虑其黏度低、润滑性差的影响。而甲醇的黏度与汽油相当,利用汽油喷油器时对其寿命影响不大。

⑤甲醇的汽化潜热是汽柴油的 3.76 ~4.32 倍,高的汽化潜热以及低的蒸气压和较低的沸点,将导致混合气形成困难和发动机起动困难,但可以降低进气温度和提高充气效率;同时,由于甲醇的汽化潜热大,可以改善燃烧后发动机的内部冷却,改善发动机的动力性,降低排气温度。

⑥甲醇的辛烷值明显比汽油高,甲醇的马达法辛烷值(MON)为 94.6,而研究法辛烷值(RON)能达到 114.4,因而甲醇既可以作为良好的汽油替代燃料,也可以作为优良的添加剂用于提高汽油的辛烷值。

⑦甲醇的十六烷值只有 3,比柴油要低得多,自燃温度为 450 ℃,而柴油的自燃温度为 270 ~350 ℃,所以甲醇与柴油相比,由于甲醇的自身着火能力差,在压燃式发动机中直接燃烧甲醇很困难。为了改善甲醇的自发着火性能、降低自燃温度,必须要在甲醇中加入其他添加剂来提高甲醇的十六烷值,以达到直接压燃的目的。

⑧甲醇的最大燃烧速度比较高,仅次于氢和乙炔等常用燃料,而高于醚类、汽油和航空燃料等。柴油机是压缩着火,属气缸内多点自燃,难以用火焰传播速度的概念来描述燃烧速度。因此,甲醇燃烧的及时性和限时性较好,可用于高速发动机,在汽油中掺入甲醇后可以提高其燃烧速度。

⑨甲醇的着火界限为 6.7% ~36.5%,比柴油和汽油的着火界限要宽很多。因此,甲醇能够在较宽的混合气浓度范围内工作,稀燃性好,适合于稀薄燃烧,选择运转工况有较大的自由度。在点燃式发动机中,虽然甲醇类燃料闪点低,容易造成提前点火,但不会因空燃比控制的不精确而导致失火,可以保证发动机在更宽的混合气浓度范围内稳定工作,而且能使燃料燃烧充分,这对排气净化及降低油耗有利。

1.4.2 甲醇类燃料应用的历史回顾

20 世纪 70 年代初发生的第一次石油危机严重影响了很多国家的经济发展,从此掀起了对能源现状、前景及替代燃料研究、开发的热潮。国外曾对多种燃料汽车(Multi-fuel Vehicle, MFV)进行了很多研究,后来将这种汽车称为灵活燃料汽车(Flexible Fuel Vehicle, FFV)。灵活燃料汽车主要是指能使用纯汽油、纯醇类燃料以及不同比例汽油与醇类混合燃料的汽车。

荷兰在世界上首先提出灵活燃料汽车的概念,并研制了醇类燃料组合传感器,20 世纪 70 年代荷兰国家应用科学研究院(TNO)道路车辆研究所在 15 辆为汽油优化的低压缩比(8.5)化油器车上进行了 FFV 的道路试验,后来又与瑞典政府及沃尔沃(Volvo)公司等合作,将 2.3 沃尔沃开发成 FFV,压缩比提高到 12.5,使用甲醇时,与低压缩比相比,功率提高 10%,热效率提高 12%。

瑞典是较早确定研究开发醇类燃料的国家，并成立了甲醇类燃料开发公司及乙醇类燃料基金会。1980 年投入了近 1 000 辆汽车进行使用 M15 燃料的试验研究，有 19 个加油站供应醇类燃料及混合燃料。后来又实施了甲醇 M100 车行驶示范及 E95 乙醇类燃料车两大计划。该计划由瑞典燃料技术公司于 1984—1986 年组织实施，共有 22 辆汽车参加，其中有 10 辆沃尔沃、7 辆绅宝汽车，其余 5 辆为美国、日本及德国生产的汽车。该计划于 1986 年底完成，并提交报告。在投资方面，仅瑞典工业部技术发展局在 1984—1986 年就投入 990 万瑞典克朗(krone)用于研究甲醇 M100 汽车。在 1985—1988 年实施的乙醇类燃料 E95 计划，得到瑞典工业部技术发展局及运输研究局的支持，投入经费 750 万瑞典克朗。在 1987—1990 年瑞典工业部技术发展局从国家得到 8 000 万瑞典克朗资金进行可再生能源的研究，其中大部分资金用于醇类燃料的研究开发，特别是用于醇类燃料发动机技术及其起动系统的研究。

20 世纪 80 年代初期美国加州能源委员会组织实施了轻型灵活燃料汽车国际性的示范工程，美国福特汽车公司首先参加了该示范工程，1981 年福特汽车公司生产了 40 辆专以甲醇为燃料的护卫者(Escort)汽车，它们比一般 Escort 汽车马力多 20%，效率高 15%，这些汽车共行驶了 300 万英里(1 英里 = 1.609 km，下同)。1983 年，福特汽车公司使用生产线生产了 582 辆甲醇类燃料汽车，这些汽车共行驶了 3 500 万英里。同时，通用及克莱斯勒等公司也投入研制生产了醇类燃料车辆。除了美国汽车公司外，参加醇类燃料车辆使用示范工程的还有德国、日本、瑞典及加拿大等国的多家汽车公司。1985—1999 年在加州共销售了 17 000 余辆 FFV 汽车以及几百辆公共汽车和校车。加州政府建立了一个由 60 座公共加醇站和 45 座私人车队加醇站组成的网络，整个加州为该示范工程投入了超过 4 200 万美元的资金。

20 世纪 80 年代德国大众公司在 1.8 L 高尔夫/捷达型汽油车的基础上开发了 FFV，奔驰公司在 200E-24 型车的 6 缸 4 气门电控汽油机基础上开发了 FFV，保时捷公司将 924 及 944 型车开发成了 FFV，德国联邦研究技术部在 1989—1992 年进行了 FFV 行车试验示范工程。1990 年，大众公司以 80 辆 1.8 L 的 FFV(包括甲醇及乙醇车)参加了美国加州能源委员会组织的轻型灵活燃料汽车国际性的示范工程，同时向巴西出售了超过 200 万辆的乙醇灵活燃料汽车。这些车能满足美国超低排放车及低排放车对排放的要求，用户对这些车的性能表示满意。此外，还与中国、加拿大、南非、瑞典及新西兰等国合作，进行了使用试验及研究等工作。运用积累的使用经验在奥迪 90、奥迪 100 基础上，开发了新一代 1.8 L、2 L FFV 及 2.8 L V 型 FFV，在 20 世纪 90 年代初期就生产了 310 辆，投入了北美等市场。

日本各大汽车公司从 20 世纪 70 年代起，在 M5、M15、E10、E20、M85、M100 及 E100 等型号醇类燃料车以及稀燃节能和降低未燃醇、甲醛等方面进行了很多试验研究。日产、丰田、本田及三菱等汽车公司都不同程度地开发了多种醇类燃料及 FFV。同时积极参加本国及国际上组织的醇类燃料汽车行车试验示范工程，例如参加新西兰、瑞典、加拿大及美国的行车试验示范项目，为本国及国外生产了较多的醇类燃料车及 FFV。

我国的煤炭资源相当丰富，而且相对集中，煤化工产业发展较快，煤制甲醇产能富余。因此，早在“七五”期间我国原国家科委就组织以中国科学院工程热物理研究所为首的甲醇发动机技术攻关协调组，将国产492汽油机改为M90甲醇发动机，进行了大量的试验研究工作。后来我国与德国合作，对德国大众公司的桑塔纳甲醇发动机及整车进行了全面的试验研究，并对大众公司的多种燃料汽车发动机进行了性能测试。1994年，又与美国福特公司合作，共同开发了小排量1.3 L灵活燃料发动机及汽车。目前，在我国部分甲醇产能较大的地区，如山西、陕西等地已经初具产业化条件，主要应用方式是与汽油掺混使用，如掺15%甲醇的M15等。我国于2009年颁布了M85的甲醇类燃料标准，目前每年实际应用于掺混的甲醇类燃料超过300万吨。

近年国内部分汽车企业纷纷投入到甲醇汽车的研发上。上海华普汽车有限公司于2005年底立项开展甲醇类燃料轿车的研发工作，选择海尚MA、海域380等车型和JL479M 1.5 L发动机，以M100甲醇作为燃料，对发动机燃料供给系统、电喷系统、排气系统、电气系统等进行了系统开发，于2006年10月完成了M100甲醇轿车功能样车试制工作，2007年10月完成了甲醇类燃料轿车工装样车的研发工作。2008年，上海华普汽车有限公司对甲醇发动机及整车分别进行了高寒高原高温地区发动机强化耐久、整车道路可靠性和排放试验，试验足迹遍布我国东北、西北、西南等各省区，累计试验里程近100万km。“三高”试验标定结果是在气温分别低于-30 ℃和高于40 ℃、海拔4 000 m以上的条件下得出的，甲醇燃料汽车冷起动正常，动力性能及驾驶性能良好。发动机强化耐久试验标定结果是燃烧、润滑状况正常，经精密测量分析，各关键运动部件的摩擦、磨损均在正常范围内。整车道路可靠性试验标定结果是性能优越、动力性好，最高车速160 km/h，一挡起步加速至100 km/h所需时间为15.8 s(汽油为16.2 s)，对替代比1.6以下的汽油，经济优势显著。排放试验标定结果是常规排放为国Ⅳ标准限值的30%以下。甲醛排放0.8 mg/km，相当于美国加州排放标准的1/10。到目前为止，上海华普汽车已研发出1.5 L JL479QAJ和1.8 L JL481QJ两种发动机，可搭配SMA7152MF和SMA7182MF两种车型，是国内唯一一家按照新车开发流程和现行汽车行业标准进行甲醇类燃料汽车规范化开发的汽车企业，也是最早完成产业化、具备小批量生产能力的汽车企业。

奇瑞汽车有限公司于2005年10月开始启动甲醇汽车项目，选择1.6 L SQR480发动机和旗云牌轿车进行整车使用M100、M85、M15和纯汽油多比例甲醇车开发，完成了燃料系统材料耐醇性、整车冷起动、燃油泵耐久性等的考核工作，完成了发动机耐醇零部件、专用润滑油、冷却系统、曲轴箱系统、压缩比的定型等开发工作。并于2007年3月将13辆甲醇类燃料车送山西太原进行试运行，同年6月经专家组评议认为奇瑞甲醇车动力性、经济性、冷起动、驾驶性等方面达到并优于原汽油车。2008年5月，奇瑞公司为了满足国家排放法规的要求(国Ⅲ+OBD)，启动了SQR477甲醇发动机项目，由于具备了甲醇发动机开发经验，477发动机很快完成了开发，7月发动机设计定型并生产3台样机，10月顺利完成2轮50小时超速试验、1轮500小时额定功率试验，得出的结论是477发动机动力性、经济性、排放性均优于原机。经过大量试验表明，常规排放为：使用M85-M100甲醇车与原汽油车相比，平均CO降低26%，HC降低43%，NO_x降低47%；使用M15甲醇车与原汽油车相比，平均CO降低23%，HC降低28.5%，NO_x降低10%。非常规排放为：催化前甲醇机甲醛排放量是汽油机的2倍多，催化后甲醇机甲醛排放量小于汽油机。甲醇机动力性：M85-M100

可提高 10% ~15%，与 M15 两机相当。截至目前，奇瑞公司在甲醇项目上已投入近3 000万元的资金，开发两款发动机及新旗云甲醇车，逐步拓展至其他车型，将形成年产甲醇发动机5 万台和年产整车 3 万辆的生产能力。

一汽靖烨发动机有限公司 2008 年开始在 CA6101B6 汽油发动机基础上研制开发 CA68H－ME3(100)甲醇发动机，并于 2008 年 8 月成功搭载在一汽解放汽车有限公司 CA3160 自卸车上。同年 6 月启动了在一汽锡柴 6DF2－24 柴油发动机基础上研制开发 CA6SF－24M 大马力甲醇发动机项目，该项目将原柴油机的燃油喷射系统进行了适当改装，同时增加了一套点火装置，使用火花塞点燃甲醇进行工作。2009 年 10 月，在原悍威 8×4 自卸车的基础上搭配该型甲醇机，开发、试制 CA3313PZMB1T4EJ 自卸车，并于 2010 年 3 月完成整车试制工作，整备后发运至山西煤矿进行道路试验。同时，一汽靖烨发动机有限公司于 2009 年在 CA4102 汽油发动机基础上又开发了一款 CA4SH－ME3 甲醇发动机。至此，一汽靖烨发动机有限公司具有 3 款甲醇发动机，分别适合轻、中、重型客车和卡车使用。

我国开展的甲醇汽车研发和应用取得了大量的技术成果和宝贵经验，形成了一定的规模。“十一五”以来，甲醇作为车用替代燃料逐步发展，《车用甲醇汽油(M85)》(GB/T 23799—2009)和《车用燃料甲醇》(GB/T 23510—2009)两项国家标准颁布实施，甲醇汽车开发、试验等活动取得积极成果。

我国工业和信息化部在对相关研究试验结果进行充分研究和评估后认为，组织开展甲醇汽车试点运行的条件已经基本具备。因此，2012 年 2 月工业和信息化部针对甲醇汽车特点和产业发展现状，颁布了《关于开展甲醇汽车试点工作的通知》，积极稳妥地推进高比例甲醇汽车试点工作，希望通过试点评估验证甲醇汽车的技术性和安全性，促进甲醇汽车产业健康发展。同样，国务院办公厅于 2013 年 2 月颁发的《关于加强内燃机节能减排的意见》(国办〔2013〕12 号文)中也要求积极开展汽油/甲醇二元燃料点燃式内燃机、柴油/甲醇二元燃料压燃式内燃机的应用试点工作。可见，无论是国家还是企业都在积极推动甲醇替代燃料的产业化应用，在我国目前的能源形势下，甲醇等替代燃料将会迎来一个快速发展期。

1.4.3 甲醇在点燃式发动机上的应用方式

按照发动机的类型，甲醇在发动机上的应用主要分为在点燃式发动机上的应用和在压燃式发动机上的应用。由于甲醇易于在点燃式发动机上使用，因此在点燃式发动机上应用甲醇开始的时间较早，而且技术路线相对统一和成熟。本节主要是针对甲醇在点燃式发动机上的应用方式展开叙述。而由于甲醇的十六烷值很低，使其在压燃式发动机上的应用困难重重，技术路线也有差异，加之本书的主题是针对压燃式发动机使用甲醇，因此专门以一章的篇幅对甲醇在压燃式发动机上的应用展开叙述，详见第 2 章。

甲醇在点燃式发动机上的应用有多种实现方式，具体如下。

1. 甲醇汽油掺混燃烧方式

甲醇与汽油掺混就是将甲醇与汽油按照一定的比例混合，并通过助溶剂的作用，形成稳定的不分层的混合燃料，可在各加油站供应。通常选用的助溶剂有醇类、苯、酯类、乙醚、丙酮、甲基叔丁基醚及杂醇等。体积分数为10%以下的低比例甲醇汽油可与汽油一样使用,发动机不用做任何改动,不仅不会影响汽油机的动力性,还可以改善汽油机的经济性,并降低排放。当汽车燃用甲醇体积分数为10% ~20%的低比例甲醇汽油(如M15)时,对发动机的点火提前角和喷油量基本不需调整。当燃用高比例甲醇汽油(如M85)时,则必须对发动机进行优化调整,如调整喷油量、改进燃烧室的结构设计、大幅度提高压缩比,以能充分发挥甲醇类燃料的优良特性,使发动机的动力性、热效率(燃料经济性)和排放性都比原汽油机有大幅度改善。由于采用甲醇汽油运行的发动机带有三效催化转化器,所以排放品质与汽油燃料没有差别。

采用甲醇汽油掺混燃烧方法时,汽车只需要一个油箱,而且还可以方便地利用现有供油设备建立分配供应系统,投资相对较少。该方法的主要缺点是甲醇的掺烧比例不能改变,在储运过程中需要注意甲醇汽油分层问题,对于燃用高比例甲醇汽油的车辆还存在冷起动的问题。另外,发动机采用甲醇汽油作燃料时,所有涉醇部件务必选用耐甲醇腐蚀的材料制造。

2. 纯甲醇燃烧方式

纯甲醇燃烧是指发动机正常工作时以纯甲醇作为其唯一燃料的应用方式,这种方式热效率和排放都优于原汽油机,而且能够避免甲醇汽油的分层问题。使用纯甲醇燃烧方式,应对发动机进行必要的改动,主要包括以下方面:

①提高压缩比,以充分发挥甲醇辛烷值高的优势,压缩比提高后,宜采用冷型火花塞;

②加大输油泵的供油能力,以避免气阻;

③加大燃料箱,以保证必要的续航里程;

④改善有关零件的抗腐蚀性和抗溶胀性等;

⑤采用附加供油系统或加强预热等措施,改善冷起动性能。

目前,为了解决纯甲醇燃烧冷起动问题,有一种已经投入使用的方式为发动机起动时采用汽油,当发动机热机正常运转以后切换至纯甲醇燃烧方式运行。但是该方式需要在车上另外安装一个用于存放冷起动用汽油的副油箱,布置稍显复杂。

3. 甲醇改质方式

甲醇改质是利用发动机排气的余热将甲醇裂解成 H_2 和 CO,然后再输往发动机燃烧。甲醇的改质需要借助催化剂的作用吸收排气的余热来进行,有效回收了一部分排气热量,有利于热效率的提高;甲醇改质气的混合气形成质量好,燃烧完全度高,CO和HC排放少,由于采用稀混合气,燃烧温度低,NO_x 的排放浓度也较低[22]。

由于发动机的排气温度随工况而变化,甲醇改质气的成分又随发动机的排气温度而变化,因此工况不同,所提供的甲醇改质气的成分也就不同,对于复杂多变的道路工况而言,瞬态控制具有一定的难度。另外,甲醇的改质受到催化剂的限制,而且成本较高,因此还没有出现实际应用的范例。

1.5 本章小结

人们对于甲醇并不陌生,但是绝大多数人对于甲醇的认识都存在一定的误区,因此本章首先介绍了甲醇的物理化学性质,对于人们特别关心的甲醇毒性以及使用安全性也进行了比较详细的说明。1.3 节对甲醇的典型生产流程、生产新技术以及我国甲醇的产能现状做了介绍,以期读者能够对甲醇的生产规模有进一步的认识。甲醇作为车用燃料应用已经有四十余年的历史,虽然人们无形之中可能已经接触到了甲醇类燃料,但是对于甲醇类燃料的认知却相对比较匮乏,因此 1.4 节对甲醇的燃料性质以及甲醇类燃料的应用方式和历史进行了归纳和回顾。现对本章的内容总结如下。

①甲醇常温常压下为易流动、易挥发的可燃液体,能与水及多种有机溶剂混溶,是一种重要的有机化工原料。甲醇具有与汽油、柴油以及乙醇相近的"中等毒性",在避免直接进入人体消化系统的情况下,总的来说甲醇比汽油安全。自然环境中泄漏的甲醇易被生物降解,大规模使用不会对环境造成大的影响。

②当前甲醇几乎都是采用费-托合成气法生产,采用天然气、石油和煤炭以及焦炉气大规模生产合成气的工艺成熟,能量利用率高。我国甲醇的生产以煤炭和焦炉气为主,目前全国甲醇的生产企业超过 300 家,产能超 5 000 万吨,其中富余产能近 2 500 万吨,为甲醇作为车用燃料大规模利用提供了保障条件。随着化学工业的发展,甲醇生产的新技术如甲烷直接氧化法等正在不断被研究和完善,相信未来甲醇的生产将会变得更加简单和高效。

③甲醇具有优良的燃料性质,常温常压下为可燃液体,运输、储存便利,同时具有含氧量高、抗爆性好、着火界限宽、燃烧污染物排放少等优点。20 世纪 70 年代美国、德国、日本等国家就将甲醇作为车用燃料加以研究,并开发了多款车型投入实际使用,甲醇在点燃式发动机上的应用开始时间早、技术路线成熟。

我国内燃机是石油消耗的主体产业,在石油依靠大量进口的背景下,利用甲醇作为内燃机燃料,符合我国的能源结构和能源政策。目前将甲醇作为内燃机替代燃料的研究工作正在快速发展,有利于缓解石油居高不下的对外依存度,对于促进内燃机燃料的多元化也具有积极的推动作用。

1.6 参考文献

[1]中国石油和化学工业联合会. GB 338—2011　工业用甲醇[S]. 北京:中国标准出版社,2012.

[2]刘光启,马连湘,刘杰. 化学化工物性数据手册:有机卷[M]. 北京:化学工业出版社,2002.

[3]李金. 有害物质及其检测[M]. 北京:中国石化出版社,2002.

[4]张寿林,黄金祥,周安寿. 急性中毒诊断与急救[M]. 北京:化学工业出版社,1996.

[5]吴域琦,冯向法. 甲醇类燃料——最具竞争力的可替代能源[J]. 中外能源,2007,12(1):

16 - 23.

[6]CHENG W H,KUNG H H. Methanol production and use [M]. New York: Marcel Dekker,1994.

[7]宋维瑞,肖任坚,房鼎业. 甲醇工学[M]. 北京:化学工业出版社,1991.

[8]KOCHLOEFL K. Steam reforming[M]// ERTL G,KNÖZINGER H, WEITKAMP J. Handbook of heterogeneous catalysis:vol. 4. Weinheim: Wiley-VCH GmbH, 1997:1819.

[9] CHOUDHARY T V, CHOUDHARY V R. Energy-efficient syngas production through catalytic oxy-methane reforming reactions [J]. Angewandte Chemie International Edition, 2008, 47(10): 1828 - 1847.

[10]HANSEN J B. Methanol synthesis[M]//ERTL G,KNÖZINGER H, WEITKAMP J. Handbook of heterogeneous catalysis:vol. 4. Weinheim: Wiley-VCH GmbH, 1997:1856.

[11]BRADFORD M C J, VANNICE M A. CO_2 reforming of CH_4[J]. Catalysis Reviews:Science and Technology, 1999, 41(1):1 - 42.

[12]CRABTREE R H. Aspects of methane chemistry[J]. Chemical Reviews:Science and Technology, 1995, 95(4): 987 - 1007.

[13] LUNSFORD J H. Catalytic conversion of methane to more useful chemicals and fuels: a challenge for the 21st century[J]. Catalysis Today,2000,63(2):165 - 174.

[14]OTSUKA K, WANG Y. Direct conversion of methane into oxygenates[J]. Applied Catalysis A: General, 2001, 222(1): 145 - 161.

[15]OLAH G A. Electrophilic methane conversion[J]. Accounts of Chemical Research, 1987, 20(11): 422 - 428.

[16] DUNAHAY T, BENEMANN J, ROESSLER P. A look back at the US Department of Energy's aquatic species program: biodiesel from algae[M]. Golden, CO: National Renewable Energy Laboratory, 1998.

[17]SAITO M. R & D activities in Japan on methanol synthesis from CO_2 and H_2[J]. Catalysis Surveys from Asia, 1998, 2(2): 175 - 184.

[18]Air Products Liquid Phase Conversion Company. Commercial-scale demonstration of the liquid phase methanol(LPMEOH^{TM}) process: final report[R]. Hamilton: Air Products Liquid Phase Conversion Company,2003.

[19]XU X D, MOULIJIN J A. Mitigation of CO_2 by chemical conversion: plausible chemical reactions and promising products[J]. Energy & Fuels, 1996, 10(2): 305 - 325.

[20]SAITO M, MURATA K. Development of high performance Cu/ZnO based catalysts for methanol synthesis and the water gas shift reaction[J]. Catalysis Surveys from Asia, 2004, 8(4): 285 - 294.

[21]韦勇. 2011 年甲醇年度报告[J]. 醇醚燃料及汽车,2012(1):21 - 26.

[22]姚春德,徐元利,张志辉,等. 一种高效清洁燃烧纯甲醇燃料的新方法探索[J]. 天津大学学报,2008,41(10):1196 - 1201.

第2章　甲醇在压燃式发动机上的应用

压燃式发动机的热效率高，燃油经济性优于火花点火式发动机，推广压燃式发动机燃用甲醇类燃料在节约柴油和降低大气污染上具有现实意义。一方面，随着汽车数量的增加，对柴油的需求量也逐年增加，而炼油厂产出的柴油与汽油的比例受原油本身组成和工艺流程的约束不可能大幅度增加，2008年以来我国频频出现了柴油供应紧缺的现象，甚至出现“柴油荒”；另一方面，大量试验表明，在压燃式发动机中掺烧甲醇类燃料，能大幅度降低排气中的炭烟，同时也降低了 NO_x 的排放。据美国统计，其小客车与轻型车是以火花点火式发动机为主，公路上车辆只有约3%是用压燃式发动机，但1997年 NO_x 总排量的25%以上是来自压燃式发动机，压燃式发动机排出的炭烟微粒数量是火花点火式发动机的100～200倍，约占炭烟微粒总排量的45%。因此，在高热效率的压燃式发动机上使用清洁高效的醇类燃料，不但可以减少柴油的消耗，缓解石油供应的紧缺，减少 CO_2 排放，而且还可以改善压燃式发动机的排放，发挥醇类清洁燃料的优势。与柴油的物理化学性质相比，醇类燃料的十六烷值低（约为柴油的6.25%）、自燃温度高、汽化潜热大、黏度低、润滑性差、难与柴油相溶，不能简单地使用现有的供油设备直接在压燃式发动机上掺烧或使用纯醇类燃料。在压燃式发动机中掺烧醇类燃料或直接使用纯醇类燃料比在火花点火式发动机中难度大，技术也相对复杂。因此，甲醇尽管作为燃料已经较为广泛地应用在点燃式发动机上，但在压燃式发动机上尚未见到有商业使用的报道。

由于醇类燃料与汽油及柴油在物理化学性质上有差异，要在压燃式内燃机中燃用甲醇类燃料，就要对发动机的结构做些变动或对燃料供应系统自身做较大改变。但是，由于用作商用车的压燃式发动机量大面广，而且耗油量多，尝试在压燃式发动机中掺烧甲醇的研究工作一直在进行中。概括起来，在压燃式发动机上使用甲醇类燃料主要包括下文中提到的几种方式。

2.1　乳化法

柴油掺醇类燃料可采用乳化的方法配置。乳化燃料的历史较长：20世纪40年代出现，20世纪60年代开始对柴油－水乳化燃料进行广泛研究，20世纪90年代国内外学者开始研究柴油－甲醇－水乳化燃料。甲醇－柴油乳化燃料是通过添加乳化剂的方式在机械力的作用下使甲醇以分散相的形式分散在柴油中，形成一种多相体系的油包水型溶液。甲醇和柴油是两个不相溶的相，混合在一起产生两相的表面张力，加入具有亲水和亲油两重性质的乳化剂，吸附在界面上降低了表面张力，并在机械力的作用下提高了甲醇的稳定性。因此，为了提高甲醇柴油的稳定性，必须选择合适的乳化剂（表面活性剂）和乳化设备。另外，乳化柴油燃料使发动机热效率有所提高，同时降低微粒排放，但也引发功率下降和缸套生锈腐蚀等问题[1]。

2.1.1 乳化剂的选择

凡是以低浓度存在于一个体系中并能吸附在两相界面上而且能显著降低界面自由能(或表面自由能)和表面张力的物质都称为表面活性剂,即乳化剂。表面活性剂是包含亲水基和亲油基的两亲分子,头部为亲水基,尾部为亲油基。当表面活性剂达到一定浓度(临界胶束浓度)形成胶束时,就能显著降低表面张力。以表面活性剂的亲油亲水平衡值 HLB 作为选择表面活性剂的依据。HLB 是 Hydrophilic Lipophile Balance 的缩写。HLB 是人为规定的每种表面活性剂的数目,此数目越大,亲水性越强,疏水性越弱;此数目越小,则亲水性越弱,疏水性越强。多数表面活性剂不是亲水性强,就是亲油性强。乳化液界面膜理论表明,表面活性剂在乳化液两相界面上形成界面膜,其紧密程度和强度是影响乳化液稳定的重要因素。当界面膜由复合表面活性剂形成时,膜的强度增大,不易破裂,分散相不易聚结,乳化液更加稳定。因此,在使甲醇与柴油形成乳化液时,采用亲油及亲水两种以上的复合表面活性剂要比采用单一表面活性剂时的稳定性好。

2.1.2 乳化和微乳化

乳化燃料[2,3]是指在外力作用下或加入乳化剂后使两种不相溶的液体中的一相均匀分散在另一相中成为相对稳定的混合液。微乳化燃料是指不相溶的两种液体在表面活性剂以及助表面活性剂的作用下形成的热力学稳定、外观呈半透明或透明的液液分散体系。微乳化液与乳化液的区别在于其内相液珠粒径不同,微乳化液内相液珠的直径小于 0.1 μm,而可见光的波长为 0～0.8 μm,这也是微乳化液外观呈半透明或透明的原因;而乳化液内相液珠粒径较大,主要集中在大于可见光波长的 1～10 μm,由于液珠反射现象使乳化液呈现乳白色。

微乳化燃料与乳化燃料的区别除了内相液珠粒径不同外,还在于乳化燃料在热力学上属于不稳定体系,而微乳化燃料为热力学稳定体系,这就决定了微乳化燃料有更长的稳定期;微乳化燃料制备过程简单,一般情况下无须强力搅拌或借助于设备,这不但方便而且能节省成本;微乳化燃料的燃烧机理和乳化燃料相似,但由于液滴较小,雾化效果更好,其燃烧效率要高于乳化燃料,同时有害气体排放也较少。配制微乳化燃料时,油溶性表面活性剂在油相中形成反胶团,加水时水分子自动进入反胶团内,发生增溶作用,水分子先与表面活性剂的亲水基结合存在于胶团之中,使胶团长大成为膨胀的胶团,随着水量的增加,逐步形成水相,得到油包水型微乳化液。由此可见,微乳化液是自发形成的,是具有热力学稳定性的、均匀透明的、低黏度的油、水和表面活性剂的混合物。体系水含量达到一定程度以后,再加入更多的水,则难以自动分散。通过对体系做功,例如施以高速搅拌或超声处理等,方能使之分散。但所得分散体系的粒子尺度变大,体系通常呈现乳白色,黏度上升,并显示出热力学不稳定性,此时已经形成了乳化液。

2.1.3 甲醇柴油乳化燃料试验研究

甲醇柴油乳化燃料是油包水型乳化液，即柴油包甲醇。由于甲醇的沸点远低于柴油，当气缸内温度急剧上升时，处于乳化液内侧的甲醇先达到沸点，先汽化后膨胀，当内部压力超过油表面及环境压力之和时，甲醇摆脱柴油的包围，冲破压力爆炸，即产生“微爆”效应。“微爆”后的柴油液滴更小，燃烧更充分，从而达到节能效果。为配制甲醇与柴油的乳化混合液，必须使用乳化剂或者乳化设备[4]。

乳化剂加入甲醇柴油体系后，根据相似相溶原理，亲油基团溶于柴油中，亲水基团溶于甲醇中，并定向排列，形成一个界面膜。此膜具有一定的机械强度，对分散的甲醇具有保护作用，从而提高甲醇柴油的稳定性。国内外对甲醇柴油的乳化方法进行了大量研究，研究中使用了许多助溶剂配方和新型乳化设备，也进行了发动机的台架试验。压燃式发动机燃用甲醇柴油混合燃料，烟排放明显降低，NO_x 排放也能得到一定改善，HC 和 CO 排放随着甲醇掺烧量的增加而升高，但总量仍然较低，由于没有调整喷油系统，甲醇掺烧量较高时动力性下降明显。为了不使发动机的功率下降太多，压燃式发动机上甲醇类燃料掺烧量按体积计最高不超过 40%。由于表面活性剂和助溶剂的价格昂贵而限制了其推广和使用。

天津大学在 20 世纪 80 年代对甲醇柴油的乳化进行了研究[5]。发现在不使用添加剂的情况下，甲醇柴油的混合燃料稳定性较差，容易产生分层现象；甲醇的掺烧比例超过 30% 时，混合燃料的滞燃期较长，会导致发动机冷起动困难。山东理工大学[6]采用添加乳化剂和机械搅拌的方法制备了甲醇柴油水乳化液，乳化液能够稳定 30 ~ 50 d。使用乳化燃料后，发动机的动力性、燃油经济性和排放指标都得到了改善，最高有效热效率比使用纯柴油高出 2.82%，而且原压燃式发动机未经改动。西安交通大学[4]采用激光全息技术和高速数字摄影技术观察了甲醇、柴油和水乳化液喷雾在高温高压环境中发生微爆现象的瞬间和全过程，为乳化液微爆过程的数学模拟提供了数据参考。

龚旌[7]根据微乳液理论和甲醇分子结构的特点，自制脂肪酸甲酯乳化剂，以正丁醇为助乳化剂，将甲醇、0#柴油、脂肪酸甲酯、正丁醇按质量比为 12∶50∶30∶8 混合，在搅拌速度 300 r/min 下乳化 3 min，所制得甲醇柴油乳化燃料的粒径为 30 ~ 140 nm。该乳化剂具有良好的高温稳定性、低温稳定性和机械稳定性。刘永启等[3]用自制的高分子共聚合物 CP 和 span85 复配而成 SG－2 乳化剂，用于甲醇柴油体系中，制得的乳化燃料稳定时间长，乳化剂用量少。在涡流室式柴油机中进行台架试验，证实燃用柴油－甲醇－水复合乳化液具有较好的燃油经济性。山西华顿实业公司[8]按甲醇质量分数 5% ~ 20%，柴油质量分数 8% ~ 35%，以乙酸乙酯、异辛醇、精制杂醇油、蓖麻油等物质为辅料，将甲醇和辅料按配比投入混合罐中，充分搅拌使甲醇和辅料混合均匀，制得的甲醇柴油乳化燃料有效解决了甲醇与柴油互溶难的问题，可完全替代商品柴油在多种环境条件下使用，其成本较低，燃烧性、起动性、动力性好，是一种较理想的燃料。北京福众金源环保科技有限公司按质量分数以柴油 70% ~ 80%、甲醇 15% ~ 30%、异丁醇 3% ~ 5%、二茂铁(去铁)0.000 07% ~ 0.000 9% 和正丁醇 1% ~ 5% 为原料，常温常压下在容器里经过充分搅拌混合均匀后制得乳化柴油燃料。此产品成本比纯柴油成本低，且使用此产品可以降低柴油凝点，使柴油燃烧更充分，尾气排放中没有黑烟,降低对环境的危害。

乳化设备也是制备甲醇柴油乳化燃料的一个关键因素。甲醇在柴油中的溶解度小,很难自动分散,为了使甲醇分散均匀,必须借助乳化设备。乳化设备的种类很多,如搅拌器、超声波乳化器等,它们的工作原理和乳化效果各不相同。

机械搅拌器是一种最简单的装置,具有设备投资小、应用简单方便的优点,在工业上应用较广。机械搅拌器主要由电动机、叶轮、搅拌槽和挡板组成,工作时在搅拌槽内装有高速叶轮,由电动机带动叶轮高速旋转从而完成乳化。目前,市场上有各式各样的机械搅拌器,其主要区别是高速搅拌桨叶形状的不同。

中北大学[9]公开了一种利用动量和超重力作用在乳化器内进行初步乳化和精度乳化的超重力乳化设备,主要由乳化器、水相和油相储槽及电动机等组成。其工作原理是输送泵将水相和油相送入乳化器的两个喷嘴,两股液体相高速撞击发生初步乳化,形成的撞击面边缘液体进入高速旋转的填料中,在强大的离心力作用下反应,进行进一步精度乳化,形成甲醇柴油乳化燃料。该乳化器可以实现连续操作,做到现做现用。

最初超声波用于乳化器[10]是由 Wood 和 Loomis 进行报道的,后来在实验室广泛应用,类型有哨音式和探头式等。超声波乳化装置主要是通过超声波的线性交变振动、周期性激波、非线性伯努利力和空化四种复合作用,制备均匀稳定的甲醇柴油乳化燃料。该装置具有体积小、重量轻和效率高的特点。

高剪切乳化机[11]的工作原理是高效、快速、均匀地将一个相或多个相分布到另一个连续相中。该设备的主要工作部件是一级或多级的定转子,工作时首先通过液力剪切作用和压力波作用使物料微粒化,再在转子的高剪切力作用下,形成极大的压力梯度场,在三者的作用下进行乳化。各种高剪切乳化机的主要差异在于转子和定子结构的不同,可通过更换不同的定转子来处理不同的物料。

专利号为00252657[12]的专利公开了一种柴油射流乳化机,即一种用于柴油乳化的专用设备。它由搅拌桶、电控柜、射流管、齿轮泵以及磁化器、超声波发生器等组成,工作原理是靠齿轮泵将搅拌桶内的油水混合物吸出,通过循环管再送至搅拌桶,经过反复高压喷射混合,再经超声波、磁化、乳化处理,制成高质量的乳化柴油。

其他乳化设备如胶体磨、高压均质乳化机和射流管等,也经常在生产中使用。近年又开发出如柴油射流乳化机、超细喷雾器和全自动柴油乳化合成机等乳化设备,这些乳化设备将逐渐应用在乳化柴油行业中[8]。

总体来讲,乳化法的主要优点是:对原机不需进行改动,可以缓和喷油泵和喷嘴摩擦副润滑的恶化,原机很容易恢复用纯柴油燃料。其缺点是:乳化剂的价格较高,混合燃料容易产生相分离,甲醇与柴油混合燃料的稳定性较差,当甲醇含量超过30%时,柴油与甲醇容易分层;甲醇与水可以无限互溶,纯甲醇容易吸收空气中的水分,而乳化混合燃料对水的含量特别敏感、容易分层,不能用含水的粗甲醇来配制乳化燃料;甲醇的掺混率高时会使混合燃料的滞燃期延长,发动机冷起动困难,工作粗暴;发动机在冷起动、暖机及小负荷工作时,HC及醛类排放浓度增加;若在乳化燃料中加入助溶剂、十六烷值改进剂等物质,发动机的炭烟和 NO_x 排放又会增多。

2.2 助燃法

由于醇类燃料自发着火比较困难,因而需要借助某些措施来辅助醇类燃料着火燃烧,主要有火花助燃法、热面助燃法和电热塞助燃法。但是,缸盖上不仅要安装喷嘴,还要预留出火花塞等的位置,因此结构复杂;由于火花塞、电热塞和热面受醇的激冷作用,导致其寿命短、可靠性差;低负荷时会有失火现象发生,而且 HC、CO 排放增多[13]。

2.2.1 火花助燃法

这种发动机是在缸内喷射燃料(电热塞、火花塞和甲醇喷嘴的位置如图 2-1 和图 2-2 所示),形成不均匀混合气,靠火花塞点燃可燃混合气,以火焰传播方式燃烧[14]。火花助燃压燃式发动机装有电火花点火系统,即用喷油系统将甲醇、乙醇喷入气缸,然后用电火花点燃。由于该方案直接将醇类燃料喷入气缸,它们的汽化潜热无须从进气过程中获得,而是从缸内被压缩的高温气体中取得,因而其起动性能仅与点火系统的工作可靠性有关,而与环境温度关系不大,因此发动机的冷起动和暖机均无困难(-20 ℃时不用附加装置即可以起动)。在热机时,燃料的直接喷射使汽化潜热的一部分可以从高温零件(燃烧室壁面和火花塞电极等)上吸取。这些高温零件的热量损失如不回收,将使发动机的热效率降低。同时,这种内部冷却能使发动机在热负荷相同的情况下有更高的平均有效压力[15]。

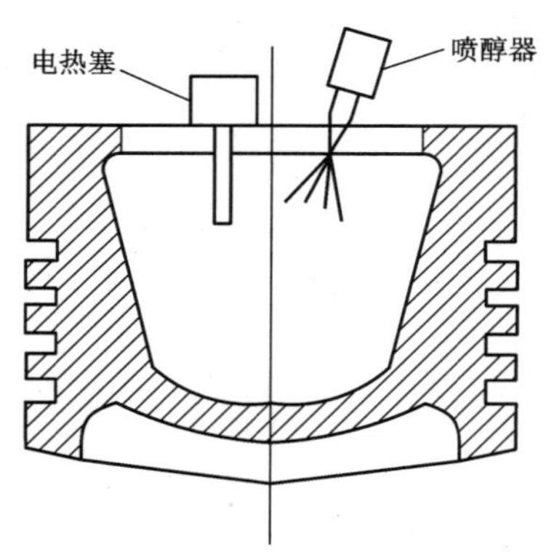

图 2-1 电热塞加热式

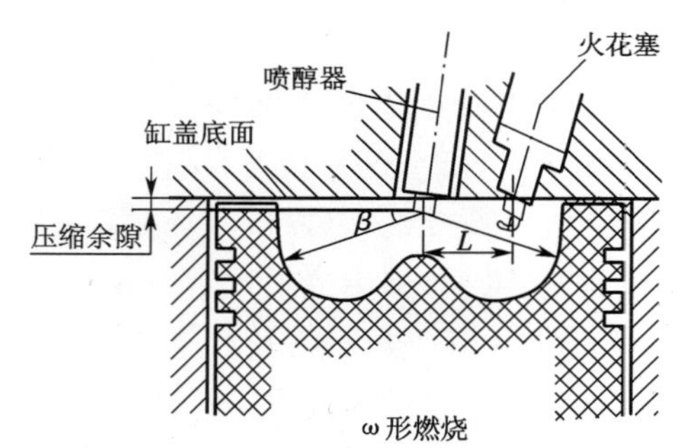

图 2-2 火花塞点燃式

西安交通大学周龙保[16]在压燃式发动机上对燃用甲醇类燃料的多火花助燃法做了较为细致的研究。在涡流室式燃烧室压燃式发动机上的试验结果如下。

①燃用甲醇时的最大功率与燃用柴油时接近,但燃用甲醇的压燃式发动机较燃用甲醇的汽油机具有缸套磨损小、冷起动方便、暖机快的优点。

②燃用甲醇时发动机的有效热效率为燃用柴油时的 90% 左右,这主要是由于甲醇的热值要比柴油低一半左右,工作时实际喷油量增加,造成喷油持续期增长。若加快供油速度、缩短供油持续时间,可以进一步提高热效率。

③HC、CO 和醛的排放量高于燃用柴油,NO_x 的排放量低于燃用柴油,排气中烟度为零,

且无颗粒排放物。

④运转噪声在低负荷区域低于燃用柴油，在高负荷区与燃用柴油相当。

在预燃式燃油发动机上的试验结果如下。

①燃用甲醇时的热效率略低于燃用柴油时的热效率，但高于在压燃式发动机上燃用汽油时的热效率。

②HC 和 CO 排放量在高负荷时与压燃式发动机接近，在低负荷时高于压燃式发动机，但低于在压燃式发动机上燃用汽油时的排放量。NO_x 排放量低于压燃式发动机（尤其是在低负荷区）。NO_x 排放量在压燃式发动机上燃用汽油时最高。在全部负荷范围内烟度为零，说明在燃用甲醇、乙醇时可以增加冒烟极限下的功率和扭矩。

③燃用汽油和醇类燃料时的循环压力变动要高于压燃式发动机的循环压力变动。

在直喷燃烧室式燃油发动机的试验结果如下。

①高负荷时燃用甲醇的热效率高于燃用柴油时的热效率，低负荷时燃用甲醇的热效率低于燃用柴油时的热效率。

②烟度很低时，NO_x 排放量低于燃用柴油时的排放量，CO 排放量在低负荷时高于燃用柴油时的排放量，CO 排放量在高负荷时低于燃用柴油时的排放。

在球形燃烧室式燃油发动机的试验结果如下。

①燃用甲醇时的运行性能、效率、功率与在压燃式发动机上燃用汽油、柴油时大体相同。燃烧过程稳定，循环压力变动与压燃式发动机一样。这种发动机较之在汽油机上燃用甲醇冷起动性能好，在 −20 ℃低温实验室中不需要任何附加起动措施能顺利起动。

②由于没有冒烟极限功率的限制，扭矩在整个转速范围内大于燃用柴油，低速区的扭矩比燃用柴油时高 20% 左右。

③甲醇的热效率在高负荷时比柴油的热效率稍高，这是由于甲醇在挥发时回收部分壁面热量所致；而低负荷时稍低。

④排气中不含颗粒、硫、铅，这有利于排气催化剂的使用。

2.2.2　电热塞助燃法

电热塞助燃法的具体操作办法是在压燃式发动机缸盖上某一适当部位安装一个电热塞，在发动机起动时，先将电热塞通电预热，喷嘴把甲醇直接喷到电热塞炽热的表面上，以其表面的高温使甲醇起火燃烧，从而使发动机正常工作。

但是使用电热塞助燃法也存在一些问题。由于甲醇的热值尚不到柴油热值的一半，因此需将原压燃式发动机的轴针式单孔喷嘴改成双孔喷嘴，目的是加大总喷孔截面，在保证甲醇雾化质量的条件下，加大单位时间甲醇的供给量。喷嘴的一个喷孔要将甲醇直接喷到电热塞上，以保证甲醇能够顺利着火燃烧；另一个喷孔要将甲醇喷到电热塞顺气流前方的壁面上，经气流作用甲醇蒸气可以很快被吹向已燃部位而快速持续燃烧。由于某些气道造成的强涡流冷却了电热塞热表面，使得在标定功率时，电热塞热表面温度低到无法有效点燃甲醇的状态。如果为了提高表面温度而一再加大电热塞功率，在超负荷情况下，又会使电热塞电阻在短时间内烧毁。

由此可见,采用电热塞助燃法燃用纯甲醇的关键就是要保证在电热塞标定功率范围内使其热表面达到能够迅速点燃甲醇的温度。考虑到电热塞在发动机燃烧室中所处的环境,其热损失主要来自强迫对流、自然对流和热辐射三种形式。为了有效地降低气流对电热塞的冷却,有时要在电热塞前方加一个不锈钢挡板。研究结果表明:在挡板后电热塞周围气流速度与无挡板相比明显降低,从而有效地减少了电热塞的热损失。采用这种办法在标定功率下,电热塞能够有效地点燃甲醇,从而使发动机能够正常工作。[17]

2.3 直接压燃法

如果将原压燃式发动机改用纯甲醇类燃料,过去虽已试验过多种方法,但为了简化结构,便于使用维修,在零件强度允许的条件下,愈来愈多地采用高压缩比及加少量助燃剂的方案。对于新设计的甲醇发动机,也将采用高压缩比及提高燃烧室温度等方法。

2.3.1 火花塞点燃法

甲醇的汽化潜热及着火温度高,普通压燃式发动机在压缩到上止点时难以达到甲醇的着火点,实现不了压燃。火花塞点燃法可以解决甲醇难以压燃的问题。研究表明:采用火花塞点燃甲醇,输出功率略有提高,NO_x 排放量可以降低 60%,但在低负荷时,采用火花塞点燃甲醇,其 CO 和 HC 排放量略高于压燃式发动机。日本的研究人员在直喷压燃式发动机缸盖上安装火花塞进行点燃纯甲醇的研究,结果表明:压燃式发动机的热效率最大可达到 42%,污染物排放量与原机基本相当。吉林工业大学的研究人员在单缸压燃式发动机(1130 型立式直喷水冷式)上进行燃用纯甲醇的试验,结果表明:在小负荷工况下,多火花塞点火系统可使甲醇的热效率提高 30% ~40%[14]。

2.3.2 电热塞助燃法

电热塞助燃法是将安装在缸盖上的电热塞先预热,由喷油器把甲醇直接喷到炽热的电热塞表面上,使甲醇着火燃烧的方法。资料表明:压燃式发动机采用电热塞助燃法可以燃用纯甲醇,其 NO_x 排放量降低,对电热塞的安装要求没有火花塞安装那样严格,但由于甲醇对电热塞的激冷作用会大幅度降低其使用寿命,小负荷工况时会有失火现象发生,HC 和 CO 排放量增加。其工作原理同 2.2.2 节所述。

2.3.3 高压缩比压燃法

从理论上讲,甲醇在压燃式发动机上不用任何助燃措施,只用压燃方式组织燃烧过程,压缩比要达到 26:1以上。如此高的压缩比会使发动机的机械负荷增加,发动机容易产生零件强度不够的问题,所以对于甲醇类燃料发动机研究早期,这种方式未引起人们的重视。从 20 世纪 80 年代后期开始,研究高压缩比法的人和单位日益增多,压燃式发动机使用火花塞等助燃措施燃用甲醇,结构变动较多。由于助燃措施只能首先使局部混合气温度升高燃烧起来,所以低负荷及部分负荷时甲醇发动机性能较差,这对于在部分负荷工况下工作时间较多的发动机不利，因此采用高压缩比法有助于克服助燃措施的缺点。

目前，采用高压缩比使用甲醇类燃料的技术有[18]：高压缩比加助燃剂，将发动机的压缩比提高到 24∶1，同时使用 2% 左右的助燃剂；只将压缩比提高到 27∶1，高压缩比及排气再循环方案等。

甲醇发动机采用火花塞助燃时，燃烧过程中缸内压力波只有一个高峰值；而用高压缩比法使甲醇自燃的方案，则如同压燃式发动机燃烧过程一样，压力波有两个高峰值，明显地分成预混燃烧与扩散燃烧两个阶段。甲醇发动机的压缩比高，因此最大爆发压力比原来的压燃式发动机高，同时未燃用甲醇及甲醛的排放量也比较高，特别是冷起动及暖机阶段，因此需要采用电加热的催化器以降低甲醛的排放量。尽管采用高压缩比，但在低负荷及部分负荷时，缸内甲醇混合气的温度仍较低，使滞燃期延长，燃烧过程结束过晚，使比能耗较高。因此在起动及暖机阶段，如果采用电热塞或者排气再循环使进入缸内空气温度升高，向甲醇提供较多的热量使其汽化，缩短滞燃期，则可以降低比能耗。大多数压燃式发动机压缩比的范围为 16∶1 ~ 20∶1，较高的压缩比有利于甲醇的汽化和混合气的形成及着火的稳定。当使用电热塞助燃时，高压缩比会降低电热塞所需功率，并提高其使用寿命。然而压缩比过高也会使甲醇“早燃”或“爆燃”。

2.3.4　着火改善剂法

甲醇的十六烷值低，不能在压燃式发动机中直接压燃着火；而如果在甲醇中加入适量的十六烷值改进剂，使甲醇的十六烷值达到与柴油相当的数值，则可以使甲醇在压燃式发动机中直接燃烧。

20 世纪 80 年代，英国卜内门化学工业公司（ICI）研究开发了甲醇着火改善剂——AVOCET。“AVOCET”是英国新型着火改善剂的专用注册商标。它是一种含有润滑剂、抗蚀剂及少量起助燃作用的甲醇的复式着火改善剂，它可以和不易在柴油中着火的醇类燃料（甲醇和乙醇）一起使用。

华中科技大学崔心存教授[19]在国产 S195W 及 ZH1105W 直喷压燃式发动机上使用甲醇及 AVOCET 着火改善剂进行了试验研究，不需要借助任何措施及结构变动，在 ZH1105W 直喷压燃式发动机上，使用甲醇及 4% 的 AVOCET，可以在 -2.5 ℃环境温度下冷起动及稳定运转。如果冷却水改用约 40 ℃的热水，只需要 2% 的 AVOCET 即可实现冷起动。在低速低负荷时使用 3% 的 AVOCET，发动机转速略有波动。使用 4% ~5% 的 AVOCET，则两种甲醇发动机的比能耗及排放温度都低于原压燃式发动机。

自从 1982 年英国 ICI 公司推出 AVOCET 以来，先后在英国、美国、新西兰、瑞士、法国、瑞典、德国、加拿大以及我国台湾地区等地进行了应用试验，试验对象主要包括城市公共汽车、微型汽车、长途客车、载货车及专用车辆。总的来说，车辆的驱动性能可以接受，车辆使用期间没有不正常磨损；车速在 50 km/h 以上及加速时，车辆的性能较好。此外，在松开加速踏板时，甲醇发动机的转速不会像压燃式发动机那样迅速降低，而有一个滞后的过程，这也是不足之处。在甲醇中加入 AVOCET 的主要问题是价格昂贵，科研人员一直在寻找价格更为便宜的添加剂。

2.4 柴油引燃法

这种方法是通过进气系统或供油系统向压燃式发动机气缸内输入部分醇类燃料，在气缸内形成部分预混可燃气体，然后用喷嘴喷入柴油引燃醇类燃料混合气。引燃法可以分为化醇器法、缸内双喷射法和进气管喷射法等。

2.4.1 化醇器法

这种供醇方法是在压燃式发动机原供油调节系统不变的基础上，只在进气管上装一个化醇器(类似化油器)，利用化醇器在进气时减压蒸发的原理，使甲醇在进气管内吸热而汽化，并与空气混合后进入气缸。此时的压燃式发动机仍然喷油、压缩着火、燃烧，只是喷油量随着掺醇率的增加而减少。这种方式的供醇，其掺醇率较高，即从以柴油为主直至以甲醇为主，柴油仅作为引燃燃料。

化醇器可以利用相应的化油器改装，如拆装节气门、加速泵、真空加浓装置和怠速量孔等，也可另行设计，其中甲醇供应量的调节可通过主量孔的针阀控制。这种方法在改变负荷时，既可以调节柴油供应量，也可以二者同时调节。在掺醇率高的情况下，柴油作为燃料的一部分，又兼起引燃的作用。在这种情况下，具有分开式燃烧室的压燃式发动机较为有利。因为柴油是喷入容积较小的副燃烧室，醇类燃料是从进气管进入气缸，从而使副燃烧室内混合气中柴油的浓度较大，有利于着火和正常燃烧。

天津大学在20世纪80年代曾采用化油器供应甲醇，方法是在进气道形成甲醇空气混合气，然后在缸内由柴油引燃[17]。西北农林科技大学在发动机进气管上加装了化油器，采用预混供醇的方法，对S195发动机进行了简单的改造，对改造后的发动机进行了系统的试验研究。研究表明：甲醇供给量在212 ~722.89 g/h范围内，发动机的动力性、经济性和排放性均优于原压燃式发动机，最优甲醇供给量为409 ~610 g/h；在中等负荷区和高负荷区，二元燃料发动机的当量油消耗率比燃用纯柴油的要低，最低当量燃油消耗率下降4.6% ~29%，有较好的经济性，在低负荷区经济性略低于压燃式发动机；二元燃料发动机的动力性能在低负荷区较差，在中高负荷区明显高于压燃式发动机，并且有很好的超负荷工作能力；二元燃料发动机的有效热效率高于压燃式发动机的有效热效率，并随着负荷和甲醇吸入量的增加有上升的趋势；二元燃料发动机的排气烟度和温度均低于纯压燃式发动机的排气烟度和温度，但是在低负荷区增大供醇量时有燃料燃烧不完全现象，排气中有未燃燃料排出；二元燃料发动机的使用成本低于压燃式发动机的使用成本，甲醇供给量为674.16 g/h时，其使用成本较纯柴油降低12.85%[20]。

总体来讲，这种改造方法比较简单，改装费用较低，而且可以随时关闭甲醇供给，直接将燃料供给方式改为纯柴油供给方式。该方法的缺点：甲醇的注入量由节气门来控制，会造成较大的进气节流损失；低负荷时，发动机的经济性、起动性及排放性都比较差；若固定引燃油量，当高负荷甲醇喷入过多时，会使滞燃期太长，发动机工作粗暴，环境温度低时还会使化醇器的喉口处有结冰的现象[21]。

2.4.2 缸内双喷射法

缸内双喷射法,即在气缸上安装两个高压喷嘴,一个喷柴油、一个喷醇,由柴油引燃甲醇,两个喷嘴的安装位置如图 2－3 所示。该方法的优点是可以使用含水的甲醇,这样的醇类价格便宜。其缺点是改动气缸盖较为复杂,且成本高;不能同时使甲醇吸取进气管、进气道和进气门处的热量而使醇"充能",因而无法提高充量系数;气缸盖上不仅安装两个高压喷嘴,还要安装电热塞,因而结构复杂;高压供给醇的系统部件磨损严重;还需解决喷醇高压油泵和喷油嘴的润滑问题,在小缸径压燃式发动机上进行改造难度更大。双喷射系统掺烧甲醇的试验研究表明:甲醇替代率以体积计可以达到 90% 以上,能使用粗甲醇,压燃式发动机的 PM 排放大幅下降,NO_x 排放也能改善,但 THC 和 CO 排放量比原压燃式发动机的排放增加,而动力性和经济性保持不变。

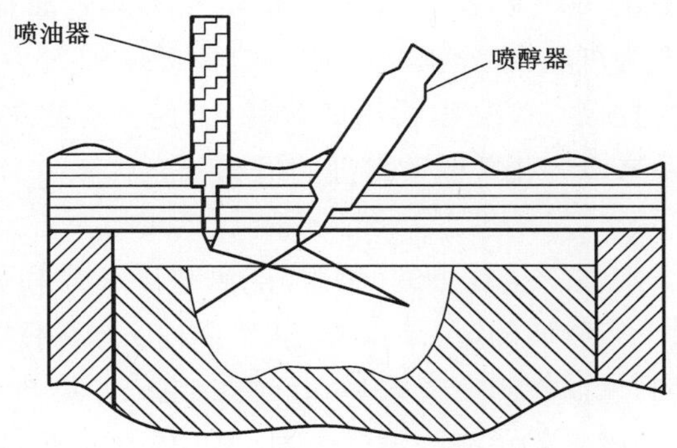

图 2－3　双喷射系统布置

方显忠等人[22]在一单缸卧式压燃式发动机的基础上进行了改造,在气缸盖上增加一个喷射器,再安装一个高压泵,由压燃式发动机同步驱动,同时将手摇起动改造成电动机起动,以方便试验。试验中采用高压喷射的方法,将甲醇作为主要燃料喷入压燃式发动机燃烧室内,用另一喷射系统喷射少量柴油作为引燃燃料,研究了每循环喷射甲醇的量和喷入甲醇燃料的定时对发动机动力性、经济性以及排放性的影响。研究结果表明,发动机的炭烟、油耗、THC 和 CO 都有所增加。进气管喷射法是在进气管安装低压喷嘴,喷入甲醇形成预混合气,进入气缸由柴油引燃。这样可以避免化醇器法的节流损失,精确控制醇的量,但小负荷喷醇时,HC 和醛类排放剧增,冷起动性能差。

2.5 二元燃料法

2.5.1 反应活性控制压燃(RCCI)

当今汽车技术发展的主要方向是减少尾气排放和提高燃油经济性,要想同时做到这两点,需要采取低温预混合燃烧策略,具体方式是通过较长的点火延时,保障燃油和空气充分混合,从而降低燃油当量比和熄灭温度。到目前为止,最受关注的低温预混合燃烧策略是均质压燃技术(Homogeneous Charge Compression Ignition, HCCI),燃油和空气在充足预混合后通过压缩自燃,这种技术仅需低浓度的油气混合物(当量比小于0.3),燃烧后排放的氮氧化物和粉尘颗粒物也基本为零。除此之外,低浓度混合物可能降低燃烧气体的温度,减少温差过大造成的热传递损失,使更多的热量用于做功,增大热效率。

进一步使燃烧均质可控和减少爆震的办法是采用分层燃烧技术,该技术是在气缸中不同的燃烧层内燃油浓度不同,但各自用于适合的当量比;模拟结果显示,可控当量比分层燃烧进一步提高了燃烧效率以及有效防止了高负荷下上止点邻近的自燃爆震。这项技术就是标题中所说的反应活性控制压燃或称反应受控压缩点火。

在2013年美国汽车工程师学会年会上,来自美国威斯康星大学的一支科研团队发表的一篇学术论文引起了普遍的关注,该研究在最佳的燃烧策略和热力学前提下,应用RCCI的发动机的指示热效率可达近60%[23]。60%的发动机指示热效率让美国能源部重型卡车50%有效热效率的请求成为可能,甚至有望把这一数值提高到55%。论文中还指出,假如想高效利用燃油反应活性控制压燃技术供给的热能,需要率先提高增压体系的效率,取得更低的尾气排放温度以及减少各相关联动部件的机械摩擦损失。

要想从根本上解决压燃式发动机 NO_x 和炭烟排放之间的矛盾,必须改变压燃式发动机的燃烧方式及燃料的燃烧特性。从过去的研究焦点侧重于喷油和雾化过程逐渐发展到燃烧机理的深入研究,通过反应物质的组分、浓度、温度、压力和燃料理化的协同控制,能够控制燃烧过程的速率和方向,从而控制燃烧效率和产物的生成。早在2013年前,威斯康星大学的Rolf Reitz便提出了一种二元燃料压缩点火式(RCCI)发动机,即为RCCI发动机,采用该方式可同时降低油耗、NO_x 和PM,并且可在宽广的负荷和转速范围下运行。

RCCI燃烧方式采用至少两种不同化学反应的燃料进行混合,如柴油和汽油或柴油和乙醇。柴油容易点燃、难以挥发,发动机在低负荷下容易实现预混燃烧,在高负荷下容易发生过早燃烧。汽油难以点燃、容易蒸发,可以向较高负荷扩充以实现预混燃烧。利用燃料的不同质量组分来控制混合燃料燃烧性质,通过多次喷射来实现预混燃烧,优化燃烧相位、持续期和压力幅度。实际上RCCI燃烧方式就是通过改进燃料品质来实现RCCI燃烧,但RCCI的运行工况范围需进一步研究。为了实现可调的燃料混合比,必须采用两套供油系统,这必将导致发动机的成本大幅增加。

国内外学者对RCCI发动机进行了诸多试验和仿真研究。S. L. Kokjohn等人[23]在一台单缸重载压燃式发动机上采用RCCI燃烧技术进行了发动机试验,在较大的发动机负荷工况范围内对燃烧和排放性能进行了研究,同时利用详细的CFD(Computational Fluid Dynamics)模型对试验所得到的趋势进行了解释。试验中,燃料采用汽油/柴油二元燃料,汽油是通过发动机气道喷射进入气缸,柴油则是通过高压共轨系统注入。试验结果表明:RCCI燃烧方式在很宽的负荷工况范围内都能够保持非常低的 NO_x 和烟度排放,并使发动机的压力升高率和振动在可接受范围内,同时能够获得很高的指示热效率。此外,试验将RCCI模式发动机和传统模式压燃式发动机的数据进行了比较,结果显示 NO_x 和排气烟度均有大幅下降,分别下降了3个和6个数量级,总的指示热效率上升了16.4%。仿真结果也显示发动机燃料转化效率得到大幅提升。

A. B. Dempsey 等人[24]用试验的方法研究了十六烷值改善剂对一台 RCCI 发动机的燃烧和排放特性的影响。试验中燃料选用了甲醇/柴油（甲醇通过进气道预混喷入）和甲醇/十六烷值改善剂直接混合喷入气缸的两种方式。试验结果表明：甲醇/柴油 RCCI 发动机的着火时刻对柴油的喷入时刻和甲醇预混量非常敏感，通过对柴油喷油时刻的调整，可以有效地控制放热规律，使燃烧平缓。Y Li 等人[25]通过多维模型对一台甲醇/柴油 RCCI 发动机进行了仿真计算研究，重点关注了甲醇喷入量、着火时刻和缸内初始温度对发动机燃烧和排放特性的影响。结果表明：预混甲醇的质量分数和着火时刻对缸内十六烷值的分布有显著影响，即缸内燃料的活性分布也受到影响。适当地加入甲醇对排放物的降低有较好效果，着火时刻的提前使 HC 和 PM 降低，但对 NO_x 和 CO 影响不大。另外，加入甲醇同时使着火提前，有利于改善燃油经济性和避免发动机爆震。

无论采用哪种燃烧方式，目的都是实现内燃机燃料的清洁高效燃烧，达到未来排放法规要求。由于不同燃烧方式可以运行的工况范围存在差异，在实际的研究中，可能采取多种模式来控制发动机运行，实现发动机燃料的清洁高效燃烧，保证运行工况范围宽广。RCCI 燃烧方式有其优势所在，但仍然存在很多未解决的问题，需要进行进一步的探索和研究。

2.5.2　其他二元燃料法

压燃式发动机进气道喷射甲醇，在进气压缩过程中形成比较均匀的预混混合气，在上止点前喷入适量柴油对进入气缸的甲醇进行引燃，这实际上组成了预混压燃甲醇/柴油二元燃料发动机。预混压燃二元燃料发动机因其具有使用燃料灵活、炭烟排放少、发动机改动较小、改造成本低等特点而具有良好的推广前景。二元燃料发动机既可以运行在进气预混天然气或液化石油气或醇类等替代燃料用柴油引燃的二元燃料模式下，又能运行在柴油或者柴油混合燃料的单燃料模式下。当前石油仍为交通运输能源的主导能源，短期内不可能改变，在内燃机替代燃料的发展和推广阶段，二元燃料发动机具有很大的优势。

目前，国外二元燃料发动机经历了简单的机械混合器供气、电控单点喷射供气、电控多点喷射供气、缸内直接喷射供气等多种技术。各个开发单位多以天然气等可燃性气体作为二元燃料发动机的主要燃料，美国、德国、意大利、奥地利、日本和芬兰等是世界上气体二元燃料发动机技术水平较高的国家。20 世纪 80 年代，美国能源转换公司协助开发了一种新型的二元燃料系统，并把两台高速压燃式发动机改装成为二元燃料发动机[26]：一台是美国 Caterpitlar 公司的 3208 型压燃式发动机，另一台是日本五十铃公司的 6BDI 型压燃式发动机。

R. Udayakumar 等人采用熏蒸法掺烧甲醇，用柴油引燃的方式，在一台改装的单缸压燃式发动机上进行试验。研究了在二元燃料模式下不同进气温度对发动机动力性、有效热效率和排放的影响。结果表明，在进气温度为 70 ℃时，与纯柴油模式相比，发动机的各种性能均较佳。

2004 年天津大学科研人员提出柴油/甲醇组合燃烧的概念。该技术的核心是在同一台发动机上，按照发动机最优性能需要而采用不同的燃烧模式。具体实施是在起动、暖机及小负荷工作时，发动机以纯柴油工作实现扩散燃烧，而在中高负荷时，在压燃式发动机进气管喷射部分醇类燃料，与进气形成均质混合气进入气缸，由柴油引燃实现准均质混合气燃烧，以此实现高效清洁燃烧。与以往不同的是，这种柴油/甲醇的二元燃烧方式，是甲醇喷到进气道时通过压力雾化，其喷射量和喷射时刻完全受电控系统控制。甲醇在进气压缩过程形成比较均匀的预混混合气，在上止点前喷入适量柴油对进入气缸的甲醇进行引燃，这实际上组成了预混压燃柴油/甲醇二元燃料发动机。由电控系统管理的柴油/甲醇二元燃料发动机通过动力性、经济性、排放性的台架试验和整车路况试验后，表明该系统完全可以应用到压燃式发动机上。发动机中高负荷的动力性、经济性和排放品质与燃用纯柴油相比得到了不同程度的改善。压燃式发动机排气中的颗粒和炭烟大幅下降，而且 NO_x 的排放也有所改善。通过氧化后处理，可大幅降低因掺烧甲醇导致的 HC、CO 和 PM 的增加量，使二元燃料发动机的排放达到燃烧纯柴油的水平[27]。

薛玉荣等人[28]在一台单缸、直喷、中冷压燃式发动机上进行试验，采用了甲醇进气管低压喷射、柴油缸内引燃的二元燃料燃烧模式。在压燃式发动机的进气管距进气门约 250 mm、与进气管轴线成 30°的夹角处安装一套电控低压甲醇喷射装置，电子控制装置可以根据发动机的转速和负荷将一定量的甲醇喷入进气管中，随进气进入气缸形成均匀混合气。研究表明：柴油/甲醇二元燃料发动机的万有特性曲线与传统压燃式发动机有所不同，燃油最经济区域位于转速较宽和负荷较高的区域内，且随着引燃柴油量的增加而向发动机高转速区域移动。柴油/甲醇二元燃料发动机在中高负荷及中高转速下运转可获得较好的燃油经济性。选择适当的引燃柴油量，二元燃料发动机的动力性可以达到甚至超过原柴油机的动力性。

邹洪波等人[29]在一台 TY1100 型直喷压燃式发动机上安装一套甲醇低压电控喷射装置，开展了引燃柴油量对柴油引燃甲醇二元燃料发动机性能和排放影响的研究。此研究表明：采用二元燃料燃烧模式，引燃柴油量对发动机的性能及排放影响较大，引燃柴油量过小，会导致发动机的功率下降、排放增加。引燃柴油比例在 28.90% ~48.20%，二元燃料发动机的功率可以达到甚至超过原压燃式发动机的功率，甲醇质量掺比可达 73.30% ~ 83.20%；低负荷时，二元燃料发动机的有效热效率较原压燃式发动机低，随着负荷增加，有效热效率增加；发动机燃用二元燃料后，炭烟排放大幅度降低，而 HC 排放增加；在同一引燃柴油量下，HC 排放呈先增加后减少的趋势，CO 排放与原压燃式发动机相差不大；在大部分负荷下，NO_x 排放降低；增大引燃柴油量，可以提高发动机低负荷时的有效热效率和降低 HC 排放，但 NO_x 排放有所增加。

王利军等人[30]在一台单缸压燃式发动机的进气管上安装了一套电控甲醇喷射装置，电子控制装置可以根据发动机的转速和负荷将一定量的甲醇喷入进气管中，随进气进入气缸形成均匀的混合气，进行了高比例柴油/甲醇二元燃料发动机燃烧和排放特性的试验研究。研究表明：在相同的平均有效压力和转速下，甲醇质量分数的增加改变了二元燃料发动机预混燃烧和扩散燃烧的比例，从而使发动机滞燃期增长，由此导致预混燃烧量增加，放热率曲线第一峰值增大，第二峰值减小；在高负荷时，二元燃料发动机放热率曲线形心靠近上止点，燃烧等容度和热效率均提高，当量柴油燃料消耗率曲线显著下降；在中高负荷时，随甲醇质量分数的增大，二元燃料发动机燃烧的缸内最高爆发压力和最大压力升高率均增大，最大压力升高率处于上止点后，但缸内气体最高爆发压力较柴油更加靠近上止点；虽然 HC 和 CO 排放有所增加，但 NO_x 和炭烟排放却大幅下降，这说明采用柴油/甲醇二元燃料是同时降低压燃式发动机 NO_x 和炭烟排放的一种有效方法。

王忠等人[31]在一台增压压燃式发动机结构不变的前提下，采用进气甲醇电控喷射，实现柴油/甲醇二元燃料燃烧，分析了进气预混掺烧柴油/甲醇二元燃料发动机的燃烧过程，并对实践中的控制策略做出了指导。研究表明：30% 负荷时，最大爆发压力和放热率峰值随着甲醇掺烧比例的增大变化不大；80% 负荷时，与燃烧柴油相比，掺烧 50% 甲醇时最大爆发压力提高了 12.1%，放热率峰值升高幅度为 37.7%；甲醇的加入降低了进气温度，低负荷时，甲醇掺烧比例增加，缸内平均温度略有降低，燃烧持续期变化不大，滞燃期延长；高负荷时，缸内平均温度升高，滞燃期缩短，燃烧终点提前。由此确定出二元燃料发动机的控制策略：最大扭矩转速时，甲醇的掺烧比例可控制在 15% ~55%；低负荷可选择较高的掺烧比例，随着负荷的增加，掺烧比例必须控制，80% 负荷时，掺烧比例不宜超过 15%。

2.6　本章小结

综上所述，由于甲醇的性质决定了其难以在压燃式发动机上直接应用，因此至今尚未见到将甲醇大量应用于柴油机上。在以上提及的多种方法中，由天津大学科研人员提出的柴油/甲醇组合燃烧方式体现了以下特点：

①起动时用柴油，工作时用甲醇和柴油混烧，解决了甲醇发动机的冷起动问题；

②甲醇以一定的压力喷进进气道，保证了较高的混合气雾化质量；

③实现了部分均质混合气压燃的高效燃烧方式；

④减少了总的柴油消耗量和扩散燃烧量，不仅燃料中含硫量减少，同时扩散燃烧产生的微粒也减少，可以实现部分混合气的均质压燃。

该方法展现出的特点，也为实际应用提供了良好的途径，正在得到国内同行的关注与采用。

柴油/甲醇组合燃烧（Diesel-Methanol Compound Combustion, DMCC）实现了甲醇与柴油共燃，不仅替代了柴油，而且实现了高效清洁燃烧[32]。经检测表明，这种方法应用在压燃式发动机上，可以使其排放品质提高一个等级[33]；在道路试验中，平均使燃料效率提高 10% 以上。可见，柴油/甲醇二元燃料燃烧方式是一种值得进一步完善并加以推广应用的新型方式，甲醇替代柴油具有重要的意义[34]。

本书的主要内容是围绕甲醇与柴油两种性质不同的燃料如何组织其燃烧，各自的混合气怎样形成，燃料着火的行为怎样，燃烧过程有何特点，排放物都有哪些以及怎样控制，甲醇应用到整车上又会有什么问题等展开的。

2.7　参考文献

[1]谢洁，王锡斌，卢红兵，等. 柴油 - 甲醇微乳化燃料的制备及燃烧特性研究[J]. 内燃机工

程,2004,25(2):1 -5.
[2]黄忠水,纪威,鄂卓茂. 柴油乳化燃料的配制及应用[J]. 柴油机,2002(1):28 -31.
[3]刘永启,王延遐. 柴油 - 甲醇 - 水复合乳化的机理研究[J]. 淄博学院学报:自然科学与工程版,2002,4(3):32 -35.
[4]吴东垠,盛宏至,张宏策,等. 柴油、甲醇和水三组元乳化液滴微爆过程的研究[J]. 西安交通大学学报,2007,41(7):772 -775.
[5]黄钰. 柴油 - 甲醇组合燃烧发动机的控制策略及试验研究[D]. 天津:天津大学,2008.
[6]张喜梅. 生物油/柴油乳化燃料的制备工艺及柴油机上的应用研究[D]. 淄博:山东理工大学,2010.
[7]龚旌. 车用环保甲醇柴油制备工艺的研究[J]. 环境工程学报,2009,3(10):1917 -1920.
[8]冯国琳,焦纬洲,高璟,等. 甲醇 - 柴油乳化燃料的研究进展[J]. 精细与专用化学品,2012,20(4):50 -53.
[9]焦纬洲,李静,刘有智,等. 超重力技术制备甲醇柴油乳化燃料分散性能研究[J]. 中国炼油与石油化工,2014,16(01):27 -34.
[10]刘丽华. 大功率超声发生器的研制及超声乳化的实验研究[D]. 北京:华北电力大学,2000.
[11]王立达,刘有智,焦纬洲,等. 柴油微乳化设备研究进展[J]. 当代化工,2009,38(1):47 -50.
[12]周洪友. 柴油射流乳化机:中国,CN00252657[P]. 2000 -10 -27.
[13]段峰. 柴油/甲醇组合燃烧方式在增压柴油机上的应用研究[D]. 天津:天津大学,2004.
[14]宫长明,刘金山,徐百龙,等. 火花助燃甲醇发动机燃烧特性的研究[J]. 内燃机学报,1998,16(1):31 -36.
[15]程传辉. 甲醇在压燃式发动机上的应用研究[D]. 天津:天津大学,2008.
[16]周龙保. 燃用甲醇类燃料的多火花助燃柴油机[J]. 内燃机工程,1986(2):44 -51.
[17]孙志远,王树奎,付茂林. 采用电热塞助燃法在原压燃式发动机中燃用甲醇的试验研究[J]. 内燃机学报,1995,13(4):352 -360.
[18]韩怀阳. 替代燃料甲醇在柴油机上的应用[D]. 南宁:广西大学,2006.
[19]崔心存. 现代汽车新技术[M]. 北京:人民交通出版社,2001.
[20]张军昌,师帅兵,张娟利. 柴油机燃用甲醇/柴油二元燃料的试验研究[J]. 拖拉机与农用运输车,2005(4):45 -47.
[21]张军昌. 柴油 - 甲醇二元燃料发动机试验研究[D]. 杨凌:西北农林科技大学,2004.
[22]方显忠,刘巽俊,金文华,等. 直喷压燃式发动机用双喷射系统燃用柴油 - 甲醇的研究[J]. 内燃机学报,2003,21(6):411 -414.
[23]KOKJOHN S L,HANSON R M,SPLITTER D A,et al. Fuel Reactivity Controlled Compression Ignition (RCCI):a pathway to controlled high-efficiency clean combustion[J]. International Journal of Engine Research,2011,12(3):209 -226.

[24] DEMPSEY A B, WALKER N R, REITZ R. Effect of cetane improvers on gasoline, ethanol, and methanol reactivity and the implications for RCCI combustion[J]. SAE International Journal of Fuels and Lubricants, 2013, 6(1): 170 - 187.

[25] LI Y, JIA M, LIU Y, et al. Numerical study on the combustion and emission characteristics of a methanol/diesel Reactivity Controlled Compression Ignition (RCCI) engine[J]. Applied Energy, 2013, 106: 184 - 197.

[26] KARIM G A, LIU Z, JONES W. Exhaust emissions from dual fuel engines at light loads[J]. Training, 1993(2013): 11 - 12.

[27] 姚春德,程传辉,王银山,等. 发动机采用柴油/甲醇组合燃烧的性能研究[J]. 工程热物理学报,2007,28(1):169 - 172.

[28] 薛玉荣,苏铁熊. 柴油甲醇二元燃料发动机动力性与经济性试验分析[J]. 机械研究与应用,2009(6):47 - 49.

[29] 邹洪波,王利军,刘圣华. 引燃柴油量对甲醇/柴油二元燃料发动机性能和排放的影响[J]. 内燃机学报,2007,25(5):422 - 427.

[30] 王利军,刘圣华,邹洪波,等. 高比例甲醇柴油二元燃料发动机燃烧与排放特性的研究[J]. 西安交通大学学报,2007,41(1):14 - 18.

[31] 王忠,李仁春,张登攀,等. 甲醇/柴油二元燃料发动机燃烧过程分析[J]. 农业工程学报,2013,29(8):78 - 83.

[32] 姚春德,彭红梅,黄钰,等. 提高柴油/甲醇组合燃烧尾气排放质量的研究[J]. 环境科学学报,2006,26(8):1235 - 1239.

[33] 姚春德,耿鹏,魏立江,等. 柴油/甲醇组合燃烧(DMCC)减少重载柴油机烟度排放的试验研究[J]. 环境科学学报,2013,33(11):3146 - 3152.

[34] 姚春德,许汉君. 车用燃料发展和研究现状及其未来展望[J]. 汽车安全与节能学报,2011,2(2):101 - 110.

第3章 甲醇喷雾及柴油在甲醇氛围内的着火特性

在柴油/甲醇二元燃料燃烧中，当发动机起动、暖机时用纯柴油模式，待水温达到规定温度时，转换为柴油和甲醇二元燃料运行。此时，甲醇喷射进入进气道，首先与空气混合形成均质混合气，随后柴油通过缸内直喷进入缸内，实现柴油和甲醇的灵活掺烧比例，合理组织二元燃料燃烧[1]。在二元燃料燃烧过程中，甲醇喷雾的雾化质量和混合气形成特性对缸内燃烧过程以及尾气排放有着重要影响。深入研究甲醇低压喷射过程及射流特性，对优化甲醇的喷射控制系统和燃烧系统参数具有重要意义。本章主要介绍通过研发新型定容燃烧弹装置及其配套的高速摄像系统，用可视化方法具体研究甲醇的低压喷雾特性及柴油在甲醇热氛围中的着火燃烧特性。

3.1 甲醇的理化特性

甲醇是一种无色透明、易挥发、自身含氧的易燃液体，其十六烷值低、自燃温度高、难于压燃，且来源广泛。甲醇作为一种新型能源，可以通过将煤气转化为水煤气再催化合成甲醇，将天然气中的甲烷氧化转换为甲醇和合成氨厂联产甲醇等三种方式生产。甲醇能够作为清洁燃料在发动机上使用，与其理化性质和在发动机中的燃烧特性是分不开的。表3－1为甲醇与柴油、汽油的物理化学特性对比[2,3]。

表3－1　甲醇与柴油、汽油的物理化学特性对比

物化参数	甲醇	柴油	汽油
分子式	CH_3OH	C16～C23	C4～C14
分子量	32.04		
含氧量/%	50	0～0.5	0
密度(20 ℃)/(g/mL)	0.791	0.82～0.86	0.72～0.78
凝点/℃	－97.8	－35～10	－60～－56
闪点(闭口)/℃	12	55	－45
沸点/℃	64.5～64.7	180～370	27～225
运动黏度(20 ℃)/(mm^2/s)	0.58	3.0～8.0	0.28～0.59
表面张力(20 ℃)/(N/cm)	22.55×10^{-5}	31.30	24.82
汽化潜热/(kJ/kg)	1 167	270	310
低热值/(MJ/kg)	19.930	43.03	42.5
理论空燃比	6	14.6	14.8

续表

物化参数	甲醇	柴油	汽油
理论混合气热值/(kJ/kg)	2 650	2 790	2 780
着火温度/℃	463.89	270 ~ 350	350 ~ 468
火焰传播速度/(m/s)	0.523	—	0.377
着火界限(体积分数)/%	6.7 ~ 36.5	1.5 ~ 8.2	1.4 ~ 6.7
辛烷值 RON	114	—	89 ~ 98
十六烷值 CN	3	45 ~ 55	0 ~ 10

1. 分子式

从分子结构来看，甲醇不含 C—C 键，且含氧量达 50%，有利于降低炭烟和颗粒生成；甲醇的 C/H 值较柴油小，在产生同样热量的情况下，甲醇生成的 CO_2（温室气体）量要少得多。

2. 密度

密度是燃料物理性质参数中最重要的参数之一，燃油的大部分物理化学性质与密度之间都存在某种内在关系，它通常可以提供一些关于燃油组分、点火质量、功率输出、排放烟度等的信息。燃油密度越大，燃油里的碳原子数目越多，意味着输出功率越大，同时产生炭烟微粒的可能性也增加。

3. 凝点

凝点是指在规定的冷却条件下液体停止流动的最高温度。与汽油和柴油相比，甲醇的冷凝点较低，作为车用燃料在低温环境下也可以正常工作。

4. 闪点

燃油在规定结构的容器中加热挥发出可燃气体与液面附近的空气混合，达到一定浓度时可被火星点燃时的燃油温度称为闪点，它是燃料储存和运输时的安全指标，闪点低的燃料更容易燃烧。一般情况下，柴油的闪点为 55 ℃，而甲醇的闪点只有 12 ℃左右，因此对甲醇类燃料的运输和储存提出了严格的防火规范。

5. 沸点

沸腾是在一定温度下液体内部和表面同时发生的剧烈汽化现象。甲醇的沸点要比汽油和柴油都低，因此在能使汽油和柴油沸腾的条件下，甲醇早已经沸腾，这就有利于甲醇的汽化。

6. 运动黏度

运动黏度作为发动机燃油的重要指标，是衡量流体内部摩擦阻力大小的标尺，它影响着柴油/甲醇混合燃料的雾化质量以及发动机喷射系统的润滑特性。在柴油机工作过程中，如果燃油运动黏度大，则喷雾锥角减小，油滴的蒸发面积减小，燃油雾化质量变差。如果燃油运动黏度过低，会加剧高压油泵和喷油器的运动磨损，降低其使用寿命。同时黏度过低也会使燃油雾化后油滴直径过小，油束射程变短，形成的混合气不均匀，使燃烧变差。

7. 表面张力

表面张力是评价燃料品质的一个不可忽视的物理指标。在燃油的喷射和雾化过程中，表面张力起到了很大的作用。它影响燃油的撕裂、破碎、吸热、雾化、汽化等过程,还影响油束和油滴在行进过程中的阻力和速度衰减,同时影响油滴与热空气之间的传热与混合等。与柴油和汽油相比,甲醇的表面张力最小,喷雾的雾化质量最好。

8. 汽化潜热

汽化潜热为温度不变时单位质量的某种液体物质在汽化过程中所吸收的热量。甲醇汽化潜热较大,一方面可以降低压缩负功和充气系数;另一方面能够降低缸内燃烧温度,抑制 NO_x 和炭烟生成[4-5]。但较高的汽化潜热会对发动机的冷起动、低速低负荷时的工作过程产生不利影响。

9. 低热值

热值是柴油/甲醇混合燃料应用于发动机的重要衡量指标,它直接影响发动机动力的输出。甲醇的热值要比石油燃料的热值低,甲醇低热值约是柴油低热值的46%,所以大比例掺混的柴油/甲醇混合燃料用于发动机时,动力性降低。而柴油/甲醇二元燃料燃烧方式可以避免这种情况的发生,一系列的道路试验表明,由于甲醇从发动机进气系统以均质混合气提前进入气缸,柴油引燃此混合气,加快了燃烧速度,弥补了甲醇低热值的缺陷。因此,采用二元燃料燃烧方式可以提高发动机的动力性。

10. 着火界限

甲醇的着火界限较柴油的着火界限宽,能在较稀的混合气中工作,有利于采用稀薄燃烧技术提高发动机效率,同时降低排放;且甲醇的燃烧速度快,燃烧定容度好,燃烧持续期短,对提高发动机热效率十分有利。

11. 辛烷值

辛烷值是表征燃料抗爆性的重要指标。甲醇的辛烷值超过106,远高于汽油和柴油,抗爆性好,可以提高汽车发动机的压缩比。

12. 十六烷值

十六烷值是判断燃料着火性能好坏的重要参数。十六烷值越高,燃料着火性越好,越易着火,滞燃期越短。但是,十六烷值过高,燃料在燃烧过程中容易裂解而增加炭烟排放,燃油消耗量也会升高。

3.2 甲醇的雾化

3.2.1 单孔喷嘴下甲醇喷雾特性

图3-1为甲醇喷雾系统示意图,主要包括定容弹装置、高速摄像机及采集系统、甲醇供应系统、电控ECU系统。为了便于研究甲醇在不同背压下的喷雾和雾化过程,甲醇喷雾装置必须能够模拟与实际发动机相似的进气系统条件才能满足要求。图3-2为甲醇喷雾装置结构图,主要尺寸为内膛直径150 mm、长356 mm,两端盖上的观察窗用石英玻璃制成,其尺寸为直径170 mm、厚20 mm,有效视场范围为150 mm,有充分的空间观察甲醇在碰壁前的喷雾锥角和贯穿距离。该装置具有观察窗的视场大、易于拆卸擦拭、光路布置方便以及

喷雾装置内压力易实现准确控制等优点，非常适合喷雾雾化过程的基础研究。该装置采用 SW6—1998（过程设备强度计算软件包）校核喷雾定容弹的强度，研究喷雾雾化过程时最高耐温 300 ℃，最高承压 1 MPa。

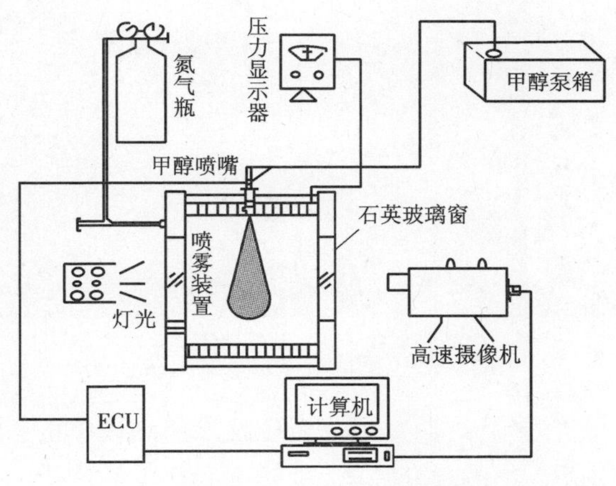

图 3－1　甲醇喷雾系统示意图

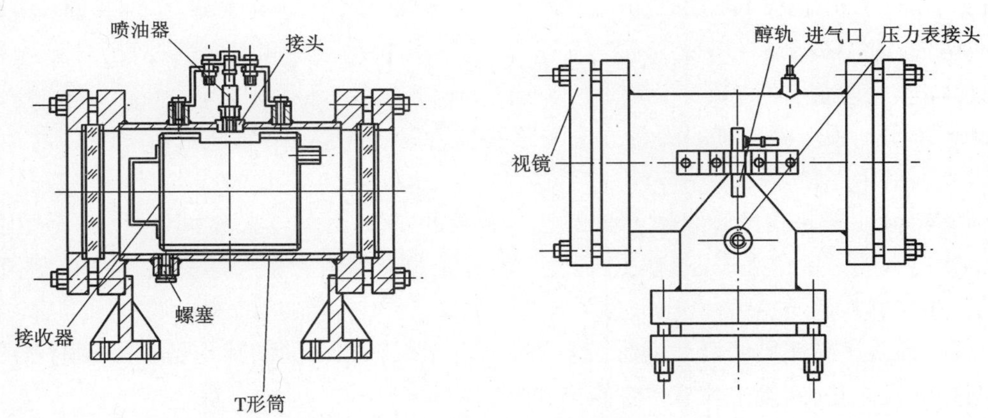

图 3－2　甲醇喷雾装置结构图

高速摄像系统主要包括摄像头、主机、监视器和多通道数据采集器。其中摄像头为 Photron FASTCAM SA1. 1 系列高速数字摄像机，照片分辨率为 1 024 ×1 024，摄像机的基本内存为 8 GB，最高摄像速度为 675 000 帧/s，高速摄像机拍摄速度设定为 4 000 帧/s。如图 3－3 所示，高速摄像机在喷雾装置的一端摄像，另一端用双联新闻灯的灯光配合。（高速摄像对背景光的要求高，光线太弱拍摄不到图像，光线太强有可能烧坏石英玻璃窗）试验采用 1. 0 kW 的双联新闻灯，为方便光源和摄像机的布置，用逆光摄像，同时为使背景光进入摄像头的光线均匀，在背景灯和石英玻璃窗之间放置一块毛玻璃。

图 3-3 高速摄像系统实物图

本试验是用氮气作为背压气体，通过调节减压阀降压到设定的背压后充入甲醇喷雾装置。甲醇喷嘴是由博世公司生产的单孔喷嘴，试验用醇轨中的压力一直保持在 3 bar(1 bar =0.1 MPa，下同)，为甲醇喷嘴的喷射提供稳定压力。试验中选取的背压分别为 0 bar、0.5 bar、1 bar、1.5 bar、2 bar、2.5 bar 和 3 bar，喷射脉宽分别为 2 ms、4 ms、6 ms、8 ms、10 ms、12 ms、14 ms 和 16 ms。在各脉宽、背压下，用高速摄像机拍摄甲醇喷射的过程，对图片数据进行处理，获得喷雾锥角、贯穿距离、喷雾速度等相关参数；在各脉宽、背压下，测量出每次喷射的甲醇量。甲醇喷射量的测量方法为总共喷射 20 000 次，用量筒量出甲醇总量，计算出每次喷射的甲醇量。

喷雾特性一般是指喷嘴喷射出来的喷雾本身的特性，即喷雾的空间特性，主要用喷雾的贯穿距离和喷雾锥角来表征其发散程度。喷雾锥角与喷嘴有很大的关系，在同一喷嘴的情况下，还与燃料性质、装置背压等参数有关。如图 3-4 所示，把高速摄像机固定后，在其拍摄之前，需要用高速摄像机对喷雾装置进行标定，所有拍摄的图片作数据处理时都要与标定图片进行比对，测量出喷雾贯穿距离和喷雾锥角。

图 3-4 数据图像处理图

图 3-5 为喷射压力为 3 bar、背压为 1 bar 下的甲醇喷雾喷射发展过程。由图可见，甲

醇自喷嘴喷出后迅速向下发展，同时射流向两边发展，射流外围由于射流和介质气体相互作用产生湍流褶皱，随着甲醇射流的发展，褶皱更加明显。因此，可以把整个射流发展过程分为射流初期阶段和射流稳定期阶段。射流在发展过程中，射流初期阶段的喷雾锥角明显比稳定期阶段的喷雾锥角要大，随着甲醇喷射的发展，喷雾锥角逐渐变小，并逐渐趋于稳定。当喷雾锥角基本保持不变时，即贯穿距离达到 1/3 后，由于射流动量在与介质气体的相互作用中减弱，射流在横向上开始出现收缩，同时射流外围湍流出现褶皱，开始出现一定的雾化效果。射流上部外围比较平滑，下部由于射流与介质气体的相互作用，射流外围有较强的褶皱。

图 3－5　甲醇喷雾发展过程

图 3－6 为不同脉宽对甲醇喷射量特性的影响。由图可以看出，背压在 0～2.8 bar 范围内，脉宽和甲醇喷射量之间基本呈线性关系，但是当喷雾装置内背压进一步升高，随着脉宽的增大，甲醇喷射量出现明显的不稳定，且随着背压的升高，斜率明显放缓。

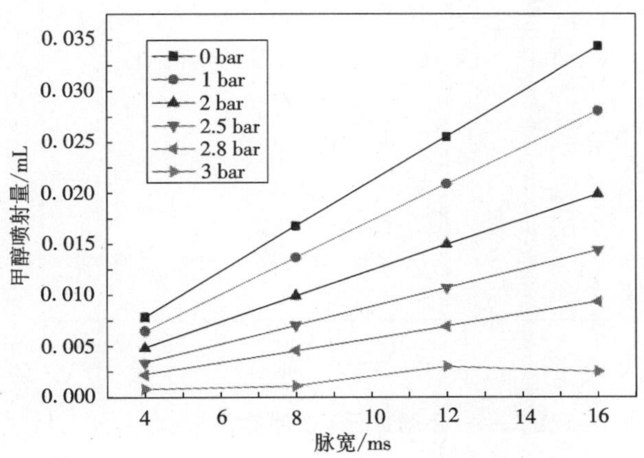

图 3－6　不同脉宽下的甲醇喷射量特性

图 3 -7 为不同背压对甲醇喷射量特性的影响。由图可见,在相同的喷射脉宽下,随着背压的升高,甲醇喷射量呈现出两个区域:背压在 0 ~2 bar 时,随着背压的升高,甲醇喷射量下降的幅度比较缓慢;背压大于 2 bar 后,随着背压的不断升高,甲醇喷射量陡然下降。

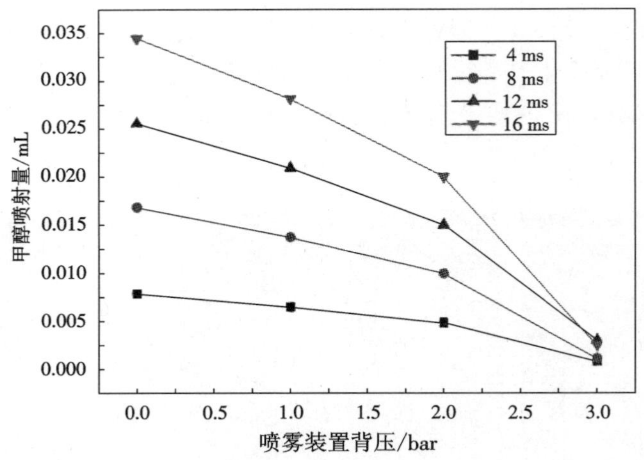

图 3 -7　不同背压下的甲醇喷射量特性

图 3 -8 为背压分别为 0 bar、1. 5 bar 和 2. 5 bar,喷射脉宽为 4 ms 时,甲醇喷雾锥角的变化。由图可见,随着甲醇射流过程的发展,喷雾锥角是在不断的波动中逐渐减小的,然后趋于稳定。因此,射流发展过程由射流初期阶段和射流稳定期阶段组成。射流初期阶段的喷雾锥角比射流稳定期阶段的喷雾锥角要大,射流初期阶段喷雾锥角波动相对较大,随着射流过程的发展,喷雾锥角在不断的波动中趋于稳定。随着背压增大,介质气体对射流的阻力增加,甲醇的喷雾锥角增大。

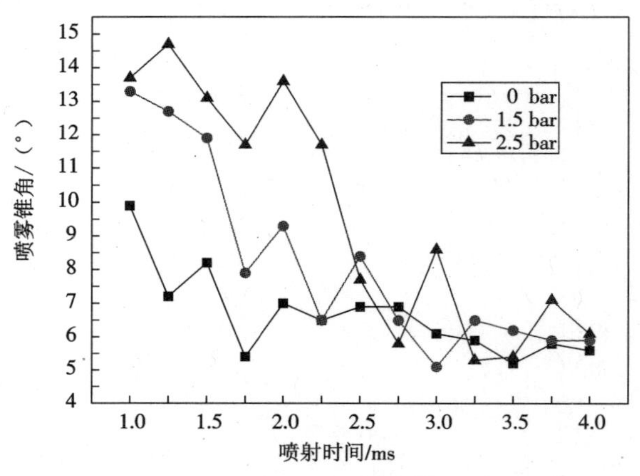

图 3 -8　不同背压下的喷雾锥角特性

图 3 -9 为相同背压下,12 ms 脉宽和 16 ms 脉宽时,甲醇喷雾锥角的对比。由图可见,在背压相同的情况下,随着喷射脉宽的增大,甲醇喷射量增加,介质气体对射流的阻力使更

多的甲醇液滴破碎，因此其对应的喷雾锥角也就变大。由图 3－10 可以看出，在射流发展初期阶段和稳定期阶段，贯穿距离随时间呈线性增加。随着喷雾装置背压的增加，介质气体对射流的阻力增加，射流贯穿距离减小。

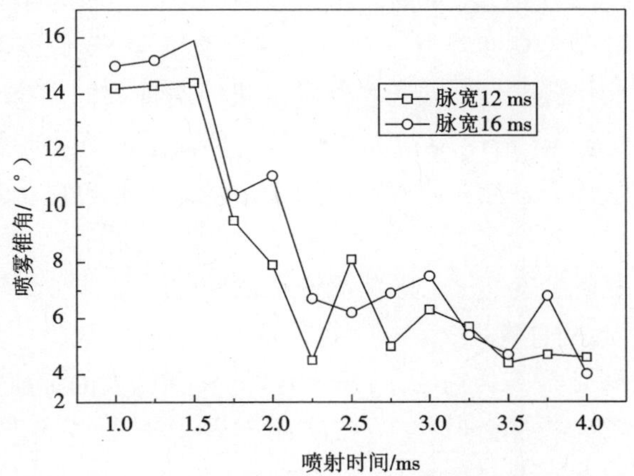

图 3－9　不同脉宽下的喷雾锥角特性

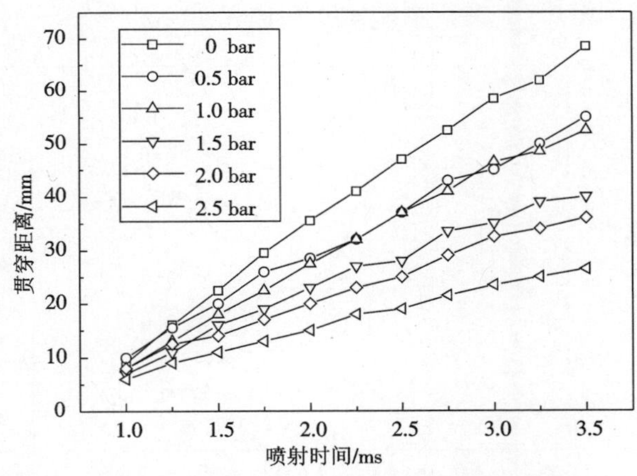

图 3－10　不同背压下的喷雾贯穿距离特性

试验表明：

①整个射流发展过程分为射流初期阶段和射流稳定期阶段，射流在发展过程中，射流初期阶段的喷雾锥角明显比稳定期阶段的喷雾锥角要大，随着甲醇喷射的发展，喷雾锥角逐渐变小，并逐渐趋于稳定；

②随着喷雾装置背压的增加，介质气体对射流的阻力增加，甲醇喷射量减少，射流贯穿距离减小，喷雾锥角增大。

3.2.2 多孔喷嘴下甲醇喷雾特性

采用柴油/甲醇二元燃料燃烧方式[6]，将甲醇作为燃料应用到压燃式内燃机上，以替代部分柴油。由于甲醇中含氧量高达50%，因此燃烧后不易形成炭烟。同时，由于甲醇的汽化潜热比柴油大得多，可以大幅度降低发动机最高燃烧温度，降低 NO_x 排放[7]。甲醇通过进气道喷射后进入气缸由柴油引燃，使两者在发动机内实现共同燃烧。甲醇的喷入量决定了该工况时的柴油代替量。在增压发动机高转速大负荷工况下由于进气压力增大在高背压的条件时，即使控制系统下达增加甲醇喷射量的指令，甲醇喷射量达到一定值后也难以再提高。

由图3－11可见，发动机进气压力随负荷变化而变化。通过对此现象的分析可知，增压发动机工作中产生了较高的进气压力，从而构成了甲醇喷向进气道的背压。背压随负荷的变化较大，尤其是在25%负荷高转速时，背压变化明显，如此大的背压变化是否会对甲醇喷射和雾化效果产生较大影响？由于甲醇进气道喷射属于柴油/甲醇二元燃料燃烧所特有，而相关的研究较少，为了进一步完善柴油/甲醇二元燃料的燃烧，有必要对此问题进行深入研究。采用定容弹模拟燃料的进气道喷射，利用高速摄像开展了甲醇的喷射射流特性的研究，研究包括不同定容弹背压下的甲醇射流发展过程以及射流特性，得到不同喷射背压下甲醇射流贯穿距离、射流锥角、射流质量流量的变化规律。

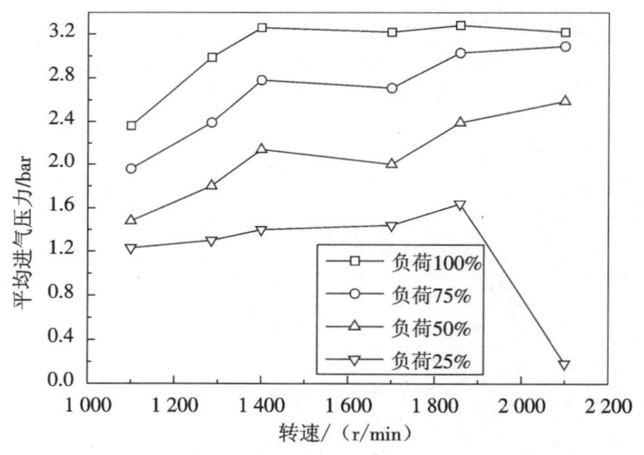

图3－11 不同负荷平均进气压力图

甲醇的喷射试验装置如图3－12所示，包括电控甲醇喷射系统、定容弹、高速摄像系统。甲醇泵向供醇管路输送具有一定压力的甲醇，限压阀保持醇轨与大气之间的压差。喷油器由控制器控制，并按要求输出适量的甲醇。氮气作为背压气体，压缩氮气经减压阀减压后冲入定容弹，当定容弹内压力达到指定压力时，关闭压缩氮气瓶开关。试验在室温下进行，定容弹内部没有气流运动。试验中使用了三种类型甲醇喷油器，其编号及参数如表3－2所示。

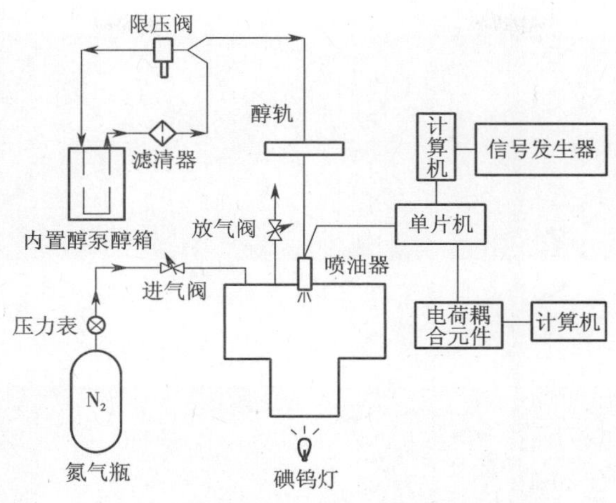

图 3-12　甲醇的喷射试验装置图

表 3-2　甲醇喷油器参数

喷油器编号	1 号	2 号	3 号
喷油器孔数	1	2	4
孔径/mm	0.4	0.33	0.2
喷射压力/bar	3		
定容弹背压/bar	0,0.5,1,1.5,2,2.5,3		
试验燃料	甲醇		
介质气体	氮气		

图 3-13 为三种甲醇喷油器在不同背压下的喷雾形状。由图可见,在只有 3 bar 的喷射压力下,1 号喷油器射流喷出后以柱状细流迅速向下发展,属于不完全喷射[8],在射流前锋由于射流和介质气体相互作用产生破碎发散;多孔的 2 号和 3 号喷油器的射流离开喷孔一段距离后也呈现柱状细流形状,射流外围与介质气体的作用增强,有利于燃料的蒸发。背压升高,喷油器射流的贯穿距离缩短,射流外形压缩,前锋破碎形成较大的液滴,介质气体对射流的阻力增加,射流和介质气体相互作用增强[4]。3 号喷油器孔径小,射流前锋破碎效果比 1 号和 2 号喷油器好,背压气体对射流的作用也更加明显。从图 3-13(d)的喷雾形状可见,背压 2.5 bar 时,喷射是连续的,喷射结束时射流突然结束流动;背压3 bar时,喷射呈间断的滴状流,喷射呈非正常状态。喷射结束时,由于喷油器针阀的运动,将其动能传递给流体,射流的尾部呈现出伞状的挤压流,如图 3-13(d)喷雾形状中椭圆所圈的图像所示。

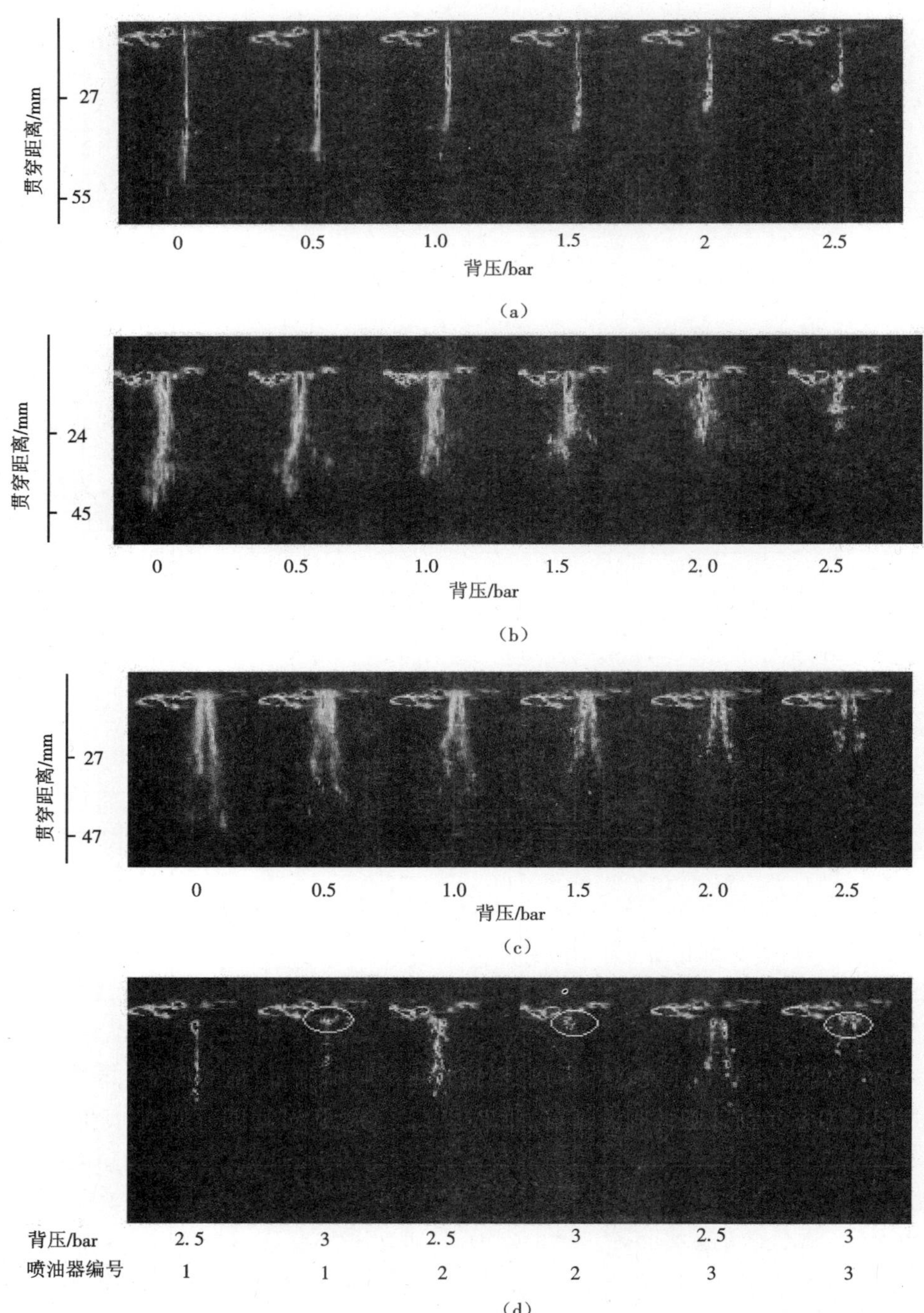

图 3-13 喷雾形状图

(a)1 号喷油器 2.0 ms 时不同背压喷射图 (b)2 号喷油器 2.0 ms 时不同背压喷射图

(c)3 号喷油器 2.0 ms 时不同背压喷射图 (d)背压 2.5 bar 和 3 bar 时喷射结束后对比图

图 3-14 给出了 1 号喷油器在不同喷射背压下射流贯穿距离随时间的变化关系。射流的发展过程分为初期阶段和主体阶段。在射流发展初期，射流贯穿距离随时间增加很快；

在射流发展主体阶段，贯穿距离随时间呈线性增加，但贯穿距离增加速度比射流发展初期要小，由于喷射压力小，贯穿距离随时间的变化波动比较大；喷射后期，射流贯穿距离的波动更加明显。当背压小于1.5 bar时，射流贯穿距离变化较小；当背压大于1.5 bar时，射流贯穿距离变化较大，贯穿距离随时间增加，呈现出较好的线性关系，介质气体对射流发展的抑制作用明显。

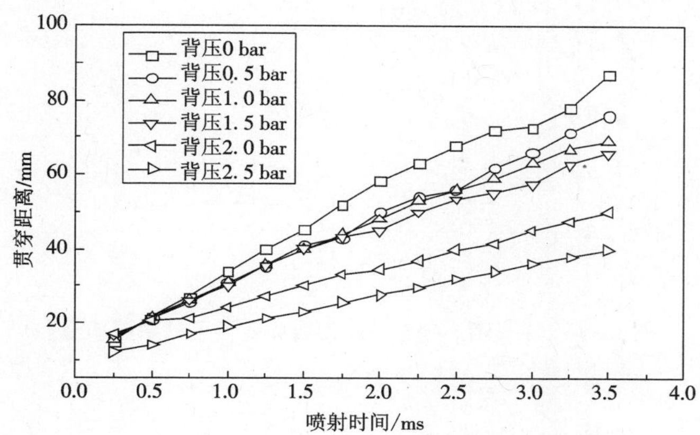

图3－14　1号喷油器在不同喷射背压下的贯穿距离

图3－15给出了1号喷油器在不同喷射背压下射流锥角随喷射时间的变化关系。由图可见，由于喷射是瞬态的，射流锥角随着射流的发展而变化[2]。在喷射初期，射流的锥角较大，随着时间的推移，锥角以波动形式向减小方向变化，最后趋于平均锥角3.8°。随着背压的增大，喷射初期的射流锥角呈现出下降趋势。介质气体对射流的阻力增加，射流锥角减小。喷射初期，射流锥角的波动范围较大，随着时间的推移，射流锥角波动区间逐渐缩小。

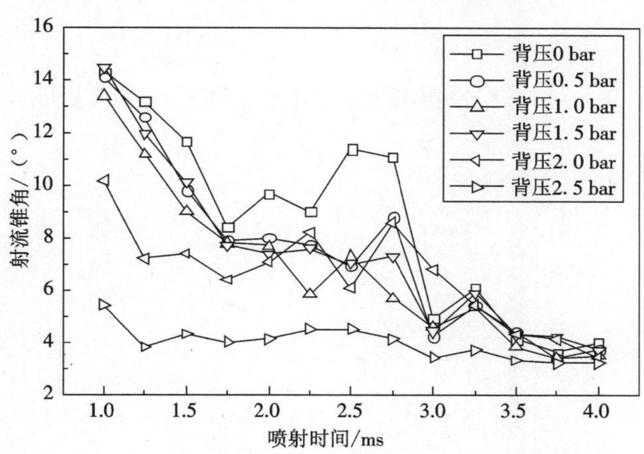

图3－15　1号喷油器在不同喷射背压下的射流锥角

图3－16、图3－17和图3－18给出了三种喷油器在不同喷射脉宽、不同背压下的喷射质量。随着背压的增大，喷射出的甲醇质量减少。随着背压增加，介质气体对射流的阻力增加，一方面导致射流贯穿距离减小，另一方面使射流锥角减小，两方面的影响使射流的体积减小、质量减少。随着喷射时间的增加，射流的质量呈线性增加。但是，当背压增加到

3 bar时，该压力与喷射压力相同，射流的质量不随喷射时间的增加而线性增加，而是趋于某一定值，喷射呈现出不正常的滴状流。

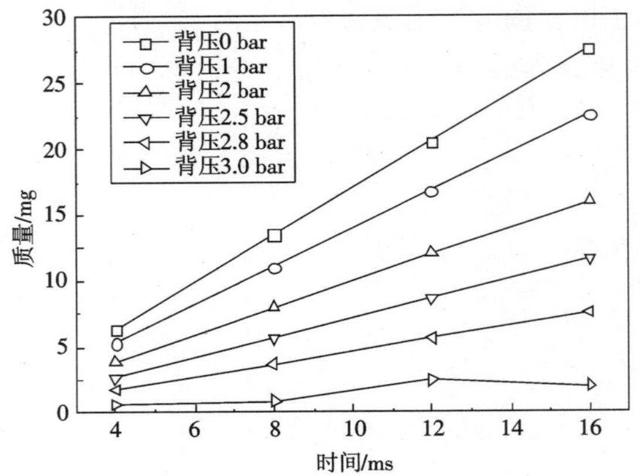

图 3－16　1 号喷油器在不同定容弹背压下的射流质量

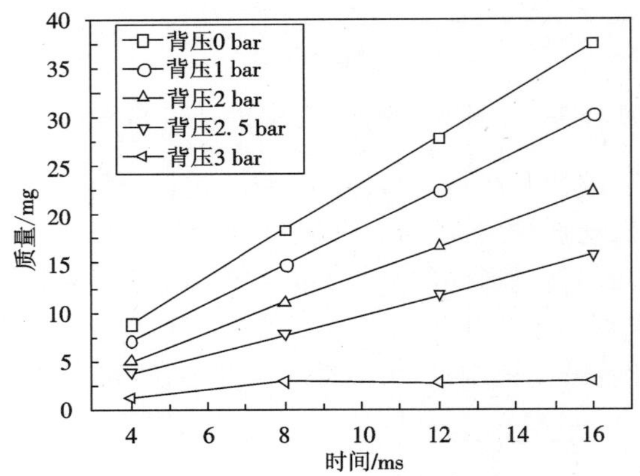

图 3－17　2 号喷油器在不同定容弹背压下的射流质量

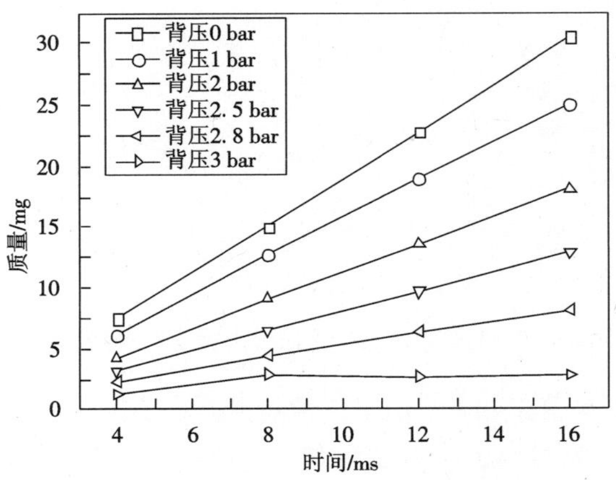

图 3－18　3 号喷油器在不同定容弹背压下的射流质量

如图 3 - 19 所示，随着背压增加，三种喷油器的平均速度都降低。平均速度随背压的变化表现出非线性关系。同一个喷油器，射流平均速度降低将使射流流量降低。这种改变在图 3 - 19 中可以看到，1 号喷油器的平均速度最大。由于其喷孔数目少，喷孔截面面积小，质量流量最小，如图 3-16 至图 3-18 所示。

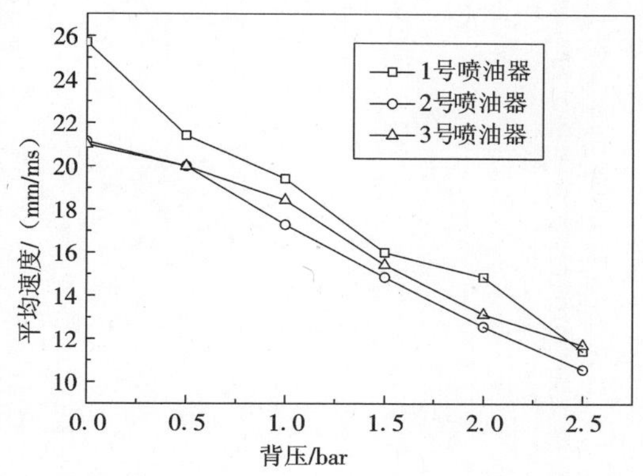

图 3 - 19　不同定容弹背压下喷射脉宽为 3.5 ms 时的平均速度

由伯努利方程求得喷油器在线性工作阶段单位时间内的流量

$$\dot{Q} = \sqrt{2g\rho\Delta p A_x} \qquad (3-1)$$

式中：$\dot{Q}$ 为单位时间内的质量流量；g 为重力加速度；ρ 为燃油密度；Δp 为喷油器内与喷射出口的压差；A_x 为喷孔截面面积。

对某一喷油器，全开时的喷油量与 $\sqrt{\Delta p}$ 成正比。以定容弹背压为横坐标，绘制喷油器质量流量与理论值的对比曲线，如图 3 - 20 所示。该曲线反映了理想状态下喷油器单位时间内的质量流量与喷射背压的关系。由图 3 - 20 可以看出，1 号喷油器质量流量随背压的变化符合伯努利方程的变化趋势，数值稍大；3 号喷油器的质量流量基本符合伯努利方程的变化趋势，但数值较大；2 号喷油器的质量流量偏离伯努利方程的数值最远。因此，1 号喷油器的工作条件最接近理想状态。

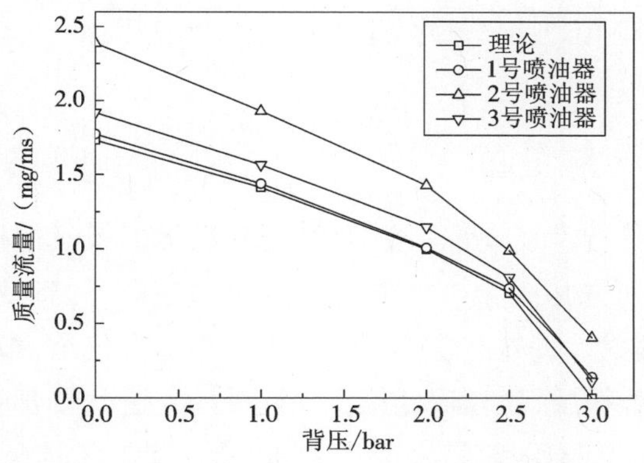

图 3 - 20　三种喷油器质量流量与理论值的对比

图 3－21 是三种喷油器单位喷孔面积的质量流量对比。3 号喷油器单位喷孔面积的质量流量最大,1 号与 2 号喷油器很接近。1 号和 3 号喷油器的喷孔面积相同,不同的是 1 号喷油器是 1 个喷孔,3 号喷油器是 4 个喷孔。2 号喷油器有 2 个喷孔,喷孔面积最大,而单位喷孔面积的质量流量在低背压时最小,在高背压时最大。喷孔结构、数目、面积共同作用对甲醇流量产生影响。喷孔结构和面积相同时,喷孔数目多且流量大。单纯增大喷孔面积,对增大流量的作用有限。

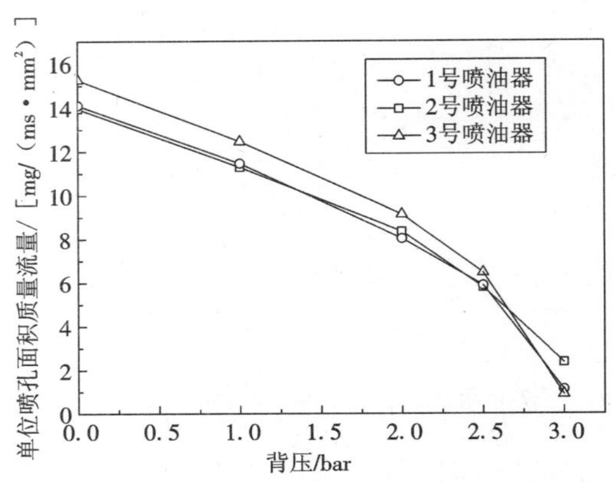

图 3－21　三种喷油器单位喷孔面积的质量流量对比

以上研究表明:

①随着背压的增加,甲醇射流贯穿距离减小,喷雾前锋破碎形成较大的液滴,介质气体对射流的阻力作用增大;

②随着背压的增加,射流的锥角减小,并且射流锥角的变化范围减小;

③随着背压的增加,射流的质量流量减少,射流的质量流量与背压的关系符合伯努利方程的变化趋势,当背压为 3 bar 时,射流的质量流量不随喷射时间的增加而线性增加,而是趋于某一定值。

3.3　二元燃料发动机甲醇混合气的形成

3.3.1　进气歧管喷射甲醇

进气歧管喷射甲醇是在进气歧管上安装甲醇喷嘴,类似于汽油机上采用的气口喷射方式,甲醇的喷射量和喷射时刻由电控单元控制。这种方法既可以对甲醇喷射量按负荷大小调整,也便于实现顺序喷射。进气总管喷射方式由于靠近进气道,布置起来十分紧凑,一般需要对进气管的结构进行调整,比较适合新发动机采用。进气歧管喷射的工作方式是发动机进气门打开,电控单元控制甲醇喷射,甲醇喷雾与气道空气混合进入气缸,其原理如图 3－22所示。醇轨安装在发动机上的示意图如图 3－23 所示。

进气歧管喷射甲醇法易控制各缸甲醇喷射量,使各缸进醇量均匀,可方便快捷地研究

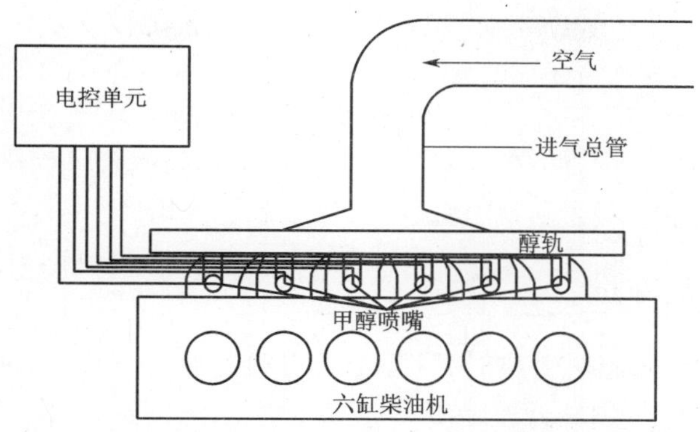

图 3-22　进气歧管喷射甲醇原理图

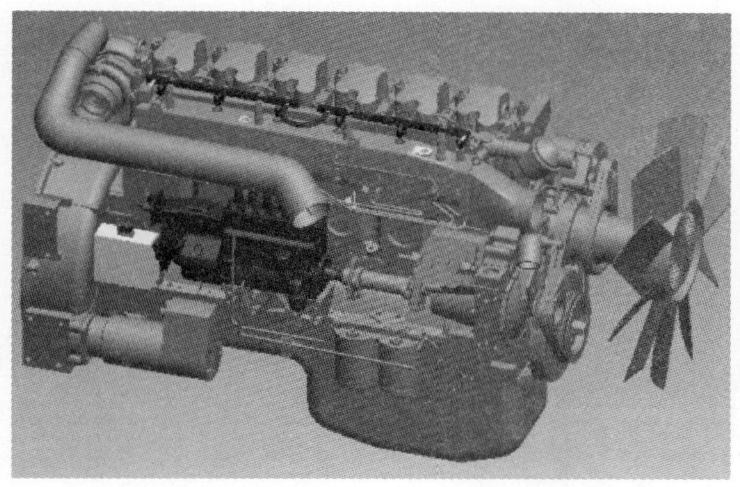

图 3-23　醇轨安装在发动机上的示意图

甲醇不同替代比时发动机的性能参数。一系列对进气歧管喷射甲醇的研究发现,由于甲醇是含氧燃料,燃烧速度快,进气歧管喷射甲醇在不降低发动机动力性的情况下,可以有效降低发动机的炭烟和 NO_x 排放[1]。

但此种甲醇喷射方式需对原发动机进气歧管进行加工改动,对于在用车加装甲醇喷射系统不易操作。同时,由于甲醇汽化潜热较高,从进气歧管喷射进入缸内路程较短,吸热量大,一旦喷醇时间较长,甲醇雾化质量变差,会影响发动机性能并使得排放恶化。

3.3.2　进气总管喷射甲醇

进气总管喷射甲醇的优点是不需要改动发动机结构,只需在发动机的进气总管前端加装甲醇喷射装置,以形成均质的甲醇混合气。这种方法既适宜新车安装,又方便在用车加装。进气总管喷射的方式主要分为垂直进气流喷射和顺气流喷射两种。

垂直进气流喷射是在垂直于进气总管的方向布置甲醇喷嘴,甲醇由喷嘴垂直于进气流方向喷射、雾化并与空气混合。此种喷射方式简单易加工,但由于进气总管直径一般为

100 mm,进气流速度大约为 15 m/s,垂直于进气流喷射,甲醇喷雾易撞击总管壁面形成液滴,因而使雾化质量变差。

顺气流喷射方式进一步优化了甲醇的雾化性能。此种方式是在平行或倾斜于进气流方向布置甲醇喷嘴,甲醇喷雾随空气流动雾化并与空气均匀混合。当采用不同结构参数的喷嘴时,可以使得甲醇雾化质量更高,各缸甲醇进入量更加均匀。

3.3.3 喷醇器结构设计

在柴油机上进行二元燃料燃烧时,甲醇主要有两种喷射方式:一种是进气歧管喷射甲醇,此方法是在进气歧管上安装低压喷嘴,根据发动机工况以及各缸气门开启时刻的不同,由电控装置控制各喷嘴的开启时刻和喷醇量;另一种是进气总管喷射甲醇,甲醇首先通过安装在进气总管上的喷醇器喷射,以液雾的形式喷入进气管内与空气混合形成甲醇/空气均质混合气,然后进入气缸与柴油混合实现二元燃烧。故喷醇器的结构设计对甲醇的雾化及与空气的混合质量有着重要作用,对实现高效的二元燃烧有关键意义。

1. 进气歧管喷射甲醇

图 3-24 进气歧管喷射甲醇

进气歧管喷射甲醇是根据发动机缸数的不同,在各进气歧管上安装一个甲醇喷嘴,根据各缸进气门开启时刻和发动机工况的不同,由电控装置控制各喷嘴喷射甲醇时刻和喷射量。图 3-24 为一台六缸发动机采用进气歧管喷射甲醇的结构,甲醇轨提供所需轨压,电控单元控制各喷嘴喷射时刻。采用进气歧管喷射甲醇具有易于控制喷射时刻和各缸甲醇喷射均匀度高等优点,但由于此法改动了原发动机结构,加工不方便,因而在实际中较少使用。

2. 进气总管喷射甲醇

进气总管喷射甲醇的方法有三种。一是采用直列式喷醇器喷射,此法是在进气总管上将喷嘴垂直于进气总管放置,其结构如图 3-25 所示。该方法结构简单、易加工,可以根据喷射量大小添加喷嘴,但雾化质量稍差,且喷雾易撞壁。二是采用圆周布置的顺气流喷醇器[9]喷射,如图 3-26 和图 3-27 所示。该顺气流喷醇器设置在空气中冷器和发动机之间的进气管上,由进气连接管、喷嘴和醇轨构成。在进气连接管外圆的周向设置一个凸台,该凸台上开设与气流方向成一定夹角的喷醇孔,喷醇孔内插接喷嘴,喷嘴另一端与醇轨连接。此喷醇器的设计提高了醇与空气的雾化质量,改善了燃烧,提高了醇对柴油的替代率,降低了醇对柴油的替换比,大幅度降低了排放,但由于加装了凸台,使得喷醇器笨重。三是采用组合贯穿距喷醇器[10]喷射,如图 3-28 所示。组合贯穿距喷醇器使用不同流量的喷嘴,甲醇液体随气流喷射到发动机歧管的不同部位,使得甲醇均匀地吸收发动机缸盖各处的热量并汽化,提高了雾化效果,与进气形成均质混合气进入气缸被柴油引燃,同时缓解了气缸盖与进气管热负荷不平衡现象,降低了发动机热负荷,减少了发动机冷却水带走的废热。组合贯穿距喷醇器试验效果与进气歧管喷射效果类似，但结构相对简单，使用上比较方便。

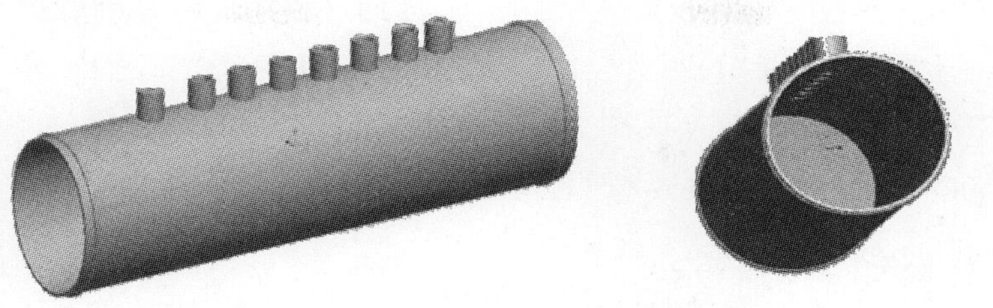

图3-25　直列式喷醇器

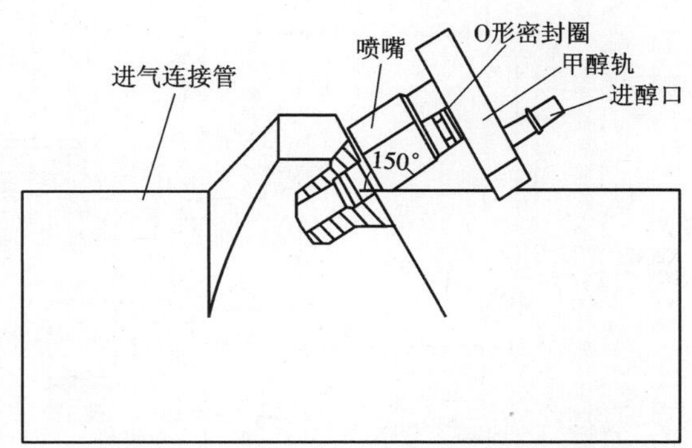

图3-26　圆周布置的顺气流喷醇器结构主视图

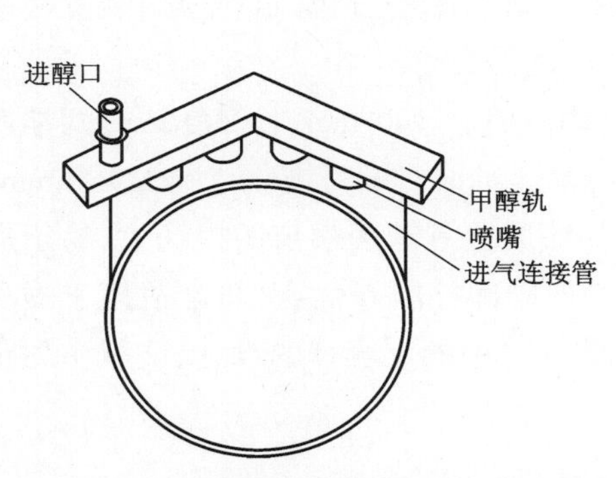

图3-27　圆周布置的顺气流喷醇器结构右视图

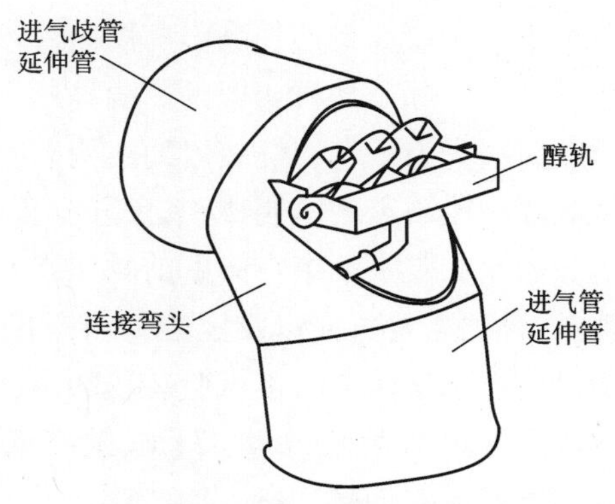

图3-28　组合贯穿距喷醇器

3.4　柴油在甲醇氛围内的着火特性

3.4.1　可视化定容弹系统

定容弹法是近十几年来应用最为广泛的燃烧测量方法之一。定容弹主要模拟活塞在上止点附近时燃烧室中的定容燃烧，其特点是结构简单，能方便地改变热力参数（包括燃空比、残余废气、压力与温度)、湍流参数以及点火参数(火花塞位置、电极间隙和点火能量),研究这些参数中单一参数变化对燃烧过程的影响,因而成为内燃机基础燃烧研究经常采用的一种方法[11]。

图3-29为定容弹试验装置示意图。该装置主要包括燃料注入系统、加热控制系统、燃烧压力测量系统、数据采集与处理系统和高速数字摄像机。

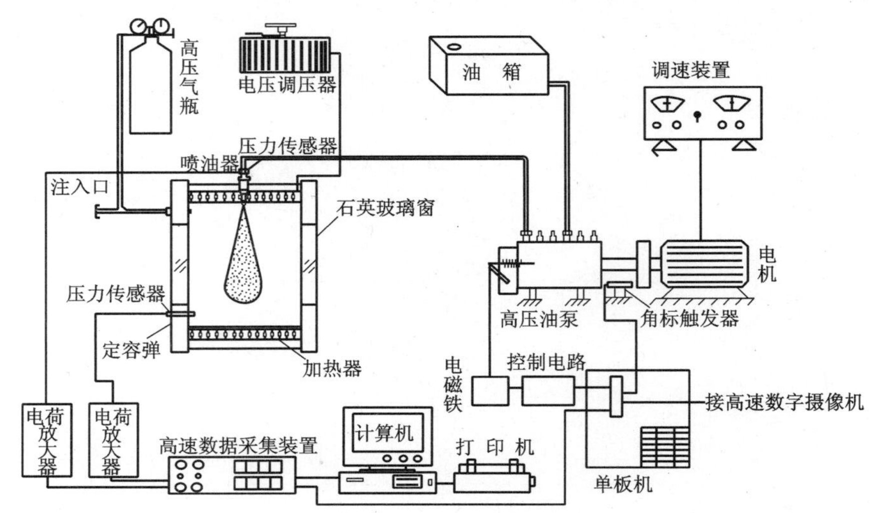

图3-29 定容弹试验装置示意图

为了便于研究柴油在高温高压条件下引燃甲醇类燃料的燃烧过程,定容燃烧装置必须能够模拟与实际发动机相似的高温高压条件,并能完全满足要求。

图3-30为定容燃烧装置的结构图,主要尺寸为内膛直径100 mm、长200 mm,两端盖上的观察窗用石英玻璃制成,其尺寸为直径130 mm、厚32 mm,有效可视化范围为100 mm,有充分的空间观察油束在碰壁前的发展及燃烧过程。该装置具有观察窗的视场大、易于拆卸擦拭、光路布置方便以及定容弹内温度和压力易实现准确控制等优点,非常适用于喷雾燃烧过程的基础研究。本试验装置的设计参考了文献[11]中的定容弹的设计,文献中的定容弹最高加热温度$T_{max} \geqslant 1\ 073$ K,最高承压$p_{max} \geqslant 50$ bar。

1. 燃料注入系统

为了有效实现可视化试验过程,必须实现柴油的单次喷射。单次喷射的工作过程及其控制方法如下:首先将高压油泵上的供油拉杆固定在某一位置(如最大供油位置),然后通过拉力适中的弹簧将油泵的紧急断油拉杆拉至断油位置;当单片机发出工作指令时,单片机开始处于等待接收油泵凸轮转角某定时触发信号状态;当接收到设定位置处红外线触发器发出的高电平后,单片机的控制口输出一高电平,使控制电磁铁的电源导通,电磁铁吸合,拉动断油拉杆至供油位置,喷油泵正常供油;通过预先计算好的时间设置,单片机延时一定时间后,同一控制口发出低电平,电磁铁电源断开,断油拉杆在弹簧力作用下回到断油位置,并停止供油,从而实现了单次喷射;通过调整电磁铁吸合时间可以准确控制喷油持续期,从而精确控制单次喷射油量。

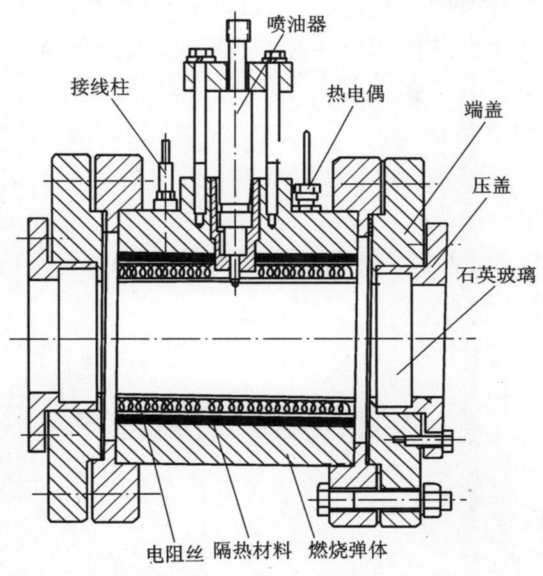

图3-30　定容燃烧装置的结构图

整个试验过程的控制是由TP8051B单片机来完成的。其控制过程如下：当油泵转速、光路、数据采集系统、高速数字摄像机均进入正常工作预备状态之后，起动单片机进入等待触发信号状态；接通单片机的触发开关，单片机发出两个正脉冲，一个脉冲触发高速数字摄像机和数据采集系统，另一个脉冲则使电磁铁吸合，实现单次喷射，从而完成高速摄像机与单次喷射及数据采集的协调配合。高速数据采集系统采样频率与摄像机拍摄速率相同。

在试验过程中，采用预混的方式来模拟柴油引燃甲醇所需要的含醇混合气氛围。当定容弹体内温度（特别是电阻丝温度）低于引燃温度时，将甲醇通过混合气进气管上的三通阀注入，加热形成所需要的甲醇空气混合气氛围，并且通过计算确定注入量，保证甲醇空气混合气浓度在着火界限之外，然后继续加热、加压，形成柴油自燃着火所需要的条件。

2. 加热控制系统

加热控制系统包括加热装置和温度控制器。试验中采用了TDW-201型温度控制器，其量程为0~1 000 ℃。定容燃烧弹内部装有热电偶温度传感器，由与之相连的温度控制器显示其内部温度。加热电阻丝埋于定容燃烧弹的陶瓷外壁，对定容燃烧弹内的燃料进行加热，使用调压器控制加热电阻丝的电压。试验中使用的单相调压器最大容量为10 kW，输出电压为0~250 V。电阻丝的功率为5 kW，能实现快速加热，能在20 min内把密度为16 kg/m^{3}的压缩空气由室温加热到1 073 K。

3. 燃烧压力测量系统

试验中使用型号为SYC03A的石英压电型压力传感器，以测量定容弹内的燃烧压力。压力采集频率为每秒10 000个点，信号通过压力信号采集线传送至电荷放大器，经过放大后传入计算机，通过LABVIEW软件处理得到。电荷放大器的型号为YE5850。

试验中使用KISTLER公司生产型号为4067A的硅压阻传感器，以测量喷油管内的压力。压力采集频率为每秒10 000个点,信号通过压力采集线传送至电荷放大器,经过放大后传入计算机,通过LABVIEW软件处理得到。试验中使用4618A电桥放大器。

4. 高速摄像系统

高速摄像系统主要包括摄像头、主机、监视器和多通道数据采集器。其中摄像头为YORK TECH Phantom v7系列高速数字摄像机,摄像机的基本内存为2 GB,最高摄像速度为190 000帧/s。图3-31为Phantom v7系列高速数字摄像机。拍摄采用以燃烧火焰为光源的直接摄影拍摄法。直接摄影拍摄法所得图像是燃烧火焰的直接信息,方法简单,不需要设计光学系统,图像分析也比较容易。

图3-31 Phantom v7系列高速数字摄像机

3.4.2 定容弹试验及图像处理方法

定容弹的本质是模拟发动机混合气燃油分子激烈的氧化反应。由于氧化反应激烈程度不同,燃烧又可分为着火阶段与燃烧阶段。着火是燃烧的准备阶段,在该阶段中燃油的氧化反应将放出热量,如热量能逐渐积累,混合气的温度将逐渐升高,氧化反应逐渐加快,最终导致激烈的氧化反应,产生热爆炸,即混合气燃烧。燃烧是氧化反应加快的结果。

高速数字摄像机拍摄的图像通过与之配套的READCAM软件下载至计算机后,为了能够便于存储和分析,需要对其进行必要的处理,即把数字照片转化为压缩比例较高的JPG格式,以节约存储空间,同时为了便于输出设备的输出,如黑白打印机输出,需把彩色图像转换为黑白图像。本研究工作使用Photoshop 5.0C处理数字图像。图像处理应保证既要使处理的图像清晰、图像质量有所提高,又要保证处理后的图像和原图像相比不失真,图3-32是原图像与数字图像处理结果的比较,显然图(c)的处理方式较好,该方式的输出结果比原图像清晰,同时图(c)的失真也很小。

3.4.3 试验结果分析

为了形成定容弹内甲醇均质混合气的氛围,甲醇必须在腔体温度低于其自燃温度的情况下由进气管燃料注入口加入,通过与高压气预混进入腔体,使其在喷油前营造出甲醇氛围,虽然试验设计时使甲醇的浓度尽量远离其自燃着火极限,但由于加热需要一定时间,因此会有少量甲醇被氧化。定容弹的顶端正中央装有孔径为0.18 mm的单孔喷油器,当喷嘴

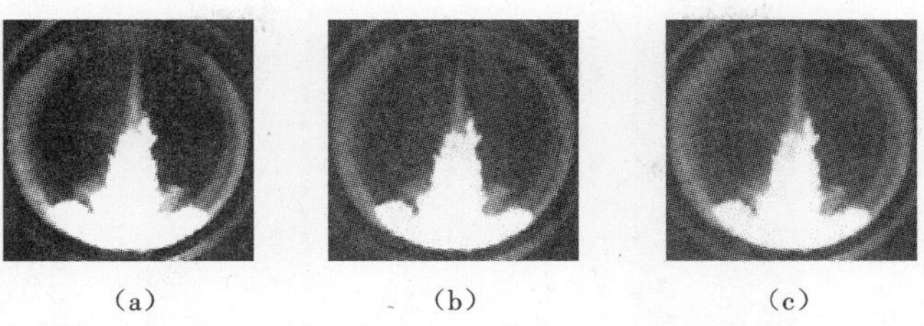

(a)　(b)　(c)

图 3 – 32　数字图像处理结果

(a)原图　(b)灰度处理　(c)运算处理

端压力达到 22 MPa 时,针阀开启,柴油喷入定容弹腔体内,每循环喷油量约为 80 mg。高速摄像机快门速度设置为 0. 1 ms,可输出分辨率为 512 × 512 的彩色位图。单板机控制高速摄像机及其信号采集和数据处理装置的工作,当单板机接收到角标信号时,触发高速摄像系统工作,以完成照片拍摄。

1. 柴油在甲醇混合气中与在空气中着火特性的对比分析

柴油/甲醇组合燃烧发动机的绝大部分工况是以压燃少量喷入缸内的柴油作为“引燃燃料”,甲醇作为主要燃料与空气混合后形成甲醇均质混合气进入气缸,在压缩行程的活塞接近上止点时,被压燃的柴油引燃。由于空气和甲醇已在缸外预先混合,因而甲醇/空气混合气着火和燃烧与火花点燃式发动机相似。这种燃烧方式的实质是对柴油机燃料的供给量限制在所谓“引燃油量”的范围内,柴油机进气道内进入的不是过滤后的新鲜空气,而是甲醇蒸气与空气的混合气。本试验利用直接火焰成像法拍摄了大量不同温度下柴油在空气中燃烧和在甲醇混合气中燃烧的高速摄影图片,从中选取了相同温度下的两组数据进行处理分析,比较了柴油在空气中和柴油在甲醇混合气中燃烧过程的特点以及燃烧特性的不同。

图 3 – 33 和图 3 – 34 所示为环境温度 833 K、压力 3 MPa 时,间隔 0. 1 ms 柴油在空气中和在甲醇混合气中的燃烧高速摄影图片,通过对比分析,发现其着火特性存在很大不同。

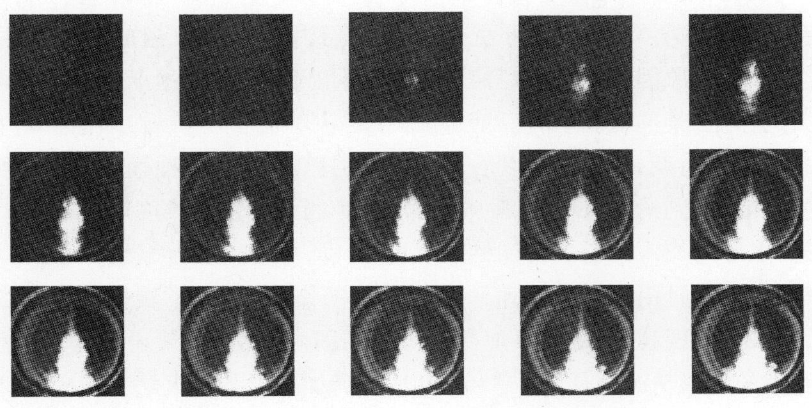

图 3 – 33　柴油在空气中的燃烧图像

柴油在空气中的着火位置相对于柴油在甲醇混合气中的着火位置更靠近喷油嘴,从图

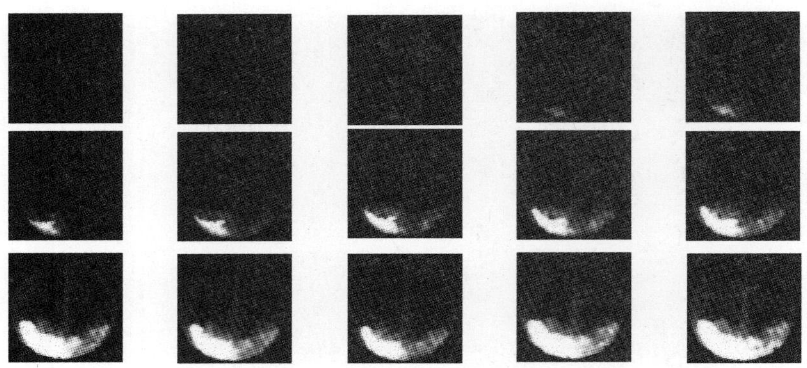

图 3－34 柴油在甲醇混合气中的燃烧图像

中可以看出，柴油在空气中的燃烧比例比柴油在甲醇空气混合气中的燃烧比例大。这是因为甲醇的理化特性不利于二元燃料发动机燃料的蒸发和燃烧，着火时刻比燃用纯柴油时有所推迟，柴油在空气中燃烧比柴油在甲醇混合气中燃烧出现适宜着火的混合气区域更加靠近喷嘴一端。

此外，对比两种条件下火焰的亮度发现，柴油在甲醇混合气中燃烧的亮度比柴油在空气中燃烧的亮度要暗，因为柴油中碳的含量高达 86.6%，而甲醇中碳的含量为 37.5%，柴油高温裂解生成较多的炭粒，会使火焰更加明亮；此外，甲醇是自含氧燃料，其含氧量高达 50%，增加了燃烧室内的空燃比，使得燃料在燃烧过程中形成的炭烟粒子与氧有更多的接触和碰撞机会，降低了生成的烟度。

图 3－35 是初始条件为 833 K、3 MPa 不同氛围的甲醇混合气对柴油火焰浮起长度的影响。由图可见，柴油在甲醇混合气中的火焰浮起长度远大于柴油在空气中的火焰浮起长度。初期，即 5 ms 之前，二者均有较小的起伏，其波动的主要原因是开始时受逐渐加强的喷射射流的影响，火焰远离喷孔，随后燃烧加强，火焰又向喷孔方向靠近，接着射流进一步加强，火焰又远离喷孔，最后喷油稳定后，火焰也就跟着稳定。中期，即 5～15 ms 是喷油稳定期，柴油在空气中的火焰浮起长度几乎无变化，而对于甲醇和空气组成的混合气氛围，火焰浮起长度呈线性变短，原因在于随着燃烧的进行，温度不断升高，逐渐削弱了甲醇抑制柴油低温氧化着火的作用，柴油低温氧化反应加剧，使得火焰向上游扩展，渐渐接近在空气氛围中的火焰浮起长度。后期，即 15 ms 以后，随着喷油速度降低，两种气体氛围下柴油的火焰浮起长度均快速减小，到约 22 ms 时，喷油结束，二者的火焰浮起长度均急剧增大。

由上所述，甲醇的加入延长了柴油的滞燃期[13]，增加了火焰浮起长度，继而可以为油气混合赢得更长的时间，且甲醇含氧加速了炭烟氧化的作用，减少了炭烟的生成[14]。由于炭烟的浓度越大，火焰亮度越亮，故在高速摄像机光圈固定的情况下，通过火焰亮度可以大致看出着火时炭烟的生成情况。从图 3－36 可以看出，加入甲醇后火焰亮度减弱，推测炭烟的生成得到了抑制。

图 3－37 为相同温度下柴油在空气中和在甲醇混合气中的着火滞燃期的比较。从图中可以看出，在相同的温度下，柴油在空气中的滞燃期比在甲醇空气混合气中的滞燃期小得

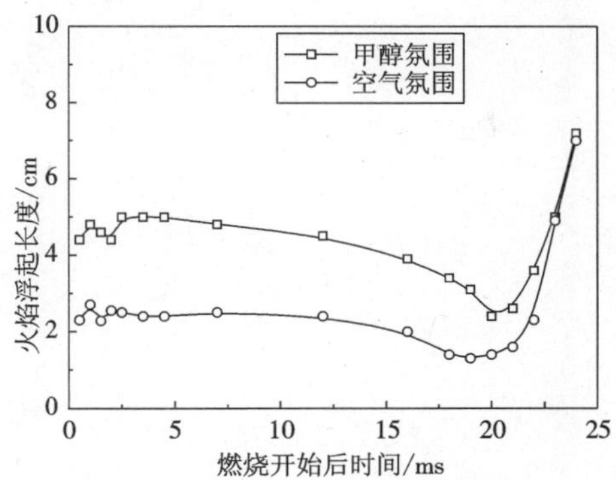

图 3 - 35　纯空气和含甲醇的混合气条件下火焰浮起长度随时间的变化曲线

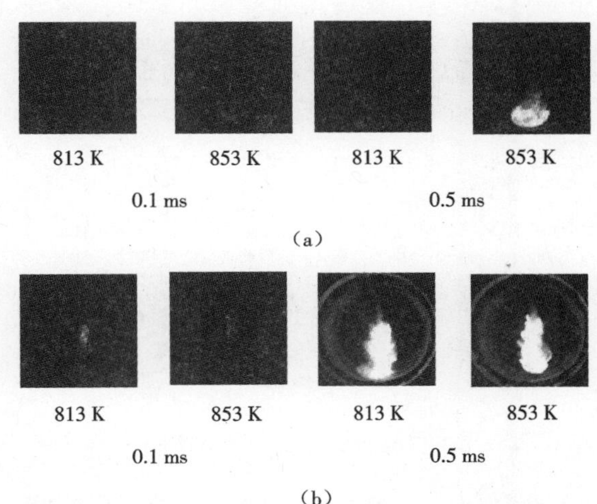

图 3 - 36　不同温度下柴油在空气中和在甲醇空气混合气中的着火过程

(a)甲醇氛围　(b)空气氛围

多;并且随着温度升高,柴油在甲醇混合气中的滞燃期变化比柴油在空气中的滞燃期变化快。说明了甲醇类燃料的喷入延长了柴油的滞燃期。

2. 柴油在不同含量甲醇空气混合气中的着火特性

为了对比不同浓度甲醇和空气混合气中对柴油着火滞燃期的影响,在相同的引燃柴油量的情况下,在温度为 833 K,甲醇在混合气中的浓度分别为 3. 84% 、11. 5%(甲醇的含量分别是 1 mL 和 3 mL)的条件下对柴油进行了研究。图 3 - 38 和图 3 - 39 分别是甲醇在混合气中的浓度分别为 3. 84% 和 11. 5% 时对应的燃烧图像。

从图 3 - 38 和图 3 - 39 可以看到,随着混合气中甲醇浓度的增加,着火时刻在推迟。随着甲醇含量增大,混合气的热容量增加,甲醇的焰前反应需要的热量更多,混合气的多变指数变小,使得柴油着火时刻延迟。当甲醇浓度较小时,火焰着火点距离喷孔的距离较近;随着甲醇浓度的增加,火焰着火点距离喷孔的位置增加,并且白色火焰变成橘黄色火焰,燃烧

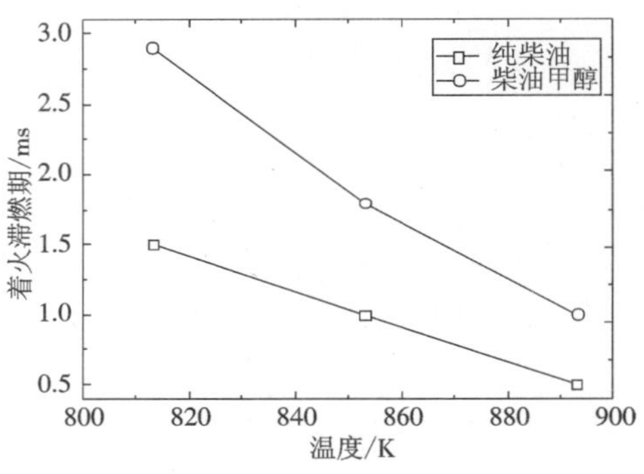

图 3－37　柴油在空气中和在甲醇空气混合气中的着火滞燃期

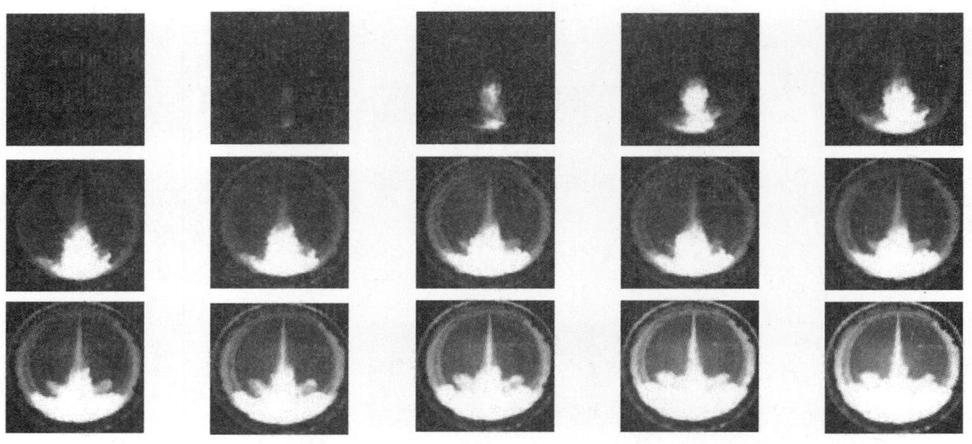

图 3－38　温度为 833 K，混合气中甲醇的浓度为 3.84%，时间间隔为 0.1 ms 时的燃烧图像

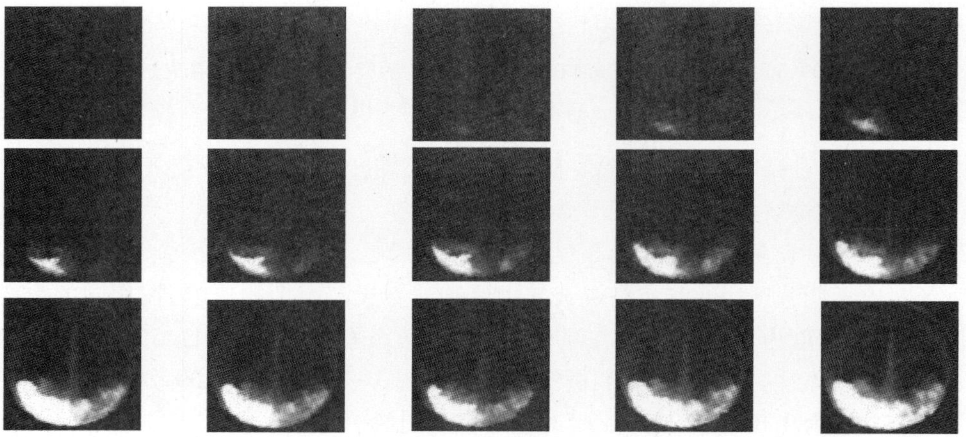

图 3－39　温度为 833 K，混合气中甲醇的浓度为 11.5%，时间间隔为 0.1 ms 时的燃烧图像

的最高温度降低，燃烧后期产生的炭烟减少。

图 3－40 是不同甲醇含量时，着火滞燃期随初始温度的变化情况。由图可以看出，随着

甲醇在混合气中含量的增加，着火滞燃期增大。从图 3－41 可以看出，随着甲醇在混合气中浓度的增大，火焰浮起长度增大，这可以为油气混合争取更多的时间，客观上为均质燃烧的实现创造了有利条件。

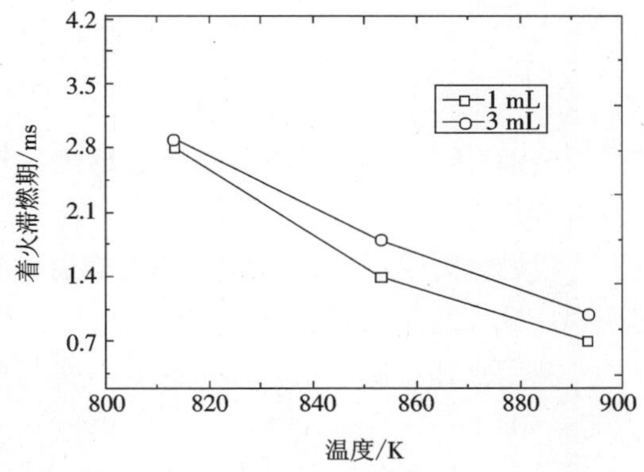

图 3－40　着火滞燃期随初始温度的变化

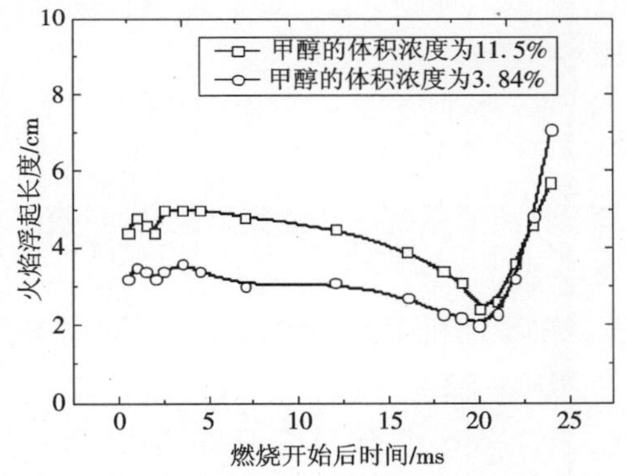

图 3－41　火焰浮起长度随初始温度的变化

综合上述试验结果可知，柴油在甲醇中的着火滞燃期、火焰浮起长度均大于在空气中的值。火焰稳定后，甲醇中火焰的浮起长度随时间的变化比在空气氛围中大。甲醇混合气对柴油的着火具有较强的迟滞作用，延迟了着火，增加了预混着火比例。

随着甲醇含量增大，混合气的热容量增加，甲醇的焰前反应需要的热量更多，混合气的多变指数变小，使得柴油着火时刻延迟。随着甲醇浓度的增加，火焰着火点距离喷孔的位置增加，并且白色火焰变成橘黄色火焰，燃烧的最高温度降低。

3.5　本章小结

本章首先对比分析了甲醇与传统石油燃料汽油、柴油的理化特性的异同，重点从密度、运动黏度、十六烷值、辛烷值等参数分析了甲醇作为燃料对喷雾和燃烧带来的影响；重点阐述了甲醇在单孔和多孔喷油器下的喷雾特性；从二元燃料发动机混合气形成的角度，详细介绍了进气歧管喷射和进气总管喷射两种方式中甲醇混合气的组织，同时也阐明了喷醇器的研发历程；在可视化定容燃烧弹系统中，对比考察了柴油在空气以及甲醇混合气氛围中的着火燃烧特性。

3.6 参考文献

[1]姚春德，段峰，李云强，等. 柴油/甲醇组合燃烧发动机的燃烧特性与排放[J]. 燃烧科学与技术，2005，11(3)：214－217.

[2]蒋德明，黄佐华. 内燃机替代燃料燃烧学[M]. 西安：西安交通大学出版社，2007.

[3]崔心存. 内燃机的代用燃料[M]. 北京：机械工业出版社，1990.

[4]王金华，方宇，黄佐华，等. 利用高速摄影纹影法研究天然气高压喷射射流特性[J]. 内燃机学报，2007，25(6)：500－504.

[5]HIROVASU H，ARAI M. Structures of fuel sprays in diesel engines[J]. SAE Transactions，1990，99(3)：1050－1061.

[6]姚春德，程传辉，王银山，等. 发动机采用柴油/甲醇组合燃烧的性能研究[J]. 工程热物理学报，2007，28(1)：169－172.

[7]姚春德，王银山，李云强，等. 柴油机清洁燃用甲醇的组合燃烧法[J]. 农业机械学报，2005，36(6)：24－27.

[8]汪森，王建昕，沈义涛，等. 汽油喷雾碰壁和油膜形成的可视化试验与数值模拟[J]. 车用发动机，2006，6(166)：24－28.

[9]姚春德，魏立江，刘军恒，等. 柴油机配置喷醇系统中的圆周布置的顺气流喷醇器：中国，CN201120200066.7[P]. 2012－02－15.

[10]姚春德，王全刚，姚安仁，等. 组合贯穿距的喷醇器：中国，CN201220579003.1[P]. 2013－07－24.

[11]马凡华，蒋德明. 一种可变湍流参数的定容燃烧弹试验装置[J]. 内燃机学报，2001，19(1)：69－72.

[12]舒国才. 陶瓷隔热柴油机高温条件下喷雾特性与燃烧过程的研究[D]. 天津：天津大学，1994.

[13]HUANG Z，LU H，JIANG D，et al. Combustion behaviors of a compression-ignition engine-fuelled with diesel/methanol blends under various fuel delivery advance angles[J]. Bioresource Technology，2004，95(3)：331－341.

[14]PICKETT L M，SIEBERS D L. Soot in diesel fuel jets：effects of ambient temperature，ambient density，and injection pressure[J]. Combustion and Flame，2004，138(1)：114－135.

[15]虞育松，李国岫，孙晶晶. 基于 PaSR 湍流燃烧模型的直喷式柴油机火焰举升长度[J]. 燃烧科学与技术，2008，14(1)：91－95.

第 4 章　柴油/甲醇二元燃料着火和燃烧理论

4.1　甲醇对柴油低温氧化行为的影响

对燃料自燃的研究已经有 100 多年的历史，在漫长的研究过程中，最具里程碑意义的是 20 世纪初谢苗诺夫链式反应理论的提出，它使得这种现象第一次有了基元反应层面的合理解释，同时也使反应动力学在燃烧学领域占有重要的地位，目前所有反应机理的核心内容均是由一系列链式反应构成的。20 世纪 70 年代提出的 shell 自燃模型是链式反应理论在内燃机工程领域最成功的应用[1]。目前，针对单质燃料自燃的研究已经十分广泛和丰富[2,3]，对多元烃自燃的研究虽然在近十几年内才开始兴起但发展较快，醇等其他含氧燃料与烃掺混的自燃研究也有开展。但多数研究仅局限于试验现象以及对机理的验证，对两种燃料的耦合作用进行详细的反应动力学分析则十分薄弱。近年来，为了满足内燃机排放日益严格的要求，复杂而又昂贵的燃油喷射以及后处理装置使柴油机发展面临极大压力。为此，寻求新型燃烧方式以解决上述难题成为热点研究课题，其中选择不同性质燃料一起燃烧来实现低排放受到高度重视。在这些研究中，采用两种性质差异大的燃料共燃是主要方法。具体方式是一种燃料从进气道喷进与空气形成混合气，在气缸内再喷进另一种燃料与其燃烧，如汽油/柴油、正庚烷/异辛烷、甲醇/二甲醚、柴油/甲醇等。由于后一种燃料加入之前，前一种燃料已经过压缩过程，混合气的温度和密度都已经大幅度改变，在此过程中混合气状态已经发生很大的变化，此时后一种燃料喷进，然后两者一起着火和燃烧。因此，这种新型的燃烧方式通常称为反应活性控制压燃（RCCI）的燃烧。由此形成的二元燃料燃烧是有别于现有的内燃机单纯的预混燃烧或扩散燃烧。关于 RCCI 的研究现状及其进展在第 2 章中已有阐述，在此不再重复。

柴油/甲醇二元燃料燃烧是采用甲醇由进气管喷进与空气形成均质混合气，然后在气缸内和柴油一起燃烧的方式，属于 RCCI 模式。针对柴油在甲醇混合气中着火的现象，本工作选取所研究燃料的低温氧化温度区间小于 1 200 K，此时燃料的氧化主要靠与氧分子化合并分解进行，涉及燃料的自燃，包括柴油机中的滞燃期和柴油/甲醇二元燃料燃烧中的热自燃问题，即爆震等类型的燃烧。本节将从发动机台架试验出发，使用数值模拟的方法，深入到反应动力学当中，结合定容弹观察到的现象，揭示甲醇对柴油低温氧化行为的影响。

4.1.1　甲醇对柴油滞燃期影响的发动机试验

滞燃期是衡量燃料低温氧化速率的主要参数，也是低温氧化分析的最终结果。滞燃期的改变对柴油机工作的影响很大。具体来说，较长的滞燃期有利于柴油与空气的充分混合，加大预混燃烧的比例，降低炭烟生成，提高燃烧的定容度，从而提高热效率；但如果滞燃期太长，则会造成工作粗暴，噪声增加，影响发动机的使用寿命，同时局部燃烧温度过高，使得 NO_x 排放增多。在实际发动机试验中发现，对滞燃期的控制除了采用燃料改性、调整EGR 率、调整喷油时刻等手段外，通过组织二元燃料燃烧也能实现。发动机台架试验是在一台六缸增压中冷高压共轨柴油机上进行的，第六缸改造为试验缸，安装缸压传感器，单独进气，进气歧管上装有喷醇器以实现甲醇的预混，发动机缸径为 105 mm、冲程为 125 mm、压缩比为 16:1，台架搭建的情况详见文献[4]。

试验过程中保持进气压力和进气温度不变，转速为 1 698 r/min，先以柴油为燃料，使实验缸的 *IMEP*(Indicative Mean Effective Pressure，平均指示压力)达到 1.152 MPa，然后保持喷油提前角不变，降低柴油喷射量，使得 *IMEP* 降至 0.855 MPa；接着保持柴油喷射不变，在进气道内喷射甲醇，使 *IMEP* 恢复至 1.139 MPa。图 4－1 为以上三种工况下的燃烧放热率、缸压曲线对比。可见两个柴油单燃料工况的滞燃期相同，但在甲醇预混后滞燃期呈明显增大的趋势，二元燃料燃烧滞燃期较柴油单燃料延长了大约 4 °CA(曲轴转角)，说明甲醇的加入抑制了着火。在此影响下，燃烧也发生了明显的变化，由于油气混合时间增加，预混燃烧比例增大，同时甲醇燃烧速率高，相比于单燃料燃烧时出现预混燃烧阶段和扩散燃烧阶段所形成的两个放热峰，二元燃料的预混燃烧峰值明显增大。原因有物理和化学两个方面因素，物理因素是由于甲醇的汽化潜热较大。计算表明，甲醇在喷入进气道后若全部依靠从空气吸热汽化，可以降低进气温度 15～20 K，故进气温度的下降是影响滞燃期的原因之一；而化学因素在于甲醇的高辛烷值特性，可能会与柴油产生化学耦合作用。

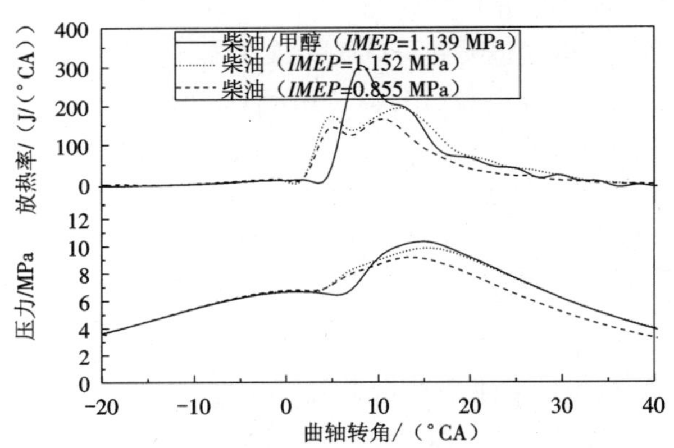

图 4－1 由柴油单燃料切换到柴油/甲醇二元燃料燃烧过程中的放热率、缸压曲线对比

其他研究发现，不仅是甲醇，其他高辛烷值燃料(如乙醇)、天然气也会对柴油的自燃起到抑制作用[5,6]。若要准确预测燃料的滞燃期，必须考虑燃料在低温氧化期间相互之间的化学作用。

4.1.2 柴油与甲醇的低温氧化原理

1. 柴油的低温氧化原理及柴油参比燃料的选定

柴油是一种复杂的烃类混合物，这些烃类组成物的碳原子数在 10 ~ 22，平均为 14 或 15，主要分为直链烷烃、支链烷烃、环烷烃和芳香烃，如图 4 - 2 所示。其中芳香烃和环烷烃所占的比重最大，直链烷烃最小，支链烷烃居中，这四类烃的自燃原理并不相同，以下将结合反应动力学数值模拟的方法分析各组分在柴油低温氧化中扮演的角色。本文分别以正庚烷、异辛烷、甲基环己烷和甲苯这四种研究广泛的烃来表征直链烷烃、支链烷烃、环烷烃和芳香烃。用以评价它们着火性的 RON（研究法辛烷值）分别为 0、100、97、116，但 RON 只是描述燃料自燃特性的宏观指标，不能详细反映出这些燃料的自燃特点，而目前对于上述的这些组分以及甲醇都有各自详细的反应机理，因此先对这些组分随温度变化的滞燃期特性进行计算。

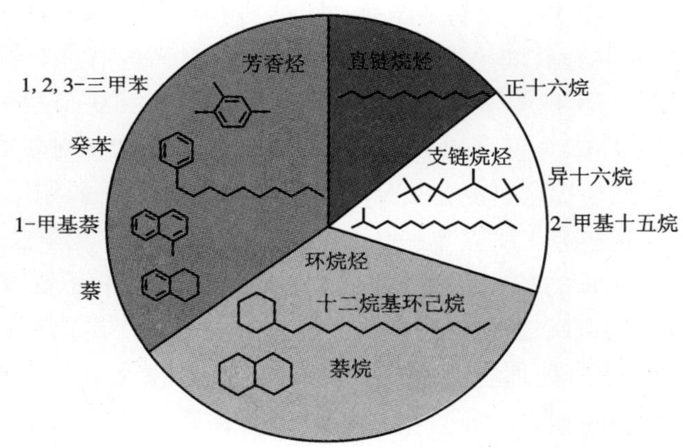

图 4 - 2 柴油的组成[7]

计算在定容、均质、空气氛围、初始压力为 40 atm 下进行，燃料的当量比均为 0.5，温度范围为 700 ~ 1 200 K。用于正庚烷、异辛烷和甲苯滞燃期计算的反应机理为一汽油代理燃料机理[8]，用于甲基环己烷和甲醇的反应机理参见文献[9]。甲醇脱氢反应之一

$$CH_3OH + HO_2\cdot \Longleftrightarrow CH_2OH\cdot + H_2O_2 \quad (R4-1)$$

在很大程度上决定了甲醇的着火时刻，根据 Kumar 等人在快速压缩机上的最新研究结果和建议[10]，对此反应的正反应速率常数进行了修正（$k = 9.64 \times 10^{10} e^{-12\,579/(RT)}$）。其余的机理均已经过激波管试验的验证，具有很高的可靠性。图 4 - 3 为计算结果，可见正庚烷的滞燃期远短于其他物质，其次为滞燃期特性相近的异辛烷和甲基环己烷，这三种物质都具有负温度系数（Negative Temperature Coefficient, NTC）特征；而甲苯和甲醇的滞燃期都是随温度上升而单调缩短，二者的滞燃期也最长。

正庚烷是这四种表征组分中辛烷值最低的，是研究最为广泛的烷烃之一，也是燃料过氧化过渡环理论的代表。目前，对于这一形成过氧化烷基并分解产生 OH · 自由基的过程已经得到公认，虽然该理论在 20 世纪中期就已经提出并得到广泛应用，但试验中依靠先进

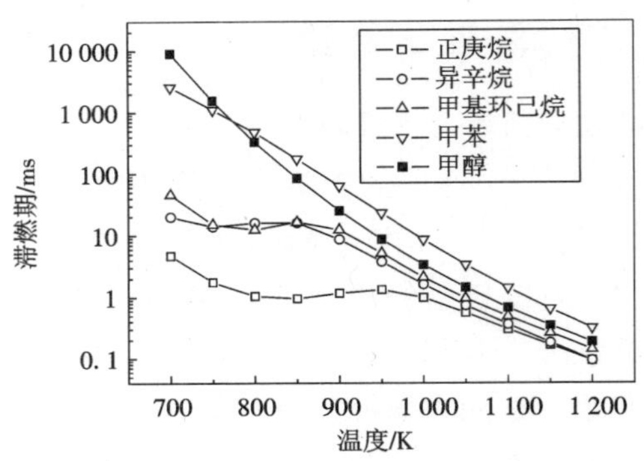

图 4－3　柴油组分的代表与甲醇的滞燃期特性

光源的帮助而发现这一过程的主角——过氧化烷基则是在最近几年才实现的。燃料的这一氧化过程广泛存在于各种具备碳氢结构的燃料中，不仅包括着火性好的高十六烷值燃料，也包括着火性不好的高辛烷值燃料。图 4－4(a)为 Curran 等人对这一过程在正庚烷氧化过程中的简单描述，图中显示氧化过程的主线是过氧化烷基和过氧化酮的生成，这是一个链分支反应过程，可以产生两个 OH · 自由基。图 4－4(b)为这一过程的核心，过渡环的形成和 H · 的转移，即极性相对较小的 H—C 键断裂而形成极性相对较大的 H—O 键的过程。主线上还附带一系列干扰这一链分支反应过程并对自燃起负面作用的旁支反应，包括链传递和链终止反应。这些旁支反应与主线上的链分支反应存在竞争关系，它们之间的竞争随温度变化呈现此消彼长的现象，从而决定了燃料的滞燃期并不随着温度的上升而缩短，形成图 4－3 中所示的 NTC 现象。而其他具备这种特征的燃料之所以表现出不一样的着火特性，重要原因是由于所处环境的不同而造成的 H—C 键和 H—O 键不一样的键能和成键概率。例如，由过渡环的形状不同(组成的原子数和原子种类不同)、C 原子位置的不同(相邻原子的种类和处于碳链中的位置不同)、C 原子种类的不同(所连接 H 原子的个数不同)以及这两种化学键键长的不同(O 原子与 H 原子的空间距离不同)造成键能不同，由分子的转动自由度不同和其他原子的空间位阻造成的成键概率不同。正是由于正庚烷低温氧化中可以形成环应力最低的 6 碳环、分子中有足够多的碳位可发生过氧化反应、7 个碳原子中有 5 个碳原子具有易被脱去的仲氢原子、形成过渡环后分子自由度减小的幅度小、空间无位阻效应这些特点，使得链分支反应顺利进行，从而成为自燃最容易的燃料之一[11]。

支链烷烃不仅是柴油的组成部分，也是汽油、煤油等燃料的重要组分，如异辛烷在汽油中起着抗爆的作用。异辛烷的低温氧化原理与正庚烷类似，也包括二次加氧链分支过程和与其竞争的链传递及链终止反应，会在图 4－3 中出现 NTC 特征，但它的自燃特性却较正庚烷差，其主要原因如下。

①正庚烷中的伯碳数为 2 个，但在异辛烷中却多达 5 个(见图 4－5)，由于伯碳的 C—H 键能大于仲碳和叔碳，故分子既不易脱氢，也不易发生过渡环中 H 的转移。

②由于分子中存在众多的支链，在形成过渡环时，一方面，发生过渡环的变形，使得环应力加大，从而增大了异构化反应的活化能；另一方面，这些支链形成空间位阻效应，使得 O 原子捕获目标 H 原子的概率下降。

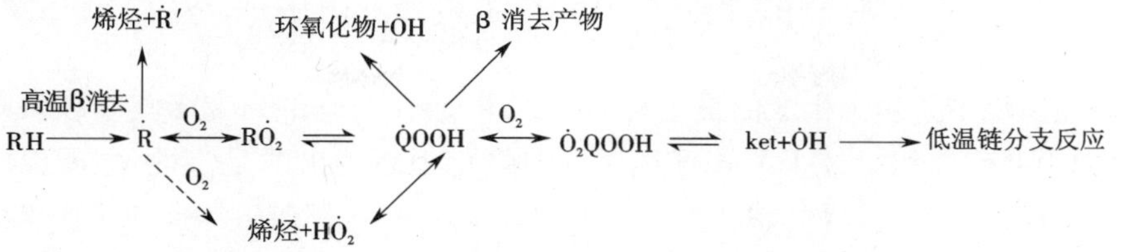

(a)

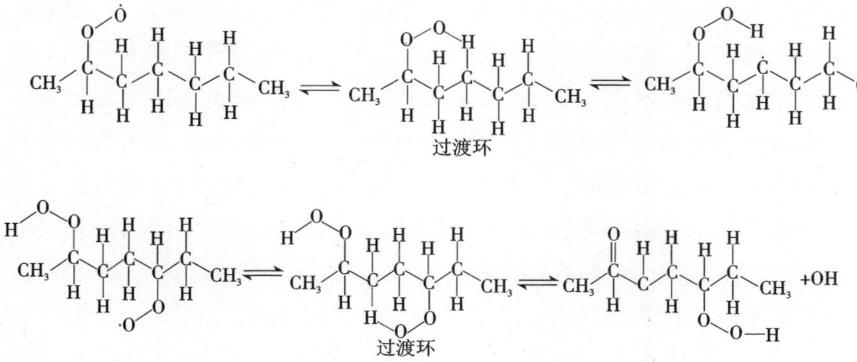

(b)

图 4－4　正庚烷低温氧化中存在的链式反应及关键的异构化步骤[12]

(a)链式反应路径　(b)异构化及过渡环的形成

有两方面的作用使得总体的反应速率常数降低，第一方面的原因是主要的，第二方面的原因在发生异构化的碳位相离较远时起作用(如图 4－5 中 a 位与 d 位发生异构化)。

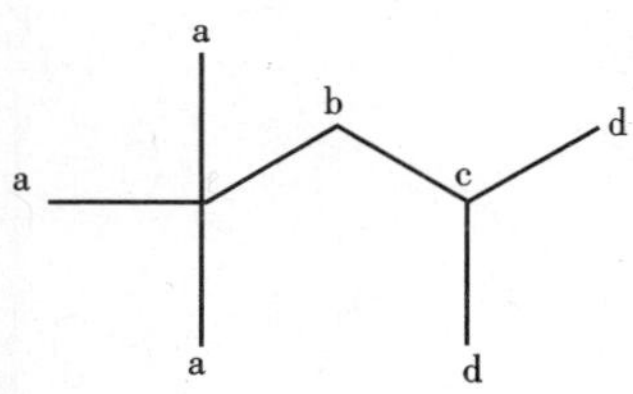

图 4－5　异辛烷的分子结构

环烷烃低温氧化的本质和直链烷烃相同，同样具备形成 H 原子转移的过渡环条件，故也存在二次加氧、β 分解为烯烃和 HO_2 · 以及形成环醚的特征，也具有 NTC 现象。以环己烷为例，其脱氢效率与正庚烷几乎相同，主要区别在异构化上：一是因为分子转动的自由度小，导致发生异构化反应的指前因子大，尤其在与邻位碳原子形成 5 原子大应力过渡环时表现最明显，直接导致发生 β 裂解的概率大大增加；二是形成过渡环时的分子为双环分子，环应力大，使得异构化的活化能较大；三是 7 原子过渡环的形成和直链烷烃不同，环己烷中形成 7 原子过渡环的异构化反应速率常数要比在直链烷烃中低。综上所述，环己烷过氧化自由基的过渡环生成困难，在过渡环生成的过程中，比起发生 H 原子转移的链分支反应更倾向于发生 β 裂解的链传递反应生成 HO_2，其滞燃期特性与异辛烷相近(图 4－3)，但原理与异辛烷不同。

在甲基环己烷分子中，由于甲基伯碳原子的 C—H 键键能大，在这个位置进行脱氢和异构化均不易，可将甲基看作此分子中的惰性基团，故甲基的加入并未对分子的反应特性产生大的影响，除破坏了环己烷的中心对称性而使得脱氢产生 5 种同分异构体外，环己烷中存在的过渡环反应在甲基环己烷中同样存在。由于甲基的惰性，使得其自燃性较环己烷稍差。

芳香烃在燃烧中是炭烟生成的最主要的前驱体，故针对它的研究多集中在炭烟生成方面，而在自燃中的研究相对较少。芳香烃在低温氧化中表现出的是惰性，主要原因在于苯环是一种十分稳定的共振结构，其共振能很大（152 kJ/mol），任何破坏这种共振结构的反应都具有高的能量壁垒，需要付出很大的能量代价。与苯环相连的其他基团（如甲苯中的甲基）也会和苯环形成超共轭而达到稳定的结构，从脱氢开始，这种效应就开始显现了。甲苯的脱氢与甲基环己烷不同，相对于苯环上的 H 原子，甲基的 H 原子的脱氢相对容易，其反应速率常数在低温氧化的温度区间（700～1 000 K）与正庚烷伯碳脱氢速率常数基本相同，而苯环脱氢的速率常数就只有甲基脱氢的四分之一，故大多数甲苯走生成苄基的反应路径。然而，苄基上的亚甲基存在未成对电子，可与苯环的电子云形成更稳定的共振结构，使得苄基的稳定性比甲苯还强，如图 4－6 所示。之后苄基可与氧气反应生成过氧基，但是由于苯环大的共振能，过氧基将无法与苯环上的 H 原子形成过渡环结构并发生环的解离，故甲苯的低温氧化中不能形成二次加氧链分支反应路径，甚至连分解生成 HO_2· 的反应也无法发生。只有在高温下，过氧基才能与其相连的碳原子上的 H 原子形成四原子过渡环，生成 OH· 和苯甲醛。而在低温下，其他烃类燃料中存在的 OH· 和 HO_2· 形成的路径均被堵死，但燃料脱氢仍然只能依靠 OH· 进行，故芳香烃的一般反应过程是通过在低温下活性低的自由基（如 O 原子、H 原子）分阶段诱导产生活性较高的自由基（如 H· + O_2 +（M）= HO_2· +（M））。这样便导致图 4－3 中甲苯在低温氧化的大部分温度区间都有最长的滞燃期。

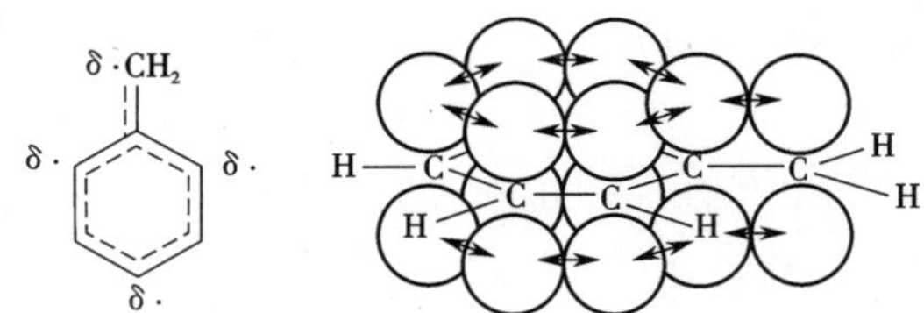

图 4－6　苄基中存在的共振结构及 π 键电子云分布

由于柴油中的直链烷烃碳原子数普遍在 10 以上，根据直链烷烃碳原子数越多滞燃期越短的原理，这些直链烷烃的滞燃期将短于正庚烷。然而，由于柴油中还有自燃性差的支链烷烃和环烷烃以及惰性成分芳香烃的存在，真实柴油的自燃特性较其本身包含的直链烷烃稍差，而与正庚烷的自燃特性接近，这也使得采用正庚烷来模拟柴油着火成为最普遍的做法，对正庚烷的研究也多于对甲苯、异辛烷和甲基环己烷的研究。因此，从自燃原理、自燃特性和机理成熟度三方面分析，正庚烷适合作为模拟柴油低温氧化的参比燃料。

2. 甲醇的低温氧化原理

同烃类燃料一样，甲醇的第一步反应也是脱氢，分子中 O—H 键具有较 C—H 键更大的键能，因此 C—H 键断裂生成羟甲基（CH_2OH·）的概率较 C—O 键断裂生成甲氧基（CH_3O·）的概率大。甲醇脱氢后主要生成羟甲基（CH_2OH·），在其中的亚甲基基团上存在未成对电

子，可以继续发生脱氢反应，即

$$CH_2OH\cdot + O_2 \rightleftharpoons CH_2O + HO_2\cdot \qquad (R4-2)$$

从表面上看，此反应为单步反应，但其本质与上面所述的烷基加氧反应一样，也需形成过渡环，这一过程的势能面如图 4－7 所示。过渡环之所以瓦解是由于羟基官能团中 O—H 键具有大的键能和 5 原子过渡环大的环应力，使得 H 原子并不能被过氧基掠夺过来。此外，由图 4－7 可以看出，即使能如过氧化烷基异构化一样发生 H 的转移生成 $OCH_2OOH\cdot$，其能量也要高于 TS 和最终产物 $CH_2O + HO_2\cdot$。反应（R4－2）的活化能很低，属于快反应，使得 $CH_2OH\cdot$ 能快速消耗，有利于甲醇的脱氢反应的正向进行。随着 $HO_2\cdot$ 的快速积累，$HO_2\cdot$ 对燃料的脱氢作用也显现出来，这是由于脱氢反应中最活跃的 $OH\cdot$ 需通过 H_2O_2 裂解完成，而 H_2O_2 裂解有很高的能量壁垒。这样 $OH\cdot$ 的缺失使得 $HO_2\cdot$ 进攻甲醇脱氢，如式（R4－1），“被迫”成为控制燃料消耗最重要的反应，此反应是一个慢反应，在甲醇消耗中具有很高的敏感度。由此可见，甲醇低温氧化过程中不存在二次加氧链分支反应过程，自由基生成效率低，造成链式反应速率低，故其辛烷值高。

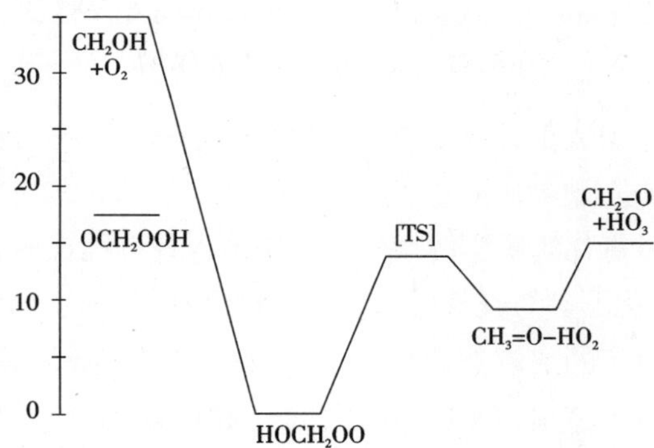

图 4－7　O_2 进攻 $CH_2OH\cdot$ 反应中的势能面[13]

4.1.3　反应机理的构造

本研究中正庚烷氧化机理采用的是 LLNL 正庚烷氧化机理第 3 版，该机理中也包括甲醇的子机理。甲醇的脱氢产物甲氧基（$CH_3O\cdot$）本身比较活泼，可以夺取其他分子中的 H 原子重新生成甲醇，因此甲醇还是正庚烷氧化中较为普遍的一个中间体，故不再专门寻找甲醇氧化机理，仅对影响甲醇自燃的反应式（R4－1）进行了修正，这一点已经在上一节提到。为了考察此机理对甲醇和正庚烷各自低温氧化和共同低温氧化的预测精度，采用已有的试验进行滞燃期的验证[14]。

4.1.4　甲醇/正庚烷低温氧化的模拟结果

计算采用 CHEMKIN 软件中的 SENKIN 模块以定容绝热方式进行。图 4－8 为初始压力 40 atm、理论当量比下正庚烷和甲醇/正庚烷的滞燃期随温度的变化。由图可见，甲醇替换掉一部分正庚烷后，着火时刻大大延长，尤其是在 800～1 000 K 的负温度系数区更为明显，而负温度系数特征变弱；从 1 000 K 开始，两条曲线开始逐渐接近，至 1 200 K 时二者的滞燃期完全一致。为了定量地分析甲醇对正庚烷自燃的抑制作用，引入抑制率(Inhibition Rate, IR)的概念。*IR* 定义为甲醇加入后滞燃期的增幅与原正庚烷滞燃期之比。如图4 -8所示，随着温度的升高，*IR* 呈现先增高后降低的趋势，其最高点出现在 NTC 区的中央位置，即 850 K，之后 *IR* 值下降，至 1 200 K 时基本为 0。

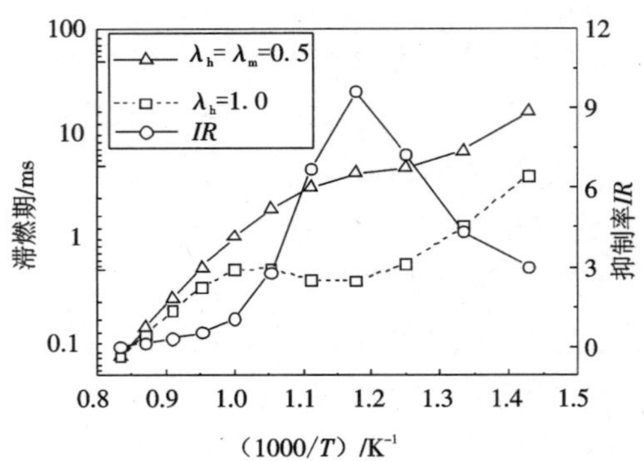

图 4 -8 正庚烷及甲醇/正庚烷的滞燃期特性及甲醇对正庚烷自燃的抑制作用

为了进一步认识甲醇加入的影响，截取了关键物质的摩尔分数变化，如图 4 -9 所示。图 4 -9(a)为燃料和链分支反应中的关键物质过氧化氢庚酮的摩尔分数，加入甲醇后，正庚烷的消耗变得平缓，同时过氧化氢庚酮的摩尔分数峰值也只有纯正庚烷时的十分之一。OH · 和 HO_2 · 自由基是低温氧化下参与脱氢反应的主要自由基，其浓度也与着火阶段的进行程度相关，通常着火发生时 OH · 的浓度需达到 10^{-5}量级。H_2O_2在低温氧化下是一种较为稳定的物质，然而在高温氧化下则基本无法存在，它的分解是导致蓝焰放热的诱因，因此也可以反映反应历程。图 4 -9(b)为这三种物质在加入甲醇前后的摩尔分数变化。可以看出，甲醇加入后放热，燃料消耗和缓，活性自由基增长速率慢，导致滞燃期延长，在较长的着火准备期内积累了较高的 H_2O_2浓度。

为了在任意时间段内追踪燃料、重要的中间体和自由基的反应路径及其生成率和消耗率，自编了后处理代码。在 SENKIN 程序的计算中，得到的二进制结果文件依靠 SENKIN_POST 程序完成后处理，故通过改动此程序即可达到目的。物质 i 通过反应 j 在特定时间段 t_1-t_2 内的总生成量(或消耗量)ω_{ij}可以通过对物质 i 依靠反应 j 的瞬时生成率(或消耗率)$\dot{\omega}_{ij}$的积分求得，即

$$\omega_{ij}=\int_{t_1}^{t_2}\dot{\omega}_{ij}\mathrm{d}t \tag{4-1}$$

之后，反应 j 对物质 i 在全部相关反应中的贡献率 r_{ij}可以由下式算出：

$$r_{ij}=\frac{\omega_{ij}}{\sum\limits_{j}^{j_0}\omega_{ij}} \tag{4-2}$$

式中：j_0为所有涉及物质 i 的反应总数。

通过设置过滤因子，可以过滤掉物质转化中绝对值或相对值较小的反应，即可得到精

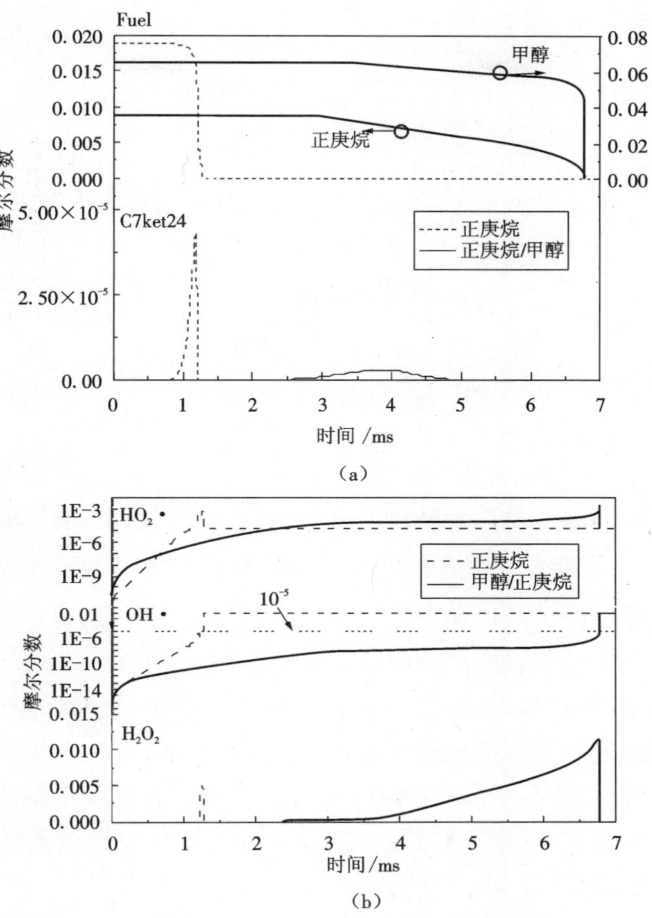

图4-9 自燃过程中主要中间物质的摩尔分数

(a)燃料及过氧化氢庚酮的摩尔分数 (b)HO_2·、OH·及H_2O_2的摩尔分数

简的反应路径图。以下针对上文中 $p_0=40$ atm, $T_0=750$ K,正庚烷和甲醇当量比均为0.5的情况进行计算分析,分析的时间范围为初始时刻至高温放热开启之前,即6.3 ms前。

图4-10为反应路径分析得出的主要结果。图中主要有两条反应路径,右边为正庚烷的反应路径,左边为甲醇的反应路径,左右两条路径在 CH_2O 处汇合,最终氧化为低温氧化下的终产物CO。在这两条路径之间是自由基池,OH·和 HO_2·是池中最重要的自由基,两自由基通过 H_2O_2为纽带连接在一起。

如图4-10所示,正庚烷占OH·总消耗比例的26.4%,只及甲醇对OH·消耗比例37.9%的三分之二。虽然在正庚烷的氧化途径中也有对OH·消耗的其他反应,如烯烃脱氢、羰基化合物脱氢,但这些反应对OH·消耗的贡献加起来也不到10%。在甲醇的脱氢中,生成 CH_3O· 的脱氢路径对OH·消耗的贡献率为4.1%,生成 CH_2OH·的贡献率为33.8%,是前者的8倍多。此外,CH_2O 的脱氢对OH·的消耗也有17.8%的贡献率,但由于两个燃料的氧化路径到此已汇合,此反应不具备随燃料类型而变化的特征,将不再进行详

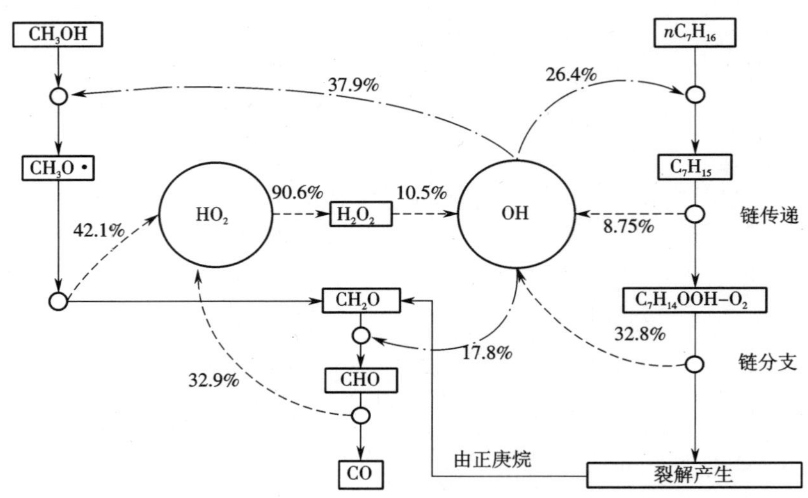

图 4-10 甲醇/正庚烷高温放热前反应路径及 $HO_2\cdot$ 和 $OH\cdot$ 自由基分配率

实线箭头—主要中间物质反应路径；虚线箭头—自由基的生成路径；点画线箭头—自由基的消耗路径

细分析。接下来正庚烷链传递对 OH · 生成的贡献率为 8.75%，链分支对 OH · 生成的贡献率为 32.8%，所以正庚烷反应路径对 OH · 生成的总贡献率为 41.55%。此处所述的链分支和链传递反应特指 C7 物质发生的链分支和链传递反应，正庚烷的降解产物 C3—C6 自由基同样可以发生类似的链分支和链传递反应，这类反应对 OH · 生成的贡献率可达 12.3%。此外，正庚烷后期降解物质 C3—C1 对 OH · 也有总共 20.5% 的贡献率，这类物质多含氧化物甚至过氧化物。但是反观甲醇，图中显示它只有通过 H_2O_2分解这条路径才对 OH · 自由基有明显的贡献，而此路径对 OH · 生成的贡献率只有 10.5%。

此外，由 $CH_3O\cdot$ 和 $CH_2OH\cdot$ 脱氢生成的 $HO_2\cdot$ 只占 $HO_2\cdot$ 总生成量的 42.1%，除去共同氧化路径 HCO · 脱氢对 $HO_2\cdot$ 生成贡献率的 32.9% 外，其余大部分由正庚烷降解产物脱氢贡献。在所有 $HO_2\cdot$ 的消耗中，有 90.6% 通过反应

$$HO_2\cdot + HO_2\cdot \rightleftharpoons H_2O_2 + O_2 \qquad (R4-3)$$

和反应类型

$$RH + HO_2\cdot \rightleftharpoons R\cdot + H_2O_2 \quad (R\text{ 为任意基团}) \qquad (R4-4)$$

转化为 H_2O_2，这样由甲醇直接贡献的 $HO_2\cdot$ 并转化为 H_2O_2的比例仅为 $HO_2\cdot$ 总消耗比例的 38.1%（42.1% ×90.6%）。至此可以得出结论，甲醇实际上在 OH · 增殖的反应中扮演了消极的角色，根本的原因就是由甲醇生成 OH · 的最后一步（H_2O_2分解步骤）

$$H_2O_2(+M) \rightleftharpoons OH\cdot + OH\cdot(+M) \qquad (R4-5)$$

中，由于活化能太高而使反应太慢。若温度超过 1 000 K，则 H_2O_2分解的壁垒开始被打破，由于该反应的指前因子也大（10^{17}量级），反应速率常数对温度的变化很敏感，一旦温度达到 1 200 K，壁垒完全被打破，同时另一条 $HO_2\cdot$ 高效生成途径

$$H\cdot + O_2(+M) \rightleftharpoons HO_2\cdot(+M) \qquad (R4-6)$$

占据了自由基生成的主要来源，而更高效的高温氧化链分支反应

$$H\cdot + O_2 \rightleftharpoons OH\cdot + O\cdot \quad (R4-7)$$

也开启了。这些基元反应特性导致甲醇对正庚烷自燃的抑制作用在高于 1 000 K 时削弱，而至 1 200 K 时完全消失，如图 4－8 所示。如果将 $HO_2\cdot$ 和 $OH\cdot$ 自由基池比作两个水潭，那么 H_2O_2 就是控制 $HO_2\cdot$ 流向 $OH\cdot$ 的阀门，而温度是决定阀门开度的唯一因素。正因为此反应的重要性，对其基元反应速率的研究一直持续到现在[15]。

燃料分子及其降解产物间的直接作用在低温氧化下基本可以忽略。例如，考虑甲醇与正庚烷的直接作用

$$CH_3O\cdot + nC_7H_{16} \rightleftharpoons CH_3OH\cdot + nC_7H_{15}\cdot \quad (R4-8)$$

正反应对正庚烷的脱氢贡献仅占正庚烷脱氢总量的 0.76%，而逆反应也仅占甲醇脱氢总量的 0.41%，其他稳定物质间的反应就更不值得一提了。此结果与 Andrae 等人的结论一致，即两种分子构象、分子量完全不同的燃料共同氧化时，二者间的直接作用可以忽略。

综上所述，在 1 000 K 以下的低温氧化中，甲醇扮演了将活跃的 $OH\cdot$ 转为不活跃的 H_2O_2 的角色，后者在着火前积累了较高的浓度。

4.2　甲醇对柴油高温氧化行为的影响

本节研究的内容涉及燃料的高温氧化，即温度超过 1 200 K 的氧化行为，在此温度范围内氧分子已经不能与燃料分子结合形成稳定的过氧化物，燃料的降解速率远大于低温氧化速率，但在热力学作用的驱动下又可聚合生成多环芳香烃甚至炭烟。在缸内燃烧中，火焰传播、放热率、炭烟和 NO_x 排放都涉及高温氧化。对高温氧化的反应动力学研究主要在层流火焰中进行，也有在高温激波管中进行的例子。国际上含氧燃料对最复杂的炭烟及其前驱体生成影响的问题成为目前研究的热点，此外更复杂的炭烟成核机理尚处于争议中。故这些研究的目的主要是探究低炭烟生成特性的含氧燃料与高炭烟生成特性的烃燃料相互之间的化学耦合作用。有模拟研究显示，含氧燃料中与氧原子相连的碳原子不会参与炭烟的生成，而是转向燃烧的最终产物 CO_2[16]。在最近的研究中，炭烟的生成主要与进样的 C/O（碳氧比）相关[17]。在正庚烷/含氧燃料的层流预混火焰中也发现 PAH 的生成受到了明显的抑制，而且抑制作用随着这些 PAH 分子量的增大而加强[18]。在乙醇/乙苯预混常压层流火焰中[19]，发现乙醇的加入除了减小 C/O 外，还阻断了苯甲基的生成，从而阻断了 PAH 聚集的通道。但在对丙烯/二甲醚和丙烯/乙醇富燃层流预混火焰的研究中，并没有发现含氧燃料对苯生成的强烈作用，苯和其他烃燃料降解的中间物质基本随含氧燃料的加入而等比例下降，原因是可以生成苯的丙烯减少了。对含氧燃料与烃类燃料高温共同氧化的研究还远不及对单一燃料的研究广泛，对一些试验的现象还没有合理的解释，尤其是醇与炭烟的相互作用。本节将采用低压层流预混火焰作为试验手段，对其进行化学反应动力学分析，研究甲醇对柴油参比燃料高温氧化的影响，以期能捕捉到两种燃料间的化学耦合作用。在分析二者的耦合作用之前，有必要对它们各自的高温氧化原理进行回顾，并选定用于研究的柴油参比燃料组成。

4.2.1 柴油与醇类燃料的高温氧化原理

1. 柴油的高温氧化原理及柴油参比燃料的选定

柴油中主要包含直链烷烃、支链烷烃、环烷烃和芳香烃四类组分，由于燃料的高温氧化与低温氧化具有截然不同的特性，故有必要重新对这四类物质的高温氧化特性进行分析。分析时同样选择正庚烷、异辛烷、甲基环己烷和甲苯分别作为以上四类烃的代表，重点关注它们在层流预混火焰中的反应原理。

正庚烷在高温氧化中具有与低温氧化完全不同的特性。正庚烷在高温氧化中的第一步反应除了依靠脱氢外，还有燃料直接裂解为两个烷基的步骤，如

$$nC_7H_{16}(+M) \rightleftharpoons nC_3H_7\cdot + pC_4H_9\cdot(+M) \tag{R4-9}$$

另外，其与低温氧化的另一个不同是正庚烷高温氧化随当量比的变化有较大的变化，因为燃烧中的自由基组成及其扮演的角色强烈依赖于当量比。当量比低时，正庚烷直接分解占其总消耗的比例很少，主要靠 OH · 自由基进攻脱氢消耗；当量比高时，O · 自由基渐渐消失，自由基浓度降低，在脱氢中的供给不足，此时正庚烷的直接分解在燃料消耗中就占有较大的比例。正庚烷脱氢后即发生 β 裂解，生成烯烃和烷基，如

$$3\text{-}C_7H_{15}\cdot(+M) \rightleftharpoons nC_3H_7\cdot + 1\text{-}C_4H_8\cdot(+M) \tag{R4-10}$$

烷基可继续裂解，而烯烃也可加成为烷基后继续裂解直至 C1 及 C2 小分子止。有关正庚烷在层流预混火焰中的详细反应路径可参阅文献[20]。

异辛烷的高温氧化原理与正庚烷几乎完全一致，其第一步反应既可发生脱氢也可发生直接裂解。与正庚烷不同的是，异辛烷发生直接裂解的趋势较正庚烷发生直接裂解的趋势更大，主要原因是包含季碳和叔碳的 C—C 键较正庚烷中包含仲碳的 C—C 键更容易断裂；其次，异辛烷支链较多，空间位阻大，不利于自由基的进攻。支链烷烃较直链烷烃更易生成炭烟前驱体，这是由于支链烷基更易发生生成大分子烯烃的裂解，而大分子烯烃继续脱氢再聚合生成芳香烃要比小分子烯烃更容易。

环烷烃的高温氧化有若干条路径。第一条路径与其他烷烃一样，脱氢生成环烷基后发生开环裂解，生成链烯基。第二条路径与正庚烷直接裂解相类似，如环己烷可发生异构化开环直接生成己烯，由于环烷烃中具有环应力，C—C 键的稳定性比 C—H 键的稳定性差，故此路径是环烷烃降解的主要路径。第三条路径即为脱氢后继续脱氢生成环二烯，直至最后生成芳香烃，如环己烷不断脱氢后生成苯，甲基环己烷不断脱氢后生成甲苯。虽然第三条路径较前两条弱很多，但是由于环烷烃的分子结构接近于芳香烃，故也可导致较高的芳香烃生成，且生成量与支链烷烃不相上下。有研究表明，环己烷火焰中苯的生成量与相同燃料摩尔分数的异辛烷火焰中苯的生成量相当[21]。

芳香烃本身就是炭烟的前驱体，故芳香烃火焰中炭烟的生成远大于其他烃燃料火焰。因为芳香烃火焰中更大规模的 PAH 生成具有先天优势，这些 PAH 是以已有的苯环为基础通过 HACA 路径（如苯乙炔和乙炔反应生成萘）和炔丙基路径（如苄基与炔丙基化合生成萘）生成的（见图 4－11），而不是芳香烃燃料降解生成小分子后再通过链烷烃的“2＋4”模式的 HACA 路径（C2 烃与 C4 烃反应生成苯）和“3＋3”模式炔丙基路径（两个 C3 烃反应生

成苯）重新生成苯，故柴油中炭烟的生成大多数归咎于其中的芳香烃成分。芳香烃降解的第一步依赖于脱氢，如甲苯脱氢生成苄基，苄基再降解生成环戊二烯基，然后发生开环。甲苯也可与H原子发生本位取代加成直接生成苯，还可生成芳香烃氧化物，以致造成苯环的不稳定而解体。

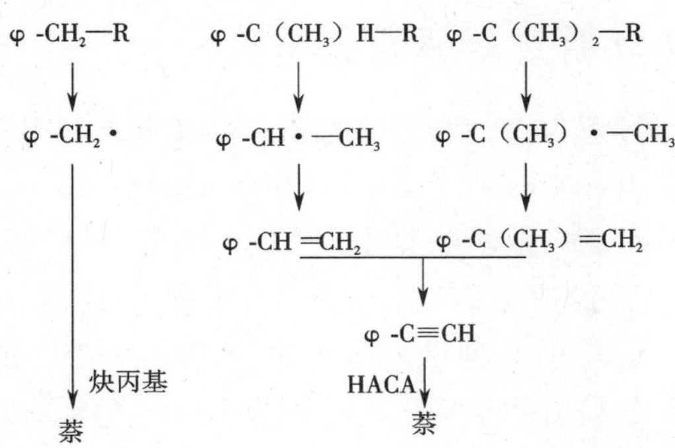

图4-11　芳香烃火焰中PAH增长的两条路径[22]

在柴油高温氧化参比燃料的选择上，因为柴油中直链烷基和直链烷烃的占比大，因此正庚烷应作为参比燃料的成分。另外，以其中炭烟生成趋势最为强烈的芳香烃甲苯作为柴油参比燃料的另一组分，研究在富燃火焰中醇对炭烟前驱体生成的影响。

2. 醇的高温氧化原理

本小节所述的醇的高温氧化原理不仅指的是本文的研究对象甲醇，还包括了下文富燃火焰研究中作为对照的乙醇。甲醇和乙醇的高温氧化较为简单，H·、OH·、O·自由基进攻脱氢是燃料消耗的主要途径，此外还有一小部分燃料可以直接裂解，即

$$CH_3OH(+M) \rightleftharpoons CH_3\cdot + OH\cdot(+M) \tag{R4-11}$$

$$C_2H_5OH(+M) \rightleftharpoons CH_3\cdot + CH_2OH\cdot(+M) \tag{R4-12}$$

由于C—O键难以断裂，甲醇的直接分解（R4-11）对燃料的消耗贡献很小。之后，燃料的脱氢产物并不只依赖氧气的进攻脱氢（R4-2），还会发生直接分解生成H·与醛，如对于甲醇有如下两个反应：

$$CH_2OH\cdot(+M) \rightleftharpoons CH_2O + H\cdot(+M) \tag{R4-13}$$

$$CH_3O\cdot(+M) \rightleftharpoons CH_2O + H\cdot(+M) \tag{R4-14}$$

显然，此类反应对燃料降解和自由基生成都具有极高的效率。

醛的消耗依然依靠自由基进攻，之后依然是脱氢产物的直接分解。与甲醇不同的是，由于乙醇中具有C—C键，因此具备发生过渡环异构化生成过氧化物的条件，即

$$C_2H_4OH\cdot + O_2 \rightleftharpoons \cdot HOC_2H_4O_2 \tag{R4-15}$$

这些低温氧化中的反应过程将不在高温氧化的分析中做进一步的探讨。有关乙醇在层流预混火焰中的详细反应路径可参阅文献[23]。

本节的研究思路如下。

①在理论当量比下研究甲醇的加入对参比燃料燃烧的影响。由于当量比较低，未达到炭烟生成的条件，故仅选取正庚烷作为参比燃料，主要分析甲醇对正庚烷降解的影响。

②在富燃条件(当量比为2)下研究甲醇对参比燃料燃烧的影响,出于对照研究的需要,也同时研究了相同掺混比下乙醇对参比燃料燃烧的影响,由于此时已达到炭烟生成的临界条件,故同时选取甲苯和正庚烷作为参比燃料,重点分析的是醇类燃料对炭烟前驱体生成特性的影响。

4.2.2 试验装置及数据处理方法简介

目前,燃烧诊断的试验装置大致分为原位光谱诊断法和取样分析法两大类。原位光谱诊断法又包括激光诱导荧光法(Laser Induced Fluorescence, LIF)、光腔震荡光谱(Cavity Ring-down Spectroscopy, CRDS)、相干反斯托克斯拉曼光谱(Coherent Anti-Stokes Raman Scattering, CARS)。原位光谱诊断法具有不干扰火焰结构的优点,适合测量容易受到扰动而湮灭的小分子和自由基浓度,但当测量大分子时其谱峰叠加严重,无法区分测量。取样分析法采用取样探针取样,直接或收集后送入检测设备进行检测。取样方法分为毛细管取样和超声分子束取样两种方法。毛细管取样对火焰扰动小,但在抽取的过程中样品会继续发生反应,送检样品会发生变化,同时无法检测到自由基。采用超声分子束取样法能迅速抽取分子并扩大分子的平均自由程,避免分子相互碰撞,达到"冻结"分子的目的,故取样真实、精度高。检测器主要有色谱仪和质谱仪。色谱仪结构简单,但精度较低。质谱仪采用将取样分子电离的方法,通过测量电离后的分子在真空电场中飞行的时间而将不同质荷比的分子区分开来。采用的电离方法有电子轰击电离、激光光电离、真空紫外光电离等。电子轰击电离的最大缺点为被电离分子会被打碎,使谱图上出现多个离子峰,且电离阈值不明显,分辨率较低;激光光电离可避免电离过程中分子的破碎,然而光波段较窄,且是多光子过程,在分子电离阈值的真空紫外波段光子能量较低。

同步辐射光是高能电子束在环形同步加速器中做接近光速的回旋运动时切线方向所发射的电磁波。这种辐射具有高亮度、高准直性、波长连续可调等特性,并且利用其产生的真空紫外光电离是单光子过程,电离阈值十分明显,便于区分相同质荷比的物质。

研究所采用的低压层流预混火焰结合分子束取样同步辐射真空紫外光电离质谱装置即是利用这种优良的光源,寄生在同步辐射装置上的。其装置如图4-12所示,装置包括:燃烧炉,以产生层流火焰;石英喷嘴和镍制漏勺,以进行分子束取样;涡轮分子泵,以提供腔内高真空环境;飞行时间质谱仪,以探测区分不同质荷比的离子。

图4-13为取样及电离结构示意图,其中燃烧、取样和电离分别在压力不同的三个腔体内进行。在燃烧室中压力为10~100 torr(真空压强,1 torr = 133 Pa),进行燃料的层流预混燃烧,采用石英喷嘴进行燃烧中物质的取样。为了探测火焰中不同位置的燃烧中间物质,采用步进电动机控制移动燃烧炉的位置,而取样喷嘴的位置不变。一级差分室的压力比燃烧室低5~6个数量级,故分子以超音速被吸入,分子间平均自由程迅速扩大,之后采用漏勺进行分子的聚焦,形成x方向的分子束进入压力更低的二级差分室即电离室,与正交过来y方向的紫外光交叉,分子被电离,在电场的作用下向z方向飞行。进入反射式飞行时间质谱仪(Reflective Timing of Flight-Maos Spectrum, RTOF-MS)经反射极反射后被MCP检测器探测到,根据飞行时间的不同即可区分不同质荷比(由于分子电离的离子只带一个电子,故质荷

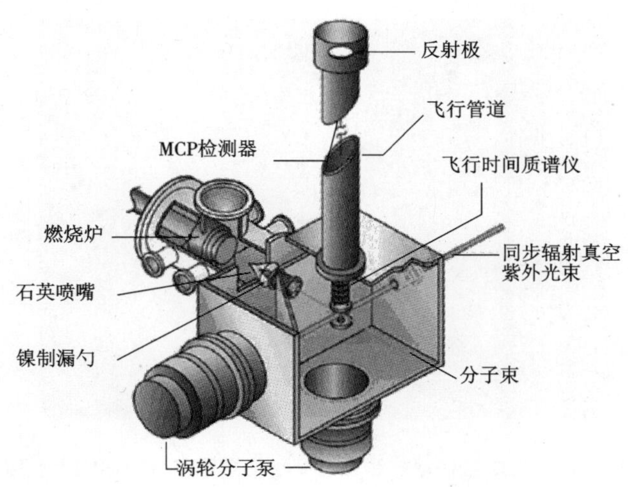

图 4－12　试验装置示意图

比即为该分子的分子量)的分子,根据 MCP(Microchannel Plates)探测器检测到的信号强度进行处理即可得出该种物质的摩尔分数。由于不同的物质被电离的能量阈值不同,故通过调节真空紫外光的波长(即调节光子能量)并比对 NIST Chemical Web Book 记载的各物质的电离阈值即可区分相同质荷比物质。更多的装置及试验原理的详细介绍参见文献[24]。

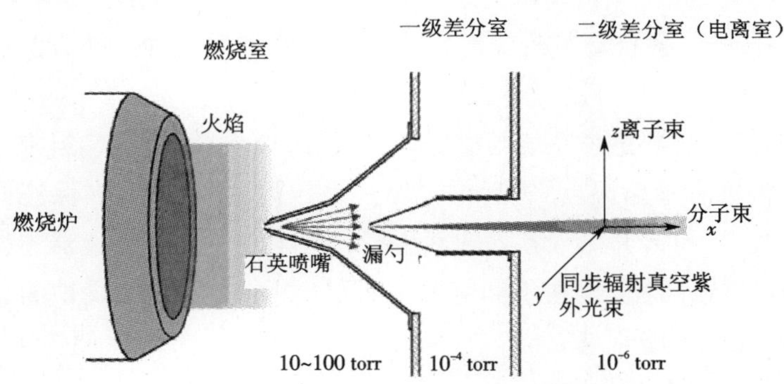

图 4－13　取样及电离结构示意图

图 4－14 为火焰结构取样照片及温度和物质摩尔分数曲线示意图。由图可见,层流预混火焰分为预热区、反应区和后燃区。预热区很薄;进入反应区温度骤然升高,可以见到火焰并呈现出蓝色亮光,燃料快速消耗,燃烧最终产物(如 CO_2、CO、H_2O 等)的摩尔分数急剧升高,燃烧中间物质先生成后消耗,形成峰值;进入后燃区温度缓慢下降,火焰亮光消失,燃烧最终产物趋于稳定。图中圆点为由于火焰加热作用而被烧红的石英喷嘴尖端。

在可燃混合气进入燃烧炉之前,需在反应物供给系统中进行燃料的汽化及与氧化剂 O_2 及载气 Ar 的混合,对于单燃料及可互溶的二元燃料只需一个汽化罐和一个进样系统即可完成(见图 4－15(a)),但对于甲醇与正庚烷和甲苯这样极性相差很大且不能互溶的两种燃料,则需要重新设计汽化和进样系统。考虑到对二元燃料进样系统的要求,设计了两种

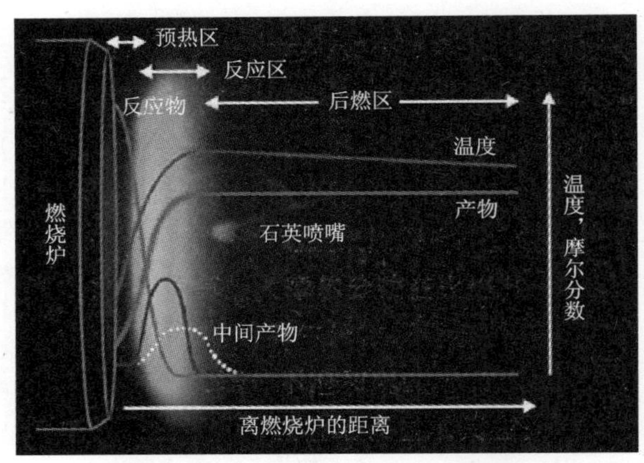

图 4-14　火焰结构取样图及温度和物质摩尔分数曲线示意图

方案。

方案 1 如图 4-15(b)所示，采用两个注射泵，一个汽化罐，两种燃料分别进样，共同在一个汽化器中混合汽化。这种方案只需一个汽化器即可。但是由于两种燃料的沸点不同，温度低时，则有可能造成汽化温度高的燃料汽化不完全；温度高时，则有可能造成汽化温度低的燃料汽化过快，造成压力不稳，从而影响到火焰的稳定。

为了克服单汽化罐的缺陷，设计了方案 2，如图 4-15(c)所示。其采用“双泵双罐”系统，两种燃料分别进样，各自调节汽化温度。试验表明采用这种进样方法后，火焰稳定，进样效果好。

试验前，先将二元燃料进样系统与燃烧炉连接好，加注燃料，依燃料沸点的不同分别设定汽化罐的汽化温度和管路温度，之后设定燃烧室压力。点火后，在保证试验装置各处真空达到要求的前提下，打开光路上各处的截止阀。由于电子束在加速器中做回旋运动时束流强度在不断衰减，光子通量也在不断衰减，为保证同一次扫描燃烧炉的试验光子通量基本不变，要求束流强度不能衰减太快。

对火焰的分析分以下两步进行。

①找出并区分火焰中存在的中间物质。固定燃烧炉的位置不变，设定取样喷孔大致处于反应区中间，改变光子能量，通常从 8 eV 开始（芳香烃的电离能低，从 7.5 eV 开始），扫描至 11.8 eV 终止。在此能量范围内，可探测到除本研究火焰中必然存在的 Ar、H_2、O_2、CO_2、CO、H_2O、CH_4等物质以外的所有燃烧中间物质。如此得到一系列随光子能量不同而不同的谱图，对这些谱图的质谱峰进行积分，以横坐标为光子能量，以纵坐标为在某一质荷比下所对应的所有质谱峰积分得到的数值连线作图，得到光电离效率谱（Photoionization Efficiency，PIE），如图 4-16 所示。PIE 图上的拐点即某一探测到的分子的电离阈值，通过与文献记载的阈值对比即可判断出该物质。故可判断图 4-16 中三个拐点对应的物质分别为乙烯醇、乙醛和丙烷。

②检测第一步探测到的物质的摩尔分数。选择合适的光子能量，原则是尽量靠近待测

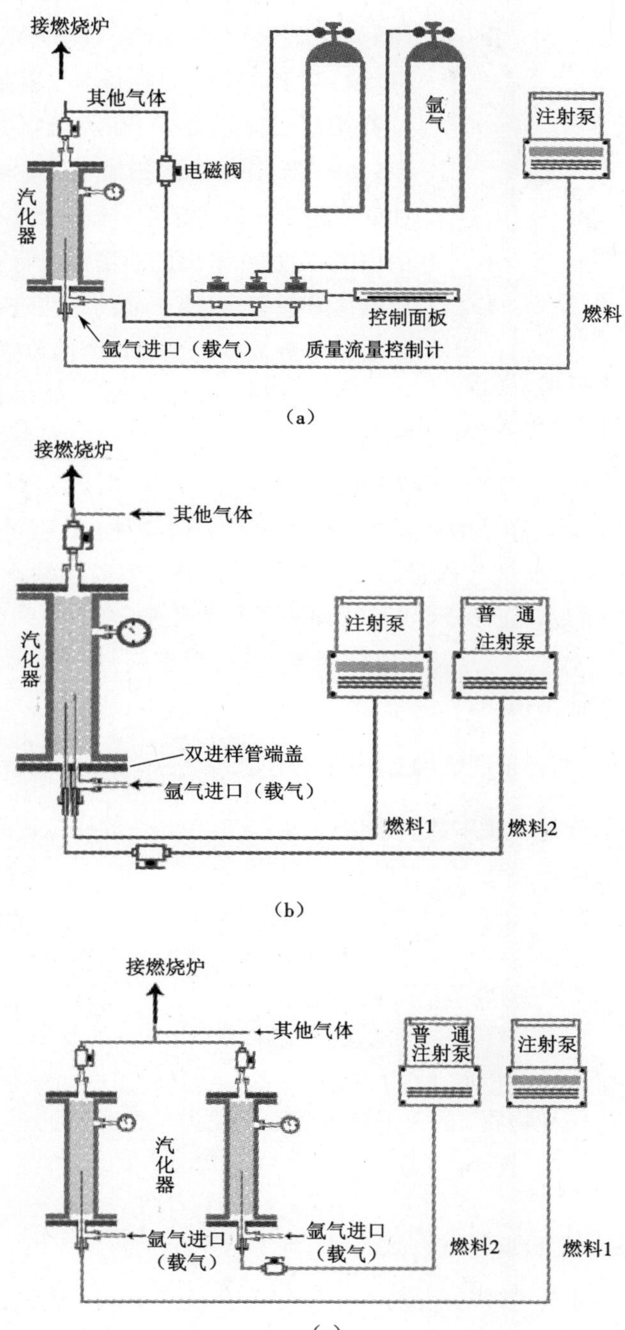

图 4－15　反应物供给系统设计图

(a)单燃料汽化供给系统　(b)二元燃料单汽化供给系统

(c)二元燃料双汽化供给系统

物质的电离阈值,以免将这些物质打成碎片后影响测量精度。如在甲醇/正庚烷火焰中选

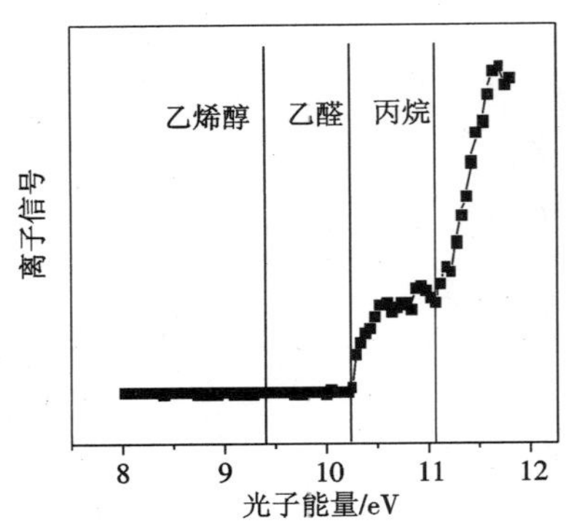

图 4-16 质荷比为 44 的 PIE 谱（甲醇/正庚烷当量比火焰中取得）

择的光子能量分别为 8 eV、8.5 eV、9 eV、9.5 eV、10 eV、10.5 eV、10.8 eV、11.8 eV、12.3 eV、13.1 eV、14.59 eV、16.64 eV。在每一个能量下，从接近炉面的位置开始扫描燃烧炉，在反应区设定扫描步进率为 0.5 mm/步，在后燃区扫描步进率可扩大至 2 mm/步。如此便得到一系列随取样喷嘴与炉面距离不同而不同的谱图，对这些谱图的质谱峰进行积分，积分后得到的原始信号数据，采用下面的方法进行处理，即可得出各物质摩尔分数随距燃烧炉表面位置变化的曲线图。

根据文献[25]和[26]，离子信号强度的计算公式为

$$S_i(T)=CP_i(T)\sigma_i(E)D_i\Phi_P(E)F(k,T,P) \tag{4-3}$$

式中：C 为比例常数；T 为取样处的温度；$S_i(T)$ 为温度 T 时物种 i 的离子信号强度；$P_i(T)$ 为温度 T 时物种 i 的分压；E 为光子能量；$\sigma_i(E)$ 为光子能量为 E 时物种 i 的光电离截面，单位为 Mb；D_i 为物种 i 的质量修正因子，仅与物种的分子量有关；$\Phi_P(E)$ 为光子通量，在一次试验中其值近似恒定；$F(k,T,P)$ 为仪器取样经验函数，与取样处的温度、压力、绝热系数有关，在同一位置所有物种都相同。

在同一取样位置的两种不同物种 i 和 j 的分压比 $\frac{P_i(T)}{P_j(T)}=\frac{X_i(T)}{X_j(T)}$，其中 $X_i(T)$ 和 $X_j(T)$ 分别为物种 i 和 j 的摩尔分数或摩尔数。根据式(4-3)，在同一取样位置的两种不同物质 i 与 j 的离子信号强度比可以写为

$$\frac{S_i(T)}{S_j(T)}=\frac{X_i(T)\sigma_i(E)D_i}{X_j(T)\sigma_j(E)D_j} \tag{4-4}$$

则在火焰中某物种 i 与氩气的离子信号强度比为

$$\frac{S_i(T)}{S_{\mathrm{Ar}}(T)}=\frac{X_i(T)\ \sigma_i(E)\ D_i}{X_{\mathrm{Ar}}(T)\sigma_{\mathrm{Ar}}(E)D_{\mathrm{Ar}}} \tag{4-5}$$

在不同取样位置，同种物质 i 的离子信号强度之比为

$$\frac{S_i(T_0)}{S_i(T)}=\frac{X_i(T_0)F(k,T_0,P)}{X_i(T)\ F(k,T,P)} \tag{4-6}$$

其中下标 0 表示距离炉面最近处，设

$$FKT(T_0,T)=\frac{F(k,T_0,P)}{F(k,T,P)} \tag{4-7}$$

则

$$\frac{S_i(T_0)}{S_i(T)}=\frac{X_i(T_0)}{X_i(T)}FKT(T_0,T) \tag{4-8}$$

故只需求出距炉面最近处物质摩尔分数和 $FKT(T_0,T)$，即可解出该物质在所有位置的摩尔分数。

$FKT(T_0,T)$的解法为

$$\frac{X_{Ar}(T)-X_{Ar}(T_F)}{\Delta X_{Ar}}=\frac{S_{Ar}(T)-S_{Ar}(T_F)}{\Delta S_{Ar}} \tag{4-9}$$

式中　$\Delta X_{Ar}=[X_{Ar}(T_0)-X_{Ar}(T_F)]$，$\Delta S_{Ar}=[S_{Ar}(T_0)-S_{Ar}(T_F)]$

其中下标 F 表示距离炉面最远处，则式(4－9)可写为

$$\frac{X_{Ar}(T)}{X_{Ar}(T_0)}=\frac{X_{Ar}(T_F)}{X_{Ar}(T_0)}+\left[\frac{S_{Ar}(T)}{S_{Ar}(T_0)}-\frac{S_{Ar}(T_F)}{S_{Ar}(T_0)}\right]\frac{F_X}{F_S} \tag{4-10}$$

式中　$F_X=\dfrac{\Delta X_{Ar}}{X_{Ar}(T_0)}$，　$F_S=\dfrac{\Delta S_{Ar}}{S_{Ar}(T_0)}$

联立式(4－8)和式(4－10)，可得如下经验公式：

$$FKT(T_0,T)=\frac{S_{Ar}(T)}{S_{Ar}(T_0)}\bigg/\left\{\frac{X_{Ar}(T_F)}{X_{Ar}(T_0)}+\left[\frac{S_{Ar}(T)}{S_{Ar}(T_0)}-\frac{S_{Ar}(T_F)}{S_{Ar}(T_0)}\right]\frac{F_X}{F_S}\right\} \tag{4-11}$$

可见，只需得知氩气在距炉面最近处和最远处的摩尔分数 $X_{Ar}(T_0)$和 $X_{Ar}(T_F)$及氩气在所有位置的信号即可得出 $FKT(T_0,T)$。

首先预设氩气在初始位置的摩尔分数 $X_{Ar}(T_0)$为 x，即可求得 16.64 eV 下其他主要物质的初始摩尔分数。解式(4－4)需知道各物质的光电离截面 $\sigma_i(E)$和质量修正因子 D_i，对于大部分中间物质而言，这两个值是测定值，可根据文献查到，但在能量较高(16.64 eV)的情况下，由于仪器设备的原因，文献记载的数据有较大的误差，尤其对于电离能较低的物质。为了更精确地测量这些数据，设计了冷气试验。冷气试验中无燃烧，光子能量为 16.64 eV，采用氩气与其他待测的最终产物气体 CO_2、H_2O、CO、H_2、O_2和燃料气体分别混合，混合比例为 1∶1，调节燃烧室压力为 2 torr，取样三次，每次 100 s，得到质谱图。图 4－17(a)为 Ar 与 O_2的质谱图，谱图上两个峰分别为 O_2和 Ar 的质谱峰。对这两个峰进行积分再平均，即可得到积分信号 S_{O_2}和 S_{Ar}，则根据式(4－4)即可得出 16.64 eV 下 Ar 和 O_2的光电离截面与质量修正因子的乘积之比

$$\frac{\sigma_{O_2}(16.64)D_{O_2}}{\sigma_{Ar}(16.64)D_{Ar}}=\frac{S_{O_2}}{S_{Ar}} \tag{4-12}$$

由此可求出其他气体与氩气的光电离截面与质量修正因子的乘积之比，其他物质的光电离截面来自文献[25]和[26]，可以方便地从国家同步辐射实验室燃烧与火焰实验站网站上直接获得。

之后采用搭桥法求得更低能量下各待测中间物质的初始摩尔分数。具体方法为选择一种电离能稍低但较稳定的物质，如在 16.64 eV 下选择乙炔，采用式(4－13)即可求其在初始位置时的摩尔分数。需注意的是由于乙烯在 16.64 eV 的能量下已经部分被打碎，其碎片有质荷比为 26 的物质(见图 4－17(b))，与乙炔的峰相叠加，形成干扰。由于乙烯在火焰中摩尔分数较大，尤其是在浓燃条件下，故不能在 16.64 eV 下对质荷比为 26 的峰积分作为乙炔的信号直接使用。为此作者创建了推导乙烯和乙炔摩尔分数的新方法，此方法需要在 11.8 eV 下进行 C_2H_4/C_2H_2 的冷气试验，在 16.64 eV 下进行 C_2H_4/Ar 的冷气试验和在 16.64 eV 下进行 C_2H_2/Ar 的冷气试验，联立如下 4 个方程求解：

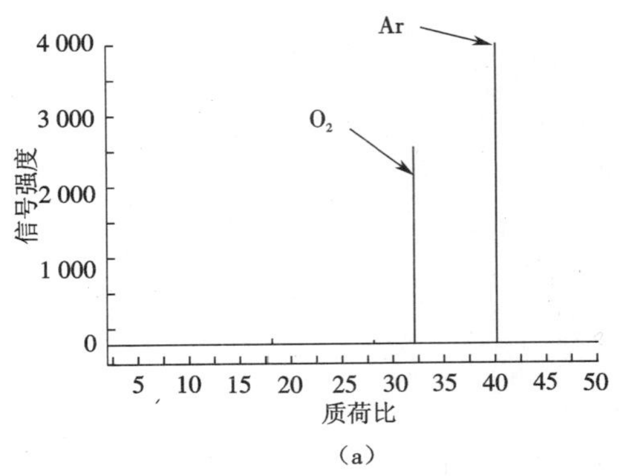

(a)

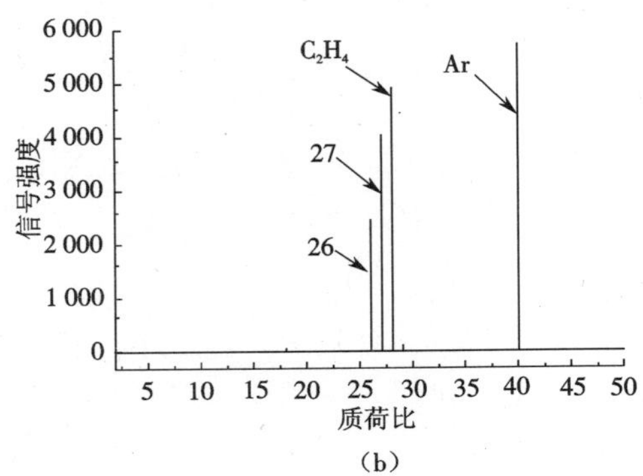

(b)

图 4－17 冷气试验质谱峰

(a) Ar/O_2 混合气 (b) C_2H_4/Ar 混合气

$$\frac{X_{C_2H_2}(T)}{X_{Ar}(T)}=\frac{\sigma_{C_2H_2}(16.64)D_{C_2H_2}}{\sigma_{Ar}(16.64)\ \ D_{Ar}}\frac{S_{Ar}(16.64,T)}{S_{C_2H_2}(16.64,T)} \tag{4-13}$$

$$\frac{X_{C_2H_2}(T)}{X_{C_2H_4}(T)}=\frac{\sigma_{C_2H_2}(11.8)D_{C_2H_2}S_{C_2H_4}(11.8,T)}{\sigma_{C_2H_4}(11.8)D_{C_2H_4}S_{C_2H_2}(11.8,T)} \tag{4-14}$$

$$\frac{X_{Ar}(T)}{X_{C_2H_4}(T)}=\frac{\sigma_{Ar}(16.64)\ \ D_{Ar}}{\sigma_{C_2H_4}(16.64)D_{C_2H_4}}\frac{S_{C_2H_4}(16.64,T)}{S_{Ar}(16.64,T)} \tag{4-15}$$

$$S_{C_2H_2}(16.64,T)=S_{26}(16.64,T)-kS_{C_2H_4}(16.64,T) \tag{4-16}$$

方程中有 4 个未知数，分别是 $X_{C_2H_2}(T)$、$X_{C_2H_4}(T)$、$S_{C_2H_4}(16.64,T)$ 和 $S_{C_2H_2}(16.64,T)$；$S_{26}(16.64,T)$ 为 16.64 eV 下质荷比为 26 的质谱峰积分面积，k 为 16.64 eV 下通过冷气试验测得的乙烯质谱中质荷比为 26 的峰面积积分与质荷比为 28 的峰面积积分之比。光电离截面与质量修正因子的乘积之比可以根据相应的冷气试验算出，故通过以上 4 个方程即可解出乙烯和乙炔的初始摩尔分数。求其他物质初始摩尔分数不必再解方程组，而可以直接采用式(4－13)和式(4－14)求解。图 4－18 为求解甲醇/正庚烷火焰中各物质摩尔分数的逻辑关系图。对于主要物质摩尔分数的误差范围为 ±10%，对于有光电离截面测量值的中间体误差范围为 ±25%，而对于光电离截面是估计值的中间体的误差范围为摩尔分数值的 2 倍。

这样就可以得出火焰中所有可以探测到的物质的初始摩尔分数，只剩下求解 $X_{Ar}(T_0)$ 初始设定的未知数 x 了。由于所有物质的摩尔分数之和必为 1，若忽略其他不能被探测到的自由基的摩尔分数，则

$$x+X_{H_2}+X_{H_2O}+X_{CO}+X_{O_2}+X_{CO_2}+\sum X_{燃料}+\sum X_{中间物质}=1 \tag{4-17}$$

这样，即可求得式(4－17)中唯一的未知数 x，$X_{Ar}(T_0)$ 得到求解。事实上，忽略自由基的摩尔分数的做法是合理的，元素平衡计算及火焰数值模拟均表明，这些自由基的摩尔分数总和在 1% 以内。采用同样的方法，可以解出 $X_{Ar}(T_F)$。之后，解式(4－11)便可求得 $FKT(T_0,T)$，再解式(4－8)并采用图 4－18 所示的搭桥法，便可求得火焰中各个位置的物质摩尔分数。

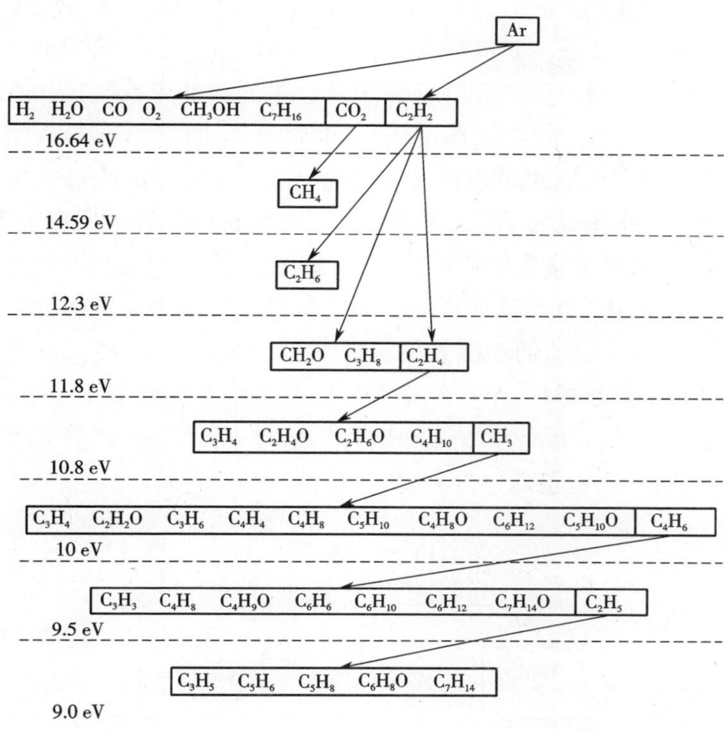

图 4－18　甲醇/正庚烷火焰中各物质摩尔分数求解逻辑关系图

火焰温度采用直径为 0.1 mm 的 Pt－6%/Rh/Pt－30% Rh 热电偶测量。为了避免热电偶金属对火焰中物质的催化效应，热电偶金属丝外铠装了 Y_2O_3－BeO 抗催化陶瓷[27]。测量后的温度进行了辐射散热和取样喷嘴的冷却作用的修正，误差为 ±100 K。温度测量的误差会导致对主要物质的数值模拟产生 3% 的误差，对中间体产生 10% 的误差。有关火焰测温的细节参见文献[28]。

模拟计算采用 CHEMKIN 软件中的 PREMIX 模块，以给定火焰温度的方式进行。计算中考虑了分子热扩散效应（Soret 效应）和多元组分输运方程。

4.2.3　反应机理的构造

在层流预混火焰中，反应物从燃烧炉表面流出时，由于汽化加热和火焰加热的作用，温度约为 500 K，之后在预热区反应物被迅速加热并很快进入高温氧化区。由此可见，反应区的大部分和后燃区都处于高温氧化状态，同时由于火焰中存在分子扩散作用和热扩散作用，高温区生成的自由基及其他物质可扩散至低温区。由于高温氧化中自由基的生成速率和反应速率远高于低温氧化时的情况，故在短暂的低温氧化中生成的自由基与自高温区扩散而来的自由基相比就显得微不足道。此时，可以不考虑低温氧化部分的反应而只保留高温氧化部分的反应，以减少计算量。C1－C4 USC Mech 是应用最广泛的高温氧化机理，它的计算对象涵盖了从 C1 到 C4 的烷烃和烯烃，大多数三体反应都进行了速率常数与压力拟合的表达，在此基础上，还可扩展到含碳量更高的烃燃料。本节所采用的芳香烃高温氧化机理系基于 USC Mech 创建而成[29]，已经在对包括苯、甲苯、乙苯等芳香烃燃料在内的层流预混火焰的模拟中得到了验证。此机理考虑了两条 PAH 增长路径，即 HACA 路径和炔丙基路径。但有一些在火焰试验中探测到并计算出其摩尔分数的芳香烃在此芳香烃机理中并没有得到描述，如茚、甲基萘、二甲苯、苯甲醛、二甲苯酚等，而由 Tian 等人创建的另一种针对层流预混火焰的甲苯高温氧化机理包含了这些物质[30]，故与这些物质相关的反应取自 Tian 等人的甲苯机理。正庚烷的子机理是基于 LLNL 的正庚烷氧化机理第 3 版创建的，主要包括正庚烷脱氢、正庚烷直接裂解的反应、C6 – C5 烃脱氢。而烷基裂解的三体反应则取自 JetSurf 2. 0，因为 JetSurf 2. 0 对这些压力依赖反应进行了压力与速率常数的拟合。乙醇和甲醇的机理取自 Li 等人创建的乙醇氧化机理[31,32]，对其中的一些反应依照对乙醇和二甲醚火焰的研究进行了系数修订，出于篇幅和研究重点的考虑此处不一一列出，可参见笔者发表的有关论文。这样，发展的甲苯 – PAH – 正庚烷 – 甲醇 – 乙醇多元燃料高温氧化机理的结构如图 4 – 19 所示，此机理包含 1 338 个反应和 261 种物质。

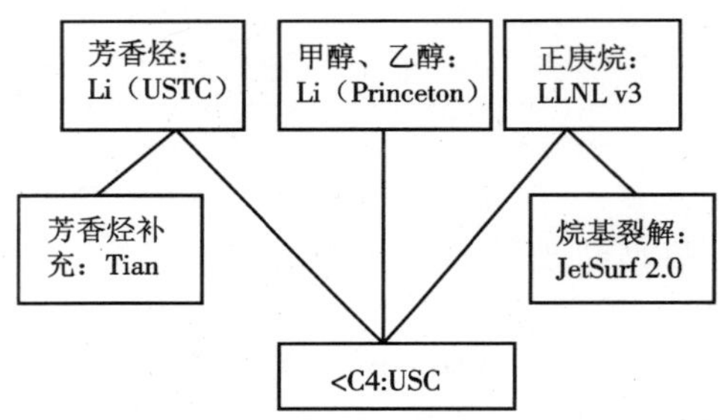

图 4 – 19 多元燃料高温氧化机理的结构

由于此反应机理涉及多种燃料，整体结构较为复杂，多元燃料反应机理对各单燃料的模拟可能会与各自的原始机理存在一定的误差，故有必要对多元燃料机理预测各单燃料高温氧化的精度进行重新验证。本研究涉及的 4 种燃料均有文献记载的低压层流预混火焰可供参考，验证主要针对这些火焰进行，包括一个当量比为 1. 9 的富燃甲苯火焰，一个当量比为 2. 07 的正庚烷火焰[26]，两个当量比同为 1. 4 的甲醇和乙醇火焰。验证的对象包括反应物、终产物和一些重要中间物质的摩尔分数。由于验证结果过于烦琐，且考虑应突出研究重点，故此处不列出这些结果。而对多元燃料共同氧化的机理验证将在下文的火焰试验和模拟研究中讲述。

4.2.4 甲醇/正庚烷理论当量比低压层流预混火焰的试验和模拟

理论当量比在燃烧中较为常见，在基础燃烧试验中的研究也较多。在柴油机缸内燃烧中，理论当量比区域分布在油束与空气的交界面上，虽然占比较小却是燃烧最剧烈的区域，大部分的热都在此处释放。理论当量比下的燃烧不会生成炭烟，故在本节的研究中，只采用正庚烷作为柴油的参比燃料，研究甲醇对正庚烷高温氧化特性的影响。设计了两组试验，包括作为对照组的纯正庚烷火焰和甲醇的摩尔掺混比为 50% 的甲醇/正庚烷火焰，试验条件如表 4 – 1 所示。试验设计时考虑了 2 个约束条件：保证两个火焰具有相同的当量比

($\varphi = 1.0$)，保证具有相同的氧气流量(1.0 L/min)和氩气流量(0.8 L/min)，即规定氧化剂的量和稀释气的量是固定的。在火焰 B 的试验中，甲醇和正庚烷在两个汽化器中分别汽化后与氩气和氧气进行混合，设定甲醇汽化罐温度为 90 ℃，正庚烷汽化罐温度为 140 ℃，汽化后可燃混合气输运管路温度为 170 ℃，燃烧室压力设定为 25 torr。试验分为两步：第一步为固定取样喷嘴距燃烧炉表面 3 mm，改变光子能量，扫描得到光电离效率(PIE)曲线；第二步为选定光子能量，从取样喷嘴距燃烧炉表面为 1.5 mm 起移动燃烧炉，扫描并处理得到各物质的摩尔分数随位置变化的曲线，之后对两个火焰分别进行了相关的数值模拟。

表 4－1　试验条件

火焰	$X_{正庚烷}$	$X_{甲醇}$	X_{O_2}	X_{Ar}	C/O	质量流率/[g/(s·cm²)]
火焰 A	0.048 1	—	0.528 8	0.423 1	0.318	0.002 115
火焰 B	0.040 7	0.040 7	0.510 3	0.408 3	0.307	0.001 960

注：X 为摩尔分数。

图 4－20 为两个火焰的燃料及主要物质的摩尔分数曲线以及在模拟中使用的火焰温度，由于燃料的摩尔分数较低，对右下角方框中的摩尔分数曲线进行了放大处理。由图可见，试验得到的数据点与模拟得到的曲线吻合很好，二者不一致的地方主要是在初始位置处，由于试验测定的 CO、CO_2 和 H_2O 等氧化产物的摩尔分数高于模拟值，而 O_2、燃料等反应物的摩尔分数低于模拟值，说明在试验中初始位置处燃料氧化率高于模拟中的情况。原因是：①由于锥形石英取样器在反应区和后燃区火焰的加热下温度很高，部分热量可以传导至锥形体的尖端取样喷孔处，当喷孔处于预热区或反应前区时，喷孔的温度高于当地的火焰温度，使得喷孔周围的局部氧化速率增高，如此便带来了试验上的误差；②由于在温度测量中热电偶并不能深入距离炉子表面很近的预热区，此时直径很小的热电偶在火焰温差的作用下会发生弯曲，故在此区域火焰温度通过二次方程拟合，因此带来了模拟上的误差。在后燃区，动力学反应已基本停止，几种简单的物质由化学平衡控制，化学平衡对温度的敏感性不如动力学反应高，且此处不存在上述两点导致误差出现的因素，故试验和模拟结果吻合得很好。

观察火焰结构可知，火焰中预热区很窄，5 mm 之前基本上都为反应区，之后为后燃区。两个火焰中的温度曲线十分接近，火焰 B 中的最高温度比火焰 A 中的最高温度略低，但仍然在火焰测温的不确定度 ±100 K 范围内。在反应区中，虽然火焰 B 中正庚烷和甲醇的初始摩尔分数相等，但试验和模拟均显示甲醇的摩尔分数低于正庚烷的摩尔分数，说明甲醇的消耗速率大于正庚烷。在火焰 A 中，1.5 mm 和 3 mm 位置处 H_2O 和 CO_2 的试验摩尔分数较在火焰 B 中稍低，而 O_2 则相反，说明甲醇替换一部分正庚烷后整体的氧化速率略微加快了。虽然甲醇在低温氧化中的反应活性弱于正庚烷，但在高温氧化下早已不存在低温下抑制自燃的 H_2O_2 分解壁垒，同时醇的脱氢产物也可直接分解而不需要 O_2 的参与，而正庚烷还需经历数步大分子裂解过程。故相比于正庚烷，甲醇的高温氧化效率高，使得整体氧化速

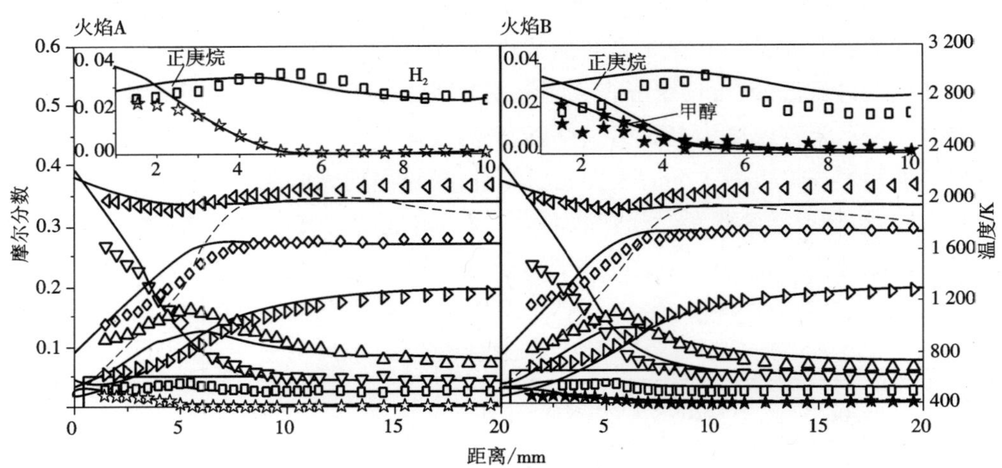

图 4-20 温度曲线及终产物、燃料的摩尔分数

（图中点代表试验结果，线代表模拟结果，虚线代表温度，下同。试验值中□为 H_2，◇为 H_2O，△为 CO，▽为 O_2，◁为 Ar，▷为 CO_2，☆为正庚烷，★为甲醇。）

率加快。火焰 B 中，正庚烷的摩尔分数在进样中以及火焰中 1.5 mm 和 3 mm 处较火焰 A 分别降低了 16.3%、19.9% 和 19.1%，这说明正庚烷在火焰 B 中摩尔分数的下降主要是因初始摩尔分数的下降所致。后燃区中主要物质的摩尔分数在火焰 A 和火焰 B 中几乎没有差别，主要是由于这两个火焰的 C/O 很相近，后燃区的温度也几乎一样。这样带来的好处是两个火焰所提供的热力学环境几乎完全相同。以上分析说明甲醇的加入对原正庚烷火焰几乎没有任何影响。但如果甲醇的添加量过大，则火焰结构可能发生改变。可以想象火焰将整体移向燃烧炉表面，预热区将会更窄。这是因为甲醇的火焰传播速率大于正庚烷的火焰传播速率，层流预混火焰稳定时，火焰传播速率必须与来流速率相等。随着甲醇的加入，混合燃料的火焰传播速率必然会增加，在来流速率固定的情况下，火焰中反应区会移向燃烧炉表面，以增加冷端传热来使火焰传播速率保持与来流速率相等。

由于火焰中全部中间体的摩尔分数数据量过大，大部分数据对于两个火焰的比较研究意义不大，没有必要全部列出，故仅列出重要的、有代表性的物质，并做出其试验和模拟的摩尔分数曲线。

丙烯和丁烯正庚烷的直接降解产物与正庚烷的关系紧密，在一定程度上可以反映出与正庚烷直接相关的反应的变化趋势。此处所述的丁烯指生成量最大的 1-丁烯，二者的生成主要来源于烷基的分解，即

$$3\text{-}C_7H_{15}(+M) \rightleftharpoons nC_3H_7\cdot + 1\text{-}C_4H_8\cdot(+M) \quad (R4-10)$$

$$3\text{-}C_5H_{11}\cdot(+M) \rightleftharpoons 1\text{-}C_4H_8 + CH_3\cdot(+M) \quad (R4-16)$$

$$2\text{-}C_7H_{15}\cdot(+M) \rightleftharpoons pC_4H_9\cdot + C_3H_6\cdot(+M) \quad (R4-17)$$

$$2\text{-}C_5H_{11}\cdot(+M) \rightleftharpoons C_3H_6\cdot + C_2H_5\cdot(+M) \quad (R4-18)$$

$$sC_4H_9\cdot(+M) \rightleftharpoons C_3H_6 + CH_3\cdot(+M) \quad (R4-19)$$

如图 4-21(a)所示，试验和模拟结果均显示，甲醇的加入对它们的摩尔分数曲线影响

并不大，二者在火焰 B 中的摩尔分数较火焰 A 略有降低，降低幅度与母体燃料正庚烷的初始摩尔分数降低幅度接近。对于乙烯和它的脱氢产物乙炔也有相似的现象，如图 4－21(b)所示。除了上述四种典型的 C2－C4 烃类中间体，其他未列出的 C3 以上烃的摩尔分数曲线形态及最大摩尔分数出现的位置也没有因为甲醇的加入而发生改变，仅在数值上略有变化。数值模拟分析证明，甲醇的加入并没有改变原正庚烷的氧化路径及各路径的贡献率，这与燃料的高温氧化特性相关。要想燃烧进行离不开自由基，在低温氧化中，自由基需通过燃料与氧气发生反应生成过氧化烃再分解生成，故自由基的生成特性与燃料的分子结构有关。而在高温氧化中，大多数自由基依靠的是小分子链分支反应产生，如 $H\cdot + O_2 \rightleftharpoons OH\cdot + O\cdot$ 和 $OH\cdot + CO \rightleftharpoons CO_2 + H\cdot$ 构成的链分支循环，自由基的产生对燃料的依赖关系不如在低温氧化中大，因此在火焰 B 中，正庚烷与甲醇间的化学耦合作用相当弱。

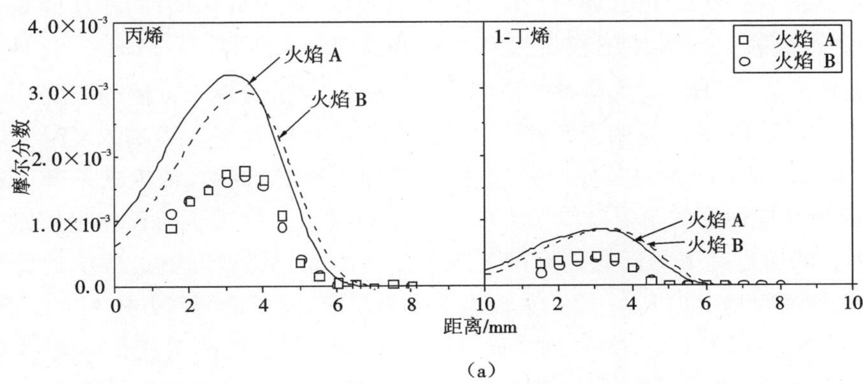

(a)

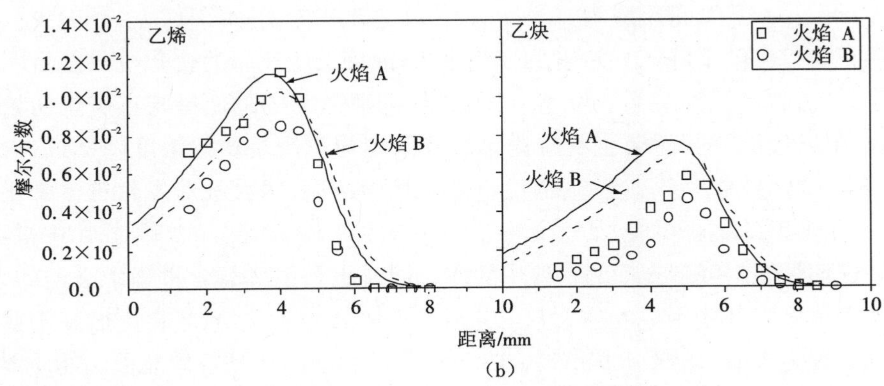

(b)

图 4－21　C2－C4 烃的摩尔分数

(a)丙烯和 1-丁烯　(b)乙烯和乙炔

甲基是甲醇和正庚烷氧化中都存在的物质，在甲醇的降解中，甲基主要来源于甲醇的直接裂解和羟甲基及甲氧基与 H 的置换反应，即

$$CH_3OH(+M) \rightleftharpoons CH_3\cdot + OH\cdot(+M) \quad (R4-11)$$

$$CH_3O\cdot + H\cdot \rightleftharpoons CH_3\cdot + OH\cdot \quad (R4-20)$$

$$CH_2OH\cdot + H\cdot \rightleftharpoons CH_3\cdot + OH\cdot \quad (R4-21)$$

但由于甲醇及其脱氢产物中 C—O 键的键能很高，断裂困难，故甲基在甲醇的氧化过程中生成量很小，且多在高温区生成，火焰 B 中 $CH_3\cdot$ 的绝大部分还是正庚烷降解的产物。其变动规律与图 4－21 中的 C2－C4 烃一样，与正庚烷的变动规律一致，如图 4－22 所示。对于正庚烷而言乙烷并不是降解产物，而是甲基和甲基聚合的副产物，即

$$CH_3\cdot + CH_3\cdot(+M) \rightleftharpoons C_2H_6(+M) \qquad (R4-22)$$

此反应对乙烷生成量的贡献率占总量的 90%。而由于甲基在甲醇的氧化过程中生成困难，由甲醇生成的乙烷基本上不存在，故乙烷可以看作是正庚烷降解中的副产物。图4－22显示火焰 B 中乙烷的摩尔分数较火焰 A 中有较明显的下降，其最大摩尔分数降幅高达 57.7%，远超正庚烷初始摩尔分数的降幅 16.3%，模拟的结果也有同样的趋势，原因在于三体反应（R4－22）具有“放大效应”。已知基元反应的速率是通过速率方程计算出来的，反应速率不仅和速率常数 k 有关，还与反应物的浓度有关，如（R4－22）的正反应是一个三级反应，假设所有的第三方体 M 的权重都为 1，则其速率为 $k_f[CH_3\cdot][CH_3\cdot][M]$，其中 k_f 为正反应速率常数，$[CH_3\cdot]$ 为甲基的浓度（mol/cm^3），$[M]$ 为第三方体的浓度（mol/cm^3），在 $[M]$ 不变的情况下，该反应的速率和甲基浓度的平方成正比。若甲基浓度降为原来的一半，则反应速率将降为原来的四分之一，这样由于加入甲醇后甲基浓度的下降而造成聚合反应（R4－22）反应速率的下降就以平方的关系被放大了。但对于因正庚烷初始浓度的下降而造成燃料降解过程中的反应速率的下降却没有放大。燃料降解过程中的反应主要有两类：一类是裂解反应，如（R4－10），正反应为一级反应，同样设第三方体 M 的权重都为 1，其反应速率为 $k_f[3\text{-}C_7H_{15}\cdot][M]$，同样设 $[M]$ 不变，则该反应速率的变化仅由 $[3\text{-}C_7H_{15}\cdot]$ 的变化决定，二者呈线性关系；另一类是与自由基的反应，如正庚烷的脱氢反应 $nC_7H_{16} + OH\cdot \rightleftharpoons C_7H_{15}\cdot + H_2O$，正反应为二级反应，其反应速率为 $k_f[nC_7H_{16}\cdot][OH\cdot]$，相对于加入甲醇后正庚烷浓度下降，OH 浓度的变化很小，故该反应速率的变化也只是由 $[nC_7H_{16}]$ 的变化决定，二者也呈线性关系。综上所述，燃料降解速率的降低是与正庚烷初始浓度的降低成等比例线性相关的，而聚合反应速率的降低则与正庚烷初始浓度降低成二次相关。由于反应（R4－22）只是一个副反应，乙烷也是火焰中的副产物，故对燃料整体氧化并无影响，但作为一个典型的聚合反应，其意义将在下一节醇对 PAH 聚合的抑制作用中得到体现。

甲醛是任何烃燃料降解末期的重要中间体。同时也是甲醇氧化过程中必经的中间体，如图 4－23 所示火焰 B 中甲醛的最大摩尔分数是火焰 A 中的 4 倍，且在火焰 B 中最大摩尔分数出现的位置为 2 mm，早于火焰 A 中的 3 mm。在火焰中，出现位置靠前的物质要么是中低温氧化中较为稳定的残余中间体，如正庚烷的氧化产物庚酮，要么是燃料的初级降解中间体，如正庚烷初级降解中间体庚烯。由于甲醛无论在低温氧化还是高温氧化中都是甲醇降解中的与燃料母体紧密相连的重要物质，图 4－23 中甲醛最大摩尔分数出现位置的提前以及其摩尔分数的剧增就不足为奇了。乙醛在火焰中是正庚烷的中期氧化中间体，但并不存在于甲醇的氧化路径上，在甲醇的火焰中探测不到乙醛，但试验显示加入甲醇后乙醛并不像图 4－21 中的烃一样被甲醇稀释而降低，相反其摩尔分数较正庚烷火焰略高，数值模拟结果显示由于甲醇的加入带来了甲醛摩尔分数的上升，同时带来的还有甲醛的脱氢产物醛基摩尔分数的上升，使得如下的三体反应正反应速率增加，导致乙醛摩尔分数小幅上升。

$$CH_3\cdot + CHO\cdot (+M) \rightleftharpoons CH_3CHO(+M) \qquad (R4-23)$$

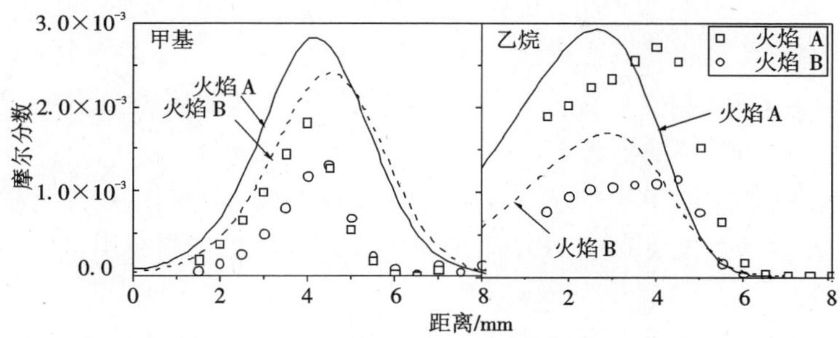

图4－22　甲基与乙烷的摩尔分数

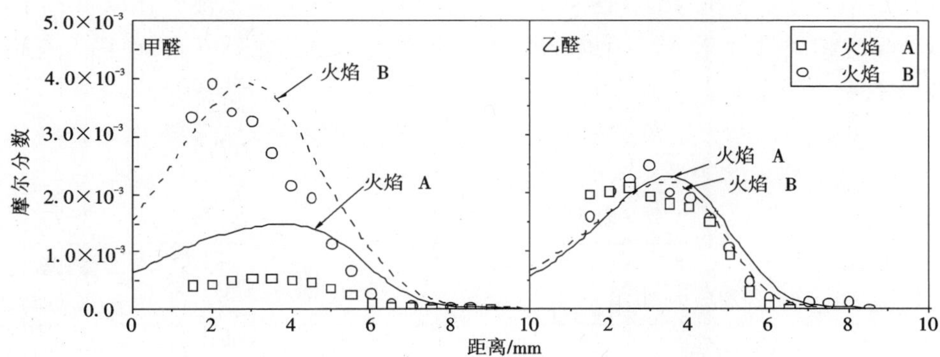

图4－23　甲醛与乙醛的摩尔分数

综上所述,从甲醇的加入给正庚烷低压层流预混火焰带来的结果分析中可总结出两点结论:①甲醇和正庚烷分别单独氧化,甲醇并没有对正庚烷的氧化路径产生影响,正庚烷的氧化路径与文献[20]中相同当量比下正庚烷火焰中物质氧化路径几乎相同,这就给二元燃料高温氧化模型的创建创造了极为方便的条件;②甲醇的加入带来了醛摩尔分数的增高,尤其是甲醛摩尔分数的增高,这与缸内燃烧中醇类燃料的加入造成醛排放升高的试验结论相吻合。

4.2.5　醇/正庚烷/甲苯富燃低压层流预混火焰的试验和模拟

在当量比火焰中,燃料基本上全部参与到降解中,尤其是在低压条件下,三体压力依赖反应受到抑制,聚合产物生成量微乎其微,火焰中能探测到的芳香烃仅有苯,其摩尔分数只有10^{-6}量级,达到了仪器分辨的极限,因误差相当大,完全无法反映作为炭烟前驱体芳香烃的演化,更不用说研究醇类燃料的添加对它的影响了。同时,在当量比条件下,火焰中起作用的自由基主要有OH·、H·和O·,这些自由基的生成更多依赖于自由基链式反应,与燃料的关系不大。而在富燃条件下,O·的作用基本消失,H·的作用加强,大量的H·直接来源于烃的裂解,与燃料的关系紧密,故在富燃条件下或许更能反映出由于燃料分子结构上的不同而对燃烧造成的影响。本节采用甲苯与正庚烷的液态体积比为3∶7的混合燃料作为柴油的参比燃料，分别与甲醇和乙醇掺混，研究两种醇类燃料对柴油参比燃料层流预混火焰的影响。试验条件如表4-2所示，试验中设定了以下四个约束条件。

①保证三个火焰具有相同的当量比($\varphi=2.0$)，在此当量比下，火焰中PAH演化特征较清晰，火焰能基本保持稳定，抗干扰能力较强，同时离炭烟生成极限还有一定距离，可以避免发生炭烟微粒对取样系统的损害。

②保证具有相同的碳原子流量(0.6 g/min)，因为炭烟可以看作全部由碳原子组成，相同的碳流量意味着在这三个火焰中“构建”炭烟的原始“材料量”是平等的，不存在对某一火焰偏袒的问题。

③保证具有相同的总流量(2.13 L/min)和几乎相同的氧气流量，总流量可以很大程度上决定反应物和产物在火焰中的流速，流速又决定了物质的驻留时间，故在三个火焰中，需保证物质在火焰中具有基本相等的驻留时间。氧气的流量实际上是不被刻意控制的，但由于保证了碳流量的相同，且理论燃空比低的醇类燃料在火焰中的比例不高，使得氧气摩尔分数基本保持不变。

④保证掺醇的火焰B和火焰C有相同的烃燃料与醇类燃料的摩尔分数比(0.72:1)。

表4-2 试验条件

火焰	$X_{甲苯}$	$X_{正庚烷}$	$X_{醇}$	X_{O_2}	X_{Ar}	C/O	质量流率 /[g/(s·cm²)]
火焰A	0.027 8	0.047 2	—	0.384 9	0.540 1	0.683	0.001 953
火焰B1	0.022 7	0.038 6	0.085 2	0.379 2	0.474 3	0.610	0.002 279
火焰C2	0.019 9	0.033 7	0.074 8	0.387 3	0.484 3	0.618	0.002 267

注：X为摩尔分数，1为加入甲醇，2为加入乙醇。

除了这些受约束的条件，唯一不受约束的条件即掺醇火焰与火焰A的最主要不同之处在于稀释气氩气的摩尔分数，如表4-2所示。氩气在火焰B和火焰C中的初始摩尔分数较火焰A低约0.06，这部分降低是由醇类燃料进行填补的。在火焰A的试验中，正庚烷与甲苯分别在两个汽化器中汽化，汽化罐的温度分别设定为140 ℃和145 ℃。在火焰B和火焰C的试验中，正庚烷和甲苯是事先配制好的，二者的混合燃料与醇类燃料在两个汽化器中分别汽化后再与Ar和O_2混合，混合燃料的汽化温度设置为145 ℃，甲醇的汽化温度设置为90 ℃，乙醇的汽化温度设置为110 ℃，燃烧室压力设定为30 torr。试验分为两步，第一步固定取样喷嘴距燃烧炉表面为8.5 mm，改变光子能量，扫描得到光电离效率(PIE)曲线；第二步为选定光子能量，从取样喷嘴距燃烧炉表面为0.7 mm位置起移动燃烧炉，扫描并计算得到物质摩尔分数随距离变化的曲线。为了进一步进行反应动力学分析，对三个火焰分别进行了相关的数值模拟。

图4-24为试验和模拟方法得出的燃料及主要物质在火焰中的摩尔分数曲线及模拟中使用的火焰温度，可以看到试验得到的数据点与模拟得到的曲线吻合得很好，只有在初始位置处试验测得的燃料氧化率高于模拟得到的燃料氧化率。火焰温度和物质摩尔分数显

示三个火焰的结构大致相同，预热区宽达 5 mm，火焰温度都在 13 mm 处达到最大值 1 900 K，相同的火焰结构为研究提供了相同的热力学环境，有利于开展比较性研究。在物质摩尔分数方面，虽然正庚烷的初始摩尔分数高于甲苯的初始摩尔分数，但在三个火焰中，正庚烷均提前于甲苯在 7 mm 处耗尽，而甲苯则在 9 mm 处才能耗尽。这与两种燃料的氧化途径不同有很大关系。对于正庚烷，除正庚烷基外，正庚烷在高温中也可发生直接裂解，尤其是在当量比高自由基匮乏的火焰中，直接裂解的比率可高达 18%；而甲苯和苄基基本不存在大规模的直接裂解，更重要的是，甲苯分子中的共振结构使得甲苯脱氢难度也大于正庚烷，导致甲苯的高温降解效率低于正庚烷。醇的加入对烃的影响在图 4－24 中不显著，这部分内容将在中间物质和之后的反应动力学研究中分析。火焰 B 与火焰 C 中 H_2和 H_2O 的摩尔分数高于火焰 A，这是因为在掺醇火焰中 H 流量高于原始火焰。同样因为三个火焰中的 C 流量相等，使得火焰中平衡后的 CO 和 CO_2的摩尔分数相等。火焰 A 中氩气的摩尔分数高于火焰 B 和火焰 C，这是由氩气的初始摩尔分数决定的，也是图 4－24 能反映的另一个主要差异。

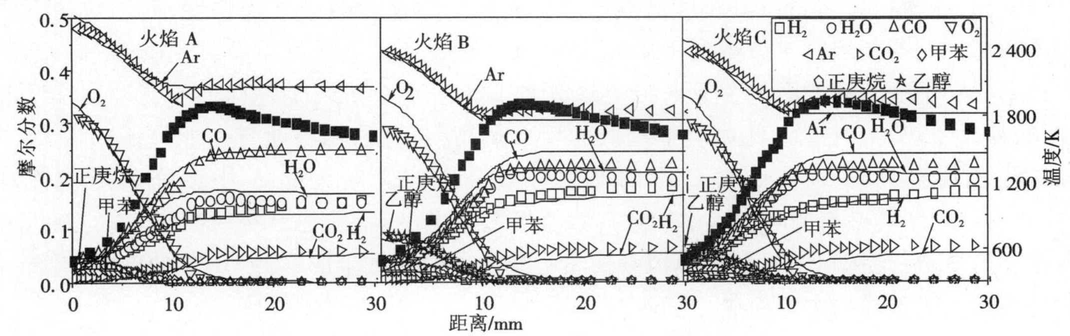

图 4－24　温度曲线及终产物、燃料的摩尔分数

（空心点为试验结果，线为模拟结果，实心点为温度）

上文提到正庚烷和甲苯具有不同的脱氢和裂解的高温降解途径，在中间产物中，一些物种是正庚烷降解中所特有的，而一些是甲苯降解中所特有的，其他的小分子物种一般为两者共有。因此，只要分析二者特有的典型的降解中间体，即可得知醇的加入对二者降解的影响，1-丁烯和苯就是符合条件的候选对象。如上一节所述，1-丁烯是正庚烷降解过程中典型的特有物种，且其摩尔分数较正庚烷的其他特有物种 C5－C7 单烯烃的摩尔分数高，适合进行分析研究。1-丁烯的生成路径已经在上一节中列出，即（R4－10）和（R－16）至（R4－19），在此富燃火焰中，这些路径对 1-丁烯生成的贡献与在理论当量比火焰中基本一致，3-C_7H_{15}·的裂解占据了其生成的绝对份额，可达 80%～90%。虽然在正庚烷富燃火焰中也有聚合中间体苯的生成，但与来自于甲苯降解生成的苯相比微乎其微，可相差两个数量级。苯在甲苯的高温降解中主要是通过本位取代生成，即 $A1CH_3 + H\cdot \rightleftharpoons A_1 + CH_3$。

在本研究的三个火焰中，此反应可占甲苯总消耗量的 15%～20%，由于苯的分子结构稳定，消耗困难，可以积累较高的浓度。图 4－25 显示醇的加入没有对 1-丁烯和苯的摩尔分数曲线形状产生影响；火焰 B 中 1-丁烯和苯的最大摩尔分数分别较火焰 A 下降了 15.8% 和

12.5%，火焰 C 中 1-丁烯和苯的摩尔分数分别较火焰 A 下降了 31.6% 和 33.3%。而初始烃燃料的摩尔分数在火焰 B 和火焰 C 中分别较火焰 A 下降了 18.6% 和 28.7%，与 1-丁烯和苯在火焰 B 和火焰 C 中的摩尔分数下降幅度相当。这种一致性意味着醇的加入对正庚烷和甲苯的降解在反应动力学层面上几乎没有影响。此结论与在当量比火焰中得出的结论一致，原因已经在上一节做出了解释，即控制整个高温氧化进程的是小分子自由基链分支反应和火焰温度，醇类燃料和烃燃料可以看作是“各烧各的”。虽然富燃火焰相对于稀燃和当量比火焰自由基较为匮乏，且醇虽是一种高自由基生成特性燃料，但由于正庚烷中 C—H键较弱，其降解过程中生成的 H· 自由基的量也不低，这样少量醇的作用就不够突出，或者说醇的加入对自由基池的影响程度还不足以动摇原火焰中存在的烃燃料的降解路径和降解速率。图 4-26 为小分子降解中间体乙烯及其继续脱氢产物乙炔的摩尔分数。乙烯和乙炔是正庚烷和甲苯的降解后期产物，在火焰 C 中还是乙醇的降解产物。试验结果显示，从火焰 A 到火焰 C，两个 C2 烃的摩尔分数呈逐渐下降的趋势，火焰 B 和火焰 C 中乙烯的最大摩尔分数较火焰 A 分别降低了 9.3% 和 18.6%，乙炔的最大摩尔分数分别降低了 15.9% 和 33.3%，乙烯的下降幅度已低于烃燃料初始摩尔分数的下降幅度，而乙炔的下降幅度则与烃燃料初始摩尔分数的下降幅度相当。乙炔是火焰中可以探测到的唯一一个能在达到化学平衡的后燃区保留下来的烃类物质，此时它的生成与消耗已经不受动力学反应控制，而是受热力学控制（此温度下乙炔的生成熵高，系统的吉布斯自由能最低），在 28.7 mm 处，乙炔在火焰 B 和火焰 C 中的摩尔分数分别较之在火焰 A 中下降了 16.4% 和 31.3%，与初始烃燃料的降幅基本一致。数值模拟结果显示火焰 C 中乙烯和乙炔的摩尔分数较火焰 B 高，原因可能是数值模拟高估了乙醇在 α 位脱氢生成 $C_2H_4OH\cdot$ 的反应，后者分解是乙醇生成乙烯的主要途径，见下式。

$$C_2H_4OH\cdot(+M) \rightleftharpoons C_2H_4 + OH\cdot(+M)$$

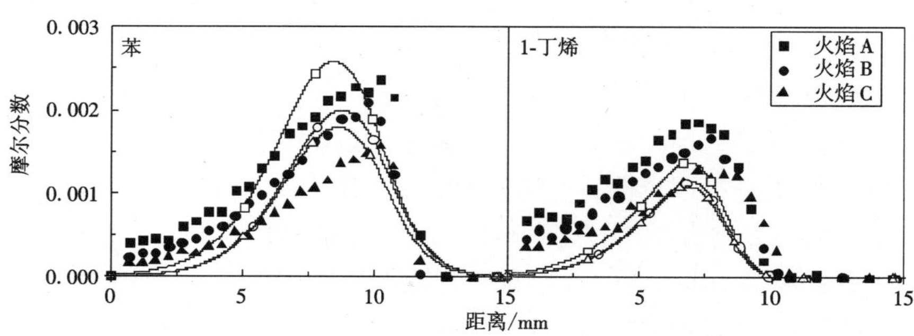

图 4-25　苯和 1-丁烯的摩尔分数

（实心点代表试验结果，空心点和线代表模拟结果，下同）

如图 4-27 所示，甲醛在火焰 B 中的摩尔分数最高，乙醛在火焰 C 中的摩尔分数最高，数值模拟与试验结果吻合较好。此外，甲醛在火焰 C 中的摩尔分数高于火焰 A，而对于乙醛虽然试验显示在火焰 A 和火焰 B 中二者相等，但数值模拟显示在火焰 B 中其摩尔分数是火焰 A 中的一倍，因此机理还有改进的空间。烯醇是多数燃料燃烧中普遍的和重要的中间体，已经在采用同步辐射光电离技术对多个火焰进行探测的试验中得到证实。在试验中发

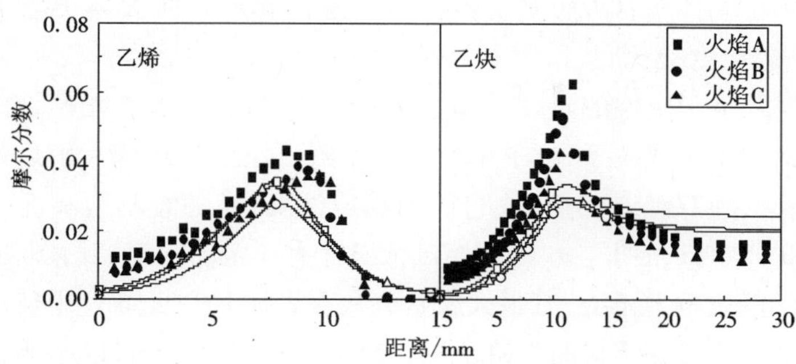

图4-26 乙烯和乙炔的摩尔分数

现了乙烯醇的踪迹,在火焰C中浓度最高,具有10^{-4}的数量级,远高于火焰A和火焰B,这显然和乙醇氧化有关。对比乙烯醇和乙醛的试验摩尔分数不难发现,二者具有相近的变化规律。模拟中乙烯醇的子机理来源于Harper等人的丁醇氧化机理[34],与试验相比,计算结果在数量上的误差较小,但在位置上的误差较大,对最大摩尔分数出现位置的预测较试验提前了2 mm,问题很可能出在活化能上。现有机理的分析结果显示,在火焰A和火焰B中,乙烯醇的生成主要来源于乙烯的取代反应,即

$$C_2H_4 + OH\cdot \rightleftharpoons C_2H_3OH + H \qquad (R4-24)$$

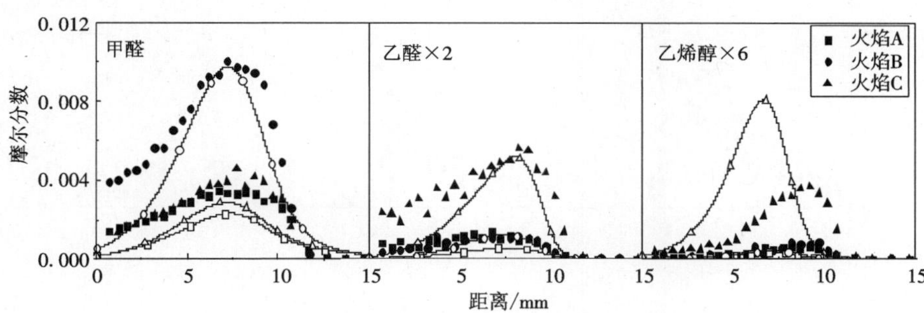

图4-27 醛和乙烯醇的摩尔分数

试验结果表明,在两个火焰中分别占乙烯醇总生成量的99.5%和98.7%。但是在火焰C中绝大部分的乙烯醇来源于$CH_3CHOH\cdot$的分解,$C_2H_3OH + H\cdot(+M) \rightleftharpoons CH_3CHOH\cdot(+M)$占乙烯醇总生成量的96.4%。$CH_3CHOH\cdot$是乙醇脱氢的直接产物,火焰中有约三分之一的乙醇转化为$CH_3CHOH\cdot$,故乙烯醇与乙醇有着紧密的联系。乙烯醇分子中的C—C双键很不稳定,羟基上的氢原子易转移至α碳原子上发生异构化反应,即

$$C_2H_3OH \rightleftharpoons CH_3CHO \qquad (R4-25)$$

此反应是乙烯醇消耗的主要途径,在火焰A、火焰B和火焰C中对乙烯醇消耗的贡献率分别为83.0%、75.2%和64.9%。其余的乙烯醇依靠继续脱氢反应(R4-26)消耗,(R4-26)在火焰A、火焰B和火焰C中对乙烯醇消耗的贡献率分别为13.6%、10.9%和19.3%。

$$C_2H_3OH + O\cdot \rightleftharpoons CH_2CHO + OH\cdot \qquad (R4-26)$$

此外,在火焰C中,(R4-24)的逆反应对乙烯醇的消耗也有10.9%的贡献率。

在所有的降解中间体中,C4 烃是一类值得注意的物质。在火焰中除了已经讨论过的1-丁烯外,还有不饱和度更大的1,3-丁二烯(C_4H_6)、乙烯基乙炔(C_4H_4)和1,3-丁二炔(C_4H_2),这三种烃既是正庚烷的降解产物也是甲苯的降解产物,在正庚烷的降解途径中它们存在依次脱氢的顺序生成关系,在甲苯的降解中则可以是环结构崩解后的碎片。由于这些不饱和烃中存在共轭双键或三键,故它们的稳定性高,且随着不饱和度的增大有增强的趋势。如图4-28所示,1,3-丁二炔在后燃区依然保有一定的浓度。由图4-28可知,醇的加入对1,3-丁二烯的影响并不大,其最大摩尔分数在火焰B和火焰C中较火焰A分别下降了18.8%和31.3%,这与烃燃料的初始摩尔分数下降量是一致的,说明醇的加入不存在与1,3-丁二烯的化学耦合作用。然而,随着不饱和度的增加,醇的加入对C4 烃浓度的抑制作用也开始显现出来,如对于1,3-丁二炔,试验结果显示其在火焰B和火焰C中的最大摩尔分数较火焰A下降了40.7%和44.4%,这个幅度已经较明显地超过了初始烃燃料的下降幅度。同时还发现,虽然初始烃燃料的下降幅度在火焰B和火焰C中相差1倍,但1,3-丁二炔的下降幅度在两个火焰中却大致相同,或许可以用这两个火焰具有近乎相同的C/O来解释,且数值模拟的结果也显示了这个规律。这些共轭烃已经与芳香烃具有一些相似的性质。接下来分析醇的加入对火焰中PAH(Polycyclic Aromatic Hydrocardon)的影响。

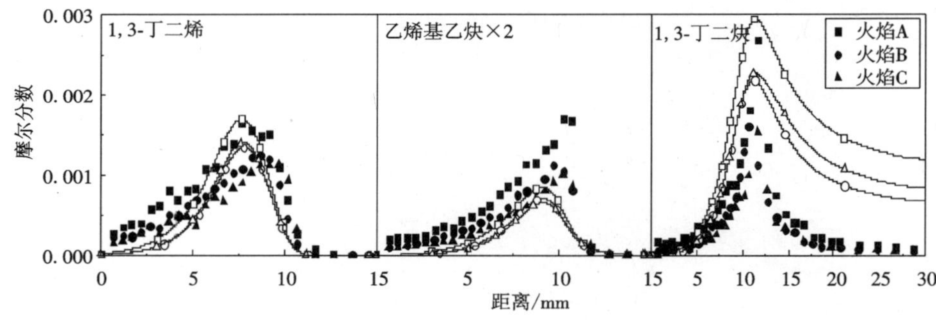

图4-28 C4 不饱和烃的摩尔分数

在试验中可检测到的最大的PAH是包含三个苯环的蒽,但是它的信号太弱,由于本底杂波的干扰,无法推导出它的摩尔分数。可以推导出较可靠的摩尔分数的PAH共有19种,除了分子量为144的物种外,数值模拟可以计算出其他18个物种的摩尔分数。反应机理对大多数芳香烃类物质的预测令人满意,只有对个别物质的预测误差超过了一个数量级。

与降解中间体不同,醇的加入对多数芳香烃有明显的抑制作用,这些芳香烃在掺醇后的变化趋势不与烃燃料初始摩尔分数保持一致。例如,图4-29显示了试验中苄基、$C_{11}H_8$和$C_{12}H_8$的最大摩尔分数在火焰B中相较于火焰A下降幅度高达49%、65.7%和73.0%,而在火焰C中,降幅更是达到58%、70.5%和76.5%,已经远超烃燃料初始摩尔分数的降幅。另外,尽管在火焰B和火焰C中烃燃料的初始摩尔分数不同,但多数PAH的最大摩尔分数在两个火焰中基本相等。这一点与上文所述的1,3-丁二炔类似,与C/O决定PAH生成的理论相符。由于苄基是其他PAH生成的基础,因此苄基摩尔分数的骤降是引起其他PAH摩尔分数下降的主因。实际上,已经有研究者在个别的火焰试验中观察到类似的现

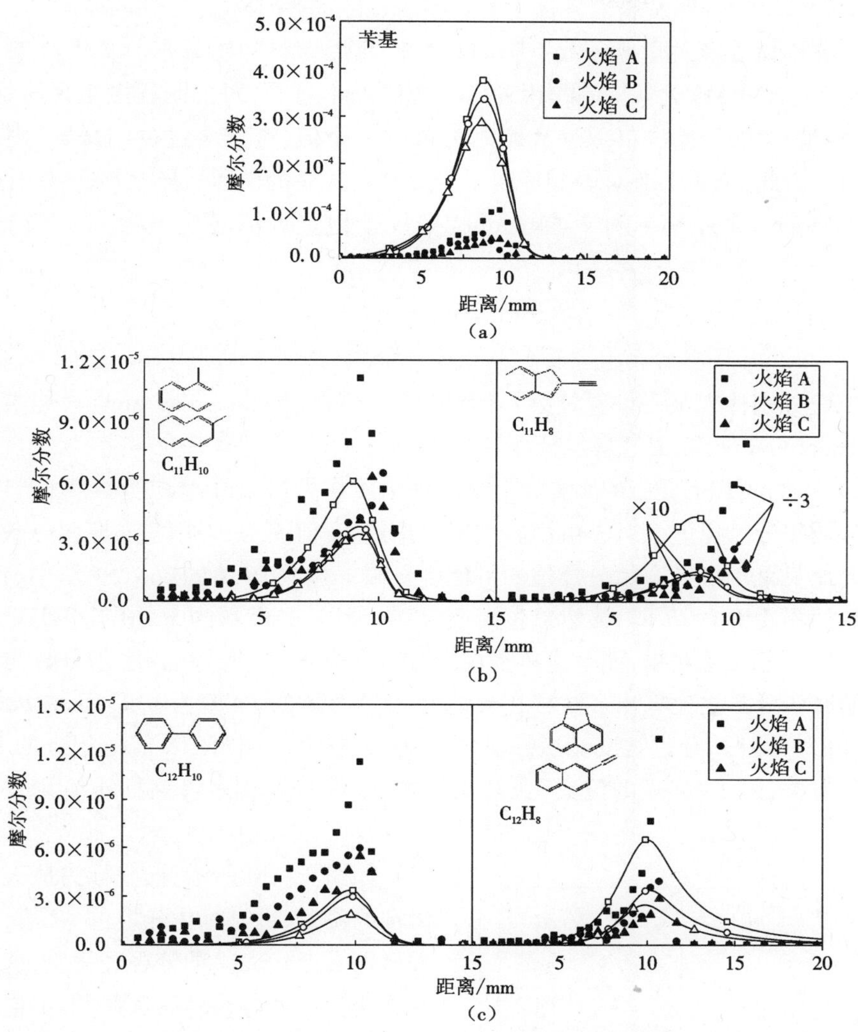

图 4-29　苄基、C11 和 C12 PAH 的摩尔分数

(a)苄基　(b)C11 PAH　(c)C12 PAH

象[35,36]，如在乙醇/乙烯的常压和低压层流预混火焰中观察到苯的摩尔分数在掺醇后大幅下降，在二甲氧基甲烷/乙烯火焰和二乙氧基甲烷/乙烯火焰中同样发现了芳香烃摩尔分数的明显下降。至于模拟结果，有一些与试验相符，例如图 4-29(b)中对 $C_{11}H_{10}$的模拟，能预测到掺醇火焰中甲基萘的摩尔分数较火焰 A 有明显下降，且两个掺醇火焰的摩尔分数曲线几乎重合；对 $C_{11}H_8$的模拟虽然也能预测到这两种趋势，但在量上的预测误差较大，模拟结果比试验低了一个数量级，一方面是因为 PAH 的生成机理太复杂，机理中通常会漏掉与某种物质相关的反应，导致预测结果不准确，另一方面多数 PAH 普遍缺少试验的光电离截面数据，更多是靠估算，会给试验值带来一定的误差。对 $C_{12}H_{10}$的预测虽然在摩尔分数的数值上较理想，但没有反映出掺醇后物质摩尔分数变化规律的试验结果。尽管机理还存在着不足，但是由于不涉及分子计算层面上的理论研究，本研究无意对个别基元反应的速率常数进行调整;而 PAH 的机理发展也将是一个长期的、复杂的工作。

采用掺醇后物质最大摩尔分数下降的百分比与烃燃料初始摩尔分数下降的百分比进行对比以确定醇对 PAH 化学抑制作用程度的方法并不直观,对抑制程度也无法量化,且对摩尔分数误差较大的中间体仅取最大摩尔分数这一个值,有样本过少的嫌疑,用来说明问题不够全面。为此,与 4.1 节对甲醇抑制正庚烷自燃的评价指标一样,引入一量化指标——抑制率(Inhibition Rate, IR),对于掺醇火焰中第 i 个物质的 IR 值定义为

$$IR_i = \frac{\int_{-\infty}^{+\infty} X_{ih}\,dx}{\int_{-\infty}^{+\infty} X_{ia}\,dx} \tag{4-18}$$

式中:X_{ih}和 X_{ia}分别代表某一位置处第 i 个物质在烃燃料(hydrocarbon fuel)火焰中和在掺醇类燃料(alcohol fuel)火焰中的摩尔分数。

从式(4-18)可以看出,IR 值实际上是某种物质在火焰 A 中摩尔分数积分与在掺醇火焰中摩尔分数积分的比值。对于由试验结果得出的 IR 值而言,采用整条摩尔分数曲线积分得到的值要比只采用最大摩尔分数值的可信度更高。按照 IR 值的定义,火焰中所有能计算出摩尔分数的物质都有 IR 值,当然也包括烃燃料。只是烃燃料的 IR 值不采用对其进行摩尔分数曲线的积分之比获得,而是直接采用烃燃料在火焰 A 中的初始摩尔分数与在掺醇火焰中的初始摩尔分数之比算出。这样在火焰 B 中烃燃料的 IR 值为 1.23,而在火焰 C 中烃燃料的 IR 值为 1.41。经过尝试,发现试验中掺醇火焰中 PAH 的 IR 值与相应的 PAH 物质出现的位置有关,由于“出现的位置”无法定量衡量,故只能代之以该物质最大摩尔分数的出现位置。

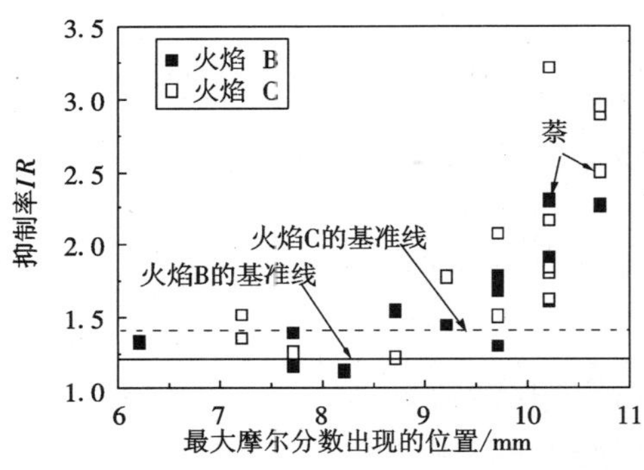

图 4-30　PAH 物质在掺醇火焰中的 IR 值与其峰值位置间的关系

如图 4-30 所示,横坐标为最大摩尔分数出现的位置,纵坐标为相应的 IR 值,图中一个方形符号点代表一种芳香烃物质,这里所说的芳香烃包含了芳香烃氧化物,但不包含甲苯和其降解中间体苄基。图中两条横线对应的纵坐标为在两个掺醇火焰中初始烃燃料的 IR 值,用以作为参考基准。若某种物质的符号点恰好位于基准线上,则表明醇的加入虽降低了该物质的浓度,但原因在于醇本身不能生成该芳香烃,其浓度的降低完全由醇的物理稀释作用造成,并不涉及化学耦合作用,故凡是高于基准线的物质均表示醇的加入对其有化学耦合方面的抑制作用。IR 值越高,表明醇的加入对该物质浓度的抑制作用越强烈。图中清楚地显示出火焰中出现越晚的物质,其 IR 值越大,表明其所受到的抑制作用也越强,这个趋势是在 9 mm 之后才渐渐显现出来的,对于最大摩尔分数分别在两个火焰中出现在10.2 mm和 10.7 mm 处的萘,其 IR 值分别达到 2.3 和 2.5。而在 9 mm 之前,IR 值随着最大摩尔分数出现位置的增加呈现略微减小的趋势,IR 值的最低点出现在 8~9 mm 并低于其所对应的火焰的基准线,说明醇的加入不但没有对该物

质起到抑制作用,相反还起到了促进作用,这些物质都是芳香烃氧化物,如酚、芳香醇。

图 4 - 31 为一些芳香烃氧化物的摩尔分数曲线,从左向右碳原子数依次增加,这些氧化物大致为各自母体,即苯基、苄基、二甲苯基或乙苯基与羟基加成的产物,也可以是苯、甲苯、二甲苯或乙苯的氧化产物。此外,还有其他芳香烃氧化物能够通过扫描 PIE 分辨出来,包括苯甲醛、萘酚,但是由于这些芳香烃氧化物的浓度低,火焰中还存在着与其分子量相同的芳香烃干扰了这些芳香烃氧化物的信号,不能推算出这些芳香烃氧化物可靠的试验摩尔分数及 *IR* 值。但在甲苯富燃火焰中对它们摩尔分数的推算证明,这些芳香烃氧化物同样出现在火焰中靠前的位置,如苯甲醇、苯酚和萘酚的最大摩尔分数在甲苯火焰中都出现在 6 ~ 6.5 mm 处,而苯甲醛的最大摩尔分数则出现在更靠前的 3.5 mm 处。模拟结果显示掺醇火焰中这些氧化物的摩尔分数高于火焰 A,这点与试验结果不符,原因是芳香烃氧化物的生成和消耗主要出现在中温区,不仅涉及高温氧化还涉及低温氧化,而机理在低温氧化方面很薄弱,且这些物质的生成原理也较为复杂,故机理对这些物质的模拟结果可靠性要打折扣。总体而言,对于两个火焰中各聚合芳香烃的 *IR* 值随着其最大摩尔分数出现位置的增大,基本呈现先略减小后急剧增大的趋势,醇对这些 PAH 的抑制作用也只出现在高温区而非中低温区。

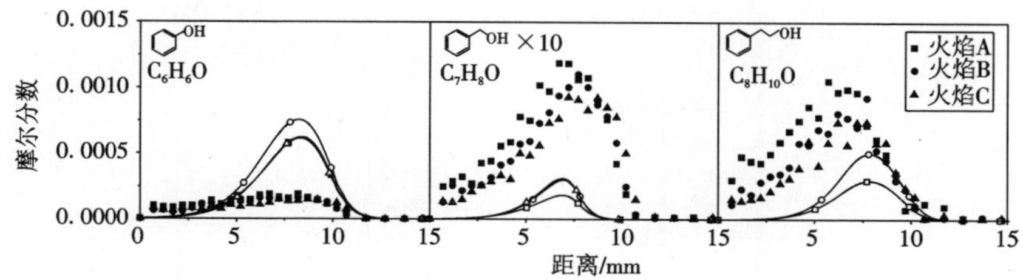

图 4 - 31　芳香烃氧化物的摩尔分数

敏感性分析在本研究中的作用是帮助判断对重要物质有重要影响的反应,以便在接下来的分析中找准重点、减小工作量,同时也有利于对反应机理的分析。图 4 - 32 给出的是在 7.0 mm 处燃料敏感性系数的绝对值最大的前 11 个反应以及敏感性系数。在这个位置进行敏感性分析的原因是,在这个位置燃料的消耗速率较快,各中间体的浓度也较高,化学反应较为激烈,且此位置火焰温度刚刚达到 1 200 K,正处于中温氧化温度向高温氧化温度区间过渡的位置上,各类型的反应也很丰富。选择燃料进行分析的原因是,燃料的消耗可以在一定程度上反映出整体反应的进程,且本研究关注的对象之一就是醇对烃燃料的影响。简单地说,敏感性系数为正的反应不利于被分析燃料的消耗。如图 4 - 32 所示,敏感性系数的绝对值最大的反应为正庚烷的裂解,即

$$nC_7H_{16}(+M) \rightleftharpoons 1\text{-}C_5H_{11}\cdot + C_2H_5\cdot(+M) \qquad (R4-27)$$

$$nC_7H_{16}(+M) \rightleftharpoons pC_4H_9\cdot + nC_3H_7\cdot(+M) \qquad (R4-28)$$

其次是 H · 进攻脱氢,即

$$nC_7H_{16} + H\cdot \rightleftharpoons 2\text{-}C_7H_{15}\cdot + H_2 \qquad (R4-29)$$

$$nC_7H_{16} + H\cdot \rightleftharpoons 3\text{-}C_7H_{15}\cdot + H_2 \qquad (R4-30)$$

这些反应都是正庚烷消耗的大通道，且都不是快反应，理应具有大的负敏感度。而发生自由基增殖的链分支反应也同样具有大的负敏感度，即

$$H\cdot + O_2 \rightleftharpoons O\cdot + OH\cdot \tag{R4-31}$$

与此同时，甲苯与正庚烷展开自由基的争夺，故甲苯对自由基消耗反应不利于正庚烷的脱氢，以下这些反应具有大的正敏感度：

$$A_1CH_2\cdot + H\cdot \rightleftharpoons C_7H_6 + H_2 \tag{R4-32}$$

$$A_1CH_3 + H\cdot \rightleftharpoons A_1CH_2 + H_2 \tag{R4-33}$$

$$A_1CH_3 + OH\cdot \rightleftharpoons A_1CH_2\cdot + H_2O \tag{R4-34}$$

此处进行敏感性分析的重点在于比较甲醇和乙醇的加入对原正庚烷/甲苯火焰中相关反应敏感性系数的影响。如图 4 - 32(a)所示，相比于火焰 A，大多数反应在火焰 B 和火焰 C 中的敏感度变化不大，敏感度上升的只有 OH · 进攻正庚烷脱氢反应

$$nC_7H_{16} + OH\cdot \rightleftharpoons 2\text{-}C_7H_{15}\cdot + H_2O \tag{R4-35}$$

和甲基氧化反应

$$CH_3\cdot + HO_2\cdot \rightleftharpoons CH_3O\cdot + OH\cdot \tag{R4-36}$$

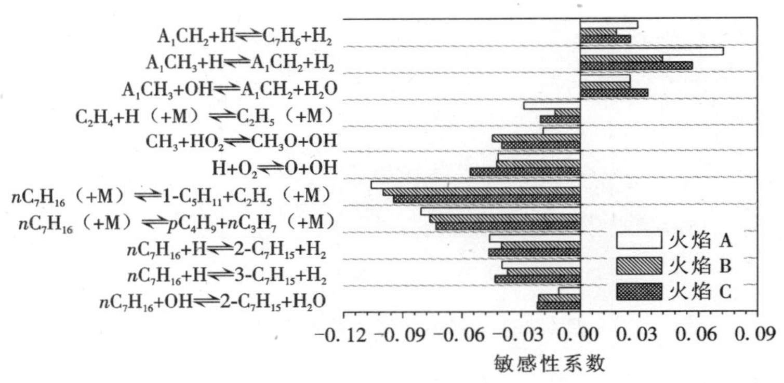

(a)

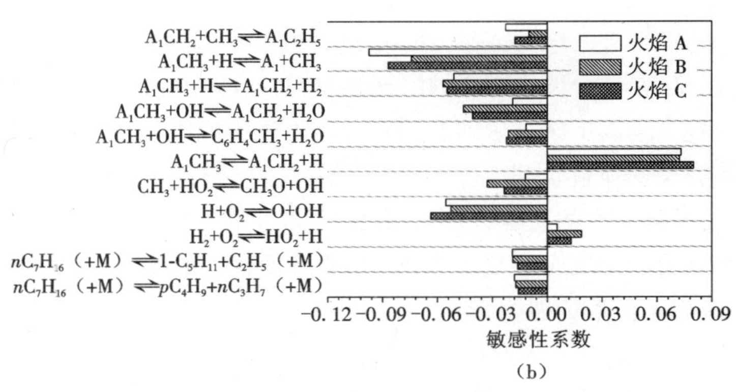

(b)

图 4 - 32 正庚烷和甲苯在三个火焰中的物质敏感性系数

(a)正庚烷 (b)甲苯

虽然与其他反应相比这两个反应的敏感度并不大，但掺醇后它们的敏感性系数较掺醇

前高一倍,其变化幅度在这11个反应中是最大的,尤其是(R4-36)。

图4-32(b)为甲苯敏感性分析中系数的绝对值最高的11个反应,甲苯不似正庚烷那样存在直接裂解,这11个反应中唯一一个甲苯直接裂解反应

$$A_1CH_3(+M) \rightleftharpoons A_1CH_2\cdot + H\cdot(+M) \tag{R4-37}$$

具有很高的正敏感度,因为这个反应在火焰中是逆向进行的,起到的作用是消耗H·自由基并将苄基重新还原为甲苯。

除了上述的甲苯还原反应,11个反应中敏感度最大的反应为本位取代反应

$$A_1CH_3 + H\cdot \rightleftharpoons A_1 + CH_3\cdot \tag{R4-38}$$

其次为H进攻脱氢

$$A_1CH_3 + H\cdot \rightleftharpoons A_1CH_2\cdot + H_2 \tag{R4-33}$$

此外,也有小分子链分支

$$H\cdot + O_2 \rightleftharpoons O\cdot + OH\cdot \tag{R4-31}$$

正庚烷的直接裂解(R4-27)和(R4-28)也进入11个反应中,并起到促进甲苯消耗的作用,这是因为正庚烷的反应活性较甲苯大,其裂解产物的后续反应将在自由基增殖和放热方面起到正面作用。

值得注意的是,OH·进攻甲苯脱氢(R4-39)、(R4-40)的敏感度在加入甲醇和乙醇后有明显的上升,无论是上升幅度还是上升后的绝对值均大于正庚烷敏感性分析中OH·进攻正庚烷脱氢(R4-35)。这说明甲苯对醇的加入更敏感,醇的加入使OH·进攻脱氢反应占据了举足轻重的地位,表现为

$$A_1CH_3 + OH\cdot \rightleftharpoons A_1CH_2\cdot + H_2O \tag{R4-39}$$

$$A_1CH_3 + OH\cdot \rightleftharpoons C_6H_4CH_3 + H_2O \tag{R4-40}$$

此外,两个涉及$HO_2\cdot$的反应

$$CH_3\cdot + HO_2\cdot \rightleftharpoons CH_3O\cdot + OH\cdot \tag{R4-36}$$

$$H_2 + O_2 \rightleftharpoons HO_2\cdot + H\cdot \tag{R4-41}$$

在掺醇后重要性也显著增强了。

反应路径分析是动力学分析中最直观的手段,但是若把如此庞大的机理中的每一个物质都做出其反应路径,则过于烦琐。实际上,计算表明正庚烷和甲苯的大多数反应路径在加入醇后并未发生实质改变,故仅选取几个反应路径有明显改变的物种对其进行生成或消耗的反应贡献率分析。与4.1节通过改写SENKIN_POST程序进行反应贡献率和反应路径分析一样,在本研究中通过改写PREMIX_POST程序进行反应贡献率分析。物质i通过反应j在整个火焰中的总生成量(或消耗量)ω_{ij}可以通过对物质i依靠反应j在火焰中的瞬时生成率(或消耗率)$\dot{\omega}_{ij}$(mol/(cm^3·s))的积分求得,即

$$\omega_{ij} = \int_{-\infty}^{+\infty} \dot{\omega}_{ij}\mathrm{d}t = \int_{-\infty}^{+\infty} \frac{\dot{\omega}_{ij}}{v}\mathrm{d}x \tag{4-19}$$

式中:v是当地流速(cm/s)。

之后,反应j对物质i在全部相关反应中的贡献率r_{ij}可以由下式算出:

$$r_{ij} = \frac{\omega_{ij}}{\sum_{j}^{j_0} \omega_{ij}} \tag{4-20}$$

式中:j_0为所有涉及物质 i 的反应总数。

上文中的敏感性分析已经证明正庚烷对醇的加入不如甲苯敏感,所以不对正庚烷以及它的降解中间体进行反应贡献率分析,由于证明甲苯对醇的加入敏感度高,故对甲苯的消耗进行反应贡献率分析。在 PAH 中,萘是一个典型的中间体,其 *IR* 值在火焰 B 和火焰 C 中高达 2.3 和 2.5,选取萘作为 PAH 的代表,对其消耗进行反应贡献率分析。同低温氧化一样,OH·也是高温氧化中活跃的自由基,由敏感性分析得知,醇的加入会显著提高 OH·进攻脱氢反应的敏感度,故 OH·的生成也是反应贡献率分析的一大内容。最后,在醇的氧化中,作为 OH·的前驱体,HO_2·也是另一重要的自由基,在敏感性分析中已知包含 HO_2·的反应的敏感度在醇加入后也有明显的变化,因此 HO_2·的生成也被纳入反应贡献率分析中。

图 4-33(a)为甲苯消耗的反应贡献率分析,H·进攻甲基脱氢是甲苯消耗最主要的方式,其次为本位取代、OH·进攻甲基脱氢和 OH·进攻苯基脱氢。从图中可见,火焰 B 和火焰 C 中各反应贡献率的分布情况基本一致,而与火焰 A 有明显的不同。醇的加入使得 H·进攻脱氢和本位取代的贡献率减小了约 10%,而 OH·进攻脱氢的贡献率增加了约 10%,一降一升反映出醇的加入对自由基池重心的改变。萘的消耗较为简单(图 4-33(b)),萘基只有两种同分异构体,在本研究的火焰中其脱氢依赖于 OH·和 H·的进攻。与甲苯一样,醇的加入使得 H·进攻的贡献率下降、OH·进攻的贡献率上升,但升降幅度已经较甲苯脱氢小许多,说明自由基池的改变对萘脱氢的影响不如对甲苯脱氢的影响大。至于萘的生成,反应贡献率分析显示醇的加入并未造成任何改变,这里不一一列出。

图 4-33(c)显示的是对 OH·自由基的生成贡献率最大的 5 个反应,三个火焰中对 OH·生成贡献率最大的反应始终是小分子链分支反应(R4-31)。但在火焰 B 和火焰 C 中该反应对 OH·生成的贡献率有所下降,填补这部分下降的是由 HO_2·作为前驱体生成 OH·的反应,即

$$HO_2\cdot + H\cdot \rightleftharpoons OH\cdot + OH\cdot \tag{R4-42}$$

$$CH_3\cdot + HO_2\cdot \rightleftharpoons CH_3O\cdot + OH\cdot \tag{R4-36}$$

其中,(R4-36)在敏感性分析中已经被证实掺醇后其敏感度会上升。这些现象说明醇的加入使得 OH·的来源发生了改变,HO_2·在 OH·生成过程中的作用加强了。与此同时,HO_2·的来源在三个火焰中也有很大的差异。如图 4-33(d)所示,在火焰 A 中 HCO·脱氢是 HO_2·生成的主要来源,即

$$HCO\cdot + O_2 \rightleftharpoons CO + HO_2\cdot \tag{R4-43}$$

其次是 CH_2OH·和 CH_3O·的脱氢,表示为

$$CH_2OH\cdot + O_2 \rightleftharpoons CH_2O + HO_2\cdot \tag{R4-44}$$

$$CH_3O\cdot + O_2 \rightleftharpoons CH_2O + HO_2\cdot \tag{R4-45}$$

然而在火焰 B 中,HCO·脱氢对 HO_2·生成的贡献率大幅下降,取而代之的是

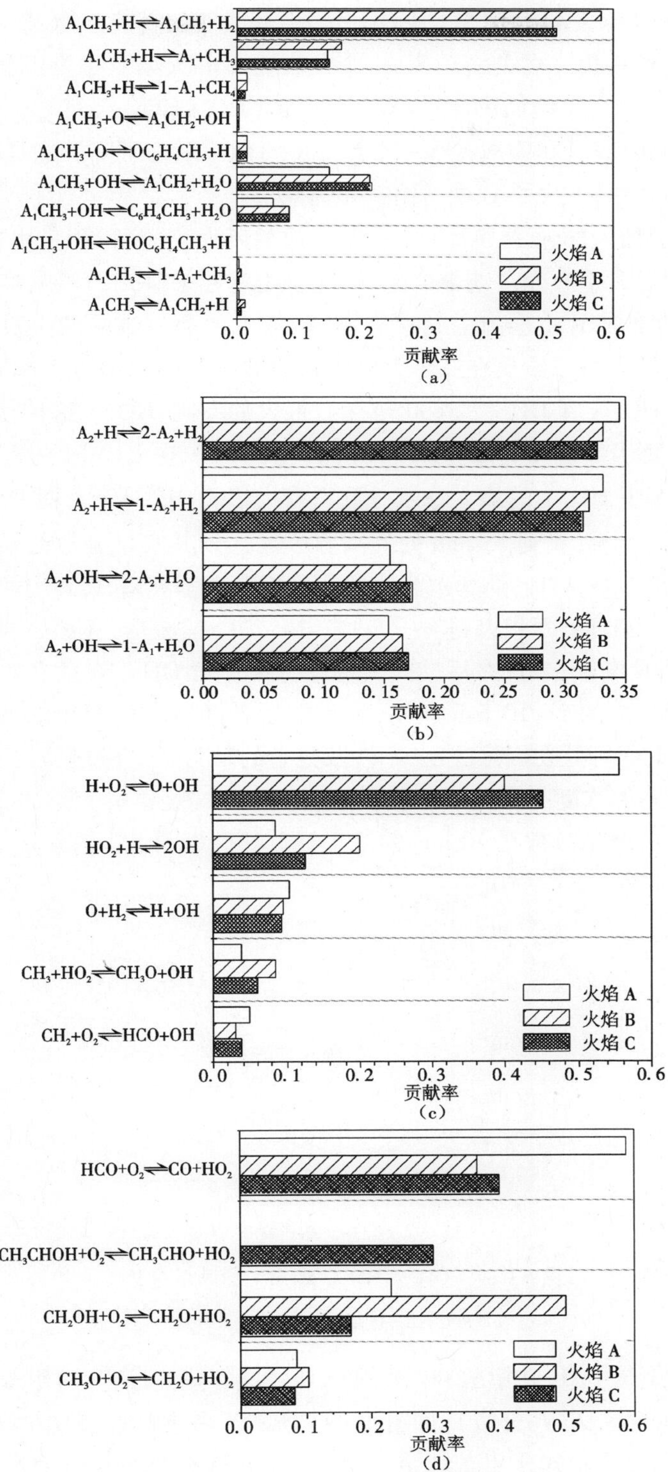

图 4-33　几种重要物质生成或消耗的反应贡献率分析

(a)甲苯的消耗　(b)萘的消耗　(c)OH·的生成　(d)HO_2·的生成

CH_2OH·脱氢，见式(R4-44)，因为CH_2OH·是甲醇脱氢的直接产物，整个过程类似于4.1节低温氧化中的甲醇氧化。在火焰C中，一个在火焰A和火焰B中都不存在的反应

$$CH_3CHOH\cdot + O_2 \rightleftharpoons CH_3CHO + HO_2\cdot \qquad (R4-46)$$

成为HO_2·生成的新途径，相应地其他三个反应的贡献率随之下降。这是因为CH_3CHOH·是乙醇脱氢的直接产物，在火焰C中占据重要的地位。

综上所述，醇的加入导致了HO_2·自由基生成的巨大改变和OH·生成的明显改变，自由基的组成或因此而发生改变。遗憾的是，这些自由基在触碰到石英喷嘴尖端时即发生湮灭，同时光电离产生的碎片也会掩盖这些自由基，故无法通过试验的手段探测到这些关键的物种。但模拟的结果可以给出在三个火焰中最重要的OH·、HO_2·和H·的摩尔分数，如图4-34所示。HO_2·和OH·的变化规律有很大的不同，HO_2·这种存在于中低温区的自由基在7.5 mm处达到最大值，之后下降并消失。HO_2·在火焰B中摩尔分数最大，其次为火焰C，而火焰A中HO_2·的最大摩尔分数只有火焰B中的1/5。而OH·则从5 mm处达到10^{-5}量级，之后上升，直到13 mm处的高温区才达到其摩尔分数的最大值。在10 mm之前，火焰B和火焰C中OH·的摩尔分数较为接近且高于火焰A，高出的部分主要来自于HO_2·。随着HO_2·消耗殆尽以及链分支反应(R4-31)被激活，火焰A中OH·的摩尔分数与火焰B和火焰C渐渐接近，在后燃区又逐渐分离。对OH·有意义的研究主要针对的是发生激烈动力学反应的5~10 mm区间，因为在后燃区基本达到化学平衡，OH·的摩尔分数由当地温度、H/O等外在因素决定，不涉及复杂的动力学反应过程，且燃料及中间体的反应已经结束，OH·的浓度高低此时已经没有意义。H·是富燃火焰中重要的自由基，但是醇的加入对H·的摩尔分数在10 mm前几乎没有任何影响。

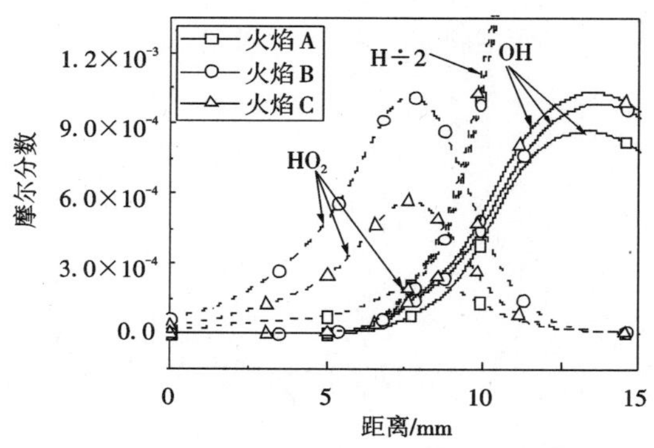

图4-34 OH·、HO_2·和H·的摩尔分数

(H÷2表示，该组分比例减小一半)

为了最终确定造成PAH在甲醇和乙醇加入后大幅下降的原因，对甲苯和萘进行了产率分析(Rate of Production, *ROP*分析)，如图4-35所示。考虑到曲线图的清晰，图中未列出火焰B的产率分析，事实上对于甲苯和萘，火焰B与火焰C具有相近的产率特征。在火焰A和火焰C中，甲苯的主要消耗区处于5~12 mm，并且同在约9.5 mm处达到消耗的高峰，但在火焰C中甲苯的消耗峰值大约为在火焰A中甲苯消耗峰值的3/5。一方面是因为初始

甲苯的进样量减少了；另一方面在火焰 C 中 7.5 mm 之前甲苯的消耗率大于火焰 A 中甲苯的消耗率，意味着甲苯在火焰 C 中被提前消耗了，原因在于火焰 C 中存在醇对 OH· 的诱导作用，使得 OH· 浓度升高，造成甲苯在 8 mm 之前受 OH· 进攻脱氢的消耗率明显大于火焰 A 中的消耗率。正是由于 7.5 mm 前火焰 C 中甲苯的消耗率大于火焰 A 的消耗率，才会促进产生于此处的芳香烃氧化物的生成，造成如图 4-31 所示的醇的加入反而会使最大摩尔分数出现位置靠前的芳香烃氧化物的 *IR* 值小于燃料初始的 *IR* 值。萘的生成区为 7～10 mm，此区域也是大多数的 PAH 生成区，而在这个区域的大部分范围内甲苯在火焰 A 中的消耗率都高于在火焰 C 中的消耗率，因此造成了萘在火焰 A 中的高生成率。PAH 的生成对外界环境干扰的敏感度较降解产物高得多，燃料消耗的微小变化就可能被 PAH 的生成放大，正如此处显示出的火焰 C 中萘最大生成率的降幅大于甲苯最大消耗率的降幅，因此萘的摩尔分数峰值才会大幅下降。在上一节中曾经提到，在正庚烷理论当量比火焰中甲醇的加入使得正庚烷降解中间体的摩尔分数降低，降幅与正庚烷的初始降幅保持一致。但聚合副产物乙烷的降幅却明显大于正庚烷降解中间体的降幅，理由是降解中间体甲基的聚合反应速率与甲基浓度的平方成正比，即聚合反应的放大效应，此效应导致聚合中间体的降幅超过降解中间体的降幅。在火焰 B 和火焰 C 的 PAH 聚合反应中同样存在此效应，如萘有两条主要的生成途径：

$$A_1CH_2\cdot + C_3H_3\cdot \rightleftharpoons A_2 + 2H\cdot \tag{R4-47}$$

$$A_1\cdot + C_4H_4 \rightleftharpoons A_2 + H\cdot \tag{R4-48}$$

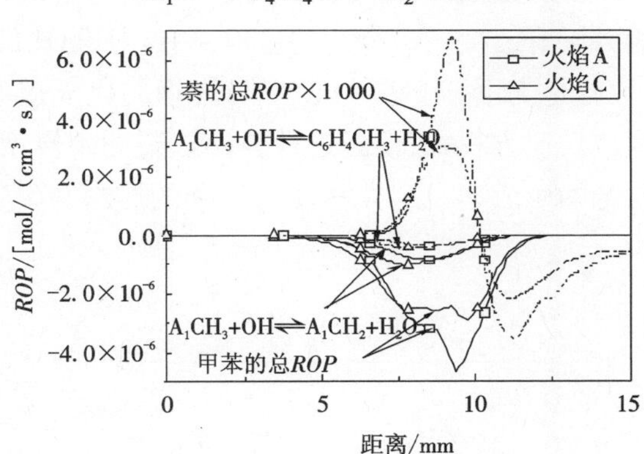

图 4-35　甲苯和萘的 *ROP* 分析

这两条途径是典型的炔丙基路径（R4-47）和 HACA 路径（R4-48），正反应的反应物是烃燃料的降解中间体，它们在掺醇火焰的 PAH 生成区中受到烃燃料初始浓度降低和甲苯提前消耗的双重作用，浓度都有下降，根据速率方程 $r_f = k_f[A][B]$ 计算可知，正反应速率 r_f 的降幅（或者说萘生成率的降幅）超过降解中间体浓度的降幅。可以想象，随着 PAH 的逐级增长，降解中间体的降幅会逐级放大。而对于甲苯消耗的反应，图 4-33（a）中贡献率最大的反应是

$$A_1CH_3 + H\cdot \rightleftharpoons A_1CH_2\cdot + H_2 \tag{R4-33}$$

由于 H· 的浓度基本没有发生变化（除非醇的比例过大，使火焰结构发生了改变），根据速率方程可知，正反应速率 r_f 的降幅与 A_1CH_3 的降幅是一致的，不存在聚合反应中的放大效

应。因此,烃燃料高温氧化中生成 PAH 的聚合反应比生成 CO_2的降解反应对燃料的浓度及其消耗速率更敏感。

总之,醇的加入造成多数 PAH 摩尔分数大幅降低的原因是:醇的加入,使得多环芳香烃 PAH 的母体燃料甲苯在中温区提前消耗,加上甲苯初始浓度的降低,使得进入高温 PAH 生成区的甲苯减少,聚合反应的放大效应又导致 PAH 生成率的降幅被进一步放大。另外, OH · 浓度的增大,也有利于 PAH 的氧化,如图 4 - 33(b)所示,OH · 进攻萘脱氢对萘消耗的贡献率在掺醇后有所上升,虽然上升的幅度并不大。

由上文知,甲苯的总产率与 PAH 及其氧化物的生成有着紧密的联系,那么掺醇火焰 C 和对照火焰 A 中甲苯的总产率之差与反映 PAH 受抑制程度的 *IR* 值之间也存在因果关系。事实上,这样的对应关系的确存在。如图 4 - 36 所示,底 x 轴(距离)与左 y 轴(*IR* 值)对应的 PAH(除甲苯和苄基)的摩尔分数峰值出现的位置与图4 - 31相似,顶 x 轴(距离)是与右 y 轴(甲苯的总产率在火焰 A 和火焰 C 中之差)对应的距燃烧炉表面的距离。图中的虚线既是烃燃料初始 *IR* 值在火焰 C 中的基线,也是甲苯总产率之差的零位线。从图 4 - 36 中可见,这些 PAH 的 *IR* 值基本分布在甲苯总产率之差曲线的周围,二者存在近似线性的拟合关系。顶部 x 轴之所以较底部 x 轴提前 2 mm,是因为采用中间体的峰值摩尔分数出现的位置来定位该物质的生成区有滞后,如图 4 - 35 中萘的产率曲线显示萘的生成率峰值位置在较萘摩尔分数峰值位置之前 1 mm 处。该拟合关系不仅直观解释了 PAH 的 *IR* 值在醇加入后随位置变化的原因,而且抓住了预测炭烟生成的本质。炭烟的生成是一个复杂的过程,但醇类燃料对其生成的影响并没有改变这一复杂的过程,只是对 PAH 的母体燃料芳香烃组分的降解速率产生了影响,而这些芳香烃的降解速率与炭烟的生成速率相关。在模型中,可以不用求解复杂的炭烟生成反应方程式,仅通过计算模拟柴油中炭烟的母体芳香烃燃料的降解消耗率即可拟合出炭烟的生成率。这样就使得复杂的燃料与 PAH 和炭烟间的耦合作用变得简单了。

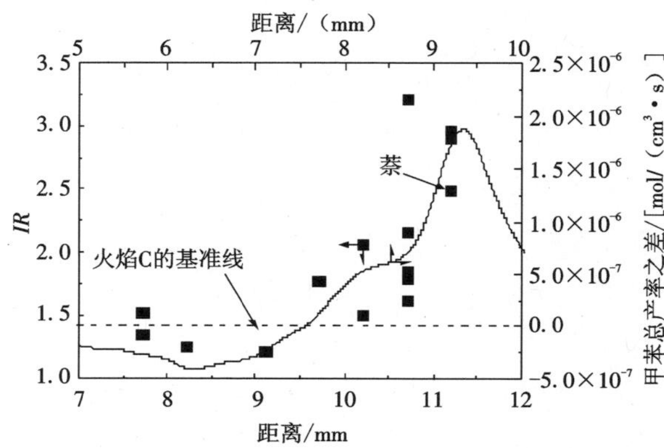

图 4 - 36 PAH 的 *IR* 值与火焰 A 和火焰 C 中甲苯总产率差值间的拟合关系

上文已经提过,并不是所有文献记载的火焰都能呈现出本研究中所发现的醇的加入对烃火焰 PAH 浓度的显著影响。本研究中之所以能观察到醇的加入对 PAH 的抑制作用,主要是本研究采用甲苯作为 PAH 的母体燃料,火焰中 PAH 的生成十分丰富,而足够大的当量比既能保证 PAH 的大量生成,又能使火焰厚度增加,而温度上升又不至于过快。若温度上升太快,则留给燃料发生中温氧化的机会很少,而中温氧化又是醇类燃料生成 $HO_2\cdot$ 和 $OH\cdot$ 的优势区,若中温区过窄,高温区大量生成并扩散到中温区的自由基就会掩盖住中温区生成的自由基,使得醇类燃料对烃提前于 PAH 生成区消耗的促进作用体现不出来。另外,醇类燃料加入后甲苯初始浓度的降低也是造成进入 PAH 生成区甲苯减少的关键原因。另外,应当注意到,本火焰研究中所采用的压力低于大气压,与真实的发动机缸内燃烧的压力有较大的差距。压力是化学反应中重要的影响因素,在化学反应中会通过影响反应物和产物的绝对浓度而影响最终的反应速率,但一般不会对速率常数 k 产生影响。但在三体反应 $A+B(+M)\rightleftharpoons C(+M)$ 中压力会影响第三方体 M 的浓度,从而会对速率常数 k 产生影响。对于这类反应,随着压力的升高,速率常数会逐渐加大,直至趋于某一恒定值 k_∞。由于 PAH 的演化过程多涉及压力依赖三体反应,故在本研究的火焰中测量得到的 PAH 的浓度并不能反映真实缸内燃烧中 PAH 的浓度。但是掺醇后受到关注的重要反应(如燃料脱氢反应和自由基反应)在本研究中均不依赖于压力(见图 4-32 和图 4-33),故可以认为压力的不同并不妨碍醇的加入对 PAH 抑制原理的成立。

事实上炭烟的生成和氧化是受物理因素和化学因素共同作用的。除了醇对柴油的替代和稀释作用,物理因素还包括燃料与空气间的混合。着火前燃油的预混程度不仅决定了后续的燃烧模式,也决定了炭烟的生成,即预混量越大炭烟生成趋势越小。醇的加入会导致柴油滞燃期的延长,带来的直接结果就是预混燃烧比例增加,导致炭烟生成的降低。现在,通过本文的研究可知,较长的滞燃期也会为醇的中低温氧化赢得更多的时间,从而使得烃燃料提前消耗的比例增大。滞燃期越长,则高温放热前积累的 H_2O_2 越多。随着温度的上升,这些 H_2O_2 大量分解也有利于燃料的降解氧化。若燃烧模式趋于 HCCI 燃烧,则燃料的自燃主要由反应动力学控制,醇的中低温氧化作用将更加明显。因此,醇的加入对炭烟生成的抑制作用将更加突出。

4.3　柴油/甲醇自燃与燃烧骨架机理

本节研究的内容涉及适用于缸内燃烧三维数值模拟的骨架机理的构建和验证。通过前面两节分别对柴油/甲醇二元燃料低温氧化原理和高温氧化原理有了清楚的认识,如何将这些在基础研究中取得的认识在工程中实际应用的缸内燃烧数值模拟上得到体现并发挥实际作用就成为一大问题。内燃机缸内的燃烧是典型的湍流燃烧过程,湍流和化学反应是湍流燃烧的两大核心问题,由于化学反应的复杂性,工程应用上通常采用单步反应或几步反应描述化学反应过程,或采用公式拟合反应特征,如滞燃期。近年来,随着计算机性能的提高,将较详细的化学反应机理用于工程计算成为可能,尤其是对于存在化学耦合作用的二元燃料燃烧更为必要。因此,构建可以应用于三维数值模拟的反应机理是顺理成章的做法,而平衡计算成本和计算精度就成为机理构建过程中需要考虑的最重要问题。按照反应数的不同,反应机理可分为四类:详细机理、简化机理、骨架机理和总包机理。详细机理一般包含 1 000 步以上的反应,如上文中已经多次提到的 LLNL 正庚烷高低温氧化机理和

USC JetSurf 2.0 正庚烷高温氧化机理。由于详细机理计算量过大,很少能直接应用于三维数值模拟,必须采取变通措施对计算进行加速,如动态自适应建表法(In Situ Adaptive Tabulation, ISAT)、自适应多时间尺度算法,但应用最多的还是对详细机理进行预先简化。简化机理反应数通常小于 1 000,骨架机理反应数通常小于 100,(也有研究将本文意义上的简化机理称为骨架机理,而骨架机理称为简化机理)无论是简化机理还是骨架机理,均是在详细机理的基础上发展而来的。目前,通常采用的简化方法有直接关系图法(Direct Relation Graph, DRG)、准稳态分析法(Quasi-Steady-State Analysis, QSSA)、计算奇异摄动法(Computational Singular Perturbation, CSP)以及敏感性分析法等。这些计算机自动简化法可以将成千上万步的复杂反应机理简化至几百步,简化中只删减反应和物质而不对基元反应的反应物和生成物组成以及速率常数进行改动;但若进一步简化至几十步,一般需要对基元反应本身进行干预,包括同分异构体的糅合和速率常数的修订。总包机理是反应数小于 10 的机理,由于反应数和物质数更少,通常只能用于特定的场合,但也因为它的简单而使得它最易被工程界接受,如著名的描述柴油自燃和汽油爆震的 shell 模型。

本节是在 4.1 和 4.2 节中反应动力学分析的基础上构建一个描述柴油/甲醇着火与燃烧骨架的机理,以最小的计算代价(小于 50 个反应和 50 种物质)来反映两种燃料发生耦合的关键点,之后采用多种低温氧化和高温氧化的计算和试验模型对该机理进行验证,最终采用柴油/甲醇二元燃料缸内燃烧试验数据对该骨架机理进行检验[37-40]。

4.3.1 柴油/甲醇二元燃料燃烧的本质

创建柴油/甲醇二元燃料燃烧骨架模型必须要抓住二元燃料缸内燃烧的本质特征。创建模型前先要回答以下问题:骨架模型需要描述的燃烧现象,这些燃烧现象中存在的燃料构成、当量比和温度范围。

图 4-37 为自燃发生前柴油/甲醇二元燃料缸内分区示意图。

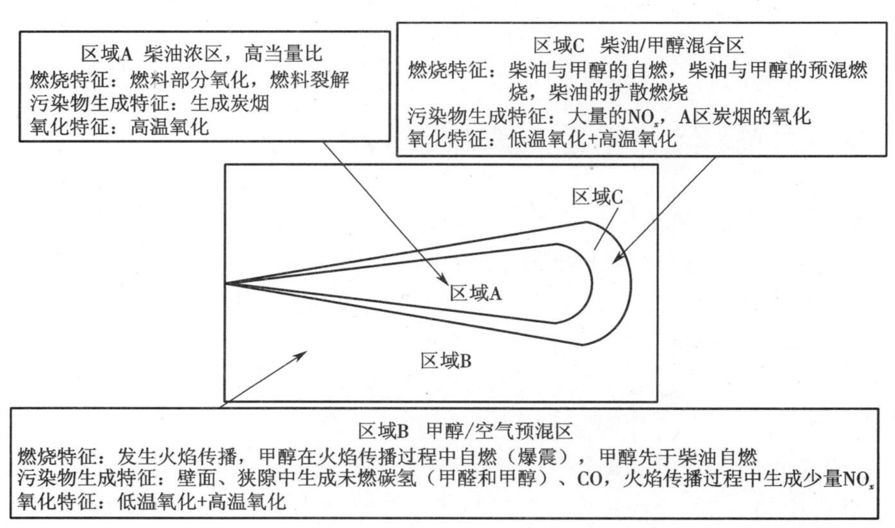

图 4-37 柴油/甲醇二元燃料燃烧的反应动力学特征

区域 A 为柴油浓区,此区处于油束中心,具有高当量比。由于喷雾的卷吸作用,此区域还包含甲醇,且甲醇的浓度要高于在缸内的平均浓度。由于缺乏氧气,此区域将是炭烟的主要生成区。

区域B为甲醇/空气的预混区,出于抗爆的考虑,此区域中甲醇的当量比不超过0.5,处于稀燃状态。虽然本区域的燃料化学反应不涉及燃料裂解和炭烟的生成,不如区域A复杂,但其中发生的燃烧现象却较区域A丰富。与汽油机单点点燃不同,在柴油引燃的过程中发生的是多点自燃,所有的这些着火点都会成为发生火焰传播的起始点,如图4-38所示。另外,柴油机中存在较强的涡流运动,涡流可以一直保持到上止点,且随着缸内混合气被压入半径较小的燃烧室,气体流速还会增大,故柴油机燃烧时存在比汽油机明显的宏观流动。在此较强气流运动的影响下,火焰传播也会发生变化。总之,二元燃料燃烧中存在的火焰传播与点燃式内燃机中的火焰传播特征显著不同,虽然柴油机中的湍流运动较汽油机中弱得多,但由于存在上述的多点自燃和宏观涡流运动,区域B的燃烧速率并不比点燃式内燃机慢。在区域B除了发生甲醇的火焰传播外,还会发生甲醇的自燃。

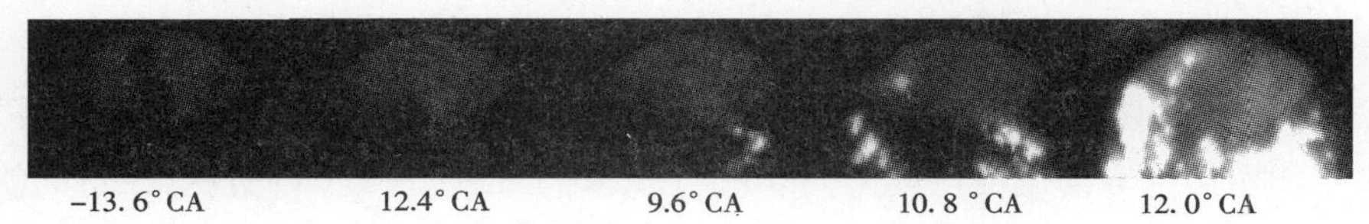

图4-38　柴油在高产烷值燃料混合气中的多点自燃[41]

区域C为柴油/甲醇混合区,柴油向周围环境的扩散就发生在此处。此处当量比介于区域A和区域B之间,部分区域处于理论当量比附近,同时柴油在此区蒸发的吸热量也不似在A区大,温降较A区小,因此有着合适的自燃发生条件。4.1节所述的甲醇与正庚烷间的低温化学耦合作用即甲醇对柴油自燃的抑制作用就在此区域发生。在自燃发生后,与传统柴油燃烧一样,此区域将成为燃烧温度最高的区域,生成大量的NO_x,随着喷油的继续进行,柴油的扩散燃烧也将发生。但在喷油提前角很大的LTC(Low Temperature Combustion)和PCCI(局部均质压燃Partial homogeneou Charger Compression Ignition)燃烧模式下,此区域可以成为缸内占比最大的区域,成为HCCI多点自燃的发生区,此时区域A和区域B有可能消失。

因此,不考虑炭烟和NO_x的生成,骨架机理所要完成的预测工作包括:发生在区域A的柴油高温富燃条件下的不完全燃烧,发生在区域B的甲醇在稀燃条件下的火焰传播和甲醇的自燃,发生在区域C的在宽广当量比下和宽广温度范围内的柴油/甲醇预混合气自燃、燃烧以及后续的柴油扩散燃烧。

4.3.2　骨架机理的建立

目前,工程应用上对柴油机缸内燃烧在化学反应方面的模拟仍然较为简单。由于柴油的自燃存在两阶段放热,对自燃阶段的预测采用包含8步反应和5种物质的shell模型;当自燃结束后(通常设定温度高于1 200 K即认为自燃结束),高温氧化速率常数与温度基本遵循阿累尼乌斯关系式,因此燃烧阶段基本上采用单步反应,即从燃料和氧化剂到CO_2和H_2O以及平衡反应控制。柴油的参比燃料通常选择正庚烷或更接近柴油的正十二烷。本骨架机理选择正庚烷作为柴油的参比燃料的原因是:正庚烷与柴油的自燃特性和原理相似;正庚烷氧化机理相对成熟;骨架机理目前的研究范围不包括炭烟的生成,由于炭烟生成复杂,燃料不同炭烟的生成也不同,可以说无论采用哪种燃料都不可能完整模拟真实柴油的炭烟生成。

骨架机理的创建可以采用计算机机理自动简化法,从详细机理开始进行,若需将反应数简化至50步以下,则需要较多的人工干预,难度较大。

4.3.3 骨架机理的验证

构建完成的骨架机理采用CHEMKIN格式编写,以方便验证和与CFD的耦合计算。骨架机理的验证采用先低温氧化后高温氧化的步骤进行。对低温氧化的验证又采用先单燃料后掺混燃料的步骤进行。低温氧化最直接的评价参数为滞燃期,对于正庚烷和甲醇单燃料,有各自的试验滞燃期数据可供参考。本文选取两个激波管中测量得到的正庚烷滞燃期的试验数据[42]和在快速压缩机中得到的甲醇滞燃期的试验数据[10]进行验证,同时还与4.1节经过验证的甲醇/正庚烷详细机理计算结果进行对比。计算程序为CHEMKIN中SENKIN模块,对激波管的模拟设置为定容绝热模式,而对速压机的模拟设置为变容绝热模式。对正庚烷滞燃期模拟选取的温度区间为700~1 100 K。如图4-39(a)所示,在不同的当量比和初始温度下骨架机理与试验数据和详细机理的计算结果吻合情况均较好,仅在NTC区域有可觉察到的偏差,骨架机理在此区域对滞燃期的计算结果较试验值和详细机理计算结果略短。甲醇在快速压缩机中的骨架机理计算结果与详细机理和试验值的对比如图4-39(b)所示。由于快速压缩机压缩需要的时间远长于激波管,故数值模拟的计算起点为压缩起点,图中所指的初始压力和温度是活塞刚到达上止点时缸内的压力和温度,计算的初始条件是根据此压力、温度以及压缩过程中体积的变化通过绝热公式计算而来的。图中所指的滞燃期是从活塞刚到达上止点至着火时刻的时间间隔,由于压缩时燃料就已经开始发生反应,故此滞燃期并非真实的燃料滞燃期。由图可见,甲醇滞燃期的指数与初始温度基本呈线性关系,反映了控制甲醇自燃的反应较为单一。骨架机理计算结果与详细机理计算结果以及试验结果吻合良好,骨架机理与试验结果的吻合程度甚至还高于详细机理与试验的吻合程度。

对甲醇和正庚烷掺混燃料低温氧化的试验研究非常匮乏,远不如乙醇和正庚烷低温共同氧化的试验数据丰富。本研究采用与详细机理计算的滞燃期对比验证骨架机理对掺混燃料滞燃期的预测。计算选取的压力为40 atm,温度范围为700~1 100 K,依不同的当量比和掺混比选取5种情况分别进行计算,总当量比有0.5、1.0、1.5、2.0,甲醇/正庚烷的掺混比有1:2、1:1、2:1,计算采用CHEMKIN中SENKIN模块的定容绝热模式,结果如图4-39(c)所示。由图可见,骨架机理与详细机理吻合情况令人满意,不一致的区域大致出现在中温NTC区和低温区。主要原因是在这些区域涉及较为复杂的正庚烷链分支反应和链传递反应,而甲醇的加入更加剧了对自由基池准确预测的难度。若想在所有的条件下使详细机理和骨架机理完全一致相当困难。在高温区和中低温区存在的两大竞争(即正庚烷低温氧化链分支和链传递的竞争、正庚烷和甲醇争夺OH·的竞争)已经消失或弱化了,对燃料自燃的描述较中低温区简单,故在高温区骨架机理的计算结果与详细机理吻合很好。

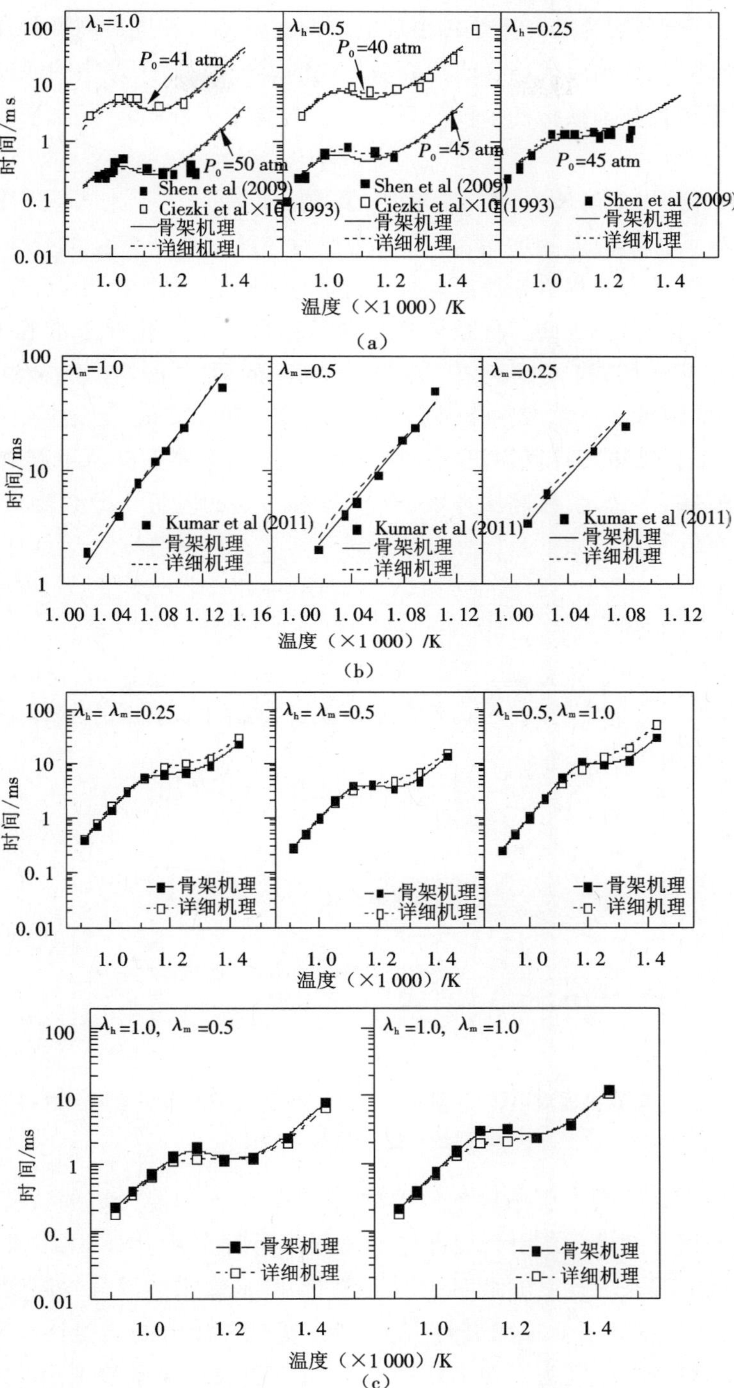

图4-39 对正庚烷、甲醇单一燃料和二元掺混燃料滞燃期的验证

(a)正庚烷在激波管中的滞燃期验证

(b)甲醇在快速压缩机中的滞燃期验证(压缩终点压力 P_c = 29.6 atm)

(c)甲醇/正庚烷二元燃料的滞燃期验证(P_0 = 40 atm)

下面分别在层流预混火焰和火焰传播速率方面对骨架机理进行高温氧化的验证。

如4.2节所述，层流预混火焰是研究高温氧化的燃烧模型，火焰中的成分可以通过试验手段探测，也可以通过数值模拟的手段计算得到。本节尝试采用骨架机理对此理论当量比火焰进行预测。

图4-40为骨架机理对该火焰中主要物质的预测结果。由于此试验采用的环境压力过低(25 torr)，脱离了骨架机理的适用范围，虽然在后燃区对各终产物的化学平衡预测较理想，但在反应区误差较大。尽管在反应动力学计算中会自动考虑骨架中压力依赖反应的速率常数随压力的变化，但对这些三体反应速率常数随压力的变化并未准确地拟合(如采用troe或Lindemann拟合格式)，也未考虑不同的三体M的不同加权作用，故这些反应的速率常数计算有一定的误差。更重要的是，随着压力的变化反应路径会发生变化，而骨架机理是基于高压条件下详细机理计算得出的反应路径构建的，某些在低压下起重要作用的反应可能在高压下被忽略。总之，在高压环境下对骨架机理进行验证十分必要。

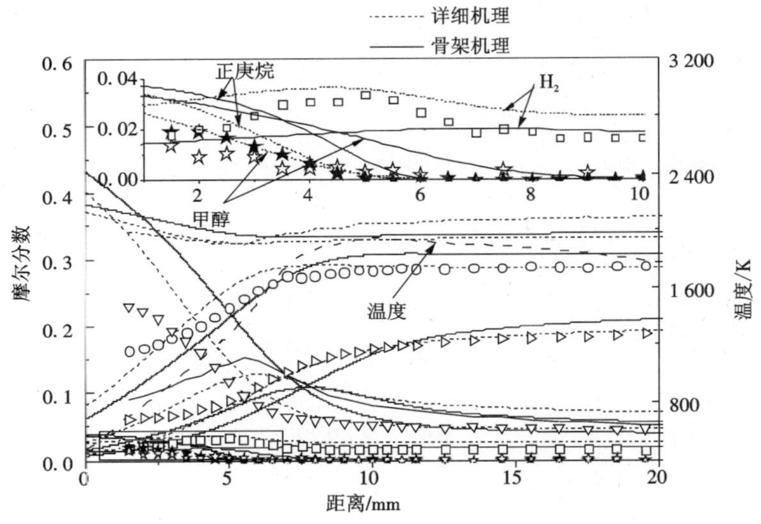

图4-40 骨架机理对甲醇/正庚烷低压层流预混火焰的预测结果和试验结果与详细机理计算结果对比

目前，没有用于高压或常压条件下的甲醇/正庚烷层流预混火焰的试验结果供骨架机理验证，但可以采用详细机理的计算结果进行对比。计算采用CHEMKIN中的PREMIX模块，通过求解能量方程来求解火焰温度，压力设置为40 atm，未燃混合气温度设置为600 K，氧化剂选择空气。计算分三个工况进行，在保持正庚烷和甲醇的当量比相同的情况下，改变混合燃料的总当量比，分别为0.5、1.0和1.5，对应的进样流量分别为0.1 g/(cm^2·s)、0.07g/(cm^2·s)和0.3 g/(cm^2·s)。验证的对象除了燃料、氧化剂、终产物和火焰温度外，还包括火焰中较为重要的CH_2O和C_2H_4以及OH·、H·和O·自由基，其中自由基的生成关系到未来对NO_x预测的正确性。验证结果如图4-41所示。由于机理中不包括NO_x，稀释气N_2不参与反应，且其摩尔分数远高于其他物质，故图中未示出它们。

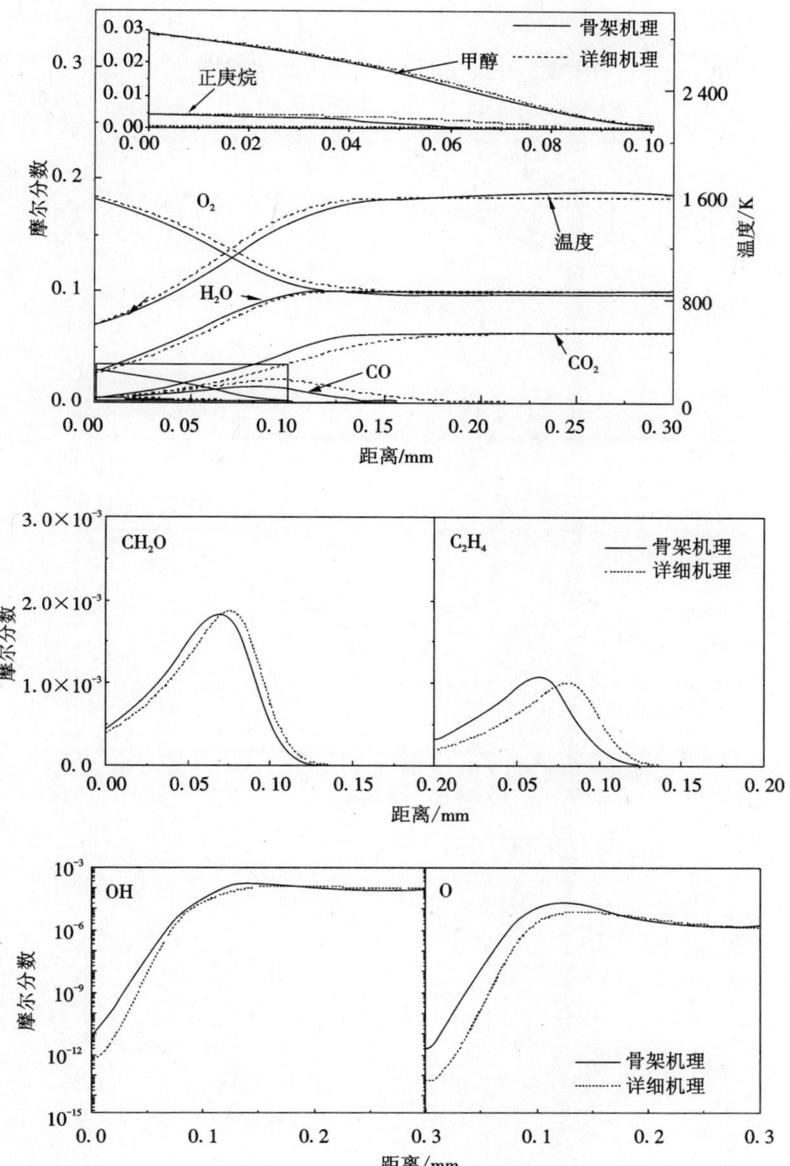

(a)

甲醇
H_2
正庚烷
摩尔分数
温度/K
H_2O
温度
CO_2
O_2
CO
骨架机理
详细机理
距离/mm
CH_2O
C_2H_4
骨架机理
详细机理
摩尔分数
距离/mm
OH
H
摩尔分数
骨架机理
详细机理
距离/mm

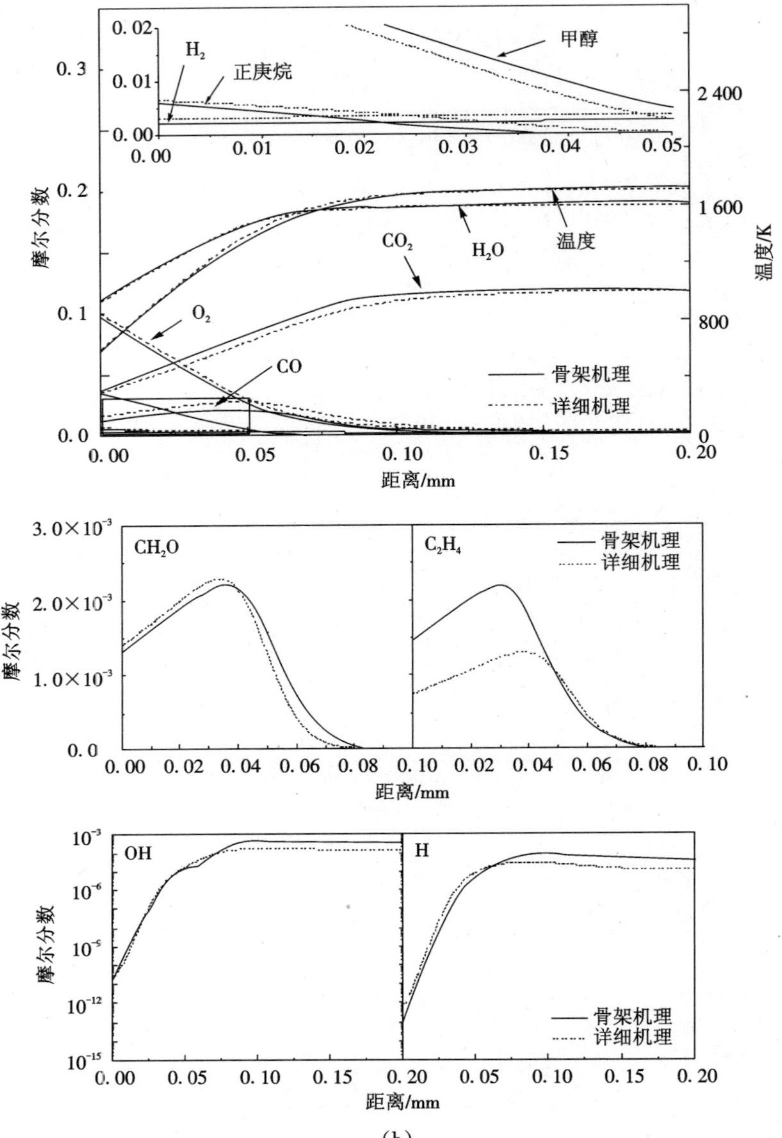

(b)

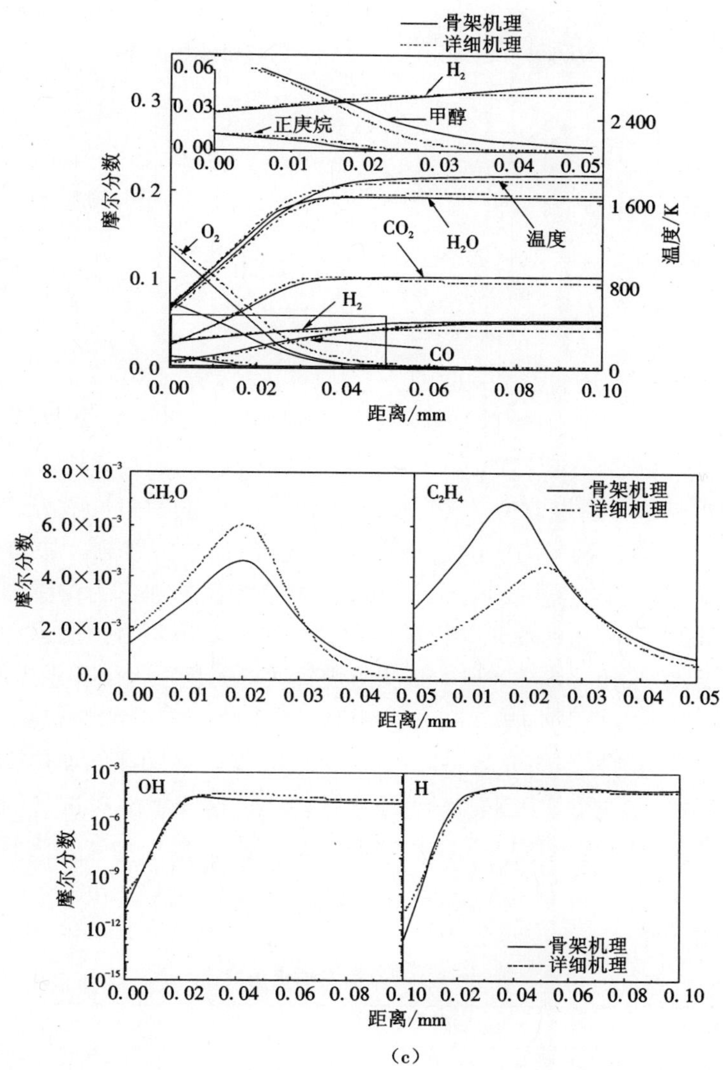

图 4－41　不同的总当量比下层流预混火焰中主要物质和温度的验证

(a)$\lambda_{总}=0.5$　(b)$\lambda_{总}=1.0$　(c)$\lambda_{总}=1.5$

如 4.3.1 节所述，在柴油/甲醇二元燃料燃烧中，甲醇预混区（区域 B）存在甲醇火焰传播的现象，这种情况在甲醇比例大、柴油比例小的情况下尤为明显。准确预测甲醇的火焰传播速度也是预测燃烧速率的关键。由于甲醇的缸内预混当量比不会超过 1，故验证仅针对稀燃的情况进行，使用的计算程序为 CHEMKIN－PREMIX。图 4－42 为在 700 K、40 atm 下甲醇火焰传播速度的详细机理和骨架机理的对比结果。由图可见，骨架机理对甲醇的火焰传播速度也有完美的预测。

由上述验证可见，骨架机理的验证范围基本上涵盖了二元燃料缸内燃烧的所有工况，涉及的当量比范围为 0.1～2，温度范围为 700 K 以上，压力范围为 30～100 atm。其中在常用工况，即当量比为 0.5～1.5、压力为 40 atm 下进行了较全面的验证，说明该机理可以应用

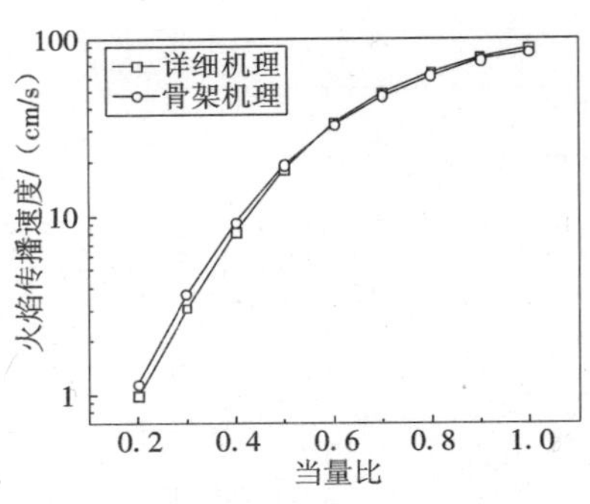

图 4-42 甲醇火焰传播速度验证

到实际缸内燃烧模拟中。以下的验证将针对一台柴油/甲醇二元燃料发动机缸内燃烧进行。

试验用发动机是一台经过改造的 DEUTZ-BM6F1013 电控单体泵增压中冷柴油机，表 4-3 为该发动机的基本参数。为了对缸内燃烧情况进行分析，将第 1 缸缸盖的电热塞拆下，换上 kistle6052C 压力传感器，采用 AVL6102 燃烧分析仪处理压力传感器电荷信号和角标信号，得到缸压随曲轴转角的变化并换算得出放热率。采用压力传感器和热电偶测量中冷后和涡前压力温度，采用 ToceiL20N0150 测量进气质量流量。为了实现甲醇的进气预混，在每一个进气歧管的入口处均加装了一个喷醇器，六个喷醇器由醇轨供给压力为 3.5 bar 的甲醇。由于此机型进排气歧管布置在同一侧，进气歧管管壁受排气加热作用可以维持较高的温度，甲醇的汽化基本靠进气歧管管壁的加热完成，这样甲醇对进气的冷却作用就不显著了。为了保证未燃甲醇、甲醛及 CO 被完全处理，排气总管上加装了大容量的氧化催化转化器(DOC)。台架布置如图 4-43 所示，详细内容见文献[43]。

表 4-3 试验用发动机参数

单缸排量/L	1.191
压缩比	18:1
行程/mm	130
缸径/mm	108
连杆长/mm	210
进气门关 IVC/(°CA ATDC)	-124.5
排气门开 EVO/(°CA ATDC)	79.6
喷孔数	6
喷孔孔径/mm	0.235
喷雾锥角/(°)	147

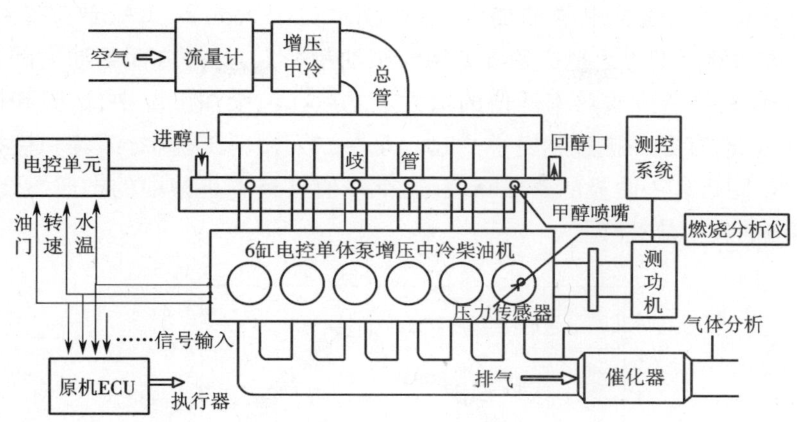

图 4-43　发动机台架布置图

缸内三维计算程序以 KIVA 3V 为基础。湍流模型采用 RNG - κ - ε 模型；油滴破碎模型采用 KH - RT 模型，燃油的液态性质与 0#柴油相同，汽化后则当作正庚烷对待；燃烧模型采用湍流耦合反应动力学模型，其余模型采用 KIVA 程序默认模型。其中，燃烧模型是自主开发模型，包含此燃烧模型的 KIVA 程序命名为 KIVA 3V - STANJAN - VODE - OpenMP。

首先，化学反应机理文件采用 CHEMKIN 格式编写并进行前处理，程序初始化时由 CHEMKIN 解释器读入并创建相关的数组。当程序运行到化学反应步骤计算时，将每一个网格当作定容、绝热、零维状态对待，之后分三步求解。第一步，调用常微分方程组求解器 VODE 计算一个时间步长 Δt 下的化学反应，得到经过 Δt 时间后网格内物质、温度、能量的变化。第二步，调用求解化学平衡的 STANJAN 程序计算每个网格在当前物质构成、温度及压力下的平衡状态，通过计算达到化学平衡所需要的时间，得出化学反应时间尺度。第三步，通过求解 Da 数（达姆科勒数）对第一步 VODE 求解器解出的温度、物质浓度进行耦合湍流的修正，得到 Δt 后最终的网格温度和物质浓度状态。由于调用 VODE 和 STANJAN 求解器占用的 CPU 时间占总 CPU 时间的 90% 以上，故采用多线程并行计算的办法进行加速。目前，应用最广的并行计算策略有 MPI（Message Passing Interface）和 OpenMP 两种。MPI 的优势是可以实现跨节点的并行，缺点是需人为编写数据收发程序和计算任务分配程序，无论是执行效率还是对程序的改动均较大，若跨节点计算则需要高性能的网络硬件设施。OpenMP 的优势是在程序数为 12 的情况下加速比可达 6。采用 Intel Xeon X5690（3.46 GHz，6 核心）双处理器、24 GB 内存、Suse Linux 12.0 ×64 操作系统的计算工作站计算一个工况的平均时间仅需 50 min。

三维模拟计算的边界条件是通过一维 GT - Power 程序计算得来的。本研究选取两种试验工况进行验证，分别是纯柴油和柴油/甲醇二元燃料燃烧工况。两个工况下柴油的喷射参数相同，即喷油量为 0.033 g/cyc，喷油提前角为 -3.3 °CA ATDC，喷油持续期为 7.7°，二元燃料燃烧时甲醇的预混量为 0.048 g/cyc。纯柴油的 IMEP 为 0.499 MPa，甲醇的加入使 IMEP 上升至 0.879 MPa。

图 4-44 为两种工况下试验值与模拟值的对比。由图可见，两种工况下对缸压和放热

率的预测均吻合良好。随着甲醇的加入,滞燃期推迟了大约 2 °CA,放热率峰值增大了 70 J/°CA。一方面滞燃期推迟造成预混燃烧的柴油量增大,另一方面柴油周围存在预混甲醇,这两方面因素均会造成放热率峰值的增大。之后在纯柴油工况中,试验和模拟都显示出在8 °CA ATDC 时存在一扩散燃烧小凸起。而在二元燃料工况中,试验和模拟也都显示在10 °CA ATDC 附近有一明显的放热峰值,这个峰值已经不是柴油的扩散燃烧,而是甲醇局部 HCCI 燃烧的集中放热峰了。

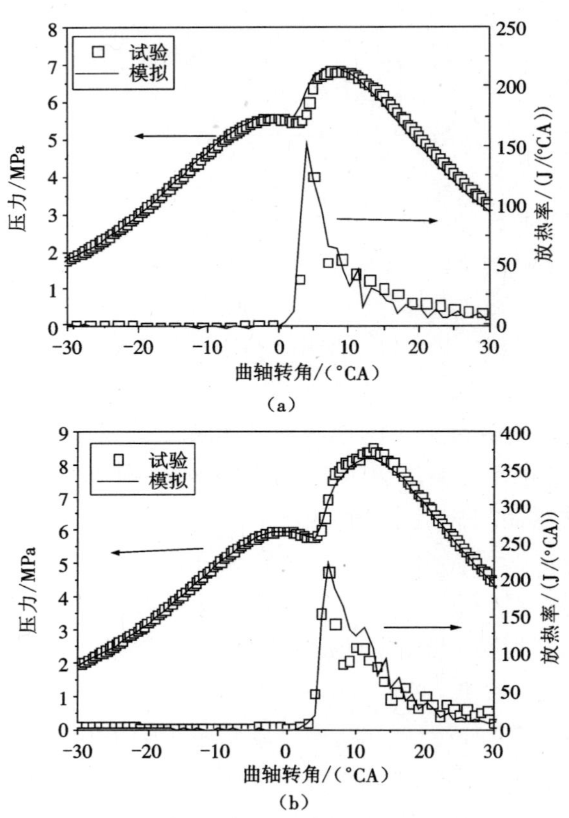

图 4-44 纯柴油及柴油/甲醇二元燃料燃烧缸内压力及放热率的验证

(a)纯柴油 (b)柴油/甲醇二元燃料

4.4 本章小结

甲醇的加入对原有的正庚烷自燃起到抑制作用,延长了低温放热出现的时间,降低了低温放热的强度,延长了高温放热与低温放热的时间间隔。甲醇对正庚烷自燃的抑制作用随着初始温度的上升先增强后减弱,至 1 200 K 时消失。

甲醇与正庚烷主要通过 OH · 与 HO_2 · 自由基池发生化学耦合作用,燃料分子与大分子的相互作用可忽略不计。OH · 是控制自燃最重要的自由基,正庚烷在低温氧化过程中发生链分支或链传递反应,有利于 OH · 浓度的升高;由于甲醇在后续反应中将 OH · 转化为

H_2O_2,其分解的活化能很高,在 1 000 K 以下发生累积,不能大规模参与反应,故甲醇的加入实际上将低温氧化(1 000 K 下)活跃的 OH · 转化为相对不活跃的 H_2O_2,降低了系统的反应活性。而当温度超过 1 000 K 时,H_2O_2分解的活化能壁垒被打破,甲醇的抑制作用消失。

在理论当量比下研究甲醇的加入对柴油参比燃料燃烧的影响中,甲醇对参比燃料正庚烷低压层流预混火焰带来的影响有两点。一是甲醇和正庚烷分别单独氧化,甲醇并没有对正庚烷的氧化路径产生影响,正庚烷的氧化路径与文献[20]中在相同当量比下正庚烷火焰中物质氧化路径几乎相同。这就给二元燃料高温氧化模型的创建提供了极为方便的条件。二是甲醇的加入带来了醛摩尔分数的增高,尤其是甲醛摩尔分数的增高,这与缸内燃烧中醇类燃料的加入造成醛排放升高的试验结论吻合。

在富燃条件下研究甲醇对参比燃料燃烧的影响时,醇(甲醇和乙醇)对参比燃料甲苯和正庚烷低压层流预混火焰带来的影响使醇的加入造成多数 PAH 摩尔分数大幅降低。原因是醇的加入使得 PAH 的母体燃料甲苯在中温区提前消耗,加上甲苯初始浓度的降低,使得进入高温 PAH 生成区的甲苯减少,聚合反应的放大效应又导致 PAH 生成率的降幅进一步放大。

根据柴油/甲醇二元燃料燃烧中燃料分布的不同,将缸内燃烧分为三个区,分别为柴油浓区、甲醇预混区和柴油/甲醇混合区,对每一个区的物理化学特征进行了详细的分析。柴油浓区当量比大于 2,以燃料部分氧化和燃料裂解为主,是炭烟的主要生成区;甲醇预混区当量比小于 0.5,发生火焰传播、甲醇自燃,是未燃产物的主要生成区和部分 NO_x 的生成区;柴油/甲醇混合区当量比在 1 附近,发生二元燃料自燃及预混燃烧,是 NO_x 的主要生成区。

在缸内燃烧分析结果和柴油/甲醇低温氧化和高温氧化机理分析结果的基础上,采用反应路径分析和敏感性分析的方法创建了一个适用于缸内燃烧的包含 41 步反应、30 种物质的正庚烷/甲醇自燃与燃烧骨架机理。对骨架机理的验证采用与详细机理计算结果和基础燃烧试验结果对比的方法进行,验证内容包括自燃特性、HCCI 发动机自燃及燃烧特性、层流预混火焰燃烧特性、甲醇火焰传播速率特性。除甲醇火焰传播速率特性的验证外,其余验证对象既包括正庚烷/甲醇掺混燃料,也包括其各自的单燃料。

在 KIVA3V 程序的基础上加入基于反应动力学的时间尺度模型,采用柴油/甲醇二元燃料缸内燃烧试验结果对骨架机理进行了耦合 CFD 计算的验证,取得了很好的结果。

4.5　参考文献

[1]HAMOSFAKIDIS V, REITZ R D. Optimization of a hydrocarbon fuel ignition model for two single component surrogates of diesel fuel[J]. Combustion and Flame, 2003, 132(3):433 - 450.

[2]BATTIN-LECLERC F. Detailed chemical kinetic models for the low-temperature combustion of hydrocarbons with application to gasoline and diesel fuel surrogates[J]. Progress in Energy and Combustion Science, 2008,34(4):440 - 498.

[3]ZÁDOR J, TAATJES C A, FERNANDES R X. Kinetics of elementary reactions in low-tem-

perature autoignition chemistry[J]. Progress in Energy and Combustion Science, 2011, 37(4):371 -421.

[4]姚春德,魏立江,阳向兰,等.柴油引燃乙醇均质混合气的二元燃料燃烧特性[J].内燃机学报,2012,30(3):207 -213.

[5]LV X, HOU Y, ZU L, et al. Experimental study on the autoignition and combustion characteristics in the Homogeneous Charge Compression Ignition (HCCI) combustion operation with ethanol/nǒheptane blend fuels by port injection[J]. Fuel, 2006, 85(17): 2622 -2531.

[6]许汉君,姚春德,杨广峰,等.柴油在乙醇高温热氛围中着火和燃烧的特性[J].内燃机学报,2010,28(3):207 -213.

[7]PITZ W J, MUELLER C J. Recent progress in the development of diesel surrogate fuels[J]. Progress in Energy and Combustion Science, 2011,37(3): 330 -350.

[8]MEHL M, PITZ W J, WESTBROOK C K, et al. Kinetic modeling of gasoline surrogate components and mixtures under engine conditions[J]. Proceedings of the Combustion Institute, 2011, 33(1):193 -200.

[9]PITZ W J, NAIK C V, MHAOLDÚIN T N, et al. Modeling and experimental investigation of methylcyclohexane ignition in a rapid compression machine[J]. Proceedings of the Combustion Institute, 2007, 31(1): 267 -275.

[10]KUMAR K, SUNG C J. Autoignition of methanol: Experiments and computations[J]. International Journal of Chemical Kinetics, 2011, 43(4): 175 -184.

[11]许汉君.柴油/甲醇二元燃料燃烧反应动力学研究[D].天津:天津大学机械工程学院,2012.

[12]CURRAN H J, GAFFURI P, PITZ W J, et al. A comprehensive modeling study of n-heptane oxidation[J]. Combustion and Flame, 1998,114(1 -2):149 -177.

[13]DIBBLE T S. Mechanism and dynamics of the $CH_2OH + O_2$ reaction[J]. Chemical Physics Letters, 2002, 355(1):193 -200.

[14]XINGCAI L, YUCHUN H, LINLIN Z, et al. Inhibition of autoignition and combustion rate for n-heptane homogeneous charge compression ignition combustion by methanol additive [J]. Proceedings of the Institution of Mechanical Engineers, Part D: Journal of Automobile Engineering, 2006, 220(11): 1629 -1639.

[15]KAPPEL C, LUTHER K, TROE J. Shock wave study of the unimolecular dissociation of H_2O_2 in its falloff range and of its secondary reactions[J]. Physical Chemistry Chemical Physics, 2002, 4(18):4392 -4398.

[16]WESTBROOK C K, PITZ W J, GURRAN H J. Chemical kinetic modeling study of the effects of oxygenated hydrocarbons on soot emissions from diesel engines[J]. The Journal of Physical Chemistry A, 2006, 110(21): 6912 -6922.

[17]YU W, CHEN G, HUANG Z, et al. Experimental and kinetic modeling study of methyl butanoate and methyl butanoate/methanol flames at different equivalence ratios and C/O ratios

[J]. Combustion and Flame, 2012, 159(1): 44 -54.

[18]INAL F, SENKAN S M. Effects of oxygenate concentration on species mole fractions in premixed n-heptane flames[J]. Fuel, 2005, 84(5): 495 -503.

[19]THERRIEN R J, ERGUT A, LEVENDIS Y A, et al. Investigation of critical equivalence ratio and chemical speciation in flames of ethylbenzene-ethanol blends[J]. Combustion and Flame, 2010, 157(2): 296 -312.

[20]袁涛. 正庚烷、异辛烷热解和预混火焰的实验及动力学模型研究[D]. 合肥:中国科学技术大学,2010.

[21]GLASSMAN I. Soot formation in combustion processes[J]. Symposium (International) on Combustion, 1982, 22(1):295 -311.

[22]ANDERSON H H, MCENALLY C S, PFEFFERLE L D. Experimental study of naphthalene formation pathways in non - premixed methane flames doped with alkylbenzenes[J]. Proceedings of the Combustion Institute, 2000, 28(2): 2577 -2583.

[23]XU H, YAO C, YUAN T, et al. Measurements and modeling study of intermediates in ethanol and dimethy ether low-pressure premixed flames using synchrotron photoionization[J]. Combustion and Flame, 2011,158(9):1673 -1681.

[24]LI Y, QI F. Recent applications of synchrotron VUV photoionization mass spectrometry: insight into combustion chemistry [J]. Accounts of Chemical Research, 2009, 43 (1): 68 -78.

[25]COOL T A, NAKAJIMA K, TAATJES C A, et al. Studies of a fuel-rich propane flame with photoionization mass spectrometry [J]. Proceedings of the Combustion Institute, 2005, 30(1):1681 -1688.

[26]COOL T A, WANG J, HANSEN N, et al. Photoionization mass spectrometry and modeling studies of the chemistry of fuel-rich dimethyl ether flames[J]. Proceedings of the Combustion Institute, 2007, 31(1):285 -293.

[27]KINT J. A noncatalytic coating for platinum-rhodium thermocouples[J]. Combustion and Flame, 1970, 14(2): 279 -281.

[28]李玉阳. 芳烃燃料低压预混火焰的实验和动力学模型研究[D]. 合肥:中国科学技术大学,2010.

[29]LI Y, CAI J, ZHANG L, et al. Investigation on chemical structures of premixed toluene flames at low pressure [J]. Proceedings of the Combustion Institute, 2011, 33 (1): 593 -600.

[30]TIAN Z, PITZ W J, FOURNET R, et al. A detailed kinetic modeling study of toluene oxidation in a premixed laminar flame [J]. Proceedings of the Combustion Institute, 2011, 33(1):233 -241.

[31]LI J, KAZAKOV A, DRYER F L. Experimental and numerical studies of ethanol decomposition reactions[J]. The Journal of Physical Chemistry A, 2004, 108(38):7671 -7680.

[32]LI Y, ZHANG L, TIAN Z, et al. Experimental study of a fuel-rich premixed toluene flame at low pressure[J]. Energy & Fuels, 2009,23(3): 1473 - 1485.

[33]徐广兰,姚春德,许汉君,等.甲醇、乙醇富燃层流预混火焰的模拟及试验研究[J].工程热物理学报,2012,33(3):513 - 516.

[34]HARPER M R, VAN GEEM K M, PYL S P, et al. Comprehensive reaction mechanism for n-butanol pyrolysis and combustion[J]. Combustion and Flame, 2011,158(1): 16 - 41.

[35] KOROBEINICHEV O, YAKIMOV S, KNYAZKOV D, et al. A study of low-pressure premixed ethylene flame with and without ethanol using photoionization mass spectrometry and modeling[J]. Proceedings of the Combustion Institute, 2011, 33(1): 569 - 576.

[36]GERASIMOV I E, KNYAZKOV D A, YAKIMOV S A, et al. Structure of atmospheric-pressure fuel-rich premixed ethylene flame with and without ethanol[J]. Combustion and Flame, 2012, 159(5): 1840 - 1850.

[37]CHEN W, SHUAI S, WANG J. A soot formation embedded reduced reaction mechanism for diesel surrogate fuel[J]. Fuel, 2009, 88 (10) :1927 - 1936.

[38]PRAGER J, NAJM H N, VALORANI M, et al. Skeletal mechanism generation with CSP and validation for premixed n-heptane flames[J]. Fuel, 2009, 88(10): 1927 - 1936.

[39]SMALLBONE A, LIU W, LAW C, et al. Experimental and modeling study of laminar flame speed and non-premixed counterflow ignition of n-heptane[J]. Proceedings of the Combustion Institute, 2009, 32(1):1245 - 1252.

[40]ZHENG J, YANG W, MILLER D L, et al. A skeletal chemical kinetic model for the HCCI combustion process[J]. SAE Transactions, 2002:09 - 18.

[41]姚广涛.预混合压燃发动机混合气形成与燃烧过程研究[D].天津:天津大学,2005.

[42]CIEZKI H, ADOMEIT G. Shock-tube investigation of self-ignition of n-heptane-air mixtures under engine relevant conditions[J]. Combustion and Flame, 1993, 93(4):421 - 433.

[43]夏琦.柴油/甲醇组合燃烧的道路试验及燃烧特性研究[D].天津:天津大学,2011.

第5章 基于 RANS 的柴油/甲醇二元燃料缸内数值模拟

柴油/甲醇二元燃料发动机的缸内燃烧方式，既有压燃式发动机预混及扩散燃烧并存的特征，又有点燃式发动机火核形成和火焰传播的特征，是内燃机中一种复杂的燃烧方式，因此在对其进行数值模拟方面也面临诸多挑战。目前，采用 RANS(Reynolds-Averaged-Navier-Stokes)方程模拟内燃机缸内复杂而又强烈瞬变的湍流运动已经在工程应用中取得了巨大的成功，优势是将湍流这种捉摸不定的微观流动转变为宏观的能量求解，在求解时间和求解精度上达到较好的折中。尽管随着计算机计算速率的飞速发展，大涡模拟(Large Eddy Simulation，LES)甚至直接数值模拟(Direct Numerical Simulation，DNS)都有了长足的发展，但 RANS 在工程界仍然经久不衰，因此发展基于 RANS 的二元燃料湍流燃烧求解方案具有明显的现实意义。本章将根据二元燃料缸内燃烧的特点，以第 4 章的发动机台架试验为基础，创建用于预测二元燃料缸内燃烧的燃烧模型及解算方案[1,2]。

5.1 可用于二元燃料燃烧的模型发展概述

二元燃料的缸内燃烧极为复杂，与柴油机燃烧一样同为湍流燃烧，湍流与燃烧的相互作用涉及许多因素。湍流对燃烧的影响主要体现在它能强烈地影响化学反应速率。湍流化学反应速率主要取决于反应物之间的混合率、温度、组分浓度等参数的湍流脉动率。用数值模拟方法分析和预测湍流燃烧现象的关键问题在于能否正确模拟平均化学反应速率，即燃料的湍流燃烧速率。在层流状态下，燃烧一般是受化学动力学控制的，燃烧过程的总反应速率可用 Arrehenius 公式表示为

$$R_{fu} = -A\rho^2 Y_{fu} Y_{ox} \exp(E/RT) \tag{5-1}$$

在湍流燃烧情况下，由于反应速率是质量分数 Y_{fu}、Y_{ox} 和温度 T 的非线性函数，故平均反应速率并不等于这些变量的平均值计算出来的反应速率。因此，在计算平均速率时，必须考虑湍流脉动的相关量。

内燃机中的缸内燃烧模型种类繁多，在常用的基于 RANS 的燃烧模型中，根据模拟燃烧的思路大致分为三类：时间解耦、火焰面模型和反应动力学求解。前两类模型反映了对湍流进行解耦的两种不同思路，前者是时间解耦，即将总的燃烧时间分为湍流混合时间和化学反应时间；后者是空间解耦，即将发生燃烧的空间分为用于混合的空间和用于发生化学反应的空间。三类思路中可互有交叉，如 G 方程后燃区可采用详细机理耦合湍流混合，瞬态交互小火焰(Transient Interactive Flamelets，TIF)可采用详细机理事先建立对冲火焰数据库；特征时间尺度模型也可用来描述 CFM(Connectivity Fault Management，连接性故障管理)系列模型和 G 方程模型的后燃区。另有模拟湍流燃烧的思路是建立概率密度函数(Probability Density Function, PDF)来描述无法准确描述的湍流现象,这种思路贯穿在多个模型中,如 TIF 模型、G 方程模型等;也可单独应用,如 Star-CD 中的 PPDF(Presumed PDF, 假定的概率分布函数)模型(用于 CI)和 Fire 中的 PDF(概率密度函数)模型(用于 SI)。表 5-1 为三类模型在当前最新版本中各常用缸内数值模拟软件中的应用情况以及适用范围。

表 5-1　三类模型在常用缸内数值模拟软件中的应用情况及适用范围

模型	模型简写	Star-CD	Fire	Converge	Forte	KIVA（本文用）	适用范围	采用详细机理
特征时间尺度	EBU	√	√			√	SI	
	EDC/CTC/PaSC	√	√	√		√	CI/SI	部分
火焰面模型	CFM	√	√				SI	
	ECFM-3Z	√	√				CI/SI	
	G 方程	√		√	√		SI	部分
	TIF	√					CI	部分
求解详细反应动力学机理	动力学	√	√	√	√	√	HCCI	√
	化学平衡			√		√	SI	√
	动力学+化学平衡		√			√	SI/CI/HCCI	√

二元燃料燃烧包含了 SI 和 CI 燃烧特点,因此要求燃烧模型既有模拟压燃式扩散燃烧的能力,也要有模拟点燃式火焰传播的能力。但由表 5-1 可知,模型通常仅针对某一特定的燃烧现象,如采用 EDC(Eddy Dissipation Concept, 涡团耗散概念模型)、CTC(Charadieristic Time Scale Combustion, 特征时间模型)、ECFM-3Z(Extended Coherent Flame Models-3 Zone)和 TIF 模型模拟 CI 燃烧,采用 EBU、CFM(Coherent Flame Models)和 G 方程模型模拟 SI 燃烧。而既能模拟火花点火式燃烧又能模拟压燃式燃烧的模型并不多见,有此潜力的只有 EDC 模型和 ECFM-3Z 模型,二者分别是 EBU、CFM 的扩展模型,恰好也代表了解耦湍流和化学反应的时间解耦思路、空间解耦思路。

5.1.1　时间尺度模型

EDC 模型[3]是在 EBU 模型的基础上扩展来的,而 EBU 即涡团破碎模型是一种经典的燃烧模型,其基本思想是预混燃烧发生在已燃气体和未燃气体涡团的交界面上,而扩散燃烧发生在燃料和氧化剂涡团的交界面上。涡团正是湍流作用的特征产物,由于涡团破碎得越快交界面就越宽,可发生化学反应的概率就越大,因此涡团破碎的速率直接决定了燃烧速率,涡团破碎速率正比于湍流耗散的时间。因此,湍动能 κ,和湍动能耗散率 ε 与燃烧相互联系。由于模型假设化学反应是瞬间完成的,因此燃烧速率只和湍流混合速率相关,如下式所示:

$$\overline{R_{fu}} = \frac{C}{\tau_t}\left(\frac{\overline{Y_{fu}}}{Y_{fu,0}}\right) \times \left(1 - \frac{\overline{Y_{fu}}}{Y_{fu,0}}\right) \tag{5-2}$$

式中：τ_t 为湍流混合时间；$\frac{\overline{Y_{fu}}}{Y_{fu,0}}$为未反应程度。

可见，湍流混合时间越长，反应越完全，燃烧速率就越小。

由于 EBU 做出了反应瞬间完成的假设，这种假设是基于火焰前锋面上的情况做出的，因此对于火焰传播未燃区和后燃区、燃料和氧化剂边混合边燃烧的情况以及燃料自燃阶段有偏差。

EDC 模型则考虑了化学反应所需要的时间 τ_c 在燃烧中所发挥的作用，对于化学反应占主导的情况（如柴油机自燃和汽油机爆震预测），可以只考虑化学反应，即式（5－3）；而对于湍流占主导的情况，也并非完全不考虑化学反应的因素，除了和式（5－2）一样考虑燃料的消耗程度对燃烧速率的影响外，还考虑氧气耗尽、没有燃烧产物（对于汽油机此时认为没有引燃未燃混合气的"火源"，如淬熄）等对燃烧不利的化学因素的影响，如式（5－4）所示。

$$\overline{R_{fu}} = -A\rho^2 Y_{fu} Y_{ox} \exp(E/RT) \quad \left(\frac{\tau_t}{\tau_c} \leqslant 1\right) \tag{5-3}$$

$$\overline{R_{fu}} = -\frac{B\rho}{\tau_t} \min\left\{\overline{Y_{fu}}, \left(\frac{\overline{Y_{ox}}}{S}\right), \left(\frac{C\,\overline{Y_{pr}}}{1+S}\right)\right\} \quad \left(\frac{\tau_t}{\tau_c} > 1\right) \tag{5-4}$$

$$\tau_t = \kappa/\varepsilon \quad \tau_c = A\rho \exp(E/RT) \tag{5-5}$$

$$\rho = -(\rho_i - \rho_i^*)/\tau \tag{5-6}$$

式中：ρ 为某种物质的密度变化率；ρ_i 为该物质当前的密度，ρ_i^* 为该物质处于平衡状态时的密度，即时间无限长之后湍流趋于平静，化学反应趋于平衡时的状态，准确计算 ρ_i^* 是这类模型的关键。对于 τ_t 和 τ_c，在这类模型中根据不同的情况（如考虑当量比、燃料和氧化剂的分布程度等）有不同的计算方案，这里不再一一介绍。

既然燃烧可以在时间上分解为湍流混合时间 τ_t 和化学反应时间 τ_c，那么就可以引入弛豫时间 τ 的概念，用来评价燃烧趋于稳定的时间，从而诞生了特征时间尺度模型（CTC），如下式所示：

$$\tau = \tau_c + \tau_t F \tag{5-7}$$

式中：F 为着火延迟因子，目的是消除湍流在滞燃期阶段的影响，使自燃只受化学反应控制。在 KIVA 中，其计算公式为

$$F = \frac{1 - e^{-c_4 \cdot r}}{1 - e^{-c_4}} \tag{5-8}$$

式中：r 为反应完全度，0 表示未反应，1 表示完全反应，c 表示常数。

由此可见，该模型并没有专门针对柴油机或汽油机进行特别设置，一般区别仅在着火延迟因子 F 的设置上，因此通用性较强。这一类模型已经被纳入 KIVA-ERC 中，并得到了广泛的应用。

类似的特征时间尺度模型还有 PaSR 模型。该模型也是将湍流和化学反应采用分区的方式分开处理，每一个网格为一个 PaSR 反应器，而一个反应器内部的不均匀性则采用时间尺度模型来处理。一个完整的湍流化学反应过程共分为三个阶段，第一阶段处理对流输运作用，第二阶段处理扩散输运作用，这两个阶段将待反应的物质输入到一个小 PaSR 反应

器,如图 5 - 1(a)中左边箭头所示;第三阶段为湍流与化学反应相互影响的阶段,又分为纯化学反应所耗费的时间阶段和物理混合所耗费的时间阶段,即图 5 - 1(b)中的阶段Ⅰ和阶段Ⅱ,分别用 τ_c 和 τ_{mix} 表示。该模型假设整个过程的物质变化率、化学反应物质变化率及物理混合造成的物质变化率相等,即图 5 - 1(b)中的斜率,这个假设给计算带来很大的方便,可见阶段Ⅱ的作用是将阶段Ⅰ"反应过度"的物质浓度"拉回来",这就是湍流在其中所起的作用。可以得到

$$\frac{c^1-c^0}{\tau}=-\frac{c}{\tau_c}=\frac{c-c^1}{\tau_{mix}}=-\left(\frac{c^1}{\tau_c}\right)\kappa=-\frac{1}{2}H\left(\frac{c^1}{\tau_c},\frac{c^1}{\tau_{mix}}\right)=f_r(c) \tag{5-9}$$

$$\kappa=\frac{\tau_c}{\tau_{mix}+\tau_c} \tag{5-10}$$

$$f_r(c)=(v''_r-v'_r)\overline{\omega}_r(c) \tag{5-11}$$

式中:c^1 为 PaSR 反应器出口的物质浓度;c^0 为 PaSR 反应器入口的物质浓度;τ 为时间步长;H 为调和平均数,由 κ 的定义可知,总的湍流燃烧时间是化学反应时间与混合时间之和,这与 CTC 模型中弛豫时间的概念一致;$f_r(c)$ 为反应 r 造成的物质 c 浓度的变化率,由质量作用定律给出,这为采用详细机理提供了可能。

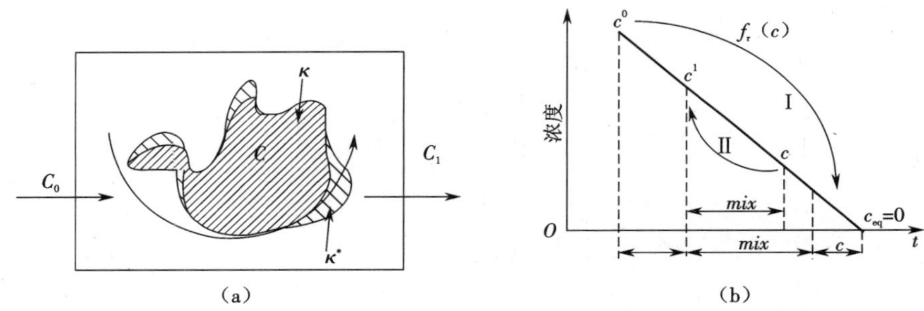

图 5 - 1 PaSR 模型原理[4]

(a)对流扩散输运过程 (b)湍流与化学反应引起的组分浓度变化

至此可知,PaSR 模型在本质上也是一种 EDC 模型,因此既可以用于 SI 也可以用于 CI。对于 SI,在 PaSR 混合器中发生混合的是已燃物质和未燃物质;对于 CI,在 PaSR 混合器中发生混合的是燃料和氧化剂。尽管该模型大部分应用都是基于 CI 做出的,但也有在二元燃料(柴油引燃一氧化碳)中应用的案例[4]。故该模型相对于 EDC 模型可以应用详细反应机理,故该模型已经被纳入有发展活力的开源流体力学计算软件 Open FOAM 中。

5.1.2 火焰面模型

扩展的三区相关火焰面模型(ECFM - 3Z)是相关火焰面模型(CFM)的拓展,CFM 是一种皱褶火焰面模型。皱褶火焰面模型的思路是认为湍流燃烧的本质为微尺度的层流燃烧,火焰结构看似复杂,其实只发生在一薄层经过反复扭曲的火焰面上,湍流的作用是随机性地扭曲这些火焰面,使发生燃烧的面积显著增大,加快燃烧速率。这种设想来源于点燃式内燃机中的湍流火焰传播,湍流火焰传播速率之所以大于层流火焰传播速率,原因在于湍

流增大了火焰面积、加快了燃烧速率，同时在宏观流尺度上加快了已燃区和未燃区的混合。基于这种思路，只需要求解火焰面积 A（或单位体积，或单位质量内的火焰面积密度 Σ）、火焰厚度 δ 以及层流火焰传播速率 S，就能求出湍流燃烧的燃烧速率。由此诞生的 CFM 模型采用以下三个方程分别求解这三个量：

$$\frac{\partial \Sigma}{\partial t} + \nabla \cdot (u\Sigma) - \nabla \cdot (\Gamma_{\varepsilon}\ \nabla \Sigma) = \alpha K_t \Sigma - \beta \frac{\rho_u Y_{ft} S_u (1 + a\sqrt{k}/S_u)}{\bar{\rho} Y_f} \Sigma^2 \tag{5-12}$$

$$\delta_l = 2\frac{\mu_b}{Pr\rho_u S_u} \tag{5-13}$$

$$S_u = ZW\varphi^{\eta}\exp[-\xi(\varphi - 1.075)^2]\left(\frac{T_u}{T_0}\right)^{\alpha}\left(\frac{P_u}{P_0}\right)^{\beta} \tag{5-14}$$

式(5-12)求解火焰面密度 Σ 的输运方程，等号右边两项分别是 Σ 的产生项和溃灭项。根据火焰面密度的定义，产生的原因主要为湍流及宏观流的拉伸作用，一般可通过与湍流相关的参数（如涡黏度）、宏观流相关的参数（如速度散度）等挂钩求解，也可做试验建立关于火焰拉伸的数据库查表求得；溃灭的原因有燃料耗尽、过度拉伸、碰到冷激面等，求解较为复杂。层流火焰传播速率 S_u 则依靠经验公式拟合得到，有一定的适用范围，从而决定了整个模型的适用范围。

由以上分析可知，原始的 CFM 模型是不能用于压燃式传统燃烧的，原因有两方面。第一，因为 CFM 存在的前提条件是要求化学反应时间尺度相比于湍流混合时间尺度要足够小，才能形成一薄层火焰，湍流的作用只是扭曲火焰，而不改变火焰内部的结构，这种情况在预混火焰传播过程中适用。因为燃料和氧化剂已经混合充分，不存在边混合边燃烧的情况，也就是火焰内部不存在湍流帮助燃料和氧化剂混合的过程，湍流只作用在火焰外部，但对于扩散燃烧来说，必然有这样一个过程。第二，CFM 认为化学反应只发生在火焰面上，实际上这种情况只会发生在均匀混合的预混燃烧中，而对于非均匀混合的预混燃烧甚至扩散燃烧中，即使火焰前锋扫过了燃料和氧化剂，由于已燃部分是不均匀的，还会继续在湍流和分子扩散的帮助下发生混合，从而打破化学平衡继续发生反应。因此，要想将本来以均匀预混火焰传播的框架搭建起来的 CFM 用于扩散燃烧，必须解决这两个问题。

图 5-2 是 ECFM-3Z 模型原理图，燃烧还是发生在一薄层火焰面上，火焰面结构还是简单的预混层流火焰。解决第一个问题的措施在于加上了两个区，即纯燃料区和纯空气区，人为制造这样一个预混过程是在亚网格尺度上进行的，故这三个区是无法分辨的，但只需知道各个区有多少燃料和空气即可。实际上，燃烧过程并非如模型所描述先混合充分再发生预混燃烧，而是混合与燃烧同步进行，这就是该模型在空间上对湍流和化学反应解耦的原理。由于多出了两个区，多出了未混合燃料和氧化剂这两种人为制造的“新物质”，因此需要求解这两种“新物质”的输运方程

$$\frac{\partial \rho Y_{fum}}{\partial t} + \nabla \cdot (\rho u Y_{fum}) - \nabla \cdot \left[\left(D + \frac{\mu_t}{Sc_t}\right)\nabla Y_{fum}\right] = -\frac{\beta_{min}}{\tau_m} Y_{fum}\left(1 - Y_{fum}\frac{\rho}{\rho_u}\frac{W_m}{W_f}\right) + \omega_{evap} \tag{5-15}$$

$$\frac{\partial \rho Y_{O_2um}}{\partial t} + \nabla \cdot (\rho u Y_{O_2um}) - \nabla \cdot \left[\left(D + \frac{\mu_t}{Sc_t} \right) \nabla Y_{O_2um} \right] = -\frac{\beta_{min}}{\tau_m} Y_{O_2um} \left(1 - \frac{Y_{O_2um}\,\rho\, W_m}{Y_{O_2inf}\,\rho_u\, W_{O_2}} \right) \tag{5-16}$$

式(5-16)等号左边照例是非定常、对流、扩散项,等号右边第一项是未混合物质的消灭项,原因就是该物质进入了混合区,τ_m 就是体现湍流混合作用的关键变量湍流混合时间尺度,简言之,该值越小,则湍流混合得越快,在式中就表现为进入混合区的速率越快。τ_m 的求解有多种方法,这里不再详述。对于式(5-15),等号右边第二项是由于燃油蒸发导致的未混合燃料的产生项。

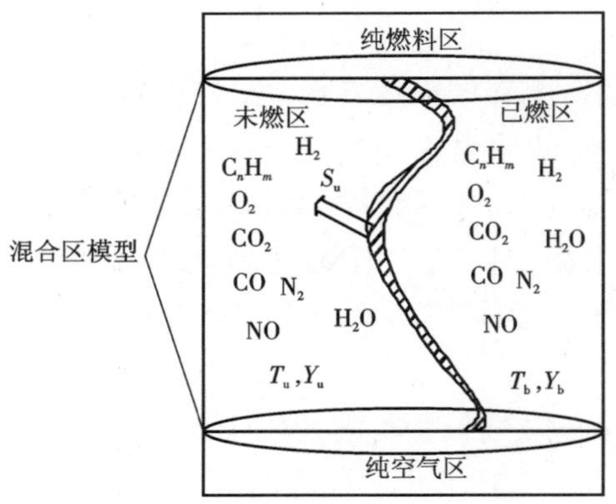

图 5-2　ECFM-3Z 模型原理

解决第二个问题的措施较为简单,只需在已燃区继续求解燃烧过程即可,求解策略是在该区采用 EDC 模型。

CFM 模型预测的是火焰面的产生,对于火花点火来说,只要适时在火花塞周围产生一个非零的 Σ,一个已燃区就产生了,相当于起动了式(5-12)。产生的时间和产生的 Σ 值根据火花点火能量确定。对于自燃来说,主要计算 Σ 产生的时间,即滞燃期。计算时并不求解化学反应,而是解滞燃期公式或查表,如果采用双延迟自燃公式,还可模拟出烃类自燃中的冷焰现象。

由以上分析可见,ECFM-3Z 既可以模拟火焰传播,也可以模拟扩散燃烧,当然也可以模拟二元燃料燃烧。事实上,在 STAR-CD 中提供了采用 ECFM-3Z 以及它的改进模型 ECFM-CLEH 模拟二元燃料燃烧的选项,但由于该模型模拟滞燃期采用的是滞燃期公式,对于柴油引燃汽油来说,由于两种燃料间不涉及化学耦合作用,可以只采用参比燃料(Primary Reference Fuel,PRF)中正庚烷的自燃来描述滞燃期,但对于甲醇和柴油这两种有化学耦合作用的燃料,必须建立不同比例和不同当量比的甲醇和柴油的滞燃期公式,或者采用描述混合燃料自燃的动力学模型才能模拟。此外,由于该模型涉及层流火焰传播速率,因此对于混合燃料需研究其火焰传播速率特性。总的来说,该模型具有模拟二元燃料燃烧的能力。

5.2　RANS数值计算方法

5.2.1　KIVA程序简介

数值模拟采用KIVA-3V-R2程序，程序中计算对流项使用准二阶逆风方法，计算扩散项使用二阶中心差分法，计算时间步长使用一阶分裂法。KIVA-3V中有两套欧拉-拉格朗日求解策略：第一套是针对喷雾液滴和气体流动的描述，每一个液滴采用拉格朗日形式进行追踪，而气体流动则采用欧拉形式进行网格离散化；第二套是针对气相控制方程的求解策略，采用任意欧拉-拉格朗日法(ALE)进行，求解分为三个步骤，前两个阶段以拉格朗日的方式进行，网格不动，第一阶段只计算扩散项和源项，第二阶段隐式迭代出压力的新值，第三阶段以欧拉的方式处理，在动网格程序的控制下将网格移动到新位置，同时计算穿越网格的对流，解出相对流动。以下分别简单介绍。

1. A阶段——拉式差分方程

在本阶段中，网格随流体运动，效果相当于把原来位于某一网格单元中的那一部分流体单元视为独立系统，考察它在本时间步长中与周围流体单元的质量、动量和能量交换，暂不考虑它与网格的相对运动所引起的对流变化。计算采用显式和隐式结合的方法进行，采用显隐因子φ_D控制显隐程度，这样做可以兼顾显式计算的计算量小和隐式计算的时间步长宽的优点。φ_D由反映当地扩散强度的扩散Courant数决定，以保证计算的稳定性。

2. B阶段——压力的隐式迭代

此阶段求解流场计算中的关键参数压力，求解方法与SIMPLE方法十分类似，由于压力传播很快，但流动较慢，纯显式计算的Δt小到难以接受的程度，因此采用全隐式计算。基本思路也是预估压力，解动量方程，得到估计的速度及温度，再联立面心速度方程、连续性方程及气体状态方程求解校正压力，再与预估的压力对比，直到全部网格收敛为止，压力收敛后即可得到真实的速度和内能。由于此时仍采用拉式方法求解，故求解得到的速度即为网格点移动的速度，可得到此时网格点的位置。

3. C阶段——网格移动及对流项计算

此阶段为对流项的欧拉显式计算阶段，该阶段按照活塞运动规律将网格从上一阶段的位置B移动到最终的位置C，并计算移动网格过程中穿越网格表面的相对速度。由于该阶段为显式计算，时间步长受到很大限制，故该阶段将时间步长Δt细化为子时间步长，以满足Courant数的要求。经过多步显式计算，得到最终的密度、内能和速度，最后根据状态方程计算出温度和压力。

5.2.2　湍流模型和喷雾模型

湍流模型采用RNG-κ-ε模型，该模型基于将湍流进行时均统计的思路，即雷诺平均法，该法不去描述任何尺度湍流的细节，如湍流随时间的脉动，而是只关注脉动的强度，即湍动能κ，这样就把微观的湍流细节转化为宏观指标进行描述。虽然能直接解析的流场只是“层流”的流场,无法反映湍流的脉动对流场的影响,但这样做的好处是湍流模型对网格尺度的依赖性很小,这样就可采用较大尺度的网格,以减少计算时间,这是 RANS 与 LES 具有显著区别的一点。同时,采用另一标量 ε 描述湍动能的耗散,这样就形成了双方程的 $\kappa-\varepsilon$模型,如下式

$$\frac{\partial\rho\kappa}{\partial t}+\nabla\cdot(\rho u\kappa)=-\frac{2}{3}\rho\kappa\ \nabla\cdot u+\sigma:\nabla u+\left[\left(\frac{\mu}{Pr_{\kappa}}\right)\nabla\kappa\right]-\rho\varepsilon+\dot{W}^{s} \tag{5-17}$$

$$\frac{\partial\rho\varepsilon}{\partial t}+\nabla\cdot(\rho u\varepsilon)=-\left(\frac{2}{3}c_{\varepsilon_1}-c_{\varepsilon_3}\right)\rho\varepsilon\ \nabla\cdot u+\nabla\cdot\left[\left(\frac{\mu}{Pr_{\varepsilon}}\right)\nabla\varepsilon\right]+\frac{\varepsilon}{\kappa}\left[c_{\varepsilon_1}\sigma:\nabla u-c_{\varepsilon_2}\rho\varepsilon+c_{s}\dot{W}^{s}\right] \tag{5-18}$$

此即为原始 $\kappa-\varepsilon$ 模型的标准形式。式(5-17)中等号右边第一项为剪切的湍流产生项,第四项为耗散项,最后一项为喷雾带来的源项;式(5-18)中等号右边第一项为有速度扩张时湍流尺度发生改变而产生的源项,最后一项是产生项和耗散项,之所以出现括号外的$\frac{\varepsilon}{\kappa}$,是假设 ε 的产生和耗散正比于 κ 的产生和耗散,以保证湍能的变化处于合理范围内。而湍流对标量的输运作用则借用湍流黏度理论,即将湍流模拟为分子黏度,只需求出湍流黏度即可与分子黏度一道用于扩散项,如在 KIVA 中采用下式计算总黏度

$$\mu=\frac{\mu_{\mathrm{air1}}T\sqrt{T}}{T+\mu_{\mathrm{air2}}}+\frac{C_{\mu}\kappa^{2}\rho}{\varepsilon} \tag{5-19}$$

式(5-19)第一项为分子黏度,第二项为湍流黏度。在改进的 RNG $-\kappa-\varepsilon$ 模型中,借用 RNG 概念进行严格的统计,为普朗特数 Pr 提供了解析公式,代替用户提供的常数。此外还有:在 ε 方程中加了一个条件,可有效地改善精度;考虑到湍流涡旋,提高了在这方面的精度;标准 $\kappa-\varepsilon$ 模型是一种高雷诺数的模型,RNG 理论提供了一个考虑近壁处低雷诺数流动黏性的解析公式。Han 和 Reitz 在原来不可压流的 RNG $-\kappa-\varepsilon$ 模型上进行了改进,通过进行各向同性的快速畸变分析对 ε 输运方程进行了封闭,并将其纳入 KIVA 中[5]。该模型对压缩冲程末期挤气间隙的湍流强度和长度尺度均有很好的预测效果,湍流对喷雾的作用也同时被考虑。对于模型参数,本文沿用文献中的标定结果[6],如表 5-2 所示。

表 5-2 RNG $-\kappa-\varepsilon$ 模型各标定参数

C_{μ}	C_1	C_2	Pr_{κ}	Pr_{ε}	η_0	β	C_s
0.085	1.42	1.68	1/1.39	1/1.39	4.38	0.012	1.5

喷孔模型由 Sarre 和 Reitz 开发。该模型考虑了喷孔的几何参数(包括长径比 l/d,喷孔内圆角与孔径之比 r/d)对喷雾初始速度、空化、流量系数、油束锥角及初始粒径的影响。描述喷雾中液滴运动的模型是离散液滴模型(Discrete Droplet Model, DDM),即不考虑全部的油滴,而只处理其中若干具有代表性的统计样本,即 KIVA 中所谓的“parcel”。液滴碰撞模型采用 KIVA 中自带的 O’Rourke 模型,但未对网格依赖性进行消除。通过验证,网格尺寸

需保持在 1 ~2 mm。液滴撞壁模型采用 O'Rourke-Amsden 模型。本文的液滴蒸发模型在原 KIVA 模型的基础上进行了修正，原模型液滴蒸发后得到的质量为喷射质量的 90% ~95%，原因是即将被删除的小液滴（小于初始液滴质量的千分之一）的质量在子程序 repack 中只清除了其半径，并未将质量计算在气相燃油质量之中。修正后的模型在子程序 evap 中将这部分质量纳入到气相燃油质量中，以保证所有液态燃油均能汽化。但本文中的蒸发模型并未考虑多元组分，而是将柴油以正十四烷的物理性质进行蒸发过程的模拟，在蒸发后即转变为正庚烷，以便进行化学反应动力学的计算。由于正庚烷的热值（44 800 kJ/kg）较柴油（以 42 000 kJ/kg 计）高，因此蒸发后的正庚烷质量是柴油质量的 93.8%，以保证燃料的热值不变。

液滴破碎程序是喷雾模型中最重要的程序，它直接决定了接下来的蒸发速率，但液滴破碎具有很强的随机性，而模拟欧拉 - 拉格朗日的气液两相流模型计算量难以接受，这给模拟带来极大的难度。在 KIVA 程序中，不对液柱射流进行欧拉方程的计算，而是开始就将液滴初始粒径设为有效喷孔直径，但此时尽管程序中液滴处于离散状态，但在模拟时仍然将其看作是连续的，接着发生一次破碎和二次破碎，即液滴从液柱的剥离和液滴的分裂分别以 KH（Kelvin-Helmholtz）模型和 RT（Rayleigh-Taylor）模型描述，此即著名的 KH-RT 模型，如图 5 -3 所示。

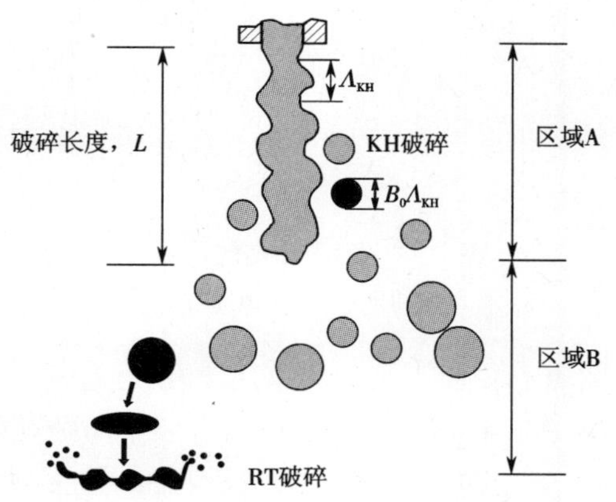

图 5 -3　KH - RT 模型

KH 模型采用表面波增长理论描述液滴的剥离，即表面波振幅越大、频率越快，则液滴剥离进行得越迅速，如下式所以

$$\tau_{KH}=\frac{3.726B_1 r}{\Omega_{KH}\Lambda_{KH}} \tag{5-20}$$

式中：$\Omega_{KH}\Lambda_{KH}$为频率与振幅的乘积；B_1为控制破碎时间的参数，在本研究中取 50。式（5 -20）仅控制 KH 破碎的快慢，并不控制液滴破碎后的粒径，粒径的计算见下式

$$r_c=B_0\Lambda_{KH} \tag{5-21}$$

式中：参数 B_0取 0.6，且不在计算中进行标定。

另一重要指标是 KH 破碎的长度 L_b，即 KH 破碎向 RT 破碎过渡的转捩点，见下式

$$L_b = C_b d_0 \sqrt{\frac{\rho_{fuel}}{\rho_{air}}} \tag{5-22}$$

式中：d_0为需要标定的参数，在本研究中取1.9。

RT破碎以液滴表面波快速增长理论为基础，与KH破碎不同，产生液滴表面波的原因是液滴与空气间的相互作用，当振幅大于液滴直径时，液滴发生分裂，产生的小液滴半径为

$$r_c = \frac{\pi C_{RT}}{K_{RT}} \tag{5-23}$$

式中：C_{RT}为需要标定的参数，其值越小，则液滴半径越小，在本研究中取0.5。

由于本研究所采用的喷雾模型有一定的网格依赖性，因此采用粗网格（2 mm）和细网格（1 mm）对喷雾模型进行标定（图5-4），标定采用的网格为扇形网格，在圆周角度划分与即将开展的BF6M机数值计算完全一致，均为间隔2 °CA。采用这种网格模拟定容弹内的喷雾，增强了喷雾标定与实际工作过程计算的可比性。

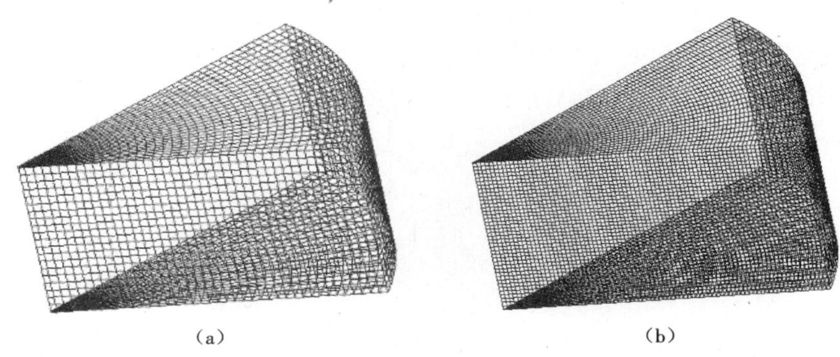

(a)　　(b)

图5-4　喷雾标定的网格

(a)粗网格　(b)细网格

标定采用的试验数据来源于文献[7]，试验采用7孔、孔径0.138 mm、流量系数为0.88的喷油器，采用PDPA(Phase Doppler Particle Analyzer)测量距喷孔轴线40 mm处、5 mm半径内的喷雾粒径和油滴速率，测量只持续到喷雾结束，以避免末期雾化不充分的喷雾束对结果的干扰。平均索特直径(Sauter Mean Diameter, SMD)及质量平均速率(u_{mav})采用下式计算：

$$SMD = \frac{\sum d_t^3}{\sum d_t^2} \tag{5-24}$$

$$u_{mav} = \frac{\sum d_t^3 u_t}{\sum d_t^3} \tag{5-25}$$

式中：d_t为t时刻某液滴的粒径；u_t为速率。

在数值模拟中，统计的是距喷孔轴线39~41 mm的液滴，贯穿距为距离喷孔最远的液滴距喷孔出口的距离。验证选取两个工况，环境密度均为40 kg/m^3，共轨压力分别为400 bar和800 bar。图5-5所示为贯穿距喷雾验证。由图可知，无论粗网格还是细网格，贯

穿距与试验吻合得均较好。相比而言,细网格与试验吻合得更好,尤其是在高轨压的情况下。

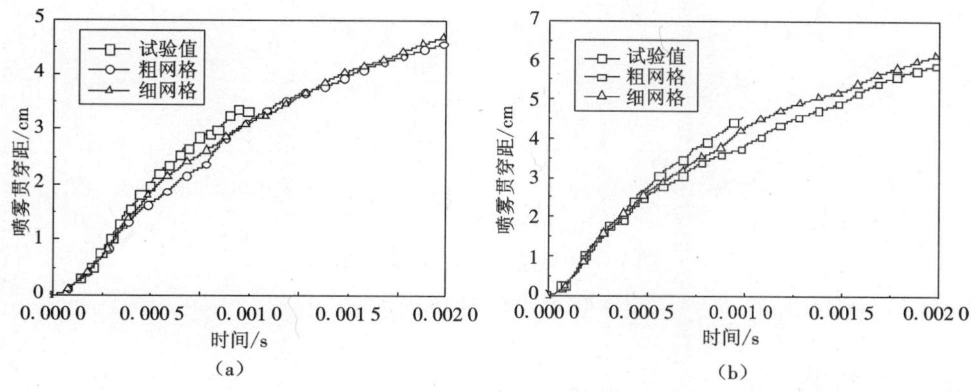

图 5-5　贯穿距喷雾验证

(a)轨压 400 bar　(b)轨压 800 bar

图 5-6 所示为 *SMD* 喷雾验证,可见细网格也较粗网格与试验吻合得更好,细网格的 *SMD* 较粗网格的 *SMD* 大,正是细网格贯穿距较粗网格贯穿距长的重要原因。对于液滴的质量平均速率(图 5-7),模拟与试验的趋势一致,粗网格的液滴速率略小于细网格的液滴速率。

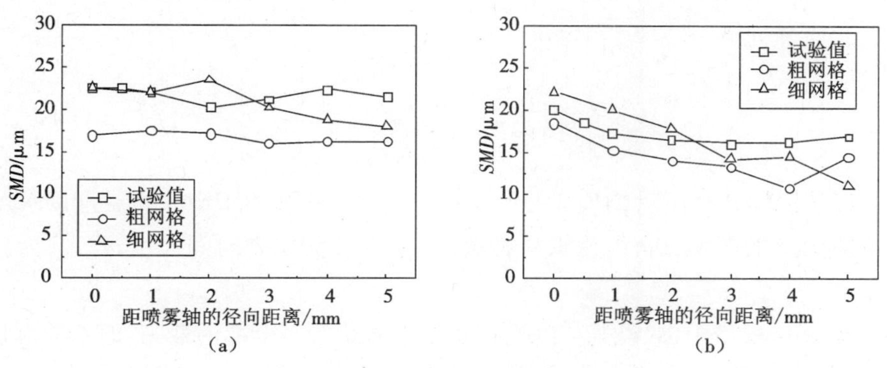

图 5-6　*SMD* 喷雾验证

(a)轨压 400 bar　(b)轨压 800 bar

以上这些现象都可归结于同一原因,即细网格下每个网格的环境介质质量较粗网格小,使得环境与液滴的动量交换较粗网格少,这样就造成细网格喷雾的速率较粗网格大、贯穿距较粗网格长,而由动量交换造成的表面波增长较粗网格慢,破碎也较粗网格慢。总之,细网格在液滴与环境之间动量交换的分辨率较粗网格高,尤其是在喷孔出口处。概言之,粗网格与细网格在喷雾中的模拟精度均能满足计算的要求,相比之下,细网格略胜一筹,但粗网格在喷雾中的计算时间仅为细网格的一半。出于计算对比考虑,在接下来的燃烧计算中将采用粗网格和细网格分别计算。

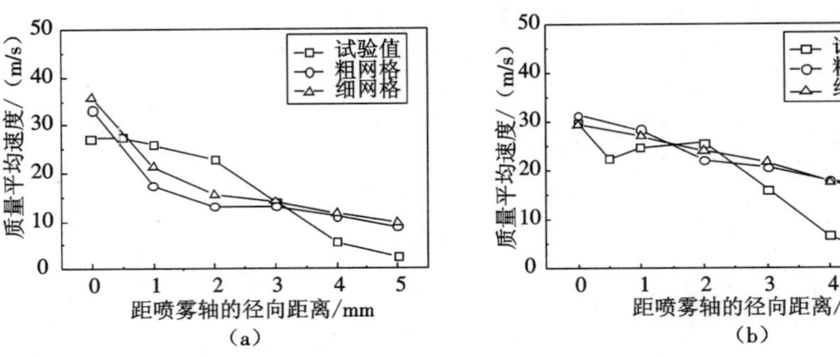

图 5－7 质量平均速率喷雾验证

(a)轨压 400 bar (b)轨压 800 bar

5.2.3 燃烧模型

燃烧模型为本研究所开发。由于柴油/甲醇二元燃料燃烧涉及较强的化学耦合作用，采用化学反应动力学描述燃烧过程是不可或缺的。根据 5.1 节所述，目前在工程上对使用较详细的反应机理模拟湍流燃烧的具体做法主要是采用分别求解湍流混合时间尺度和化学反应时间尺度实现二者的解耦。本研究采用的方法与 Kong 和 Reitz[8] 以及 Zhang 等人[9] 的思路一致，属于特征时间尺度模型。这种思路仅用代数方法即可完成解耦，即通过求解达姆科勒数对直接求解化学反应得出的物质产率结果进行修正，如下式

$$\dot{\omega}_i = \frac{1}{1+Da}\dot{\omega}_{\mathrm{kinetics},i} \tag{5-26}$$

$$Da = \frac{\tau_{\mathrm{mixing}}}{\tau_{\mathrm{kinetics}}} \tag{5-27}$$

式中：$\dot{\omega}_i$ 为经湍流耦合修正后物质 i 的产率；$\dot{\omega}_{\mathrm{kinetics},i}$ 为采用 VODE 求解器直接求解化学反应后得到的物质 i 的产率；Da 为达姆科勒数；τ_{mixing} 为湍流混合时间尺度；τ_{kinetics} 为化学反应时间尺度。

在 Kong-Reitz 模型中，假设某些物质在化学平衡状态时全部消耗完，而不考虑现在的热化学状态。式(5－27)中的化学反应时间尺度表示为 $\tau_{\mathrm{kinetics,1spd}}$，为基于燃料的时间尺度 $\tau_{\mathrm{fuel,kinetics}}$ 和基于 CO 的时间尺度 $\tau_{\mathrm{CO,kinetics}}$ 二者中较大值，即

$$\tau_{\mathrm{kinetics,1spd}} = \max(\tau_{\mathrm{fuel,kinetics}}, \tau_{\mathrm{CO,kinetics}}) \tag{5-28}$$

$$\tau_{\mathrm{fuel,kinetics}} = \frac{Y_{\mathrm{fuel}}}{\dot{Y}_{\mathrm{fuel,kinetics}}} \tag{5-29}$$

$$\tau_{\mathrm{CO,kinetics}} = \frac{Y_{\mathrm{CO}}}{\dot{Y}_{\mathrm{CO,kinetics}}} \tag{5-30}$$

在 Kong-Reitz 模型中，没有考虑富燃料时的平衡状态，认为化学平衡状态时，燃料和 CO 全部消耗完。式(5－29)和式(5－30)中的时间尺度为当前物质浓度与该物质当前的动力学消耗的比值。在 Kong-Reitz 模型中，混合时间尺度表示为湍流混合时间尺度 τ_{turb}，该尺度

与湍流涡旋破碎时间 $\tau_{eddy}=\kappa/\varepsilon$ 成正比，κ 为湍动能，ε 为湍动能耗散率。

$$\tau_{turb}=Cf\frac{\kappa}{\varepsilon} \tag{5-31}$$

使用 RNG－κ－ε 模型时，C 取 0.1。衰减系数 f 模拟的是着火开始后湍流对燃烧的影响，f 通过下式计算：

$$f=\frac{1-e^{-r}}{0.632} \tag{5-32}$$

在只有碳氢燃料的情况下，r 是燃烧产物与所有活性反应组分（除 N_2 外）的比值，即

$$r=\frac{Y_{CO_2}+Y_{H_2O}+Y_{CO}+Y_{H_2}}{1-Y_{N_2}} \tag{5-33}$$

式中：r 表示的是局部燃烧的完全程度。

Zhang 在 LES 的基础上建立了燃烧模型，其化学反应时间尺度是基于当前状态的内能 U 和化学平衡状态时的内能 U^* 的差值计算得到的。混合时间尺度 τ_{mixing} 由混合分数方差与亚网格标量耗散率 χ_{sgs} 的比值所决定，该部分内容将在 5.4 节详细介绍。

同样是求解化学反应时间尺度，Kong 和 Reitz 等人以某一特定物质（通常是燃料和 CO）的浓度作为特征量，通过求解在当前的消耗率下该种物质耗尽所需的时间作为化学反应时间尺度。这种做法实际是以一种物质的反应时间尺度作为整体的反应时间尺度，具有较强的物质依赖性，且没有考虑浓燃时的情况，显然不够全面。Zhang 等人以比内能作为特征量，通过求解比内能达到恒定所需的时间作为化学反应时间尺度，显然较上面方法更全面，但在网格设定的计算条件下，比内能并非恒增大或恒减小，由此便产生 $\dot{U}$ 的正负问题。

本研究提出的燃烧模型采用比熵作为特征量。在对一个网格进行反应动力学计算时，设定该网格处于绝热、定容均质状态，在无外界干扰的自发作用下，意味着随着化学反应的进行熵必然增加，在处于化学平衡状态时熵达到最大值，如图 5－8 所示。

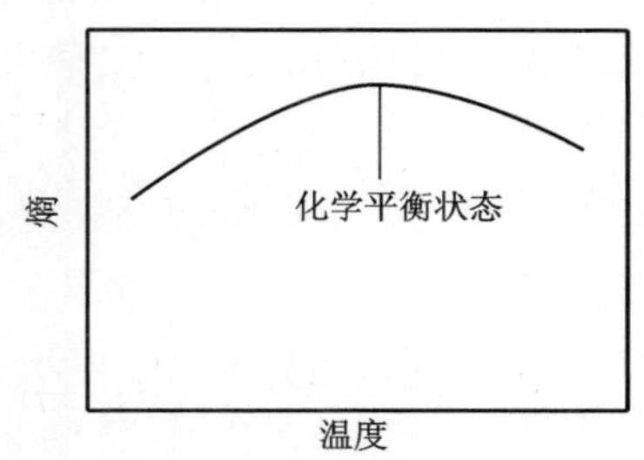

图 5－8　定容绝热的化学反应系统中熵与温度的关系

因此，采用熵来表示化学反应进程更为准确，即使在反应开始阶段发生吸热使内能下降，系统的熵仍然是增加的，这种方式更能反映一个网格体系的化学反应进程。本研究的化学反应时间尺度采用熵的增速表征，通过求解下式获得：

$$\tau_{kinetics,S}=\frac{S^*-S}{\dot{S}_{kinetics}} \tag{5-34}$$

式中：S^* 为当前求解网格中处于化学平衡时的比熵，采用计算化学平衡状态的 STANJAN 程序计算；S 为目前状态下的比熵；$\dot{S}_{kinetics}$ 为经过一个时间步长 Δt 后比熵的变化。

化学反应时间尺度为当前网格内的状态距达到化学平衡状态所需要的时间。在极个别情况下，可能发生化学平衡求解器求解不收敛的情况，一般发生在高温即将达到化学平衡的时候，此时可以以前一时间步的计算结果近似表示当前步的化学反应时间尺度。

本文使用的燃烧模型,混合时间尺度为 Kolmogorov 湍流耗散时间

$$\tau_{\text{mixing}} = C\frac{\kappa}{\varepsilon} \tag{5-35}$$

式中:C 为常数;κ 为湍动能;ε 为湍动能耗散率。

上述分析的柴油/甲醇二元燃料燃烧,其每种燃烧特征均受湍流混合时间尺度和化学反应时间尺度的控制,以下采用该燃烧模型对各种燃烧特征做定性分析。在 C 区柴油自燃发生前后,由于喷雾的剧烈动量交换作用,此处湍流混合强烈,τ_{mixing}较小(约为 10^{-7}s 量级,图 5-9(a))。在燃烧还未发生的区域,由于化学反应很弱,$\tau_{\text{kinetics},S}$很大(大于 10^{-2}s 量级,图 5-9(b)),导致 Da 较小(图 5-9(d)),化学反应占主导位置,这与事实是相符的。在燃烧开始后,τ_{mixing}随着喷雾的停止稍有增大(约为 10^{-5}s 量级,图 5-9(a)),在燃烧发生区域,由于温度的升高(图 5-9(c)),$\tau_{\text{kinetics},S}$也会下降到比 τ_{mixing}还小的量级(约为 10^{-6}s 量级,图 5-9(b)),此时 Da 数很大(图 5-9(d)),湍流对燃烧的控制作用得以显现。甲醇自燃在 B 区,主要涉及甲醇自燃和甲醇火焰传播。对于甲醇自燃,由于没有喷雾带来的剧烈动量传递作用,τ_{mixing}维持在 $10^{-5}\sim10^{-6}$s 量级(图 5-10(a)),由于甲醇的低温氧化速率较正庚烷小,在未燃区 $\tau_{\text{kinetics},S}$可达 1 倍量级以上(图 5-10(b)),整个氧化过程完全受控于化学反应,这也是符合实际的;对于甲醇火焰传播,τ_{mixing}仍为 $10^{-5}\sim10^{-6}$s 量级(图 5-10(a)),但由于火焰前锋面温度很高,$\tau_{\text{kinetics},S}$迅速下降到 10^{-4}s 量级以下(图 5-10(b)),湍流对燃料氧化的影响随即体现出来,在此湍流时间尺度可理解为已燃区和未燃区的混合率。当湍流足够强时,τ_{mixing}很小,可以理解为在一个控制单元内由于湍流造成的混合作用瞬间完成,使得控制单元内各标量瞬间均匀,此时 Da 趋近于 0,控制单元内获得最大的化学反应速率,显然与实际情况相符。当 τ_{mixing}很大时,燃烧趋近于层流燃烧,但由式(5-26)可知,此时反应速率将趋近于 0,这与事实不符,原因在于该式忽略了网格内微观分子扩散和宏观对流而产生的混合作用。但在缸内燃烧中,一个控制单元内湍流的混合作用时间尺度远小于分子扩散和宏观流动,因此,可只考虑湍流与化学反应的竞争。由此可见,柴油/甲醇二元燃料燃烧中的燃烧特征均在模型中体现。与由湍流尺度代表的混合时间尺度相比,化学反应时间尺度的变化剧烈得多,在计算中起着决定作用,这正是本研究着重优化化学反应时间尺度算法的原因。

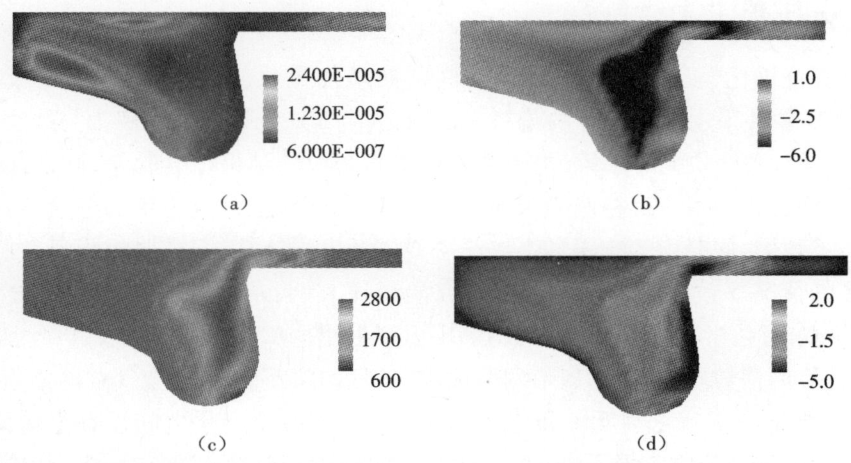

图 5−9　着火时的时间尺度、温度及 *Da* 数(8°CA ATDC)

(a)τ_{mixing}　(b)lg $\tau_{\mathrm{kinetics,\ S}}$　(c)温度　(d)lg *Da*

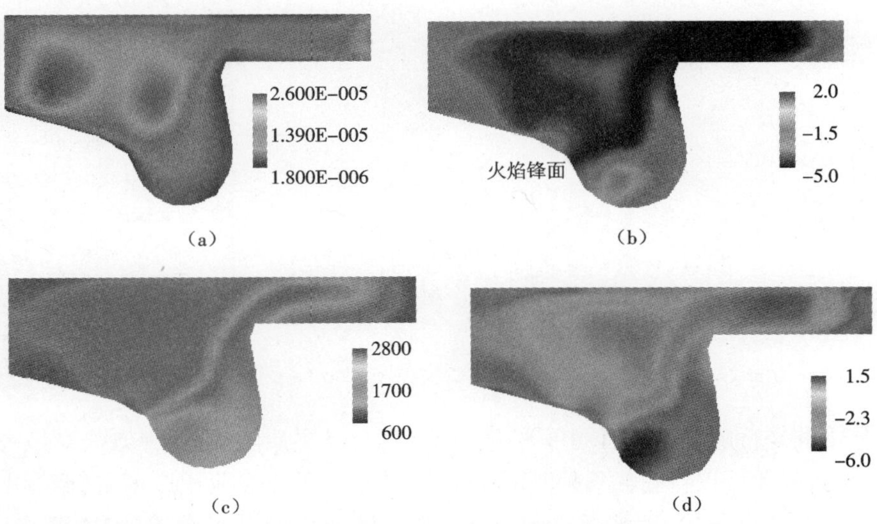

图 5−10　甲醇火焰传播时的时间尺度、温度和 *Da* 数(20°CA ATDC)

(a)τ_{mixing}　(b)lg $\tau_{\mathrm{kinetics,\ S}}$　(c)温度　(d)lg *Da*

5.2.4 程序的并行

由于计算详细化学反应机理后计算时间陡然增加十几倍，因此要采用多线程并行计算。目前CFD软件采用并行计算的策略大部分是将CFD计算区域分解为与线程数相同的子块（图5-11），各个块同时求解，再由主线程将各个块的结果综合起来，此方法适用性很广，不要求求解过程中每个网格间必须绝对独立；但在分块上讲究一定的策略，否则会造成各线程负载不均匀，同时由于统筹各个块还需要进行串行计算，不需要较为复杂的运算，故在网格不多的情况下效率不高。分析本研究的程序表明，求解化学反应常微分方程组的VODE程序和求解化学平衡状态的STANJAN程序占用的CPU时间占总CPU时间的90%以上，同时计算网格数较少，采用扇形网格通常不超过10万个，采用全气缸网格通常不超过30万个，更重要的是求解化学反应和化学平衡过程中每一个网格之间没有逻辑关系，因此采用将整个计算区域分成若干子块，每一块各自独立求解流动、喷雾和燃烧，再将各块联系起来，求解速度并不高。由于化学反应求解时间长，网格并行方便，因此本研究仅对求解化学反应的过程采用程序并行，如图5-12所示。

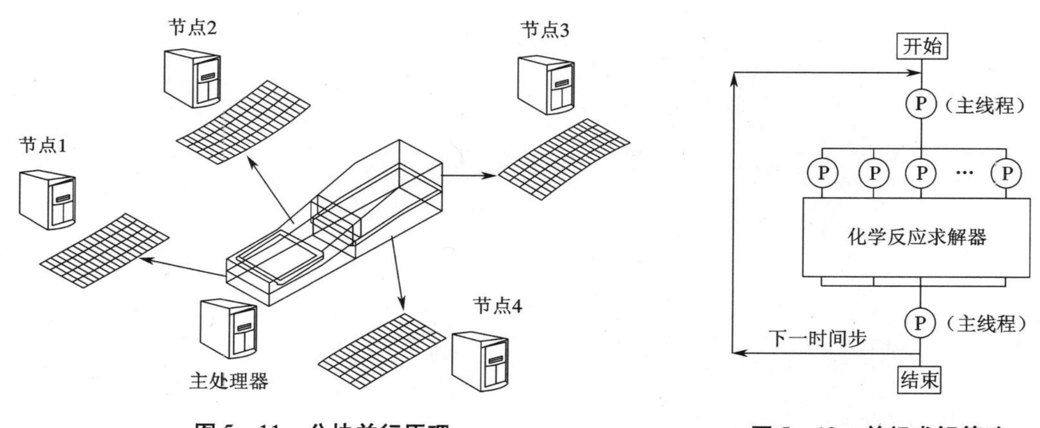

图5-11 分块并行原理　　图5-12 并行求解策略

目前常用的并行解决方法有MPI和OpenMP法。从本质上说，两种方法都是一类库，而不是一门语言，因此可以将它们移植到C、Fortran等语言上。在应用广度上，商业CFD软件几乎都是基于MPI开发的，因为相比于OpenMP，MPI可以跨节点传递消息，因此可以调动规模巨大的分布式CPU和内存。面对庞大的计算量，这是一个压倒性的优势。但OpenMP也有其独有的特点。对于用户来说，最大优点是编写使用方便，线程的分配由程序自动完成，不像MPI需要用户安排计算的分配。另外，OpenMP采用共享内存的策略，因此省去了复制分配内存数据所花费的时间，其计算速度较MPI快，如图5-13所示。如果MPI采用跨节点通信，则由于节点传输速度的限制，其计算速度将更慢。另外，从图5-13还可看出，即使是理论的加速比也并非随着处理器核数的增加而呈线性增加，而是遵循Amdahl定律式（5-36）。

$$S = \frac{1}{(1-F) + \frac{F}{N}} \tag{5-36}$$

式中：$F=0.91$；N 为线程数；S 为加速比。

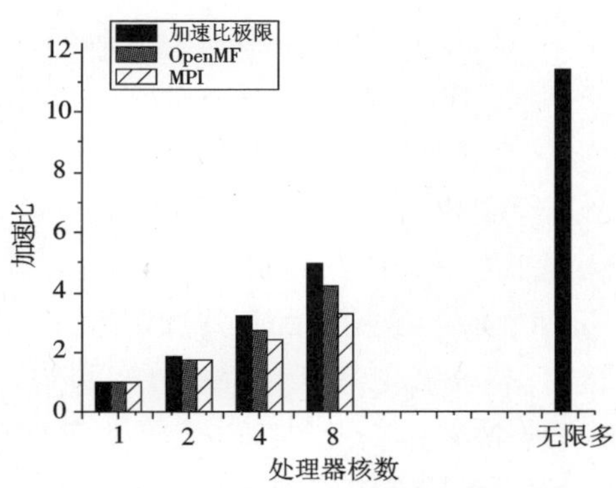

图 5-13　OpenMP 与 MPI 计算效率对比

对于这种情况，即使使用无限多 CPU 资源，最终的加速比也不会超过 11.1。考虑到目前单节点即可提供多达 16 个物理处理器核数，此时加速比可达到 7，如果跨节点计算也不会带来太大的效益，同时本计算量所占用的内存仅在 500 MB 左右，没有达到需要分布式内存的地步，因此计算只在单节点上完成即可。此时使用 OpenMP 在计算速度上比 MPI 有优势，此外 OpenMP 不需要显式设置互斥锁、条件变量、数据范围以及初始化，利用添加并行化指令到顺序程序中，由编译器完成自动并行化。OpenMP 规范中定义的指导指令、运行库和环境变量，能够使用户在保证程序的可移植性的前提下，按照标准将已有的串行程序逐步并行化，可以在不同的生产商提供的共享存储体系结构间比较容易地移植。故此并行解决方法采用 OpenMP 方案。

OpenMP 是由硬件厂商与软件供应商联合制定的共享存储体系结构的编程标准。支持该标准的编译器有 Intel、HP、Sun、SGI 和 IBM 等，本研究在 Windows 平台下使用 PGI-Fortran 编译器，在 Linux 下使用 Intel 并行编译器。OpenMP 在单节点上的强大生命力使编程者有理由在共享存储的环境下优先采用 OpenMP 编程。从而出现 MPI 与 OpenMP 混编的策略，以便在跨节点时也能充分发挥 OpenMP 的优势。OpenMP 在编程中需要注意的是公有变量和私有变量的区分，凡是需要在并行阶段被更改的变量必须作为私有变量，但这其中有不少变量又出现在 Common 块中。由于 Common 块中的变量被自动定义为公有变量，因此必须将它们传递为私有变量。当程序规模大的时候，主要工作就是仔细区分哪些变量是公有变量，哪些变量是私有变量。改造后的并行程序在线程数为 12 的情况下加速比可达 6，该值达到了预期的目的。

5.2.5　化学反应机理

数值模拟时，使用 KIVA 耦合 CHEMKIN 软件将反应机理应用于燃烧过程的计算。由于柴油/甲醇二元燃料燃烧中涉及两种燃料间的化学耦合作用，因此必须采用较为详细的反应机理对化学反应过程进行描述。在第 4 章中以自燃和燃烧特性与柴油相似的正庚烷作为柴油参比燃料,创建了包含 38 步反应、30 种物质的甲醇/正庚烷氧化骨架机理,并对该机理预测单燃料与二元燃料的自燃及燃烧中的主要物质进行了验证。在后续的研究中,又对该机理补充了以下 3 个基元反应:

$$CH_2O + H \longrightarrow HCO + H_2 \quad (R5-1)$$

$$HO_2 + H \longrightarrow H_2 + O_2 \quad (R5-2)$$

$$O + H_2O \rightleftharpoons OH + OH \quad (R5-3)$$

引入这些反应是为了拓宽火焰传播的当量比预测范围,(R5-1)和(R5-2)用于拓宽高当量比的预测,(R5-3)用于拓宽低当量比的预测。

为了预测排放,在骨架机理中加入了 NO_x 和炭烟的机理,由于排放是燃烧的“副产物”,因此不会对主干机理的滞燃期、高温氧化、火焰传播等结果造成影响。NO_x 机理方面,NO 机理采用扩展的泽尔多维奇三步 NO 反应,此机理与燃料类型无关,而是依赖于当地热力学状态。在二元燃料燃烧中该机理来源于 GRI mech 3.0,如表 5-3 中的(R5-4)至(R5-6)。如前所述,甲醇的加入为 NO_x 生成带来的明显变化是,尽管总的 NO_x 变化不大,但 NO_2 占比迅速增加,也就是越来越多的 NO 转化为 NO_2,而通过分析判断和文献记载[10],甲醇加入后有利于 HO_2 的生成。为了定量分析这一现象,将包括 NO 与 HO_2 发生反应(R5-7)在内的 4 步 NO_2 生成机理纳入污染物生成机理,如表 5-3 中的(R5-7)至(R5-10)。

炭烟的生成较为复杂,这是因为燃料分子量与炭烟的分子量相差悬殊,从燃料到炭烟的过程纷乱复杂,根本无法像 NO_x 一样采用基元反应定量描述。另一个更不可捉摸的因素是炭烟的生成强烈依赖于燃料的种类,比如直链烷烃与环烷烃、芳香烃的炭烟生成就有相当大的差异,而商品柴油的构成千差万别,根本不可能将其中的每一种组分描述清楚。而对于柴油/甲醇二元燃料的炭烟生成机理就更为复杂了,因为此时还涉及两种燃料之间的相互作用。目前针对甲醇,甚至是醇类燃料对柴油炭烟生成和氧化影响方面的研究还少之又少。从宏观方面讲,一般认为燃料的炭烟生成与其碳氧比有关,碳氧比越大其炭烟生成趋势越明显。从微观方面讲,目前的研究只局限在甲醇等含氧燃料对炭烟前驱体 PAH 生成方面的影响。除了在个别情况下发现了甲基促进炭烟前驱体生成的协同作用外,一般的研究并未发现甲醇与烃燃料之间有明显的化学耦合作用。而更倾向于将这些本不生成炭烟或少生成炭烟的含氧燃料认为是炭烟生成的稀释剂[11,12]。由之前的甲醇和乙醇对柴油参比燃料(正庚烷/甲苯)在浓燃情况下的高温氧化分析中得知,醇在 PAH 生成方面的抑制作用是在其物理稀释方面。此外,醇在促进 OH 生成方面有微弱的化学作用,这有利于燃料的降解和 PAH 的氧化,但化学作用远不及物理作用。因此,给出的结论是不必过多考虑醇在降低 PAH 生成方面的化学作用。由于 PAH 向炭烟过渡的过程涉及炭烟成核、增长、氧化等更为复杂的过程,目前还没有有价值的结论可以参考。

表 5-3　NO_x 和炭烟机理

		A	b	E	Ref.
			NO		
R5-4	$N + NO \rightleftharpoons N_2 + O$	2.700E+13	0	355.0	GRI mech 3.0
R5-5	$N + O_2 \rightleftharpoons NO + O$	9.000E+09	1.000	6 500.0	GRI mech 3.0
R5-6	$N + OH \rightleftharpoons NO + H$	3.360E+13	0	385.0	GRI mech 3.0
			NO_2		
R5-7	$HO_2 + NO \rightleftharpoons NO_2 + OH$	2.110E+12	0	-480.0	GRI mech 3.0
R5-8	$NO + O + M \rightleftharpoons NO_2 + M$	1.060E+20	-1.410	0	GRI mech 3.0
R5-9	$NO_2 + O \rightleftharpoons NO + O_2$	3.900E+12	0	-240.0	GRI mech 3.0
R5-10	$NO_2 + H \rightleftharpoons NO + OH$	1.320E+14	0	360.0	GRI mech 3.0
			C_2H_2		
R5-11	$C_2H_2 + H + M \longrightarrow C_2H_3 + M$	3.110E+11	0.600	2 588.9	[13]
	$C_2H_3 + M \longrightarrow C_2H_2 + H + M$	2.030E+15	-0.400	44 460.1	[13]
R5-12	$C_3H_5 \longrightarrow C_2H_2 + CH_3$	9.600E+39	-8.200	42 030.1	[13]
R5-13	$C_2H_2 + O_2 \longrightarrow HCO + HCO$	4.000E+12	0	28 000.0	[13]
			C(s)		
R5-14	$C_2H_2 \longrightarrow 2C(s) + 2H$	9.500E+02	0	21 100.0	[14]
R5-15	$C_2H_2 + C(s) \longrightarrow 3C(s) + 2H$	4.000E+09	0	12 100.0	[14]
R5-16	$2C(s) + O_2 \longrightarrow 2CO$	1.600E+19	0	14 000.0	本研究
R5-17	$C(s) + OH \longrightarrow CO + H$	3.000E+10	0	0	本研究

综上所述，可以暂且认为柴油/甲醇的炭烟生成机理可以沿用柴油的炭烟生成机理，只需考虑 OH 对炭烟及前驱体的氧化作用即可。需要指出，该结论是在基础研究不完整的情况下做出的，因此一定是不甚完善的，但有一定的参考价值。炭烟生成机理是目前研究的热点，一种思路是尽量详细描述炭烟生成的各个过程，如对 PAH 生成的描述已经从单环芳香烃扩展到 4 环芳香烃，且还在扩充中；另一种思路是既然永远不可能从基元反应方面描述炭烟生成，与其付出巨大的计算代价，不如采用几步简单反应来拟合炭烟的生成。本研究采用第二种思路，将炭烟的成核、增长及氧化各用一两步总包反应描述，然后拟合炭烟的生成。如大多数做法，选择乙炔作为炭烟前驱体，但在骨架机理中并未包含这种物质，因此采用 3 步反应描述乙炔的生成和氧化，如表 5-3 中的（R5-11）至（R5-13）。从乙炔过渡至炭烟采用 4 步反应描述，其中成核和增长各用一步反应，氧化采用两步反应，分别以 O_2 和 OH 作为氧化剂。对这 4 步反应的速率常数都进行了手工标定，其中炭烟的氧化反应速率常数是本研究创造的。φ—T 图是 2001 年 Kazuhiro Akihama 等人在 Kamimoto 等人试验结果的基础上，以正庚烷和苯均质混合气代替柴油燃料，采用 SENKIN 代码计算得出的从发动机主要排放物（NO_x 和 Soot）与混合气浓度（当量比）、温度间的函数关系。该图已经被证明是研究传统燃烧和新燃烧方式燃烧路径强有力的工具，鉴于其在定性分析炭烟生成方面的准

确性,决定以炭烟的 φ—T 图作为标定的参考。φ—T 图的计算过程为设定反应系统类型为定压定温反应器,反应时间为 1 ms,氧化剂为空气,与燃料充分混合,计算反应时间结束后炭烟中的碳原子含量占燃料中碳原子含量的百分比(即炭烟转化率),标定结果如图 5-14 所示。由图可见,骨架机理在炭烟生成方面的计算结果与文献记载的 φ—T 图吻合较好,可以反映出在当量比大于 2、温度在 1 600～2 500 K 的炭烟生成"半岛",误差主要体现在高温和高当量比区,骨架机理的炭烟预测结果较高,但由于实际燃烧过程中很少有区域进入这一范围,因此该误差对结果的影响不大。

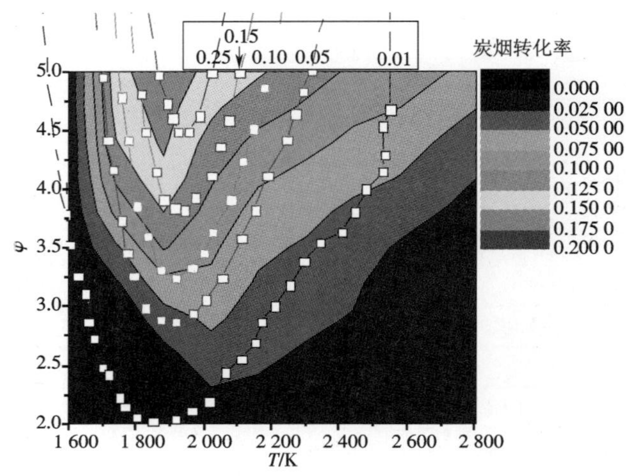

图 5-14 骨架机理计算的炭烟 φ—T 图与文献对比
(图中颜色填充图为骨架机理计算结果,
等高线为文献记载结果,等高线所代表的值列于图上黑框中)

5.2.6 一维整机计算模型

由于缸内工作过程计算的时间范围只是进气门关到排气门开这一段封闭的过程,必须采用一维整机计算模型计算进排气过程并提供缸内的初始状态,包括温度、压力、湍动能、湍流长度和残余废气系数。一维整机计算采用 GT-Power 进行,为了提高计算的精确度,计算范围为中冷器后到涡轮机前,采用的压力和温度边界条件为压力变送器和热电偶测量的结果,计算网络如图 5-15 所示。计算采用设置气道上的甲醇喷醇器和气缸上的柴油喷油器完成燃料的供给,甲醇喷醇器采用 InjPulseConn 模型,设置喷醇率和脉宽以计算出燃料的喷射量,通过设置"蒸发燃料分数"给定直接汽化的燃料百分比,此处设置为 0.9,这是由于该机型为两气门柴油机,进排气道采用交错同侧布置,因此进气道壁面温度较高,而由于甲醇是直接喷射到进气道壁面的,大部分燃料都是依靠气道壁面加热蒸发的,故从进气吸热蒸发的甲醇量较小,这种推测已经在甲醇大比例的试验中得到证实,此处为经验值。柴油直喷采用 InjProfileConn 模型,该模型可以指定柴油的喷射型线。在气缸设置中,开启考虑燃烧室形状的流动模型(EngCylFlow),传热模型采用 woschni 模型,燃烧模型采用 EngCylCombProfile 模型,其中放热率数据来自于试验,开启 EngCylScav 模型和燃料蒸发模型,缸

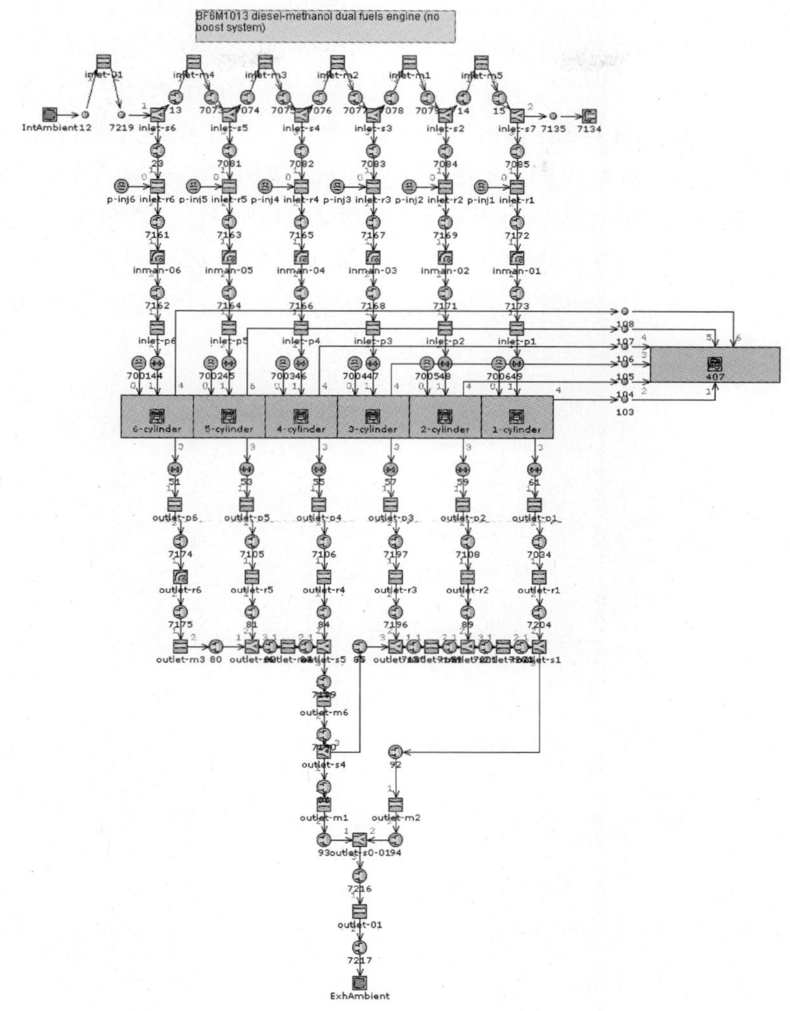

图 5 – 15　一维整机计算的 GT – Power 模型

壁、活塞表面、火力面的壁面温度根据缸内燃料当量比、转速及进气温度估计[15]。经验证，由此计算得到的初始条件用于缸内计算与压缩线吻合得很好，具体内容见后文。

5.3　模拟结果与试验对比

5.3.1　计算网格

使用 RANS 模型在相同的参数设置下同时对三组试验数据进行了模拟，这三组试验数据分别为代表低甲醇比例高柴油喷射量、高甲醇比例低柴油喷射量和变进气温度甲醇自燃三种工况。计算时，与标定喷雾模型时一样，采用两个不同分辨率的网格，以研究不同的网格尺度对燃烧的影响。如图 5 – 16 所示，粗网格的网格尺度为 2 mm，细网格的网格尺度为

1 mm。由于网格尺寸不同,各网格内的混合时间尺度也有差异,即尺寸大的网格混合均匀所需的时间要长于尺寸小的网格,由于湍流耗散时间 κ/ε 与网格尺度几乎无关,因此唯一可决定该时间尺度的就是式(5-35)中的系数 C。经过标定,使用粗网格计算时,式(5-35)中的系数 $C=0.1$;使用细网格计算时,$C=0.01$。由于柴油喷嘴有六个喷孔,计算时认为六个喷孔所覆盖的区域相同,为节省计算时间,使用了一个60°的扇形网格进行计算。在计算时,进排气过程由 GT-Power 完成,三维 CFD 模拟只计算进气门关闭到排气门开启的过程。计算化学常微分方程和计算化学平衡的求解过程时需开启 OpenMP 并行处理,以缩短计算时间。实际计算时,使用粗网格计算单个工况的平均 CPU 时间为 10 h,使用细网格计算单个工况的平均 CPU 时间为 16 h。

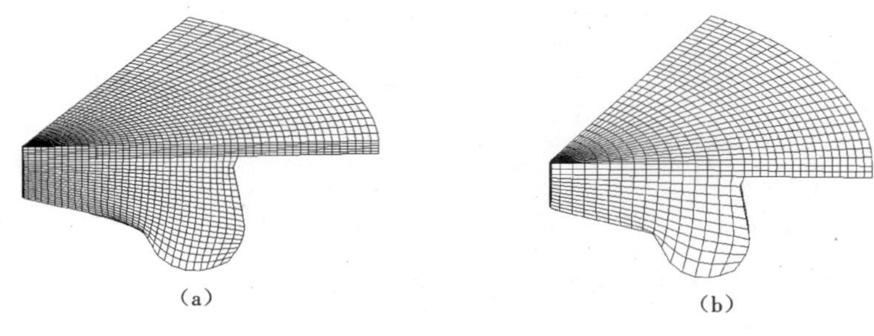

图 5-16 计算网格

(a)粗网格 (b)细网格

5.3.2 RANS 粗细网格对低甲醇比例试验的模拟结果

将第 1 组试验中的四个工况根据甲醇比例分别标记为 M0、M20.96、M28.23 和 M34.21,使用粗细两个网格对该组试验工况进行了模拟,并将计算结果与不考虑湍流影响直接化学求解得到的结果(标记为 DCS)进行对比,模拟得到的缸压和放热率如图 5-17 所示。由图可知,低甲醇比例时,粗网格和细网格得到的模拟结果基本相同,都能够对试验得到的缸压和放热率进行较好的预测。但细网格在第二阶段放热峰的预测表现不如粗网格好。不考虑湍流的 DCS 方法计算的缸压和放热率明显偏高,且甲醇比例越大,偏高越严重,这是因为柴油的燃烧速率主要受控于燃油的蒸发速率(即与空气的宏观混合速率),与微观湍流的关系较弱;但甲醇的火焰传播速率快慢受控于湍流的强度,此时湍流的混合作用就显现出来了,DCS 实际上认为湍流混合时间尺度为 0,已燃区和未燃区的混合瞬间完成,故给出了偏大的燃烧速率。图 5-18 给出了 M0 和 M34.21 在不同曲轴转角时的缸内温度分布。由图可见,使用两种不同的网格得到的缸内温度差别不大,在 M34.21 工况下可以观察到甲醇顺着引燃柴油向上游发生火焰传播的趋势。

图 5-19 为两种网格得到的炭烟和 NO_x 与试验结果的对比图。由图可知,两个网格模拟得到的炭烟排放都比试验值高,且细网格得到的炭烟排放量最多,但细网格预测出了加入甲醇后炭烟下降的现象,尽管最后一个点与试验规律不相符。两个网格模拟得到的 NO_x 排放趋势和数值均与试验值较为一致。

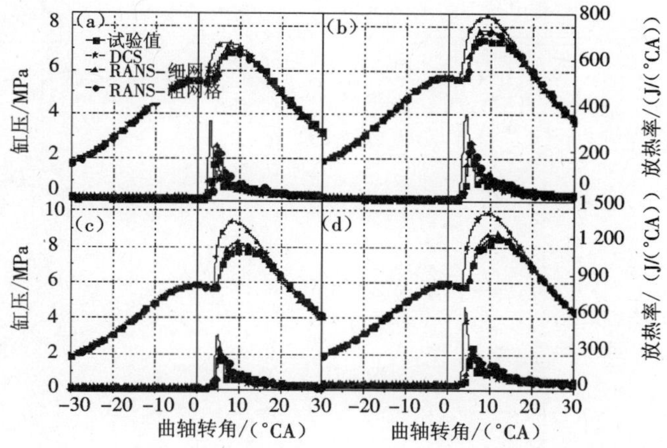

图 5－17　低甲醇比例时粗细网格的模拟与试验的缸压和放热率曲线

(a)M0　(b)M20.96　(c)M28.23　(d)34.21

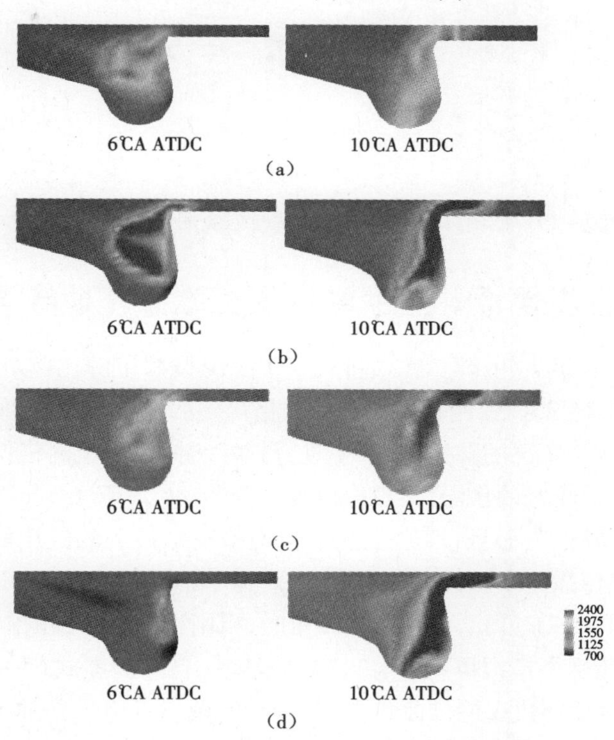

图 5－18　M0 和 M34.21 的缸内温度分布图

(a)M0 粗网格　(b)M0 细网格　(c)M34.21 粗网格　(d)M34.21 细网格

为了模拟加入甲醇后 NO_2 陡升的现象，采用粗网格对这四个工况进行了更为细致的 NO 和 NO_2 计算。计算结果显示，尽管没有像试验值那样 NO_x 分配有大幅度的变化，但也模拟出了甲醇加入后 NO_2 上升并超过 NO 的现象，说明选取机理的合理性。由于 NO 与 NO_2 的规律在二元燃料燃烧中已经很清楚，为了节约计算时间，以下的模拟将不再包括 NO_2 机理，而是以 NO 的浓度表示 NO_x 的浓度。

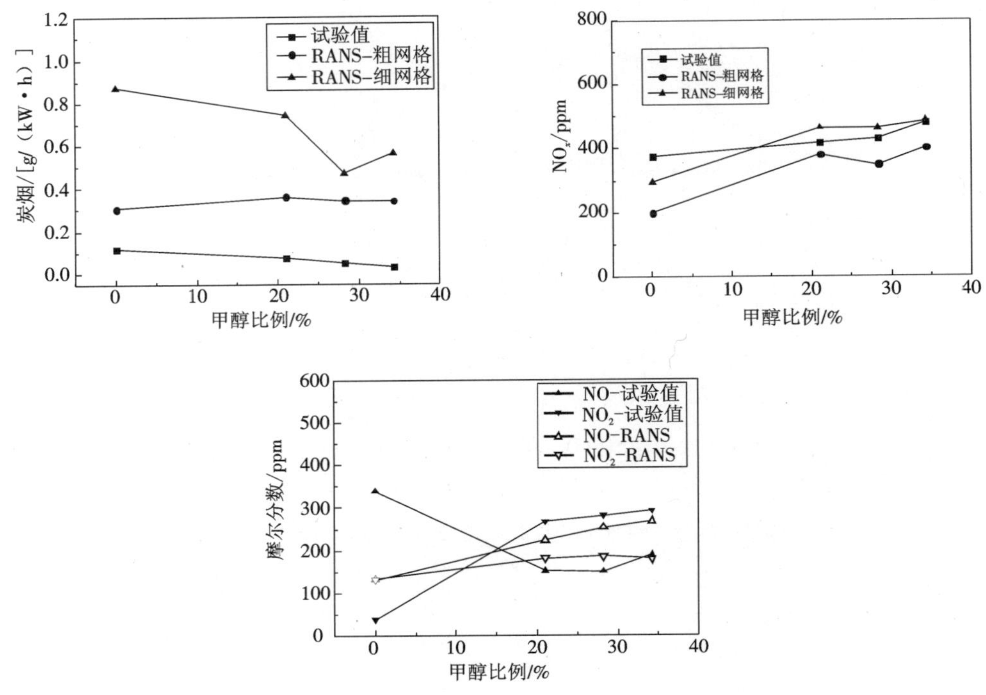

图 5－19　低甲醇比例时模拟与试验的炭烟和 NO_x 排放对比

5.3.3　RANS 粗细网格对高甲醇比例试验的模拟结果

将第 2 组试验中的柴油/甲醇二元燃料的四个工况按照甲醇比例分别标记为 M32. 80、M49. 36、M67. 61 和 M77. 95。使用粗细不同的网格得到的模拟结果如图 5－20 所示。由图可知，细网格能够对四个工况的缸压、放热率进行较好的模拟。粗网格仅对 M32. 80 工况的缸压上升时刻能够进行较好的预测，但模拟得到的 M49. 36、M67. 61 和 M77. 95 三个工况的缸压上升时刻晚于试验值。而且，四个工况下粗网格模拟得到的缸压峰值均低于试验值，说明预测得到的火焰传播速率偏慢，导致整个燃烧速率偏低。从 M32. 80 和 M77. 95 两个工况的缸内温度分布图 5－21 可知，相同曲轴转角时，粗网格模拟得到的缸内温度低于细网格的结果。由此可知，粗网格模拟得到的着火时刻较晚。虽然调整式（5－35）中的混合时间尺度常数 C，可以有效地加快火焰传播和燃烧进程，但调整后组 1 柴油大比例、甲醇小比例的燃烧速率高于试验值，如此“顾此失彼”的简单调整不具有模型要求的普适性，使得模型的使用范围受限，对于不同的燃烧工况都需进行标定。分析细网格预测结果好于粗网格的原因有，喷雾的不一致带来的燃烧不一致，如图 5－5 至图 5－7 所示，细网格的贯穿距和 SMD 略大于粗网格，说明使用细网格较粗网格的雾化蒸发效率低，但低的雾化效率却带来了高的燃烧速率，于理不通，显然雾化并非决定燃烧的唯一因素。进一步分析得知，主要问题还是出在燃烧模型中混合时间尺度的网格分辨率上。根据上文所知，混合时间尺度与网格的尺度有密切联系，网格越大，混合时间尺度越大。同样，网格越大，缸内不均匀程度的分辨率越差，在本组工况中，湍流火焰传播占据了燃烧的大部分份额，低的分辨率势必会造

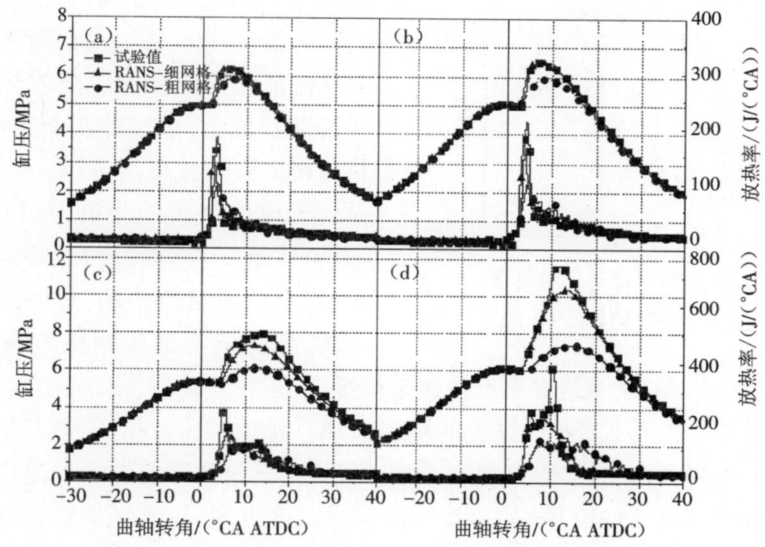

图 5-20　高甲醇比例时粗细网格的模拟与试验的缸压和放热率曲线

(a) M32.80　(b) M49.36　(c) M67.61　(d) M77.95

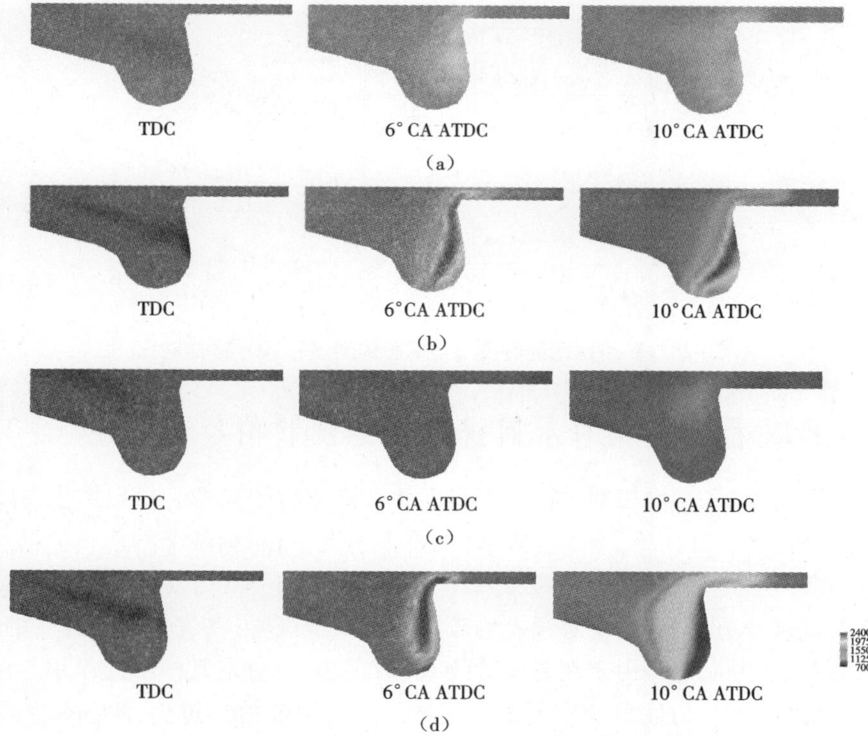

图 5-21　M32.80 和 M77.95 的缸内温度分布

(a) M32.80 粗网格　(b) M32.80 细网格　(c) M77.95 粗网格　(d) M77.95 细网格

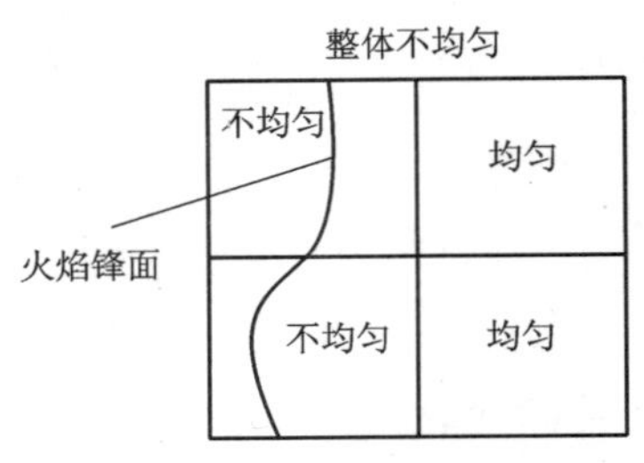

图 5-22 网格尺度对火焰传播分辨率的影响

成 Da 数预测的不准确，直接表现就是混合时间尺度预测偏大。然而 Da 数偏大的原因又是湍流火焰传播的燃烧放热主要发生在火焰前锋面上，火焰前锋面很薄，因此对网格分辨率要求较高，如图 5-22 所示。同样是对于火焰锋面的分析，在粗网格的情况下，整体是不均匀的，但若将此网格分为 4 份，则有两份是均匀的，另外两份则是不均匀的，粗网格将这些网格均当作不均匀处理，势必会造成 Da 数偏高，最终导致反应速率偏慢。

图 5-23 为该组工况下模拟与试验的炭烟和 NO_x 排放对比。由图可知，细网格对炭烟的模拟结果与试验值吻合较好，粗网格时 M49.36 工况下预测得到的炭烟过高。原因可从放热率上得以解释。细网格放热率高，其缸内瞬时温度也高，导致炭烟氧化速率快。而高缸内温度同时也会导致高 NO_x 的生成，也就是细网格 NO_x 生成量高的原因。而 M67.61 和 M77.95 两个工况的模拟结果与试验值有所偏差的原因是无论粗网格还是细网格，其放热率峰值均低于试验值。

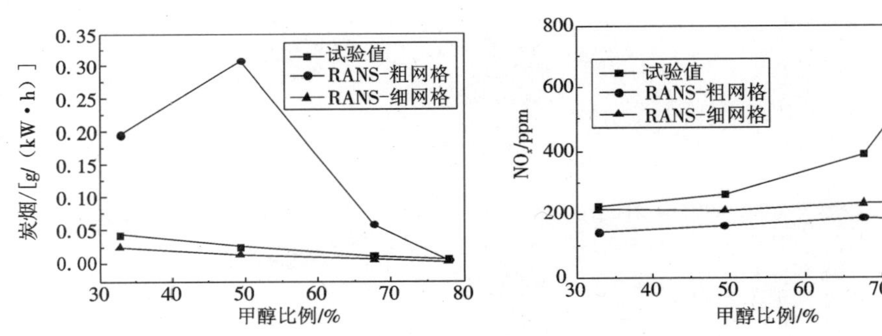

图 5-23 高甲醇比例时模拟与试验的炭烟和 NO_x 排放对比

5.3.4 RANS 粗细网格对不同进气温度试验的模拟结果

同样，使用粗网格和细网格对不同进气温度的试验进行了模拟。模拟结果与试验值的对比如图 5-24 所示。在图 5-24(a)和(b)的低温情况下，粗细两个网格模拟得到的结果极为相似，与试验值误差较小。但在发生甲醇自燃的工况下，虽然细网格预测的滞燃期与试验值误差相对较小，但二者的绝对误差均较大。进一步观察，在进气温度最高的工况，粗细网格的放热始点相同，这是由于在着火阶段 Da 数很小，湍流在其中不起作用。但当温度上升后，前文所述的不均匀度分辨率便显现出来了。当甲醇放热过后，粗细两个网格模拟得到的结果极为相似，都与试验值有一定的偏差。从缸内温度分布图 5-25 中也可看出，粗细两个网格的结果相似。

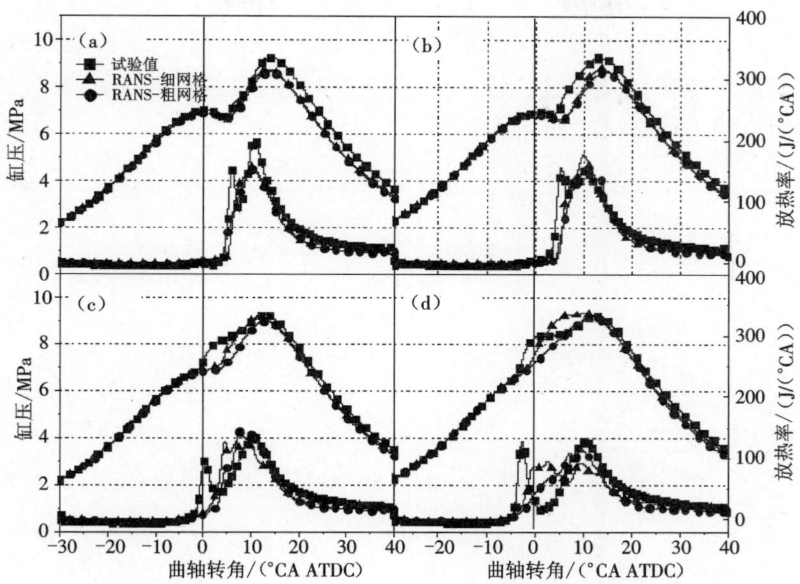

图 5-24 不同进气温度工况时粗细网格的模拟与试验的缸压和放热率曲线

(a)314 K (b)330 K (c)347 K (d)360 K

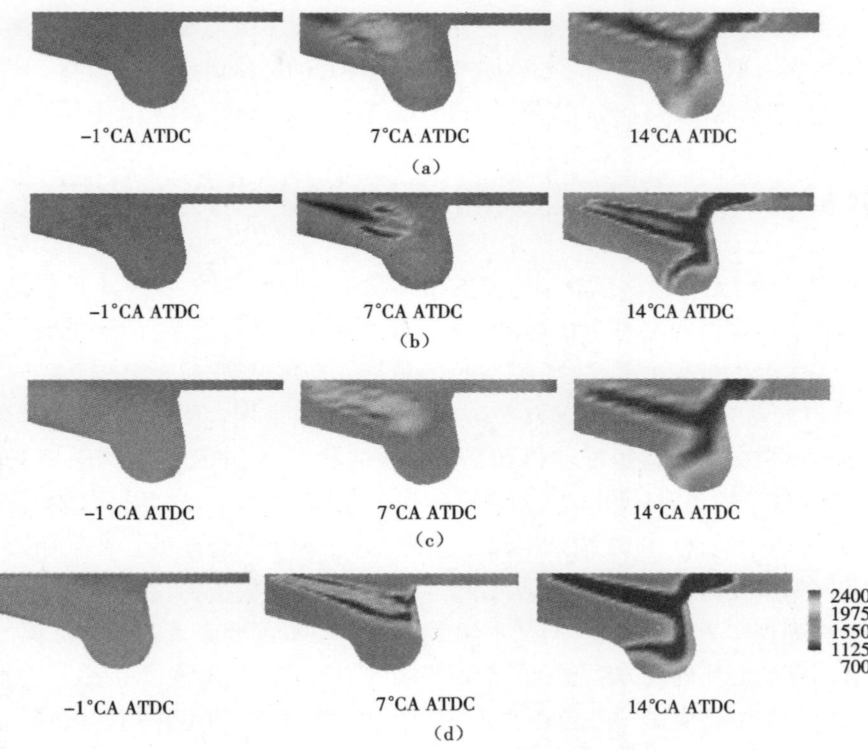

图 5-25 314 K 和 360 K 的缸内温度分布

(a)314 K 粗网格 (b)314 K 细网格 (c)360 K 粗网格 (d)360 K 细网格

图 5－26 为不同进气温度时，两个网格的模拟与试验的炭烟和 NO_x 排放对比图。由图可知，由于细网格对燃烧的预测与试验更接近，炭烟趋势的预测与试验也比较接近。在本组工况下，进气温度越高，则燃烧越接近于上止点，燃烧温度也越高，故 NO_x 模拟趋势与试验也一致，同时量值上也与试验相当。

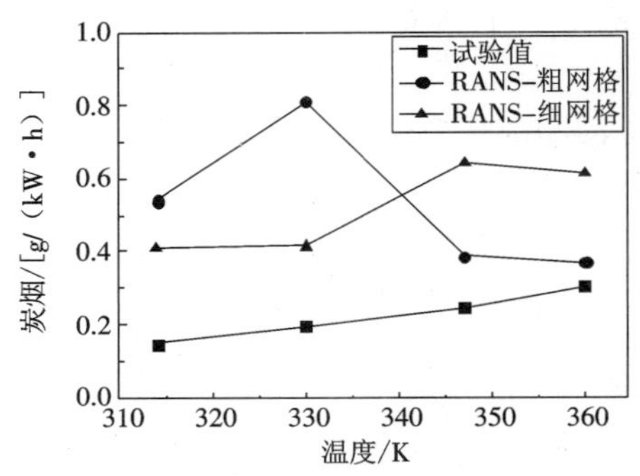

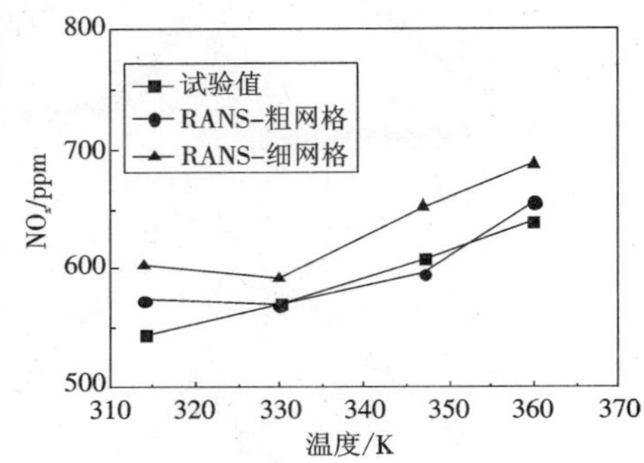

图 5－26 不同进气温度时模拟与试验的炭烟和 NO_x 排放对比

本节在台架试验和燃烧特征分析的基础上，建立了基于 RANS 的燃烧模型，该模型同时考虑了湍流混合和化学反应对燃烧过程的影响，使用湍动能和湍动能耗散率来表征湍流的混合时间尺度，并首次提出使用熵的增量来反映化学反应进行的程度。在尺度不同的两个网格上进行了模型验证。结果表明低甲醇比例时，该模型在粗细两个网格上都能对试验值进行良好的预测。但当甲醇比例超过 60% 时，模型得到的缸压比试验值偏低。不同进气温度时，该模型能够预测甲醇自燃的工况，但得到的着火时刻与试验值相比有所延迟。

5.4 RANS 与 LES 模型柴油/甲醇燃烧模拟对比研究

大涡模拟（LES）是在对湍流流动研究的精细化中发展起来的，其基本思想是在流场的大尺度结构和小尺度结构之间选取一滤波宽度对控制方程进行滤波，从而把流场携带的所有变量划分为大尺度量和小尺度量。对大尺度量进行直接模拟，包括模拟其随时间的脉动（RANS 对所有流动的时间脉动都采取平均），对小尺度量采用亚网格子模型进行模拟。因此，对于大尺度结构，大涡模拟能够得到真实结构的状态，对小尺度结构采用亚网格子模型。这样，大尺度下的各向异性可以方便地体现出来，而由于小尺度结构具有各向同性的特点，因此对流场中的小尺度结构采用统一的亚网格子模型是合理的。在采用适当的亚网格子模型和网格尺度时，大涡模拟的结果准确度很高。大涡模拟的这一特性决定了其模拟结果是接近物理真实的瞬态流场，但又不像直接数值模拟需要庞大的计算资源，如此兼顾计算速度和精度的湍流处理方法有利于认识流场的本质并方便地加以应用。

柴油机上的湍流燃烧是一种包含很广的长度和时间尺度的机械化学过程。为了提高发动机性能和排放的预测准确度，大涡模拟已经应用于发动机中。对于高精度应用，与传统的雷诺平均方法相比，LES 有着较为明显的优势。比如，LES 可以提供更多的流场结构和时间准确的解决方案。例如，在火花点火式发动机上采用多维计算流体动力学方法进行模拟时，LES 可用于研究发动机的循环变动，提供更多的设计敏感性因素，并得出更详细更准确的结果。在柴油发动机模拟上，LES 表现出了能够精确地模拟局部混合状态的潜力，因此随着计算机速度的大幅提升，被雪藏多年的 LES 终于在工程上有了用武之地。由上一节可知，随着甲醇比例的增加，湍流对燃烧的影响越来越大，为了更好地模拟柴油/甲醇二元燃料燃烧时湍流的影响，有必要采用基于 LES 的燃烧模型进行模拟，并与基于 RANS 的燃烧模型进行对比，找出 LES 和 RANS 模型各自的优缺点及适用范围。

5.4.1　基于 LES 的燃烧模型

本研究中模拟所采用的 LES 燃烧模型是美国威斯康星大学麦迪逊分校发动机研究中心在KIVA－3V－R2上开发的。该模型之前在模拟柴油机上得到了较好的结果[16]。在将该模型应用到二元燃料燃烧的模拟上时，对模型做了相应修改，具体模型将在下文中介绍。

基于 LES 的燃烧模型与 RANS 模型相似，也认为每种物质的反应速率都是由化学反应过程以及混合和反应影响的大小决定的。

$$\dot{\omega}_i = \frac{1}{1+Da}\dot{\omega}_{\mathrm{kinetics},i} \tag{5-37}$$

$$Da = \frac{\tau_{\mathrm{mixing}}}{\tau_{\mathrm{kinetics},U}} \tag{5-38}$$

式中：$\tau_{\mathrm{kinetics},U}$为基于化学反应的内能变化的时间尺度；其余参数与 RANS 模型中的参数意义相同，只是在 LES 模型中 τ_{mixing}的求解方法不同。

大涡模拟中，使用一个滤波宽度对控制方程进行空间滤波，以区分大尺度量和小尺度量。需要进行滤波的控制方程包括物质方程、动量方程和能量方程。滤波宽度 Δ 取网格的间距大小。CFD 程序中采用了适用于有限体积法的框过滤器。由于柴油机缸内流动为变密度的有反应湍流流动，因此采用空间 Favre（密度加权）滤波器进行滤波。

使用亚网格混合分数方差和亚网格标量耗散率来计算混合时间尺度 τ_{mixing}。亚网格混合分数 Z 定义为燃料的混合分数，即

$$Z = \frac{Y_{\mathrm{f}}}{Y_{\mathrm{f},0}} \tag{5-39}$$

式中：Y_{f} 为燃料的质量，默认燃料为正庚烷；$Y_{\mathrm{f},0}$为混合物总质量。

为使该模型适用于柴油/甲醇二元燃料的模拟，将式（5－39）中的 Y_{f} 重新定义为

$$Y_{\mathrm{f}} = Y_{\mathrm{f,D}} + Y_{\mathrm{f,M}} \tag{5-40}$$

式中：$Y_{\mathrm{f,D}}$和 $Y_{\mathrm{f,M}}$分别代表柴油和甲醇的质量。

混合分数方差$\widetilde{Z''^2}$是单个网格内不均匀度的标识，表示为

$$\widetilde{Z''^2} = \widetilde{ZZ} - \tilde{Z}\tilde{Z} \tag{5-41}$$

混合分数的方差$\widetilde{Z''^2}$与不均匀度和湍流强度都有强烈的相关性。若要进行定性的分析，混合分数可以反映燃料与氧化剂的混合程度，而其方差$\widetilde{Z''^2}$则反映混合分数的波动情况，混合不均匀正是混合分数波动的动力。混合完全均匀，则混合分数不可能波动；混合越不均匀，则

混合分数的波动越大。而能造成混合分数不确定的另一个因素正是同样不确定的湍流，若没有湍流，则混合分数为定值，可以按照对流和分子输运精确求解；湍流越强烈，则混合分数的波动越大。式(5－41)只是$\widetilde{Z''^2}$的定义，若采用输运方程对其求解，则计算量太大。

为简化计算，本模型中使用数值方法对$\widetilde{Z''^2}$进行模拟，即

$$\widetilde{Z''^2}=\frac{\Delta^2}{\upsilon_t}\frac{c_u}{c_\chi c_\varepsilon}\chi_{res} \tag{5-42}$$

式中：χ_{res}为标量耗散率；湍流黏度υ_t是由基于亚网格尺度湍动能的湍流黏度和对所有物质的通用 Schmidt 数计算而来的；Δ是滤波宽度；c_u、c_χ和c_ε是由局部均匀湍流能谱确定的常数。Ihme 建议模型的常数$c_u/(c_\chi c_\varepsilon)$的取值范围为 0.02～0.05。由于缺少合适的数值模型，本研究中计算$\widetilde{Z''^2}$时没有考虑液滴蒸发的影响。且有

$$\chi_{res}=2D(\partial\widetilde{Z}/\partial X_i)^2 \tag{5-43}$$

亚网格尺度耗散率χ_{sgs}的求解方式为

$$\chi_{sgs}=2D\left(\widetilde{\frac{\partial Z}{\partial x_l}\frac{\partial Z}{\partial x_l}}-\widetilde{\frac{\partial Z}{\partial x_i}\frac{\partial Z}{\partial x_i}}\right) \tag{5-44}$$

从数学角度来说，亚网格尺度标量耗散率χ_{sgs}是混合分数方差$\widetilde{Z''^2}$的输运方程中的主要耗散项，可以理解为是局部混合物不均匀度随扩散降低的速率。这里，χ_{sgs}通过一个基于 Leonard 类型的量建立的相似类型模型来模拟。它通过亚网格尺度雷诺数Re_{sgs}来描述。亚网格尺度雷诺数是基于亚网格湍动能k_{sgs}的平方根、滤波宽度Δ和分子黏度计算得到的。χ_{sgs}的计算公式为

$$\chi_{sgs}=2D\frac{S(Re_{sgs})}{S(Re_{sts})-S(Re_{sgs})}\left(\frac{\widetilde{\partial Z}}{\partial\chi_l}\frac{\widetilde{\partial Z}}{\partial\chi_l}-\frac{\widetilde{\partial Z}}{\partial\chi_L}\frac{\widetilde{\partial Z}}{\partial\chi_L}\right) \tag{5-45}$$

式中：$S(Re_{sgs})$是基于先验的各向同性湍流的直接数值模拟(DNS)测得的尺度特性而来的，其中的$S(\cdot)$表示测试滤波的宽度，通常是实际滤波宽度Δ的两倍；Re_{sts}是相对于测试滤波宽度的雷诺数，本文中Re_{sts}并不是直接计算的，而是由Re_{sgs}通过尺度特性及测试－实际滤波宽度比得到的。

亚网格尺度标量耗散率χ_{sgs}表示的是混合物到达均匀状态的速率。与湍流时间尺度相似，将混合分数方差$\widetilde{Z''^2}$和标量耗散率χ_{sgs}结合起来，就得到了混合时间尺度

$$\tau_{mixing}=\frac{\widetilde{Z''^2}}{\chi_{sgs}} \tag{5-46}$$

混合时间尺度τ_{mixing}是从现在的状态到达完全混合状态所需要的时间。可见，使用混合分数方差的耗散率描述混合时间尺度较前一章采用湍动能的耗散率描述时间尺度在物理意义上更贴近真实情况。举例来说，在缸内物质及温度混合完全均匀的情况下，即使有湍流，τ_{mixing}也应该为 0，然而采用湍流耗散时间尺度作为τ_{mixing}显然不为 0。幸运的是，这种情况多发生于未燃区，此时化学反应时间尺度很大，纵使混合时间尺度不为 0，*Da* 数也很小。另

外,由于$\widetilde{Z''^2}$的耗散时间本身就是 τ_{mixing},因而不需要像采用湍流耗散时间尺度模拟 τ_{mixing}一样乘以系数 C 加以修正。在网格依赖性方面,如式(5-42)所示,在$\widetilde{Z''^2}$的计算过程中已经考虑了网格尺度(即滤波宽度 Δ)的影响,即网格尺度越大,则$\widetilde{Z''^2}$越大,因此不需要对网格尺度进行额外的标定。

与 RANS 模型不同的是,LES 模型中使用内能的增值来表示化学反应时间尺度。化学反应时间尺度定义为,该时间尺度是由当前状态的内能与化学平衡时的内能的差值决定的。局部化学平衡状态是由 CEQ(Closed Ended Questions)求解器[17]基于吉布斯函数的连续方法,在单个计算网格单个时间步长内求解得到的。两个状态内能的差值除以由直接化学法求解出来的内能变化率,得到基于内能的增值的化学反应时间尺度。其求解公式为

$$\tau_{kinetics,U}=\frac{U^{*}-U}{\dot{U}_{kinetics}} \tag{5-47}$$

5.4.2　程序中的其他模型

本文使用的可用于工程应用的 LES 模型是建立在 KIVA-3V-R2 基础上的。程序中计算对流项使用的是准二阶逆风方法,计算扩散项使用二阶中心差分法,计算时间步长使用的是一阶分裂法。湍流与混合过程模拟的模型包括 LES 动态结构亚网格应力模型[18]、亚网格的标量通量湍流扩散模型[19]、亚网格湍动能模型[20]、亚网格标量耗散率的相似模型,亚网格混合物分数计算的代数模型。程序中也植入了 Werner-Wengle 模型,用于模拟不稳定壁面切应力。

程序中包含了一系列完整的模型用于多相流反应及其应用的模拟,这些模型与 RANS 中使用的模型基本一致。KH-RT 喷雾破碎模型用于模拟柴油的喷雾及破碎。喷雾的破碎模型参数根据已有的试验数据[21]进行了标定。其他喷雾模型,如用于对多维发动机喷雾进行模拟计算的全面碰撞模型[7],Frössling 基于相关性的蒸发模型,考虑了气蚀效应的现象学喷嘴流动模型,都包括在了计算程序中。在 LES 的背景下,程序中也加入了局部反卷积模型[22]用于模拟单个方程亚网格湍动能模型中的源项,以计算液相变为气相时的动量转换。为反映液滴蒸发和化学反应之间的相互作用,燃烧过程中的加热效果和燃料蒸气部分压力变化在液滴蒸发模型中进行了计算。

5.4.3　LES 与 RANS 模拟的结果及对比分析

同时使用 RANS 和 LES 模型对三组试验数据进行了模拟。计算时,LES 与 RANS 采用相同的几何尺度,为 1 mm 的网格。根据之前的研究表明[21],本文中的 LES 模型使用 1 mm 的网格进行计算时,具有足够的网格分辨率。计算时未考虑进排气过程,模拟时只计算进气门关闭到排气门开启的过程。同样,对计算化学常微分方程和计算化学平衡的求解过程采用 OpenMP 语言进行了并行处理,以缩短计算时间。实际计算时,LES 模型单个工况的计算平均占用 CPU 的时间为 35 h,RANS 模型单个工况的计算平均占用 CPU 时间为 16 h。

1. 柴油不变，低甲醇比例工况（第1组）

第1组选取转速为1 300 r/min，纯柴油及不同比例甲醇的试验工况。在此，将四个工况分别标记为M0、M20.96、M28.23和M34.21。

图5-27为RANS和LES的模拟结果与试验的对比图。由图可以看出，RANS和LES均能准确地预测该组工况的着火时刻、缸压和放热率。随着甲醇比例的增加，放热率中开始出现拖尾峰。图5-28为试验、RANS和LES得到的滞燃期。图中，滞燃期等于CA05减去柴油喷油时刻（SOI）。从图5-28可以看出，随着甲醇比例的增加，滞燃期逐渐延长。RANS和LES得到的结果也十分相似，与试验的趋势也完全一致。为了更好地了解缸内的燃烧情况，图5-29给出了RANS和LES计算得到的缸内温度云图。由图可知，LES和RANS模拟得到的结果基本一致，但相比RANS，LES能够刻画出更为精细的火焰涡团结构。

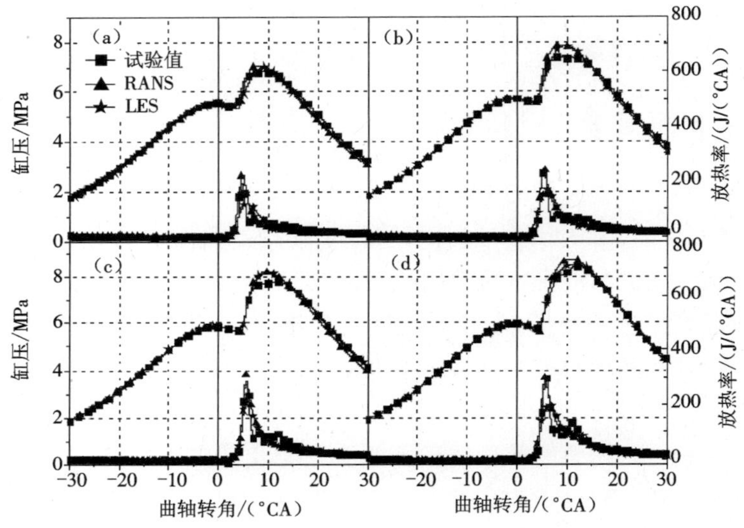

图5-27 RANS和LES对缸压和放热率的模拟结果与试验的对比图

(a)M0 (b)M20.96 (c)M28.23 (d)M34.21

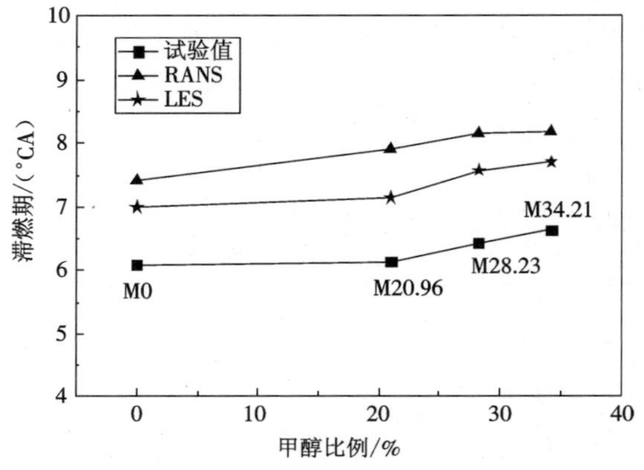

图5-28 滞燃期的变化

从图中也可观察到甲醇加入后滞燃期推迟的现象，6°CA ATDC 时，M0 中着火的区域比 M34.21 中的大，也就是说 M0 比 M34.21 着火早。另外，甲醇的加入使得负荷提高，从而使得缸内残余废气对新鲜充量的加热作用加强，同时随负荷提高而升高的缸壁、缸盖、活塞和进气道壁面温度也对新鲜充量的加热作用加强，故二者形成竞争关系。根据一维计算软件 GT - Power 模拟的结果，进气门关闭时刻四个工况的缸内温度随着甲醇比例的增加略有升高，但变化不大。即此组试验条件下甲醇汽化潜热降低进气温度和缸内残余废气的加热作用两者的竞争结果是随着甲醇比例增加缸内平均温度略有升高，但滞燃期却没有缩短。可见，在该组条件下，决定滞燃期的主要因素不是温度，而是甲醇和柴油间发生化学耦合作用导致抑制柴油自燃的结果。对多个工况滞燃期的准确预测也从一个侧面反映了 GT - Power 中甲醇蒸发分数设置的合理性。

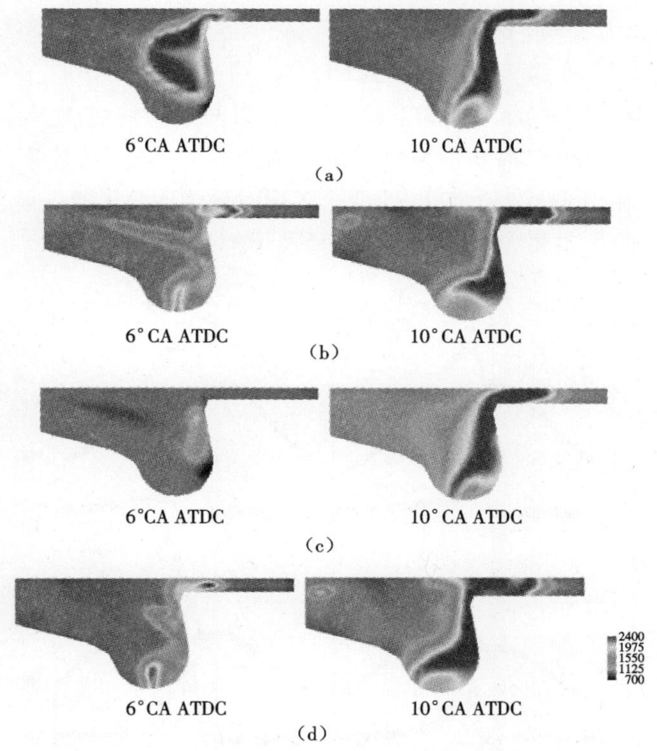

图 5 - 29　M0 和 M34.21 的缸内温度分布图

(a)RANS 得到的 M0 的温度分布　(b)LES 得到的 M0 的温度分布

(c)RANS 得到的 M34.21 的温度分布　(d)LES 得到的 M34.21 的温度分布

LES 得到的炭烟排放预测精度较高，对 NO_x 的预测精度较低，但趋势与试验保持一致，如图 5 - 30 所示。总的来说，与 RANS 相比各有所长。

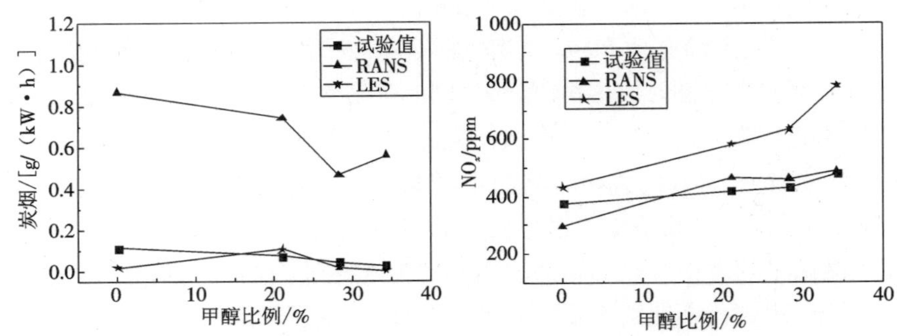

图 5-30 低甲醇比例时 RANS、LES 和试验的炭烟和 NO_x 排放对比图

2. 柴油不变，高甲醇比例工况（第 2 组）

第 2 组选取转速为 1 300 r/min，不同甲醇比例的四个试验工况。将这四个试验工况分别标记为 M32.80、M49.36、M67.61 和 M77.95。

图 5-31 为该组工况下 RANS 和 LES 的模拟结果与试验的对比图。由图可以看出，随着甲醇比例的增大，两个模型都能预测出明显的两阶段放热现象，且第二阶段放热的比例逐渐增加，这一现状在 M67.61 和 M77.95 两个工况时最为明显。第一阶段主要为甲醇和柴油的预混燃烧，第二阶段主要为甲醇的火焰传播及甲醇自燃。

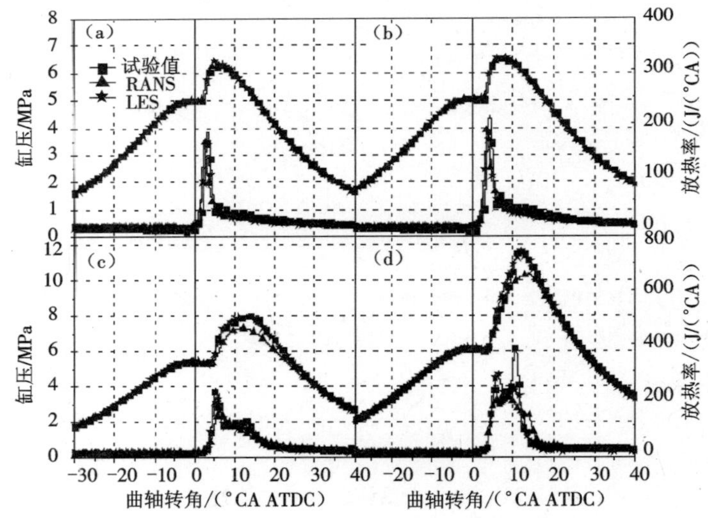

图 5-31 高甲醇比例时 RANS 和 LES 的模拟结果与试验的对比图

(a) M32.80 (b) M49.36 (c) M67.61 (d) M77.95

此外，从图 5-31 也可以看出，RANS 和 LES 的模拟结果都与 M32.80 和 M49.36 试验得到的缸压和放热率有较好吻合，但当甲醇比例高于 60%，即 M67.61 和 M77.95 两个工况时，RANS 模拟得到的缸压和放热率低于试验值。原因有：LES 是空间平均，而非 RANS 中的时间平均，因此能够捕捉到更详细的湍流结构、燃料与空气的混合过程以及温度的变化细节，对于这些细节的准确捕捉也就使得 LES 得到更好的模拟结果，这一点在火焰传播主导的预混燃烧(M67.61 和 M77.95)中尤为重要,LES 中大尺度湍流对燃烧影响的直接模拟(图 5-32)提高了湍流影响燃烧的模拟精度;基于 RANS 的燃烧模型对网格尺度有依赖性,需对混合时间尺度进行标定,而基于 LES 的模型在计算混合分数的方差时就已经考虑了网格的尺度,不需要对网格尺度进行标定。在实际的模拟中,不可能保证所有网格的尺度都是相同的(图 5-16),靠近燃烧室中心的网格尺度小于燃烧室边缘的网格尺度,但 RANS 对混合时间尺度的标定各处相同,因此会出现燃烧室边缘处火焰传播速率快,中心处火焰传播速率慢的结果。在二元燃料的燃烧中,甲醇火焰是由燃烧室边缘向中心传播的,由于网格尺度的变化,火焰传播速率减慢,于是出现了图 5-31(d)中在 8°CA 后 RANS 放热率下降的现象。但 LES 模型对网格尺度无依赖性,因此不存在由于网格尺度的变化造成模拟失真。图 5-33 给出了该组工况下的滞燃期。由图可以看出,RANS 和 LES 模拟得到了与试验相似的滞燃期趋势,即随着甲醇比例的增加,滞燃期逐渐延长。但 M77.95 的滞燃期比 M67.61 的稍短,此处反映了数值模拟亦可预测这种微妙的变化。

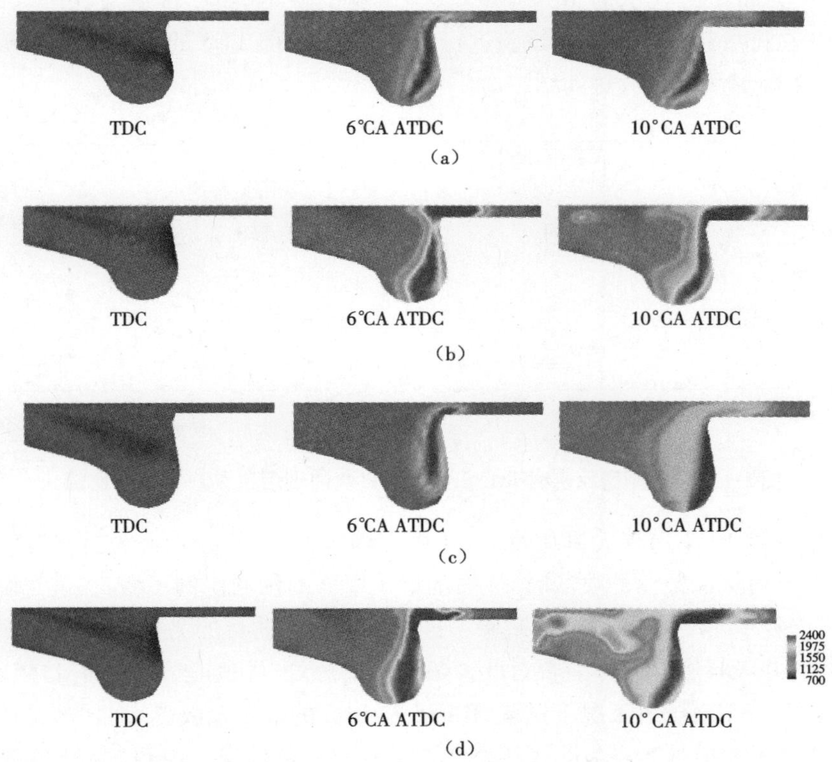

图 5-32　M67.61 和 M77.95 的缸内温度分布图

(a)M67.61 的 RANS 结果　(b)M67.61 的 LES 结果

(c)M77.95 的 RANS 结果　(d)M77.95 的 LES 结果

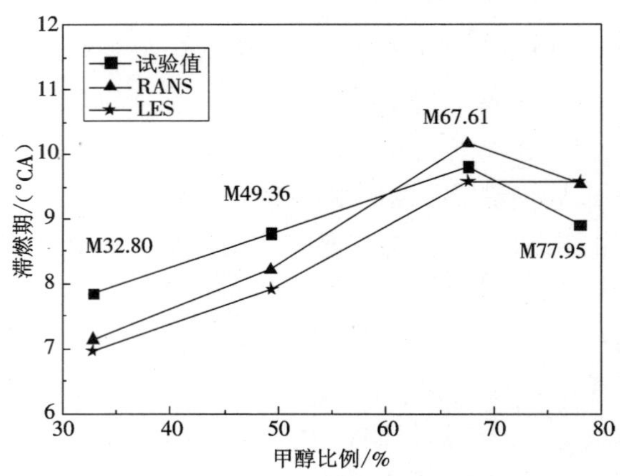

图 5-33 高甲醇比例工况下滞燃期的变化

图 5-34 为高甲醇比例时,RANS、LES 和试验的炭烟、NO_x 排放对比图。由图可知,RANS 和 LES 在排放趋势上都能对试验进行较好的预测,但 LES 的预测结果显然更接近试验值,这正是正确预测燃烧放热的结果。

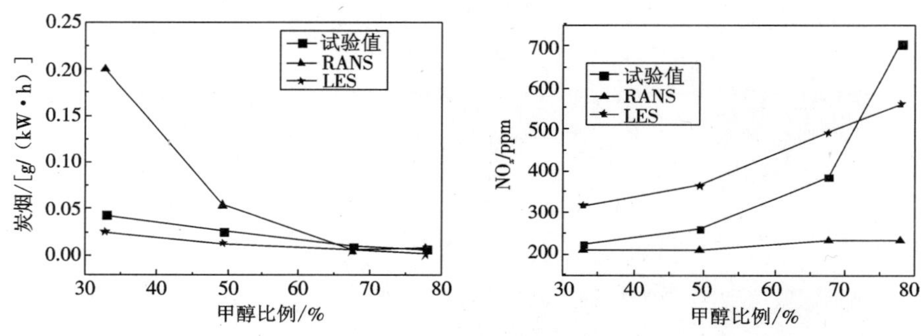

图 5-34 高甲醇比例时 RANS、LES 与试验的炭烟和 NO_x 排放对比图

3. 相同甲醇比例,不同进气温度的工况(第 3 组)

第 3 组工况为保持柴油的喷油时刻、喷油量及甲醇的预混比例不变,在进气温度分别为 314 K、330 K、347 K 和 360 K 进行的试验。进行该组试验的目的为检测极端进气温度条件对燃烧的影响,并考察燃烧模型能否对此种条件下的燃烧,尤其是发生甲醇自燃时,进行良好的预测。图 5-35 为该组工况下试验、RANS 和 LES 的缸压及放热率曲线。由图可知,在进气温度高于 347 K 时试验中发生了甲醇先于柴油自燃的情况。由图 5-35 和图 5-36 可知,LES 模型模拟得到的缸压、放热率和着火时刻与试验值更为接近,尤其是在进气温度分别为 347 K 和 360 K 甲醇自燃的两个工况下,LES 模型较 RANS 模型对着火时刻的预测大为改进。而 RANS 模型只预测出了进气温度为 360 K 时会发生甲醇先于柴油着火的情况,进气温度为 347 K 时,缸内的甲醇仍然是由柴油引燃的。

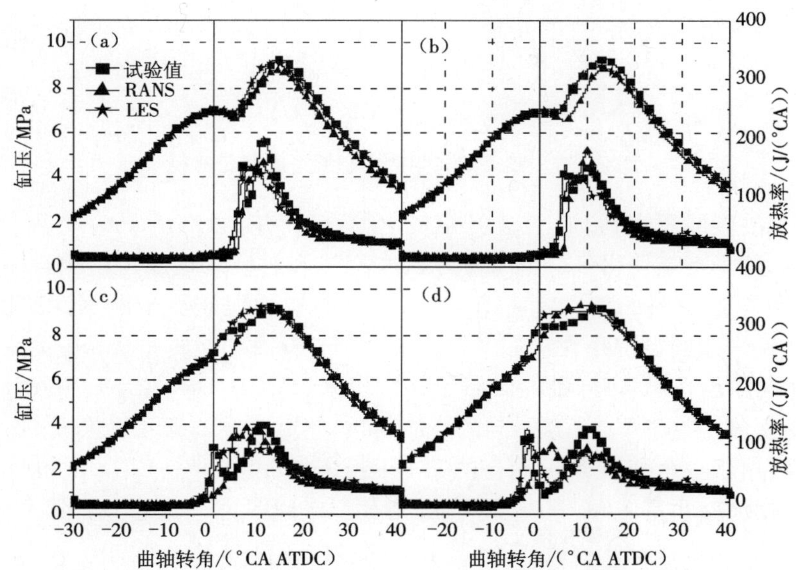

图 5-35　不同进气温度工况时试验、RANS 和 LES 的缸压和放热率曲线

(a)314 K　(b)330 K　(c)347 K　(d)360 K

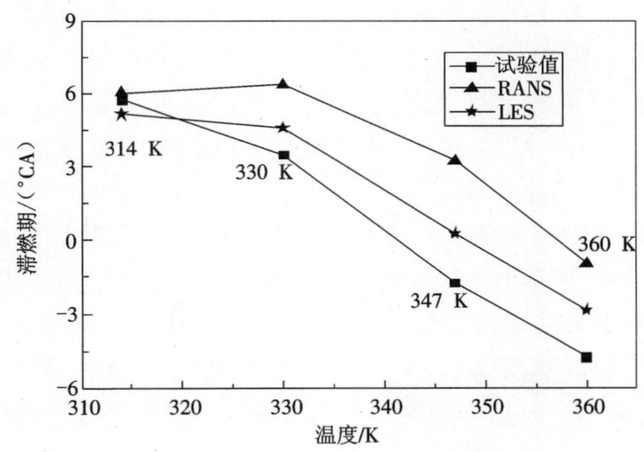

图 5-36　不同进气温度时滞燃期的变化

为了更好地分析不同进气温度对柴油/甲醇着火的影响及发生甲醇先于柴油自燃时的燃烧情况，有必要将四个工况的柴油和甲醇的放热率分开计算。分开计算时首先碰到的难题是如何将二者的燃烧中间体和燃烧产物区分开。由于在反应机理中，各元素随着各基元反应发生了复杂的交换，很难认定各反应中间体及燃烧产物的来源，如对于燃烧产物 H_2O，其中的氢元素可能来源于甲醇，也可能来源于正庚烷，还有可能一个氢原子来源于甲醇，而另一个氢原子来源于正庚烷，这样就更难找到这个水分子的“父母”了。相比于氢原子，由于碳原子不参与自由基反应，它的来龙去脉较为清晰，如图 5-37 所示。

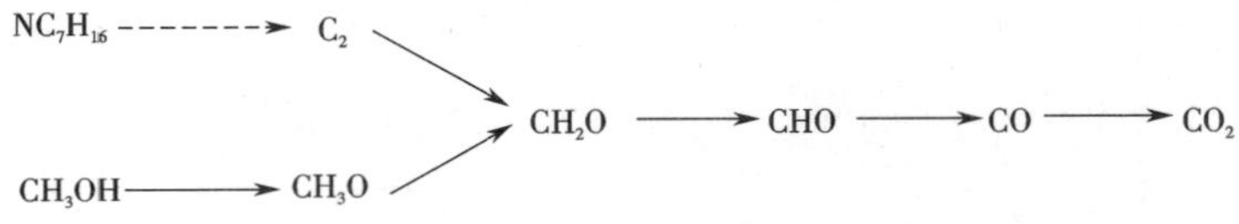

图 5－37　正庚烷和甲醇中碳原子的演化路径

可见，两种燃料的碳原子直到 CH_2O 才开始发生掺混，只有 CH_2O、CHO、CO 和 CO_2 是两种燃料共有的产物，这个特点使得区分含 C 原子的中间体和燃烧产物成为可能。一旦将碳原子区分开来，即可根据燃料的氢碳比将 H_2O、H_2 等含氢物质按碳原子的来源比例等比分离。分开计算放热率采用的方法是在机理中自定义一个与碳原子性质完全相同的元素 C_m，并用自定义的元素将甲醇（CH_3OH）中的碳原子标记出来，即 CH_3OH 改为 C_mH_3OH。并在与甲醇相关的下游反应中追踪 C_m 元素参与的反应，将这些反应中的碳元素换成 C_m 元素。根据质量作用定律，对于一个有碳原子参与的第 i 个反应 $CX + A \longrightarrow CY + B$ 和一个相同的有 C_m 原子参与的反应 $aC_mX + bA \longrightarrow cC_mY + dB$，其反应速率为

$$q_i = k_{fi}[CX]^a[A]^b + k_{fi}[C_mX]^a[A]^b \tag{5-48}$$

对于本研究采用的机理中所有与此相关的反应，a、b、c、d 均为 1，此时

$$q_i = k_{fi}[CX][A] + k_{fi}[C_mX][A] = k_{fi}[CX + C_mX][A] \tag{5-49}$$

由式（5－49）可知，将碳原子分开计算后，第 i 个反应的反应速率并不会发生变化，由此可以计算得到 CH_2O、CHO、CO 和 CO_2 的燃料来源比例。计算好碳原子以后，根据燃料的氢碳比计算出相应的 H_2O 和 H_2 中氢原子的来源构成，由于 H_2O 和 H_2 的浓度在高温环境下主要受化学平衡控制，可认为二者的燃料来源比例相等。其他含氢小分子自由基的浓度在一定程度上与反应动力学相关，不可认为它们的燃料来源比例相等。好在这些自由基在氢原子的总量中占比很小，可以不予考虑。图 5－38 为采用第 1 组中甲醇比例为 34.21% 的工况在 RANS 中对分开计算放热率方法的验证结果。由图可知，由于在计算分开放热率时忽略了小分子自由基以及假设 H_2O 和 H_2 的燃料来源比例相等，采用上述方法计算得到的甲醇和柴油单独放热率之和与 VODE 求解器计算出的总放热率并不完全重合，但此偏差很小。可以看出，对于该工况，柴油自燃发生后约 1°CA 后甲醇才开始燃烧，第一个预混燃烧峰主要是柴油放热造成的，而第二个放热峰值则以甲醇放热为主，最后两种燃料几乎同时烧完。

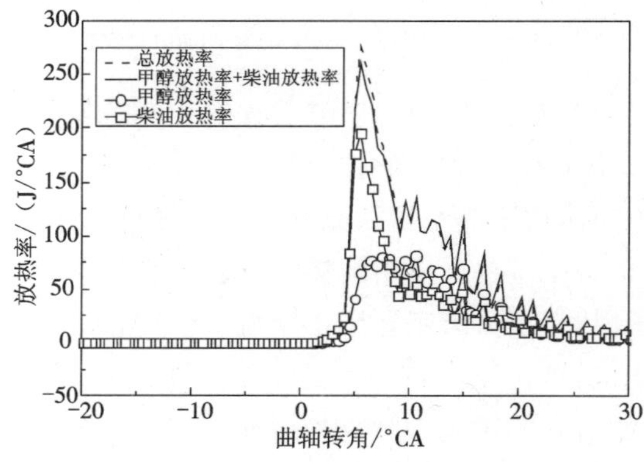

图 5－38　计算所得的放热率曲线

采用此方法将四个不同进气温度的工况的柴油和甲醇的放热率分开计算，得到的结果如图 5－39 所示。由图可知，不同的进气温度条件下，RANS 和 LES 模型计算得到的柴油的放热率较为相似，四个工况总放热率的不同主要是由于甲醇的放热率不一样造成的，所有工况下甲醇都先于柴油烧完。对于柴油引燃甲醇的两个低进气温度工况，甲醇的放热始点较柴油放热始点延迟约 1 °CA，而对于甲醇引燃柴油的两个高进气温度工况，柴油在上止点启喷，其滞燃期为 1～1.5 °CA。对于发生甲醇先于柴油自燃的两个工况，LES 模拟得到的结果为甲醇在自燃过程中基本全部消耗完。柴油的放热率则在所有工况下都几乎相同。而 RANS 模拟得到的进气温度为 360 K 的工况下仍有一部分甲醇是在柴油着火后放热的。

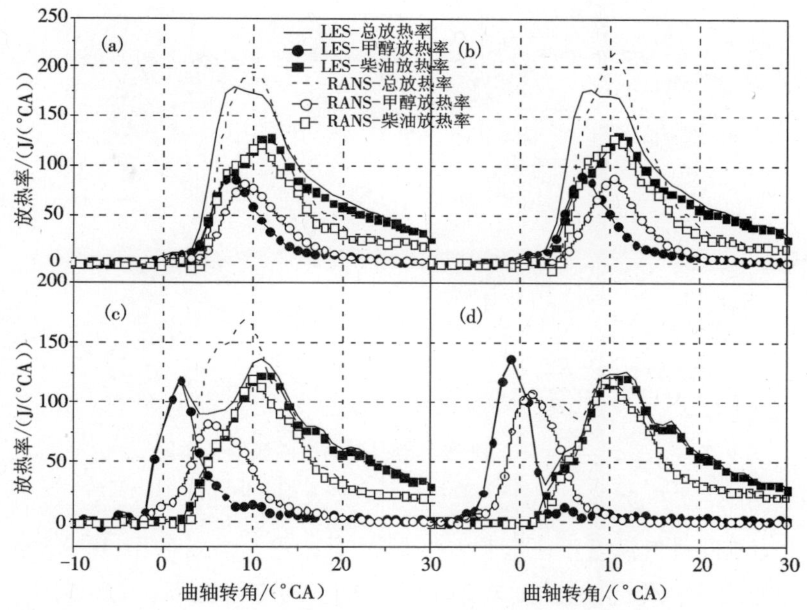

图 5－39　不同进气温度工况下柴油和甲醇分别对放热率的贡献

(a)314 K　(b)330 K　(c)347 K　(d)360 K

图 5－40 给出了进气温度为 314 K 和 360 K 两个工况的缸内温度分布图。从图中可以看出，RANS 模拟得到的缸内温度是连续变化的，而 LES 模拟的结果从温度分布上可以得到更多的不均匀程度的变化。在本组高进气温度工况下，甲醇实际上发生的是 HCCI 燃烧，其自燃对温度十分敏感，能够捕捉到更多细节的变化是 LES 模拟得到的结果与试验值较为接近的关键。

总的来说，LES 得到的进气温度为 314 K 和 330 K 的两个工况的缸压变化与试验值较为吻合，这也很好地预测了甲醇发生自燃的时刻。但是，LES 模拟得到甲醇发生自燃的两个工况（进气温度分别为 347 K 和 360 K）的缸压与试验值有所偏差。可能的原因是模拟时使用的是 60°的扇形网格，当网格内发生甲醇自燃时，对整个燃烧室而言就是有六个点同时发生了自燃。但是，在实际发动机中，甲醇自燃可能只发生在一个点。因此，模拟中缸内有六个点同时着火的情况，使得模拟得到的缸压比试验值高。

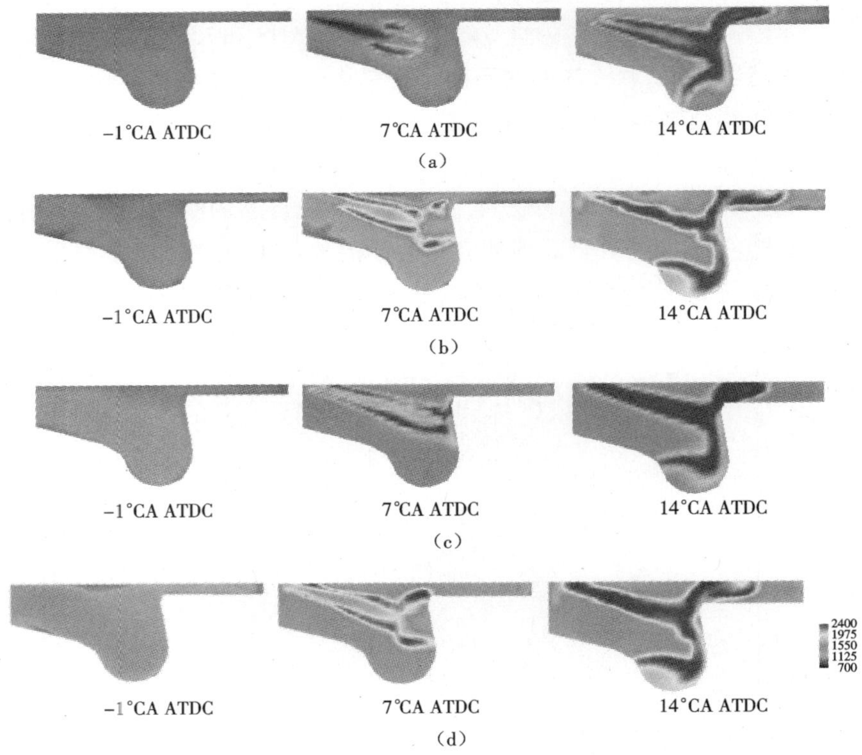

图 5-40　不同进气温度得到的缸内温度分布图

(a)314 K 的 RANS　(b)314 K 的 LES　(c)360 K 的 RANS　(d)360 K 的 LES

图 5-41 为不同进气温度下炭烟和 NO_x 排放对比图。由图可见，RANS 和 LES 均能大体模拟出 NO_x 排放的变化趋势，但对炭烟的预测精度还有待提高，主要是因为影响炭烟生成和氧化的因素在此组工况中极为复杂，随着进气温度的提高，燃烧经历了从“柴油引燃甲醇”到“甲醇引燃柴油”的本质变化，由于炭烟的生成对周边环境变化极为敏感，而目前的炭烟模型并不成熟，无论对于 RANS 还是 LES，对炭烟的预测都有改进的空间。

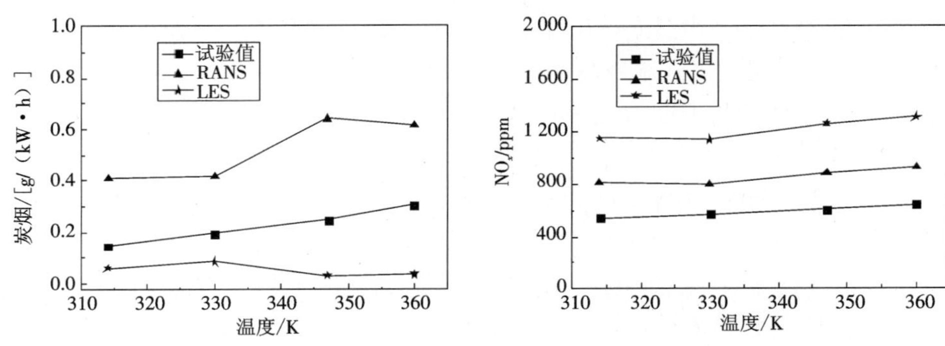

图 5-41　不同进气温度时 RANS、LES 与试验的炭烟和 NO_x 排放对比图

为对比分析基于 RANS 和 LES 的两个燃烧模型及其应用情况，使用两个模型分别对低甲醇比例、高甲醇比例和不同进气温度的工况进行了模拟。结果表明，在低甲醇比例时，RANS能够对试验进行较好的预测；在甲醇比例逐渐增加时，RANS能够对着火时刻进行较好的预测；当甲醇比例高于60%时，RANS得到的缸压比试验值稍低。在不同进气温度时，RANS模型能够较好地预测不发生甲醇先于柴油自燃的工况，但对发生甲醇自燃的工况预测得到的着火时刻有所延迟；LES模型能够对三组工况进行较好的预测，模拟得到的缸压、放热率和着火时刻均与试验值吻合得较好。由于LES需要的计算时间较长，而目前研究的柴油/甲醇二元燃料燃烧的工况很少发生甲醇引燃柴油的现象，且甲醇比例均在50%以下，因此，RANS即可满足目前对燃烧模拟的要求，而在需要对特殊工况进行模拟时方可使用LES燃烧模型。

5.5　本章小结

在建立基于RANS的燃烧模型中，同时考虑湍流混合和化学反应对燃烧过程的影响，使用湍动能耗散时间来表征湍流混合时间尺度，并首次提出使用熵的增值来反映化学反应进行的程度。在第4章二元燃料燃烧机理的基础上，发展了炭烟和NO_x排放机理，使用不同燃烧模式的试验数据，在网格尺度分别为2 mm和1 mm的两个网格上对模型进行了验证。结果表明，建立的基于RANS的燃烧模型能够在粗细两个网格时对低甲醇比例的燃烧有较好的预测，表现为预测得到的缸压、放热率及排放（包括炭烟、NO_x、NO和NO_2）与试验值吻合得较好。而不耦合湍流直接求解化学反应则高估了高甲醇比例时的放热率，表明考虑湍流混合的燃烧模型适用于柴油/甲醇二元燃料燃烧的模拟。对高甲醇比例的工况，使用细网格得到的结果与试验值吻合较好，但粗网格得到的缸压比试验值低，且对排放的预测精度较差。原因是网格尺度越大，则对缸内不均匀程度的分辨率越差，直接表现就是混合时间尺度预测偏大，使得Da数偏高，最终导致反应速率偏慢。对不同进气温度的工况，在未发生甲醇先于柴油自燃的两个工况中，两个网格尺度得到的结果与试验值吻合较好。在进气温度较高，发生了甲醇先于柴油自燃的两个工况中，细网格较粗网格的预测结果更接近试验值，但两个网格尺度得到的滞燃期均与试验值有一定的偏差。排放方面，细网格较粗网格稍好，但在炭烟排放方面均与试验值有偏差。

对一个LES模型做了修改，使其能够用于模拟二元燃料的燃烧。LES的燃烧模型与RANS的燃烧模型的原理一致，但LES的湍流混合时间尺度由混合分数方差和亚网格标量耗散率来表征，其与真实情况更为接近，化学反应时间尺度由内能的变化来表征。使用LES和RANS模型分别对低甲醇比例、高甲醇比例和不同进气温度的工况进行了模拟及对比分析。结果表明：在低甲醇比例的工况下，RANS模型能够对试验进行较好的预测；但当甲醇比例高于60%时，RANS模型得到的缸压比试验值偏低；不同进气温度时，RANS模型能够较好地预测不发生甲醇先于柴油自燃的工况，但对发生甲醇自燃的工况预测得到的着火时刻有所延迟。LES模型对不同甲醇比例的工况均能进行较好的预测，特别是高甲醇比例及发生甲醇自燃的工况下，相比于RANS模拟得到的缸压、放热率、着火时刻及排放均与试验值吻合更好。对不同进气温度的工况，LES模型能够较好地模拟着火时刻，但缸压及排放与试验值有一定的偏差。使用碳原子标记法,实现了将二元燃料中柴油和甲醇放热率的分开计算。该方法能够更清楚地了解柴油和甲醇单个燃料的放热规律及对总放热率的贡献,为柴油/甲醇二元燃料燃烧过程的分析提供了新的分析途径。使用同样分辨率的网格进行计算时,LES 计算时需要的计算时间较长,为 RANS 所需时间的两倍多。对于甲醇比例在60%以下的二元燃料燃烧工况,使用 RANS 即可获得较高的精度和计算效率,但对于甲醇比例在 60% 以上的工况,考虑到计算精度的要求,则需要采用 LES 模型。

5.6 参考文献

[1]许汉君. 柴油/甲醇二元燃料燃烧反应动力学研究[D]. 天津:天津大学,2012.

[2]徐广兰. 柴油 - 甲醇二元燃料缸内燃烧的数值模拟研究[D]. 天津:天津大学,2013.

[3]解茂昭. 内燃机计算燃烧学[M]. 2 版. 大连:大连理工大学出版社,2005.

[4]GOLOVITCHEV V I, TAO F, CHOMIAK J. Numerical evaluation of soot formation control at diesel-like conditions by reducing fuel injection timing[J]. SAE Transactions, 1999, 108: 1705 - 1719.

[5]HAN Z, REITZ R D. Turbulence modeling of internal combustion engines using RNG $\kappa - \varepsilon$ models[J]. Combustion Science and Technology, 1995, 106 (4 - 6): 267 - 295.

[6]姜泽军. 柴油机缸内气流运动规律的数值研究[D]. 天津:天津大学,2007.

[7]MUNNANNUR A, REITZ R D. Comprehensive collision model for multidimensional engine spray computations[J]. Atomization and Sprays, 2009, 19(7): 597 - 619.

[8]KONG S C, REITZ R D. Application of detailed chemistry and CFD for predicting direct injection HCCI engine combustion and emissions[J]. Proceedings of the Combustion Institute, 2002, 29(1): 663 - 669.

[9]ZHANG Y, RULAND C J. A mixing controlled direct chemistry (MCDC) model for diesel engine combustion modelling using large eddy simulation[J]. Combustion Theory and Modelling, 2012, 16 (3): 571 - 588.

[10]LIU S, LI H, GATTS T, et al. An investigation of NO_2 emissions from a heavy-duty diesel engine fumigated with H_2 and natural gas[J]. Combustion Science and Technology, 2012, 184(2): 2008 - 2035.

[11]WANG J, STRUCKMEIER U, YANG B, et al. Isomer-specific influences on the composition of reaction intermediates in dimethyl ether/propene and ethanol/propene flame[J]. The Journal of Physical Chemistry A, 2008, 112(39): 9255 - 9265.

[12]FRASSOLDATI A, FARAVELLI T, RANZI E, et al. Kinetic modeling study of ethanol and dimethyl ether addition to premixed low-pressure propene-oxygen-argon flames[J]. Combustion and Flame, 2011, 158(7): 1265 - 1276.

[13]ZHAO F Y, YU W B, PEI Y Q, et al. Kinetic modeling of soot formation with highlight in effects of surface activity on soot growth for diesel engine partially premixed combustion[J].

SAE Paper, 2013: 1101 - 1104.

[14] BELARDINI P, BERTOLI C, BEATRICE C, et al. Application of a reduced kinetic model for soot formation and burnout in three-dimensional diesel combustion computations [J]. Symposium (International) on Combustion, 1996, 26(2): 2517 - 2524.

[15] SJÖBERG M, DEC J E. An investigation of the relationship between measured intake temperature, BDC temperature, and combustion phasing for premixed and DI HCCI engines [J]. SAE Transactions, 2004, 113(3): 1271 - 1286.

[16] ZHANG Y, RUTLAND C J. A mixing controlled direct chemistry (MCDC) model for diesel engine combustion modelling using large eddy simulation[J]. Combustion Theory and Modelling, 2012, 16(3): 571 - 588.

[17] SINGH S, REITZ R, MUSCULUS M, et al. Validation of engine combustion models against detailed in-cylinder optical diagnostics data for a heavy-duty compression-ignition engine [J]. International Journal of Engine Research, 2007, 8(1):97 - 126.

[18] POMRANING E, RUTLAND C J. A dynamic one-equation nonviscosity large-eddy simulation model[J]. AIAA Journal, 2002, 40(4): 689 - 701.

[19] LI Y, KONG S C. Diesel combustion modelling using LES turbulence model with detailed chemistry[J]. Combustion Theory and Modelling, 2008, 12(2): 205 - 219.

[20] MENON S, YEUNG P K, KIM W W. Effect of subgrid models on the computed interscale energy transfer in isotropic turbulence[J]. Computers & Fluids, 1996, 25(2):165 - 180.

[21] HU B, RUTLAND C J, SHETHAJI T A. A mixed-mode combustion model for large-eddy simulation of diesel engines [J]. Combustion Science and Technology, 2010, 182 (9): 1279 - 1320.

[22] BHARADWAJ N, RUTLAND C, CHANG S M. Large eddy simulation modelling of spray-induced turbulence effects [J]. International Journal of Engine Research, 2009, 10 (2): 97 - 119.

第6章 柴油/甲醇二元燃料燃烧特性

发动机的燃烧过程直接影响到燃油经济性和排放性，因此深入认识二元燃料发动机的燃烧过程，进而有效控制二元燃料发动机的燃烧路径至关重要。典型的柴油机燃烧分为预混燃烧和扩散燃烧两个阶段，分别受控于燃油的化学反应速率和混合速率[1]。而柴油/甲醇二元燃料燃烧是一种将甲醇由进气道或进气歧管喷入，经过雾化蒸发过程与空气形成均质混合气进入气缸，并与缸内直喷的柴油协同燃烧的新型燃烧方式。柴油/甲醇二元燃料发动机涉及两种燃料的多种不同燃烧模式，包括甲醇与柴油的预混燃烧、柴油的扩散燃烧、醇的火焰传播和甲醇的自燃等，因此，燃烧过程更为复杂。

近年来，柴油机均质充量压缩燃烧方式受到越来越多的重视。均质充量压缩燃烧方式(HCCI)燃烧的基本特征是均质、压燃、低温燃烧，被认为是新一代内燃机高效清洁的燃烧方式[2]。HCCI 燃烧为稀混合气低温下的着火燃烧，均匀充量的预混燃烧将避免炭烟与 PM 的生成，燃烧持续期的缩短与燃烧在较低温度下进行可以有效抑制 NO_x 的生成。HCCI 较低的燃烧温度显著降低了传热损失，快速燃烧的性质使燃气做功效率显著提高，具有同时降低排放和提高热效率的潜力。但是，HCCI 在混合气制备、控制着火时间和抑制爆震方面还不成熟，针对 HCCI 的研究工作还处于实验室阶段。柴油/甲醇二元燃料(Diesel Methanol Dual Fuel, DMDF)通过进气道喷射甲醇，形成均质混合气，被缸内直喷的柴油引燃，部分地满足了 HCCI 燃烧的均质特点。甲醇的高汽化潜热，在雾化蒸发混合过程中吸收进气和压缩过程中大量的热，使燃烧温度有所降低，亦具有了低温燃烧的特点。与 HCCI 有所不同的是，二元燃料着火时仍然是柴油模式，在某些工况，甲醇的燃烧属于柴油束火焰的多点点火，甚至存在火焰传播。因此，柴油/甲醇二元燃料发动机是准均质压燃燃烧，继承了 HCCI 燃烧高效清洁的优点，也存在传统压燃机和点燃机的特性。

本章介绍了柴油/甲醇二元燃料燃烧的基本特征；描述了柴油/甲醇二元燃料发动机的性能，讨论了醇油比对发动机性能的影响，以获得实现最佳经济性的最优掺醇比；然后对影响二元燃料发动机燃烧特性的若干边界条件展开研究，获得了最优化的进气温度和排气背压参数；最后探讨了柴油/甲醇二元燃料燃烧的运行边界，为整车标定提供了理论基础。

6.1 柴油/甲醇二元燃料燃烧基本特征

2001 年，Kazuhiro Akihama 等在 Kamimoto 等试验结果的基础上，以正庚烷和苯均质混合气代替柴油燃料，通过 SENKIN 代码计算得出了柴油机主要排放产物与混合气浓度(当量比)、温度间的函数关系。数据经过整理，形成图 6-1 所示的 φ—T 图[3]。其中 LTR(Low Temperature Reaction)表示燃油开始低温反应的温度，HTR(High Temperature Reaction)表示燃油高温反应的温度。由图可知，完全避开 NO_x和 PM 排放的产生，必须是缸内的浓度和温度分布满足特定的条件,即 $\varphi<2, T<2\ 200$ K。如果燃烧温度低于 1 650 K,无论当量比多高,NO_x 和 PM 排放区都能完全避开。

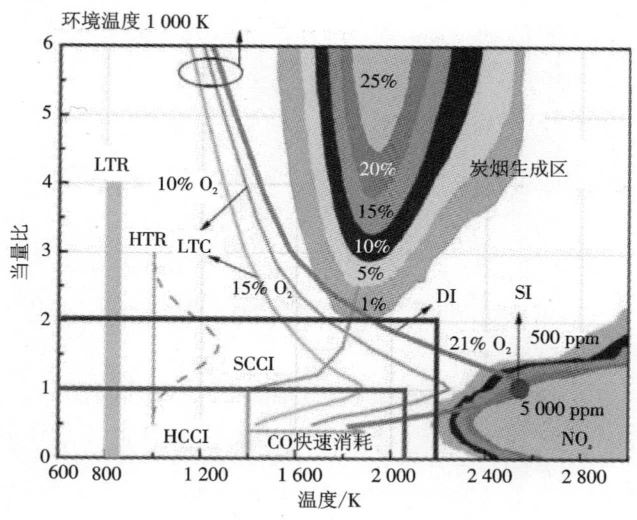

图 6－1　φ—T 原理图[4]

6.1.1　DMDF 是介于 HCCI 和传统燃烧之间的燃烧模式

图 6－2 描述了纯柴油模式、HCCI 和 DMDF 三种燃烧模式的放热率特征。传统柴油机燃烧过程从燃油喷射开始,柴油与空气混合,并且在喷雾边缘理论当量比处开始高温反应,触发了混合气体的自燃,表现为预混燃烧。它的特征是从不完全燃烧产物"浓的预混燃烧"开始,到喷油结束。这种浓的预混燃烧是贫氧的不完全燃烧,燃烧过程只有在与氧气的进一步混合下才能继续。预混燃烧是滞燃期内混合好的可燃混合气一起燃烧,在放热率曲线上形成第一个峰值。在预混燃烧阶段,当量比没有明显变化,但是燃料燃烧放出的热量使温度升高,将燃烧带入炭烟生成区。其后的燃烧过程受喷油扩散率的影响,混合气的燃烧在不断扩散、不断升温的过程中进行,最终到达 NO_x 的生成区域,产生大量的 NO_x。受混合速率的限制,柴油机的燃烧放热一直持续到活塞下行。到燃烧后期,缸内局部浓度、温度条件决定了发动机的排放结果、燃烧效率和热效率。

HCCI 燃烧在着火发生前就已经制备了比较均匀的燃空混合气,混合气的当量比一般小于 2,即小于炭烟生成的阈值。随着活塞的上行,气缸内的温度和压力不断上升,已混合均匀的混合气多点同时达到自燃条件,使燃烧在多点同时发生,而且没有明显的火焰前锋,燃烧反应迅速,燃烧温度低且分布均匀,因而只生成极少的 NO_x 和 PM。由于燃烧结束迅速,燃烧持续期短,因此 HCCI 燃烧具有很高的经济性。在 HCCI 主燃烧期内可燃混合气几乎同时着火,使放热率迅速升高,表现出放热率曲线出现大的峰值。

HCCI 燃烧速度较快,燃烧始点和放热率对压缩冲程中充量温度、压力等较敏感,控制困难,所以目前还处于实验室研究阶段。HCCI 燃烧模式有如下局限性。

①HCCI 发动机运行范围较窄。HCCI 发动机燃烧受到失火(混合气过稀)和爆燃(混合

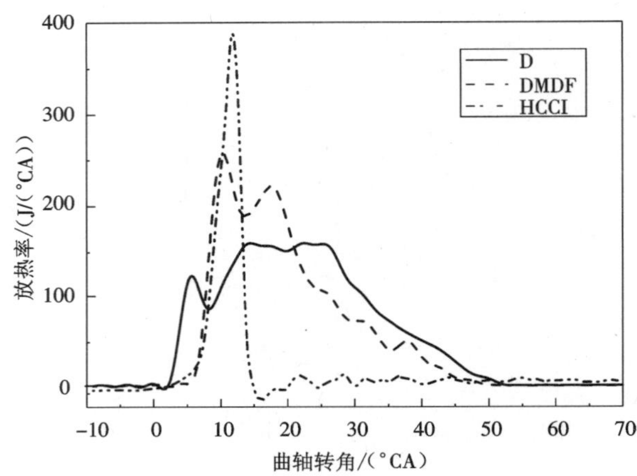

图 6-2　压燃式发动机不同燃烧模式下的放热率对比

气过浓)的限制,使得发动机运行范围变窄。对于高十六烷值燃料,由于 HCCI 发动机燃烧非常迅速,在高负荷工况下易发生爆震;对于高辛烷值燃料,由于 HCCI 的燃烧为稀薄燃烧,发动机在小负荷工况下容易失火。

②HCCI 发动机的 HC 和 CO 排放偏高。这主要是由于 HCCI 燃烧通常采用较稀的混合气和较强的 EGR,使缸内温度过低,燃烧不完全。

DMDF 燃烧模式下甲醇在进气道喷射,在着火前已经与空气形成均质混合气,该混合气当量比维持在 1 以下。但是甲醇不易着火,活塞运行至上止点时不能自行着火,需要缸内直喷柴油作为点火源。而根据许汉君等[4]的研究,缸内直喷的柴油在甲醇空气混合气的氛围下滞燃期会变长,有利于柴油空气混合气的制备。当柴油被压燃前,气缸内的燃料与空气分成三部分:$\varphi<1$ 的甲醇空气混合气,$\varphi>2$ 的柴油空气混合气和 $\varphi>4$ 的柴油喷雾浓区。$\varphi>2$的柴油空气混合气首先着火,同时点燃周围的甲醇空气混合气,之后使缸内同时发生甲醇的火焰传播和柴油的扩散燃烧。由于预混燃烧中包含甲醇,并且由于长的滞燃期过程中形成了更多的柴油空气混合气,使 DMDF 燃烧在放热率曲线上表现出比纯柴油高的预混燃烧峰值。由于扩散燃烧和火焰传播的存在,使 DMDF 的燃烧持续期长于 HCCI 燃烧,但明显短于传统柴油机燃烧。DMDF 燃烧中,柴油甲醇混合气的燃烧当量比不变,温度急剧升高时,不会经过炭烟生成区,但有可能进入 NO_x生成区。由于甲醇的加入降低了柴油的扩散燃烧质量,使柴油空气混合气当量比下降,不利于进入炭烟生成区。多点同时燃烧,同时降低了燃烧室内温度梯度,使温度分布更均匀,有效避免了局部高温区的出现,也可能不进入 NO_x生成区。但是二元燃料燃烧过程复杂多变,燃烧历程的变化与发动机工况、替代率等息息相关。高替代率使 DMDF 更倾向于 HCCI 模式,低替代率时 DMDF 更类似传统柴油机燃烧模式,但是 DMDF 对燃烧相位的控制明显比 HCCI 容易。

6.1.2　柴油/甲醇二元燃料燃烧特性

1. 缸内压力、压力升高率和最高燃烧压力特性

图 6-3 所示为转速 1 285 r/min 和 2 112 r/min、负荷 25% 和 100% 下 4 个工况点的纯

柴油模式和 DMDF 模式的缸内压力变化图。由图可见，所有工况点缸内压力变化都有一个共同的特点，进气道喷入的甲醇与空气形成准均质甲醇混合气进入气缸后，在发动机压缩过程中，DMDF 模式的气缸压力比纯柴油模式要低，这主要是因为压缩时甲醇汽化吸热降低了温度，使得缸内压力有所降低；但是当燃烧发生时，DMDF 模式的最大压力升高率较纯柴油大得多，最高压力也较大，这主要是因为甲醇作为均质混合气进入气缸，大幅度提高了预混合燃烧量，更加增强了均质混合气压燃的趋势，提高了燃烧热效率。

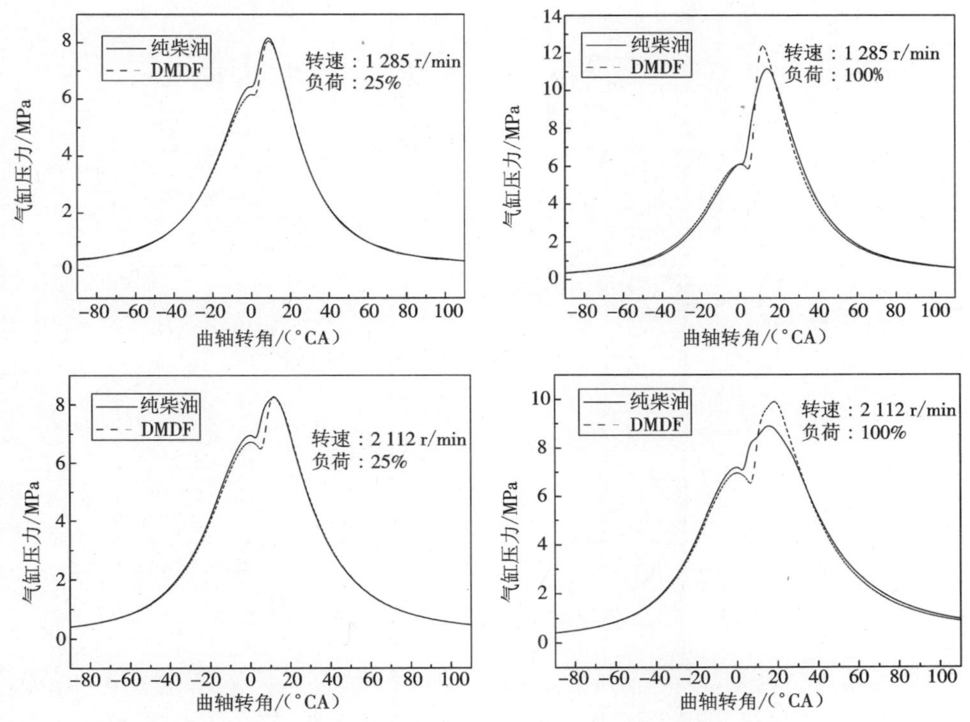

图 6－3　不同工况下纯柴油与 DMDF 发动机缸内压力

在低速低负荷（转速 1 285 r/min，负荷 25%）和高速低负荷（转速 2 112 r/min，负荷 25%）时，虽然放热率有所提高，但是 DMDF 模式下最高压力较纯柴油模式要低，这主要是低负荷工况下发动机温度较低，而甲醇的高汽化潜热使得温度继续降低，故燃烧会出现恶化，替代率和替换比也相对较差。这说明在低负荷工况下，应该严格控制甲醇的喷入量，即要避免在低速低负荷时缸内压力降低过大和失火的发生。

在低速高负荷（转速 1 285 r/min，负荷 100%）和高速高负荷（转速 2 112 r/min，负荷 100%）时，DMDF 模式下最高压力较纯柴油模式要高，较高的燃烧压力使得燃烧的热效率也较高，但是过高的燃烧压力容易导致较高的燃烧噪声，甚至爆燃和爆震。所以，本次试验的 DMDF 模式在高负荷下严格控制甲醇的替代率，以避免甲醇喷入过多发生爆震现象。

图 6－4 所示为 4 个工况点在 DMDF 模式和纯柴油模式下的缸内压力升高率变化图。在低转速低负荷（转速 1 285 r/min，负荷 25%）和高转速低负荷（转速 2 112 r/min，负荷 25%）时，DMDF 模式下的压力升高率比纯柴油模式略高，当保持转速不变，随着负荷的升

高，压力升高率逐渐变得明显起来。在低转速高负荷（转速 1 285 r/min，负荷 100%）和高转速高负荷（转速 2 112 r/min，负荷 100%）时，DMDF 模式下的压力升高率比纯柴油模式有较大幅度的提高，而随转速的升高，两模式的压力升高率区别逐渐变小。

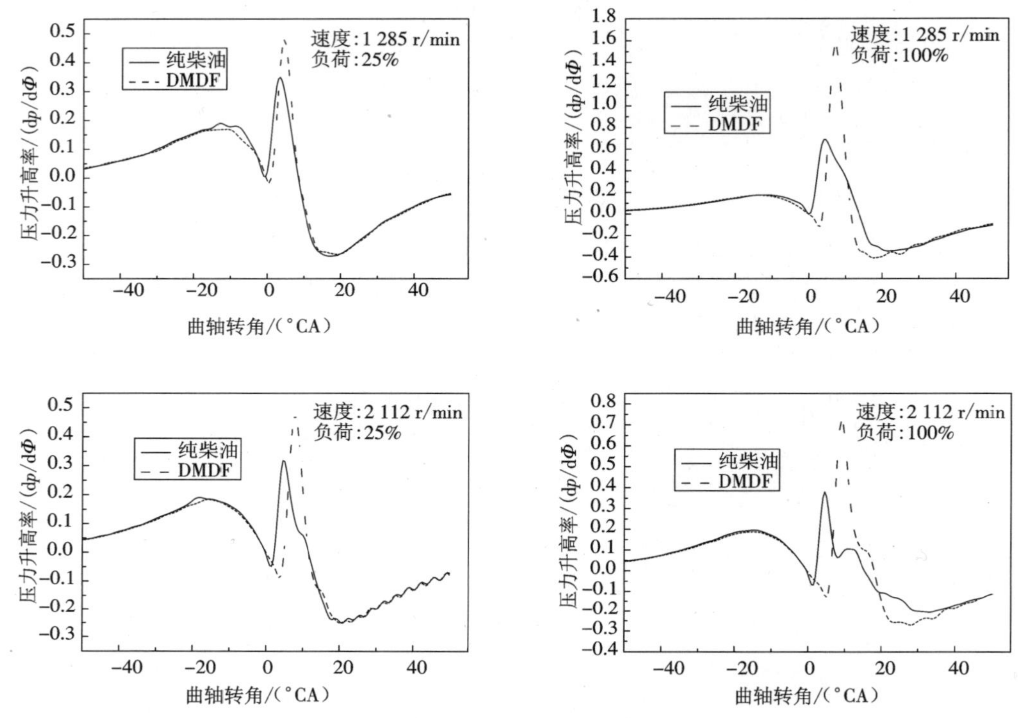

图 6-4 不同工况下纯柴油与 DMDF 发动机压力升高率

图 6-5 所示为转速 1 285 r/min 和 2 112 r/min，负荷 25%、50%、75% 和 100% 下纯柴油模式和 DMDF 模式的最大爆发压力对比图。在低速高负荷、高速低负荷和高速高负荷时，甲醇的加入使得最大爆发压力有所增大；但是在低速低负荷工况下，最高燃烧压力在加入甲醇时却略有下降。这是因为甲醇的加入，燃烧温度过低，燃烧不是很完全，效率也有所降低，燃烧压力自然不会太高，这也表明了在低速低负荷时，不宜大比例提高甲醇的替代率。

2. 放热率和示功图特性

图 6-6 所示为 4 个工况点的纯柴油模式和 DMDF 模式的放热率对比曲线图。由图可以看出，DMDF 模式的初始放热率都较相同平均有效压力下纯柴油的初始放热率高，而且都推迟了燃烧起始点。

在低速低负荷（转速 1 285 r/min，负荷 25%）工况下，纯柴油模式和 DMDF 模式的放热率均为单峰形式。纯柴油模式时在对外做功较小，喷入的柴油量少，雾化效果比较好，使得预混燃烧的部分增大；DMDF 模式时，喷入甲醇后着火时刻较纯柴油有所推迟，而放热率的形式基本相同，放热率峰值较纯柴油模式有所增加，但是喷醇起点的放热率相对于纯柴油有所降低，并且使得放热率峰值出现得比纯柴油模式较晚。

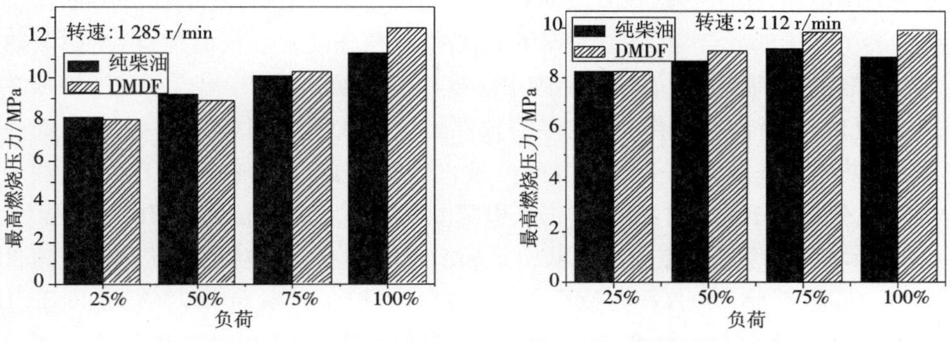

图 6-5　不同工况下纯柴油与 DMDF 发动机最大爆发压力

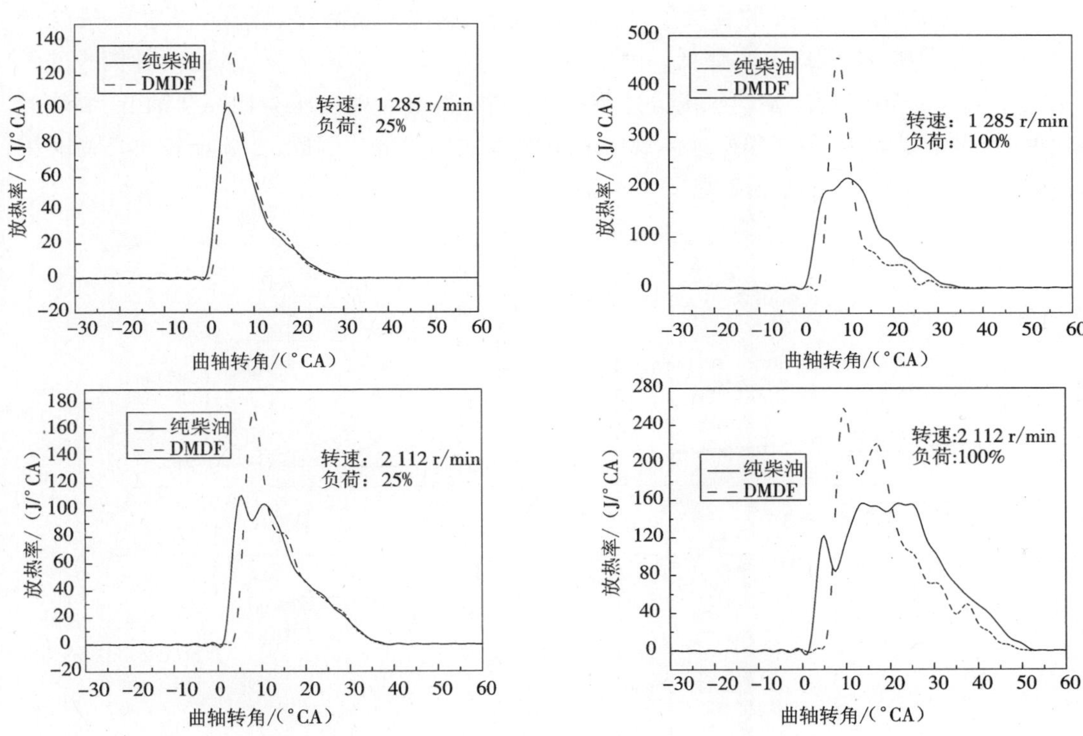

图 6-6　不同工况下纯柴油与 DMDF 发动机放热率曲线

在高速低负荷（转速 2 112 r/min，负荷 25%）和低速高负荷（转速 1 285 r/min，负荷 100%）工况下，DMDF 模式的放热率呈现的是预混燃烧部分，使得纯柴油的双峰放热率形态在 DMDF 模式下放热率急剧升高，均呈现出单峰放热的形式，类似均质压燃，基本上没有扩散燃烧部分，这对减少扩散燃烧期间的微粒生成有利。

在高速高负荷（转速 2 112 r/min，负荷 100%）工况下，纯柴油模式时，预混的初始放热只占一小部分，占主要地位的还是扩散燃烧放热。但是在 DMDF 模式下，一方面柴油提供的负荷降到了原机的 30% 左右，柴油喷射量的减少导致降低负荷之后的燃油喷射发生了一些变化；另一方面甲醇的进气道喷射形成了均质的甲醇混合气氛围，由于甲醇较低的十六烧值使得滞燃期增加,从而使更多的柴油在甲醇混合气氛围里得到了均匀的混合,当被压燃的柴油引燃了与柴油混合均匀的甲醇,大量的甲醇和柴油一起同时燃烧,所以放热率急剧升高,整个燃烧持续期缩短,放热更加集中。故在 DMDF 模式下,初始预混燃烧放热占主要部分,主要是较长的滞燃期导致的较多的预混燃烧形成了放热率的第一个峰,而随后的扩散燃烧使放热率形成了第二个峰。由此可见,达到同样的平均有效压力,纯柴油的放热率与 DMDF 的放热率有明显的变化,这也是甲醇能够提高发动机燃烧效率的主要原因。

图 6-7 所示为 4 个工况点的纯柴油模式和 DMDF 模式的示功图对比。在低速低负荷(转速 1 285 r/min,负荷 25%)和高速低负荷(转速 2 112 r/min,负荷 25%)工况下,DMDF 模式时,甲醇类燃料的十六烷值低,着火性能差,汽化潜热很高,因此压缩初始状态温度的降低,引起最高燃烧温度的降低,低负荷下的着火时刻过于滞后,整个燃烧发生在膨胀行程。这几方面的因素导致稀混合气条件下,缸内燃烧温度显著降低,混合气发生不完全燃烧,膨胀损失增加,指示热效率降低。因此,在相同的平均有效压力下,从这两种模式的示功图对比来看,DMDF 模式发动机优势并不是很明显,其最大爆发压力比纯柴油低,燃烧效率较低,效果不尽理想,不能很好地体现出 DMDF 模式的优势。因此,需要在较小负荷时采用适宜的、替代率合适的燃烧模式。

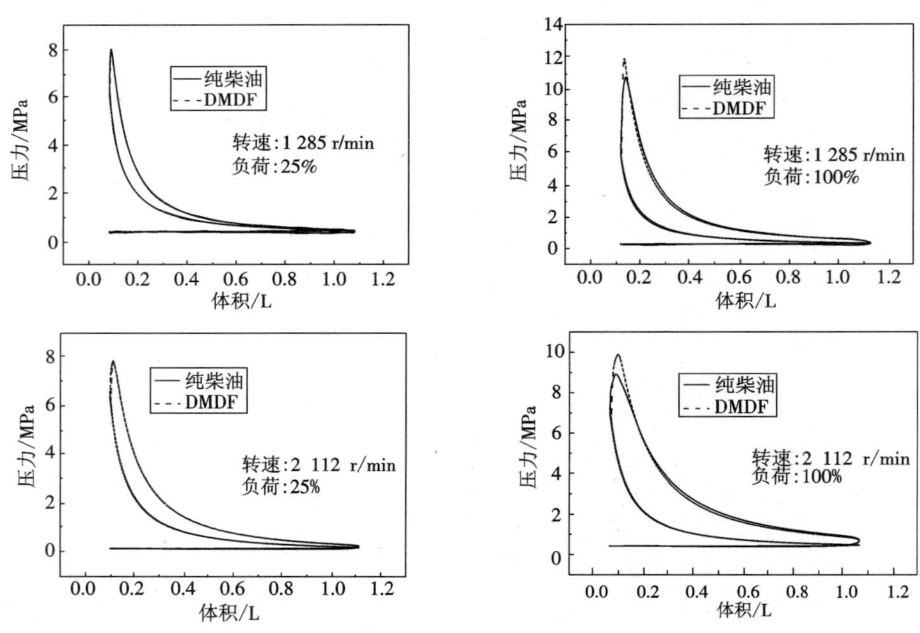

图 6-7 不同工况下纯柴油与 DMDF 发动机示功图

由图还可以看出,在低速高负荷(转速 1 285 r/min,负荷 100%)和高速高负荷(转速 2 112 r/min,负荷 100%)的 DMDF 模式下,缸内最大压力明显提高,且爆发压力最大时,发动机活塞处于上止点(上止点后 20 °CA)附近,散热面积最小。由于柴油机后期的扩散燃烧,燃烧持续至活塞下行一段时间,以维持其等压燃烧过程。在这个过程中,超过 2 000 K 的燃烧高温将热量传到燃烧室的四周,进而通过冷却水散走。而由放热率曲线可知,柴油在甲醇混合气中燃烧，其燃烧持续期缩短，放热加快，减少了传到燃烧室周边的热量。而且，在 DMDF 模式下，从压缩终点到最高压力点体积基本不变，这增加了燃料定容燃烧的部分，因此，有利于提高燃料能量的利用效率。

3. 缸内燃烧温度和最高燃烧温度特性

图 6－8 所示为 4 个工况点的纯柴油模式和 DMDF 模式的缸内燃烧温度变化曲线图。由图可以看出，在各个工况下，柴油没有压缩引燃前，DMDF 模式的初始缸内温度比原机稍低，处于相对低温燃烧。这是由于甲醇在进气管喷射和空气形成甲醇混合气汽化吸热，降低了缸内温度。

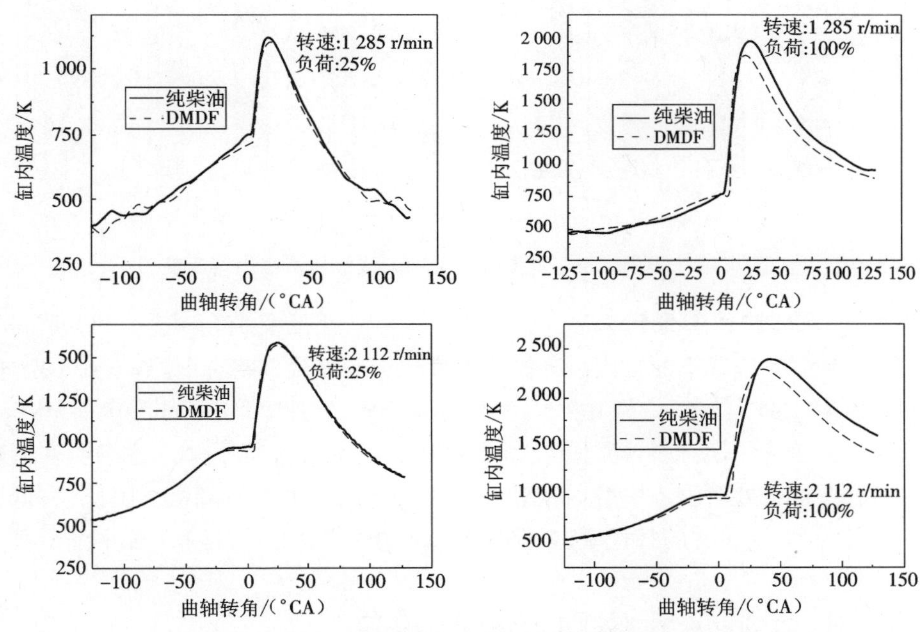

图 6－8　不同工况下纯柴油与 DMDF 发动机缸内温度图

在低速低负荷（转速 1 285 r/min，负荷 25%）和高速低负荷（转速 2 112 r/min，负荷 25%）工况下，DMDF 模式下的缸内平均温度比原机模式下略低一点，主要原因为在低负荷工况下，发动机本身的温度相对较低，此时进气道喷射的甲醇不利于燃料的蒸发和燃烧，对低负荷下缸内平均温度的影响比较小。因此，在低负荷时，DMDF 模式下缸内平均温度较纯柴油模式略低。

在低速高负荷（转速 1 285 r/min，负荷 100%）和高速高负荷（转速 2 112 r/min，负荷 100%）工况下，DMDF 模式下的缸内平均温度比原机模式有大幅度的下降，原因为在高负荷工况下，发动机本身温度比较高，有利于气缸内大部分的甲醇混合气的裂解反应，生成 H_2 和 CO。裂解后的 H_2 和 CO，其热值比液体甲醇高 21%，比气态甲醇高 14%。发动机在压缩过程中原本将压缩中的热量传到冷却水中，现在由甲醇裂解吸收一部分；同时由于吸收压缩过程热量，减少压缩功，有利于提高发动机的机械效率。

图 6－9 所示为转速 1 285 r/min 和 2 112 r/min，负荷 25%、50%、75% 和 100% 下纯柴

油模式和 DMDF 模式的最高燃烧温度对比图。由图可以看出,各个工况下 DMDF 模式下的最高燃烧温度均低于原机模式,一方面是因为甲醇进气道喷射与空气形成甲醇混合气汽化吸收了缸内一部分热;另一方面是因为甲醇蒸气在缸内的裂解进一步吸热,最高燃烧温度降低,使得整个缸内处于一个相对低温燃烧状态。总之,DMDF 模式会降低进气温度,降低燃烧开始前的缸内温度,减少高温持续时间,降低缸内最高燃烧温度,这为同时大幅度降低 NO_x 和 PM 排放提供了很好的解释。

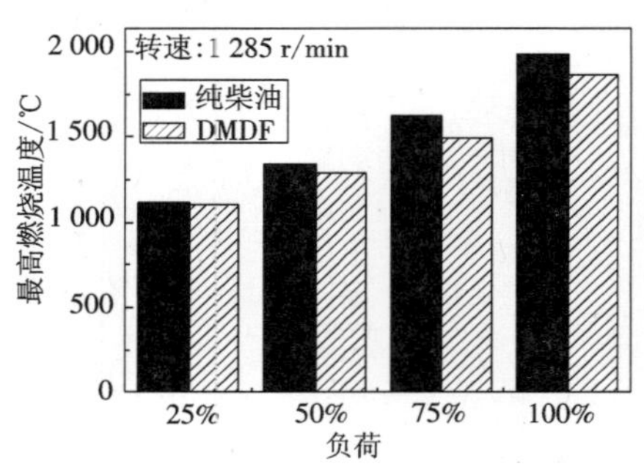

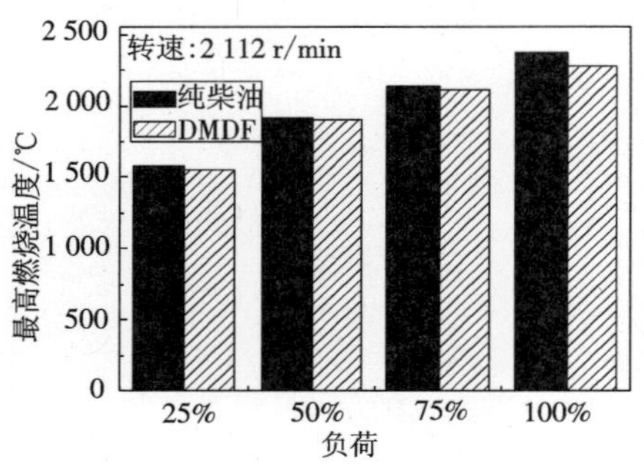

图 6-9 不同工况下纯柴油与 DMDF 发动机最高燃烧温度

在低速低负荷(转速 1 285 r/min,负荷 25%)和高速低负荷(转速 2 112 r/min,负荷 25%)工况下,DMDF 模式下的缸内最高燃烧温度比纯柴油模式略有下降,但并不明显;在低速高负荷(转速 1 285 r/min,负荷 100%)和高速高负荷(转速 2 112 r/min,负荷 100%)工况下,DMDF 模式下的缸内最高燃烧温度比纯柴油模式有大幅度的下降。这表明在低负荷工况下,燃烧温度过低,此时喷入甲醇后,燃烧不很完全,效率也有所降低。因此,在低速低负荷时,不宜大比例提高甲醇的替代率,以保证 DMDF 模式下的经济性和排放性能[5,6]。

6.2 柴油/甲醇二元燃料发动机性能

6.2.1 DMDF 发动机燃烧模式在柴油机上的实现

柴油/甲醇二元燃料燃烧是指在冷机和小负荷工况下,发动机使用纯柴油模式运行,在中高负荷,通过进气道预混甲醇和缸内直喷柴油,两种燃料在缸内混合并最终由直喷的柴油引燃燃烧。为了实现 DMDF 燃烧模式,在发动机进气歧管或进气总管处加装如第 3 章所述的喷醇器,一般由 4 至 6 个甲醇喷嘴组成。在电动甲醇泵的作用下,甲醇经过甲醇箱、粗滤器、细滤器、甲醇泵、甲醇压力调节阀加压到 0.35 MPa 后供给到喷醇器中,由专用的电控单元控制甲醇喷嘴的喷射最终进入进气道。多余的甲醇,在压力调节阀的作用下,通过回醇管路返回到甲醇箱。甲醇电控单元(即 ECU)通过发动机转速、油门开度和冷却水温等参数计算甲醇的喷射量和甲醇的喷射时刻,从而控制甲醇喷嘴电磁阀的开闭,实现甲醇喷射参数随发动机工况和替代率的实时调节。DMDF 发动机台架系统详图参见图 6-10[7,8]。

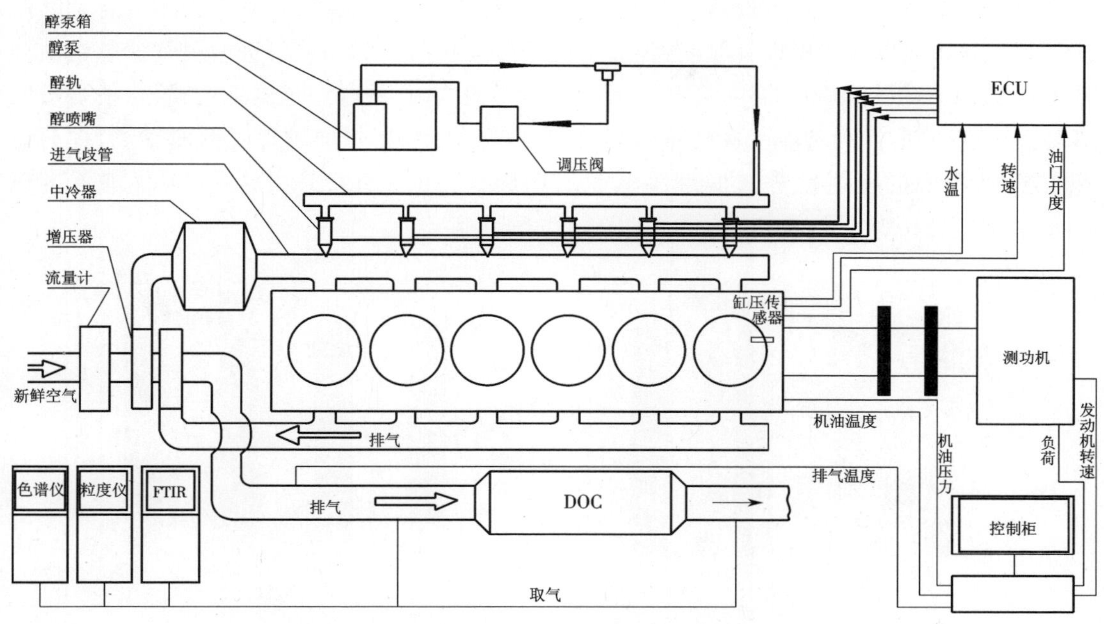

图6-10　DMDF发动机台架系统

6.2.2　传统柴油机与DMDF发动机进排气对比

内燃机的换气过程是内燃机排出本循环的已燃气体和为下一循环吸入新鲜充量(空气或可燃混合气)的过程,它是工作循环得以周而复始不断进行的保证。内燃机的性能在很大程度上依赖其进气过程,为提高排放性、经济性和动力性指标,需要研究减少进排气流动损失和提高充量系数或进气氧含量的措施及方法。在DMDF发动机中,甲醇在进气道喷射后的雾化蒸发过程中吸收大量的热,在一些工况发动机中冷温度甚至能低到零度以下,这势必造成进气密度升高,从而提高进气量。同时,甲醇的汽化占据一部分新鲜空气的体积,也会降低进气量。因此,DMDF发动机进气量的变化与工况及甲醇替代率关系复杂,但是研究发现,DMDF进气总含氧量一般高于原柴油机水平。

甲醇的汽化潜热为1 101 kJ/kg,柴油的蒸发潜热为250 kJ/kg,甲醇汽化潜热是柴油汽化潜热的4倍多,甲醇喷入进气道后将会汽化吸热,会大幅度降低进气温度。空气经压气机作用后温度上升,随着发动机负荷增加,压缩后的空气温度上升愈盛。甲醇汽化吸热来自发动机自身冷却系统的热量,回收一部分传进冷却系统的热量,使进气温度降低,从而也降低了最终燃烧温度,有利于节能。

图6-11所示为转速1 285 r/min和2 112 r/min,负荷为25%、50%、75%和100%下纯柴油模式和DMDF模式的进气温度对比图。由图可以看出,DMDF模式下的进气温度比纯柴油模式平均下降80%以上,而且各个转速下,随着负荷的升高,进气温度的下降幅度逐渐变大。在高负荷下,原柴油机的进气温度较高,会导致进气量减少,影响柴油机的经济性和排放性能。图6-12为DMDF车与纯柴油车实际道路运行中进气温度的变化。可以看出,

实际运行过程中二元燃料发动机进气温度比台架试验时进气温度下降得更多。二元燃料运行时发动机在低转速时进气温度为 -2 ℃,低于纯柴油的 7 ℃,高转速时进气温度也由纯柴油的 12 ℃降低到 DMDF 的 -1 ℃。采用 DMDF 模式时,甲醇在进气道的喷射,使得进气温度大幅度降低,大大增加了进气量,而且甲醇本身自带氧,更加改善了缸内燃烧,在高转速工况下,甲醇的喷射使进气温度降低更加明显,缸内燃烧效果更佳,从而改善了排放性能。

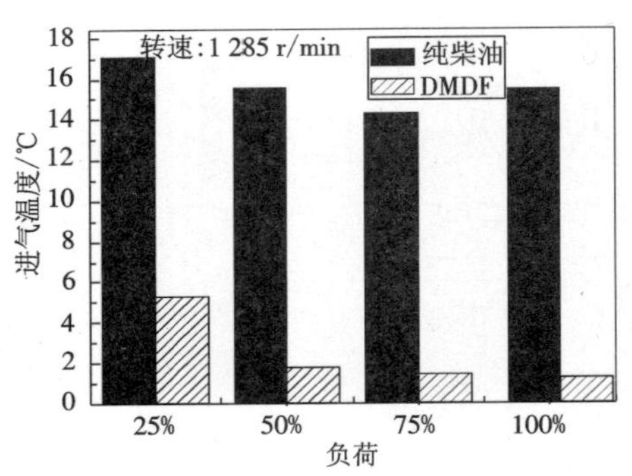

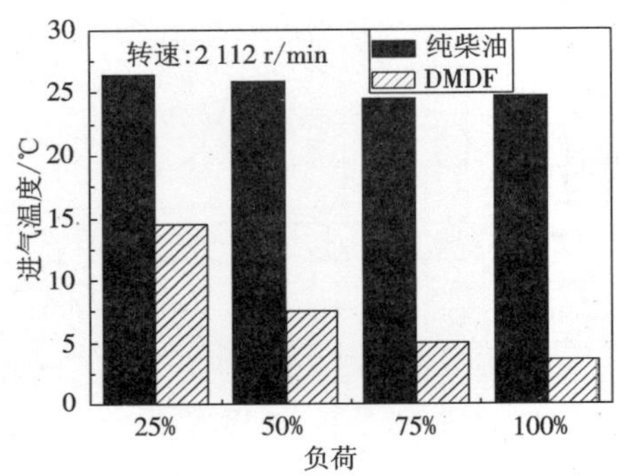

图 6-11 纯柴油与 DMDF 模式台架试验进气温度对比

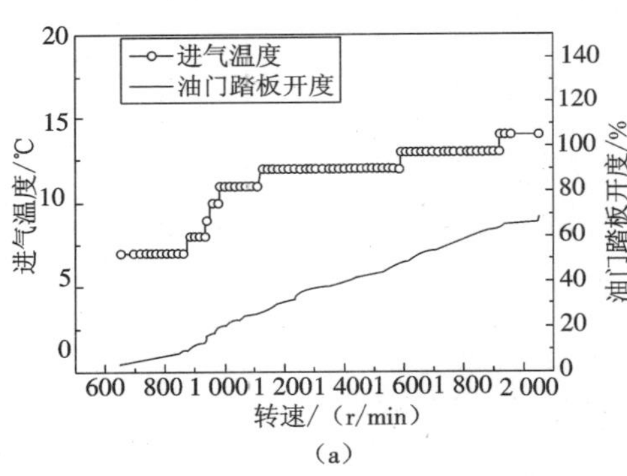

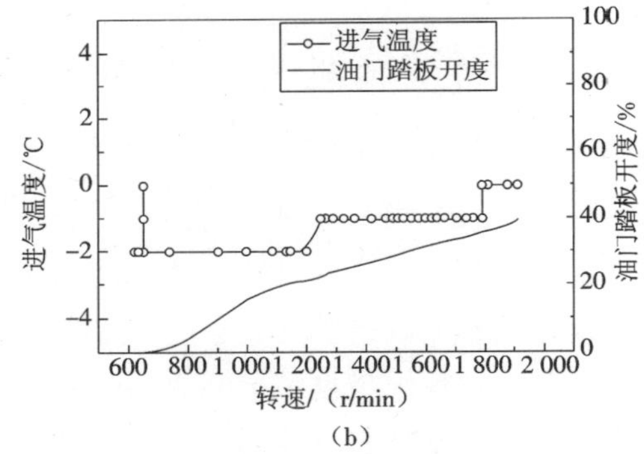

图 6-12 DMDF 与纯柴油模式车辆实际运行的进气温度对比

(a)纯柴油 (b)DMDF

图 6-13 和图 6-14 分别为外特性时二元燃料与纯柴油模式时进气质量流量和排气温度的变化图。由图 6-13 可以看出,无论纯柴油模式还是 DMDF 模式,随着转速的升高,发动机进气量都大幅度增加。但是随着甲醇替代率的增大,与纯柴油模式相比,DMDF 模式进气量总体呈下降趋势。低转速 DMDF 模式进气量的降低并不明显,随着转速的升高,进气量降低幅度逐渐增加,在高转速时又趋于一致。甲醇的汽化潜热值是柴油的四倍多,沸点也较低(为 64.7 ℃),从进气歧管喷入后会立即蒸发吸热,造成进气温度的下降。

进气温度的大幅度降低势必引起进气密度的增加,这将有利于进气流量的增加;另一方面甲醇喷入后吸热汽化会占一定的气缸体积,因此也会使进气流量有减小的趋势。由图 6-14 可见,随着甲醇替代率的增加,排气温度依次下降,这是由 DMDF 准均质压燃燃烧的特点决定的。由 6.1 节可知,由于甲醇进气道喷射使压缩终了温度降低,同时引起滞燃期的

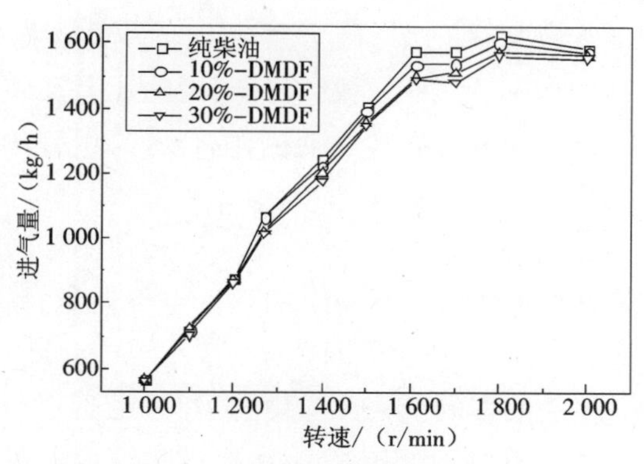

图6-13　进气量随甲醇替代率的变化

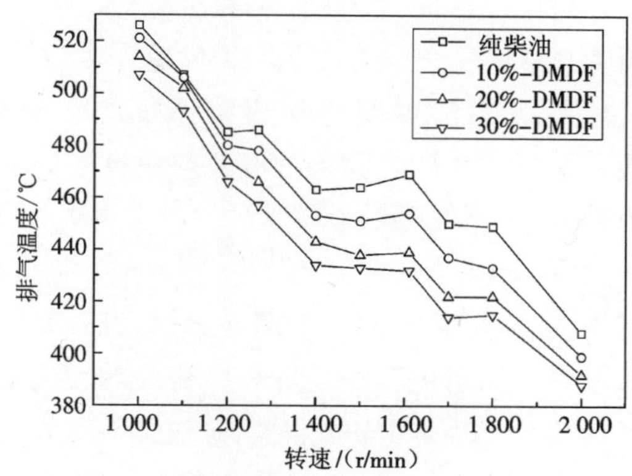

图6-14　排气温度随甲醇替代率的变化

延长，使得燃烧开始时刻缸内形成了较均匀的混合气，燃烧温度降低，造成排气温度大幅度降低，由纯柴油模式下的的470 ℃降低到DMDF模式下的430 ℃。排气温度的降低，使排气所包含的内能降低，进气流量也受一定的影响。进气温度的降低、排气温度的降低以及甲醇汽化占据体积这三个因素的影响决定了外特性时二元燃料燃烧进气量略低于原柴油机。同时，高转速时排气温度的下降造成排气能量的降低占据了主导作用，而在低转速时排气温度下降幅度不明显，因此进气流量也没有明显的下降。

对于常规发动机而言，进气流量的下降势必造成进气含氧量的降低，这对发动机动力性能及烟度排放不利。由于DMDF发动机在进气过程中喷入了高含氧的甲醇，因此进气总含氧量还必须考虑甲醇的因素。图6-15所示为不同甲醇替代率时喷射的甲醇质量流量。进气总含氧质量表示为

$$G_O = \mu\rho_O G_a + \nu G_m \tag{6-1}$$

式中：G_O表示进气总含氧质量；μ表示空气中氧气的体积分数；ρ_O表示常温常压下氧气的密度；G_a表示进气量；ν表示甲醇中氧的质量分数(0.5)；G_m表示甲醇质量流量。

由图6-13和图6-16对比可和，尽管DMDF模式下，进气量在高转速时有所降低，但是由于甲醇含氧，进气中总含氧量并没有降低，仍然维持与原柴油机相同的水平。

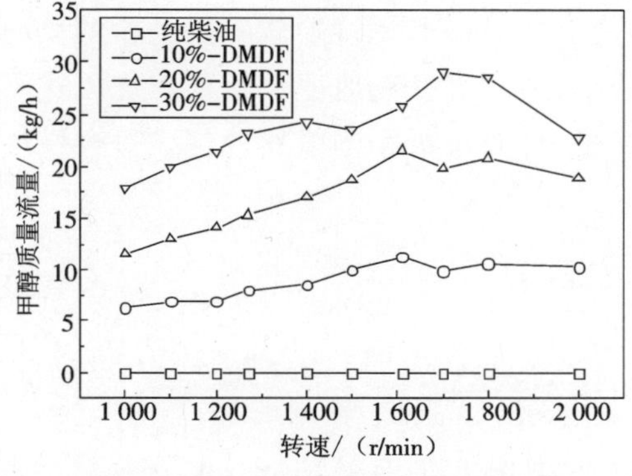

图6-15　各替代率下甲醇质量流量

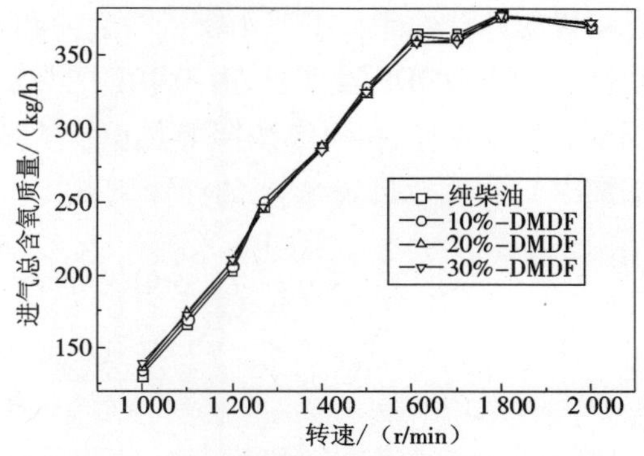

图6-16　进气总含氧质量随甲醇替代率的变化

对柴油机而言,为了保证喷入气缸的柴油能完全燃烧,过量空气系数 φ_a 总是大于 1,φ_a 越大意味着空气越充足,可以向气缸多喷油,提高发动机的功率;在喷油量一定的情况下,φ_a 越大,氧浓度越高,油气混合更加充分,有利于烟度、HC 及 CO 排放的降低,因此 φ_a 是反映混合气形成和燃烧完善程度及整机性能的一个指标。对于 DMDF 发动机,综合考虑甲醇的因素,过量空气系数表示为

$$\varphi_a = G_a/(G_d L_d + G_m L_m) \tag{6-2}$$

式中:G_d 表示柴油的质量消耗量;L_d 表示单位质量柴油完全燃烧所需要的理论空气质量;L_m 表示单位质量甲醇完全燃烧所需要的理论空气质量;其他符号含义同式(6-1)。

图 6-17 是 DMDF 发动机过量空气系数随甲醇替代率的变化图。由图可见,随着甲醇替代率的增加,过量空气系数变大。这意味着,一方面在发动机热负荷和机械负荷允许的范围内,可以对 DMDF 发动机适当强化,提高发动机的升功率;另一方面,过量空气系数的增加,可以显著缓解柴油束局部的过浓区,这也可能是 DMDF 发动机烟度排放降低的一个原因[9]。

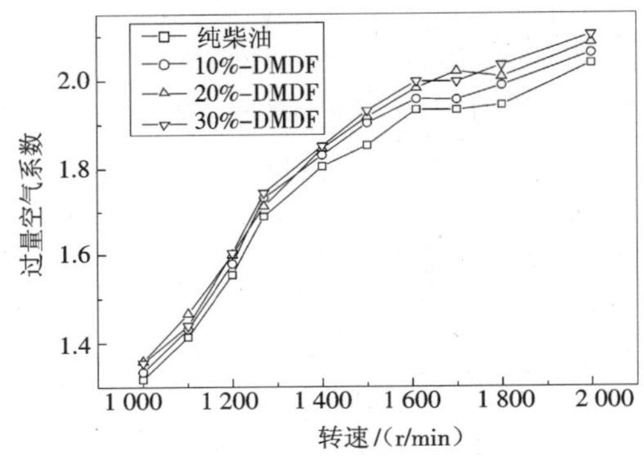

图 6-17 过量空气系数随甲醇替代率的变化

6.2.3 DMDF 发动机负荷特性

发动机负荷特性可以直观地显示内燃机在不同负荷下运转的性能,有利于全面地掌握发动机的综合性能。本节比较了纯柴油和 30% 替代率的 DMDF 燃烧模式下发动机的负荷特性。对于 DMDF 发动机,由于甲醇的热值比柴油小,为了更直观地比较两种燃烧模式下的发动机经济性,将甲醇按照等热值换算成柴油质量,计算出折合当量比油耗。折合燃油消耗率 b_e 和有效热效率 η_{et} 的计算见下式

$$b_e = \frac{3.6 \times 10^6 (q_{m,d} + q_{m,m})}{P_e} \tag{6-3}$$

$$\eta_{et} = \frac{P_e}{(q_{m,d} \times H_{u,d}) + (q_{m,m} \times H_{u,m})} \tag{6-4}$$

式中:b_e 表示有效燃油消耗率,g/(kW·h);P_e 表示发动机输出的有效功率,kW;$q_{m,d}$,$q_{m,m}$ 表示柴油和甲醇的质量流量,kg/s;$H_{u,d}$,$H_{u,m}$ 表示柴油和甲醇的质量低热值,kJ/kg。

图6－18给出了在纯柴油模式和30%甲醇替代率的DMDF模式下，有效燃油消耗率和有效热效率随发动机负荷的变化情况。从图中可以看出，两种模式下随着发动机负荷的增加，有效燃油消耗率先减少，到大负荷时又有所增加，于80%负荷时二元燃料达到最低燃油消耗率（为189.34 g/(kW·h)），而纯柴油最低燃油消耗率在50%负荷下获得（为197.37 g/(kW·h)）。随着发动机负荷的增大，有效热效率先是增加，在纯柴油模式下，中高负荷的热效率基本不变，只是在外特性点稍有降低；而在DMDF模式下，发动机有效热效率随着负荷增大一直升高，到80%负荷时达到最大（44.74%），比纯柴油模式有效热效率高4.5%，外特性有效热效率也有所下降（为44.17%），比纯柴油模式高5.5%。在55%负荷以下，DMDF发动机有效燃油消耗率大于纯柴油模式；大负荷时DMDF模式下的有效燃油消耗率低于纯柴油模式，主要是因为在小负荷时，循环喷油量较少，起点燃作用的柴油燃料较少，柴油燃料的能量不利于形成多点点火，甲醇的燃烧靠火焰传播形式。另外，由于负荷较小，进气预混的甲醇类燃料少，混合气稀，火焰传播速度慢，造成燃烧始点后移，缸内燃烧持续期延长，经济性恶化。但是，在中高负荷时，柴油量的增加使缸内点火源能量迅速增加，缸内预混燃烧峰值增加，甲醇空气混合气浓度的增加也使火焰传播速度增加，缸内放热接近上止点且燃烧迅速，提高了缸内气体的做功效率，使得中等负荷燃油消耗率低于纯柴油模式。

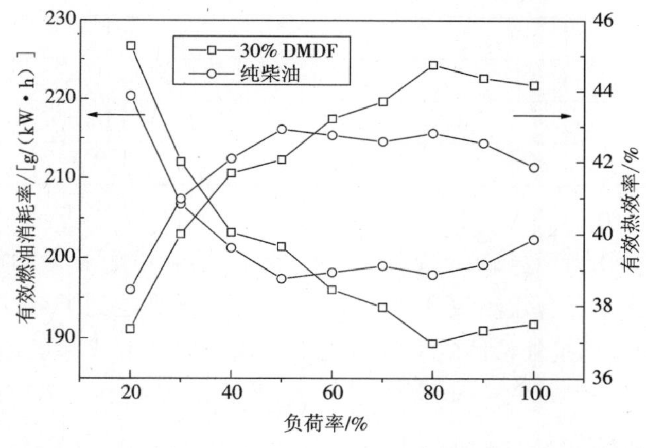

图6－18 纯柴油与DMDF模式有效燃油消耗率和热效率对比

6.2.4 DMDF发动机外特性

外特性反映内燃机所能达到的最高动力性能，体现其工作能力即动力性的特性。在DMDF模式下，由于进气中含有甲醇，能够达到的最大扭矩显著高于纯柴油模式。但是，考虑到发动机的设计极限，一般考虑在相同动力性情况下的纯柴油模式与二元燃料模式的经济性对比。

图6－19给出了折合当量燃油消耗率随甲醇替代率的变化图。由图可见，掺烧甲醇以后，折合当量燃油消耗率有较大幅度的下降，部分工况下降至190 g/(kW·h)以下，最低只有181.85 g/(kW·h)；而且随着掺烧甲醇比例的加大，下降幅度也加大。表6－1为不同甲

醇替代率时的平均折合当量燃油消耗率，随着掺烧甲醇比例的加大，平均折合当量燃油消耗率分别下降了2.50%、4.80%、6.03%，燃油经济性得到了大幅度提高。

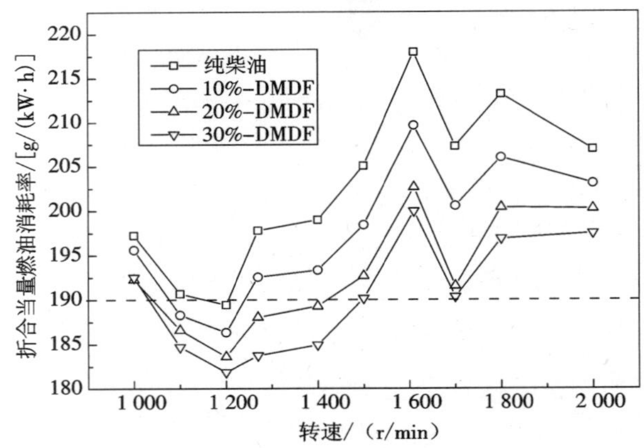

图6－19　折合比油耗随甲醇替代率的变化

表6－1　不同甲醇替代率下平均折合比油耗

掺醇比例	平均折合当量燃油消耗率/[g/(kW·h)]	下降幅度
0%	202.45	
10%	197.38	2.50%
20%	192.73	4.80%
30%	190.24	6.03%

不同甲醇替代率下的有效热效率如图6－20所示，掺烧甲醇后发动机有效热效率获得了大比例的提高，部分工况有效热效率上升至45%以上，最高达到了46.58%，这说明DMDF燃烧能够极大地改善发动机外特性的有效热效率。随着甲醇替代率的增加，有效热效率持续提高，甲醇替代率为30%时，一半以上的工况热效率提高在7.6%以上，最高提高了9.01%，平均提高了6.40%。

DMDF模式时，甲醇从进气歧管进入气缸，在进气冲程和压缩冲程中会吸收一部分机体的温度，减少机体向冷却水的传热。经过进气和压缩两个冲程，甲醇与空气已经形成了相当均匀的混合气，在上止点附近喷入柴油时，多点着火同时点燃了预混的甲醇燃气，大量可燃气体在上止点附近燃烧，此时燃烧等容度好，传热面积小，热效率高，同时燃烧持续期的缩短会减少散热时间，因此燃烧过程中传给燃烧室周边的热量也减少。另外，二元燃料燃烧时燃气在高压下膨胀，排气温度降低，这些因素的共同作用促进了二元燃料模式时热效率的提高。

图6－21所示为DMDF模式在13个工况下的替换比和替代率情况。替换比 $SP=G_m/(G_d-G_{Dm})$，替代率 $SR=(G_d-G_{Dm})/G_d$，其中 G_m 是甲醇的消耗率，G_d 是原机的柴油消耗率，G_{Dm} 是在DMDF模式下柴油的燃料消耗率。灰色区域是替换比低于2.16的理想替换

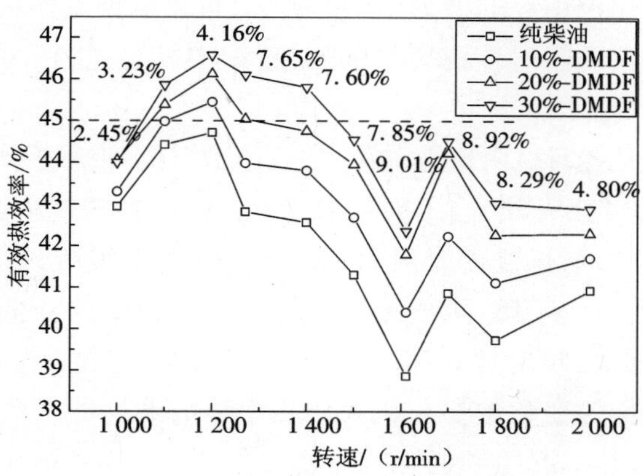

图 6-20　有效热效率随甲醇替代率的变化

比，都是燃烧效果较好的工况。这些工况燃烧效率较高，燃料的能量利用率较好。而在低速低负荷的工况下（A25），发动机缸内燃烧温度比较低，进气歧管喷入甲醇又进一步降低了燃烧温度，使得缸内燃烧不完全，甲醇对柴油替换比高于理论替换比 2. 16（2. 16 kg 甲醇的热值等于 1 kg 柴油的热值），其替代效果不好。可见，DMDF 模式在柴油机上存在一个高效经济运行区。

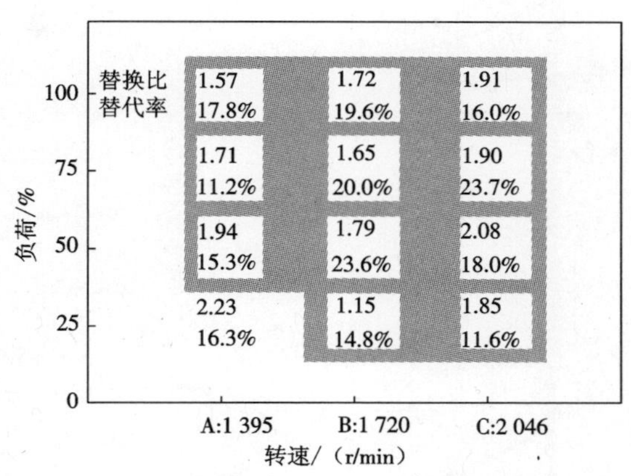

图 6-21　13 工况下组合燃烧的替换比和替代率

6.3　边界条件对发动机性能和燃烧的影响

6.3.1　醇油比对发动机燃烧的影响

根据第 5 章的介绍，柴油在甲醇空气混合气氛围下，甲醇的加入对柴油的自燃有着强烈的抑制作用。通过反应路径分析和贡献率分析发现，甲醇的加入改变了原正庚烷低温氧化自由基池中 OH · 和 HO_2 · 自由基的生成与消耗。温度在 1 000 K 以下时，甲醇将高活性的 OH · 转化为不活跃的 H_2O_2，从而抑制于 OH · 的增殖。当温度高于 1 000 K 时，H_2O_2 分解的能量壁垒被打破，甲醇对 OH · 的抑制作用消失，对自燃的抑制作用也随即消失。而滞燃期的增加会显著增加着火开始时预混燃料的质量，影响燃烧过程。因此，研究醇油比对发动机燃烧的影响尤为重要。

图 6－22 所示为二元燃料缸内压力、放热率及压力升高率随着甲醇柴油比值变化的曲线。由图可见，随着发动机负荷增大，不同醇油比下二元燃料的缸内燃烧压力上升，这是由于负荷变大时，燃烧室中参与燃烧的燃料增加所致。在燃烧发生以前，二元燃料缸内压力随着醇油比的增加，缸内压力下降，主要是甲醇较大的汽化潜热降低了缸内的温度。燃烧发生后，随着醇油比的增加，瞬时放热率变大，压力升高率变大，缸内最高燃烧压力变大。最大压力升高率随醇油比的变化趋势与最大放热率随醇油比的变化趋势相似。在快速燃烧阶段，压力升高率对放热率起主要的影响作用。由图 6－22（b）和（d）可知，在发动机转速 1 300 r/min 时，最大压升率随甲醇柴油比值增加的趋势在高负荷时更加明显，最大放热率亦如此。

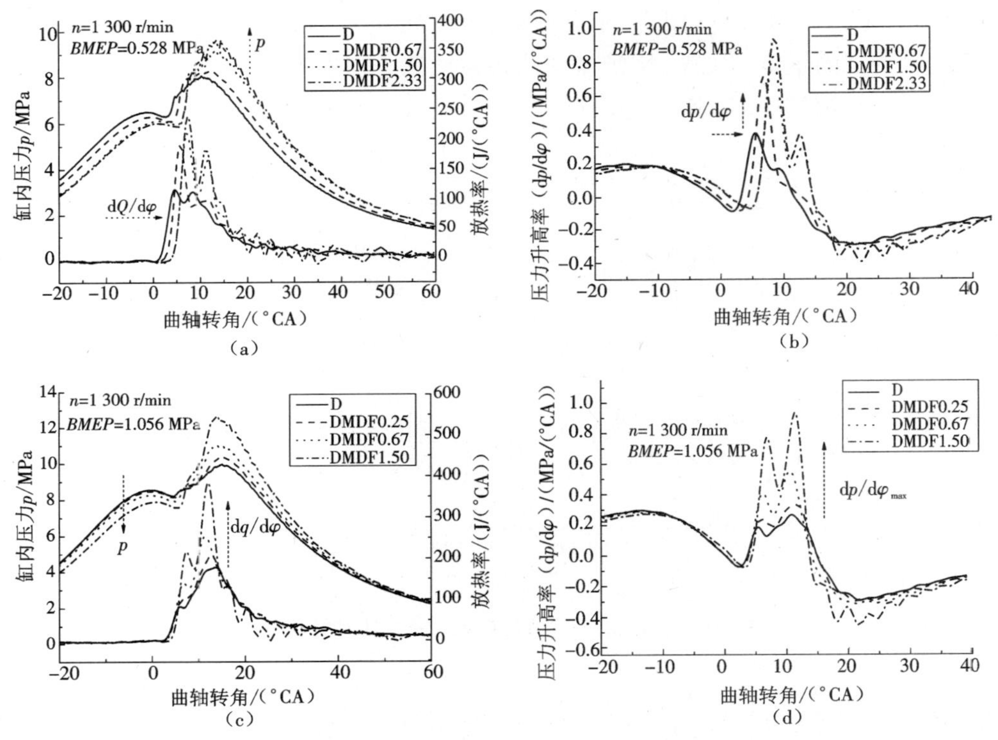

图 6－22 二元燃料缸内压力、放热率及压力升高率曲线

（a）缸压 *BMEP*＝0. 528 MPa （b）压力升高率 *BMEP*＝0. 528 MPa

（c）缸压 *BMEP*＝1. 056 MPa （d）压力升高率 *BMEP*＝1. 056 MPa

如图 6－22（a）所示，低负荷时甲醇的十六烷值低，造成缸内燃烧滞后，滞燃期长，预混燃烧量大。如图 6－22（c）所示，在高负荷时，缸内温度上升，滞燃期相对中低负荷时短，随着醇油比的增大，着火滞燃期先变长后逐渐变短。其主要原因是高负荷缸内温度高，而甲醇以预混状态进入气缸被提前压缩，当柴油喷入缸内后便可引燃已经达到着火条件的甲醇,当醇油比为1.50时,缸内甲醇浓度较高,柴油引燃甲醇混合气比较容易,相对于甲醇十六烷值低对着火滞燃期影响效果更突出,故着火明显提前。由于甲醇是以预混状态进入缸内,二元燃料燃烧后最高放热率和压力升高率都明显大于原机纯柴油,预混燃料比例逐渐变大,且随着醇油比的增加而愈加明显。而在高负荷时,由于滞燃期比低负荷时短,参与预混燃烧的燃料比例低,造成扩散燃烧放热率峰值和压力升高率峰值升高。

从图6-23可以看出,二元燃料燃烧后发动机的当量油耗增加,且随着醇油比的增加,二元燃料发动机比油耗增加,原因是柴油的当量热值为甲醇的2.16倍,为了获得相同的功率,燃料的总消耗率随醇油比的增加而增大。低负荷时纯柴油的当量油耗为232.6 g/(kW·h),而醇油比为4.0时二元燃料的综合油耗为391.3 g/(kW·h)。低负荷时有效热效率基本随着醇油比的增加而略微下降;高负荷时有效热效率随着醇油比增加而明显提高,在醇油比为1.5时有效热效率相对原机提升了1.05%。由于甲醇与进气预混进入缸内,低负荷时甲醇较高的汽化潜热降低了缸内燃烧温度,缸壁及活塞环缝隙等处的甲醇稀薄,混合气无法燃烧;高负荷时缸内温度较高,引燃柴油量较多,甲醇燃烧效率高,甲醇的提前喷射推迟了柴油的燃烧,增加了预混燃烧量,且由于甲醇自身含氧可以缓解柴油机扩散燃烧局部缺氧状况,故热效率明显提高。

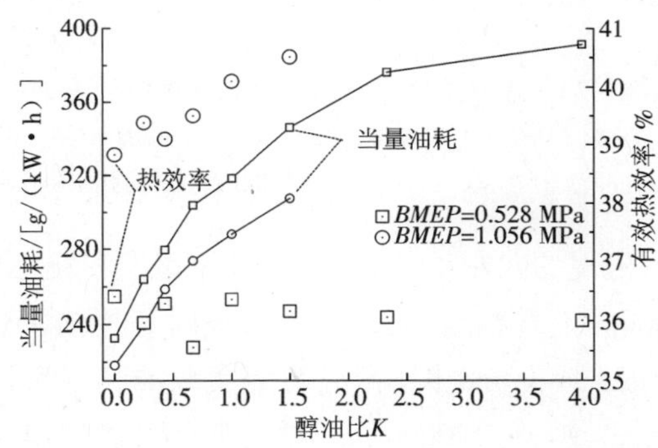

图6-23　当量油耗和热效率随醇油比的关系

6.3.2　进气温度对二元燃料燃烧的影响

1. 进气温度对缸内压力的影响

进气预混甲醇对柴油的燃烧有着显著的影响。主要是会延长滞燃期,使燃烧等容度提高[3]。然而,进气预混甲醇后的燃烧状况又与进气温度密切相关。图6-24(a)所示为转速1 300 r/min、较小负荷时进气温度对缸内压力和放热率的影响。从图中可以看出,随着进气温度升高,最大爆发压力升高,且最大爆发压力出现的时刻前移,整个压力曲线上移。原因是较高的进气温度使缸内热氛围温度升高,加速了着火和燃烧反应,促使压力升高、着火提前。此外,早的着火时刻也使得燃烧相位更接近上止点,进一步促进了爆发压力升高。由于着火时刻提前,放热相位相应前移,预混燃烧前移,这在一定程度上使得柴油混合的时间减少,从而减小了柴油预混燃烧的比例。图6-24(b)所示为转速1 300 r/min、较大负荷时进气温度对缸内压力和放热率的影响。与较小负荷时类似,随着进气温度升高,最大爆

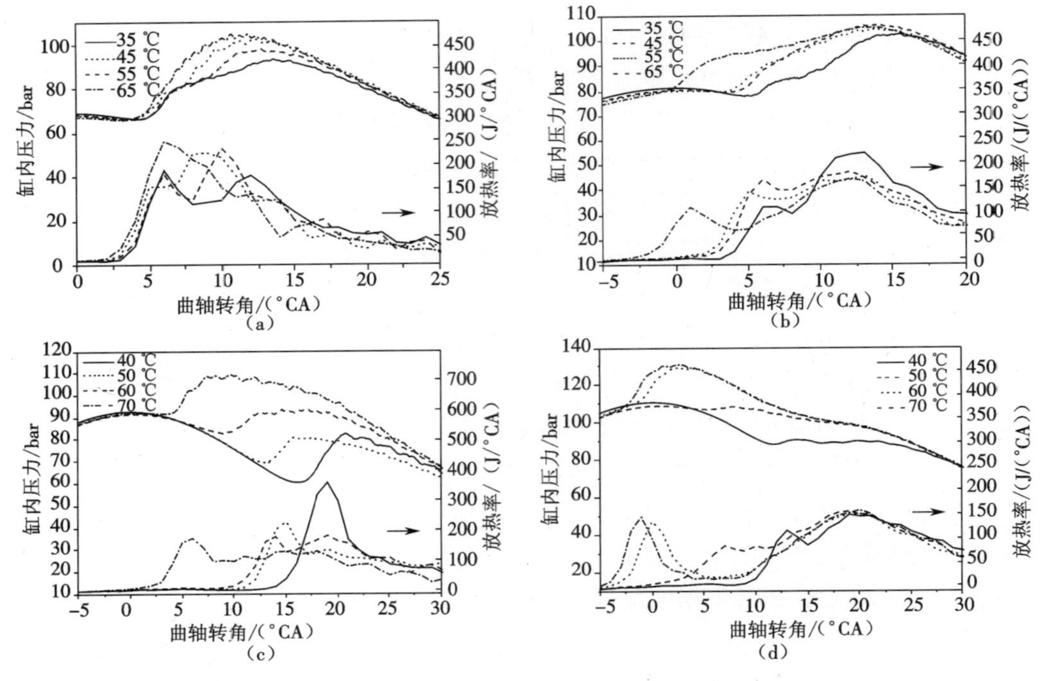

图 6－24 进气温度对缸内压力和放热率的影响

(a)1 300 r/min, *BMEP*≈0.79 MPa (b)1 300 r/min, *BMEP*≈1.06 MPa

(c)1 800 r/min, *BMEP*≈0.79 MPa (d)1 800 r/min, *BMEP*≈1.06 MPa

发压力变大,最大爆发压力出现的时刻提前,预混燃烧前移。和较小负荷时不同,转速1 300 r/min较大负荷时,其爆发压力上升幅度不大,但是着火时刻提前了近10°CA。从放热率图中可以看出,转速1 300 r/min较大负荷时,预混燃烧大幅前移,扩散燃烧变化不大,燃烧持续期变长。图6－24(c)所示为转速1 800 r/min较小负荷时进气温度对缸内压力和放热率的影响。随着进气温度升高,最大爆发压力变大,最大爆发压力出现的时刻提前,整个缸压曲线向前向上移动。从图中可以看出,转速1 800 r/min较小负荷进气温度为40 ℃时,由于进气温度较低和甲醇对柴油着火的延迟作用,其燃烧相位靠后,给柴油相当充分的混合时间,充分混合的柴油甲醇空气混合气出现单峰放热(类似于化学反应动力学控制压燃)。随着进气温度的升高,其着火相位快速提前,燃烧模式也逐渐发生改变,当进气温度到达70 ℃时,柴油甲醇的预混放热与扩散燃烧区分明显。图6－24(d)所示为转速1 800 r/min较大负荷时进气温度对缸内压力和放热率的影响。与之前的结果类似,随进气温度升高,最大爆发压力增大,而且最大爆发压力出现的时刻提前,整个缸压曲线向前向上移动。从图中可以看出,1 800 r/min较大负荷在进气温度为40 ℃时,由于进气温度较低和甲醇对柴油着火的延迟作用,其着火时刻较迟。随着进气温度的升高,其预混放热快速前移,而扩散燃烧基本不变。值得注意的是,当进气温度超过60 ℃时,大量放热发生于上止点前,促使压缩负功增加,效率降低。可见,当进气温度过高时,缸内的甲醇混合气已经在压缩过程中被充分活化,以致在柴油喷进前自行着火。

上述研究表明，进气温度对 DMDF 的燃烧有着巨大的影响。相同工况下，进气温度从 40 ℃变化到 70℃可使爆发压力相差 40 bar，着火时刻相差 15°CA。进气温度主要影响着火时间，控制预混柴油的量，从而影响 DMDF 的燃烧和排放。因此，在工程实践中应将进气温度控制在适当的范围内，以确保 DMDF 发动机的稳定高效运行。

2. 进气温度对滞燃期的影响

滞燃期是喷油嘴针阀开始升起到快速开始放热的时间间隔。滞燃期是燃烧控制的重要参数，对控制 DMDF 并拓展其高效运行工况范围具有重要作用。进气预混甲醇能够延长柴油的滞燃期。图 6－25 所示为进气温度对滞燃期的影响。从图中可以看出，随着进气温度的升高，各个工况的滞燃期都缩短，这与传统柴油机的变化规律一致。但是不同工况下，滞燃期变化的情况差异很大。转速 1 300 r/min 较小负荷时，随进气温度的升高，滞燃期变化不超过 1°CA。转速 1 300 r/min 较大负荷时，随进气温度升高，滞燃期大幅缩短，进气温度从 40 ℃变化到 80 ℃，滞燃期缩短了近 15 °CA。转速 1 800 r/min 时进气温度对滞燃期影响的规律与转速 1 300 r/min 时类似，较小负荷时，进气温度从 35 ℃变化到 80 ℃，滞燃期缩短了 8°CA；而较大负荷时进气温度从 40 ℃变化到 80 ℃，滞燃期缩短了 18°CA。综上所述，进气温度对 DMDF 燃烧的滞燃期有着较大影响，进气温度对较低负荷时滞燃期的影响要比高负荷时大。

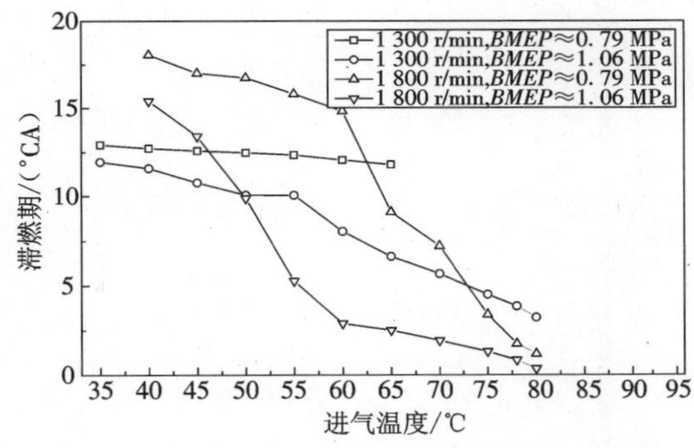

图 6－25　进气温度对滞燃期的影响

3. 进气温度对经济性的影响

由于 DMDF 燃烧压缩功小，放热速率快，燃烧的等容度高，相比于传统柴油机具有很好的经济性。图 6－26 是不同工况下输出扭矩和进气温度及当量比油耗的关系。当量比油耗表示为

$$b_{eq} = (H_{Lm} \times G_m + H_{Ld} \times G_d)/(H_{Ld} \times P_e) \tag{6-5}$$

式中：H_{Ld}和 H_{Lm}是柴油和甲醇的质量热值；G_d和 G_m是柴油和甲醇的消耗量；P_e代表有效功率。图中实心点为原柴油机油耗，表示进气温度为 50 ℃时柴油机在纯柴油下工作所测得的油耗。图 6－26(a)转速为 1 300 r/min 较小负荷时进气温度对扭矩和当量比油耗的影响。随着进气温度的升高，扭矩和当量比油耗变化不明显，但该工况 DMDF 的当量比油耗总体低于原柴油机油耗。图 6－26(b)转速为 1 300 r/min 较大负荷时进气温度对扭矩和当量比油耗的影响。随着进气温度的上升，输出扭矩下降，当量比油耗上升，可见进气温度的

升高对低速较大负荷工况有不利的影响，主要因为随着进气温度的上升，燃烧持续期变长，热效率下降。图 6－26(c)为转速 1 800 r/min 较小负荷时进气温度对扭矩和当量比油耗的影响。随着进气温度的上升，输出扭矩逐渐上升，当量比油耗降低，原因是放热相位得到了较好的改进，热效率提高。图 6－26(d)为转速 1 800 r/min 较大负荷时进气温度对扭矩和当量比油耗的影响。从图中可以看出，从 50 ℃到 74 ℃过程中，随进气温度上升，扭矩提高，当量比油耗下降，但是当进气温度从 74 ℃上升到 80 ℃过程中，随进气温度上升，扭矩下降，当量比油耗升高。与 1 800 r/min 较小负荷类似，从 50 ℃到 74 ℃过程中，随进气温度上升，当量比油耗降低原因是燃烧相位改进所致。而进气温度从 74 ℃到 80 ℃过程，当量比油耗升高，原因是过高的进气温度使大量甲醇在到达上止点前燃烧，使压缩负功增加。综上所述，进气温度对 DMDF 燃烧的输出扭矩和当量比油耗有较大影响。在低速较大负荷时，进气温度升高会导致输出扭矩下降和当量比油耗降低；在高速大负荷时，进气温度升高能提高输出扭矩并降低当量比油耗，但过高的进气温度会使大量甲醇在到达上止点前燃烧，降低输出扭矩并提高当量比油耗。

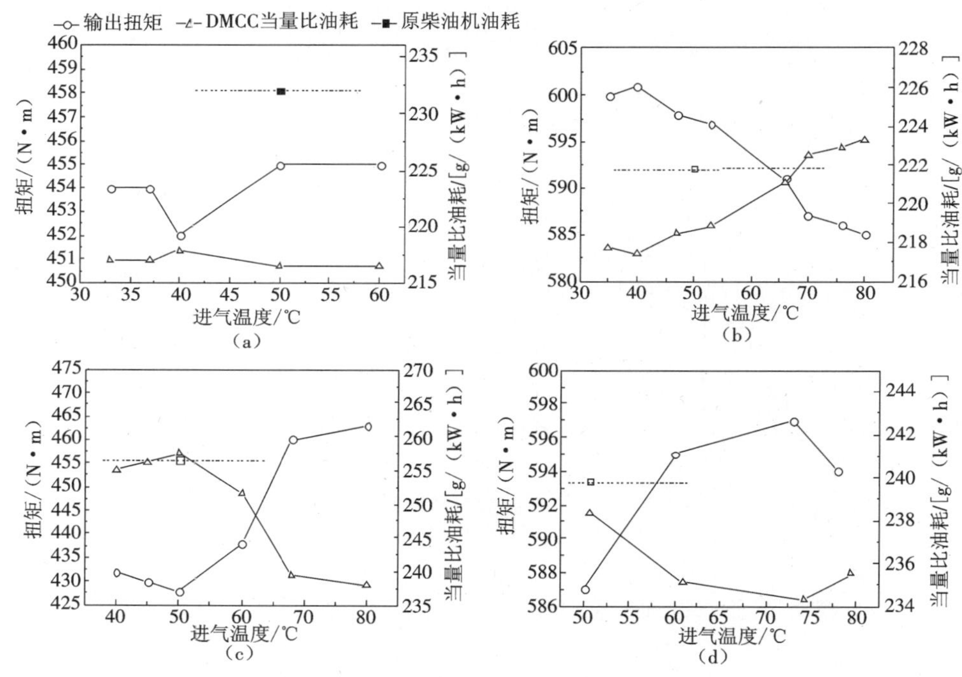

图 6－26 进气温度对输出扭矩和当量比油耗的影响

(a)1 300 r/min，$BMEP$ = 0.79 MPa (b)1 300 r/min，$BMEP$ = 1.06 MPa

(c)1 800 r/min，$BMEP$ = 0.79 MPa (d)1 800 r/min，$BMEP$ = 1.06 MPa

6.3.3 排气背压对二元燃料燃烧的影响

当涡轮增压柴油机的排气背压压力提高后，会导致内部废气再循环(EGR)率增加、进气量不足、泵气功增加等一系列影响柴油机功率和热负荷的问题。排气背压对发动机的动力性、经济性和排放性能都有重要影响。通常情况下,排气背压增大会导致发动机燃烧效率下降,同时使发动机功率下降。

图 6 – 27 是在一台 DMDF 发动机不同排气背压下的放热率曲线。随着排气背压的变化,放热规律与缸内温度都有着较大的变化。图中 3 条曲线分别代表排气背压为 0、0. 2 bar 和 0. 4 bar 的放热规律。由图发现:随着排气背压的增加,最大燃烧放热率增大;随着排气背压的增加,燃烧始点向后推迟,放热更加集中;放热规律由典型的柴油机双峰放热向单峰放热变化;随着排气背压的增大,缸内最高温度升高。

排气背压的增大导致大量应排出的废气没有排出而滞留在气缸中,使内部废气再循环率加大。在传统柴油机工作模式下,内部废气再循环对柴油机的影响与废气再循环率有着十分紧密的关系。在较小的 EGR 率下,燃烧始点会随着内部 EGR 的增加而提前。而在较大的 EGR 率下,如果继续增加 EGR 率,会导致燃烧始点推后。这主要由于 EGR 率对燃烧有两方面的影响:一方面,由于废气的温度较高,可以有效地提高进气新鲜充量的温度,使得混合气更容易着火;另一方面,废气的热容与稀释作用又减少了气缸内化学反应的速度。在 DMDF 模式下,由于在开始反应的氧化反应阶段,甲醇对羟基的抢夺作用导致燃烧迟滞,废气滞留在气缸内也加剧了燃烧的迟滞。排气背压增大导致燃烧持续期缩短,原因是废气的滞留导致气缸内新鲜充量快速升温,使低温与高温反应提前,缸内温度高有利于缸内燃油蒸发,混合气雾化更均匀,一旦开始着火,反应速度很快。这一点也可以从图 6 – 28 的缸内温度曲线中看出,排气背压的增大导致最高燃烧温度升高,反应后温度上升速度增快。

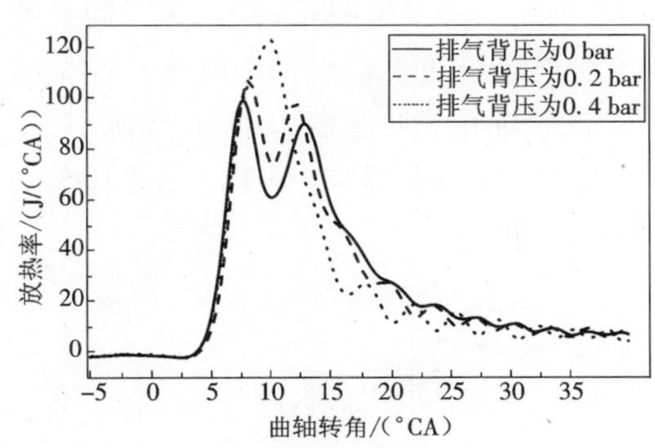

图 6 – 27　不同排气背压下的放热率曲线

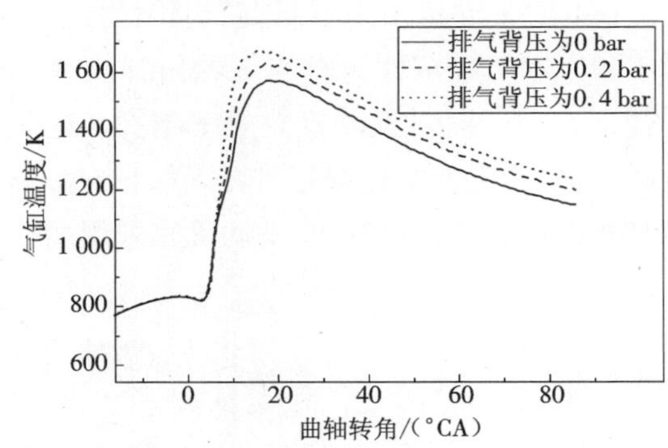

图 6 – 28　不同排气背压下的缸内温度变化

图 6 – 29 所示为不同排气背压下的气缸压力变化曲线。随着排气背压的增大,上止点处对应压力降低,这主要是由于排气背压的增大导致废气滞留量增大,进一步导致进气量下降,上止点处的压缩压力降低。开始反应后,排气背压越大,压力上升速度越快,这一点和放热规律以及缸内温度所表现出的规律一致。

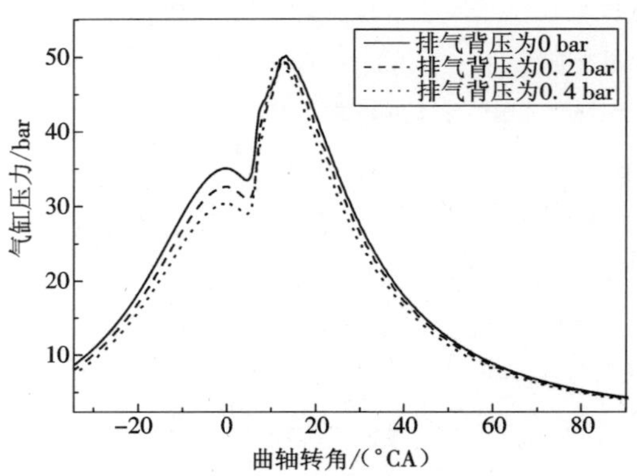

图 6-29 不同排气背压下气缸压力的变化

6.3.4 喷油参数对发动机性能的影响

由于进气预混的甲醇类燃料进入气缸后靠柴油引燃，所以柴油的雾化情况、着火性能直接影响着 DMDF 发动机的性能。为了研究喷油参数对 DMDF 性能的影响，使用 4 ×0. 25 喷嘴、4 ×0. 27 喷嘴和 5 ×0. 27 喷嘴，预混燃料为甲醇时对喷醇发动机性能的影响展开研究。

1. 喷油嘴参数对发动机性能的影响

DMDF 发动机采用不同直径喷嘴对经济性能影响的试验结果见图 6-30。从不同喷嘴对喷醇发动机经济性能影响来看，相同孔数下，更小的孔径有更低的燃油消耗率。在相同孔径下，孔数越多，发动机热效率越高。这是由于相同喷油量和喷油压力下，孔径越小，孔数越多，柴油束的雾化越好，被压燃时产生多点点火的效果更加明显，有利于二元燃料燃烧的高效进行。因此，DMDF 发动机宜采用多孔数、小孔径的喷嘴。

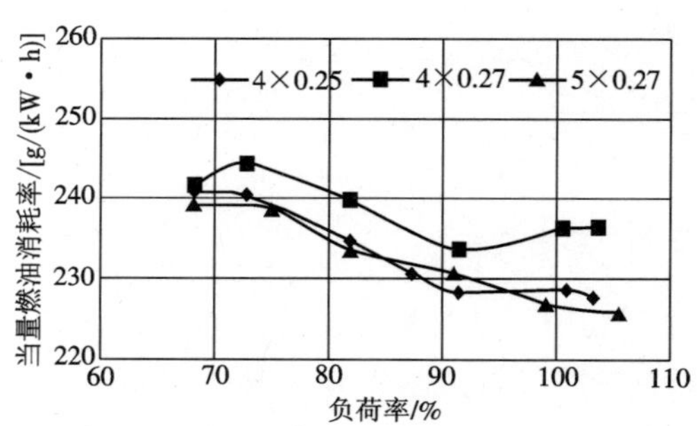

图 6-30 不同喷嘴对 DMDF 发动机经济性能的影响

2. 供油定时对 DMDF 发动机性能的影响

柴油/甲醇二元燃料发动机中的醇类燃料预喷射到进气管中，采用的是多点连续喷射，不存在供醇定时问题。这里所讲的供油定时指的是引燃柴油的供油定时。供油定时对柴油的滞燃期、燃烧速度、最高燃烧压力、过后燃烧等有直接的影响，而这又影响着预混醇类燃料进入气缸后的着火和燃烧等。同时，由于喷醇发动机在中高负荷时采用准均质混合气着火燃烧,喷入气缸的燃油起引燃作用,所以供油定时对喷醇发动机的影响不同于原柴油机的情况,因此为找到适合于喷醇发动机供油提前角,优化喷醇发动机的供油参数,进一步研究其经济性和排放性的特点,对 4 ×0. 25 喷嘴在 2 000 r/min 的负荷特性时不同的供油定时的影响进行了研究。本研究中试验了供油提前角从 14°CA 到 24°CA 对喷醇发动机性能的影响。试验曲线中的 14°代表供油提前角为 14°CA 发动机的性能曲线,其他图例的意义类似。

不同供油定时对经济性影响的试验结果见图 6 – 31。在相同负荷率下,随着供油提前角变大,发动机当量比油耗逐渐升高,负荷越小趋势越明显。供油提前角大于 20°CA 时发动机油耗增长很快,而小于 18°CA 时油耗的变化不大。因此,最佳的供油提前角为上止点前 14°CA。

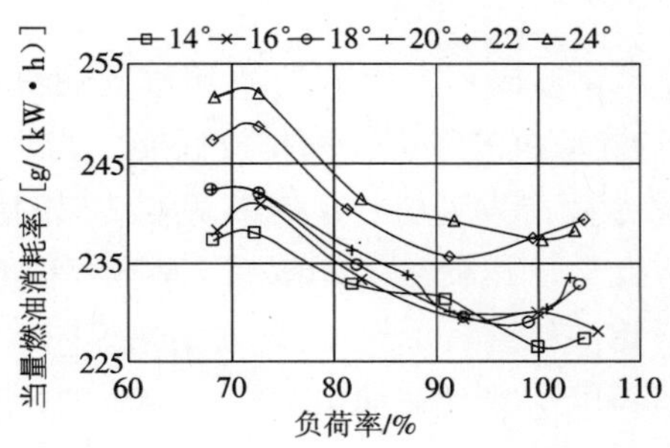

图 6 – 31　柴油供油定时对 DMDF 燃烧经济性的影响

3. 喷醇负荷起点对喷醇发动机性能的影响

柴油/甲醇二元燃料发动机在某一转速下,小负荷工作时靠纯柴油工作,达到一定负荷时起动醇喷嘴,直到最高负荷,发动机靠柴油和醇类燃料工作,这一负荷起点称为喷醇负荷起点。喷醇负荷起点越低,达到同样负荷时的醇的替代率越高,消耗的醇越多,能替代更多的柴油。采用 4 ×0. 25 喷嘴,柴油供油提前角为 20°CA,在 2 000 r/min 转速下,发动机扭矩为 55 N · m、65 N · m、75 N · m、85 N · m、95 N · m,分别对应于该转速下 50%、60%、68%、77% 和 86% 负荷率。保持柴油喷射量不变,喷进醇类燃料直到发动机输出扭矩达到最大负荷的 105% (115 N · m),研究了不同的喷醇负荷起点对 DMDF 发动机经济性能的影响。

不同喷醇负荷起点对喷醇发动机经济性影响的试验结果见图 6 – 32。从喷醇负荷起点对当量比油耗的影响曲线可以看出,随着甲醇含量的增加,发动机油耗呈下降趋势。因为随着甲醇量的增加及负荷的提高,发动机预混燃烧量开始增加,燃烧等容度提高,有利于发动机油耗的降低和热效率的提高。但是对于 55 N · m 和 65 N · m 两个较低的起喷负荷起点,发动机在高负荷的经济性不好,原因是过多的醇进入气缸,使得进气温度降低很多,部分醇没有充分雾化就进入气缸。另外,较多的甲醇使得缸内直喷的柴油量减少,不能形成多点点火的准 HCCI 燃烧,使大量的甲醇依靠火焰传播方式燃烧,使发动机后燃严重,增加了燃烧持续期,经济性变差。因此,喷醇负荷起点过低和过高都不好,在某一转速下 60% ~ 70% 负荷率开始喷醇较好[10]。

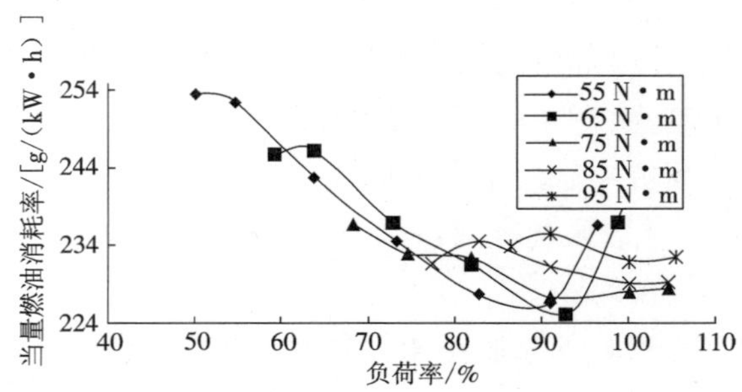

图 6-32 喷醇负荷起点对 DMDF 发动机经济性的影响

6.3.5 喷醇方式对发动机性能的影响

在 DMDF 模式下甲醇类燃料形成预混合气的质量对发动机着火特性和燃烧过程有着重要的影响,进而影响 DMDF 发动机的经济性和排放性能。为了试验不同的喷醇方式对发动机性能的影响,特进行了多点喷醇发动机与单点喷醇发动机的性能对比试验。

对多点喷醇 DMDF 发动机与单点喷醇 DMDF 发动机的外特性扭矩、当量比油耗以及 2 000 r/min 负荷特性的当量比油耗进行了对比,试验结果如图 6-33 至图 6-35 所示。图中 Diesel、D+M MPI 和 D+M SPI 分别代表原柴油机、多点喷醇和单点喷醇发动机的性能曲线。

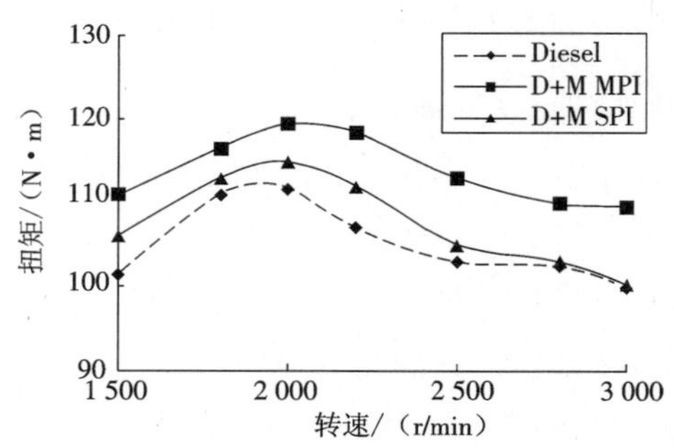

图 6-33 单点 DMDF 与多点 DMDF 发动机外特性扭矩对比

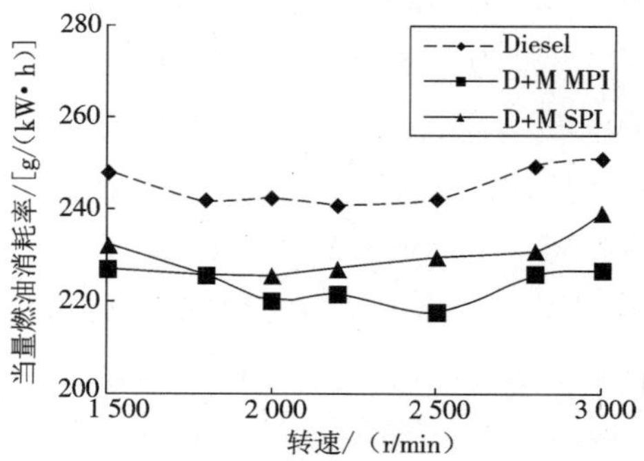

图 6-34 单点 DMDF 与多点 DMDF 发动机外特性当量比油耗对比

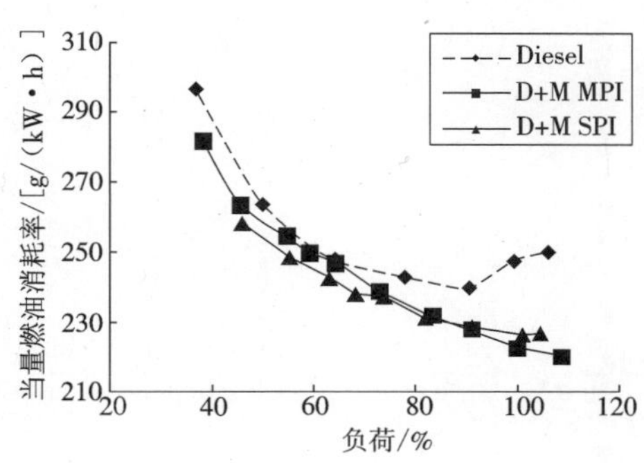

图 6-35　单点 DMDF 与多点 DMDF 发动机负荷特性当量比油耗对比

从上面发动机性能曲线看出,两种喷醇方式都能在外特性时超过原柴油机的性能。这是由于 DMDF 方式发动机进入气缸的是甲醇与空气的均质混合气,发动机可以被适当强化。而在 80% 负荷以下,单点喷射发动机经济性优于多点喷射,在外特性时多点喷射更有优势。由于甲醇汽化潜热是柴油的 4 倍多,从进气道喷入后会吸收大量的热使缸内温度降低,不利于柴油和甲醇空气混合气的燃烧,这一特点在中小负荷时更显著。单点喷射一般在进气总管喷射,在进入气缸之前有更长的雾化蒸发时间,同时可以吸收更多的来自缸盖等的热量,使得单点喷射 DMDF 发动机在压缩终了时对缸内充量的温降效果低于多点 DMDF喷射,有利于缸内燃烧快速进行,从而使其经济性高于多点喷射。而在外特性纯柴油模式下,压缩终了时温度很高,甲醇使缸内充量降低而影响燃烧过程的作用已经不再重要,而是各缸进气及进入甲醇的均匀性对发动机各缸的燃烧起至关重要的作用,因此外特性时多点 DMDF 喷射优于单点喷射[10]。

6.3.6　增压对 DMDF 发动机性能的影响

发动机增压后,进气密度增大,在同样的气缸容积下,可以有更多的新鲜空气进入气缸,因而可以增加循环供油量和供醇量,获得更大的发动机输出功率。而且,发动机增压后,进气温度提高,在 DMDF 模式下,更有利于甲醇的雾化,使燃烧过程得到优化。为了比较 DMDF 发动机在增压与非增压柴油机上的区别,分别在一台自然吸气和一台增压高速柴油机上进行试验。

图 6-36 是增压和非增压发动机燃用纯柴油和 DMDF 模式下的当量燃油消耗率比较。由图可见,采用增压后,发动机燃油消耗率比非增压时大幅度减少,反映了增压对改善燃油经济性的巨大作用。尽管增压机的油耗已经较低,但采用 DMDF 模式后,发动机的当量燃油消耗率仍比纯柴油的要低,最大降低幅度为 2.8%。对于非增压发动机,当量燃油消耗率随着负荷增加呈现比纯柴油机渐低的趋势,在最大扭矩点达到了 11.6%。因此,采用 DM-DF 燃烧的能量消耗率相对于原柴油机总体上是减少的[11]。

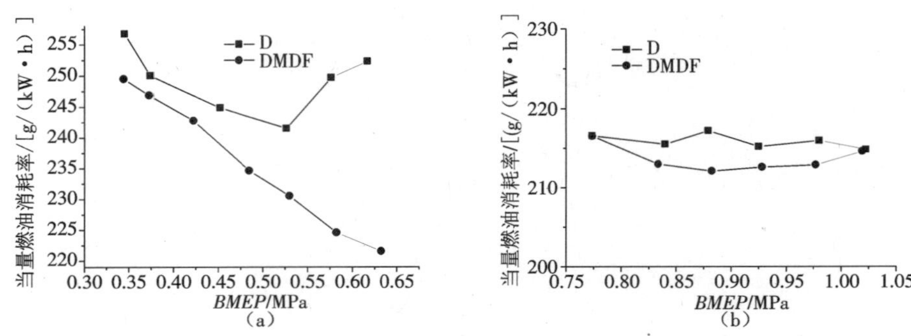

图 6-36 增压与非增压 DMDF 发动机当量燃油消耗率的比较

(a)自然吸气发动机 (b)增压发动机

6.4 柴油/甲醇二元燃料燃烧边界

经过上述研究发现，DMDF 燃烧模式在各个工况下甲醇对柴油的替代率均不能无限提高。由于 DMDF 燃烧模式是介于 HCCI 燃烧与传统柴油燃烧之间的新型燃烧模式，DMDF 同样存在上述两种燃烧的不足：在小负荷区域，加入大量甲醇，使发动机出现着火不稳定性；在大负荷区域，加入大量甲醇，使燃烧更倾向于 HCCI 燃烧，最大爆压和压力升高率的控制同样存在问题。因此，DMDF 的运行区域是受限的。运行区域可分为高效区、低效区、失火区和爆震区。

6.4.1 柴油/甲醇二元燃料燃烧运行区域

图 6-37 为 1 400 r/minDMDF 发动机运行区域，横轴表示柴油替代率，纵轴表示发动机负荷率。由图可知，DMDF 运行区域类似一个横置的等腰梯形，并存在三种状况的运行边界——爆震、部分燃烧和失火。梯形的上腰，即中高负荷大替代率工况是运行区域的爆震线，DMDF 的最大替代率随着负荷率的增加逐渐降低。爆震区二元燃料燃烧速度快，继续加大甲醇的喷射仍能获得更好的经济性，但是由于过快的燃烧速度，使得放热在接近上止点

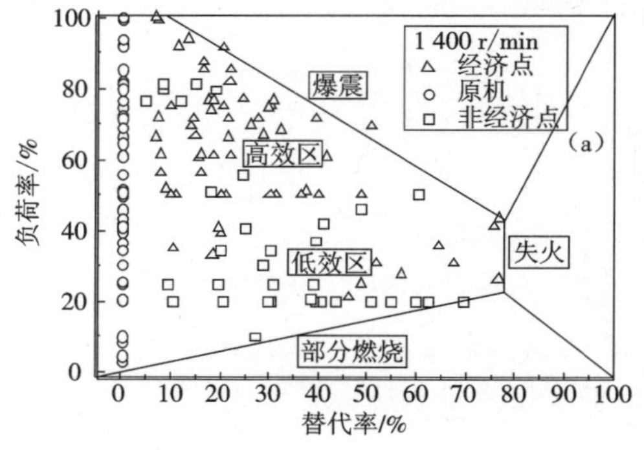

图 6-37 柴油/甲醇二元燃料燃烧发动机运行区域

区域完成,导致最高爆压或压力升高率超过了柴油机设计极限,替代率不能进一步提高。运行区域的下腰是部分燃烧边界,由于甲醇的加入,造成燃烧严重滞后,同时燃烧温度降低,燃烧循环变动较大,并伴随较高的 CO 和 HC 排放,经济性恶化。失火线位于运行区域的上底边,此时引燃柴油量过小,大量甲醇对新鲜充量的冷却作用明显,加上甲醇对柴油着火的抑制作用,失火和爆震交替发生,转速和扭矩成周期性波动,发动机不能稳定运行,出现类似游车的现象。爆震区和部分燃烧区与失火区的分界并不明显。

在稳定运行区域的上部和右部,即高负荷小替代率区域和中等负荷大替代率区域是高效区,DMDF 替换比 *SP* 小于理论替换比 2.26,经济性较好,热效率最高提高 7.7%。在小负荷小替代率区域是低效区,燃烧推迟,燃烧持续期变长,经济性较差,热效率最高降低 11.8%。1 400 r/min 的外特性点其最大替代率仅为 10%,在中等负荷区,最大替代率为 76.8%。替换比表示为

$$SP = \frac{m_m}{m_d - m_{dm}} \tag{6-6}$$

式中:*SP* 为替换比;m_m和 m_{dm}分别为二元燃料模式下甲醇和柴油的质量消耗率;m_d为同负荷纯柴油模式下柴油的质量消耗率。

6.4.2　运行区域高效区与低效区燃烧特性

图 6-38 所示为高效区典型的 DMDF 燃烧特性。从图中可以看出,DMDF 模式压缩冲程缸内压力明显降低,因为二元燃料模式甲醇以气体形式进入气缸,使发动机进气量由原机的 641 kg/h 下降到 613.1 kg/h,又由于甲醇的汽化潜热使缸内温度降低,造成压缩压力降低。从图 6-38 可知,DMDF 燃烧呈明显的两个阶段,但这不同于柴油机的预混和扩散燃烧,而是甲醇空气均质混合气在柴油着火前被压燃的 HCCI 燃烧和柴油的扩散燃烧。该工况柴油于 3.3 °CA ATDC 进入气缸,而甲醇的着火时刻在 2.75°CA ATDC。虽然目前对甲醇燃烧机理的研究还未曾涉及 30 bar 以上的环境,但是根据 Kumar 等[12]的研究,此条件下甲醇滞燃期小于 3 ms。甲醇是在进气道与空气混合后进入气缸的,在压缩冲程有足够长的物理化学准备时间,达到着火条件后产生 HCCI 燃烧,燃烧持续期只有 8°CA,在压力升高率和放热率曲线上形成一个尖锐的峰值,并使得缸内压力急剧增加,发动机接近等容放热。预

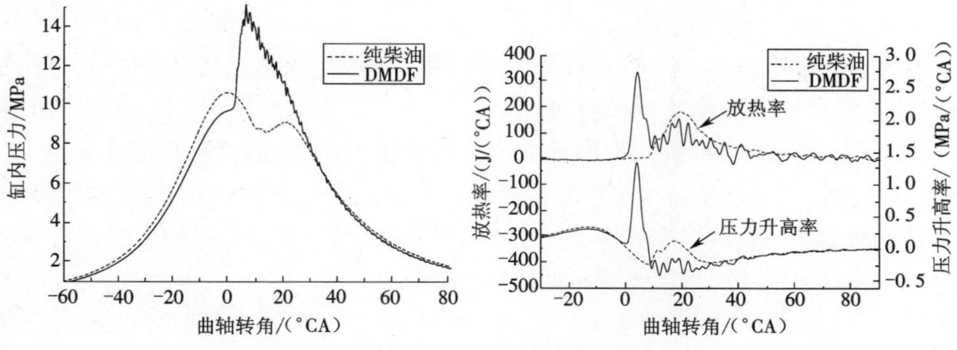

图 6-38　运行区域高效区燃烧特性

混甲醇 HCCI 燃烧引起的缸内湍流较强烈,直喷入的柴油经过约 4°CA 的滞燃期开始预混燃烧,并在 7°CA ATDC 时出现一个小的凸起。然后未完全燃烧甲醇的火焰传播与柴油的扩散燃烧,在 19°CA ATDC 形成了第三个燃烧峰值,并引起了缸内压力出现轻微震荡。尽管着火提前,最高燃烧温度由 1 438. 6 K 升高到 1 694. 8 K,但是由于燃烧持续时间明显缩短,NO_x 排放从原机的 464. 7 ppm 下降到 438. 4 ppm。该工况燃料放热接近上止点,放热迅速,热效率较高,替换比 $a=1.86$,经济性好。

图 6－39 所示为低效区燃烧特性。甲醇混合气被压缩到终了时的温度、压力和当量比没有达到自燃条件,在上止点没发生自燃。甲醇高的汽化潜热降低了充量温度,同时将高活性的 OH · 转化为不活跃的 H_2O_2,抑制了 OH · 的增殖,从而强烈地抑制柴油的自燃,使柴油着火从 8°CA ATDC 推迟到 9. 5°CA ATDC,并且柴油被压燃的同时点燃了柴油周围的预混甲醇,使二元燃料燃烧预混比例明显升高,之后纯柴油和二元燃料分别在 18°CA ATDC 和20°CA ATDC 出现扩散燃烧峰值。该工况下甲醇过量空气系数为 6. 88 的稀混合气,引燃柴油的点火能量较小,使甲醇火焰的传播速度降低,造成燃烧持续期的延长,导致替换比 $a=2.85$,故热效率不高,经济性较差。

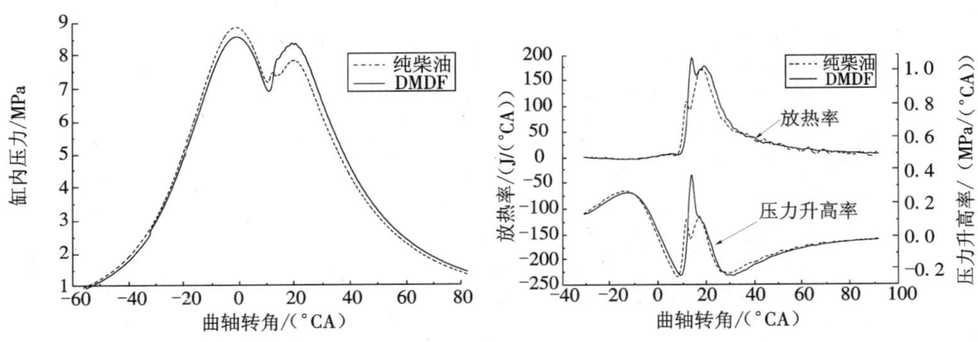

图 6－39 运行区域低效区燃烧特性

6.4.3 运行区域爆震边界燃烧特性

由图 6－40 可知,甲醇在 4°CA BTDC 自燃,并在上止点达到预混燃烧的峰值。甲醇自燃为 HCCI 燃烧,放热速率快,压力升高率急剧上升,最大压力升高率在 1°CA BTDC 时达到 13. 46 bar/°CA,最高爆压达到 170 bar,超过原机设计极限。快速燃烧产生的压力波使缸压曲线表现出锯齿状的压力震荡,发动机振动加大,出现清脆的敲缸声。柴油的扩散燃烧在 21°CA ATDC 时达到第二个峰值,甲醇提前燃烧造成缸内压力、温度和湍流度较高,二元燃料扩散燃烧放热比纯柴油快。由于甲醇自燃消耗了柴油束外围的空气,使柴油局部当量比升高,并且甲醇燃烧使缸内温度升高到 1 186 K,导致柴油裂解严重,产生大量炭烟。甲醇自燃发生在上止点前,使活塞做了大量负功,热效率降低。

图 6－41 所示工况为在不改变原机喷油参数的情况下,加入大量甲醇已经不能稳定着火,为了发动机运行稳定,在大替代率下使柴油的喷油参数由 2. 8°CA ATDC 提前到 2°CA BTDC。甲醇的加入则增加了柴油的着火延迟,又由于喷入柴油量较少,二元燃料燃烧呈现

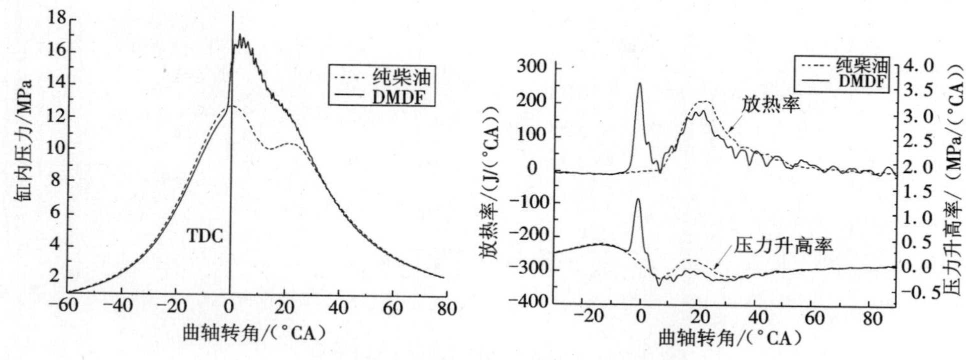

图 6-40　高负荷爆震边界燃烧特性

单峰预混燃烧。甲醇和柴油同时预混燃烧导致燃烧速度加快,虽然最高爆压没有超过限值,压力曲线也没有出现明显的压力波动,但是最大压力升高率已经到达 2 MPa/°CA,超出原机的机械负荷极限 1.5 MPa/°CA,燃烧噪声变大,这便限制了替代率进一步提高。

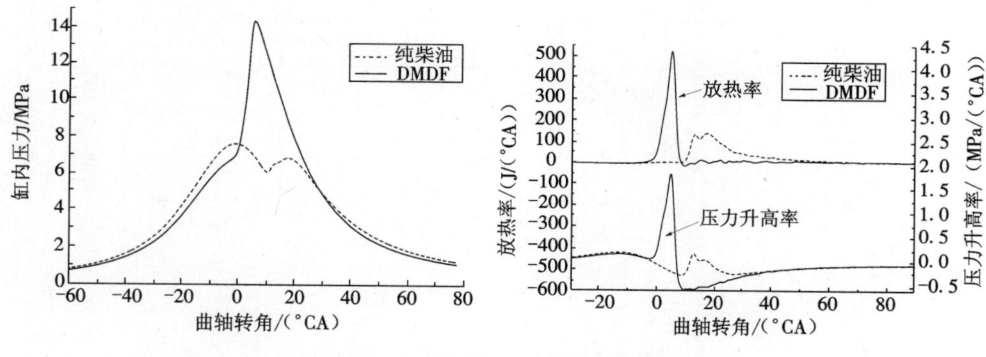

图 6-41　中等负荷爆震边界燃烧特性

6.4.4　运行区域部分燃烧边界和失火边界燃烧特性

由于甲醇汽化潜热使充量温度的降低,导致压缩终了温度降低,加上甲醇对 OH · 的转化作用使着火滞后,如图 6-42 所示。DMDF 模式下柴油的循环喷油量减少,其预混柴油量少于纯柴油发动机,引起放热率中第一个峰值较纯柴油略高。预混甲醇被柴油引燃后开始火焰传播。由于该工况下缸内温度、压力较低,甲醇空气混合气过量空气系数为 13.77,火焰传播速度较慢,使放热持续到 34°CA ATDC,导致缸内压力转换为有效功的效率明显减小,从而使获得同样有效功的二元燃料累计放热量比纯柴油高近两倍。该工况下二元燃料热效率由原机的 25% 下降到 22%,替换比 $a=3.98$,远远高出理论替换比 2.16,使甲醇替代柴油失去意义。

图 6-43 所示为二元燃料发动机失火边界下 10 个连续循环连续采样的示功图。由图可以看出,在二元燃料运行工况失火区,燃烧极不稳定,失火和爆震交替发生,循环变动加大,转速和输出扭矩波动较大。由于滞燃期相对不变,高的转速使曲轴转角计的着火点向

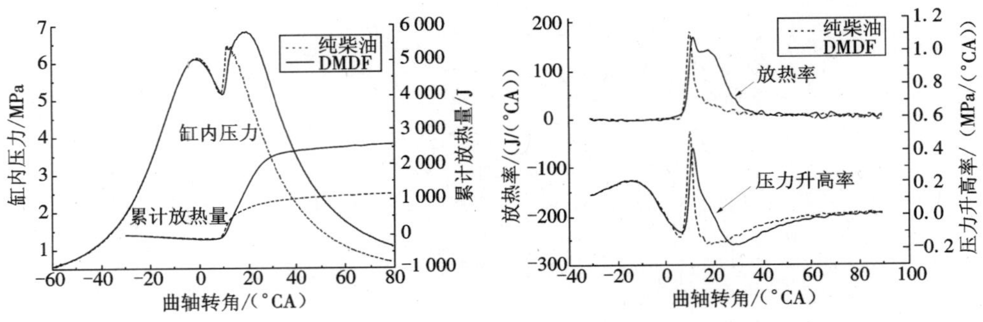

图 6-42 部分燃烧边界的燃烧特性

后推迟，甚至发生失火，导致转速降低。低速时又导致着火提前，在当前循环的新鲜充量与上一循环残留的未燃烧混合气共同作用下，甚至发生爆震。在这两种因素的反复作用下，发动机转速时高时低，波动大于 300 r/min，出现了游车现象。因此，为了保证发动机的运行稳定，替代率不能过度提高。

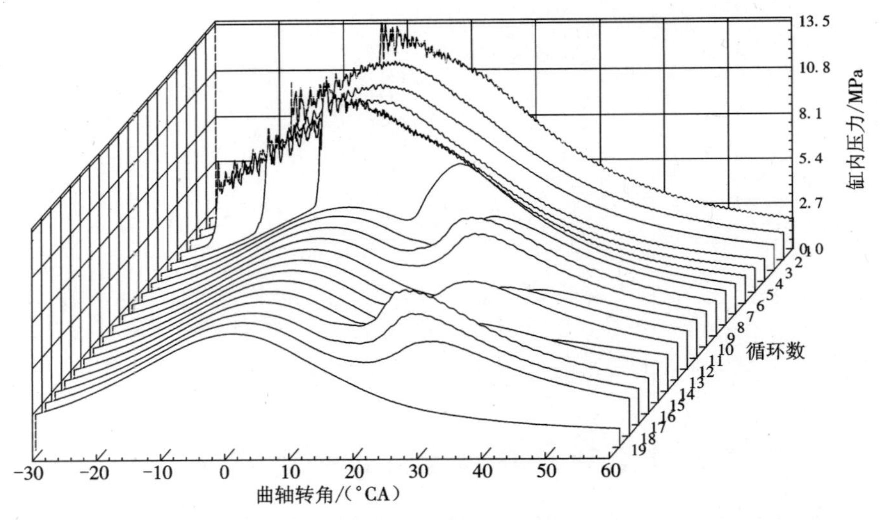

图 6-43 失火边界的燃烧稳定性

6.5 DMDF 燃烧方式与其他燃用醇类燃烧方式对比

6.5.1 DMDF 发动机预混甲醇与预混乙醇的性能对比

在多点喷醇方式下进行了进气道预混甲醇和预混乙醇对比试验，对喷醇发动机 2 000 r/min负荷特性和外特性试验的对比结果见图 6-44 和图 6-45。图中 Diesel 代表原柴油机，D + M 代表柴油/甲醇二元燃料发动机(DMDF)，D + E 代表柴油/乙醇二元燃料发动机(DEDF)。

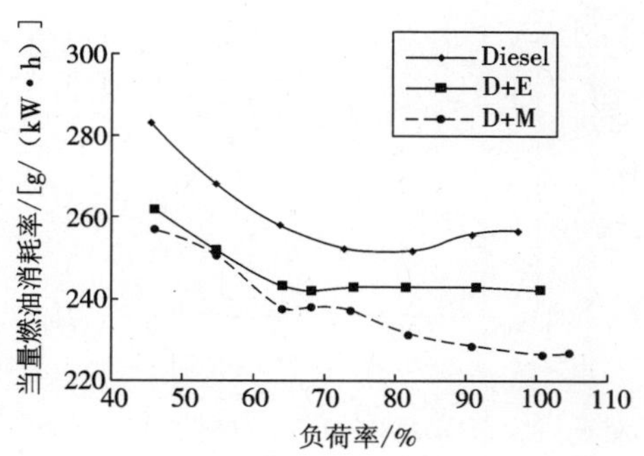

图6-44　不同预混燃料对当量比油耗的影响

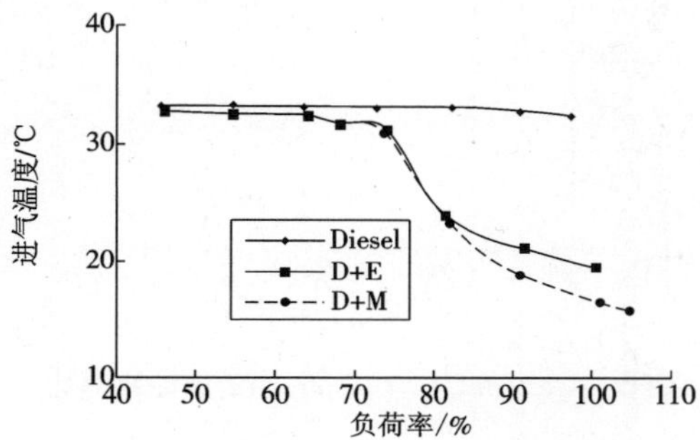

图6-45　不同预混燃料对进气温度的影响

1. 负荷特性对比

二元燃料发动机预混甲醇与预混乙醇时，当量比油耗相对纯柴油模式都有大幅度下降，而DMDF对经济性的改善优于DEDF，即喷乙醇时当量比油耗比原柴油机最大降低幅度为5.6%，而预混甲醇可以降低11.7%，而且负荷越大，DMDF的经济性越好。由图6-45可知，在中大负荷区，DMDF对进气温度的降低效果比DEDF好，这是由于在同样的替代率下，甲醇的热值低，DMDF需要的甲醇量比DEDF需要的乙醇量更多，而且甲醇的蒸发潜热比乙醇更大。甲醇量的增加和进气温度的降低，使发动机压缩负功减少，燃烧更迅速，造成DMDF比DEDF经济性更好。

2. 外特性对比

图6-46所示为DMDF与DEDF外特性扭矩对比图。从图中可以看出，发动机在采用组合燃烧方式后，动力性有所增加，燃用甲醇的喷醇发动机的动力性略好于燃用乙醇的发动机。由图6-47可知，与负荷特性类似，燃用甲醇的喷醇发动机在当量燃料经济性方面远优于燃用乙醇的喷醇发动机[13,14]。

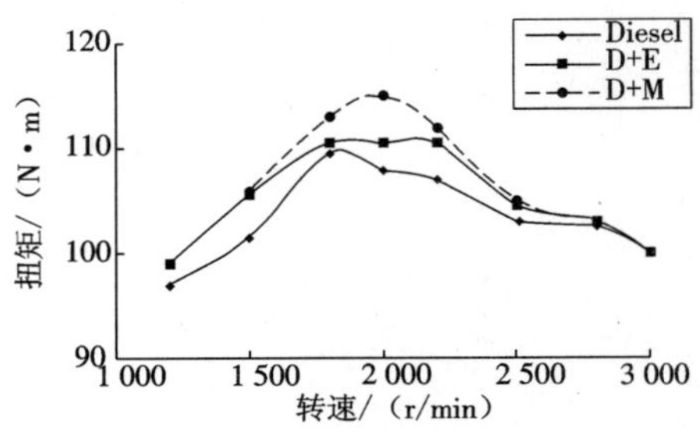

图 6－46 DMDF 与 DEDF 外特性扭矩对比

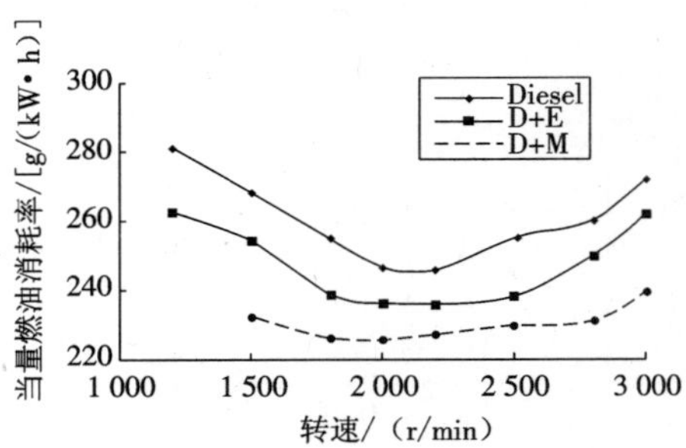

图 6－47 DMDF 与 DEDF 当量比油耗对比

6.5.2 组合燃烧喷醇发动机燃用含水甲醇的性能研究

6.5.2.1 发动机性能对比

对 DMDF 发动机燃用进气预混纯甲醇和含水甲醇进行 2 000 r/min 负荷特性对比试验，从该转速下 65 N · m(59% 负荷率)开始喷醇，试验结果见图 6－48 和图 6－49。图中 Diesel、D＋M100 和 D＋M90W10 分别代表原柴油机、预混纯甲醇和预混含水 10% 体积分数甲醇的发动机性能曲线。

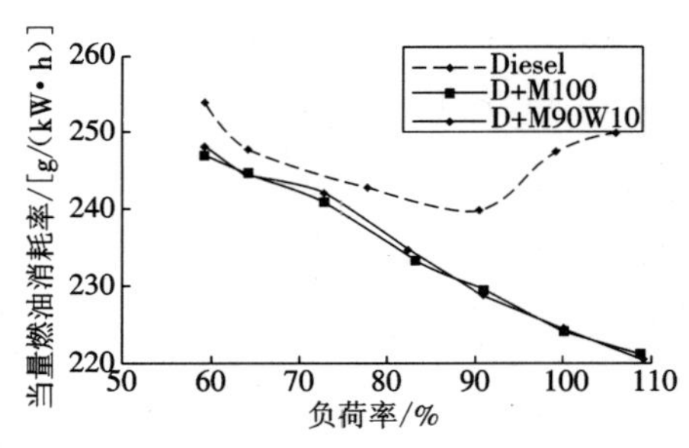

图 6－48 含水 DMDF 发动机折合当量比油耗

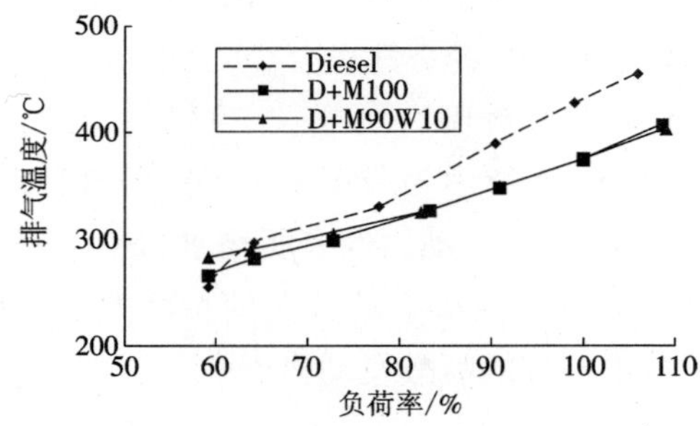

图 6－49 含水 DMDF 发动机排气温度

由图 6－48 可知，DMDF 发动机燃用含水甲醇时的当量比油耗与纯甲醇时几乎一致，某些工况点还低于燃用纯甲醇的情况，这可能是由于含水甲醇 M/W 在高温燃气下有一定的

“微爆”现象发生。以前也有在柴油－甲醇乳化油中添加部分水做成三元乳化燃料的研究，并且可以利用乳化油的“微爆”效应，促进燃料高温下的二次雾化，提高燃油的经济性。由于水的加入，混合燃料雾化吸收更多的热，对最高燃烧温度的抑制作用更强，不利于 NO_x 的生成；以前也有通过进气管喷水来降低进气温度，以减少 NO_x 排放的研究，试验也证明了这一点。水的加入对 THC 的排放影响不大，有些工况稍高于预混纯甲醇的情况。从发动机排气温度曲线看，采用含水甲醇时喷醇后的温度都在 300 ℃以上。

发动机的性能试验表明，DMDF 燃烧喷醇发动机最大负荷时完全可以燃用含水甲醇。

2. 使用经济性对比

组合燃烧多点喷醇发动机进气预混纯甲醇和含水甲醇的使用经济性对比见图 6－50 和图 6－51。

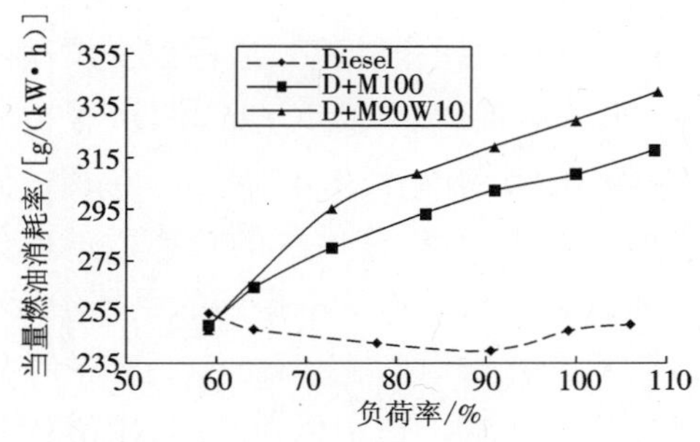

图 6－50　含水 DMDF 与纯甲醇 DMDF 燃油消耗率对比

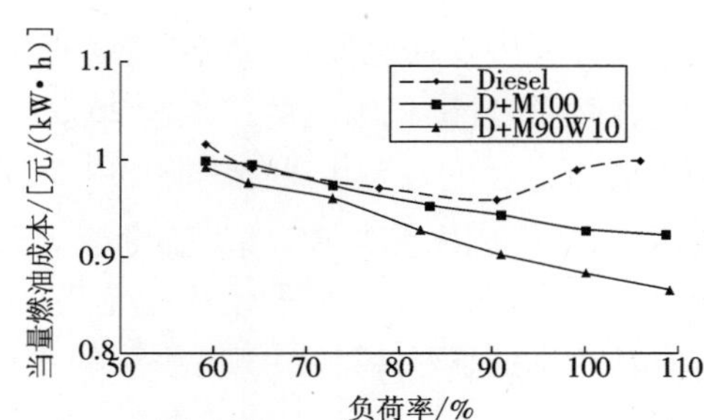

图 6－51　含水 DMDF 与纯甲醇 DMDF 经济性对比

由于惰性物质水的加入，使混合燃料的热值相应降低，那么同样功率下含水甲醇的消耗率会增加。但由于粗甲醇的价格比纯甲醇的价格低 24%，所以使用燃用粗甲醇的喷醇发动机的经济性有明显的优势。但是试验中发现，长时间应用含水燃料对发动机的部件不利。

6.5.3　燃用超低硫柴油的 DMDF 发动机性能

柴油中的硫是引起发动机催化器中毒和产生微粒排放的重要物质。为了探究硫对 DMDF的影响，用超低硫柴油（硫含量低于 50 ppm）和工业甲醇对 DMDF 发动机性能进行了试验，表 6－2 给出了详细的物理化学参数。

表 6－2　试验用柴油和甲醇的物理化学参数

特性	柴油	甲醇
分子式	$C_{10}H_{22}$ ~ $C_{15}H_{32}$	CH_3OH
分子量	190 ~ 220	32
十六烷值	40 ~ 55	<5
低热值/(MJ/kg)	42.5	19.7

续表

特性	柴油	甲醇
20 ℃密度/(kg/m^3)	840	790
20 ℃动力黏度/(mPa·s)	2.8	0.59
汽化潜热/(kJ/kg)	250~290	1 178
理论空燃比	14.7	6.45
自燃温度/℃	316	464
含硫量/ppmwt	<50	
火焰传播速度/(m/s)		2~4
火焰温度/℃	2 054	1 890

试验过程中发动机保持恒定转速 1 800 r/min(发动机最大扭矩转速),通过改变发动机的扭矩,即保持发动机输出的扭矩为 26 N·m、65 N·m、130 N·m、195 N·m 和230 N·m,对应的平均有效压力为 0.08 MPa、0.19 MPa、0.38 MPa、0.56 MPa 和 0.67 MPa。在每一固定扭矩下,首先燃用纯柴油,然后逐渐减少柴油量增加甲醇喷射量,使甲醇的功率贡献率分别为 10%、20% 和 30%,待发动机稳定后,记录相关的试验数据。本章中提到的甲醇量 x% 即对应其功率的贡献率。

图 6-52 给出了喷入不同的甲醇量对发动机热效率的影响。在中低负荷时,甲醇的加入使发动机的热效率降低,且随着甲醇量的增多,热效率进一步降低,最大降幅达 13%;而在最大负荷时,热效率略有增加。与低负荷相比,在中高负荷时的热效率有所改变,随着甲醇量的增多,出现了轻微的增加。结果表明,在低负荷时,甲醇的加入导致了燃烧效率的恶化,但是在高负荷有所改善;在低负荷时,喷入的甲醇和新鲜空气混合形成均质可燃混合气,这种混合气可能较稀而不能很好地支持燃烧,导致了燃烧效率的恶化;在中高负荷时,有足够浓的混合气支持燃烧,改善了燃烧效率。同时,甲醇空气均质混合气的形成改变了放热规律,进一步改善了发动机的热效率。另外,由于甲醇的喷入,冷却了进气温度,加之较稀的混合气,它们的综合作用是导致低负荷时发动机燃烧较差的原因。

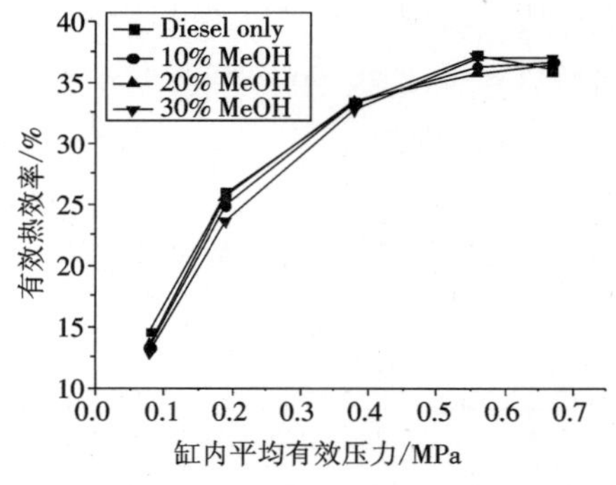

图 6-52 在不同甲醇喷射比例下的发动机热效率比较

同样的现象在表 6-3 中也得到了证实。从表中可以看出,在发动机负荷增大的情况下，随着甲醇量的增加，柴油替代比例也增大。在低负荷平均有效压力为 0.08 MPa 时，添加的甲醇负荷贡献率为 30% 的情况下，柴油替代率才达到 8.7%；在最大负荷平均有效压力为 0.67 MPa 时，柴油替代率达到 27.5%。如此低的柴油替代率也表明了甲醇的利用和燃烧不充分，进而导致低的有效热效率。利用表 6-3 中燃油消耗率的数据，根据每种燃料的低热值和柴油、甲醇分别贡献的功率，可以得到每种燃料的利用效率。例如，在低负荷 0.08 MPa 时，纯柴油运行时的热效率为 14.6%，而运行柴油/甲醇的功率贡献率为 90%/10% 时，柴油的热效率为 13.7%，甲醇的热效率仅为 10.6%。在高负荷 0.67 MPa 时，纯柴油的发动机热效率为 36.1%，而运行柴油/甲醇的功率贡献率为 90%/10% 时，柴油和甲醇的热效率分别为 36.5% 和 40.4%，与低负荷相比，甲醇燃料的有效热效率显著增加。

表 6-3　柴油、甲醇和 CO_2 的质量流量

负荷 *BMEP*/MPa	甲醇负荷替代率/%	柴油消耗率/(kg/h)	甲醇消耗率/(kg/h)	柴油替代率/%	甲醇质量比	CO_2 质量流量/(kg/h)
0.08	0	2.844	0	0	0	8.96
	10	2.726	0.844	4.2	0.24	9.75
	20	2.632	0.923	7.5	0.26	9.56
	30	2.597	1.350	8.7	0.34	10.04
0.19	0	4.004	0	0	0	12.61
	10	3.748	0.914	6.4	0.20	13.06
	20	3.595	0.996	10.2	0.22	12.69
	30	3.386	2.165	15.4	0.39	13.64
0.38	0	6.214	0	0	0	19.57
	10	5.770	0.959	7.2	0.14	19.49
	20	5.107	2.329	17.8	0.31	19.29
	30	4.822	3.240	22.4	0.40	19.64
0.56	0	8.310	0	0	0	26.18
	10	7.658	1.883	8.1	0.20	26.71
	20	7.067	3.480	15.9	0.33	27.05
	30	6.160	4.750	25.9	0.44	25.94
0.67	0	10.170	0	0	0	32.04
	10	9.071	1.962	10.8	0.18	31.27
	20	8.255	3.850	18.8	0.32	31.30
	30	7.378	5.470	27.5	0.43	30.76

从表 6-3 还可以得出，在负荷为 0.56 MPa 时，甲醇的功率贡献率为 30% 的情况下，甲醇的质量消耗率占整个燃油质量消耗率达 44%，与目前混合燃料甲醇质量比高达 18% 的情况比较，柴油/甲醇组合燃烧方式可以允许更大比例的甲醇参与燃烧，从而提高柴油的替代率，这对于实现燃料的替代更有现实意义。

6.5.4 甲醇乳化及气道喷射发动机性能对比

根据第2章内容,甲醇和柴油通常可以应用以下两种方式组合使用:乳化和喷射引燃法。醇是极性分子,难与柴油互溶,而且醇/柴油混合燃料的稳定性受很多因素影响。想要获得均匀稳定的混合燃料,必须添加一定比例的活性剂或者乳化剂。但是随着混合燃料中含醇量的增加,燃料的黏度、十六烷值和热值下降,如果不对柴油机进行调整,其最大功率将会降低,做功能力下降。以上因素也限制了醇在柴油中的最大添加比例,通常体积比不超过20%[15,16]。在喷射引燃模式时,柴油机供油系统不做改变,而甲醇通过低压喷射器喷进进气道,形成甲醇/空气均质混合气由柴油引燃着火,在缸内共同燃烧;还有使用双喷射器分别将柴油和醇共同喷射入燃烧室内。此方式结构复杂、价格昂贵,同时还引发喷醇器和泵的磨损问题。

本节着重分析甲醇/生物柴油混合燃料及进气道喷射甲醇的组合燃烧方法应用于柴油机时的性能和排放特性,并将其结果同燃用纯生物柴油和超低硫柴油的结果进行比较。

本试验中试验工况选择在发动机最大扭矩转速1 800 r/min时5个不同负荷(即26 N·m、65 N·m、130 N·m、195 N·m和230 N·m)下,它们对应的平均有效压力分别为0.08 MPa、0.19 MPa、0.38 MPa、0.56 MPa和0.67 MPa。

在每个发动机工况下,发动机将燃用超低硫柴油、生物柴油、10%(体积比)气道喷射甲醇+90%生物柴油和10%(体积比)甲醇+90%生物柴油的混合燃料这4种不同的燃料或燃烧模式。

图6-53给出了在应用不同燃料的情况下,有效燃油消耗率随发动机负荷的变化情况。从图中可以看出,除了超低硫柴油在最大负荷点外,各种情况下随着发动机负荷的增加,有效燃油消耗率都减少。燃用超低硫柴油时,最低的燃油消耗率226.1 g/(kW·h),发生在发动机平均有效压力为0.56 MPa下,而余下三种情况即生物柴油、10%甲醇喷入气道和10%甲醇混燃,燃油消耗最低值分别为245.6 g/(kW·h)、254.9 g/(kW·h)和268.0 g/(kW·h),它们都明显高于燃用超低硫柴油的情况。这是因为生物柴油和甲醇的低热值都低于柴油,尤其甲醇更甚。

图6-54给出了在不同情况下的发动机热效率的对比曲线。从图中可以看出,随着发动机负荷的增大,热效率普遍提高(超低硫最大负荷点0.67 MPa除外,此点出现了燃烧恶化的情况)。对比图6-53和图6-54可见,尽管燃用超低硫柴油时的有效燃油消耗率低,但是其热效率也低。比较生物柴油、生物柴油和甲醇混合以及甲醇生物柴油组合的燃烧模式,可见小负荷时混合模式的热效率高,大负荷时组合的燃烧模式获得的热效率较大。4种燃料或燃烧模式下,发动机的最大热效率分别为37.2%(柴油)、39.1%(生物柴油)、39.6%(生物柴油引燃气道喷射甲醇)和37.5%(混合燃料)。与燃用普通柴油相比,发动机运行生物柴油可以获得较高的热效率。由于生物柴油含氧,有助于改善燃油喷雾中高浓度区域的缺氧燃烧,同时不完全燃烧产物降低,燃烧初期累积放热率大,缸内燃烧速度大,进而也提高了燃烧效率。

当甲醇和生物柴油混合时,将改变原生物柴油的理化特性,如黏度和十六烷值降低,而

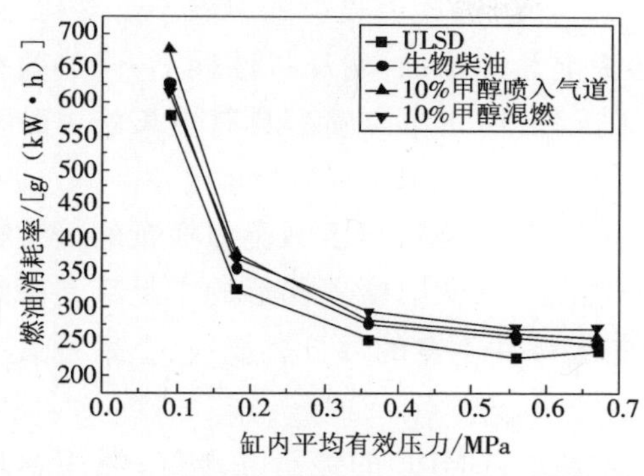

图 6-53　有效燃油消耗率随发动机负荷的变化

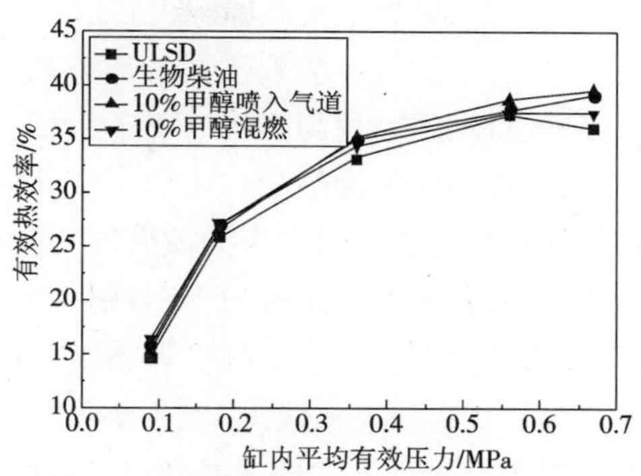

图 6-54　有效热效率随发动机负荷的变化对比

汽化潜热增加。在此混合燃料模式下,导致发动机热效率改变可能的两个因素:一是甲醇的掺混将导致滞燃期加长,大比例的燃料在预混合阶段燃烧;二是甲醇的存在导致燃烧温度的降低,从而使燃烧恶化。这两个因素相互作用,在低负荷时喷入的总的燃料量减少,且大部分都在预混合阶段燃烧,第一个因素将占据主导作用,导致了热效率的升高;在中高负荷时,随着总燃料量的增加,第二个因素占据了主要作用,导致热效率降低。

在进气道喷射甲醇与空气形成均质混合气后,由生物柴油引燃的组合燃烧模式下,低负荷时喷射的甲醇与进气形成的均质混合气太稀而不能支持缸内燃料更好的燃烧,导致燃烧的恶化;中高负荷时,混合气的浓度足够支持大量的燃料在预混合阶段更好地燃烧,从而使此时的发动机有效热效率增加。

6.6　本章小结

本章主要介绍了 DMDF 燃烧的基本燃烧特征,为二元燃料发动机高效清洁燃烧提供了理论基础;对 DMDF 燃烧模式在柴油机上的实现及其对发动机性能的影响做了较为详细的讨论;通过改变燃料、进排气和喷油参数等边界条件,详细研究了边界条件变化对发动机性能和燃烧的影响;探讨了 DMDF 燃烧的分区特性;最后对压燃机应用醇类燃料的不同技术进行了简单对比,得到的主要结论如下。

①DMDF 燃烧是介于 HCCI 燃烧与传统柴油燃烧之间的一种新的燃烧模式,具有预混压燃低温燃烧和柴油机扩散燃烧以及预混燃烧的火焰传播等多重特点。DMDF 燃烧中,高的替代率使 DMDF 更倾向于 HCCI 模式,低替代率时更类似于传统柴油机燃烧。在适当的替代率下,DMDF 燃烧模式有可能同时避开炭烟生成区和 NO_x 生成区,是一种非常有潜力的新型高效清洁燃烧方式。

②甲醇的加入能大幅度地降低进气温度,对进气量和进气总含氧量基本无影响。小负荷时,甲醇的加入使热效率下降;中等负荷及大负荷时,DMDF 模式热效率大幅提高。二元燃料模式下,发动机动力性提高,而且可以进一步强化。

③边界条件的变化对 DMDF 燃烧规律有着深刻影响。随着醇油比的增加,压缩终了时

缸内压力降低,滞燃期变长,燃烧持续期变短;进气温度太低,气道喷射的甲醇不易雾化,进气温度太高,甲醇有可能先于柴油而自燃;随供油提前角的增加,发动机油耗上升,热效率下降,最佳供油提前角为 14°CA BTDC;除外特性工况外,由于单点喷醇具有更长的甲醇雾化时间,具有更低的油耗。

④在以替代率和负荷率为横纵轴的坐标系中,DMDF 燃烧运行区域类似横置的等腰梯形,并存在三种状况的运行边界,分别是爆震、部分燃烧和失火。横置梯形的中上部是高效区,下部为低效区。梯形上腰是爆震线,下腰是燃料经济性不良的部分燃烧线,上底是失火和爆震交替发生的失火线。

⑤DMDF 对经济性的改善优于乙醇,而且负荷越大,DMDF 的经济性越好;燃用含水 10% 的含水甲醇与燃用纯甲醇时发动机性能相当;在小负荷时,采用柴油/甲醇掺混燃料的发动机热效率较高,而在大负荷时,组合的燃烧模式获得的热效率更大。

综上所述,DMDF 燃烧是一种新型的高效清洁燃烧方式,而且有较强的燃料适应性,具有很大的发展潜力。然而,进一步掌握二元燃料燃烧的燃烧规律,优化影响燃烧的边界条件,从而控制燃烧规律使之完全达到高效清洁燃烧,仍然是未来工作的重点。

6.7 参考文献

[1]周龙保,刘巽俊,高宗英. 内燃机学[M].2 版.北京:机械工业出版社,2005.

[2]苏万华,赵华,王建昕. 均质压燃低温燃烧发动机理论与技术[M]. 北京:科学出版社,2010.

[3]鹿盈盈.重型柴油机低温燃烧及燃烧路径的研究[D].天津:天津大学,2012.

[4]XU H J, YAO C D, XU G L. Chemical kinetic mechanism and a skeletal model for oxidation of *n*-heptane/methanol fuel blends[J]. Fuel, 2012, 93(1): 625 -631.

[5]夏琦.柴油/甲醇组合燃烧的道路试验及燃烧特性研究[D].天津:天津大学, 2011.

[6]姚春德,夏琦,陈绪平,等.柴油/甲醇组合燃烧增压共轨发动机的燃烧特性和排放特性[J].燃烧科学与技术, 2011, 17(1):6 -10.

[7]CHENG C H, CHENG C S, CHAN T L, et al. Experimental investigation on the performance, gaseous and particulate emissions of a methanol fumigated diesel engine[J]. Science of the Total Environment, 2008, 389(1): 115 -124.

[8]YAO C, CHENG C S, CHENG C, et al. Effect of diesel/methanol compound combustion on diesel engine combustion and emissions[J]. Energy Conversion and Management, 2008, 49(6): 1696 -1704.

[9]魏立江,姚春德,刘军恒,等.柴油/甲醇二元燃料重载柴油机的进排气分析与燃料效率[J].工程热物理学报, 2013, 34(3):563 -567.

[10]李云强.柴油机采用柴油/醇组合燃烧方式降低碳烟与 NO_x 的研究[D].天津:天津大学, 2004.

[11]程传辉.甲醇在压燃式发动机上的应用研究[D].天津:天津大学,2008.

[12]KUMAR K, SUNG C J. Autoignition of methanol: Experiments and computations[J]. International Journal of Chemical Kinetics, 2011, 43(4): 175 - 184.

[13]陈绪平. 柴油乙醇组合燃烧及其在发动机上应用的研究[D]. 天津:天津大学,2010.

[14]姚春德,刘军恒,阳向兰,等. 电控共轨柴油机应用柴油/乙醇组合燃烧的气体排放及燃料经济性[J]. 内燃机学报,2011,29(2):105 - 111.

[15]HUANG Z, LU H, JIANG D, et al. Combustion behaviors of a compression-ignition engine fuelled with diesel/methanol blends under various fuel delivery advance angles[J]. Bioresource Technology, 2004, 95(3): 331 - 341.

[16]YILAZ N, SANCHEZ T M. Analysis of operating a diesel engine on biodiesel-ethanol and biodiesel-methanol blends[J]. Energy, 2012, 46(1): 126 - 129.

第7章　柴油/甲醇二元燃料燃烧排放物及其控制

对于传统的压燃式发动机，可燃混合气是在燃烧前和燃烧中的极短时间内形成的，容易造成混合不均匀现象。缺氧的燃料在高温高压环境下会发生裂解、脱氢，最后生成炭烟粒子。这些炭烟粒子在降温过程中会吸附各种未燃烧或不完全燃烧的重质HC和其他凝聚相物质，构成压燃式发动机的重要污染物排气微粒（PM）。而采用柴油/甲醇二元燃料燃烧方式，甲醇在进气道与空气预混形成均质或准均质混合气进入气缸中，再由柴油引燃实现气相燃烧。上一章中已经介绍了柴油/甲醇二元燃料燃烧对压燃式发动机燃烧特性的影响，本章着重介绍柴油/甲醇二元燃料燃烧对发动机排放特性的影响及其控制，内容主要包括对大气环境和人类健康影响很大且已被各国排放法规限制的内燃机常规气体排放物HC、CO、NO_x、微粒排放（PM）和非常规气体排放物甲醛（HCHO）及其检测方法和简单后处理技术对柴油/甲醇二元燃料燃烧发动机排放的影响。

7.1　柴油/甲醇二元燃料燃烧发动机气体排放物

采用柴油/甲醇二元燃料燃烧的气体排放物包括常规气体排放物HC、CO和NO_x以及非常规气体排放物甲醛（HCHO），这些污染物对人体的危害如下。

①碳氢化合物（HC），简称烃，包括碳氢燃料及其不完全燃烧产物、润滑油及其裂解和部分氧化物，例如烷烃、烯烃、芳香烃、醛、酮、酸等数百种成分。烷烃基本上无味，它在空气中可能存在的含量对人体健康不产生直接影响。烯烃略带甜味，有麻醉作用，对黏膜有刺激，经代谢转化会变成对基因有毒的环氧衍生物。烯烃有很强的光化活性，是与NO_x一起在日光紫外线作用下形成有很强毒性的"光化学烟雾"的罪魁祸首之一。芳香烃有芳香味，却有危险的毒性，对血液、肝脏和神经系统有害。多环芳烃（Polycyclic Aromatic Hydrocarbon，PAH）及其衍生物有致癌作用。醛类是刺激性物质，对眼黏膜、呼吸道和血液有毒害。

②一氧化碳（CO）。在标准状况下，CO纯品为无色、无臭、无刺激性的气体。CO进入人体后会和血液中的血红蛋白结合，产生碳氧血红蛋白，进而使血红蛋白不能与氧气结合，从而引起机体组织出现缺氧，导致人体窒息死亡，因此一氧化碳具有毒性。空气中CO的体积分数超过0.1%时，就会导致头疼、心慌等中毒病状；超过0.3%时，则可在30 min内使人死亡。

③氮氧化合物（NO_x）。NO_x是指只由氮、氧两种元素组成的化合物。常见的氮氧化合物有一氧化氮（NO，无色）和二氧化氮（NO_2，红棕色）。NO本身毒性不大，但在大气中缓慢氧化成NO_2。NO_2具有强烈的刺激味，被吸入人体后与水分结合成硝酸，引起咳嗽、气喘，甚至肺气肿和心肌损伤。NO_x是在地面附近形成含有毒臭氧的光化学烟雾的主要因素之一。

④甲醛(HCHO)。HCHO 是一种无色、有强烈刺激性气味的气体,易溶于水、醇和醚。HCHO 在常温下是气态,其主要的危害表现为对皮肤黏膜的刺激作用。HCHO 达到一定浓度时,人就会有不适感,会引起眼红、眼痒、咽喉不适或疼痛、声音嘶哑、喷嚏、胸闷、气喘、皮炎等,长期接触甲醛会导致基因突变甚至致癌。

7.1.1　HC 排放

1. 柴油/甲醇二元燃料燃烧发动机 HC 排放

HC 是在发动机气缸内工作过程中生成并随排气排出的排放物,主要是在燃烧过程中没有来得及燃烧或者没有完全燃烧的 HC 燃料。对于压燃式发动机,由于是短促喷油后压燃,燃油滞留在气缸内的时间较短,燃油喷注与周围空气形成的混合气很不均匀。在喷注核心,混合气过浓,在继续混合过程中会逐渐稀化,先后进入正常燃烧,不致引起很多的 HC 排放。但在喷注外围,来不及着火就可能形成过稀的混合气,其中的燃料可能始终不能完全燃烧,成为未燃 HC 的排放源。对于柴油/甲醇二元燃料发动机,由于甲醇是在进气道喷入并与空气混合形成均质或准均质混合气进入气缸中并由柴油引燃,因此其 HC 排放有其特殊的规律。图 7－1 和图 7－2 分别显示了在稳定工况和 ESC 循环各工况下自然吸气式发动机和增压中冷式发动机在柴油/甲醇二元燃料燃烧模式下 HC 的排放情况。

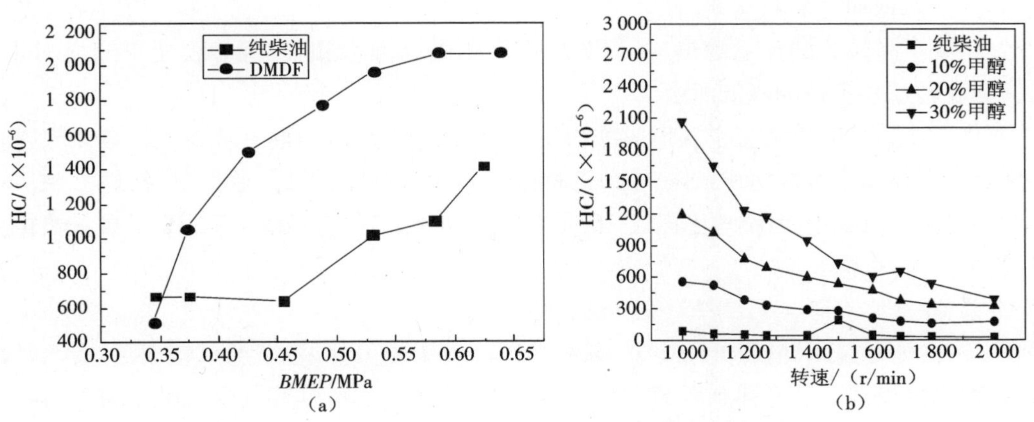

图 7－1　转速、负荷和替代率对柴油/甲醇二元燃料燃烧 HC 排放的影响

(a)自然吸气式发动机 HC 排放　(b)增压中冷式发动机 HC 排放

由图 7－1(a)可知,采用柴油/甲醇二元燃料燃烧后发动机的 HC 排放量都比纯柴油模式增加。这是由于甲醇的汽化潜热大,喷入后导致缸内燃烧温度下降,而且在低负荷下喷入的甲醇量少,形成的均质混合气较稀,难以点燃,加之在压缩过程中甲醇均质混合气进入余隙和狭缝等处,增加了着火的难度,因而导致了 HC 排放比纯柴油多。在高负荷时,由于缸内燃烧温度高,甲醇混合气浓度也增大,使燃烧状况得到改善,所以 HC 排放有下降的趋势。由图 7－2 可知,随着转速的增加,无论是在纯柴油模式下还是在柴油/甲醇二元燃料模式下,发动机 HC 排放都逐渐降低,这是因为当输出功率相同时,随着转速的增加,每循环喷油量降低,减少了 HC 排放的生成源;与纯柴油相比,柴油/甲醇二元燃料燃烧 HC 排放有较为显著的增加,且随着替代率的增加,HC 排放逐渐升高。由图 7－2 还可以看出,随着负荷的增加,纯柴油和柴油/甲醇二元燃料发动机的 HC 排放逐渐降低,这是由于负荷增加,燃烧温度高,燃料燃烧完全,使 HC 排放减少。

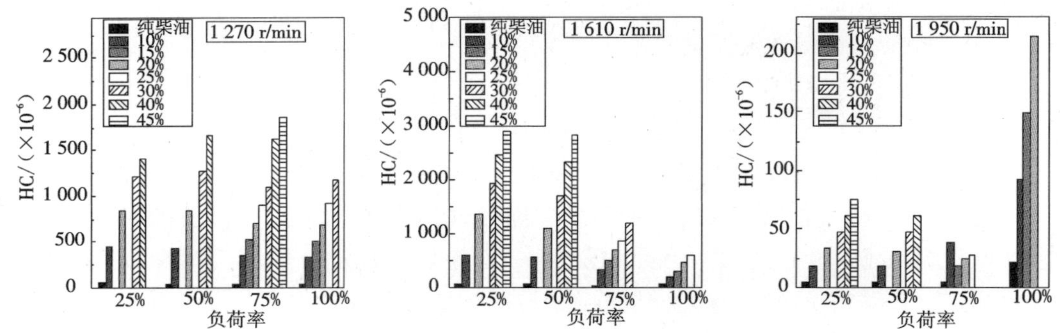

图 7-2 ESC 各工况点 HC 排放随甲醇替代率变化图

与纯柴油模式相比,柴油/甲醇二元燃料模式下的 HC 排放量大幅度升高的主要原因如下。

①扫气影响。柴油/甲醇二元燃料模式吸入气缸的新鲜工质为甲醇和空气的预混合气,在扫气过程中有少量的新鲜工质直接从排气门排出,这使得 HC 的排放增加,且随着负荷和转速的降低而更加明显。

②由于甲醇较高的汽化潜热,降低了缸内燃烧最高温度和平均温度,使得未燃 HC 增加,其随着转速和负荷的降低而增大。

③由于小负荷时甲醇与空气形成准均质混合气浓度过稀,稀混合气在气缸内由柴油引燃,甲醇燃料停留在燃烧室中的时间比柴油长很多,因而过度稀燃、壁面冷激效应、狭隙效应、油膜吸附和沉积物吸附作用很大。这是在柴油/甲醇二元燃料模式下 HC 排放升高的主要原因。

2. 柴油/含水乙醇二元燃料燃烧发动机 HC 排放

图 7-3 所示是不同模式下的 HC 排放曲线。由图中可见,各工况下在柴油/含水乙醇二元燃料燃烧模式下,HC 排放都较纯柴油有较大幅度的上升,这和其他文献中柴油机在掺烧含水乙醇后 HC 排放均增加的结论一致,只是增加的程度有所不同。在各转速下随着负荷上升,HC 排放的增幅逐渐减少;随着转速的降低,HC 排放的增幅逐渐加大。柴油/含水乙醇二元燃料燃烧模式下的 HC 排放量达到了纯柴油 HC 排放的 14 倍左右。与纯柴油模式相比,柴油/含水乙醇二元燃料燃烧模式的 HC 排放大幅升高的主要原因如下。

①由于在进气中喷入乙醇,一方面乙醇及水蒸气增加了混合燃料的含氧量,这有利于 HC 的氧化,另一方面由于乙醇高的汽化潜热,降低了缸内燃烧温度,这使得未燃的 HC 增加,这方面的影响随转速和负荷的降低而加大。

②柴油/含水乙醇二元燃料燃烧模式吸入气缸的新鲜工质为乙醇、水和空气的预混合气,使气缸在扫气过程中有少量的新鲜工质直接从排气门排出,这两方面的综合影响使得 HC 的排放增加,且随负荷和转速的降低而愈加明显。

③由于水的存在,一方面其在燃烧过程中会离解出能促进燃烧的活性离子 OH、O,另一

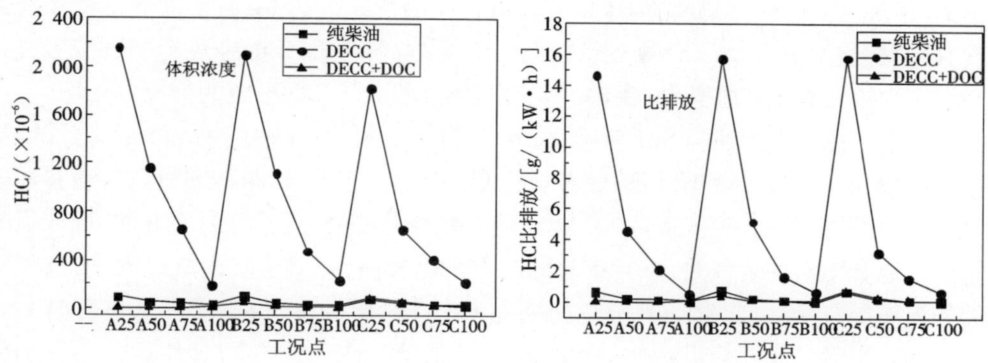

图 7-3　不同模式下的 HC 排放曲线

方面也可能会造成燃烧过程的淬熄,从而增加 HC 排放。

④由于柴油/含水乙醇二元燃料燃烧发动机的工作原理是通过进气道喷入乙醇与空气形成均质混合气在气缸内由柴油引燃,含水乙醇类燃料停留在燃烧室中的时间较长,因而壁面冷激效应、狭隙效应、油膜吸附和沉积物吸附作用都很大。这是柴油/含水乙醇二元燃料燃烧发动机 HC 排放较高的主要原因。

在加装 DOC(Diesel Oxidation Catalyst)后,柴油/含水乙醇二元燃料燃烧模式在各个工况下的 HC 排放都大幅下降至低于纯柴油的 HC 排放,也就是说 DOC 氧化 HC 的效果非常明显。

7.1.2　CO 排放

1. 柴油/甲醇二元燃料燃烧发动机 CO 排放

CO 是 HC 燃料在燃烧过程中生成的主要中间产物。CO 氧化成 CO_2 的条件是反应气的氧浓度、温度足够高,化学反应的时间足够长。抑制内燃机的 CO 排放量的主要因素是可燃混合气的过量空气系数。压燃式发动机的燃料与空气混合不均匀,其排放物中仍有相当多的 CO。CO 是由含碳燃料氧化而生成的一种中间产物,在缸内燃烧过程中这一中间产物部分会转换成 CO_2。其转换几乎完全通过一个反应来进行,即

$$CO + OH \longrightarrow CO_2 + H \qquad (R7-1)$$

在富燃料混合气中,随着燃油过剩量的增加,废气中 CO 的含量也随之增加;在贫燃料混合气燃烧中,CO 含量几乎不会随着混合比发生变化。若用 R 代表碳烃基,则碳氢化合物燃烧时 CO 的生成步骤可以表示为

$$RH \longrightarrow R \longrightarrow RO_2 \longrightarrow RCHO \longrightarrow RCO \longrightarrow CO \qquad (R7-2)$$

在碳氢燃料火焰中,CO 氧化成 CO_2 的速度比 CO 的形成速度要慢,通常由于 OH 浓度较高,因此按照如下反应进行:

$$CO + O \longrightarrow CO_2 + O \qquad (R7-3)$$

其速度很慢,在许多情况下甚至可以忽略。CO 的形成过程的主要反应归结为 RCO 的热分解和氧化生成 CO。

柴油/甲醇二元燃料燃烧时，由于甲醇具有较高的汽化潜热，降低了进气温度和缸内燃烧温度，导致燃烧不完全，故 CO 排放量较大。图 7－4 和图 7－5 分别显示了自然吸气式发动机和增压中冷式发动机在柴油/甲醇二元燃料燃烧模式下 CO 排放的情况。如图 7－4 和图 7－5 中 13 工况稳态检测（ESC）所示，随着转速的增加，CO 排放呈先增加后降低的趋势；随着负荷的增加，CO 排放逐渐降低；随着替代率的增加，CO 排放逐渐增加。与纯柴油模式相比，柴油/甲醇二元燃料模式下的 CO 排放量大幅度升高的主要原因：一方面，进气道喷射甲醇增加了混合燃料的含氧量，并且甲醇的汽化潜热较高，降低了缸内燃烧温度，这使得靠近壁面的淬冷层厚度增加，发动机燃烧初期的 CO 排放增加，这种影响在低负荷时尤其明显；另一方面，甲醇的高汽化潜热使得甲醇与空气混合气的温度降低，使甲醇的不完全氧化反应增加，这也是 CO 排放增加的原因之一。

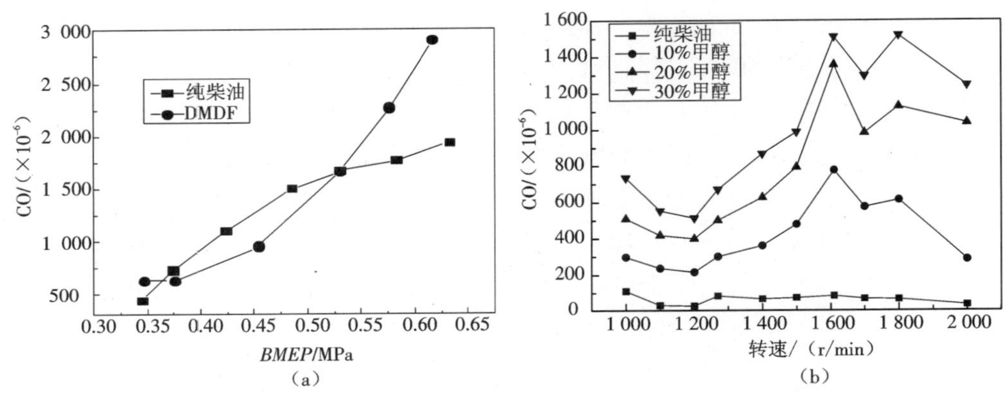

图 7－4　负荷、转速和替代率对柴油/甲醇二元燃料燃烧 CO 排放的影响

（a）自然吸气式发动机 CO 排放　（b）增压中冷式发动机 CO 排放

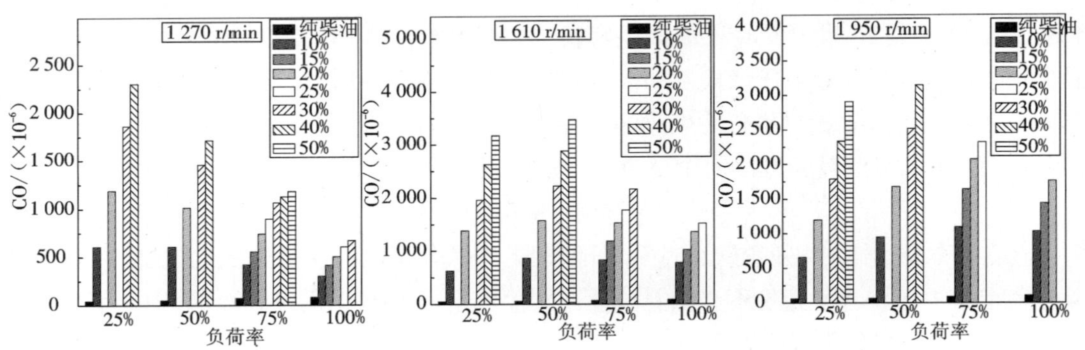

图 7－5　ESC 各工况点 CO 排放随甲醇替代率变化图

2. 柴油/含水乙醇二元燃料燃烧发动机 CO 排放

排气中的 CO 主要是混合气不完全燃烧的产物。对于同种燃料，CO 排放浓度随着负荷的增大先减少后增加。低负荷时 CO 排放浓度变化不大；达到高负荷时，CO 排放浓度急剧增加。这是由于在高负荷时，燃烧温度高，生成 CO 的分解反应加剧，导致 CO 的排放浓度急剧增加。

图7-6是不同模式下的CO排放对比图。由图可以看出,采用柴油/含水乙醇二元燃料燃烧模式后,CO的排放大幅度增加,各工况下的增长幅度不同,也没有明显的规律,主要与每个工况下的柴油喷射量和乙醇的喷入量有关。柴油/含水乙醇二元燃料燃烧模式催化前CO排放大幅增加的主要原因:一方面,含水乙醇高汽化潜热使靠近壁面的淬冷层厚度增加,发动机燃烧初期的CO排放增加,这种影响在低负荷时尤其明显,随着发动机负荷的增大,缸内燃烧温度增加,靠近壁面的淬冷层厚度减少,乙醇的高汽化潜热影响没那么明显,CO排放随之降低;另一方面,乙醇的高汽化潜热使得混合气在混合期间的温度降低,使乙醇的不完全氧化反应增加,这也增加了CO的排放。

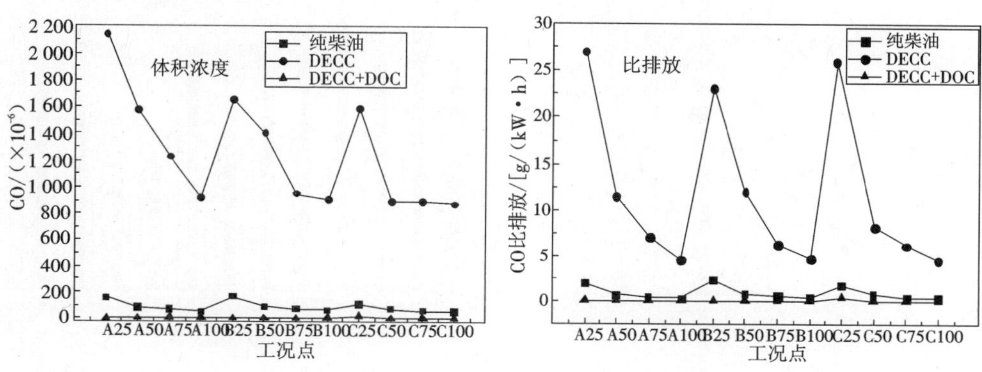

图7-6　不同燃烧与后处理模式下的CO排放对比

在柴油/含水乙醇二元燃料燃烧模式下,加装DOC后相对于加装DOC前的CO排放平均降幅为99.75%,各工况点CO排放均不超过10×10^{-6},比纯柴油模式下的排放水平还要低很多。

从以往的文献可以看出,在柴油机上掺烧乙醇,不管采取哪种形式,HC和CO都大幅度升高,如何解决这个问题,各种研究采用了不同的方案。Simonsen H[1],Satge de Caro P[2]等试图通过掺混一些添加剂来解决这一问题。而本试验采用了加装柴油催化氧化装置(Diesel Oxidation Catalyst,DOC)。从试验结果可以看出,DOC尾气后处理装置对HC和CO有很好的净化效果,使得HC和CO在经过DOC催化后的排放甚至比纯柴油还要低。

7.1.3　NO_x 排放

1. 柴油/甲醇二元燃料燃烧发动机 NO_x 排放

根据化学反应动力学,NO_x 生成的条件为高温、富氧及高温持续时间。由进气道喷入甲醇,因其汽化潜热大造成的冷却效应降低了进气温度及最高燃烧温度。同时,甲醇的加入提高了燃烧速度,缩短了高温持续时间。因此,缸内的最高燃烧温度和平均燃烧温度也会相应下降,从而使得 NO_x 的正向反应速率降低。

图7-7所示为自然吸气式发动机和增压中冷式发动机纯柴油模式、柴油/甲醇二元燃料模式和柴油/甲醇二元燃料加装简单后处理装置DOC后 NO_x 排放的对比。由图可以看出,采用柴油/甲醇二元燃料模式后,NO_x 的排放有大幅度降低,并且相同负荷条件下,转速

越高，NO_x 排放越低，且增压中冷式柴油机 NO_x 降幅较自然吸气式柴油机 NO_x 降幅大，这是因为增压中冷式柴油机进气温度较高。造成在柴油/甲醇二元燃料模式下 NO_x 排放降低的主要原因有：甲醇的加入降低了进气温度，提高了燃烧速度，缩短了高温持续时间；转速越高，燃烧持续时间越短。由于 NO_x 生成取决于高温、富氧和高温持续时间三个条件，柴油/甲醇二元燃料燃烧时向发动机进气道喷入甲醇，降低了进气温度，减少了进气量，从而使缸内最高燃烧温度下降，进而减少了 NO_x 的生成。由此可见，柴油/甲醇二元燃料燃烧对于降低高速、大负荷工况下的 NO_x 排放量具有显著效果。

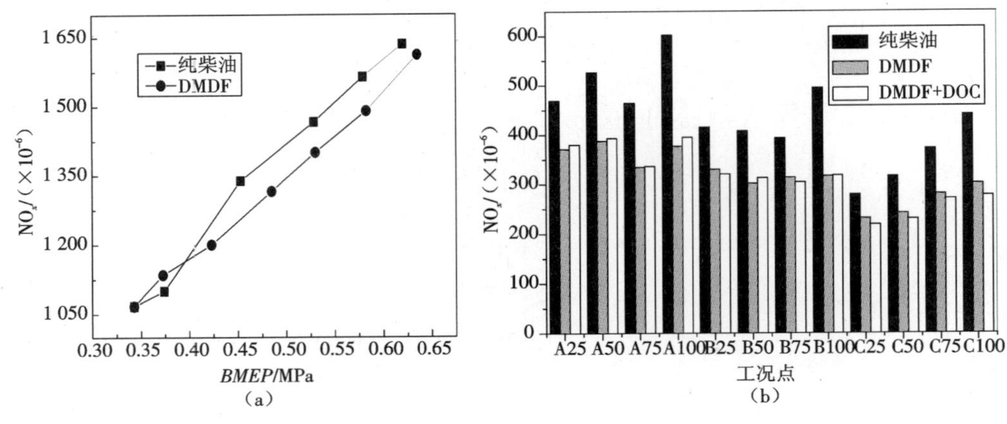

图 7－7　不同模式下的 NO_x 排放对比

(a)自然吸气式发动机 NO_x 排放　(b)增压中冷式发动机 NO_x 排放

表 7－1 为加装简单后处理器 DOC 后柴油/甲醇二元燃料模式下的 NO_x 排放降幅和加装 DOC 前的对比。由表可以看出，在柴油/甲醇二元燃料模式加装简单后处理装置 DOC 后 NO_x 排放比未加装 DOC 略有升高，平均降幅略低，但也达到了 26.05%。目前，氧化催化转化器已经应用到客车和轻型卡车、柴油轿车和重型柴油车上。由于后处理器 DOC 催化氧化 HC 和 CO 会导致温度升高，氧化催化转化器本身是一个燃烧器，发动机排出的废气经过处理，相当于又发生再次燃烧，这可能是导致 NO_x 略有升高的直接原因。

表 7－1　有无 DOC 模式下 NO_x 排放体积浓度降幅

工况点	NO_x 相对原机降幅	
	无 DOC	有 DOC
A25	20.93%	19.07%
A50	26.33%	25.23%
A75	27.95%	27.59%
A100	37.42%	34.35%
B25	20.47%	22.88%
B50	26.12%	23.39%
B75	20.25%	22.79%

续表

工况点	NO_x 相对原机降幅	
	无 DOC	有 DOC
B100	36.04%	35.81%
C25	17.21%	21.87%
C50	23.48%	27.07%
C75	24.76%	27.44%
C100	31.60%	37.19%
平均	26.05%	27.06%

在柴油机排放中，氮氧化物主要由 NO 和 NO_2 组成，其中大多数是 NO，通常情况下，NO_2 和 NO 的比值最大为 3/10。NO 是一种无色无味的气体，一般空气中的 NO 对人体是无害的。为了详细研究 NO_x 排放的成分变化，用傅里叶变换红外检测仪（Fourier Transform Infrared Spectroscopy，FTIR）测得了 NO 排放，并对比分析了 NO 在各个转速下随负荷的变化。

NO 的主要来源是参与燃烧的空气中的氮气，从大气中生成 NO 的化学机理是泽尔多维奇（Zeldovitch）机理。在化学当量混合比 $\Phi_a = 1$ 附近，导致 NO 生成和消失的主要反应式为

$$O_2 \rightleftharpoons 2O \quad (R7-4)$$

$$N_2 + O \rightleftharpoons NO + N \quad (R7-5)$$

$$N + O_2 \rightleftharpoons NO + O \quad (R7-6)$$

$$N + OH \rightleftharpoons NO + H \quad (R7-7)$$

由于 NO 的生成反应比燃烧反应要慢，所以只有很少一部分 NO 产生于约为0.1 mm厚的火焰反应带中，而大部分 NO 是在离开火焰的燃气中生成的。NO 的生成强烈地依赖于燃烧温度，氧浓度的提高也使 NO 生成量增加。在燃烧过程排放的 NO_x 中，95%以上可能是 NO，而柴油机气缸内达到的最高燃烧温度和平均燃烧温度也有控制 NO 的作用。在燃烧过程中，最先燃烧的混合气量对 NO 的生成量有很大影响，因为这部分混合气在随后的压缩过程中被压缩，使得温度升到较高值，从而导致 NO 生成量的增加，然后这些燃气在膨胀过程中膨胀并与空气或温度较低的燃气混合，冻结已经生成的 NO。

图7-8所示为各种模式下的 NO 排放对比。由图可以看出，柴油/甲醇二元燃料模式下的 NO 排放与纯柴油相比均有下降，并且相同负荷条件下，转速越高，NO 排放越低。而经过 DOC 之后，NO 排放略有升高，也就是说 DOC 对 NO 排放有一定的促进作用。柴油/甲醇二元燃料模式下，甲醇的高汽化潜热会导致燃烧过程中的温度降低，故降低 NO 效果明显。而在经过 DOC 之后，NO 排放又略有增加，原因是 DOC 内部发生的氧化反应会增高排温，从而导致 NO 排放的增加。

NO_2 是一种有毒的高活性气体，具有腐蚀性和生理刺激作用，是形成光化学烟雾的主要物质。因此，燃料造成的 NO_2 的增加是对人类健康和环境不利的，各国都把 NO_2 列为空气质量预报用的污染物。可见，研究甲醇的喷入对 NO_2 排放的影响将具有重要的意义。

以往对于 NO_2 的研究并不常见，只是在少数的文章中涉及，而且 NO_2 排放都不是直接

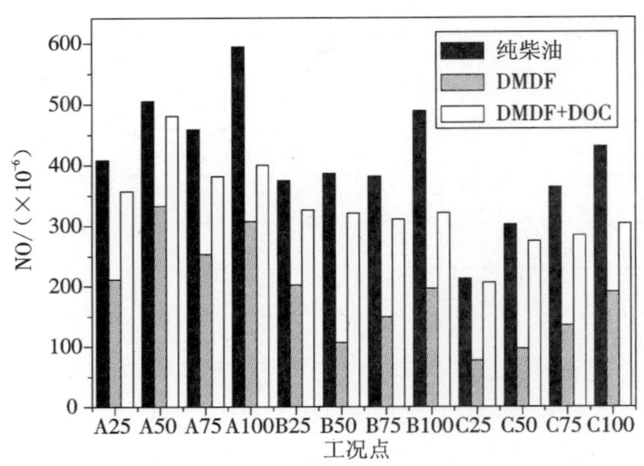

图 7-8 不同模式下的 NO 排放对比

测量的，是通过 NO_x 和 NO 的差值得到的。本书的 NO_2 排放是通过 FTIR 设备直接测得的。

图 7-9 所示为不同模式下的 NO_2 排放对比。由图可以看出，采用柴油/甲醇二元燃料模式 NO_2 排放上升得比较明显，其主要原因是甲醇自身含氧，增加了混合燃料的含氧量，这有利于 NO_2 排放的升高。但是，采用柴油/甲醇二元燃料模式，再经过 DOC 后处理后，NO_2 排放大幅度下降至低于纯柴油模式，主要原因是 DOC 后处理器对 NO_2 的氧化效果比较明显。同一转速下，随着负荷的增大，柴油/甲醇二元燃料及其加装简单后处理装置后的 NO_2 排放均降低，其主要原因是随着负荷的增大，缸内最高燃烧温度和平均燃烧温度都大幅升高，缸内燃烧更加充分完全，使得 NO_2 排放降低。

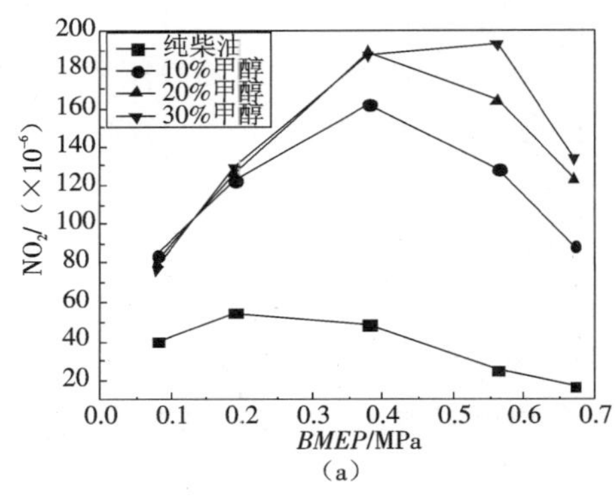

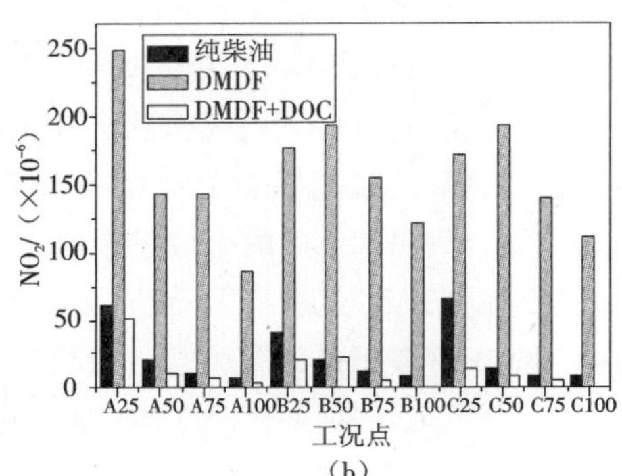

图 7-9 不同模式下的 NO_2 排放对比

（a）自然吸气式发动机 NO_2 排放 （b）增压中冷式发动机 NO_2 排放

2. 柴油/含水乙醇二元燃料燃烧发动机 NO_x 排放

图 7-10 所示为工况不同模式下的 NO_x 排放对比，给出了 13 个工况点在柴油/含水乙醇二元燃料燃烧模式下与纯柴油在 DOC + POC 催化转化前后的 NO_x 排放变化情况。

①采用柴油/含水乙醇二元燃料燃烧后，各工况的 NO_x 均大幅下降。在相同转速下，下降幅度随负荷的不同而变化。首先，乙醇高的汽化潜热造成的冷却效应，导致进气道喷射

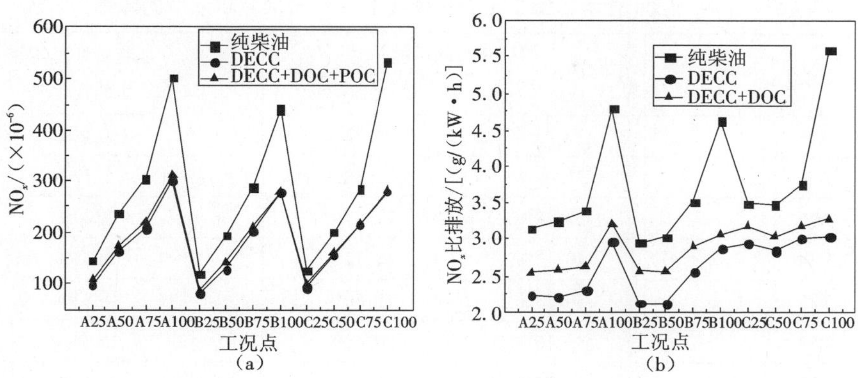

图7-10　工况不同模式下的 NO_x 排放对比

(a)NO_x 体积浓度　(b)NO_x 比排放

含水乙醇时进气温度下降,从而降低燃烧初始温度和燃烧过程的平均燃烧温度,与此同时进气温度的降低又会增加进气总量,从而增加含氧量,此两方面综合影响的结果是降低了 NO_x 的生成,而且燃料汽化潜热的效应随含水比例的增加而增加;其次,由于乙醇含氧,含水乙醇的加入导致较高的含氧浓度,促使 NO_x 的生成;最后,乙醇低的十六烷值使得滞燃期增长,放热率增大,这一方面导致预混燃烧的部分增大,增加了燃烧温度,促使 NO_x 的生成,另一方面放热率增加的同时也使得燃烧持续期缩短,使高温持续时间缩短,有利于 NO_x 的降低。这几种因素的共同作用,导致柴油/含水乙醇组合燃烧模式比纯柴油模式的 NO_x 排放低,且随着含水比例的增加,NO_x 的降幅逐渐加大。事实上,有很多试验表明,在柴油中掺烧乙醇后,对 NO_x 的影响往往大不相同。有研究结果表明,在柴油中掺烧乙醇后 NO_x 排放降低。以往的研究结果表明,在柴油中掺烧乙醇会导致 NO_x 排放增加,柴油中掺烧乙醇根据负荷不同,NO_x 排放有增有减。可以肯定的是,不管是掺烧还是乙醇预混组合燃烧,最终 NO_x 的变化都是以上分析的这些因素的一个折中,最后的影响效果还要具体分析醇油混烧的比例、掺混方式及发动机技术参数等诸多因素。

②由图7-10(a)可见,加装 DOC 前,13 个工况点的 NO_x 平均降幅达到了 32.07%,其中各转速下的100%负荷降幅最明显,C100(C 转速 100%负荷,下同)工况点的降幅最大达到了48%;C25 工况点降幅最低也达到了22%。A 转速的平均降幅为 33.77%,B 转速的平均降幅为 32.82%,C 转速的平均降幅为 23.49%。

③从表7-2可以看出,加装 DOC + POC(Particulate matter Oxidation Catalyst)综合后处理器后,NO_x 排放在 DECC(Diesel Ethanol Compound Combustion)模式下的降幅规律和加装 DOC 前的变化规律基本类似,虽然 13 个工况点的平均降幅要比加装后处理器前少一点,但也达到了 29.03%。DOC + POC 综合后处理器较加装处理器之前,13 个工况点 NO_x 排放体积浓度平均上升了 4.4%,比排放平均上升 8.9%。后处理器的 DOC 催化氧化 HC 和 CO 会导致温度升高,而 POC 催化氧化微粒也会导致温度上升,这可能是导致 NO_x 上升的直接原因。比排放的上升幅度要更大一些,主要和两次测试时的湿度条件相差太大有关。

表 7－2 柴油/含水乙醇二元燃料模式下 NO_x 排放体积浓度的降幅

工况点	NO_x 相对原机降幅		加装后处理器前后的变化率
	无 DOC + POC	有 DOC + POC	
A25	32.41%	25.52%	10.20%
A50	31.06%	26.38%	6.79%
A75	31.48%	27.87%	5.26%
A100	40.12%	38.12%	3.33%
B25	30.83%	27.50%	4.82%
B50	33.16%	26.42%	10.08%
B75	29.97%	26.83%	4.48%
B100	37.33%	37.10%	0.36%
C25	23.81%	20.63%	4.17%
C50	22.00%	20.00%	2.56%
C75	24.65%	24.30%	0.47%
C100	48.04%	47.66%	0.72%
平均	32.07%	29.03%	4.44%

在柴油机中，氮氧化物主要由 NO 和 NO_2 组成，而通常情况下，NO_2 与 NO 的比值最大为 3/10。在温度超过 573 K、富氧和有少量 HC、CO 和 H_2 的条件下，NO 很容易被氧化成 NO_2。为了详细研究 NO_x 排放的成分变化，试验中用 FTIR 分别测得了 NO 和 NO_2 排放，并计算出了 NO/NO_2 值在各个转速下随负荷的变化。

图 7－11 为不同模式各转速下 NO 排放与纯柴油在加装 DOC 前后的对比。由图可以看出，柴油/含水乙醇二元燃料模式下的 NO 排放与纯柴油相比均有下降。而加装 DOC 之后，NO 排放继续略有上升，也就是说 DOC 对 NO 排放有一定的促进作用。

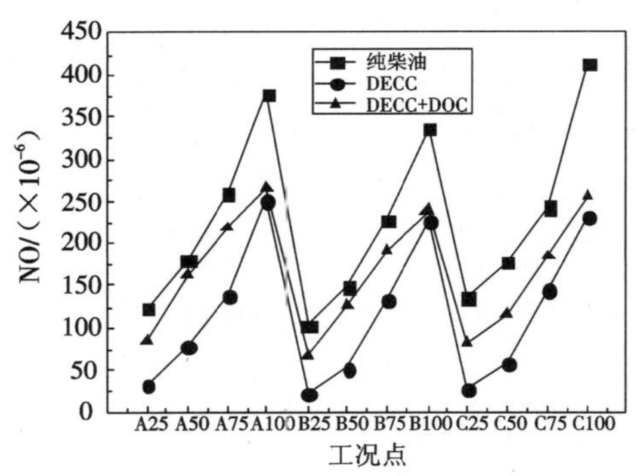

图 7－11 不同模式下的 NO 排放对比

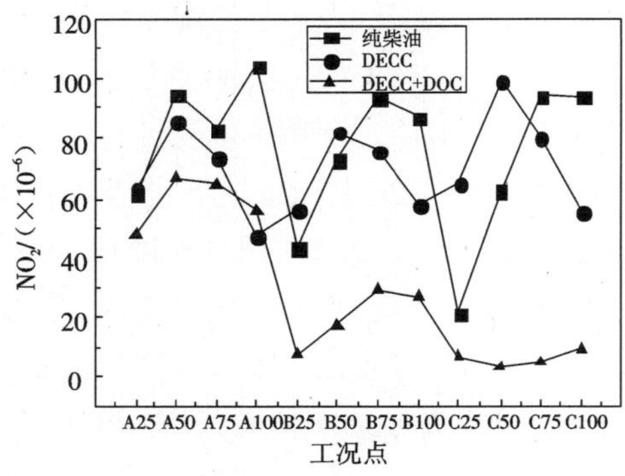

图 7－12 不同模式下的 NO_2 排放对比

图 7－12 为各转速下纯柴油以及柴油/含水乙醇二元燃料模式在加装 DOC 前后 NO_2 排放的对比。从图中可以看出，各转速下未加装 DOC 时，A25、B25、B50、C25、C50 时与纯柴油相比有一定的增加，且上述工况点中，转速越大，负荷越低，上升幅度越大；而其他工况点的

NO_2 排放均有不同程度的下降，相同转速下，负荷越大，下降幅度越大；而在加装过 DOC 后，NO_2 排放比纯柴油和无 DOC 时均低。由此可见，柴油/含水乙醇二元燃料的 NO_2 的排放较之原柴油机有所减少。

7.1.4　柴油/甲醇二元燃料燃烧发动机甲醛排放

甲醛是碳氢化合物未完全氧化的中间产物，是柴油/甲醇二元燃料发动机排气中最重要的羰基排放污染物之一。图 7－13 是 ESC(European Steady Cycle)工况点催化前纯柴油与柴油/甲醇二元燃料发动机的甲醛排放情况。从图中可以看出，原机纯柴油燃烧时也有少量的甲醛生成，而采用二元燃料燃烧以后甲醛排放量大幅度增加。

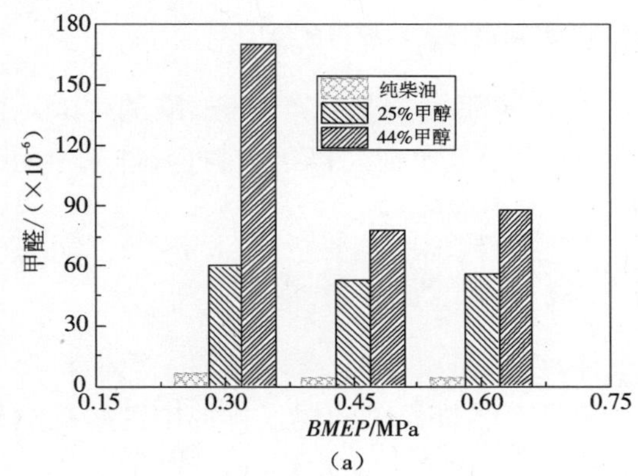

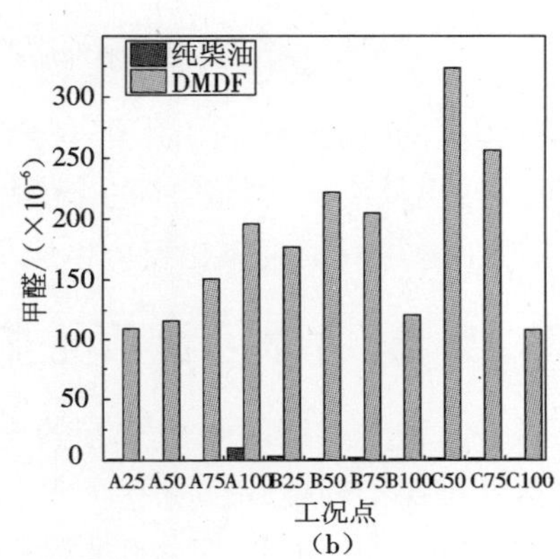

图 7－13　掺醇前后甲醛排放对比

(a)自然吸气式发动机甲醛排放　(b)增压中冷式发动机甲醛排放

甲醛作为甲醇燃烧的中间产物，与甲醇的燃烧有明显联系。甲醇与活性基脱氢反应后主要生成两种物质 CH_2OH 和 CH_3O，大部分都与氧气进行氧化反应生成甲醛，反应为

$$CH_3OH + OH \rightleftharpoons CH_3O + H_2O \quad (R7-8)$$

$$CH_3OH + OH \rightleftharpoons CH_2OH + H_2O \quad (R7-9)$$

$$CH_2OH + O_2 \rightleftharpoons CH_2O + HO_2 \quad (R7-10)$$

$$CH_3O + M \rightleftharpoons CH_2O + H + M \quad (R7-11)$$

$$CH_3O + O_2 \rightleftharpoons CH_2O + HO_2 \quad (R7-12)$$

图 7－14 是求柴油/甲醇二元燃料燃烧总甲醛排放量与该工况下的甲醇喷射量之比后得出的每个工况下单位质量甲醇喷射量所对应的甲醛排放量情况。从图中可以看到，在低负荷时单位质量甲醇喷射量所对应的甲醛排放量比中高负荷时单位质量甲醇喷射量高得多，而在大负荷时则相对较少。

柴油/甲醇二元燃料燃烧尾气中的甲醛一部分来自气缸，一部分在排气管中生成。气缸内甲醛的生成机理如下：发动机在小负荷运转时，燃烧室的壁面温度较低，形成的淬熄层较厚，而淬熄层是低温氧化反应的温床，在淬熄层中存在大量的醛类，同时已燃气体温度较低，氧化作用较弱，燃烧无法完全进行，使得小负荷时生成较多醛类；随着发动机负荷的增加，燃烧反应温度升高，燃烧室壁面温度逐渐升高，缸内气流运动不断强化，燃烧反应条件

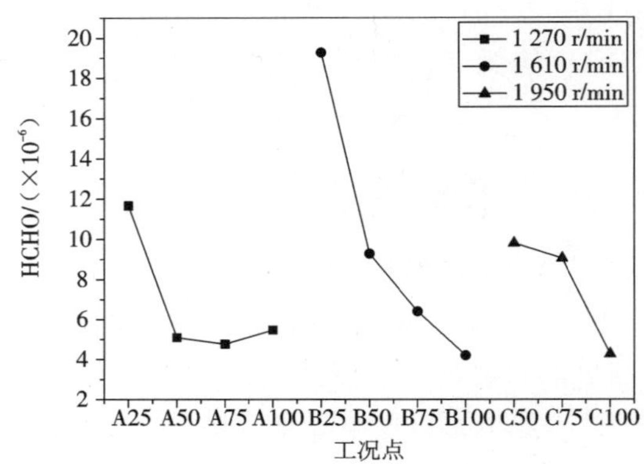

图 7－14　单位质量甲醇喷射量所对应的甲醛排放量

得到不同程度的改善，有利于甲醇完全氧化，阻碍了不完全氧化产物醛、酮的生成。由图 7－14可以看出低负荷时排气中的未燃甲醇较多，由于低负荷时供给燃料少，排气中的氧浓度大，未燃甲醇与氧发生氧化反应生成甲醛，故甲醛排放较高。

7.1.5　柴油/含水乙醇二元燃料燃烧发动机乙醛排放

乙醛是一种具辛辣刺激性气味的有害气体，由于研发柴油/含水乙醇二元燃料发动机的主要目的是保护环境，故柴油/含水乙醇二元燃料燃烧模式的尾气排放中乙醛排放是否增加，如果增加，如何减少乙醛的排放等醇类燃料燃烧内容是令人关心的问题。

图 7－15 为不同模式下的乙醛排放对比图。

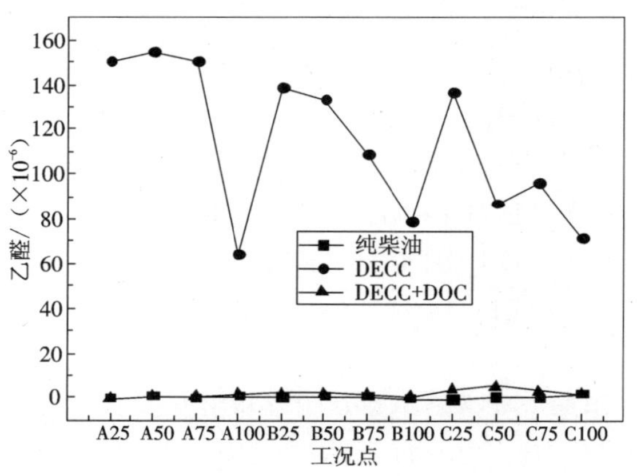

图 7－15　不同模式下的乙醛排放对比

①柴油/含水乙醇二元燃料燃烧模式下，在加装 DOC 前，同转速时的乙醛排放随着负荷的增长逐渐降低。低负荷时，在低的燃烧温度和排气温度下乙醛被氧化的速率较低，因此在低负荷会有较多的乙醛排放。但是，在高负荷时乙醛的增加没有低负荷时明显。Merritt[3] 和 Corkwell[4] 等的文章中都揭示了乙醇掺混柴油中乙醛排放有所增加。

②柴油/含水乙醇二元燃料燃烧模式在通过 DOC 后，可以看到乙醛的排放降低到了接

近纯柴油水平，说明 DOC 对乙醛的氧化效果非常明显。也就是说，与纯柴油相比，采用柴油/含水乙醇二元燃料燃烧模式在加装 DOC 后，乙醛的排放不会增加。

7.2 颗粒物排放

自 2013 年 1 月以来，我国多个地区受到雾霾天气的侵扰，雾霾天气对人类健康与环境的影响成为社会广泛关注的焦点。造成雾霾天气的罪魁祸首便是大气环境中的 PM2.5 颗粒物，即大气中小于或等于 2.5 μm 的细颗粒物。PM2.5 中有不少可溶性粒子，如硫酸盐、硝酸盐、铵盐以及有机酸盐等。这些粒子的吸水性很强，随着空气湿度的提高，它们的体积便会膨胀，当这些可溶性粒子吸附了水汽，便形成了雾霾天气。颗粒物主要来源于燃料燃烧等人为活动，如工业燃烧排放、汽车尾气排放以及生物质燃烧排放(如燃烧秸秆等)。

炭烟是柴油机排放颗粒物(PM)的主要组成部分，占微粒总量的 50% ~80%。炭粒上吸附的可溶性有机物、碳氢化合物和硫酸盐等对人类健康产生严重的危害。直径 10 μm 以上的颗粒物，会被挡在人的鼻孔外面；直径在 2.5 ~10 μm 的颗粒物，能够进入上呼吸道，但部分可通过痰液等排出体外，另外也会被鼻腔内部的绒毛阻挡，对人体健康危害相对较小；而粒径在 2.5 μm 以下的细颗粒物(PM2.5 颗粒)不易被阻挡，被吸入人体后会直接进入支气管，干扰肺部的气体交换，引发包括哮喘、支气管炎和心血管等方面的疾病，这些颗粒还可以通过支气管和肺泡进入血液，其中的有害气体、重金属等溶解在血液中，对人体健康的伤害更为严重。

7.2.1 烟度排放

1. 柴油/甲醇二元燃料燃烧发动机烟度排放

图 7-16 是催化前按欧洲稳态循环工况(ESC)工况点纯柴油与柴油/甲醇二元燃料燃烧时的烟度排放对比情况。从图中可以看出，二元燃料燃烧时烟度排放大幅度降低，平均降低了 75.28%，最多下降了 91.4%。

柴油机炭烟的生成条件是高温和缺氧。由于柴油机混合气极不均匀，尽管总体上是富氧燃烧，但局部的缺氧还是导致了炭烟的生成。燃油中的烃分子在高温缺氧的条件下热裂解，形成部分乙烯和聚乙烯；乙烯和聚乙烯在不断脱氢后，聚合成以碳为主、直径约为 2 nm 的炭烟核心；气体中的烃在这个炭烟核心的表面凝聚以及炭烟核心之间的凝聚，使得炭烟核心的表面增大，成为直径为 20 ~30 nm 的炭烟基元。至此，炭烟的质量已基本确定。最后炭烟基元堆积成直径 1 μm 以下的微粒。

从图中可以看出，纯柴油燃烧时，在同一转速下，烟度是随着发动机负荷的增大而增加的。这是因为发动机负荷越大，喷射的燃油量越多，燃油与空气混合得越不均匀，局部过浓区越大，缸内燃烧也是以扩散燃烧为主的燃烧方式，在局部过浓区里燃料的高温裂解严重，会产生大量的炭烟前驱体，最终生成了大量的炭烟。

采用柴油/甲醇二元燃料燃烧方式以后，会对炭烟的生成产生以下影响。

①柴油/甲醇二元燃料燃烧达到同样的平均有效压力时，喷射的柴油量减少，而甲醇本

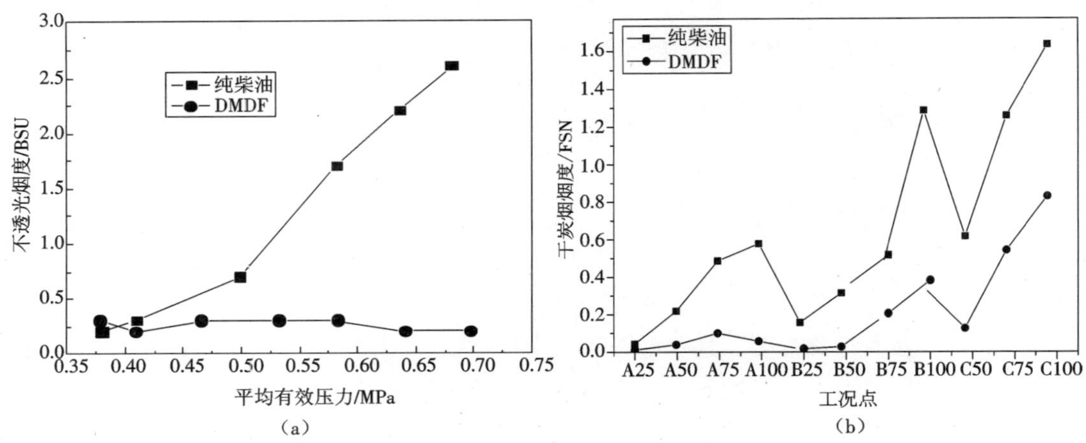

图 7－16 掺醇前后烟度对比

(a)自然吸气式发动机烟度排放 (b)增压中冷式发动机烟度排放

身只含有一个 C 原子,不含 C—C 键,而且甲醇的 C/H 比柴油小很多,燃烧时不产生炭烟。因此,柴油/甲醇二元燃料燃烧方式减少了生成炭烟的原料。

②柴油/甲醇二元燃料燃烧时,甲醇的加入对柴油的着火具有迟滞作用,能够在一定程度上改善柴油混合气的形成。而且,二元燃料燃烧时预混燃烧量增加,扩散燃烧的比例减小,持续时间也大大缩短,甚至可能完全没有扩散燃烧阶段。因此,柴油/甲醇二元燃料燃烧改变了纯柴油扩散燃烧的方式,有助于减少炭烟的生成。

③甲醇在燃烧反应中生成了大量的自由基 OH·,OH·与柴油分子燃烧反应中的各种中间生成物的反应要比其他自由基 H、O 等容易得多,且 OH·对形成炭烟的前驱体乙炔反应的活化能最低,反应最为迅速,有更强的氧化作用。另外,通过化学反应动力学方面的分析可知,甲醇加入后在富燃火焰中多环芳香烃(PAHs)受到明显的抑制。原因在于醇的加入一方面替代了一部分烃燃料,另一方面使甲苯在中温区被提前消耗,二者结合造成进入高温 PAHs 生成区的甲苯及其消耗率降低。在火焰中聚合反应的放大效应下,甲醇的加入使得 PAHs 生成率的降幅更为明显。

综上可知,柴油/甲醇二元燃料燃烧能够大幅度降低炭烟的生成。

2. 柴油/含水乙醇二元燃料燃烧发动机烟度排放

图 7－17 为不同模式下的烟度对比。

①在加装 DOC 前,三个转速 100% 负荷工况点的组合燃烧模式下的烟度均比纯柴油模式的高。究其原因,首先是在柴油/含水乙醇二元燃料燃烧模式下乙醇的加入一方面增加了进气量,再加上乙醇本身含氧,增加了整个混合气的含氧量,含氧量的增加有利于炭烟的氧化;另一方面因为大量乙醇高的汽化潜热,降低了整个混合气的温度,同时延长了滞燃期,导致预混过程中裂解的炭烟增加,大幅增加了 HC 排放,意味着燃料的裂解增加了。其次,柴油/含水乙醇二元燃料燃烧模式下,全负荷更快的燃烧速度导致炭烟在燃烧后期的氧化作用减弱。这两方面的综合影响,导致全负荷下的炭烟增加。

②除 100% 负荷外,其他工况点的烟度,柴油/含水乙醇二元燃料燃烧模式要低于纯柴

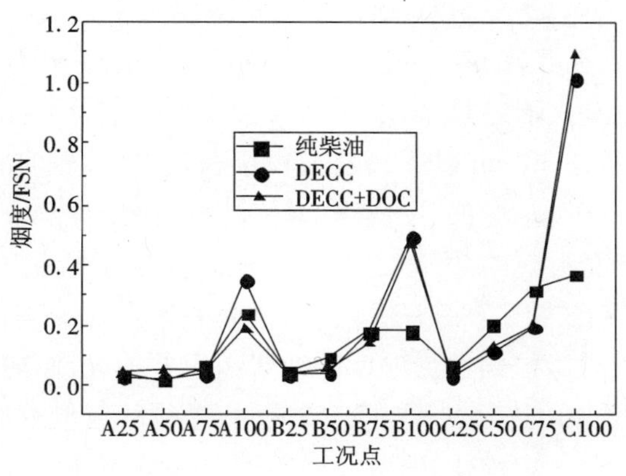

图7-17　不同模式下的烟度对比

油模式。其原因:首先,相同工况下柴油/含水乙醇二元燃料燃烧模式的柴油量要比纯柴油模式的少;其次,非全负荷时的缸内混合气的过量空气系数要比全负荷时大,而进气量的增加进一步加大了混合气的过量空气系数,加上乙醇和水本身含氧,这些因素均会降低炭烟的生成量,且这些积极因素的影响要大于因汽化潜热大而导致的炭烟增加的消极影响。

③经过氧化催化后,B、C转速下的烟度变化规律和没有氧化催化器时的相同。但在A转速时略有不同:A转速全负荷、75%负荷的组合燃烧模式的烟度要比纯柴油模式的低,而50%和25%负荷均比纯柴油模式的高。可能的解释是,在A转速全负荷时,合适的排气温度、适量的废气中的氧含量、恰当的滞留时间等因素的综合作用,使得氧化催化器高效地氧化了炭烟,故烟度下降。

综上可知,采用柴油/含水乙醇二元燃料燃烧方法,如果在发动机上单纯加装喷醇装置及其控制系统,不对发动机的控制参数(如喷油提前角等)进行改变,虽然可以减少部分负荷的炭烟排放,但是在满负荷点的炭烟排放会有所提高,其中的原因尚需进一步研究。

7.2.2　微粒排放

1. 微粒的数量浓度分布

柴油机微粒排放主要是由炭烟、可溶性有机物和硫酸盐等组成。其中炭烟是碳质微球(含有少量氢和其他微量元素)的聚集体,可溶性有机成分(Soluble Organic Fraction,SOF)是由炭烟吸附和凝聚多种有机物形成的。柴油机排气微粒的微观形状呈复杂的链状或团絮状,当量粒度大多在0.02~1.0 μm范围内,其体积平均粒度为0.1~0.3 μm,属于能长期悬浮在空气中的亚微米颗粒物。柴油机排气中的炭烟主要由柴油中含有的碳产生,其生成的条件是高温和缺氧。由于柴油机混合气成分不均匀,尽管总体是富氧燃烧,但局部缺氧还是会导致炭烟的生成。烃分子在高温缺氧的条件下发生部分氧化和热裂解,生成各种不饱和烃类,如乙烯、乙炔及其他较高阶的同系物和多环芳烃。它们不断脱氢,聚合成以碳为主的直径为2 nm左右的炭烟晶核。气相的烃和其他物质在这个晶核表面的凝聚以及晶核相互碰撞发生聚集,使炭烟粒子增大,成为直径20~30 nm的炭烟基元。最后,炭烟基元经聚集作用堆积成粒度在 1 μm 以下的链状或团絮状的聚集物。

图 7－18 和图 7－19 所示为不同的替代率对微粒数量浓度分布和微粒总数量的影响。由图可见，无论是纯柴油模式下还是柴油/甲醇二元燃料模式下微粒的数量浓度均呈单峰分布，核态微粒（微粒直径在 30 nm 以下）较少，积聚态微粒（微粒直径大于 30 nm）较多，且峰值出现在微粒直径为 100 nm 左右。随着甲醇替代率的增加，微粒的总数量减少，且微粒分布曲线没有左右移动，说明柴油/甲醇二元燃料燃烧减少了微粒的数量浓度而没有影响微粒的分布和几何平均直径。图 7－18 还显示了小的甲醇替代率对降低微粒数量浓度效果不太明显，替代率为 10% 时微粒的数量浓度与纯柴油相差不大，而随着替代率的增加，微粒数量浓度下降幅度明显增加。当替代率达到 50% 时，微粒的数量浓度还不到燃用纯柴油的 20%，下降幅度达到 80% 以上。催化转化后，微粒的总数量浓度进一步降低。

使用柴油/甲醇二元燃料燃烧时，在同样的负荷下减少了柴油的喷射量，从而减少了扩散燃烧时的柴油量；甲醇含量高，燃烧速度快，在燃烧过程中有自供氧效应，使燃料更充分燃烧。这些都有助于降低微粒的数量浓度。亚纳米级微粒和超细微粒有更小的直径，容易被催化氧化，因此催化转化后微粒数量浓度进一步降低。

2. 微粒的质量浓度分布

图 7－20 和图 7－21 分别给出了柴油/甲醇二元燃料燃烧模式下和纯柴油模式下微粒的质量浓度分布和总质量的变化情况。从图中可以看出，与数量浓度分布相似，质量浓度也呈单峰分布，峰值出现在微粒直径为 100 nm 左右。核态微粒虽然有一定的数量，但是其质量小，对微粒的总质量浓度影响较小，而积聚态微粒对微粒的质量浓度贡献较大。随着甲醇替代率的增加，微粒的质量浓度逐渐减小，当替代率达到 50% 时，微粒的质量浓度比纯柴油模式降低了 50% 左右。经过催化转化以后，微粒的排放进一步降低。

微粒主要由炭烟、可溶性有机化合物和硫酸盐等组成。由于烟度的减少，微粒的总浓度也会相应降低，同时由于废气中碳氢化合物排放的增加，因而微粒质量浓度的降低并没有烟度降低得多。氧化催化转化器对微粒的氧化作用很大部分是通过氧化微粒中可溶性有机成分来达到降低排放的目的。

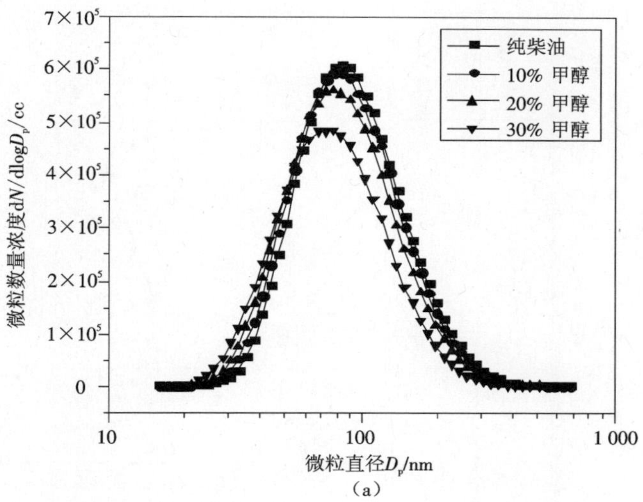

（a）

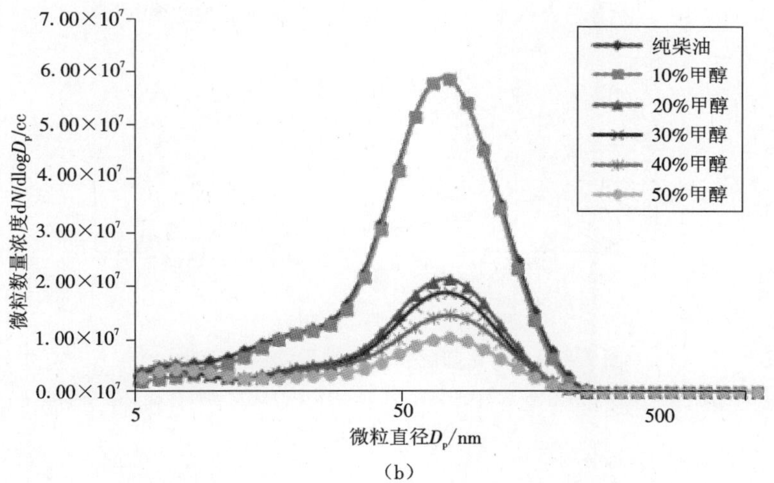

（b）

图7-18　柴油/甲醇二元燃料燃烧对微粒数量浓度分布的影响

（a）自然吸气式发动机微粒数量浓度　（b）增压中冷式发动机微粒数量浓度

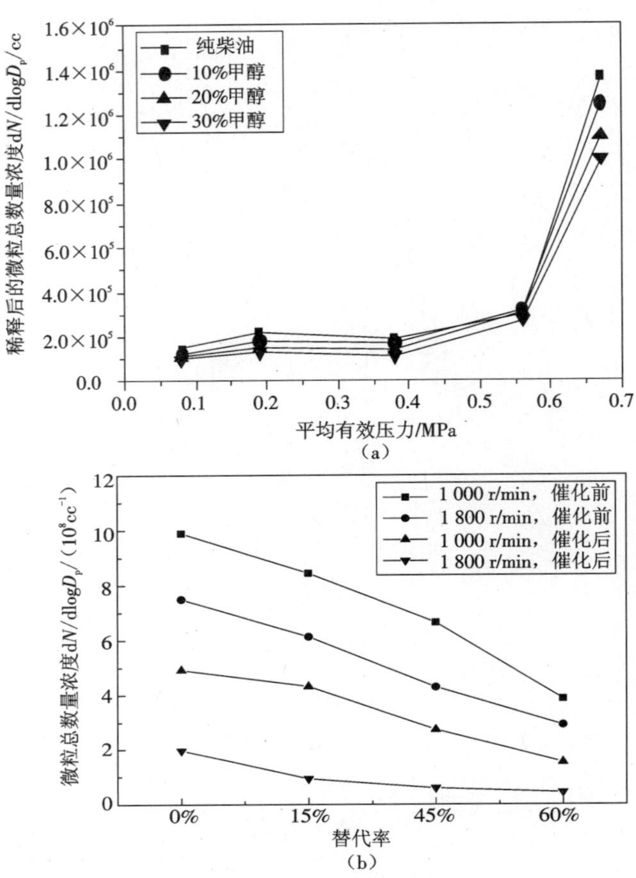

图 7－19　催化前后微粒总数量浓度的变化

（a）自然吸气式发动机微粒总数量浓度　（b）增压中冷式发动机微粒总数量浓度

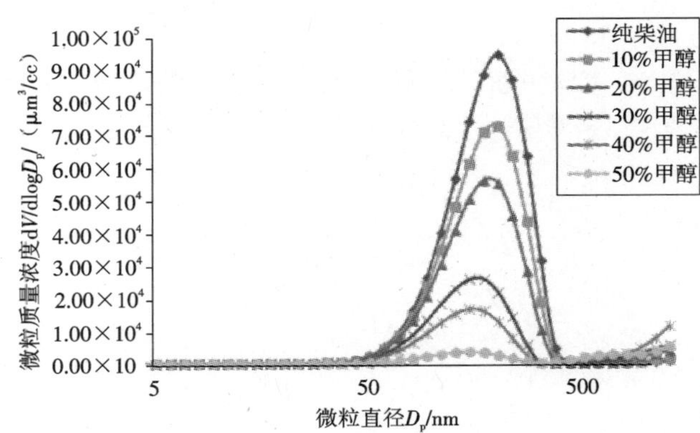

图 7－20　柴油/甲醇二元燃料燃烧对微粒质量浓度分布的影响

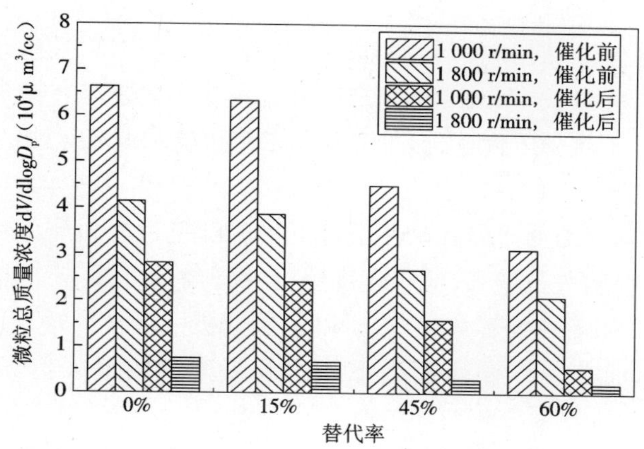

图 7－21　纯柴油模式下催化前后微粒总质量浓度的变化

7.3　甲醛排放检测方法

甲醛($H_2C=O$)是一种非常特殊的有机物,其分子中只含有一个羰基,是最简单的有机物。这种分子结构决定了其燃烧特性与 CO 相似,因此在碳氢专用检测器——氢焰离子化检测器(FID)上无响应,因此它不能用 FID 直接检测。迄今为止已经发展出很多种间接方法来检测空气中的甲醛,李晶平[5]、金米聪[6]、柏林洋[7]、洪家敏[8]、陈焕文[9]等对微量甲醛的检测方法分别做了综述。其检测方法主要分为分光光度法、光谱法、荧光法、电化学法和色谱法等。

7.3.1　分光光度法

分光光度法是检测醛、酮类物质最简单的方法,因其设备简单、投资少、测量准确,因而在生产中得到广泛应用。

分光光度法是基于物质的吸收光谱之上的,本质上就是物质中的分子和原子吸收了入射光中的某些特定波长的光能量,相应地发生了分子振动能级跃迁和电子能级跃迁的结果。由于各种物质具有各自不同的分子空间结构,其吸收光能量的情况也不相同。因此,每种物质就有其特有的、固定的吸收光谱线。根据吸收光谱上的某些特定波长处的吸光度的高低,可以判别和测定该物质的含量。分光光度分析就是根据物质的吸收光谱研究物质的结构、成分、浓度和物质间相互作用的有效手段。因显色剂不同,分光光度法又可分为以下几种。

1. 变色酸法

变色酸法是国内外沿用了几十年的经典方法,其反应原理是甲醛在浓硫酸介质中与变色酸发生特异性反应,生成稳定的紫色化合物,利用这一原理进行比色测定。此反应的特异性较强,色阶清晰,颜色稳定。但试验中硫酸用量大且操作不便,需在强酸溶液中煮沸加热,苯酚、醛类对测定有干扰,若硫酸中混有硝酸根离子亦干扰测定。

2. 乙酰丙酮法

甲醛在 pH =6 的乙酸 – 乙酸铵缓冲溶液中,与乙酰丙酮作用,在沸水浴条件下,迅速生成稳定的黄色化合物,在波长 413 nm 处测定。分光光度法测定具有试剂来源方便,操作简便、稳定性好、误差小、干扰少等优点,但是容易受二氧化硫和氮氧化物的影响。

3. 间苯三酚比色法

该方法是利用间苯三酚与甲醛在碱性条件下生成红色过渡物质,然后比色测定。由于显色反应与碱浓度及时间关系较大,所以定量分析甲醛含量时,需要严格控制间苯三酚、烧碱(NaOH)的浓度。由于有色物褪色较快,所以定量分析甲醛含量时,可使 NaOH 保持在一定浓度。这样既可保证在一般操作速度下能读到吸光度的最大值,又能使显色反应较灵敏。

4. 盐酸苯肼法

甲醛与盐酸苯肼在酸性介质中经铁氰化钾氧化生成红色化合物,颜色深浅与甲醛含量成正比。

5. 品红亚硫酸法

品红与亚硫酸作用生成无色的希夫试剂,再与醛作用生成紫红色化合物,为总醛反应,加硫酸生成蓝色化合物,是甲醛的特有反应,其他醛与酚不干扰测定。本方法的优点是简便、灵敏,缺点是褪色快。

6. 催化光度法

该方法的原理是在磷酸介质中进行甲醛催化溴酸钾—溴甲酚紫氧化还原反应,使其反应体系褪色,建立测定甲醛的方法。

7. AHMT 显色法

空气中甲醛与 4-氨基—3-联氨—5-巯基—1,2,4-三氮杂茂(简称 AHMT)在碱性条件下缩合,然后经高碘酸钾氧化成 6-巯基—5-三氮杂茂—S-四氮杂苯紫红色化合物,其色泽深浅与甲醛含量成正比。该方法是国标居住区大气甲醛含量的检测方法。乙醛、丙醛、正丁醛、丙烯醛、丁烯醛、乙二醛、苯(甲)醛、甲醇、乙醇、正丙醇、正丁醇、仲丁醇、异丁醇、异戊醇、乙酸乙酯对本方法无影响,大气中共存的二氧化硫和二氧化氮对测定亦无干扰。

8. 酚试剂法

空气中的甲醛与酚试剂反应生成嗪,嗪在酸性溶液中被高铁离子氧化成蓝绿色化合物,根据颜色深浅比色定量。其他脂肪族醛也有甲醛的类似反应,但链越长,灵敏度越低。

7.3.2　光谱法

1. 差分光学吸收光谱法

差分光学吸收光谱法(Differential Optical Absorption Spectroscopy, DOAS)是利用光线在大气中传输时,各种气体分子在不同波段对其有不同差分吸收的特征来反映这些气体在大气中的浓度,是一种以光学和光谱检测技术为基础的实时在线环境监测方法。目前,这种方法已渐渐成为大气污染研究和检测的常用方法之一。

本方法利用甲醛在 326.1 nm,329.7 nm 和 339.0 nm 处的三个跃迁来鉴定甲醛。测量时，在距离检测器5～10 km处放置一个高压氙灯，其辐射光线通过望远镜进入接收装置，经过多次反射后到达检测器。处理器通过记录323～348 nm处的光谱，并与通过甲醛标准气体的光谱进行比较，计算出甲醛的含量。该方法的检测限可达0.1×10^{-9}。

尽管该方法检测甲醛的灵敏度很高，但因为需要很长的光程来达到高灵敏度，因此很少用来作为常规检测。

2. 傅里叶转换红外光谱法

傅里叶转换红外光谱仪(FTIR)是一种可用于测量排气系统红外辐射强度的仪器。它的工作原理是根据物质吸收辐射能量后引起分子振动的能级跃迁，记录跃迁过程而获得该分子的红外吸收光谱。红外光通过待测气体分子后，由于气体分子吸收了部分的红外光，光强度由原来的I_0降为I。气体分子的吸收度(Absorbance)定义为$A=\log(I_0/I)$，其中I_0为气体分子吸收前的光强度，I为气体分子吸收后的光强度。红外光谱的定量原理主要是依据Beer-Lambert定律：气体分子的吸收度A与气体浓度c及光通过待测气体的光径长度b成正比。Beer-Lambert定律可表示为$A=abc$，其中a为吸收系数，b为光径长度，c为气体浓度。只要待测物质的吸收系数及光径长度已知，便可以推算出气体的浓度。

在该方法中，甲醛的检测是通过特征为2 779 cm和2 781.5 cm的双波长来检测的，红外光束经过2 km的多级反射光程到达样品池，该方法的检测限约为4×10^{-9}。然而，由于发动机排气中含有约占14%的大量水分，相比之下甲醛的浓度仅为数十个10^{-6}，水分的干扰严重影响了甲醛检测的精确度。因此，FTIR和DOAS一样，一般比较广泛地应用于环境监测，现也应用于发动机尾气实时检测。

3. 调制二极管激光吸收光谱法

调制二极管激光吸收光谱法(Tunable Diode Laser Absorption Spectroscopy，TDLAS)是应用最广的光谱分析方法。它主要是通过发射窄的激光束测定目标物质的旋转－振动位信号。激光束经过近150 m的光程和多级吸收池到达样品池，样品池中的甲醛在1 740 cm处对激光有吸收作用，计算得出甲醛浓度。该方法的检测限为0.25×10^{-9}，而且每3 min可测一次。

由于光谱法灵敏度高，可以连续测定，因此被广泛应用，特别是用在飞机上测对流层大气中的甲醛。缺点是只能测定甲醛，不能测定较高碳数的醛酮，并且均使用昂贵的仪器，方法不易普及。

以上方法均能够现场、实时、准确地测量甲醛，但是它们需要很长的光通道或使用多级转换装置来达到足够的灵敏度，而且需要大型、精密、昂贵的仪器，因此很难用于常规分析，而多用于大气环境监测。

7.3.3　荧光法

荧光法通过甲醛与衍生剂反应生成荧光物质，再检测荧光物的浓度来计算甲醛的浓度。常用的是生成二乙酰—1,4-二氢吡啶法，该法基于汉栖反应(Hantzsch reaction)原理，通过β-二酮、氨和醛的环化反应，生成二氢吡啶衍生物。该反应最早用来通过比色法测甲醛，乙酰丙酮和氨与甲醛反应生成3,5-二乙酰基—1,4-二氢吡啶，经HPLC分离在412 nm处测定。由于二氢吡啶也能发荧光,因此可以用荧光检测器来检测。甲醛衍生物的荧光最强,而其他醛类衍生物产生的荧光很弱,因此可用来特异性地检测甲醛。通过扩散涤气器(difusion scrubber)进入的甲醛与乙酰丙酮在95 ℃反应,检测限可达30×10^{-12}。

还可以用1,3-环己二酮(CHD)溶液作吸收液,甲醛气体经过高氟化树脂膜扩散涤气器扩散进入吸收液,然后与CHD反应生成一种强荧光物。由于该方法能实时检测甲醛,灵敏度高,被用在甲醛含量很低环境下的检测,如北极大气。也可用5,5-二甲基环己二酮作为衍生剂,通过流体注射荧光分析甲醛,检测限可达0.9×10^{-9},但是需要较高的反应温度(130 ℃)。

7.3.4 电化学法

电化学分析法是基于化学反应中产生的电流(伏安法)、电量(库仑法)、电位(电位法)的变化,判断反应体系中分析物的浓度,从而进行定量分析的方法。用于甲醛检测的有示波极谱法和电位法两种。

1. *示波极谱法*

示波极谱法是近年发展起来的一种快速分析技术,许多含有羰基结构的醛(酮)化合物通过联氨衍生化可以用示波极谱法测定。该方法是通过获得的电流—电压曲线即极谱波来进行分析测定的方法。甲醛在盐酸苯肼－氯化钠底液中产生一个明晰的极谱波,峰电流与甲醛含量成正比,根据样品峰电流与甲醛标准峰电流比较进行定量检测;或在pH值为5的乙酸－乙酸钠介质中,甲醛与硫酸肼的反应产物产生一个灵敏的吸附还原波,其峰高与甲醛浓度在一定范围内呈线性关系,根据这种关系对甲醛进行定量检测。该法操作简便、选择性好,但是对试样的前处理要求比较高,使用的“滴汞电极”有污染,目前多用于食品和食品包装材料中对甲醛的检测。

2. 电位法

电位法也称离子选择电极法,是利用膜电极将被测离子的活度转换为电极电位而加以测定的一种方法。在硫酸介质中,甲醛对溴酸钾氧化碘化钾具有促进作用。利用这个特性,用碘离子选择电极跟踪I^-,可建立测定微量甲醛的动力学电位法。该方法的线性范围为0～5 mg/L,检测限为0.055 mg/L。此法是一种新的研究方法,在实际应用中较少。

7.3.5 化学发光法

没食子酸和H_2O_2体系在碱性条件下与甲醛反应,化学发光强度正比于甲醛的浓度。该方法在测定空气发光强度线性范围为$10\times10^{-9}\sim50\times10^{-6}$,检测下限为$10\times10^{-9}$。该方法的优点是反应迅速、特异性强、灵敏度高,且碳氢化合物、SO_2、CO、CO_2、含氮氧化物、丙烯醛、苯甲醛、臭氧对测定无干扰;缺点是乙醛和丙醛对测定有较小影响。也有人基于化学发光法发光强弱的特点,将流动注射技术和化学发光法结合起来测定空气中的甲醛。该方法是在硫酸介质中,甲醛与溴酸钾和若丹明6G体系发生反应,该方法标准曲线的线性范围为0.18～20 mg/L,检测限为0.13 mg/L。

7.3.6 甲醛传感器

用于检测甲醛的传感器有电化学传感器、光学传感器和光生化传感器等。电化学传感器结构简单,成本较低,其中高质量的产品性能稳定,测量范围和分辨率基本能达到室内环境检测的要求;缺点是干扰物质多,且由于电解质与被测甲醛气体发生不可逆化学反应而被消耗,故其工作寿命一般比较短。光学传感器价格比较贵,且体积较大,不适用于在线实时分析,使用的广泛性受到限制。虽然光生化传感器提高了选择性,但是由于酶的活性以及其他因素导致传感器不稳定,缺乏实用性,而且一般甲醛气体传感器的价格过高,难以普及。

7.3.7 色谱法

色谱具有强大的分离效能,不受样品基质和试剂颜色的干扰,对复杂样品的检测准确、灵敏。一般将样品中的甲醛进行衍生化处理后再进行测定,常用的衍生剂有2,4-二硝基苯肼(2,4 - DNPH)、咪唑、乙硫醇、硫酸肼等。

1. 气相色谱法

空气中甲醛在酸性条件下吸附在涂有2,4 - DNPH 6201 担体上,生成稳定的甲醛腙。用二硫化碳洗脱后,经OV - 1色谱柱分离,用FID检测器进行测定,以保留时间定性和峰高定量。该方法的检测下限为0.2 μg/mL(进样品洗脱液为5 μL)。也可将色谱柱分离出的甲醛腙用质谱检测器检测,即气相色谱 - 质谱联用法(GC - MS)。

2. 液相色谱法

空气中甲醛用串联的两个大型气泡吸收管各以5 mL水为吸收液采集,在酸性条件下与2,4-二硝基苯肼反应生成2,4-二硝基苯腙,经二氯甲烷提取、浓缩、干燥,甲醇溶解,液相色谱(HPLC)ODS2C18柱分离,紫外检测器(UV)254 nm进行检测,以保留时间定性和峰面积定量。该方法具有灵敏度高、无干扰、试剂易保存、检验结果重复性好等优点。美国环境保护署(Environment Protection Agency, EPA)对空气中甲醛的检测方法To - 11A即采用此方法。

3. 离子色谱法

我国国家环保总局在《空气和废气监测分析方法》中给出的是离子色谱法。该方法将空气中的甲醛经活性炭富集后,在碱性介质中将甲醛用过氧化氢氧化成甲酸,用具有电导检测器的离子色谱仪测定甲酸,保留时间定性和峰高定量,间接测定甲醛浓度。该方法的检测限为0.06 μg/m^3,当采样体积为48 L,样品定容为200 μL时,最低检出浓度为0.03 mg/m^3。

虽然现有如此之多检测空气中甲醛的方法,但目前还没有一种较为理想的甲醛现场快速检测方法。分光光度法受水浴或浓硫酸等操作条件的限制,电化学检测法对样品预处理要求较高,色谱法受仪器设备限制,传感器检测甲醛成本高、寿命短,而现在市场上的甲醛快速检测箱需专业人员操作,成本高,一般家庭难以普及。由于发动机排气的复杂性和特殊性,到目前为止尚无专门用于检测发动机排气中甲醛的标准方法。应用较多的是将甲醛用2,4 - DNPH 衍生化后采用 GC - FID 或 HPLC - UV 方法检测。因此,建立一种简便、快速、灵敏的甲醛在线检测方法是适时而必要的。

虽然色谱法具有灵敏度高、重复性好、抗干扰能力强等优点而成为各个国家空气中甲醛检测的标准方法,但此方法都需要将空气中的甲醛富集衍生化后再用各种检测器检测衍生物,通过检测甲醛衍生物间接定量甲醛的浓度。美国环境保护署 Method To - 5《空气中醛酮 HPLC 测定方法》和 To - 11《空气中甲醛的吸附管 HPLC 测定》中规定使用液相色谱法。天津大学宋崇林教授应用此法对甲醛进行了检测,图 7 - 22 为其检测流程图。整个检测过程至少需要八种仪器,操作环节多,复杂性大,试剂消耗量大,而且经过两根 2,4 - DNPH 吸附柱吸附,仍然有 7% 左右的样品穿透率。按照我国国标《公共场所卫生检验方法 第 2 部分:化学污染物》的采样标准,需以 0.5 mL/min 的速率采集 50 L 气体,除去前后样品处理的洗脱(30 min)、反应(10 min)、检测(15 min)等步骤,仅采样一项就耗时 100 min。大气中污染物含量在一定时间内可以认为不变,单点检测即可反映大气质量,而发动机单独检测某个工况点的排放意义不大,只有全面检测各种工况下的排放规律才能说明发动机排放水平。因此,这种方法用于浓度恒定的大气中甲醛的检测尚可,对于需要检测内燃机大量不同工况时的排放则是不能忍受的。因此,探索一条简便、快捷而又准确、可靠的甲醛检测方法,对降低醇类燃料汽车的甲醛排放和推进清洁替代燃料的大规模推广应用具有重要的现实意义。同时,对化工、服装、食品、装修等事关国计民生的行业,对需要严格控制甲醛排放量的行业也具有十分重要的意义。

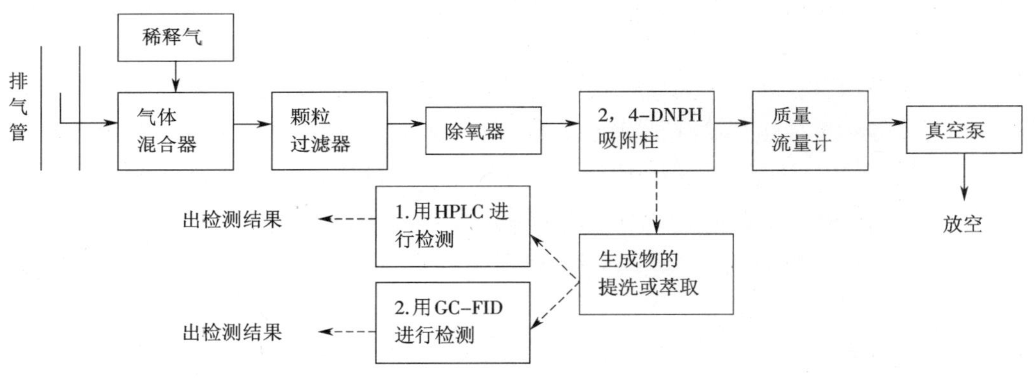

图 7 - 22 内燃机排气中醛类化合物检测流程图

7.3.8 汽车尾气中甲醛排放研究现状

1. 国外研究现状

甲醛为光化学烟雾中二次生成的有害污染物,且其毒性很大,因此历来受到研究人员的重视。美国等发达国家在这方面研究起步较早,现已发展出一套完整的大气中甲醛检测方法。早在 1982 年,美国环境保护署就在《大气中醛酮化合物液相色谱(HPLC)检测方法》中将高效液相色谱法作为分析大气中羰基化合物的标准方法。1999 年美国环境保护署又在《大气中甲醛的吸附管 - 液相色谱(HPLC)检测方法》中将此方法作为检测大气中甲醛检测的标准方法。这种方法利用抽气机将空气中的甲醛富集在涂有 2,4-二硝基苯肼的吸附管中,在吸附管内的酸性环境中甲醛与 2,4-二硝基苯肼(2,4 - DNPH)通过反应(R7 - 13)生成特异性的 2,4-二硝基苯腙,然后用乙腈、二硫化碳等有机溶剂将此苯腙洗脱,并在一定温度下蒸发、浓缩,再以甲醇或乙腈溶解或稀释定量后,用液相色谱分离,用紫外检测器(UV)检测。这种方法的检测限很低,其他碳氢化合物和脂肪醛不干扰测定。但是有其他醛、酮存在,也与 DNPH 反应,将导致分析时间延长及要求流动相梯度,而且仪器昂贵,操作复杂,吸附管和溶剂等消耗量大。

$$R{-}C({=}O){-}R^* + NH_2{-}NH{-}C_6H_3(NO_2)_2 \longrightarrow R(R^*)C{=}N{-}NH{-}C_6H_3(NO_2)_2 \qquad (R7-13)$$

大气中甲醛的检测方法十分成熟,自 20 世纪 70 年代石油危机引发的替代燃料研究热潮以来,发达国家大部分学者都借用此方法来检测燃用醇类替代燃料的发动机排气中的甲醛,也有人尝试用脉冲电流检测器(Pulsed Amperometric Detector,PAD)代替紫外检测器来检测甲醛腙,也取得了满意的结果。但由于液相色谱仪设备昂贵、操作复杂,同时溶剂萃取会造成待测组分损失,也有人综合利用气相色谱的简便性和甲醛腙的稳定性与其在 FID 检测器上良好的响应度,将甲醛转化后的 2,4-二硝基苯腙送入气相色谱仪,用 FID 检测器和质谱仪(GC - MS)检测,或者用巯乙胺(cysteamine)将醛类化合物衍生化后送入气相色谱仪,用氮磷检测器检测(Nitrogen-Phosphorus Detector,NPD),也可以获得很好的效果。1996 年和 2002 年,日本 Tadao Sakai[10,11] 等人也用环己胺—1,3-二酮(cyclohexane - 1,3 - dione)将醛类反应为强荧光物质后用荧光法在线检测大气中和汽车排气中醛类的含量,当检测频率为 30 h^{-1}时,醛类的检测限为 30×10^{-9}。

2. 国内研究现状

我国从 20 世纪 70 年代开始较系统地研究甲醇类燃料,国家科委早在"六五"期间就进行了 M15 甲醇掺烧汽油的研究、示范工作,曾在山西省进行过 475 辆 M15 汽车和 4 个加油站的商品化试验。"七五"期间,国家科委组织了十几个单位进行高比例甲醇的试验研究。早在 1983 年,潘奎润和赵瑞兰[12] 研究了二冲程汽油机燃用煤制甲醇类燃料时的甲醇和甲醛排放特性。其中甲醛用 AHMT 比色法进行检测,甲醇用气相色谱 GC - FID 法检测。研究发现,发动机燃用纯甲醇类燃料时,排气中甲醛含量比使用汽油时有明显增高,节气门全开时,甲醛含量随转速升高而增加,最高达 $3\,200 \times 10^{-6}$。但达到一定转速后可能因排气温度升高,甲醛进一步氧化而减少。提高压缩比和催化净化后,排气中甲醛含量可降低到 600×10^{-6}以下,与燃用汽油时相近(530×10^{-6})。当过量空气系数为 1.0 ~ 1.1 时,甲醛含量达最大值 $1\,350 \times 10^{-6}$,而当混合比过浓或过稀时都低于此值,净化后其含量可下降到 150 ×

10^{-6} ~ 300×10^{-6}。

1984 年,周泽兴、何占元、雷鹏举等[13]也在一台单缸二冲程汽化器 021 式发动机上评价了 Pd 催化剂对甲醇和甲醛的净化效果,他们用气相色谱(FID 检测器,简称 GC – FID 法)检测排气中甲醇和甲醛的含量。研究结果发现,含 $\gamma-Al_2O_3$、Al_2O_3-Ce 或 Al_2O_3-LA 涂层的堇青石蜂窝体为载体的 Pd 催化剂体系(Pd0.75 ~ 1.4 g/L),具有良好的活性和热稳定性,经 1 000 ℃焙烧后活性不下降,在空速 4×10^4、甲醇浓度 $4\times10^{-6}\%$ ~ 10%、甲醛 50×10^{-6} ~ 530×10^{-6}及未加二次空气条件下,甲醛净化率不稳定。1987 年,闰泽兴、雷鹏举、潘奎润等[14]又在一台 BJ492Q 四冲程发动机上燃用纯甲醇类燃料试验研究了堇青石蜂窝钯催化剂对排气中甲醇和甲醛的净化效果,这次试验仍用 GC – FID 检测甲醇,而甲醛检测则采用了 AHMT 比色法。研究发现,在怠速工况时,发动机排气中甲醇浓度高,为 5% ~ 6%。在负荷改变条件下,甲醇排放浓度为 250×10^{-6} ~ $1\,000\times10^{-6}$。经催化净化处理,甲醇净化率为 93% ~ 99%,排气中甲醇浓度小于 20×10^{-6}。在混合比改变时,甲醛排放浓度变化幅度为 28×10^{-6} ~ 278×10^{-6}($0.76<\varphi_a<1.67$),负荷改变(9.25 ~ 45.7 kW)时,甲醛浓度为 20×10^{-6} ~ 45×10^{-6}。经催化净化处理后,甲醛的净化率为 92% ~ 98%,排气中甲醛浓度小于 10×10^{-6}。经催化净化处理后,甲醇类燃料发动机排气中甲醇和甲醛的浓度均低于相应汽油机的排放水平。

2002 年,清华大学王建昕[15]、何邦全[16]通过气袋采样后,用 GC – FID 法分别检测了乙醇柴油和乙醇汽油发动机排气中的非常规甲醛、乙醛和乙醇的排放,其色谱图如图 7 – 23(a)所示。研究结果发现,在柴油中加入一定比例的乙醇后,排气中甲醛排放并未因在柴油中加入乙醇而恶化,而乙醛和未燃乙醇的排放随乙醇掺混比的增加而大幅度上升,并且小负荷时的排放数倍于大负荷时的排放。在汽油中掺混乙醇后,乙醛的排放量提高,而且掺混量越高,这种作用越明显。对应 E30 的乙醛和乙醇最大排放体积分数分别为 97×10^{-6}和 64×10^{-6},乙醛排放量比燃用汽油时提高了 5 倍。三效催化器对乙醛的净化效果很好,但对乙醇净化效果较差。文中没有给出汽油掺混乙醇后甲醛的排放规律。

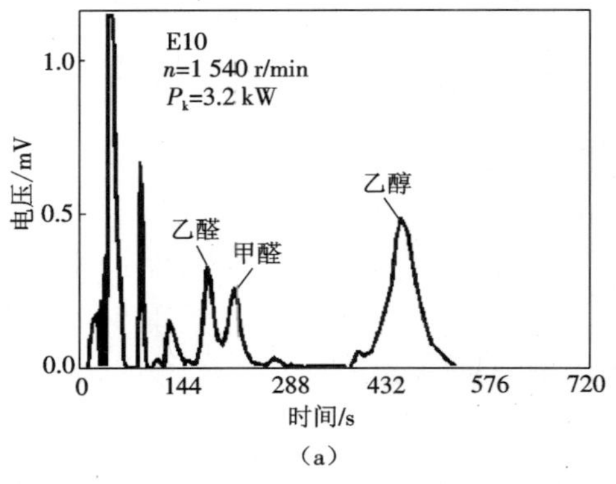

(a)

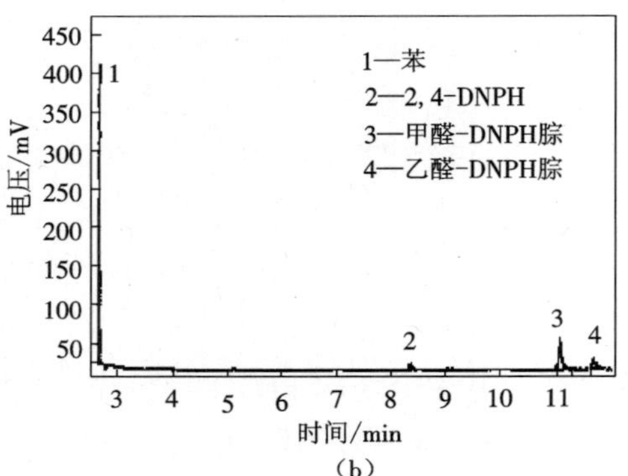

(b)

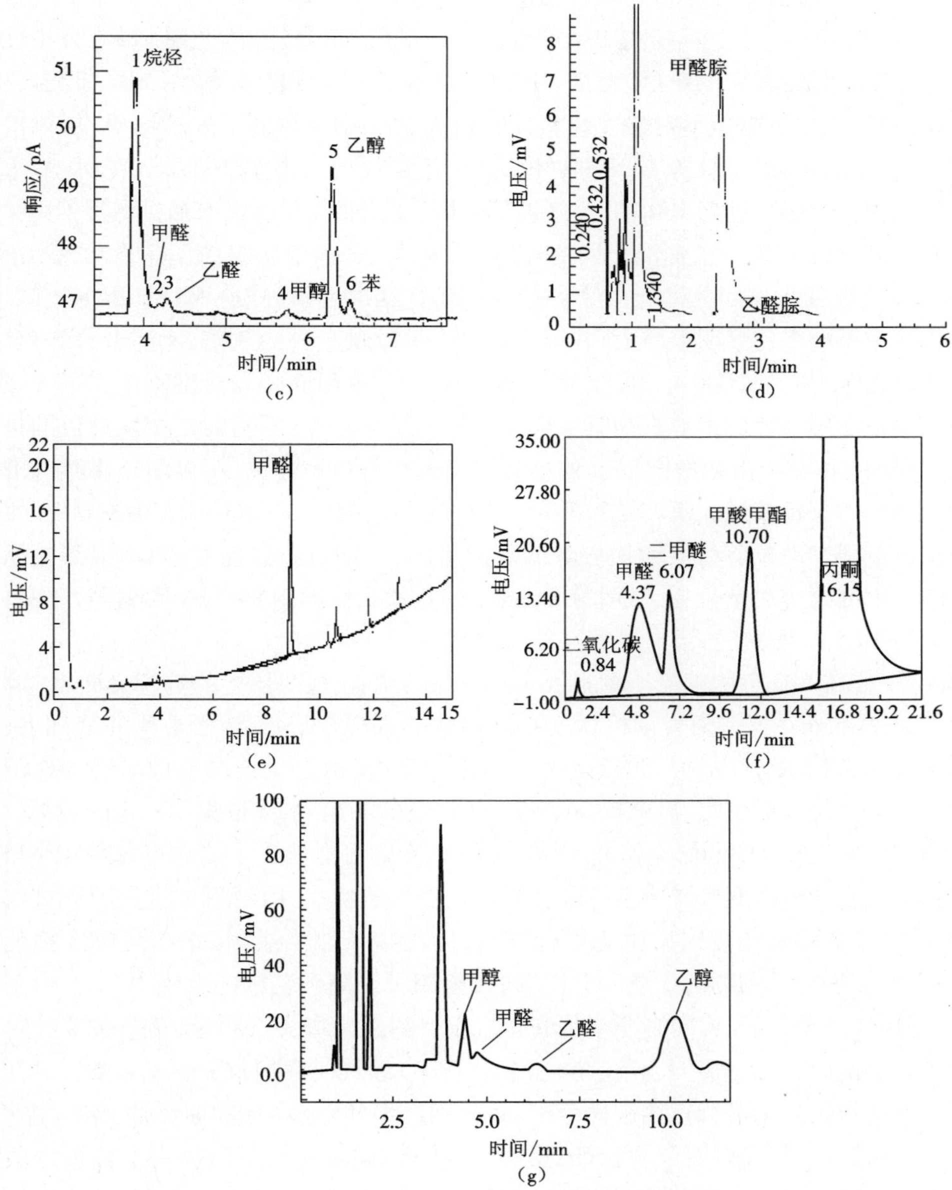

图 7－23　不同方法检测发动机排气中甲醛的色谱图

(a)乙醇柴油发动机排气色谱图 GC－FID 法(清华大学)

(b)柴油机醛类排放衍生物的色谱图 DNPH－HPLC 法(天津大学)

(c)乙醇汽油发动机排气色谱图 GC－FID 法(天津大学)

(d)甲醇柴油发动机排气色谱图 DNPH－GC－FID 法(天津大学)

(e)甲醇汽油发动机排气色谱图 DNPH－GC－FID 法(西华大学)

(f)DME 发动机排气色谱图甲烷转化－GC－FID 法(华中科技大学)

(g)甲醇汽油发动机排气色谱图 GC－FID 法(西安交通大学)

天津大学姚春德、宋崇林和范国梁课题组在醇类燃料的非常规排放方面做了大量的工作。2005 年,魏晓兵等[17]在一台 HP－6890 气相色谱仪(惠普公司)上用 FFAP 强极性毛细柱分离了醇类燃料汽车中的甲醛、乙醛、甲醇和乙醇等非常规排放物,用 FID 检测器检测,取得一定效果,基本上满足了对醇类燃料发动机非常规排放物的一般检测要求,色谱图见图 7－23(c)。同年,宋崇林等[18]用同样的方法,用采气袋采集发动机排气在 90 ℃水浴后通过注射器向色谱仪内注射 100 μL 样气进行分析,试验研究了电喷汽油机燃用不同掺混比的甲基叔丁基醚(MTBE)/汽油混合燃料时,甲醛、乙醛、苯和未燃 MTBE 等非常规污染物排放特性以及三效催化器对其净化效率的影响。研究结果发现,随着 MTBE 掺混比的增大,汽油机尾气中甲醛和乙醛明显增大,其中甲醛最大排放量上升约 3 倍,乙醛上升 2 倍,但浓度都没超过 30×10^{-6}。2006 年,张仲荣[19]和汪洋等[20]也用同样方法试验研究了火花点火式电控发动机燃用高比例甲醇汽油时甲醇和甲醛的排放特性,不同的是在发动机的排气管上直接采样,并用加热带加热采样管,使排气保持 130 ℃左右的温度,以防止水蒸气的凝结而影响色谱仪的分析效果。研究结果显示,发动机燃用 M85 和 M100 甲醇类燃料时,甲醇和甲醛的排放都随发动机负荷的增加先降低而后增加;发动机在怠速时,燃用甲醇类燃料尾气中甲醇和甲醛的排放量较高,燃用 M100 的甲醇排放量比燃用 M85 的甲醇排放量高,而甲醛排放量比 M85 的排放量低。

然而,甲醛在 FID 上的响应毕竟很低,为了提高甲醛在检测器上的响应灵敏度,2006 年张仲荣[19]在其硕士论文中对发动机尾气在上述直接进样 GC－FID 法检测的基础上,通过瞬间加压技术、碳纳米管吸附－解吸技术和 2,4－DNPH 衍生化技术分别对进入检测器的甲醛量进行了富集和衍生化,借此提高了 FID 对甲醛的响应度,并取得了一定的效果。2007 年,赵瑞芬[21]参考大气中醛酮类检测方法,利用醛类化合物与 2,4-二硝基苯肼(DNPH)在酸性介质中发生具有高度特异化学反应生成衍生物腙的特性,用吸附柱将发动机排气中的甲醛、乙醛等醛类污染物吸附衍生为甲醛腙后,用乙腈萃取生成物,并在高效液相色谱仪(HPLC)上完成醛类污染物的检测和分析,间接检测了甲醛和乙醛的含量[22]。但由于液相色谱仪设备昂贵、操作复杂,同时溶剂萃取会造成待测组分损失。同年,龚彩荣等针对内燃机醛类物质的排放特性,利用气相色谱仪(GC－FID)和气质联用仪器(GC－MS)对几种醛类物质 DNPH 的衍生物进行直接进样分析,并分别根据外标法(标准曲线法)和内标法(以苯为内标物的校正因子法)对醛类物质进行定量分析,同时比较了两种定量分析方法的准确性,取得了良好的效果,色谱图见图 7－23(b)。

2008 年,姚春德等[23－26]将甲醛用 2,4－DNPH 衍生化后再用 GC－FID 检测的方法检测了柴油/甲醇组合燃烧(DMCC)尾气中的甲醛,并设计了一套采样系统,如图 7－24 所示。该系统采用两根串联吸收管,以 DNPH 的酸性饱和溶液为吸收液,采样流速为 0.12 L/min。该采样方法具有高度选择性,仅采集醛酮类羰基化合物,并可有效阻止尾气中其他非羰基化合物,如 HC、CO、CO_2、NO_x 的干扰,色谱图见图7－23(d)。研究结果发现,纯柴油机的甲醛排放含量在 10×10^{-6}以内,相同工况下采用 DMCC 燃烧方式时尾气中甲醛排放增加 10～40 倍;低负荷运行时,尾气中甲醛含量随喷醇量的增大而增加,在甲醇对柴油的替代率为 45%时,甲醛排放量达到 170×10^{-6}(体积分数);在中、高负荷运行时,甲醛排放量随喷醇量的变化趋势不明显，一般为 90×10^{-6}。但尾气经催化处理后，甲醛排放反而增加，最高增加 1 倍。催化转化器的转化效果与排气温度密切相关，当排气温度在 300 ℃以下时，催化转化器可以降低甲醛排放量；当温度为 300～410 ℃时，催化后尾气中的甲醛排放较催化前有所增加；当温度高于 425 ℃时，催化后尾气中甲醛排放显著减少。同年，西华大学姚英也用 DNPH－GC－FID 方法试验研究了 M10 和 M15 低比例甲醇汽油发动机的甲醛排放特性。试验结果表明，M10 与 M15 甲醇汽油混合燃料在空载和满载时尾气排放中的甲醛含量较高，半载时的甲醛含量低；在空载时，随着甲醇比例的增加，尾气中的甲醛也相应增加，检测色谱图见图 7－23(e)。

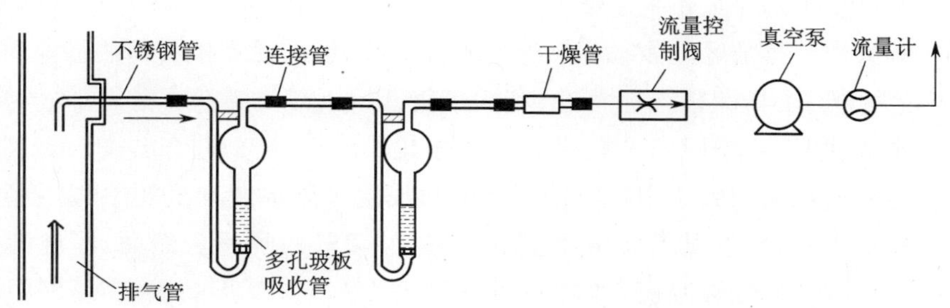

图 7－24　尾气采样装置简图

华中科技大学张煜盛和郎静课题组[27]自 2006 年以来也在发动机甲醛等非常规排放物的检测方面做了大量工作。他们注意到 FID 检测器对甲醛响应灵敏度不足的问题，因此他们在 FID 检测器前串联一个采用镍触媒转化炉，将经 Porapak Q 填充柱分离后的甲醛在 360 ℃镍触媒催化作用下通过加氢反应

$$CH_2O \xrightarrow{H_2,Ni,360\ ℃} CH_3OH \tag{R7-14}$$

生成甲醇，然后再用 FID 检测的方法来提高检测器对甲醛的灵敏度，取得了良好的效果，图 7－23(f)为其检测色谱图。他们用这种方法试验研究了柴油机燃用二甲醚(DME)时的非常规甲醛、甲酸和甲酸甲酯排放。试验研究结果表明，在一定条件下，甲醛、甲酸和甲酸甲酯存在于排气中，其排放量均随过量空气系数的减小而减小；甲醛的排放量随转速上升而略有上升，随负荷增加而不同程度减少。此外，适当减小供油提前角和喷孔直径都有利于减少甲醛的排放量，而增加启喷压力则导致甲醛排放量显著增加。

2008 年，北京理工大学葛蕴珊等[28]采用 2,4－DNPH 吸附管将汽车排气中醛酮类化合物吸附衍生化并用乙腈洗脱后，经高效液相色谱分离，紫外吸收检测器检测(HPLC－UV)，采用外标法对排气中 15 种醛酮进行了定性定量分析。研究结果表明，尽管甲醇汽车在很大程度上降低了发动机氮氧化物、一氧化碳和总碳氢化合物的排放，但甲醛、丙烯醛等的排放量大大超过了传统燃料，特别是甲醛的排放约为汽油车的 6 倍(以甲醇车为例)。

2008 年，长安大学刘生全等[29]采用基于国家标准酚试剂法的便携式快速甲醛测定仪，结合长安大学自行研制的采样系统，分别对汽油、甲醇汽油、乙醇汽油和柴油进行了甲醛测试。这种方法基于被测样品中的甲醛与酚试剂反应生成嗪，嗪在酸性溶液中被高铁离子氧化形成蓝绿色化合物，根据颜色深浅比色定量。试验发现，发动机燃用汽油、柴油或醇类燃料时,排气中都会产生醛类排放物。随着混合燃料中的醇含量增加,排气中醛类排放物也相应增加,汽油的甲醛排放要高于柴油;同一种燃料进行测试时,甲醛排放随着功率的增加呈先增大后减小的趋势;经过一个三元催化转化器之后甲醛值升高,而双三元催化后甲醛排放明显减少,说明双三元催化转化器对于控制甲醛排放非常有效。

2008 年,吉林大学张辉和李君等[30]用甲醛与水互溶的特性,设计了根据溶水法收集发动机尾气中甲醛排放的装置,探索利用分光光度法测量发动机尾气中的甲醛排放,取得了良好的效果。试验证明,使用分光光度法测量发动机的甲醛排放是可行的。利用以上装置和方法对不同比率的甲醇汽油在不同工况下发动机尾气中甲醛排放特性进行了研究。结果表明,影响发动机甲醛排放量的主要因素为燃料中甲醇含量的多少,甲醇含量越多,尾气中甲醛排放越高;甲醛排放还随发动机转速的提高而降低,随发动机负荷的增加而下降。

西安交通大学刘圣华课题组[31,32]在 2005 年就开始了醇类燃料非常规排放物检测方法的研究,用日本岛津 GC – 2010 气相色谱仪直接采集发动机排气,排气经 Porapak Q 填充柱分离后用 FID 检测,试验研究了甲醇汽油和乙醇汽油混合燃料发动机的甲醛、甲醇、乙醛和乙醇等非常规排放物的排放规律,检测色谱图如图 7 – 23(g)所示。然而,经过大量试验研究发现,FID 检测器对甲醛的响应灵敏度十分有限,定量准确度不高,当排气中甲醛含量较高时尚可满足检测要求,但一方面甲醛峰容易被甲醇峰掩盖,另一方面 FID 对甲醛响应的阈值太高,当甲醛浓度小于 100×10^{-6} 时就不容易检测到了。因此,本研究针对柴油/甲醇二元燃料燃烧的尾气排放展开了一系列工作来提高检测器对甲醛的响应灵敏度。

7.3.9 不同检测方法对甲醛检测的差异

1. 色谱法(气相色谱法和液相色谱法)

(1)样品的采集

通过对采样管吸收和吸收液吸收两种方法的试验对比,选择了吸收液吸收的方法。即将尾气中挥发性的醛、酮类化合物在常温下经 DNPH 的酸性饱和溶液吸收,生成衍生物,用气相色谱仪和液相色谱仪进行分析。尾气中其他非羰基化合物不被采集,对本方法没有干扰。

将发动机的尾气通过特定的吸收装置来吸收尾气中的甲醛,生成甲醛腙[34]。图 7 – 25 所示为设计的尾气采样装置简图。吸收管内装有 10 mL 吸收液,干燥管内装有脱脂棉或硅胶,以吸收气体中的水分而保护真空泵。

通过上述采样系统采集到的甲醛以甲醛腙的形式保存在吸收液中。由于甲醛腙微溶于水,易溶于二硫化碳,故用定量的二硫化碳来萃取甲醛腙,这样采样过程结束。在利用气相色谱仪和液相色谱仪进行分析时,注入甲醛腙的二硫化碳萃取液就可以分析出甲醛腙的含量,从而算出甲醛的含量。再根据收集气体的体积,算出尾气中甲醛的浓度。

(2)吸附装置

为了验证吸收管对样品的采集效率,使用 3 级多孔玻板吸收管串联对发动机尾气中的甲醛进行采集,采用 3 级吸收管串联采样。分别测定每根吸收管中甲醛的采样量(C_i),按下式计算每支吸收管的吸收效率:

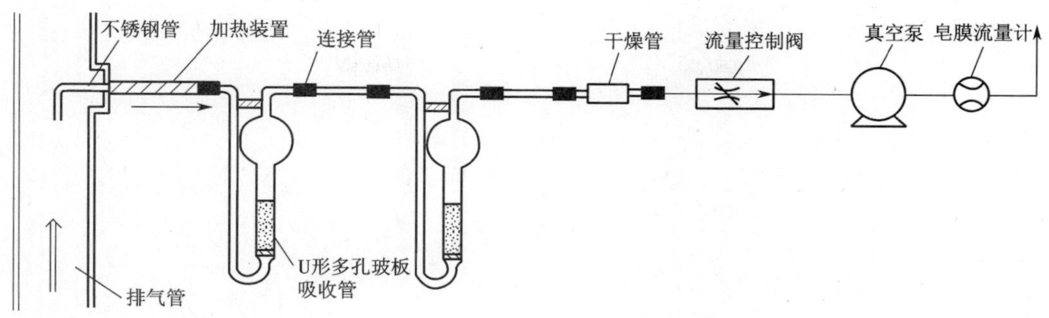

图7－25　内燃机尾气甲醛的采样系统

$$\eta_i = \frac{C_i}{C_1 + C_2 + C_3} \times 100\% \quad (i = 1,2,3) \tag{7-1}$$

试验发现，第1根吸收管可吸收97%，第2根吸收管可吸收3%，第3根吸收管则没有检测出甲醛踪，故在采样时确定用2根吸收管串联。

(3)采样流速

在相同工况不同采样流速时检测到的甲醛含量结果表明，发动机在相同工况下运行时，采样流速不同，吸收甲醛的量不同。采样流速较小时吸收液对甲醛的吸收性较好，最后确定采样流速为0.12±0.01 L/min(见表7－3)。

表7－3　采样流速对甲醛含量的影响

流速/(L/min)	甲醛含量/($\times 10^{-6}$)
0.12	24
0.15	19
0.20	15

(4)加热装置

由于尾气中含有大量的水，如果水蒸气在管壁上冷凝，会吸收大量的甲醛，影响测量结果。因此，要对吸收管之前的管路进行加热。用电加热带和温度控制器来控制调节管路的温度。加热温度对甲醛的影响见图7－26。由图可见，当温度高于80 ℃后，对甲醛的影响不明显。考虑到采样管的承受温度和尾气中杂质的影响等因素，最后确定加热温度为80 ℃。为了减少误差，在采样开始、中间及结束时用皂膜流量计测量流量，取其平均值，采样时间为10～20 min。

(5)样品的制备

样品采集后转移到50 mL容量瓶中，用10 mL吸收液分3次洗涤吸收管的内壁，洗涤液也倒入容量瓶中。用移液管向容量瓶中准确加入2 mL二硫化碳，激烈振荡萃取3 min，静置10 min后转入60 mL的分液漏斗中，再次静置分层，将下层萃取液经脱水后收集于10 mL的具塞比色管中，供色谱分析用。制备的样品在冰箱中避光保存，可在1周内保持稳定。

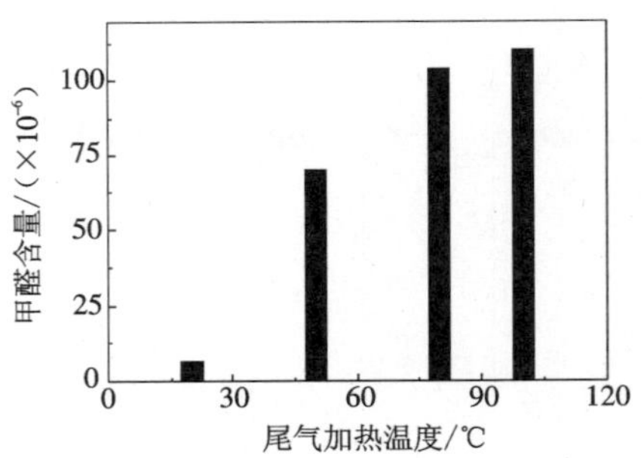

图 7－26 加热温度对甲醛的影响

图 7－27 为采集的样品，图中的絮状物为甲醛腙。

图 7－27 甲醛腙

(6)标准曲线的绘制

用去离子水将 1 mg/mL 的甲醛标准溶液稀释到 50 μg/mL 的标准使用液。在 50 mL 的容量瓶中分别用吸收液稀释标准使用液，配制成甲醛含量在 25～500 μg 范围内的标准溶液系列，共 6 个浓度点(见表 7－4)，放置 2 h，用 2 mL 二硫化碳萃取，将下层萃取液收集在具塞比色管中，备色谱分析用。分别取 5 μL 萃取液进样，得色谱峰和保留时间。每个浓度点重复做 3 次，以保留时间定性，以面积外标法定量。以甲醛的浓度为纵坐标，以峰面积的平均值为横坐标，得出标准曲线，见图 7－28。标准曲线方程为 $y = ax + b$，其中 $a = 1.06 \times 10^{-3}$，$b = -6.00 \times 10^{-1}$，测量方差 $R = 0.9998$。在测定样品中的组分含量时，要用与绘制标准曲线完全相同的色谱条件做出色谱图，测量色谱峰的面积，根据峰面积在标准曲线上直接查出进入色谱柱中样品组分的浓度，然后根据样品处理条件来计算样品中该组分的含量 W。

表 7-4　标准使用液

序号	标准使用液/mL	吸收液/mL	甲醛含量/μg	萃取液中甲醛浓度/(μg/mL)
1	0.5	19.5	25	12.5
2	1	19	50	25
3	2	18	100	50
4	4	16	200	100
5	6	14	300	150
6	10	10	500	250

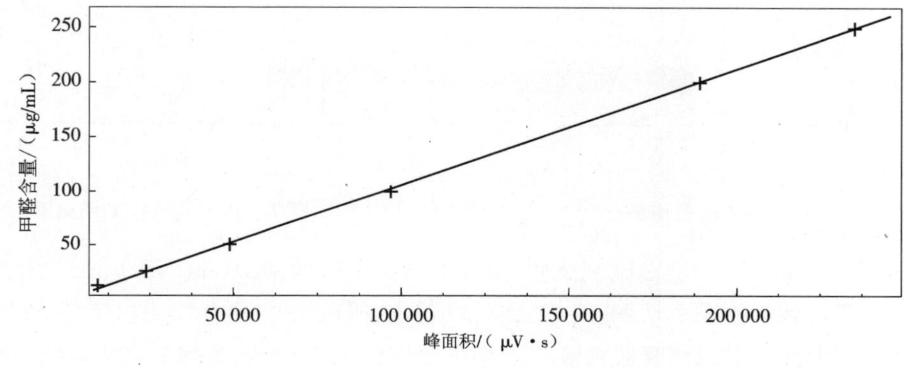

图 7-28　标准曲线

(7)样品分析过程

对采集到的萃取液进行进样分析,对所有样品依次进样,每次进样 5 μL,每个样品进样 3 次,取平均值。在测定样品中的组分含量时,采用与绘制标准曲线完全相同的色谱条件做出色谱图。根据峰出现的时刻,软件系统会自动判断峰的组分成分,再计算出色谱峰的面积。根据峰面积在标准曲线上直接查出进入色谱柱中样品组分的浓度,然后根据样品处理条件来计算样品中该组分的含量 W。

(8)实际检测结果

图 7-29 为甲醛、乙醛、丙酮的标准溶液与吸收液反应后的色谱图。从图中可以看出,甲醛腙与乙醛腙分离良好,乙醛腙出现两个峰,这是由于出现顺式和反式异构体的缘故。本文中的色谱条件主要是针对甲醛腙而设定的,如果主要检测目标是乙醛腙,可以通过调整色谱条件得到更好的峰形。从图 7-30 可以看出,在柴油/甲醇二元燃料燃烧尾气中的醛酮类主要是甲醛,同时含有少量乙醛,没有检测到丙酮。尾气中的其他非羰基化合物不被采集,对甲醛腙的检测没有干扰。

在得到萃取液中的甲醛含量后,根据下式计算尾气中甲醛的浓度,即

$$C = W/V_0 \tag{7-2}$$

式中:C 为尾气中甲醛的浓度,mg/m^3;W 为萃取液中甲醛的含量,μg;V_0 为采样体积,L。

图 7-29 中甲醛含量为 259.4 μg,采集气体体积为 2.6 L,故尾气中甲醛浓度为

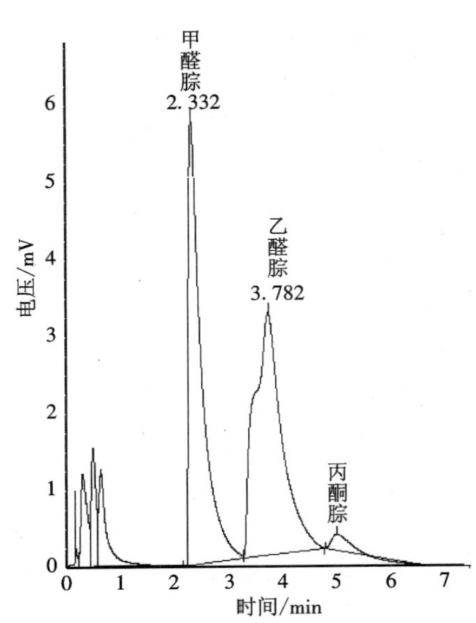

图 7－29 标准样品色谱图

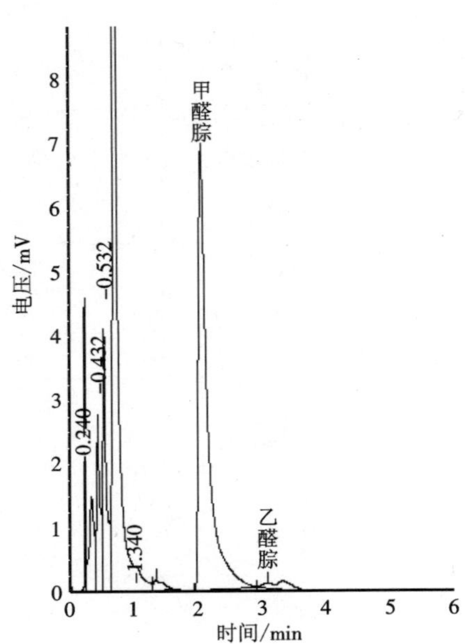

图 7－30 尾气检测色谱图

99.77 mg/m^3。图 7－31 为空白试剂试验，即取制备好的吸收液 20 mL，用 2 mL 二硫化碳萃取，色谱分析后得到的谱图。从图 7－31 中可以看出，吸收液中没有检测出甲醛，图中的几个峰为杂质峰，因此可以忽略吸收液和空气中微量甲醛的影响，认为图 7－29 中的甲醛腙均由尾气中采集的甲醛衍生而成。

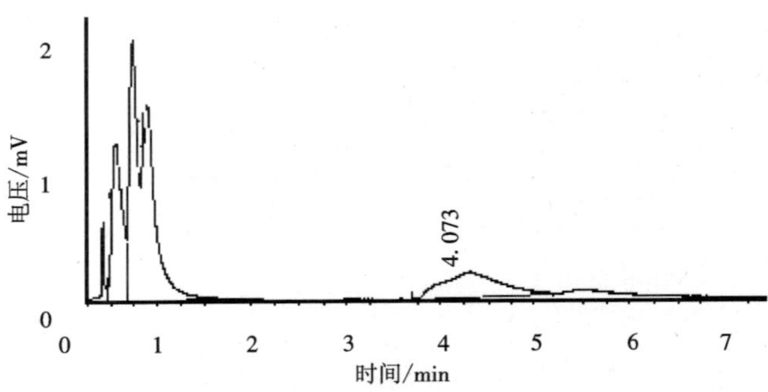

图 7－31 空白试剂试验

2. 傅里叶变换的红外线法（FTIR）

近年来，由于多种燃料发动机开发的需要，国际上许多公司陆续开发了基于傅里叶变换原理的红外检测装置（FTIR），可用于在线检测尾气中的多种成分。

在该方法中，甲醛的检测是通过特征为 2 779 cm 和 2 781.5 cm 的双波长来检测的，红外光束经过 2 km 的多级反射光程到达样品池，该方法的检测限约为 4×10^{-9}。

3. FTIR、气相色谱法和液相色谱法对甲醛检测的结果差异

图 7－32 给出了在转速 2 000 r/min 各个负荷下催化前，发动机燃用纯汽油和 M15 甲

醇/汽油时分别使用 FTIR、液相色谱仪和气相色谱仪检测发动机甲醛排放的结果。由图可知,使用 FTIR 检测甲醛排放的数值要比气相色谱仪和液相色谱仪检测数值高一倍,而气相色谱仪检测结果和液相色谱仪检测结果相当。造成检测结果的差异有以下原因。

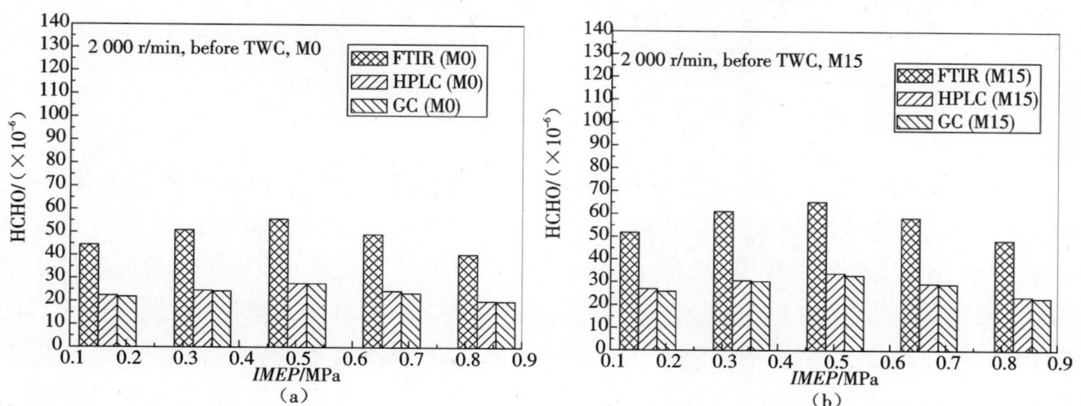

图 7-32　不同检测方法对燃用纯汽油和 M15 甲醇/汽油时甲醛排放检测结果的比较(图中 TWC 为三效催化转化器)

(a)不同检测方法对燃用纯汽油的甲醛排放比较

(b)不同检测方法对燃用 M15 甲醇/汽油的甲醛排放比较

①测量原理的不同。气相色谱仪采用 FID(氧火焰离子法),而 FTIR 和 UV(紫外光检测器)对物质的检测原理都是 Beer-Lambert 定律,但是由于气体的红外光特性和紫外光特性的差异,气体对红外光和紫外光的吸收度与气体的温度、压强等因素有关,而 FTIR 和 UV 对甲醛的检测温度、压强等参数是不同的,所以造成甲醛对紫外光和红外光的吸收度不同。虽然气相色谱法和液相色谱法的检测原理不同,但是这两种色谱仪对所检测的物质有高度的选择性,检测的物质都是甲醛腙,因此检测的结果相差不大。

②尾气中其他成分的干扰。FTIR 对尾气的检测是全气体检测,能够检测尾气中高达 25 种物质,检测范围较宽。但是检测精度受到影响,甲醛极易溶于水,在使用 FTIR 作为检测设备时,检测结果很容易受到水分的影响。FTIR 对发动机尾气的检测是通过特征为 2 779 cm 和 2 781. 5 cm 的双波长来检测的,但甲醛和水的红外光谱在这两个波长段有一定程度的重叠,因此水的红外吸收会干扰甲醛的红外光谱。此外,甲醛气体红外光谱的全线宽在 200 ~400 K 范围内随着温度的升高而变窄,有利于提高甲醛的检测精度。但是 FTIR 检测甲醛时的温度是 458 K,使甲醛的红外光谱的全线宽增加,这样有利于提高甲醛检测的响应度,但是会对测量精度造成影响,而且容易受到其他物质的干扰。而气相色谱仪和液相色谱仪离线检测的物质是尾气中的醛酮类物质经 2,4-二硝基苯肼的酸性饱和溶液吸收后衍生成相应的 2,4-二硝基苯腙,因此检测的精度较高,不易被尾气中其他物质干扰。

③仪器的标定。气相色谱仪和液相色谱仪是通过标准曲线法进行标定的,精确度和线性度好,线性度一般能够达到 0. 999 以上,且在每次检测物质前都经过标定,具有很高的可靠性。而 FTIR 的标定工作是在仪器出厂前完成的,在检测前只是对标准曲线进行校准。由于甲醛、甲醇等物质在标准状况下并不是以气态形式存在,市场上也没有甲醛、甲醇等物

质的标准气体出售,因此在实际测量过程中,不存在现场标定的要求,测试精度由设备出厂前设定。

7.4 柴油/甲醇二元燃料燃烧的后处理技术

7.4.1 柴油机排放物及其控制技术简介

与汽油机相比,柴油机有害气体 HC、CO 排放量较低,一般只有汽油机的几十分之一,柴油机的 NO_x 排放量和汽油机处于同一个数量级,而微粒排放是汽油机的 30 ~ 50 倍。因此,较高的 NO_x 和颗粒排放成为制约柴油机发展的最主要的因素。采用排气后处理技术是解决当今柴油机排放问题的最直接、最有前途的策略之一。目前,针对柴油机的排气后处理技术的主要装置有:降低 NO_x 排放的还原催化转化器、降低微粒排放的微粒捕捉器、用来降低微粒中有机可溶成分 SOF(主要是高分子的 HC)以及气态 HC 和 CO 排放的氧化催化转化器等。

1. 以降低柴油机 NO_x 排放为目的的还原催化转化器

由于柴油机是富氧燃烧,排气中氧的含量很高,HC 和 CO 的含量较低,因此应用于汽油机中的三元催化转化器技术对柴油机不太适用,而 NO_x 在非催化的条件下分解为 N_2 和 O_2 的速度相当慢。因而,就目前的技术水平,降低柴油机排气中的 NO_x 的方法只能是向排气中加入还原剂,将 NO_x 进行还原分解。还原 NO_x 的方法通常有选择性非催化还原(Selective Non Catalyst Reduction, SNCR)、非选择性催化还原(Non Selective Catalyst Reduction, NSCR)和选择性催化还原(Selective Catalyst Reduction, SCR)三种方式。其中 SCR 在柴油机上的研究最为广泛。以氨或氨水、尿素作为还原剂的选择性催化还原系统,可以降低柴油机排气中绝大部分的 NO_x,也能降低部分 HC。与氨或氨水相比,尿素更易于携带,而且它没有氨或氨水的刺激味。因此,以尿素作为还原剂的 SCR 被认为是最具有应用前景的技术路线之一。其主要反应如下:

$$4NO + 4NH_3 + O_2 \rightleftharpoons 4N_2 + 6H_2O \tag{R7-15}$$

$$6NO + 4NH_3 \rightleftharpoons 5N_2 + 6H_2O \tag{R7-16}$$

$$2NO_2 + 4NH_3 + O_2 \rightleftharpoons 3N_2 + 6H_2O \tag{R7-17}$$

$$6NO_2 + 8NH_3 \rightleftharpoons 7N_2 + 12H_2O \tag{R7-18}$$

尿素 SCR 技术的应用需要处理好尿素供应的社会配套体系基本设施问题。

在柴油机上的 NO_x 吸收式还原催化技术原理如直喷式汽油机所用的那样,在稀混合气燃烧时吸收 NO_x,浓度高于理论空燃比时,使之脱离并还原。这项技术若能克服过浓的烟度和 HC 等排放的增加、燃油耗增大、发动机扭矩波动增大及确保耐久性等问题,或许它会成为未来降低柴油机 NO_x 排放的关键后处理技术。以往的研究发现,SCR 使用尿素作为还原剂时,NO_x 的净化率能达到 65%,NO_x 吸收还原催化达到 54%,而 SNCR 的 NO_x 净化率为 15%,NSCR 为 30%。由此可见,作为降低 NO_x 排放的技术,尿素 SCR 和 NO_x 吸收式还原催化是有前途的。欧洲各国尤其注重 SCR 技术的开发,世界上其他国家也在加紧这方面的研究。我国已将 SCR 列入重型柴油机必选的技术。

2. 柴油机废气氧化催化器

柴油机废气氧化催化器(DOC)可以降低排气中的 CO 和 HC,但主要的功能是可以降低排放颗粒物中的 SOF 的含量,从而降低总的颗粒物排放。DOC 还可以有效地降低排气中气态有害物 HC 和 CO。DOC 是通过式结构、排气阻力小,对微粒的捕捉效果远不及微粒捕捉器,但由于碳氢化合物的点火温度较低(在 170 ℃下就可再生),所以 DOC 不需要昂贵的再生系统,投资费用较低。但另一方面,DOC 的催化转化效率极大地依赖于排气温度和柴油中的硫含量,高的排气温度有助于 SOF 的氧化,因此 DOC 应用于传统柴油机上还有一定的问题。

3. 颗粒氧化型催化器

颗粒氧化型催化器(POC)由低温涂层和金属载体构成。它可以较为有效地减少颗粒物排放,同时对 HC 和 CO 也有较高的催化转化效率。但是跟 DOC 一样,POC 的催化转化效率跟排气温度和柴油中的硫含量有较大的关系,因此其作为后处理技术应用于传统柴油机上仍需进一步研究。

4. 柴油机微粒捕捉器

柴油机微粒捕捉器(Diesel Particulate Filter, DPF)是柴油机微粒排放后处理的主要方式之一,它由收集排气微粒的滤芯和周期性地把滤芯中积存的微粒烧掉或氧化掉的再生系统组成。微粒捕捉器的关键技术是过滤材料和过滤体的再生。对过滤材料的要求是高的微粒过滤效率、低的排气流动阻力和较高的机械强度。其中,过滤效率和流动阻力是一对矛盾,选择材料时要综合考虑这两方面的性能。国外在过滤材料上的研究已经取得了较大的突破,出现了一些商品化的产品。国内在过滤材料上的研究与国外有较大的差距,主要原因是过滤材料的研究需要较高的工艺水平和雄厚的资金投入。总体而言,目前能满足要求的过滤材料有金属丝网和陶瓷(陶瓷纤维、泡沫陶瓷和单体陶瓷)。其中,以陶瓷材料达到了普遍的共识,因为它们能在单位容积内给出最大的过滤面积,能承受高温,坚固、寿命长且相对不贵。目前,国外对纤维氧化硅的研究是一大热点。用纤维氧化硅可以做成片状滤芯,不仅大大简化了大尺寸过滤器的制作问题,而且提高了再生时的抗热冲击性。

早在 20 世纪 70 年代就已明确,把柴油机排气中的微粒收集起来比较容易,难的是再生系统的设计。再生决定了微粒捕捉器的实用可行性,因此再生问题是微粒捕捉器能否在车用柴油机上正常使用的关键。微粒捕捉器的再生一般都采用燃烧法——利用外界能量提高微粒捕捉器内的温度,使微粒着火燃烧,或者通过使用某些催化剂降低微粒的着火温度,使之能在正常的柴油机排气温度下着火燃烧分解。国内外研究过的再生方法主要有强制再生(在大负荷时,对柴油机进气或排气强制节流,从而提高排气温度,使过滤体得到再生)、喷油助燃再生、电加热再生、微波加热再生、逆向喷气再生、燃油添加剂再生和连续再生。

以上再生方法可以分为三类,前四种为加热再生,逆向喷气再生属于低温反向清洁再生,后两种属于催化再生。其中,催化再生的燃油添加剂再生和连续再生是目前研究的热点。燃油添加剂法的缺点是可能造成新的二次污染,这类燃油添加剂通常为含钙或铁、钡、铜、锰的金属化合物,成本相对低廉,降低微粒着火温度显著,该方法在中国具有较为广泛的应用前景;连续法是使催化剂与微粒表面充分接触,对微粒排放量的降低效果较显著,目前这种装置已经处于大型客车实车试验阶段。

连续再生式 DPF 又称 CDPF,其典型结构是前半部分设置铂(Pt)系氧化催化,而 DPF 设置于后半部分。此外,还有一些其他形式的装置,为了加快 NO_2 对炭粒的氧化作用,在 DPF 上设置可生成 NO_2 的氧化催化。连续再生式 DPF 的基本反应过程是通过氧化催化使 NO 氧化成 NO_2,然后在 DPF 中用 NO_2 氧化炭粒。

在催化器中的反应过程为

$$NO + O \rightleftharpoons NO_2 \qquad (R7-19)$$

$$SO_2 + O \rightleftharpoons SO_3 \qquad (R7-20)$$

在 DPF 中的反应过程为

$$NO_2 + C \rightleftharpoons CO + NO \qquad (R7-21)$$

连续再生式 DPF 装置目前要解决的问题是在发动机的各种运转条件下不发生炭粒堵塞现象,以及确保炭粒净化率的长期稳定性,以提高其使用寿命。

催化剂是在排气后处理器中不可或缺的物质,催化转化的效率与催化剂的活性息息相关。在排气后处理技术中,有关催化剂的最大问题就是催化剂容易中毒。多年来的研究表明,SO_2 是使催化剂中毒的罪魁祸首,它与催化器载体的主要材料氧化铝相互作用并封锁催化剂铂,使反应区的质量交换条件变坏。

催化转化器的结构及其设计也是决定催化转化器寿命的关键之一。催化转化器主要由载体、涂层、垫层和壳体四部分组成。载体是承载活性组分的多孔、耐热的固体物质,要求热稳定性好、机械强度高、线膨胀系数小、流通阻力小和较大的表面积等,设计中通常都采用圆形或接近于圆形的外形。涂层是将具有催化作用的物质分散在载体上的部分。涂层不仅是催化剂的载体,而且要求其具有储氧功能,能起到催化剂的催化作用。涂层的主要成分是 $T-Al_2O_3$ 引入 La 和 Ce 等助剂。为了避免壳体和载体之间因较大的温度梯度而产生变形,在载体与壳体之间安装有垫层,所以对垫层的要求是具有较好的隔热性。常用的垫层有金属网垫和陶瓷纤维垫。催化转化器壳体形状应符合空气动力学要求,材料应具有抗腐蚀性好和热变形小的性能,目前国内外通常都采用含 Ni 和 Cr 等不锈钢材料。

此外,对柴油机排放后处理技术而言,还有一个共性问题是硫酸盐(SO_4^{2+})的排放。在使用氧化能力较强的高氧化催化的后处理中,燃料中的硫成分的大部分转化为硫酸盐,呈颗粒状向外排放,而且二氧化硫还是使催化剂老化的罪魁祸首。因此,可以认为要满足更严格的排放法规,柴油燃料的低硫化是前提条件。

5. 低温等离子体技术

等离子体技术在工业生产与日常生活中已得到极为广泛的应用。近年来,等离子体技术在环境污染处理方面的应用研究引起了人们的极大关注,其中许多技术已经商品化,取得了较好的经济效益和社会效益,被认为是环境污染物处理领域内最有发展前途的技术之一。国内外利用脉冲电晕脱除发动机尾气中的 CO、HC 和 NO_x 的研究已经取得了一定的成果。而目前低温等离子体技术在柴油机尾气控制中较多的是将其用于排气微粒的捕集,其主要依据在于柴油机排气微粒中有 70% ~80%（以质量计）是带电的。利用低温等离子体技术捕捉柴油机微粒的技术现在还处于实验室阶段，并已获得较满意的数据。等离子体静电捕捉微粒装置的流动阻力小，对发动机的性能影响较小，这是传统微粒捕捉器所没有的，而且具有较高的捕捉效率和能解决微粒难于收集的困难等优点。但是这种技术实用化的最大困难在于设备体积庞大、结构复杂及成本较高，在车用上则有高压电电源的供给问题。因此，该项技术的商品化还需要进一步的研究。

7.4.2　柴油/甲醇二元燃料排放及其控制

柴油/甲醇二元燃料发动机排放的特点是尾气中含有较多的未燃 HC 和 CO 以及一定的甲醛，NO_x 和 PM 排放都较低，因此与一般柴油机不同，其排放物控制的重点放在气体排放物方面，而 NO_x 和 PM 则通过燃烧的合理组织在缸内加以控制。对柴油/甲醇二元燃料燃烧气体排放，一般通过加上简单后处理技术（DOC 和 POC）即能够达到对废气污染物较好的净化作用。

柴油氧化催化器（Diesel Oxidation Catalyst, DOC）和微粒氧化型催化器（Particulate Oxidation Catalyst，POC）是柴油机上常用的后处理装置。

由于柴油机排气含氧量较高，可用 DOC 进行处理，以消耗微粒中的可溶性有机成分（Soluble Organic Fractions，SOF）来降低微粒排放，同时也降低了 HC 和 CO 的排放。DOC 采用沉积在比表面积很大的载体表面上的催化剂作为催化元件，以降低化学反应的活化能，让发动机排出的废气通过消耗 HC 和 CO 的氧化反应能在较低的温度下很快进行，使排气中的部分或大部分 HC 和 CO 与排气中残留的 O_2 化合，生成无害的 CO_2 和 H_2O。

柴油机用 DOC 的氧化催化剂原则上可与汽油机相同，常用的催化反应效果较好的催化剂是由铂（Pt）系、钯（Pd）系等贵金属和稀土元素构成。用有多孔的氧化铝作为催化剂载体的材料，并制成多面体形粒状（直径一般为 2 ~4 mm）或是蜂窝状结构。尽管柴油机排气温度低，微粒中的炭烟难以氧化，但氧化催化剂可以氧化微粒中的 SOF 的大部分（SOF 可下降 40% ~90%），降低微粒排放，也可以使柴油机的 CO 和 HC 排放减少。

POC 是一种针对柴油机排放污染物中的微粒成分设计的后处理装置，属于氧化催化器的范畴。它对微粒的转化效率可以达到 60% 以上，虽然没有微粒捕捉器的捕捉效率高（可达到 90% 以上），但与微粒捕捉器相比具有成本低、无须复杂的标定过程、排气背压低等优点。POC 的结构特点决定了其具有较好的热耐久性和力学性能。此外，POC 质量轻、体积小、尺寸可变，易于集成到排气系统中。

POC 主要是由专用载体和低温涂层两部分组成。专用载体是由平板金属薄片和波纹片卷曲而成，并由凹槽装置固定，防止互相挤压叠嵌。与传统的直孔通道载体相比，其独特的孔道设计平衡了背压损失和气流传质、传热方面的关系。涂覆于载体上的低温涂层可降低 HC 和 CO 的起燃温度，并能在低温下把一部分 NO 氧化成 NO_2，有利于微粒再生。

POC 中所含有的氧化催化剂能同时降低柴油车尾气中的 CO、HC 等气体排放物，并能消除颗粒物中的可溶性有机成分 SOF，就这一点来说，POC 中的氧化催化剂的性能是可以与 DOC 中的氧化催化剂相媲美的。

对于柴油机来说，通常由于空燃比较大，O_2 含量过量，使得排气中的氧含量总是富裕的。当废气经排气管进入 POC 时，在适当的排气温度下，废气中的 CO 和 HC 在 POC 氧化催化剂的高效作用下与 O_2 发生反应，生成 CO_2 和 H_2O，对 CO、HC 的净化效果很好；但是 POC 中的氧化催化剂对于尾气中的氮氧化物的作用极其微弱，仅使很少部分的氮氧化物的存在形式进行了转换，故只影响 NO 和 NO_2 在 NO_x 中的比例，而对 NO_x 总量没有产生明显的影响。

由于目前使用的 POC 并不含有能有效促使可逆反应 $2NO + O_2 \longrightarrow 2NO_2$ 正向进行的催化剂成分，因此若要使 POC 捕集到的颗粒燃烧再生，必须与 DOC 配合使用。再者，POC 具有能降低 NO_2 键能、催化 NO_2 与干炭烟反应再生的氧化催化剂而 DOC 不具备。DOC + POC 技术的原理是 DOC 将尾气中的 NO 氧化为 NO_2，之后 NO_2 进入 POC，在 POC 催化剂的作用下，NO_2 分子键在较低温度（250 ℃左右）断裂，产生的氧原子和 POC 捕集到的碳原子结合生成 CO_2（POC 未带涂层）或 CO（POC 带涂层），从而达到去除颗粒的目的。与此同时，再次将 NO_2 还原为 NO，随尾气排入大气中，反应过程为

DOC

$$2NO + O_2 \longrightarrow NO_2 \qquad (R7-22)$$

POC

$$2NO_2 + C \longrightarrow CO_2 + 2NO\text{（POC 未带涂层）} \qquad (R7-23)$$

$$NO_2 + C \longrightarrow CO + NO\text{（POC 带涂层）} \qquad (R7-24)$$

1. 后处理技术对气体排放的影响

图 7-33 所示是双 DOC 和 DOC + POC 对 HC、CO、NO_x 和 HCHO 排放的影响。

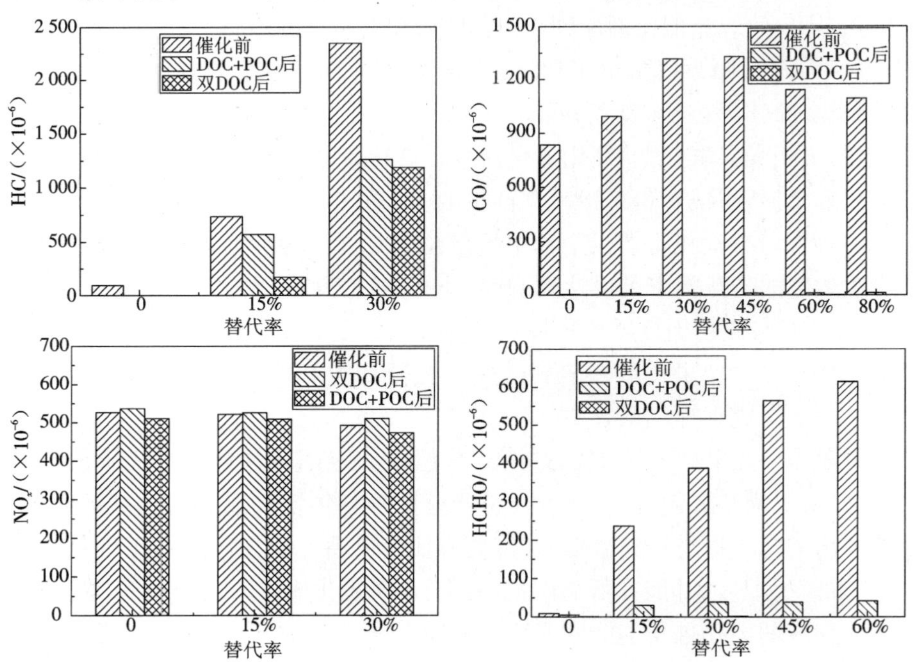

图 7-33　双 DOC 和 DOC + POC 对 HC、CO、NO_x 和 HCHO 的催化效果

对于 HC 的排放来说,零替代率时催化前其排放为 93.29×10^{-6},经双 DOC 和 DOC + POC 的催化处理后,HC 的排放几乎为零。这说明在零替代率时,无论是双 DOC 还是 DOC + POC 装置都能有效催化氧化排气中的 HC。15% 替代率时,双 DOC 比 DOC + POC 装置对降低 HC 排放的效果更为明显,DOC + POC 能减少 22.2% 的 HC 排放,而双 DOC 使其减少了 76.9%。在替代率为 30% 时,二者对降低 HC 排放的效果相当,双 DOC 的效果比 DOC + POC 的效果稍微好一些。

柴油/甲醇二元燃料燃烧发动机的排气经双 DOC 装置后,在不同替代率下 CO 的排放几乎都为零,这说明双 DOC 对降低 CO 排放的效果相当好。而 DOC + POC 虽然不能完全消除排气中的 CO,但是在不同替代率下,CO 的排放都几乎维持在非常低的水平。由此可见,双 DOC 对 CO 的催化效果比 DOC + POC 的效果稍好一些。

总体来说,双 DOC 对 HC 和 CO 的催化效率要优于 DOC + POC。原因是双 DOC 对 CO 和 HC 的氧化效果要强于 DOC + POC,而且 DOC 起活温度普遍低于 POC。

不同替代率下 POC + DOC 对降低 NO_x 排放的影响都不明显,最大可以实现 3.91% 的降幅。而双 DOC 则会在各替代率下比催化前稍稍增加了 NO_x 排放,当甲醇替代率在 0、15% 和 30% 下,NO_x 的排放分别增加了 1.87%、0.769% 和 3.6%,影响的幅度比较小。

在 DOC + POC 组合中,DOC 中的氧化催化剂也能通过氧化催化反应有效降低柴油机尾气中的 CO 和 HC,这点与 POC 的催化剂性能相同,故二者同时使用时,对 CO、HC 可以达到很高的转化效率。而对氮氧化合物来说,DOC + POC 的工作原理只是使其存在形式发生了转换,其中更多的是在 DOC 中将 NO 转化为 NO_2,然后在 POC 中利用 NO_2 氧化颗粒中的炭烟来降低颗粒排放,因此只能影响 NO 和 NO_2 在 NO_x 中的比例成分,对 NO_x 总量同样没有产生明显的影响。而在双 DOC 中,由于 DOC 对 NO_x 的氧化作用,NO_x 有略微的增加。

甲醇生成甲醛的反应有氧化和脱氢两个反应,且氧化反应是放热反应,脱氢反应是吸热反应,表示为

$$CH_3OH + \frac{1}{2}O_2 \longrightarrow CH_2O + H_2O + 156\ \text{kJ/mol} \qquad (R7-25)$$

$$CH_3OH \longrightarrow CH_2O + H_2 - 91\ \text{kJ/mol} \qquad (R7-26)$$

甲醇脱氢反应为吸热反应,需要在较高温度下进行。热力学计算表明,在温度低于720 K (447 ℃)时,甲醇脱氢为甲醛的反应自由能 ΔG 为正值,是热力学上最不利的反应,要使反应能在低温下进行,需使用催化剂——钯银合金或钯来降低反应温度。

甲醛消失的反应有还原反应或深度氧化反应,反应如下:

$$CH_2O + H_2 \xrightarrow{\text{Pt、Cr、Cu}} CH_3OH \qquad (R7-27)$$

$$CH_2O + \frac{1}{2}O_2 \xrightarrow{\text{Pt、Cr、Cu}} HCOOH \qquad (R7-28)$$

$$CH_2O + O_2 \xrightarrow{\text{Pt、Cr、Cu}} CO_2 + H_2O \qquad (R7-29)$$

当排气温度在 20 ~ 230 ℃时,催化转化器还没有完全起燃。此时,催化剂起的作用不大,排气管中的两个反应同时进行,一个是甲醇氧化生成甲醛,另一个是甲醛被消耗掉,如果甲醛消耗的速率大于生成甲醛的速率,则排气中的甲醛会减少;反之,甲醛增加。

若排气温度升高(280～300 ℃),催化后以上各反应都可能进行,在催化剂(Pd、Pt)作用下不仅可以消耗掉甲醛,同时还可能通过氧化反应生成甲醛。当生成甲醛的速率小于甲醛消耗的速率时,催化处理后尾气中甲醛减少;反之,催化后甲醛增加。

若排气温度为300～400 ℃时,生成的甲醛大于消耗的甲醛,因而催化后甲醛比催化前增加;当排气温度达到410 ℃后,此时甲醇被直接氧化成 H_2O 和 CO_2,而甲醛也被氧化掉,故催化后甲醛减少。

综上所述,催化转化器对于甲醛具有双重作用,可能会消除甲醛也可能会增加甲醛,其转化效果与排气温度密切相关。要想有效降低尾气中的甲醛含量,需要对氧化催化器的催化剂配方、使用温度以及安装距离进行试验和选择。

柴油/甲醇二元燃料燃烧发动机的甲醛排放量随着替代率的增加而增加。双 DOC 表现出了对甲醛十分好的催化效果,不同替代率下经其催化后排气中的甲醛均几乎为零。DOC + POC 对甲醛的催化效果虽然不如双 DOC,但不同替代率下的甲醛排放也维持在一个相对低的水平。

DOC 本身是一个氧化器,在含有贵金属的特殊化学涂层的催化作用以及合适的使用温度下,可以使尾气中的甲醛氧化,排放降低。POC 也属于氧化催化转化器的范畴。POC 与 DOC 配合使用可以使尾气中甲醛得到进一步的氧化,在 DOC 和 POC 的双重氧化作用下,经过 DOC + POC 组合后,甲醛比排放量已经很低。而经双 DOC 的催化氧化后,基本上可以完全消除柴油/甲醇二元燃料燃烧发动机排气中的甲醛。

2. 后处理技术对烟度的影响

图7－34所示是柴油/甲醇二元燃料燃烧加简单后处理装置对烟度旳影响。不同替代率下,不论采用双 DOC 还是 DOC + POC 的后处理方式,不透光烟度和干炭烟烟度与催化前相比都有不同程度的下降。

不同替代率下,经双 DOC 催化后不透光烟度与催化前相比均有明显的下降。在0、15%、30%、45%和60%替代率下,不透光烟度的降幅分别为61.9%、69.9%、76%、91.4%和89%。可见,在替代率为45%时,不透光烟度下降幅度最大,达到了91.4%。而经 DOC + POC 催化后,不透光烟度的下降比双 DOC 催化后下降得不明显。在0、15%、30%、45%和60%替代率下,不透光烟度的降幅分别为36.7%、36.56%、53.8%、66.6%和58.8%。可见,不透光烟度下降幅度最大的是在45%替代率时,达到了66.6%。

不同替代率下,经双 DOC 催化后和经 DOC + POC 催化后在零替代率时,即燃用纯柴油的情况下干炭烟烟度排放相差较大,而在其他替代率下,二者的干炭烟烟度排放都相差不大。零替代率时,DOC + POC 装置降低干炭烟烟度排放的效果比双 DOC 装置好,前者较催化前降低了29.4%,后者则降低了17%。

3. 后处理技术对微粒排放的影响

微粒 PM 是柴油机最重要的有害排放物,也是其排放控制的重点。下面从数量浓度和质量浓度两个方面来分析简单后处理对微粒排放的影响。图7－35和图7－36中所说的简单后处理均指 DOC + POC 方式。

图7－35所示是不同替代率下催化前与加简单后处理装置后微粒数量浓度变化曲线。

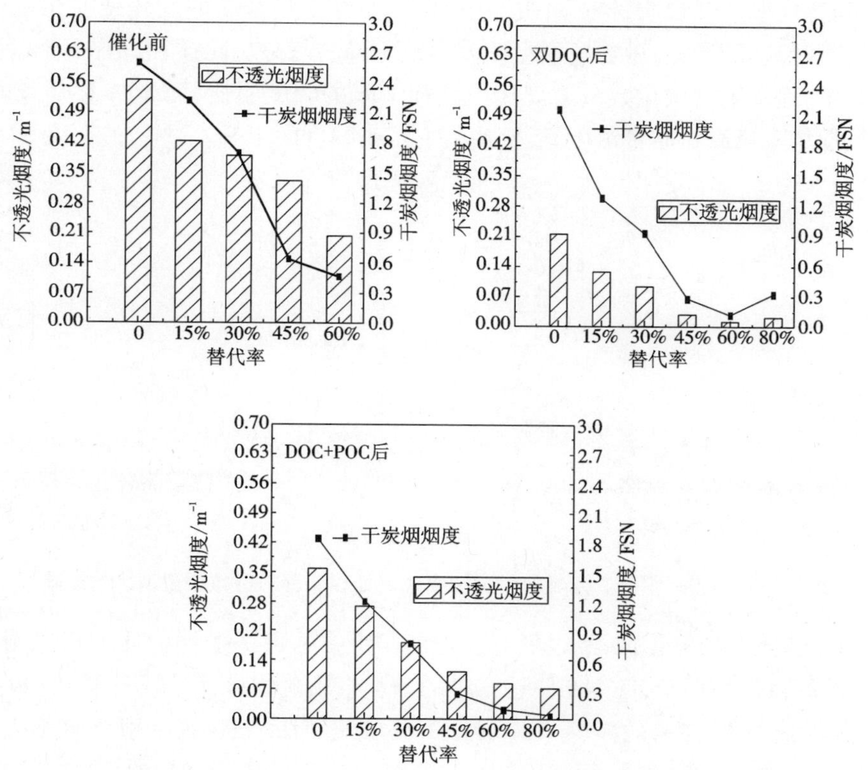

图 7－34　柴油/甲醇二元燃料燃烧加简单后处理装置对烟度的影响

在催化前，微粒总的数量浓度随着甲醇替代率的增加而减少。加了 DOC + POC 的后处理装置后，不同替代率下微粒数量浓度都有不同程度的下降。其中，下降最明显的是 15%、30% 替代率时，其他替代率的微粒数量浓度也有下降，但是下降程度都不太明显。而出乎意料的是，在加后处理装置后，80% 替代率下的微粒数量浓度与其他替代率相比是最高的，后处理装置对其所起的催化作用十分有限。

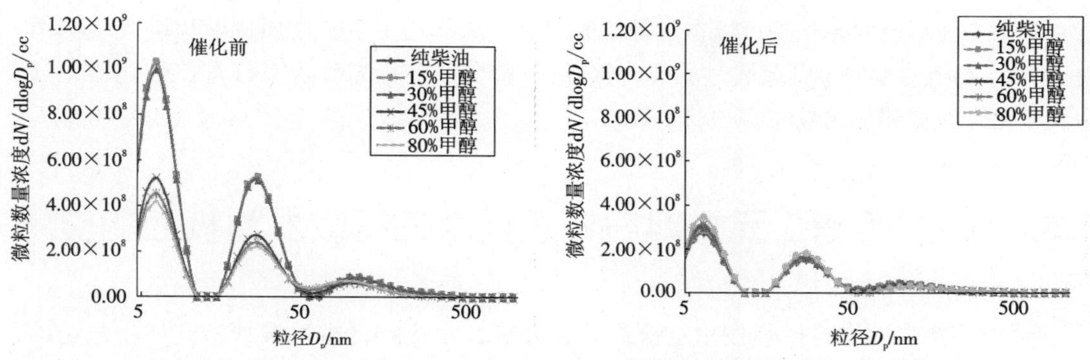

图 7－35　柴油/甲醇二元燃料燃烧加简单后处理装置后微粒数量浓度的变化

图 7－36 则为不同替代率下催化前与加简单后处理装置后微粒质量浓度变化曲线。在

该图中,不同替代率下微粒质量浓度的变化程度与微粒数量浓度的变化程度相似。在催化前,随着甲醇替代率的增加,微粒的质量浓度也呈下降的趋势。同样,也是在15%和30%替代率时,加后处理装置后微粒数量浓度比催化前下降的幅度明显;而80%替代率时加后处理装置不但没能降低微粒质量浓度,反而使其有了小幅度的上升。

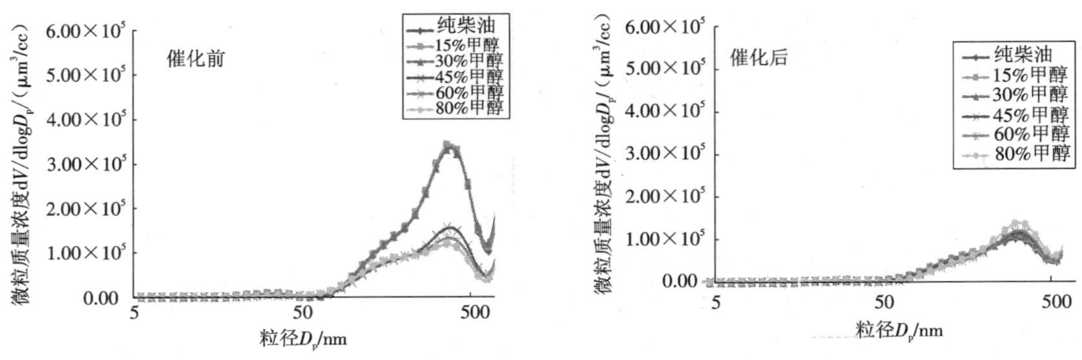

图 7-36 柴油/甲醇二元燃料燃烧加简单后处理装置对微粒质量浓度的影响

DOC通过载体上的催化剂,经过氧化反应将PM中的可挥发性物质SOF去除,以达到减少PM排放的目的。但DOC也能使尾气中的SO_2生成硫酸盐,增加PM排放,致使排放恶化。所以,为保证DOC能有效减少PM的排放,要求使用低硫柴油(一般含硫不大于500×10^{-6})。目前,国内有些柴油机厂商已试验并通过350×10^{-6}含硫量燃油500 h耐久性试验。但是DOC转化效率有限,因此对发动机原排放水平要求较高,即发动机原始排出的废气中PM含量不能太高,且发动机排量不能太大(一般不大于8 L),否则实际使用效果非常有限。

发动机尾气经过DOC+POC组合后,不同替代率下PM排放量明显降低。尾气中气态的SO_2可以直接排出,固态的SO_3、SO_4一部分附着在炭颗粒物上,不直接附着在涂层上,其中的O离子和C结合,在涂层的帮助下,生成CO_2,随尾气排出,重新还原成的SO_2也随尾气排出;另一部分SO_x直接附着在涂层上,与涂层中的贵金属Pt和Pd结合生成$PtSO_4$和$PdSO_4$等物质。但是Pt和SO_4之间的键能比Pd和SO_4之间的键能低很多,易断裂,因此附着在涂层表面形成的硫化物可以在炭颗粒的氧化反应作用下重新还原成SO_2随废气排出。由于POC在结构上属于开放式过滤催化器,另一部分SO_x固态物也直接排出催化器,从而达到净化硫酸盐和氧化颗粒物的双重效果。

7.5 柴油/甲醇二元燃料后处理技术在重载发动机上的应用

柴油/甲醇二元燃料燃烧技术结合简单后处理技术对降低重载柴油机气体排放(HC、CO、NO_x和HCHO)和微粒排放(烟度排放和微粒数量浓度以及质量浓度)有着十分显著的效果,这种技术路线在重载柴油机上已经得到了较为广泛的应用(详见第9章)。在潍柴WP10高压共轨柴油机上达到了国Ⅲ排放法规要求,在重汽D10高压共轨柴油机上达到了国Ⅳ排放法规要求，在今后的研究工作中，通过结合 EGR 技术并提高甲醇对柴油的替代率，有望达到国Ⅴ排放法规的要求。由于柴油/甲醇二元燃料燃烧系统不需要尿素辅助，其排放就可满足国家法规的要求。下面介绍柴油/甲醇二元燃料燃烧技术结合简单后处理技术应用于重载柴油机，通过中国汽车研究中心国Ⅲ和国Ⅳ排放法规认证情况。

1. 潍柴的国Ⅲ排放

试验所用发动机为潍柴 WP10.336(SQHM)发动机，发动机基本参数如表 7-5 所示。

表 7-5　试验发动机基本参数

规格型号	WP10.336(SQHM)	最大净转速/(r/min)	2 200
排量/L	9.726	气缸排列形式	直列
进气方式	增压中冷	容积压缩比	17:1
缸数-缸径/mm	6-126	供油系统形式	高压共轨
行程/mm	130	冷却方式	水冷
额定功率/kW	247	怠速转速/(r/min)	600
额定转速/(r/min)	2 200	最大扭矩/(N·m)	1 250
最大净功率/kW	245	最大转速/(r/min)	1 200～1 600

检测结果如图 7-37 所示。

ESC 和瞬态负荷响应(ELR)试验检测结果：柴油/甲醇二元燃料燃烧和纯柴油燃烧 CO 排放都为 0，低于国Ⅲ排放标准限值 2.1 g/(kW·h)；HC 排放分别为 0.038 g/(kW·h)和 0.044 g/(kW·h)，低于国Ⅲ排放标准限值 0.66 g/(kW·h)；NO_x 排放分别为 4.68 g/(kW·h)和 4.35 g/(kW·h)，低于国Ⅲ排放标准限值 5.0 g/(kW·h)；PM 排放分别为 0.078 g/(kW·h)和 0.036 g/(kW·h)，低于国Ⅲ排放标准限值 0.10 g/(kW·h)；烟度排放分别为0.33 m^{-1}和 0.28 m^{-1}，低于国Ⅲ排放标准限值 0.8 m^{-1}。甲醛试验检测结果为 24.1 mg/(kW·h)，低于标准限值 25 mg/(kW·h)；甲醛供应管路防腐蚀性试验检测结果，质量变化为 2.5%，低于标准限值 5%，体积变化为 4.2%，低于标准限值 15%，力学性能变化(拉伸)为 6.1%，低于标准限值 10%。后处理装置 DOC 经过 500 h 耐久试验，催化转化性能良好。

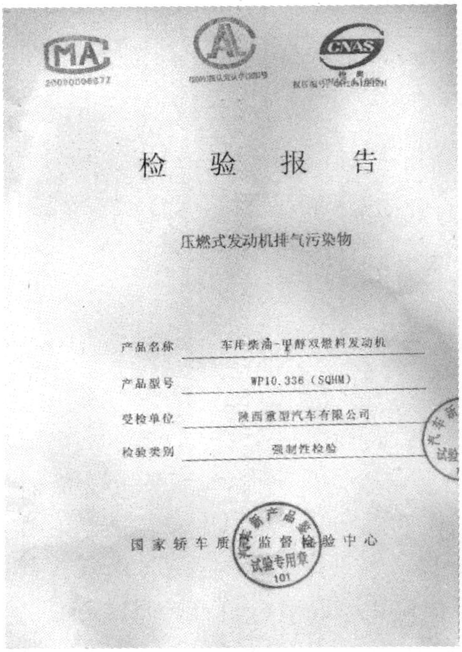

检 验 报 告

压燃式发动机排气污染物

产品名称 车用柴油-甲醇双燃料发动机

产品型号 WP10.336 (SQHM)

受检单位 陕西重型汽车有限公司

检验类别 强制性检验

国家轿车质量监督检验中心

国家轿车质量 报告编号:QA12051ZE1291

监督检验中心

检 验 报 告

共 4 页 第 2 页

一、检验结果

1. ESC 和 ELR 试验

检验项目	标准限值	检验结果		符合性判定
		二元燃料	柴油	
CO/[g/(kW·h)]	2.1	0.00	0.00	符合
HC/[g/(kW·h)]	0.66	0.038	0.044	
NO_x/[g/(kW·h)]	5.0	4.68	4.35	
PM/[g/(kW·h)]	0.10	0.078	0.036	
烟度/(m^{-1})	0.8	0.33	0.28	

2. 控制区 NO_2 检查

标准要求	检验结果						符合性判定
	转速/(r/min)		扭矩/(N·m)		NO_2 比排放量的比值/%		
	二元燃料	柴油	二元燃料	柴油	二元燃料	柴油	
在 ESC 试验控制范围内的随机检查点测得的 NO_2 的比质量不得超出相邻试验工况内插值的 10%	1 500	1 500	445.5	447.1	-9.78	-12.02	符合
	1 700	1 850	700.6	702.1	7.47	4.69	
	1 600	1 600	959.9	961.9	0.64	2.38	

3. 任意选取转速(D)点下的 ELR 试验

标准要求	检验结果					符合性判定
	燃料	转速/(r/min)	平均烟度值/(m^{-1})	相邻转速最大烟度值的 120%	限值的 105%	
ELR 任何试验转速下的烟度值不允许超出两个相邻试验转速下最大烟度值的 20%,或者不允许超过限值的 5%,取其较大者	二元燃料	1 499	0.433	0.475	0.84	符合
	柴油	1 499	0.329	0.397	0.84	

4. 甲醛试验

检验项目	标准限值	检验结果	符合性判定
甲醛[mg/(kW·h)]	≤25	24.1	符合

5. 甲醛供应管路防腐蚀性试验

检验项目	标准限值	检验结果	符合性判定
质量变化	≤5%	2.5%	符合
体积变化	≤15%	4.2%	
力学性能变化(拉伸)	≤10%	6.1%	

图 7-37 潍柴 WP10 发动机采用柴油/甲醇二元燃料燃烧技术路线通过国Ⅲ排放法规认证报告

2. 重汽的国Ⅳ排放

试验所用发动机为重汽 D10. 31 －40M 发动机，发动机基本参数如表 7 －6 所示。

表 7 －6　试验发动机基本参数

规格型号	D10. 31 －40M	额定转速/(r/min)	1 900
排量/L	9. 726	气缸排列形式	直列
进气方式	增压中冷	容积压缩比	17. 5∶1
缸数－缸径/mm	6－126	供油系统形式	高压共轨
行程/mm	130	冷却方式	液冷
额定功率/kW	228	怠速转速/(r/min)	650
额定转速/(r/min)	1 900	最大扭矩/(N·m)	1 390
最大净功率/kW	226	最大转速/(r/min)	1 200 ~1 500

检测结果如图 7 －38 所示。

ESC 和 ELR 试验检测结果：柴油/甲醇二元燃料燃烧 CO 排放为 0. 10 g/(kW·h)，低于国Ⅳ排放标准限值 1. 5 g/(kW·h)；HC 排放为 0. 048 g/(kW·h)，低于国Ⅳ排放标准限值 0. 46 g/(kW·h)；NO_x 排放为 3. 20 g/(kW·h)，低于国Ⅳ排放标准限值 3. 5 g/(kW·h)；PM 排放为 0. 015 g/(kW·h)，低于国Ⅳ排放标准限值 0. 02 g/(kW·h)；烟度排放为 0. 12 m^{-1}，低于国Ⅳ排放标准限值 0. 5 m^{-1}。甲醛试验检测结果为 24. 2 mg/(kW·h)，低于标准限值 25 mg/(kW·h)。瞬态排放检测循环(European Transient Cycle, ETC)试验检测结果柴油/甲醇二元燃料燃烧 CO 排放为 0. 05 g/(kW·h)，低于国Ⅳ排放法规标准限值 4. 0 g/(kW·h)；总碳氢(THC)排放为 0，低于国Ⅳ排放法规标准限值 0. 55 g/(kW·h)；NO_x 排放为 3. 15 g/(kW·h)，低于国Ⅳ排放法规标准限值 3. 5 g/(kW·h)；PM 排放为 0. 025 g/(kW·h)，低于国Ⅳ排放法规标准限值 0. 03 g/(kW·h)。甲醛供应管路防腐蚀性试验检测结果，质量变化为 2. 1%，低于标准限值 5%，体积变化为 4. 8%，低于标准限值 15%，力学性能变化(拉伸)为 6. 0%，低于标准限值 10%。后处理装置 DOC + POC 经过 500 h 耐久试验，催化转化性能良好。

20120000672　　CNAS L1635

检　验　报　告

压燃式发动机排气污染物

产品名称　混合燃料发动机

产品型号　D10.31-40M

受检单位　中国重型汽车集团有限公司

检验类别　强制性检验

国家轿车质量监督检验中心

国家轿车质量　　报告编号:QA12051ZE1291

检　验　报　告

监督检验中心　　共 4 页 第 2 页

一、检验结果

1 ESC 和 ELR 试验

检验项目	标 准 限 值	检 验 结 果	符合性判定
CO/[g/(kW·h)]	1.5	0.10	符合
HC/[g/(kW·)]	0.46	0.048	
NO_x/[g/(kW·h)]	3.5	3.20	
PM/[g/(kW·h)]	0.02	0.015	
烟度/(m^{-1})	0.5	0.12	

2 控制区 NO_x 检查

标准要求	检验结果			符合性判定
	转速/(r/min)	扭矩/(N·m)	NO_x 比排放量的比值/%	
在 ESC 试验控制范围内的随机检查点测得的 NO_x 的比质量不得超过相邻试验工况内插值的10%	1 550	706.70	2.27	符合
	1 550	946.20	0.46	
	1 690	600.40	5.49	

3 任意选取转速(D)点下的 ELR 试验

标准要求	检验结果				符合性判定
ELR 任何试验转速下的烟度值不允许超出两个相邻试验转速下最大烟度值的 20%，或者不允许超过限值的 5%，取其较大者	转速/(r/min)	平均烟度值/(m^{-1})	相邻转速最大烟度值的120%	限值的105%	符合性判定
	1 600	0.090	0.160	0.626	符合

4 ETC 试验

检验项目	标准限值	检验结果	符合性判定
CO/[g/(kW·h)]	4.0	0.05	符合
THC/[g/(kW·h)]	0.55	0.000	
NO_x/[g/(kW·h)]	3.5	3.15	
FM/[g/(kW·h)]	0.03	0.025	

5 甲醛供应管路防腐蚀性试验

检 验 项 目	标 准 限 值	检 验 结 果	符合性判定
甲醛/[mg/(kW·h)]	≤25	24.2	符合

6 甲醛供应管路防腐蚀性试验

检 验 项 目	标 准 限 值	检 验 结 果	符合性判定
质量变化	≤5%	2.1%	符合
体积变化	≤15%	4.8%	
力学性能变化(拉伸)	≤10%	6.0%	

图 7－38　重汽 D10 发动机采用柴油/甲醇二元燃料燃烧技术路线通过国Ⅳ排放法规认证报告

7.6　本章小结

本章主要介绍了柴油/甲醇和柴油/乙醇二元燃料燃烧技术对发动机排放的影响，重点阐明二元燃料燃烧技术只需结合简单后处理技术就可较大幅度降低发动机有害排放物，包括常规气体排放（HC、CO、NO_x）和非常规气体排放（甲醛、乙醛）以及烟度排放和微粒排放。柴油/甲醇二元燃料燃烧技术结合简单后处理技术现已分别在潍柴重载柴油机和重汽重载柴油机上实现了国Ⅲ和国Ⅳ排放法规要求，在接下来的研究工作中，通过结合 EGR 技术以及提高甲醇对柴油的替代率，柴油/甲醇二元燃料燃烧技术加简单后处理有望达到国Ⅴ排放法规要求。柴油/甲醇和柴油/乙醇二元燃料燃烧技术结合简单后处理技术对发动机有害排放物的降低有很大的作用，具体结论如下。

①对常规气体排放的影响。柴油/甲醇和柴油/乙醇二元燃料燃烧技术能够有效地降低发动机 NO_x 排放，ESC 和 ELR 试验结果仅为 3.2 g/(kW·h)，低于国Ⅳ排放法规限值 3.5 g/(kW·h)，通过提高替代率和结合 EGR 技术有望达到国Ⅴ排放；二元燃料燃烧技术在未加简单后处理装置时发动机 HC 和 CO 排放有一定程度的增加，但结合简单后处理技术后，HC 和 CO 排放有大幅降低，ESC 和 ELR 试验结果分别为 0.048 g/(kW·h) 和 0.10 g/(kW·h)，远低于国Ⅳ排放法规限值 0.46 g/(kW·h) 和 1.5 g/(kW·h)，而国Ⅴ排放法规 HC 和 CO 限值与国Ⅳ相同，因此对实现国Ⅴ排放有较大的潜力。

②对非常规气体排放的影响。二元燃料燃烧技术在未加简单后处理装置时发动机非常规排放甲醛和乙醛有较大幅度的增加，但结合简单后处理技术后，甲醛和乙醛排放有大幅度降低，且降低幅度随着排气温度的升高而加大，在重载柴油机常用工况下基本可实现零排放。

③对烟度排放的影响。二元燃料燃烧技术能够有效降低发动机烟度排放，ESC 和 ELR 试验结果仅为 0.12 m^{-1}，远低于国Ⅳ排放法规限值 0.5 m^{-1}，而国Ⅴ排放法规烟度限值和国Ⅳ排放法规限值相同，因此采用二元燃料燃烧技术并结合简单后处理技术达到国Ⅴ排放法规要求具有良好的前景。

④对微粒排放的影响。二元燃料燃烧技术能够有效降低发动机微粒排放，包括微粒的总数量浓度和质量浓度，ESC 和 ELR 试验的 PM 结果为 0.015 g/(kW·h)，低于国Ⅳ排放法规限值 0.02 g/(kW·h)，而国Ⅴ排放法规 PM 限值与国Ⅳ相同，因此二元燃料燃烧技术结合简单后处理技术有望达到国Ⅴ排放法规要求。

⑤不同的检测方法对发动机甲醛排放测量存在差异。由于不同的检测方法具有不同的检测原理、标定方法以及发动机排气中多种气体组分的干扰，不同检测方法对发动机甲醛排放检测得到不同的结果。傅里叶红外光谱分析法（FTIR）具有能够在线实时检测、检测范围广、操作方便等优点，但易受到发动机排气中 H_2O、CO 等物质的干扰；而气相色谱法和液相色谱法具有检测精度高、响应好、误差小和不易受到其他物质干扰等优点，但只能离线检测，检测周期长，操作较为复杂，对发动机台架试验多变工况的特点不具有良好的适应性，因此对适用于发动机尾气中甲醛排放的检测方法还需进一步的探索和研究。

综上所述,柴油/甲醇和柴油/乙醇二元燃料燃烧技术结合简单后处理技术能够有效地降低发动机有害排放,是与欧洲施行的 SCR 路线以及美国施行的 EGR + DPF 路线所不同的新的技术路线,它在解决我国能源供需紧张的同时,还能有效地降低发动机有害排放,减少发动机对环境的污染,缓解雾霾天气对人们生活和健康的影响,对于降低发动机有害排放和替代传统石油燃料是一条适合我国国情和利国利民的新途径。

7.7 参考文献

[1] SIMONSEN H, CHOMIAK J. Testing and evaluation of ignition improvers for ethanol in a DI diesel engine[J]. SAE Transactions, 1996, 104: 1861 – 1872.

[2] SATGE DE CARO P, MOULOUNGUI Z, VAITILINGOM G, et al. Interest of combining an additive with diesel-ethanol blends for use in diesel engines[J]. Fuel, 2001, 80(4): 565 – 574.

[3] MERRITT P M, ULMET V, MCCORMICK R L, et al. Regulated and unregulated exhaust emissions comparison for three tier II non-road diesel engines operating on ethanol diesel blends[C]. SAE Paper, 2005: 2133 – 2139.

[4] CORKWELL K C, JACKSON M M, DALY D T. Review of exhaust emissions of compression ignition engines operating on E diesel fuel blends[J]. SAE Transactions, 2003, 112(4): 2638 – 2651.

[5] 李晶平,陆慧宁,鲁统部. 甲醛毒性及其常用检测方法[J]. 广州化工,2006,34(1):51 – 53.

[6] 金米聪. 微量甲醛检测研究进展[J]. 中国公共卫生,2003,19(1):101 – 102.

[7] 柏林洋,李方实. 微量甲醛检测方法的研究进展[J]. 化工时刊,2005,19(5):58 – 61.

[8] 洪家敏. 甲醛污染的危害及检测方法研究进展综述[J]. 安徽预防医学杂志,2007,13(1):44 – 47.

[9] 陈焕文,郑健,李明,等. 甲醛监测方法及仪器[J]. 分析化学,2004,32(7):969 – 972.

[10] SAKAI T, TANAKA S, TESHIMA N, et al. Fluorimetric flow injection analysis of trace amount of formaldehyde in environmental atmosphere with 5, 5 dimethylcyclohexane 1, 3 dione[J]. Talanta, 2002, 58(6): 1271 – 1278.

[11] SAKAI T, NAGASAWA H, NISHIKAWA H. Fluorimetric flow-injection analysis of total amounts of aldehydes in auto exhaust gas and thermal degradation emission gas with cyclohexane-1, 3-dione[J]. Talanta, 1996, 43(6): 859 – 865.

[12] 潘奎润,赵瑞兰. 甲醇在二冲程点燃式内燃机中的应用研究[J]. 内燃机学报,1983,1(3):31 – 40.

[13] 周泽兴,何占元,雷鹏举,等. 甲醇类燃料汽车排气催化净化研究——催化剂的制备和活性评价[J]. 环境化学,1984,3(4):11 – 16.

[14] 周泽兴,雷鹏举,潘奎润,等. 甲醇类燃料发动机排气催化净化——四冲程机的台架试验结果[J]. 内燃机学报,1987,5(1):94 – 99.

[15] 何邦全,王建昕,郝吉明,等. 乙醇 – 汽油燃料电喷汽油机的排放及催化性能[J]. 内燃

机学报,2002,20(6):529－533.

[16]何邦全.废气再循环对柴油机燃烧过程影响的研究[D].天津:天津大学,2001.

[17]魏晓兵,范国梁,宋崇林,等.醇类燃料汽车主要非常规排放物的分离测定[J].色谱,2005,23(3):324.

[18]宋崇林,董素荣,赵昌普,等.MTBE/汽油对电喷汽油机非常规污染物排放特性的影响[J].内燃机学报,2005,23:399－403.

[19]张仲荣.气相色谱应用于尾气排放的分析技术研究[D].天津:天津大学,2006.

[20]汪洋,王雪雁,蒋宁涛,等.甲醇发动机的性能研究[J].燃烧科学与技术,2006,12(5):390－393.

[21]赵瑞芬,周颖超,宋崇林,等.内燃机排气中醛、酮污染物的测定[J].环境化学,2007,26(6):841－844.

[22]龚彩荣,宋崇林,黄齐飞,等.2,4－二硝基苯肼衍生反应法测量醇类燃料发动机醛类排放物的研究[J].燃烧科学与技术,2007,13(1):15－19.

[23]姚春德,彭红梅,刘义亭,等.氧化催化转化器对甲醇压燃尾气中甲醛排放的影响[J].环境科学学报,2008,28(6):1047－1051.

[24]姚春德,彭红梅,刘义亭,等.柴油/甲醇组合燃烧尾气中甲醛排放特性研究[J].内燃机学报,2008,26(3):233－237.

[25]姚春德,彭红梅,黄钰,等.柴油/甲醇组合燃烧尾气中甲醛的检测[J].环境科学学报,2008,28(2):289－293.

[26]姚春德,程传辉,段峰.柴油/甲醇组合燃烧对增压发动机排放特性的影响[J].内燃机学报,2005,23(2):119－123.

[27]张煜盛,郎静,莫春兰,等.二甲醚发动机非常规污染物排放特性研究[J].内燃机学报,2008,26(1):36－42.

[28]葛蕴珊,尤可为,王军方,等.甲醇类燃料汽车的排放特性研究[J].北京理工大学学报,2008,28(4):314－318.

[29]刘生全,马志义,刘丹丹,等.含醇类燃料非常规排放污染物甲醛的实验研究[J].汽车工程,2008,30(9):775－778.

[30]张辉,李君,王立军,等.甲醇汽油发动机甲醛排放的测量与分析[J].吉林大学学报:工学版,2008,38(1):32－36.

[31]刘圣华,魏衍举,吕胜春,等.乙醇汽油发动机排放特性研究[J].西安交通大学学报,2006,40(7):745－747.

[32]刘圣华,李晖,吕胜春,等.甲醇－汽油混合燃料对汽油机性能和排放的影响[J].西安交通大学学报,2006,40(1):1－4.

[33]魏衍举,刘杰,朱赞,等.甲醇汽油发动机甲醛排放快速检测方法研究[J].内燃机学报,2008,26(6):533－537.

[34]彭红梅.掺醇类燃料发动机尾气中甲醛检测方法及其排放特性的研究[D].天津:天津大学,2008.

第 8 章　柴油/甲醇二元燃料燃烧的控制方法

柴油/甲醇二元燃料燃烧时甲醇的喷入时刻和喷入量必须根据二元燃料的燃烧、排放特性以及发动机运行的需要严格加以控制。车用发动机相对于发电机、船舶等动力装置而言,其运行工作瞬时变化,且最为复杂,通常以速度和负荷构成的二维平面来描述。因此,对于柴油/甲醇二元燃料燃烧的控制必须做到适时、适量、准确、快速。多年来,尽管甲醇和柴油二元燃料的燃烧方式的优点被大家认同,但是迄今尚未得到广泛应用,其燃烧控制的难度是重要原因之一。所幸的是,20 世纪中叶兴起的电子控制技术在 21 世纪得到极大的发展,控制理论的成熟和控制元件的大量生产为柴油/甲醇二元燃料这种复杂燃烧方式提供了强有力的支持。本章就柴油/甲醇二元燃料的燃烧、排放以及实际运行控制加以介绍。

柴油/甲醇二元燃料燃烧系统电控管理系统的基本组成零部件有电子控制单元(Electronic Controlled Unit, ECU)、点火钥匙开关、油门位置传感器、转速传感器、冷却水温度传感器、甲醇液位计、6 个甲醇喷射电磁阀、电动甲醇泵和指示灯。其在发动机上的布置如图 8 -1柴油/甲醇二元燃料控制系统所示。

在总结了前期工作的基础上,选取了专门为汽车电子行业开发的飞思卡尔公司生产的 16 位微处理器作为组合燃烧发动机电控系统控制芯片。并且对控制策略进行了优化,即采用油门位置、发动机转速和冷却水温等多参数控制方式,对柴油/甲醇二元燃料燃烧系统发动机工况进行了详细的界定,还针对不同工况提出了不同的控制模式。

8.1　硬件资源

电控系统的硬件是实现组合燃烧的基础平台,硬件系统的可靠性能对柴油/甲醇二元燃料燃烧系统的性能起着至关重要的作用。柴油/甲醇二元燃料燃烧系统的电控管理系统硬件部分主要包括传感器部分、功率驱动以及通信模块。传感器部分主要包括发动机曲轴信号传感器、凸轮轴信号传感器、油门控制手柄位置传感器、冷却水温传感器和甲醇液位传感器。功率驱动部件主要有甲醇喷射电磁阀和甲醇泵。

8.1.1　传感器

传感器是自动控制系统的基本要素,对于柴油/甲醇二元燃料燃烧系统尤其如此。传感器的基本功能是将外界的物理信号转变为电信号输入控制器。对于柴油/甲醇二元燃料燃烧控制来说,针对不同的工况状态,会有不同的控制策略。要实现对柴油/甲醇二元燃料燃烧的完美控制,必须先让控制系统掌握基本工况描述的参数数据。这些数据有些是通过各种传感器提供的原始数据和根据这些原始数据加工后生成的二次数据。这些描述工况的参数数据是实现不同工况控制的依据。本节是结合各种传感器在柴油/甲醇二元燃料燃

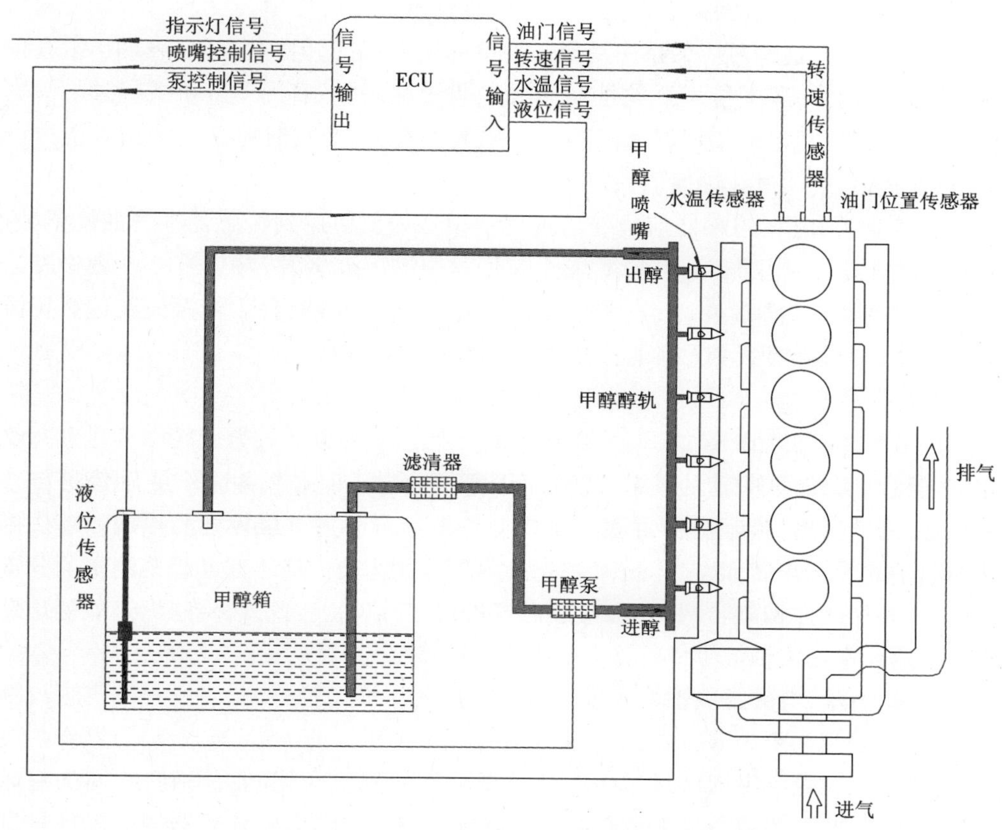

图 8－1　柴油/甲醇二元燃料控制系统

烧控制的实际作用，从基本性能开始介绍各传感器的性能特点。以便了解柴油/甲醇二元燃料燃烧的控制特点。

传感器是 ECU 感知发动机处于什么工作状况的感知信息部件，是柴油/甲醇二元燃料燃烧电控系统的重要组成部分。柴油/甲醇二元燃料燃烧系统用传感器要求其必须要在恶劣工作环境下能够可靠稳定地工作。发动机用传感器主要有模拟量传感器和数字量传感器两类。针对不同信号类型的传感器必须设计不同的处理电路。柴油/甲醇二元燃料燃烧系统需要用到的传感器有发动机凸轮轴信号传感器、发动机曲轴信号传感器、油门控制手柄位置信号传感器和冷却水温度传感器等。

凸轮轴信号和曲轴信号的采集均使用了模拟信号输出形式的传感器，通过调理电路对其进行滤波、整形，使信号达到微处理器可靠识别的程度。然后通过处理器的 TPU 模块输入捕捉功能对曲轴和凸轮轴信号进行采样，获得发动机转速和一缸上止点信号。油门控制手柄位置信号传感器采用了滑片变阻器形式的传感器，将油门手柄的转动量转化成电阻值的变化。冷却水温度传感器采用了热电阻形式传感器，将冷却水温度的变化转化成电阻值的变化。这两路信号均为无源信号。因此，需要电源模块给传感器供电，将电阻值的变化转化成电压的变化。调理电路将采集到的电压进行滤波、放大和抗干扰处理后送入微处理器的 A/D 转换模块，从而获得发动机负荷和冷却水温信号。

对于各类温度、压力、位移等传感器，都存在传感器输出电压值与受测物理量相对应的关系。有的传感器在这种对应关系中呈现出简单的线性特征，但也有的会表现出复杂的非线性量值关系。例如，温度传感器的性能曲线是非线性的，不适用于解析式描述。只有通过对传感器的试验，制定出一定温度间隔密度的数据表格，使用时对于两个试验点之间的温度对应电阻值还可通过线性插值获得。

由以上信息可知，在传感器信号处理过程中很多需要应用到传感器本身的性能数据，这类表格往往在柴油/甲醇二元燃料燃烧控制过程中需要许多种，常见有一维表格和二维表格。由于控制器一般都是单片机，因此其处理能力往往也很有限。为保证其运算资源能做更多的工作，一般需要减少无谓的重复计算工作[1-4]。

1. 曲轴信号传感器

曲轴信号传感器的功能是给 ECU 提供发动机转速信号，并且配合凸轮轴信号对每缸压缩上止点进行判断，计算曲轴的齿数，以确定甲醇的喷射正时和喷射量。曲轴信号传感器在控制燃烧、降低排放、保障柴油/甲醇二元燃料稳定运行中占有最重要的作用。其作用是实时判断曲轴的瞬态位置，以满足 ECU 决定喷嘴工作的需要。对于四冲程柴油机的分组喷射策略，由于每循环曲轴旋转两周，ECU 还需要进行气缸识别。此外，传感器还能确定发动机的瞬态转速。常用曲轴信号传感器有电磁式、霍尔效应式等类型。

如图 8 -2 所示，电磁式曲轴信号传感器安装在发动机飞轮壳上，与发动机飞轮齿圈上的齿垂直对应，安装间距为 1.5 mm。飞轮在其外圆上加工了若干齿，当发动机运转时，飞轮与曲轴同步旋转，飞轮的齿依次通过磁头使得磁隙不断发生变化，通过感应线圈的磁通也不断发生变化，因此在线圈中产生了交变的感应电动势。曲轴信号传感器的输出信号见图 8 -3。直接从传感器输出的信号并不能被微处理器识别使用，必须通过处理电路的滤波和转换将模拟信号转换成数字信号，转换后的曲轴信号如图 8 -4 所示。

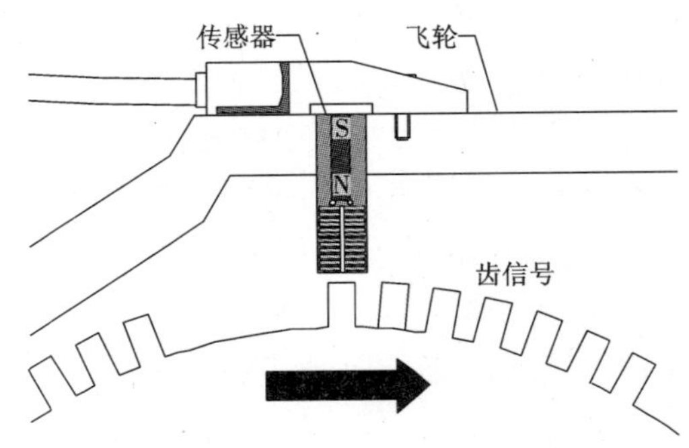

图 8 -2 曲轴信号传感器

图 8 -3 曲轴信号传感器输出信号

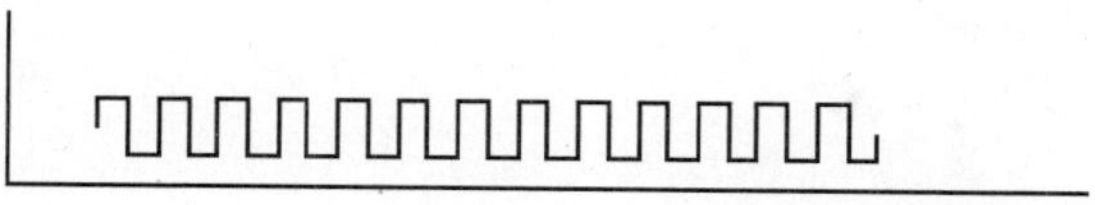

图8-4 转化后的曲轴信号

为了让ECU能准确判断曲轴的位置，还需要在飞轮上对应某一缸的上止点设置一个空缺齿。也就是说，如果发动机曲轴有120个齿，那么在发动机曲轴转动2圈时，ECU将接收到240个曲轴转角信号，其频率等于飞轮的齿数与转速的乘积，即

$$f=\frac{zn}{60} \tag{8-1}$$

如此可以根据1 min内的脉冲信号数计算出发动机的转速，并根据缺齿的信号判断出某缸的基准脉冲信号。这种磁感应式传感器的优点是不需要外加任何电源，永久磁铁将机械能转化为电能，只要磁性还在，传感器就能使用。当发动机转速变化时，飞轮凸齿转动的速度将发生变化，铁芯中心的磁通变化率也会发生变化。

曲轴信号调理电路如图8-5所示。整个信号调理电路由运算放大器LM224构成的两级电压比较器和一个阻容滤波环节组成。工作原理是：第一级电压比较器的门限电位由R_{11}和R_{12}设定，其值为R_{12}上的分压值，其电位设置比较低，以保证测到低速时的信号波形；第二级电压和RC积分电路参数的选择用来满足电路的抗干扰要求。为了进一步提高可靠性，增强抗干扰能力及进行电平转换，该信号不直接输入MPC563的TPU通道，而是经过光耦变成脉冲信号后进入MC9S12DP256的TPU捕捉口。

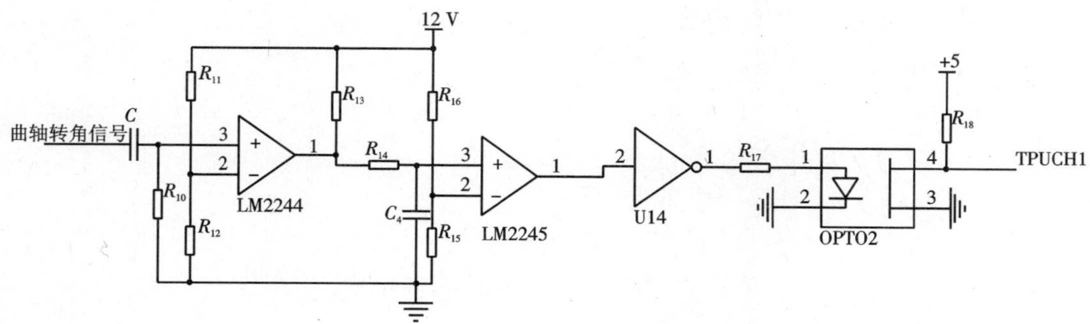

图8-5 曲轴信号调理电路

2. 凸轮轴信号传感器

凸轮轴信号传感器一般采用霍尔元件的居多，主要是因为霍尔元件低频工作特性比磁电式传感器好。与曲轴信号传感器类似，凸轮轴上也需要设置信号齿。这种信号齿根据实际结构，有时设置在配气凸轮轴上，有时设置在燃油泵凸轮轴上。与飞轮尺寸相比，信号凸轮的尺寸比较小，具体结构如图8-6所示。

从图8-6中可见，这种信号凸轮的齿只是一些凹槽。6缸机信号的凹槽一般只是沿圆周分布的6个凹槽，其中两个凹槽间距离前一凹槽1/4间距处也加工了一个凹槽，这一凹槽称为多齿。多齿与缺齿类似，也是为了确定齿计数的始点，一般将多齿后的第一齿编为1号

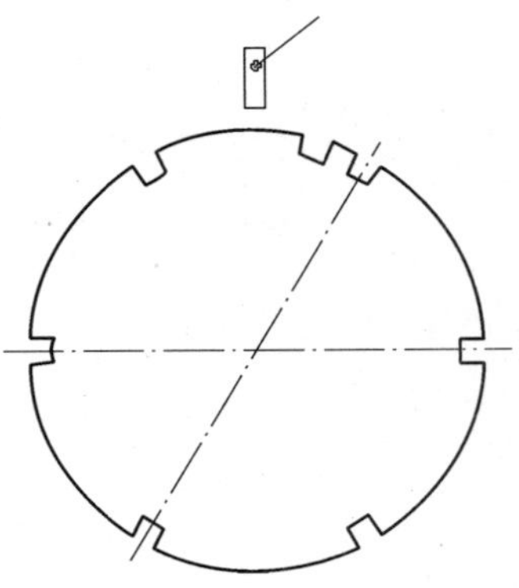

图 8-6　6+1 型信号凸轮图

齿,以后依次为 2 至 6 号齿。这种凸轮轴信号称为 6+1 型。

因为凸轮轴在柴油机工作循环内转一圈,所以每一个凸轮齿可以确定柴油机曲轴的一个转角相位。但由于柴油机凸轮齿数较少,所以这只是一个大致的定位。如 6 缸机的凸轮只是对 120°的曲轴转角定位。实际编程控制时,一般先利用凸轮轴信号确定基础相位,然后再利用曲轴的信号做出细致的定位。

凸轮轴信号传感器的主要功能是给 ECU 提供 1 缸压缩上止点信号。凸轮轴信号轮安装在柴油机油泵供油正时齿轮上,凸轮轴信号传感器安装在齿轮室罩盖上,与信号轮的突齿垂直对应,安装间距为 1.5 mm。凸轮轴信号传感器与曲轴信号传感器为同一型号。当曲轴旋转到 1 缸压缩上止点前 12°时,凸轮轴信号传感器产生一个正弦信号(图 8-7),处理电路将正弦信号进行滤波、转换处理后,变成微处理器能够可靠识别的脉冲信号(图 8-8),然后送入微处理器的 TPU 模块。

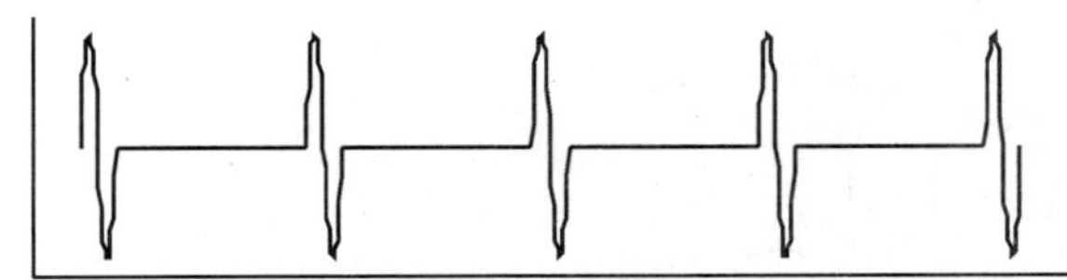

图 8-7　凸轮轴信号传感器产生的信号

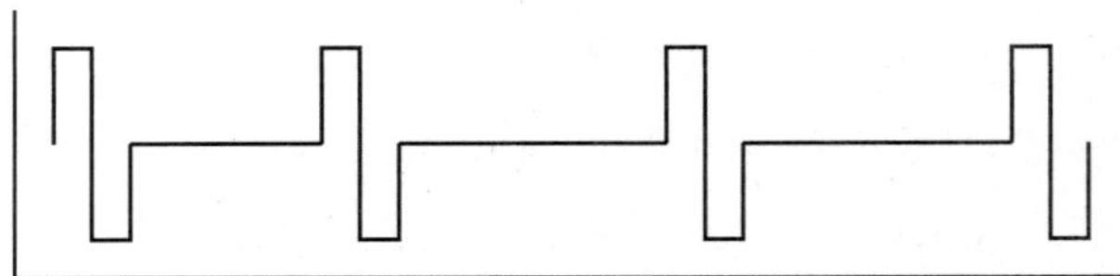

图 8-8　转换电路处理后的信号波形

将凸轮轴信号与曲轴信号对应起来就能够准确地对每个缸处于哪个工作循环做出判断。以 4 缸柴油机为例,假定发动机的飞轮齿圈上有 120 个齿,并且气门重叠角是 24°,进气门提前 12°打开,排气门推迟 12°关闭。当微处理器检测到凸轮轴信号传感器的脉冲信号后,微处理器判断出曲轴正处于 1 缸压缩上止点前 12°的位置,从该时刻起,微处理器的

TPU 模块开始对曲轴脉冲信号进行计数,通过 ECU 计算,当曲轴转过 24°转角后,第 3 缸的进气冲程开始,并且此时第 3 缸的排气门已经完全关闭,ECU 发出 PWM 方波信号给驱动模块,驱动甲醇喷射电磁阀开始向第 3 缸进气道喷射甲醇;当曲轴再转过 180°后,第 4 缸进气冲程开始,并且第 4 缸排气门完全关闭,甲醇喷射电磁阀开始向第 4 缸进气道内喷射甲醇。当曲轴再转过 180°后,第 2 缸进气冲程开始,甲醇喷射电磁阀开始向第 2 缸进气道内喷射甲醇;当曲轴再转过 180°后,第 1 缸进气冲程开始,甲醇喷射电磁阀向第 1 缸进气道喷射甲醇;当 TPU 检测到第 2 个曲轴凸轮轴信号来到时,将会把曲轴信号计数全部清零,准备下一个工作循环的开始。至此,发动机完成一个工作循环。

3. 油门控制手柄位置传感器

有些信号设备检测的是在一个有限角度范围内的往复角度变化,这时可以使用电位器来实现对角位移变化的检测。近年较成熟的有利用精密导电塑料制作而成的电位器,具有寿命长、精度高、重复性好、工作可靠等优点,并且得到了广泛的应用。对于电控柴油机,同传统柴油机一样采用调速器与加速踏板通过弹簧共同调节油量和喷醇量。电控二元燃料柴油机的加速踏板只是单纯反映操控者的操作意愿。加速踏板中的点位传感器具有图 8 -9 所示的物理含义。

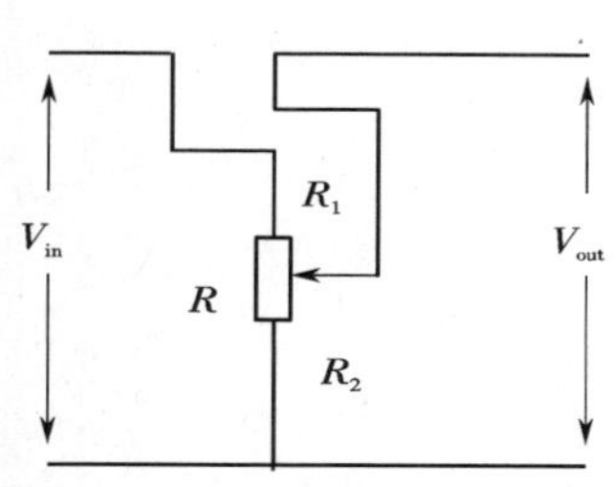

图 8 -9　油门位置传感器原理图

显然,$V_{out} = V_{in}R_2/R$。这样传感器有三个接线端,其中一个是公共地线,一个接 ECU 提供的 5 V 传感器电源。当踩下加速踏板时,输出电压将在 0.5 ~4.5 V 变化。对于 10 位的数模转换器,实际上的采样值一般在 100 ~930。

油门控制手柄位置传感器的主要功能是给微处理器提供发动机的负荷大小,微处理器通过该传感器能够感知驾驶员的意图,与转速传感器和冷却水温度传感器结合在一起,能够准确地判断出发动机所处的工况。

油门控制手柄位置传感器信号是电位器形式无源信号,因此需要电源模块给该传感器提供稳定的 +5 V 电压。油门控制手柄位置传感器与柴油机油门同轴连接,当驾驶员踩下加速踏板时,油门拉线带动柴油机油门旋转,油门控制手柄位置传感器将该旋转量转化成 0 ~ +5 V的电压变化输出,输出信号为连续的线性变化,图 8 -10 所示为油门控制手柄开度与输出油门位置电压值的关系。

传感器的输出信号存在着干扰,必须通过处理电路的滤波、钳位、电压跟随处理之后,才能输入到微处理器的 A/D 转换模块。处理电路设计原理图见图 8 -11 所示的油门信号调理电路。电阻 R_{21} 主要起到限流作用;二极管 D_2 起到“钳位”的作用,保证传感器输入电压不超过 +5 V;U_{11} 是一个电压跟随器,确保油门信号可靠地输入微处理器的 A/D 引脚;R_{22} 和 C_6 组合起来是一个 RC 低通滤波电路。

4. 冷却水温度传感器

冷却水温度对传统柴油机的控制有着重要的影响。首先,冷却水温度与供油提前角有很大的关联。因为冷却水温度和柴油机燃烧室温度联系紧密,因此认为冷却水温度可以反映出燃烧室的温度场情况。而燃烧室温度对柴油的雾化和燃烧有着重要的影响。当温度

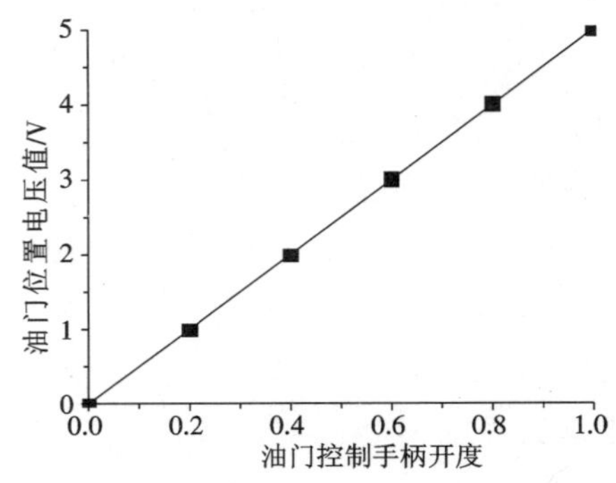

图 8－10　油门控制手柄开度与输出油门位置电压值的关系

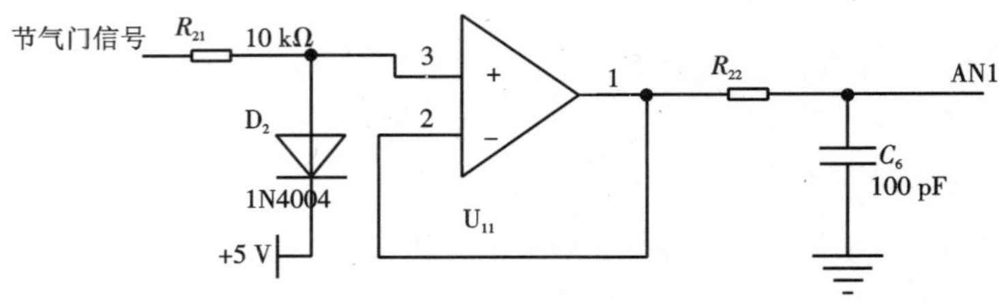

图 8－11　油门信号调理电路

较低时，油滴汽化需要的时间长，需要较长的燃烧准备时间，因此将供油提前角适当提前；当温度高时，则相反。其次，当柴油机起动时，如果冷却水温度较低，可以视为柴油机是冷起动，这对二元燃料柴油机的控制有着重要的意义。

由于柴油/甲醇二元燃料燃烧方式会大幅降低进气温度，进一步降低燃烧室温度。在冷却水温度较低的情况下，如果喷醇量过大，则会导致燃烧室温度过低，影响柴油的雾化和燃烧，因此会有燃烧不完全、冒烟等情况。

冷却水温度传感器一般安装在冷却水循环通道出口的位置。这一位置的冷却水温度集中代表了发动机的平均热负荷状态。冷却水温度传感器的种类很多，主要有热敏电阻式、热电偶式、半导体二极管式。本系统采用的是热敏电阻式冷却水温度传感器，如图 8－12所示。它具有使用可靠、响应特性好的特点，该传感器在发动机控制上得到了广泛的应用。冷却水温度传感器的温度响应特性见表 8－1。

图 8－12　热敏电阻式冷却水温度传感器

表 8 – 1　冷却水温度传感器的温度响应特性

水温/℃	电阻值/kΩ	水温/℃	电阻值/kΩ
-40	45. 313	50	0. 834
-20	14. 096	70	0. 435
0	5. 896	90	0. 243
10	3. 792	120	0. 113
30	1. 707	140	0. 071

冷却水温度传感器也是无源信号，因此需要电源模块提供外部电源，将电阻值的变化转化成电压的变化，具体的处理电路如图 8 – 13 所示。冷却水信号处理电路相对简单，通过串联电阻的分压，再加上 *RC* 电路的滤波就能够满足要求。图中的二极管是一个反压二极管，以防 A/D 接口的电压过高。

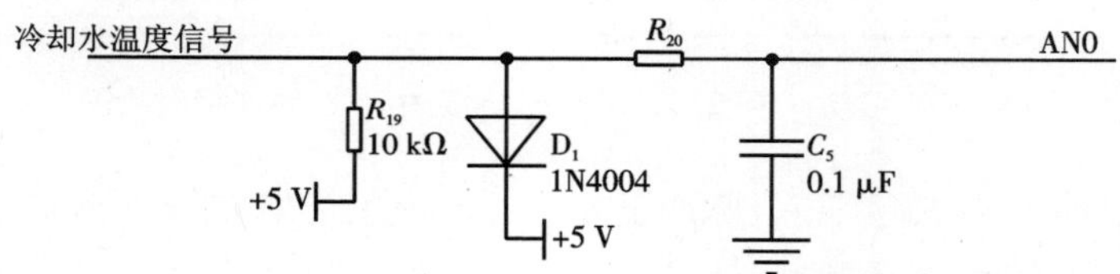

图 8 – 13　冷却水温度信号处理电路

5. 甲醇液位传感器

甲醇液位传感器的主要功能是给出甲醇类燃料箱中的甲醇的余量。当微处理器检测到甲醇类燃料较少时，会通过外部发光二极管提醒驾驶员燃料不足。当燃料液面过低时，微处理器会直接停止甲醇泵和组合燃烧系统的工作，以防损坏甲醇泵。

甲醇液位传感器的形式和油门控制手柄位置传感器的形式类似，均为电位器形式的无源信号，需要电源模块提供稳定的 +5 V 电压，甲醇液位传感器和甲醇泵总成安装在一起。甲醇液位传感器输出信号调理电路与油门控制手柄位置传感器采用同一形式的处理电路，如图 8 – 14 所示，此处不再赘述。

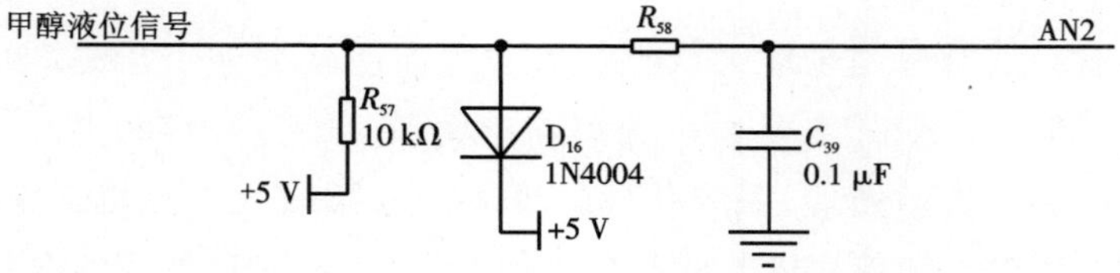

图 8 – 14　甲醇液位信号处理电路

8.1.2　控制器

在柴油/甲醇二元燃料燃烧电控系统中，ECU 是最重要的部件，主要包含单片机、系统服务元件、输入通道元件、通信服务元件、输出驱动元件等。柴油/甲醇二元燃料燃烧系统

ECU 的逻辑结构如图 8 – 15 所示。

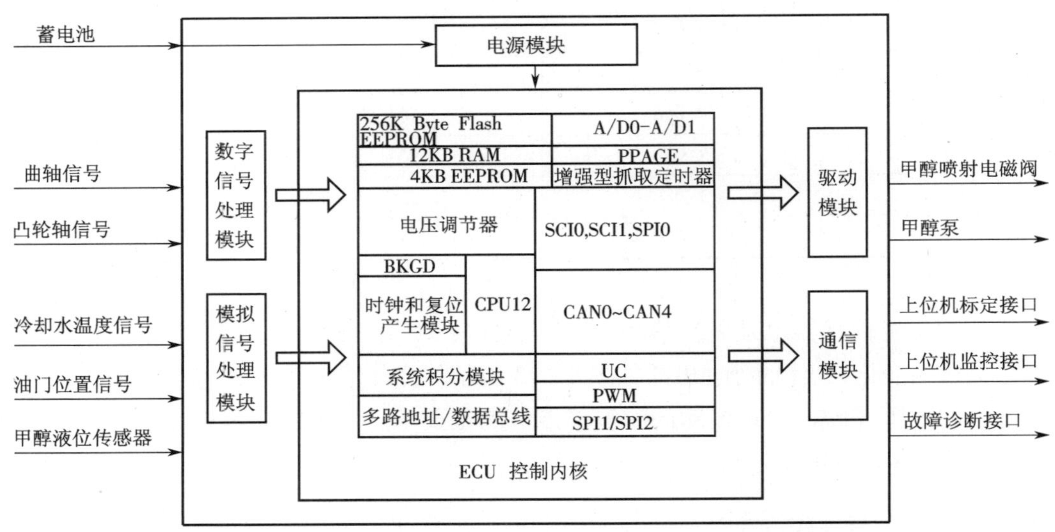

图 8 – 15 柴油/甲醇二元燃料燃烧系统 ECU 的逻辑结构图

该逻辑结构图包含模拟量输入、脉冲量输入、开关量输入、电源输入和服务、通信总线、供油驱动、脉宽调制驱动、开关驱动、片外 Flash 存储器等。

①模拟量是指连续变化的电信号。一般温度、压力、位置传感器给出的信号都属于模拟量。模拟量传感器大多需要外加电源提供工作条件，如上一节介绍的冷却水温度传感器。工作条件由 ECU 中输入服务部分来满足，即针对传感器的工作需求提供相关电源。输入服务还包括对输入信号提供一些保护功能，例如限制过高的电平和硬件滤波等。完成处理的信号将传至单片机的模拟量入口。

②脉冲量是指连续变化的开关信号。对于这样的信号，其幅值精确度往往不是最重要的。实际使用的脉冲信号一般都具有多种形态。在脉冲信号稳定时其周期为常数。电控柴油机的曲轴信号和凸轮轴信号都是这样的脉冲信号。有时需要将车速信号也导入 ECU。如果车速信号也是采用信号齿轮配合磁电或霍尔传感器产生的，则也属于脉冲信号。脉冲信号需要经历整形的处理操作。

③开关量只有高低点位两种输入状态。信号源往往就是一个开关，如点火开关、甲醇系统开关等。开关信号一般都需要通过光耦隔离输入，以保护内部元件。同时，硬件系统还需要对开关系统进行消颤处理，完成处理的开关信号被输入单片机特定开关量输入口。开关信号的主要作用是通知单片机处理器有关外部设备的状态，处理器会根据这种状态确定所执行的处理逻辑。

柴油/甲醇二元燃料燃烧系统的 ECU 都配有 CAN 通信和 BDM(Baseband Digital Madule)，用于在 ECU 调试时与 PC 机之间进行通信。CAN(Contoller Area Network)总线是一种包含信息共享的通信技术。由于 CAN 控制器只是协议控制器，不能提供物理驱动，所以实际使用时每一个 CAN 节点物理上都需要通过一个收发器与 CAN 总线相连接。每个 CAN

模块都有发送 CAN 和接收 CAN 两个引脚。

柴油/甲醇二元燃料燃烧系统要为各缸提供供醇驱动。这对于柴油/甲醇二元燃料燃烧系统的高效稳定运行有着重要的作用。甲醇喷嘴使用的是地址法系统,工作时由 ECU 提供驱动电流。

柴油/甲醇二元燃料燃烧系统的 ECU 对于模拟件的驱动通常采用脉冲宽度调制(Pulse Width Modulation, PWM)方式来实现。这是由于对于数字系统比较容易实现 PWM 而且效果也较好。PWM 就是在保持频率不变的情况下,通过调节输出脉冲相对于固定时间段高电位占空比来调节有效输出电压。这对于有一定工作惯性的载荷,具有相当的实用意义。

柴油/甲醇二元燃料燃烧 ECU 的开关驱动主要是利用 ECU 上的开关输出功能。在控制过程中,通过开关输出量来驱动继电器设备,以控制大电流的附件,如甲醇泵的驱动。

微处理器是 ECU 的核心部件,需要全面兼顾运算速度和可靠性。本系统采用了飞思卡尔公司专门为汽车电子行业开发的 16 位处理器 MC9S12DP256。MC9S12DP256 微控制器是基于 16 位 HCS12 内核及 0.25 μm 微电子技术的高速、高性能 5.0 V 的 Flash 存储器产品中的中档芯片。其较高的性价比非常适用于中高档汽车电子控制系统。MC9S12DP256 的主频高达 25 MHz,同时芯片上还集成了许多标准模块,包括 2 个异步串行通信口 SCI、3 个同步串行通信口 SPI、8 通道输入捕捉/输出比较定时器、2 个 10 位 8 通道 A/D 转换模块、1 个 8 通道脉宽调制模块、49 个独立数字 I/O 口(其中 20 个具有外部中断及唤醒功能)、兼容 CAN2.0A/B 协议的 5 个 CAN 模块以及 1 个内部 IC 总线模块,片内拥有 256 kB 的 Flash EEPROM、12 kB 的 RAM、4kB 的 EEPROM。此微控制器主要有以下特点。

①片内集成 256 KB 的闪速存储器。近年来,随着闪速存储器在微控制器片内的应用逐步成熟,微控制器的开发、应用又迎来了一次新的飞跃。内存(Flash)是一种非易失性存储介质,读取它的内容同随机存储器(Random Access Memory, RAM)的读取一样方便,而对它的写操作却比可擦写编程器(Erasable Programmable Read Only Memory, EPROM)还要快。同时,在系统掉电后,Flash 中的内容仍能保持不变。Flash 的主要优点是结构简单、集成密度大、成本低。由于 Flash 可以局部擦除,且写入、擦除次数可达数万次以上,从而使开发微控制器不再需要昂贵的仿真器。

②应用锁相环技术提高了系统的电磁兼容性。在以往不使用锁相环的微控制器应用系统中,由于晶振电路的工作频率比较高(通常为几兆赫兹至几十兆赫兹)而成为一个很大的干扰源,这一问题给系统设计、线路板布局带来了很多不便。MC9S12DP256 微控制器的时钟发生系统中巧妙地使用了锁相环技术,因而可在外接几十千赫兹的外部晶振情况下,通过软件编程产生几兆赫兹的系统时钟,从而降低了对外辐射干扰,提高了系统的稳定性。

③简单的背景开发模式(BDM)使得开发成本进一步降低,也使得现场开发和系统升级变得比较方便。

由于 MC9S12DP256 强大的功能和丰富的片内资源,因此不需要扩展更多的接口。对于最小系统而言,还包括晶振电路、复位电路和在线调试(BDM)接口。系统采用了 16 MHz 的外接晶振;复位电路采用了微处理器电源监控芯片 MAX708,它可同时输出高电平有效和低电平有效的复位信号,复位信号可由 V_{CC}电压、手动复位输入,或由独立的比较器触发[5]。

1. 电源模块

ECU 的电源一般都来源于车用蓄电池。ECU 对电源电压的要求与车辆的电器电压有关系。柴油/甲醇二元燃料燃烧系统的电压一般为 24 V。电源管理模块的主要功能是给外围接口电路提供电源。

在电源输入端口设置了保护措施,如预防反接(将电源正负极接反)和瞬变电压抑制电路,保证了电源模块的可靠使用。电源模块的设计原理如图 8－16 所示。

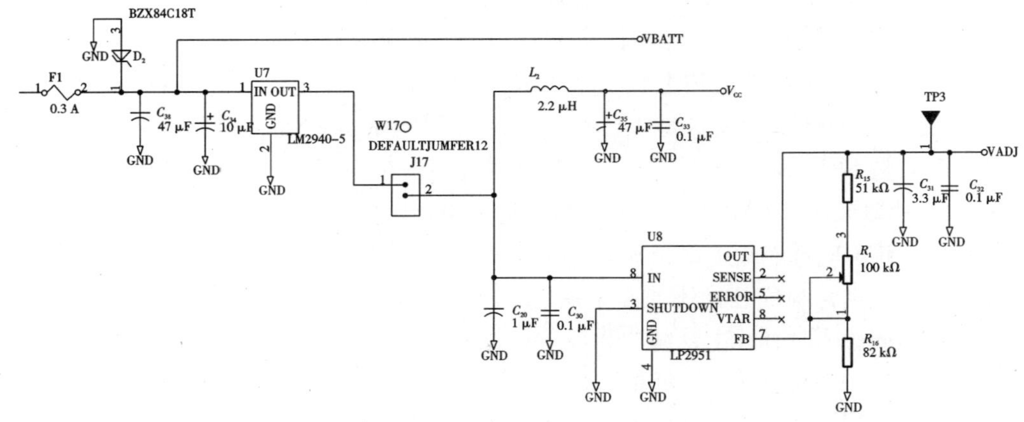

图 8－16 电源模块的设计原理图

2. 晶振电路

晶振电路用于向微处理器提供工作时钟,系统选用 4 MHz 的晶振,通过芯片内部的 PLL (Phase Locked Loop)倍频后,最高可达到 25 MHz 的工作时钟频率。外部晶振电路如图 8－17所示。

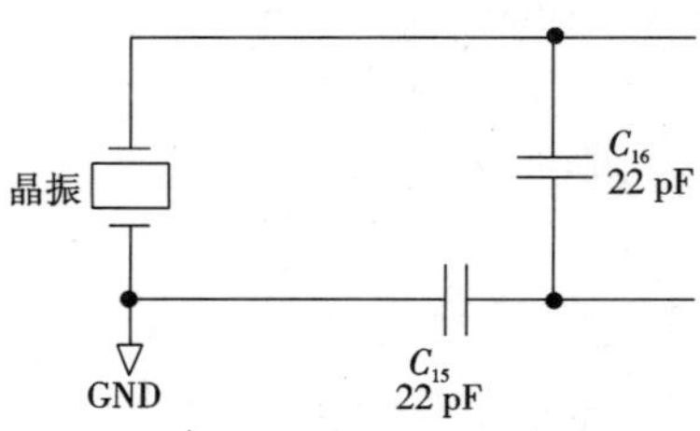

图 8－17 外部晶振电路

8.1.3 执行器

执行器的输出电路一般包括模拟量输出通道和数字量输出通道等。模拟量输出通道的任务是把单片机的离散数字量输出变成连续的模拟量输出,以控制执行机构。控制系统按照采样周期工作,在整个采样周期内输出的控制信号不能中断,以保持连续控制,故模拟量输出通道除了有数/模(D/A)转换器外,还必须有保持器,通常采用零阶保持器。零阶保持器把前一时刻的采样值恒定不变地保持到下一个采样时刻,当下一个采样时刻到来时,又转换成新的采样值继续保持。常用的方法有一个通道使用一个 D/A 转换器,或是多个通道共用一个 D/A 转换器,各通道由多路开关分时切换。前者工作可靠,但成本高;后者转换速度低,可靠性差,适用于通道数量多而且转换速度要求不高的场合。

数字量输出通道的任务是将控制器 I/O 接口输出的数字量转换成执行机构需要的信号。数字量输出通道的形式有:由微控制器 I/O 口直接控制执行机构、通过半导体开关管控制执行机构和通过继电器控制执行机构。

控制器通过接口输出高低电平,以控制电磁阀线圈的接通与切断。单片机 I/O 口的输出电平是逻辑门(Transistor-Transistor Logic, TTL)电平,输出电流很小,不能直接驱动电磁阀,一般要通过功率放大装置进行驱动。

1. 甲醇喷射电磁阀驱动电路设计

在发动机工作过程中,各种传感器信号输入 ECU 处理后,ECU 经过数学计算和逻辑判断,发出占空比信号控制甲醇喷嘴供醇。各型号甲醇喷射系统的控制大同小异。当 ECU 向甲醇喷嘴发出控制信号的高电平加到驱动三极管 VT 基极时,VT 导通,甲醇喷嘴线圈电流接通,电磁力将阀门打开,甲醇喷嘴开始喷醇。当控制信号的低电平加载到驱动三极管 VT 基极时,VT 截止,甲醇喷嘴线圈电流切断,阀体在复位弹簧力的作用下将阀门关闭,停止喷醇。

在柴油/甲醇二元燃料燃烧系统中,每缸最大喷射甲醇的最大曲轴转角为 180°,最小喷射甲醇的时间不超过 8 ms,在如此短的时间内需要将大量的甲醇类燃料喷射进入进气道,电磁阀的开启时间要尽可能短,这就要求电磁阀对微处理器的 PWM(可调占空比脉冲)响应要快。因此,对驱动甲醇喷射电磁阀提出了较高的要求。

甲醇喷射电磁阀的控制策略是:在电磁阀打开期间加大供电电流,以使电磁阀能够迅速打开。当电磁阀完全打开后,再维持较小的供电电流,使电磁阀保持开启状态。这样做既能快速打开电磁阀,又能减少电磁阀的负荷和降低能耗。

图 8 – 18 所示是甲醇喷射电磁阀的驱动设计电路。由于甲醇喷射电磁阀具有一定的电感值,为了防止后端对微处理器有干扰,所以微处理器的输出端口都运用光电耦合器件进行隔离。微处理器输出的 PWM 方波驱动光耦,光耦驱动三极管,三极管驱动场效应管,最后达到驱动甲醇喷射电磁阀的目的。图中 RC 电路的主要功能是改变电磁阀开启阶段大电流的供应时间。由于甲醇喷射电磁阀具有电感性,所以必须加上二极管 D_5 来达到消弧的目的,否则电磁阀长时间的开关很容易烧毁场效应管和三极管。

2. 甲醇泵驱动电路设计

甲醇泵驱动和甲醇喷射电磁阀驱动有一定的区别。甲醇喷射电磁阀需要高频率的打开和关闭,这点在前文已经分析了。甲醇喷射电磁阀的开启必须要快,需要供以大电流,而后再维持小电流。但是,甲醇泵一经起动后,在很长的时间内都不会再关闭,也不需要在起动时供应大电流。因此,甲醇泵的设计驱动电路相对简单一些。

图 8 – 19 所示是甲醇泵的驱动电路设计。微处理器的 PWM 方波仍然用光耦进行隔离,后端运用双三极管放大电路进行电流的放大,达到驱动甲醇泵的目的,二极管 D_6 主要用来消弧。

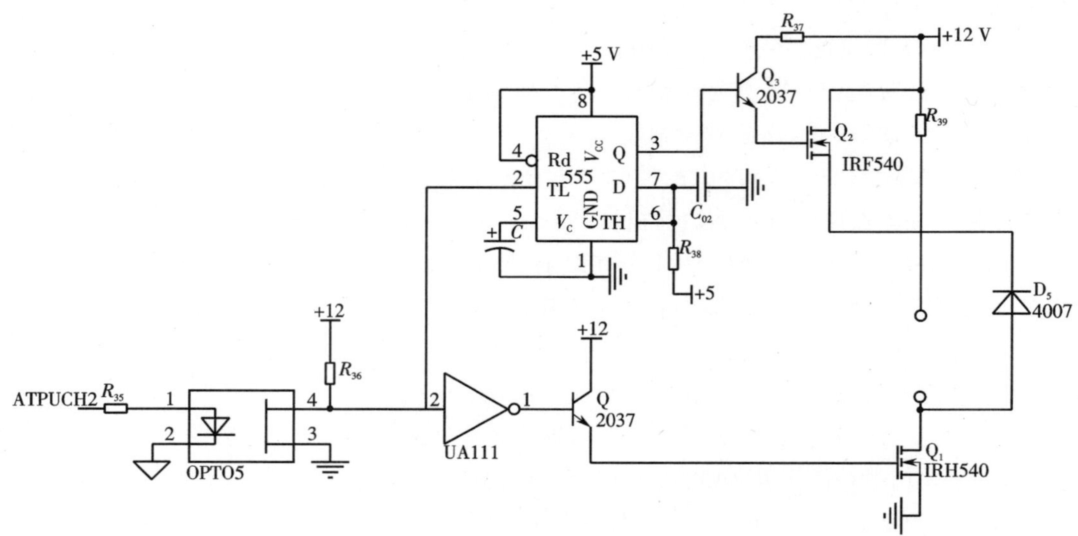

图 8-18 甲醇喷射电磁阀的驱动设计电路

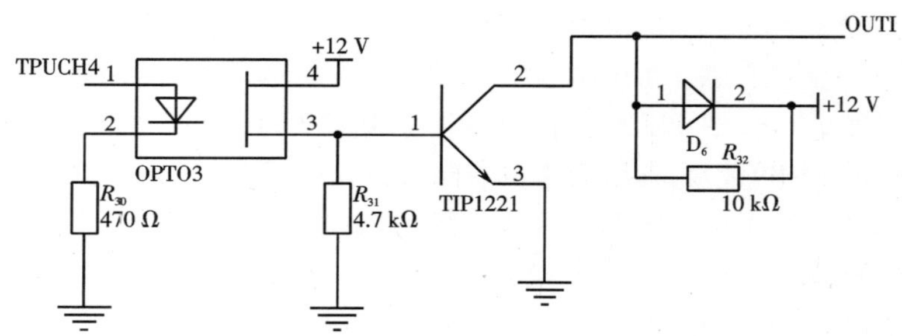

图 8-19 甲醇泵驱动电路

8.2 柴油/甲醇二元燃料燃烧控制策略

控制理论和内燃机技术相结合是当代内燃机发展的重要标志,使得内燃机各方面性能有了很大提高。为实现内燃机电控系统高效稳定运行,首先要研究内燃机的控制策略,然后才能将各种思路应用到内燃机电控系统中。柴油/甲醇二元燃料燃烧系统作为一种新型的内燃机应用技术,对其进行精确可靠的控制是该技术的重中之重。

应用控制理论的目的在于寻优,即寻找最优化的控制方式。经典控制理论研究的对象多为线性定常和单输入单输出系统,研究方法主要采用以传递函数、频率特性、根轨迹为基础的频域分析法,它的控制思想首先旨在对机器进行调节,使之更稳定运行;其次是采用反馈的方式,使一个动力学系统能按照人的要求精确工作,最终实现系统按指定目标进行控制。现代控制理论引入了状态空间的概念来描述多变的动态过程,以严格的数学推理获得理想化的控制理论体系,主要分支包括最优控制、自适应控制、鲁棒控制和预测控制等。经典的控制理论和现代控制理论都建立在数学模型之上,它们需要精确的数学模型及严谨的设计推理思维,这也限制了其更广泛的应用。为解决实际系统的高维性及系统信息的模糊性、不确定性、偶然性和不完全性,控制理论又进一步发展了基于人脑的结构、功能、思维、推理和决策的新一代控制理论,如大系统控制理论,它采用状态方程及代数方程的数学模型,利用分解和协调相结合的设计原则,使求解复杂的控制问题得到简化,并对集中与分散相结合的控制系统加以实现,使每个控制器处理的信息大大减少,从而简化了处理器的结构;智能控制理论将控制理论与人工智能相结合,提高了控制系统自寻优、自适应、自学习、自组织等方面的智能水平,其主要分支包括模糊控制、神经网络控制及仿人工智能控制等。

早期内燃机控制是利用机械元件进行的开环控制,通过变换内燃机系统的输出量来控制内燃机的工作状态。这种控制方式的精度取决于控制系统的精度和稳定性,由于控制系统是由很多机械元件组成的,任何一个相关元件的精度和稳定性都会对控制的效果产生影响,而且由于机械元件响应速度慢,精度和稳定性也不好,因此这种控制精度不高,极大地限制了内燃机的性能。由于电子技术的飞速发展,极大地推动了内燃机的电子控制技术发展,使得控制理论在内燃机上得以很好的发挥。利用传感器、控制器和执行器构成的电控系统,对内燃机进行高精度、全工况的优化控制,使得内燃机的性能得到进一步提高。

柴油/甲醇二元燃料燃烧系统作为一种新颖的内燃机应用技术广泛地应用了最新的控制理论技术。控制理论在柴油/甲醇二元燃料发动机上综合应用了开环控制、闭环控制、神经网络、自适应控制、自学习控制和模糊控制等,大大提高了控制的效果,优化了控制过程。

开环控制是指控制系统中的输出端与输入端不存在反馈回路,输出量对系统的控制作用没有影响,不需要将输出量反馈到输入端与输入量进行比较。为提高发动机的起动性能、动力性能,在发动机的过渡工况和大负荷工况下往往会实施开环控制。在开环控制中,各传感器用于检测发动机的工作状态,并将信号传递给 ECU,由 ECU 进行判断和处理后,根据预先设定的程序发出控制指令,控制喷油器的喷油量和甲醇的喷醇量,为发动机提供一定浓度的甲醇空气混合气。这种控制的精度受传感器、控制器、喷油器和发动机等诸多因素的影响,其适应性弱、精度差,但应用简单成熟。

闭环控制的输出端和输入端存在反馈回路,输出量对系统的控制有直接的影响,需要对输出量进行检测。在发动机的常用工况(如怠速和重负荷)下,闭环控制为发动机提供经济性和较好的排放性。如甲醇/柴油二元燃料系统的 NO_x 排放控制就采用闭环控制进行控制。NO_x 传感器检测排气中的 NO_x 浓度,并将其转变成电信号反馈到输入端,由 ECU 判断喷醇量的大小。

自学习控制是通过上一次或几次输入与输出的关系寻找理想的输入,使输出具有理想的性能,即运用过去学习到的经验按照最佳方式进行控制。在发动机使用过程中,由于某些运动部件的磨损和积垢等原因,会使得发动机的性能发生变化。如发动机的油门位置传感器在油门拉杆或拉线部件更换之后,会存在数值上的偏差,造成实际的油门数据和 ECU 获取的油门数据存在偏差。当偏差超过一定范围后,则会影响柴油/甲醇二元燃料燃烧系统的正常工作,甚至会发生熄火或者敲缸等现象。在自学习控制中,可以根据反馈的实际油门修正基础油门的设定量,并把符合条件的学习修正值反映到甲醇喷射的脉宽上,使得基础油门符合实际量。同时,将学习修正值存入 ECU 中,以后在该特征变化引起的发动机异常工作时,学习修正值立即可以反馈到喷醇脉宽上,以提高发动机控制的稳定性。

自适应控制通过修正控制参数,自动适应被控对象的变化,尽量减小对象变化对系统特征的影响,使系统具有更强的适应性,同时提高控制系统工作的可靠性。在控制系统中,当系统元件老化以及参数、环境变化时,会造成系统动态特性的变化。虽然大多数反馈控制系统参数值的微小变化对系统的正常工作不会产生影响,但是,如果系统参数值随着环境变化发生较大变化时,系统就可能出现在某一环境条件下有较满意的性能,而在其他环境条件下不具有满意的性能,甚至出现不稳定现象。自适应控制系统就是随着环境条件或结构参数产生不可预计的变化时,系统本身能够自行调整或修改系统的参数值,使系统在任何环境条件下都能保持满意的性能。

模糊控制是将现代控制理论与模糊数学紧密结合,不需要建立精确的数学模型。而对系统中存在的不确定、随机的变化量,以人的控制经验作为控制的知识模型,以模糊语言变量、模糊集合以及模糊逻辑推理作为控制算法的数学工具。模糊控制实际上是一种非线性控制,从属于用计算机来实现的智能控制范畴。模糊控制的核心是模糊推理,是通过模糊控制器的设计实现。常规模糊控制器是由输入和输出变量模糊化、模糊推理和决策算法、模糊判断等组成的。模糊控制器首先把计算机观测控制过程得到的语言控制规则进行模糊推理和模糊决策,求得控制量的模糊集,再经过模糊判断得出控制的精确量,对控制对象实施控制。

柴油/甲醇二元燃料燃烧系统原理是:通过安装在进气歧管上的甲醇喷射电磁阀将甲醇喷射进入进气歧管,借助进气门的高温进行蒸发,与空气形成均质混合气,在进气冲程被吸入气缸,在进气、压缩冲程中进一步蒸发,在压缩冲程末期由柴油引燃甲醇均质混合气。甲醇具有含氧、高汽化潜热的特性。由于其高汽化潜热,会大幅度降低发动机的进气温度以及缸内最高燃烧温度,减少燃料裂解和 NO_x 生成的机会。同时由于甲醇含氧,易挥发,形成的均质混合气燃烧时不会生成炭烟。

在柴油/甲醇二元燃料燃烧系统中,甲醇喷嘴将圆锥雾状甲醇喷射在进气总管或进气歧管,与进气充量形成均质混合气进入气缸,当柴油机气门打开时,再吸入气缸被缸内直喷的柴油引燃,从而实现大比例预混的低温清洁燃烧。

8.2.1　柴油/甲醇二元燃料燃烧系统控制分类

在柴油/甲醇二元燃料燃烧系统中,各个喷嘴的喷醇时刻对柴油机的性能有着很大的影响。柴油/甲醇二元燃料燃烧系统根据喷醇器安装的位置可分为多点总管喷醇系统、多点歧管喷醇系统等类型。根据喷射方式可以分为同时喷射、分组喷射、顺序喷射等。这对甲醇喷嘴开启时刻的控制有很高的要求。

多点总管喷射是将喷醇器安装于进气总管上,向进气总管喷醇,形成可燃混合气,由缸内直喷的柴油引燃。此方法具有安装方便、运行稳定性好、维护简单等优点,但各缸均匀性不够好、响应较慢。多点歧管喷射则是将甲醇喷嘴安装于进气歧管上,直接将甲醇喷雾射流喷射到进气歧管中。由 ECU 控制进行分缸单独喷射或分组喷射,与进气充量形成均质混合气。

多点同时喷射就是各个喷醇器同时供醇,喷醇器并联,励磁线圈电流由一只功率管 VT 驱动控制。发动机工作时,ECU 根据曲轴位置传感器、凸轮轴位置传感器和油门位置传感器等输入的基准信号发出喷醇指令,控制功率管 VT 导通与截止,再由功率管控制喷醇器电磁线圈电流接通与切断,使各缸喷醇器同时喷醇和停止喷醇。曲轴每转一圈或两圈,各缸喷醇器同时喷醇一次。由于各缸工作时同时喷醇,喷醇正时与发动机进气—压缩—做功—排气等行程无关。同时,喷醇的优点就是控制电路和控制程序相对简单,而且通用性较好;缺点是各缸供醇时刻不能做到最佳,各缸分布均匀性以及甲醇雾化的质量欠佳。顺序喷射是指喷油器按各缸进气形成的顺序轮流喷醇,ECU 根据曲轴位置信号判别各缸的进气行程,适时发出各缸的喷醇脉冲。分组喷射是将甲醇喷嘴分成几个小组交替喷射,ECU 发出两路喷醇指令,每路指令控制一组喷醇器。

EMS(Electronic Management System)的软件模块主要分为执行机构驱动模块(包含甲醇喷嘴和甲醇泵的驱动等)、信号输入模块(包含模拟信号和数字信号的处理),交互软件模块(通信模块)、运行算法模块(包括工况识别、插值算法、模拟采集滤波算法等)和故障诊断模块。

根据柴油/甲醇二元燃料燃烧系统特定的燃烧方式,需要对发动机的工况进行详细的区分,针对不同的发动机运行工况采取不同的控制模式,只有这样才能取得较好的燃油经济性、排放性和动力性。

针对柴油/甲醇二元燃料燃烧系统的特性,将柴油/甲醇二元燃料燃烧系统发动机运行控制工况进行划分。

1. 起动工况

发动机从停止状态开始,在起动电机拖转的情况下转速提升,当柴油机能够通过自身循环维持运转时,起动过程结束,进入怠速工况。处于起动工况时,主要是根据当前转速、冷却液温度来合理设置每次的供油量和供醇量。另外,还应当具有起动工况进入怠速工况的条件。一旦条件满足,则认为起动成功,进入怠速工况;如果若干次转速测试值持续下降,则认为起动操作失败,转为停止工况。

2. 怠速工况

发动机油门控制手柄处于怠速位置,并且转速维持在怠速运行范围内。怠速工况的控制应当满足以下工作目标。

①稳定运行。由于怠速工况的特征是加速踏板完全放开,柴油系统自动控制供油过程,甲醇供给系统在怠速下并不工作。一般来说,采用在怠速下的转速比例积分 - 微分控制二元器(PID)控制,其基本控制原理为设定一个目标转速,通过计算获得当前转速与目标转速的差分和二级差分,根据这些差分值确定对每次供油的调整量。PID 控制的效果是使转速尽可能稳定于怠速所确定的转速。

②暖机过程。对于柴油机而言,暖机是指开机后通过在怠速下运行一段时间来实现热状态的建立和平衡,为承受较大负载做好准备。对于大型柴油机,暖机是必须严格执行的步骤。

③怠速带载。怠速下带载的情况主要有怠速下开启较大的功率设备(如空调、空压机等)和怠速下起步。怠速下带载也是通过比例积分－微分控制二元器(Proportion Integral Deviative, PID)控制来实现的。如果载荷较大,怠速下起步或者行驶,会对PID控制的调节能力有较高的要求。为了实现较大的PID调节能力,常在此时将目标转速提高。

3. 稳态运行工况

发动机脱离怠速运行工况,发动机转速、油门开度以及冷却水温度均达到柴油/甲醇二元燃料燃烧系统的设定值。在车辆正常行驶时,柴油机一般多数时间运行在常规工况下。在常规工况下,每次供油量将主要由操纵者通过加速踏板来控制。一般较大的加速踏板位移量对应较大的每次供油量和供醇量,但是具体实现的油门策略要根据标定的结果和许多细节考虑。如在较低的速度下操作,要求对油量的调节比较细致,单位加速踏板的位移量对应较小的油量和醇量的改变;而在较高速度下操作,可以让单位加速踏板位移量对应较多的油量改变。另外,考虑到突发性的阻力减小会造成的车速自动上升,可以安排在同一加速踏板位置下,供油量随转速上升而下降的策略。

4. 急减速工况

油门控制手柄从非怠速位置急速收回到怠速位置,但是发动机转速仍然较高。

5. 急加速工况

油门控制手柄增大的变化速率超过设定值。

6. 过渡工况

过渡工况分为两种情况:发动机从纯柴油工作模式过渡到柴油/甲醇二元燃料燃烧系统工作模式;发动机从柴油/甲醇二元燃料燃烧系统工作模式过渡到纯柴油工作模式。这是柴油/甲醇二元燃料燃烧系统特有的一类工况。

8.2.2 发动机起动及怠速控制策略

柴油机起动时,尤其是在冷机状况下起动时,由于机体的温度较低,甲醇燃烧火焰遇到缸壁会发生淬熄,甲醇不完全燃烧会产生甲醛等有害中间产物,因此在柴油机起动以及怠速工况下,柴油/甲醇二元燃料燃烧系统发动机仅使用柴油。台架试验结果也表明,冷起动以及怠速状况下,喷射甲醇后不仅会造成排放的恶化,而且使得燃油经济性变差。

8.2.3 过渡工况的控制

当ECU判断发动机的各运行参数达到了柴油/甲醇二元燃料燃烧系统条件后,发动机便由纯柴油工作模式过渡到柴油/甲醇二元燃料燃烧系统模式,因此喷醇量将由零突然阶跃到一个控制值T,燃料的突然增加将导致发动机扭矩输出不平稳。因此,当ECU监控到柴油机由纯柴油模式过渡到柴油/甲醇二元燃料燃烧系统模式后,强制程序进入过渡工况控制模块。

过渡工况控制模块采用"迟滞算法"将甲醇目标喷射控制量按照一定的比例加权后作为实际喷醇控制量输出。通过这样过渡工况迟滞算法能够达到发动机扭矩平稳过渡的目的,计算方法见图8－20。

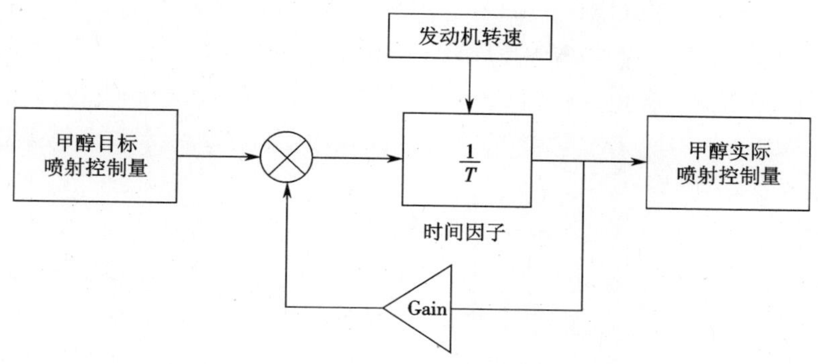

图8-20　过渡工况迟滞算法

当发动机由柴油/甲醇二元燃料燃烧系统模式向纯柴油模式过渡时，ECU不做特殊处理，甲醇喷射控制量从控制值立刻降为零。

8.2.4　急加速和急减速工况

ECU通过油门控制手柄位置传感器检测到油门控制手柄位置打开速率过快时，即ΔV值大于等于设定值S（如式8-2所示），表明驾驶员需要急加速，此时ECU根据油门打开加速度控制脉谱（MAP）进行插值，得到急加速甲醇喷射控制修正系数f_1，在基本喷射脉宽T_1的基础上增加喷射量（如式8-3所示）。当急加速过程结束后，即ΔV值小于设定值S，甲醇喷射控制恢复到正常控制。

$$\Delta V = V_{i+1} - V_i \geqslant S \tag{8-2}$$

式中：ΔV为油门打开速率；V_{i+1}为后一时刻油门对应电压；V_i为前一时刻油门对应电压；S为急加速判断设定值。

$$T = T_1 \times (1 + f_1) \tag{8-3}$$

式中：T为喷醇时间；T_1为基本喷醇时间；f_1为急加速修正系数。

当ECU检测到油门控制手柄位置减小速率过快时，即ΔV值小于等于设定值P（如式（8-4）所示），表明驾驶员急收油门，此时ECU将立刻停喷甲醇，并且停止甲醇泵的工作。等到发动机恢复到柴油/甲醇二元燃料燃烧系统工作条件状态下，ECU再起动甲醇泵，进入柴油/甲醇二元燃料燃烧系统模式。

$$\Delta V = V_{i+1} - V_i \leqslant P \tag{8-4}$$

式中：P为急减速判断设定值。

8.2.5　稳态运行工况控制

柴油机进入正常运行工况后，ECU将根据从传感器采集来的信号判断发动机所处的工作状态。柴油/甲醇二元燃料燃烧系统发动机在高压油泵的调节手柄处安装了一个油门控制手柄位置传感器，该传感器的作用是在驾驶员踩下油门踏板后，将调节手柄的转动量转换成电压信号，ECU通过该信号来感知驾驶员的意图，并判断发动机的负荷大小。

在控制芯片的内部数据存储区部分存储了经过标定的MAP数据，MAP数据以二维数组的形式保存，数组的二维分别代表油门开度和发动机转速，数组的数据是甲醇的喷射控制量，如图 8－21 所示。发动机的控制 MAP 仅仅是有限的二维数据点，但是发动机在实际运行过程中的转速和油门控制手柄位置很难与控制 MAP 图中的数据重合，因此必须采用控制算法将有限、离散的二维 MAP 数据变成连续的 MAP 数据，这样才能满足发动机的实际运行工况要求。

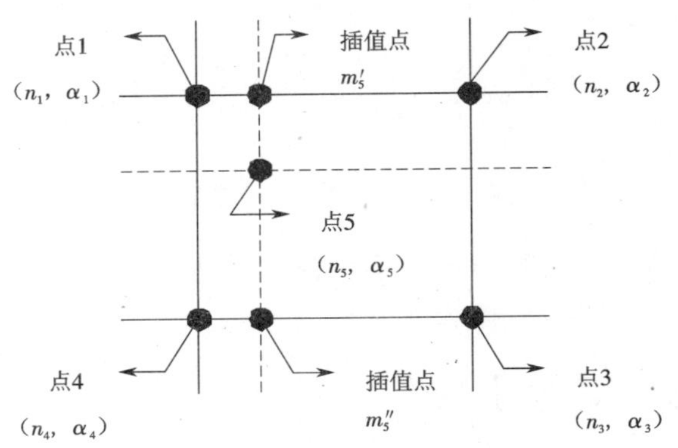

图 8－21　MAP 网格

控制软件采用二维三次全区间插值方法对标定 MAP 数据进行计算[5]，插值方法中的一维是发动机转速 n，另一维是油门开度 α。该方法中最重要的一个概念就是 MAP 网格。图 8－21 中 MAP 网格点共有 5 个点，其中点 1 至点 4 均为台架标定试验中确定的二维 MAP 数据点，每一个点都有具体的发动机转速 n 和油门开度 α 对应的一个甲醇控制喷射量 m；点 5 则代表发动机实际运转过程中的工况点，运行工况点与 MAP 标定点根本不重合。因此为了确定点 5 的甲醇控制喷射量 m_5，必须采用插值方法，具体介绍如下。

首先判断出发动机运行工况点 5 所处的 MAP 网格区域，即确定与目前发动机转速 n_5 和油门开度 α_5 临近的四个标定 MAP 点；之后，在按照油门开度 α_1 和 α_2 方向上进行插值，求出 m'_5，见图 8－21。计算方法为

$$m'_5 = \frac{m_2(\alpha_5 - \alpha_1) + m_1(\alpha_2 - \alpha_5)}{\alpha_2 - \alpha_1} \tag{8-5}$$

进行完 m'_5 的插值后，在按照油门开度 α_3 和 α_4 方向上进行插值，求出 m''_5。计算方法为

$$m''_5 = \frac{m_3(\alpha_5 - \alpha_4) + m_4(\alpha_3 - \alpha_5)}{\alpha_3 - \alpha_4} \tag{8-6}$$

求得 m'_5 和 m''_5 后，并不能得到发动机运行工况点 5 的甲醇控制量 m_5 值，还需要在发动机转速 n_1 和 n_4 方向上进行插值，最后求得 m_5。计算方法为

$$m_5 = \frac{m'_5(n_4 - n_5) + m''_5(n_5 - n_1)}{n_4 - n_1} \tag{8-7}$$

经过三次插值后得到了发动机运行工况点 5(n_5, α_5)所对应的甲醇喷射控制量 m_5。通过这样的插值算法能够求得所需要的控制量，但是这样插值求得的甲醇喷射控制量 m_5 有一个缺点，主要是插值点从一个 MAP 网格变动到另一个 MAP 网格时，插值方法得到的甲醇控制喷射量是连续变化的，但是插值函数的梯度在每个 MAP 网格边界上是不连续变化的。

因此，为了得到更加平滑的插值数据，就必须采用双三次插值方法。

双三次插值方法不仅要求有 MAP 网格点 1 至点 4 的甲醇喷射控制量 $m_1(n_1,\alpha_1)$ 至 $m_4(n_4,\alpha_4)$，而且还要得出每个 MAP 点的指定梯度 $\partial m/\partial n$ 和 $\partial m/\partial \alpha$ 以及混合偏导数 $\partial^2 m/\partial n\partial\alpha$，同样按照式(8－5)至式(8－7)的计算方法，可以计算出发动机实际运行工况点 $5(n_5,\alpha_5)$ 处的梯度，根据梯度便可以计算出工况点 5 的甲醇喷射控制量 $m_5(n_5,\alpha_5)$。采用双三次插值方法的最大优点是工况点从一个 MAP 网格变化到另外一个 MAP 网格时，甲醇喷射控制量以及对应的梯度变化都是连续的，这样计算出的 MAP 数据变得更加平滑。

图 8－22 是通过控制软件计算后得出的 MAP 数据图。与图 8－23 优化前脉谱相比，可以明显看出，控制 MAP 变得连续、平滑，能够精确得出发动机运行过程中任意转速和油门控制手柄位置对应的甲醇喷射控制量。

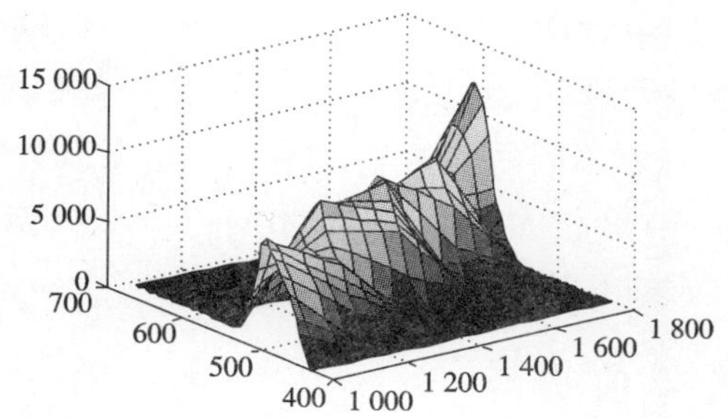

图 8－22　控制算法计算后的 MAP 数据

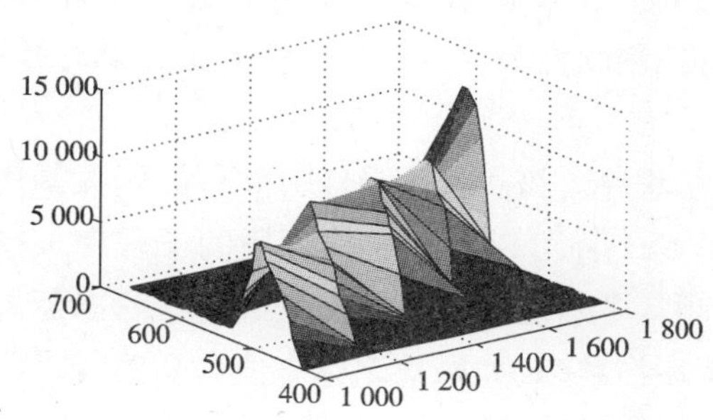

图 8－23　优化前脉谱

在发动机正常运行工况下，柴油机的机体温度对柴油/甲醇二元燃料燃烧系统的影响较大。因为甲醇的汽化潜热值为 1.100 MJ/kg，约相当于柴油的 4 倍，当甲醇喷入进气歧管后，需要吸收大量的热量进行蒸发与空气混合形成均质混合气。如果机体温度过低将会导致部分甲醇不能完全蒸发，缸内可燃混合气浓度分布将非常不均匀，导致部分区域过量空气系数过低，燃烧不充分，燃油消耗率增加，排放恶化。因此，控制过程中采用水温对甲醇喷射控制量进行了反馈控制，见式(8－8)和图 8－24。

$$T = T_1 \times (1 + f + f_1) \qquad (8-8)$$

式中：T 为喷醇时间；T_1 为基本喷醇时间；f 为水温修正系数；f_1 为急加速修正系数。

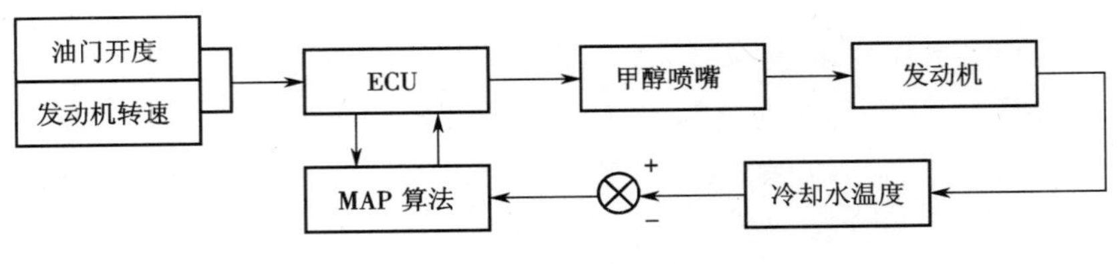

图 8－24　水温修正喷醇示意图

8.3　ECU 控制软件

ECU 的软件是一些指令和数据代码的集合。目前，一般是在个人电脑上建立一个集成的开发环境，然后在这个环境中对这个代码的源程序进行设计、输入、调试、变异和连接生成目标代码，再由开发环境提供的写入功能将 ECU 的软件写入 ECU 的 Flash 存储器中。对于不同系列的单片机产品，有着不同的 IDE 软件系统。如飞思卡尔系列单片机开发系统 Codewarrior，针对 8 位、16 位和 32 位的产品系列有不同的 Codewarrior 版本；而英特尔公司用于其单片机 51 系列产品开发的 IDE 称为 C51 系统等[6]。

8.3.1　ECU 软件框架的构成

ECU 软件系统的基本结构如图 8－25 所示。该系统将与单片机系统控制有关的部分做了集中表示，系统工作任务集合和系统工作中断集包括了单片机系统工作的基础软件部分，而其他部分可以看作是控制软件部分。初始化任务集合既有系统初始化内容也有控制初始化内容。

任务是指一段计算机子程序。该子程序受任务处理的函数调用，用于完成一项特定的控制工作。通俗理解，任务是一种可以通过软件调用的子程序。在程序中，与任务对应的子程序是否被执行要由这项任务对应的状态标志来确定。状态标志是一个逻辑量，如当状态标志值为 1 时，任务处于激活状态；如果状态标志值为 0 时，该任务处于休眠状态。当任务处于激活状态时，会进入任务的执行队列中等待执行。

中断处理程序是由硬件事件引发执行的一段计算机子程序。这种硬件事件是由系统初始化程序或事件发生前执行的其他程序设定好的。例如，当曲轴传感器产生的脉冲信号出现时，会产生相应的中断；ECU 程序将停止当前的程序执行，保护好当前的工作现场，然后跳转到曲轴中断服务子程序来执行，当子程序执行完成后，会返回到原来转出程序位置，恢复原来的工作现场，然后接着执行原来的指令序列。不同的硬件事件将引向执行不同的处理程序，有时在执行中断处理程序时，可能会有新的中断发生，称为中断嵌套。这种中断嵌套会造成中断处理程序的嵌套，每一层中断嵌套中断处理完成后，将返回上一层中断处理程序继续执行。实际应用时，应注意避免中断处理过程时间过长。因为在处理一个中断信号时，对于该中断都是先做屏蔽的，如果该中断信号下一次发生前未能完成处理，系统对下一次发生的中断信号将不会响应。如果中断处理过程时间过长，会在逻辑上造成混乱。

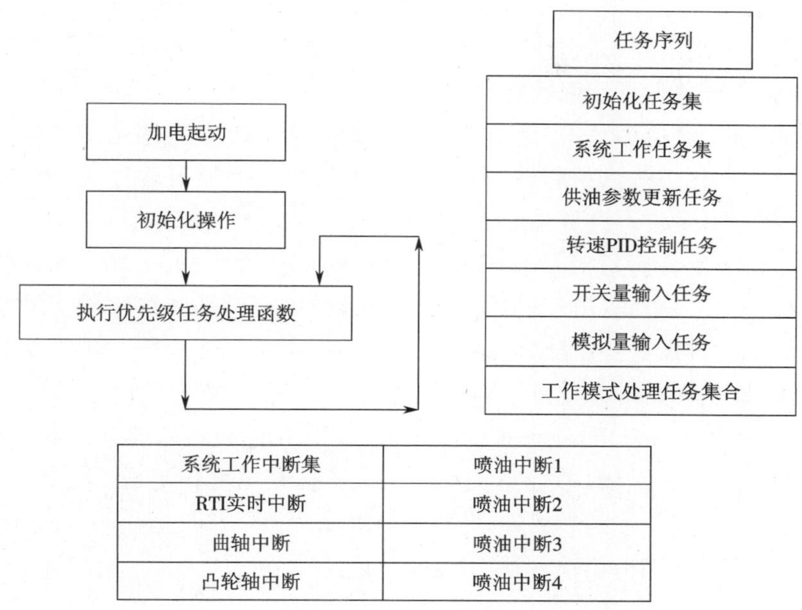

图 8-25　ECU 软件系统基本结构

任务和中断处理程序的相同之处在于都是为实现一些功能而设置的计算机子程序,都可以看作存在休眠和激活状态,处在激活状态才能被执行,执行完成后都会返回到原来的程序执行下一条指令,并退出激活状态;不同之处在于任务是靠其他程序中的语句来激活的,而中断处理程序是靠硬件事件来激活的,任务被激活后,对应的程序会进入任务执行序列等待执行,而中断处理程序被激活后会立即执行[2-4,7-8]。

对于卫星计算机系统,起动过程基本相同。加电过程或复位过程用一个称为 reset 的端口先被拉到低电平,这一动作会导致所有的寄存器复位,并使指令地址寄存器处于全 0 状态,然后从指令地址寄存器所指向的 0 地址开始调用指令,在程序形成时,总是在 0 地址内放一条跳转指令,跳到所设计的指令入口地址。不过上述过程编译和连接程序会自动完成这些配置。加电起动后,进入程序的初始化过程,初始化过程既有系统的初始化也有控制的初始化。系统的初始化由基础软件部分来完成,而控制的初始化则需要在控制软件中实现。控制的初始化是对一些控制变量赋值,完成初始化后,ECU 系统将进入一种正常的工作状态。实际上,系统中断处于正常工作状态,将有以下中断功能存在:实时中断 RTI(Real Time Interrupt)每 256 μs 产生一次,曲轴中断对曲轴信号响应,凸轮轴中断对凸轮轴信号响应。

上述的工作状态会为完成柴油/甲醇二元燃料燃烧系统工作控制创造必要的条件。RTI 实时中断中可以设置定时的操作,完成一些传感器信号的输入。这主要有水温传感器、加速踏板位置传感器,曲轴中断响应机制能捕获曲轴脉冲信号,凸轮轴中断响应能捕获凸轮轴脉冲信号。这两者的综合处理能确定柴油机的转速和相位,而依据转速和相位信号,柴油机供油驱动就可以工作了。

初始化后进入程序的主循环,对于大多数自动控制程序几乎都是如此。主循环中执行一个任务处理函数。由于循环是无穷尽的,因此任务处理函数可以被无限循环执行。其中,任务处理函数的工作内容是将现有被激活任务按优先级排序后,执行其中优先级最高的任务,然后让这一任务回到休眠状态。

简言之,当程序处在主循环中,会由于硬件中断引发 ECU 执行对应的服务程序。这些服务程序会激活一些任务进入执行队列。所有这些硬件中断服务程序和任务的协调工作就能实现柴油/甲醇二元燃料燃烧系统的协调控制。

该软件通过对各路传感器信号的识别,能够准确地判断柴油/甲醇二元燃料燃烧系统发动机的运行工况。在发动机电子控制单元的内部数据存储区间内存储了发动机运行二维控制 MAP 图,该软件通过特定计算方法将二维控制 MAP 图中有限的控制量转变成连续的控制量,根据发动机负荷的变化自动定时定量地控制甲醇类燃料喷射电磁阀。

软件具备 OBD(On Board Diagnosis)系统功能(车载诊断技术),能够在发动机运行过程中实时检测柴油/甲醇二元燃料燃烧系统发动机电子控制单元各组成部分的工作情况,如出现异常,根据软件特定算法判断故障,提醒用户故障发生。软件运用模块化设计思想,采用自上而下、逐步细化的结构化软件设计方法。

8.3.2 软件主体程序模块

控制软件主体分为八个子模块,在发动机运行过程中,主程序按照一定的优先级别调用不同的子模块。主程序模块如图 8-26 所示。

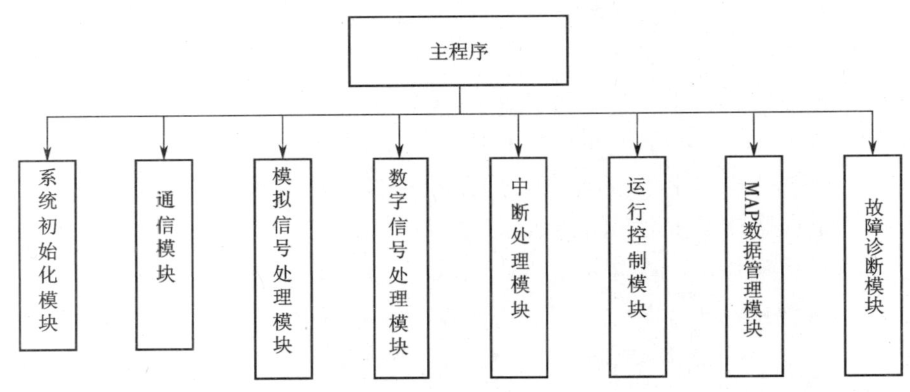

图 8-26 主程序模块

ECU 内核激活哪个子模块称为策略的调度,也就是把 CPU 的占用权交给相应子模块,同时还要提供模块之间的切换和中断之间的切换。

通用操作系统的任务调度算法和嵌入式操作系统的任务调度算法在调度目标上有着本质的区别。通用操作系统任务的调度算法目标是对各个任务公平处理,平均响应时间短,运转周期短,吞吐量大。然而嵌入式操作系统则要求实时处理,把高优先级任务的及时执行作为调度算法的目标。

在系统初始化时给每个子模块分配一个优先级,当一个子模块已被调用,访问同一资源的任务即使其优先级比正在运行的任务优先级高也不能进入运行状态,只有占用 CPU 资源的子模块释放 CPU 资源后,后续任务中优先级别较高的子模块才能进入运行状态。

1. 系统初始化模块

系统初始化模块如图 8 - 27 所示。该模块包括三个子模块:CPU 初始化子模块包括 CPU 时钟初始化、CPU 引脚初始化、内存地址初始化、CPU 定时器初始化、中断初始化等;软件运行初始化子模块的功能是初始化各个功能模块算法优先级;初始故障诊断子模块的功能是在系统上电后,自动检测各路传感器是否连接正常,如果发现关键传感器无信号或者信号异常,该子模块会立刻将故障码存储,并且提示发生故障。

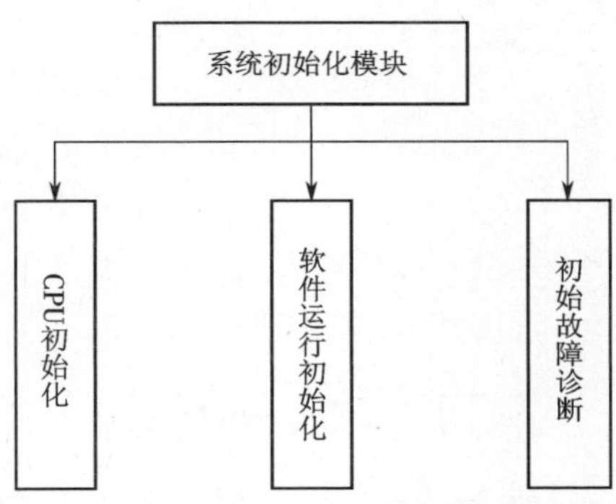

图 8 - 27　系统初始化模块

2. 通信模块

通信模块分为三个子模块,包括 CAN 通信模块、KLINE 通信模块、串口通信模块,如图 8 - 28 所示。

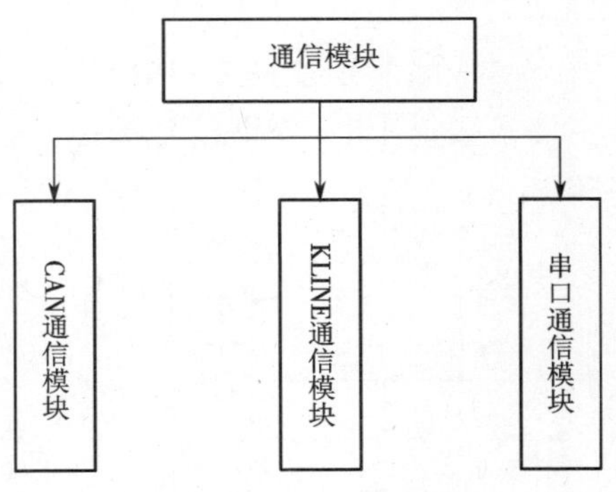

图 8 - 28　通信模块

CAN 通信模块采用 CAN2.0B(Controller Area Network)标准格式,具有 11 位标识符帧。KLINE 通信模块采用 KWP 2000(Key Word Protocol 2000)协议,分为物理层、数据链入层、应用层三部分。

其中,CAN 通信模块和 KLINE 通信模块均可用于整车通信和标定模块,串口通信模块不能用于整车通信以及标定模块,但是与上位机的通信非常方便,直接使用电脑“开始菜单”中的“超级终端”即可显示 ECU 的控制参数,但是无法同时显示全部控制及采集参数。

3. 模拟信号处理模块

模拟信号处理模块分为三个子模块,如图 8－29 所示。其中,发动机冷却水温传感器是热电阻形式,通过 ECU 硬件处理电路转换成连续变化的电压信号;甲醇燃料量指示传感器和调速器手柄位置传感器均为电位计形式,通过 ECU 硬件处理电路转换成连续变化的电压信号。

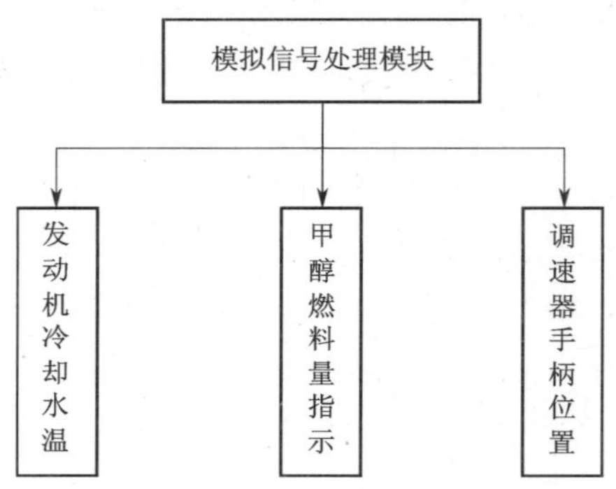

图 8－29 模拟信号处理模块

各个模拟信号处理模块通过软件滤波方式对采集的信号进行数字处理,使得信号稳定、准确。

4. 数字信号处理模块

数字信号处理模块仅对发动机转速信号进行处理,转速信号传感器为霍尔形式,输出方波信号,软件对信号进行数字滤波后提取出发动机实际运行转速。

5. 中断信号处理模块

中断处理模块软件设定了不同中断子模块的中断优先级,整体优先级排列顺序如下(由高到低):定时器中断、数字信号扫描中断、模拟信号扫描中断、通信中断、看门狗中断、主继电器延时中断,如图 8－30 所示。

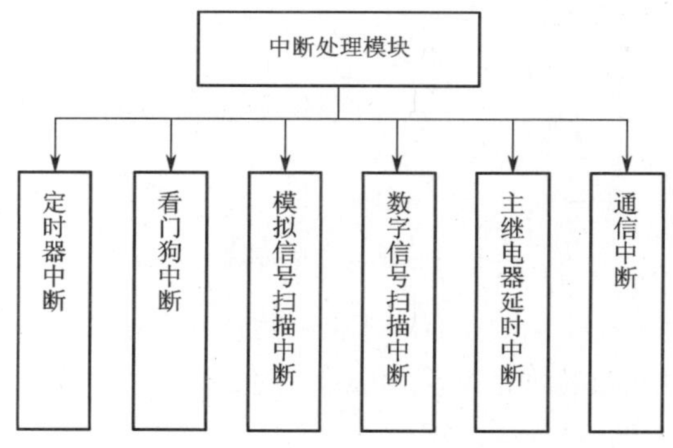

图 8－30 中断信号处理模块

定时器中断主要检测发动机飞轮齿信号,该信号为数字信号扫描中断提供计算数据,享有最高优先级。数字信号扫描中断决定了喷醇电磁阀开启的频率和时刻,因此享有高优先级。模拟信号扫描中断对调速器手柄位置、发动机冷却水温等信号进行处理，该模块的计算结果决定了喷醇电磁阀开启的持续时间。通信中断主要用于整车的数据通信以及在标定过程中软件工程师对 ECU 软件的标定工作。看门狗中断主要用于监控软件在运行过程中是否发生“跑飞”情况，如果发生的话，将强制软件复位，享有低优先级。主继电器延时中断主要用于发动机停机后 5 s 内诊断模块软件需要对 ECU 硬件进行故障诊断，该动作发生在发动机停机后，因此享有最低优先级。

6. 运行控制模块

运行控制模块分为三个子模块，如图 8 - 31 所示。其中，工况判别模块是根据传感器检测到的发动机转速和调速器手柄位置判断出发动机所处的工况；MAP 数据计算模块采用双三次插值算法对 ECU 内存中的静态 MAP 数据进行插值运算，得到每个对应工况点所需要的喷醇控制量；TPU 控制模块是驱动喷醇电磁阀的功能模块。当 MAP 数据计算模块、数字信号扫描中断模块和模拟信号扫描中断模块结束后，TPU 控制模块软件得到喷醇电磁阀的开启时刻和开启持续时间，将这些控制量转换成一定占空比的方波，从而达到精确控制甲醇喷射的目的。

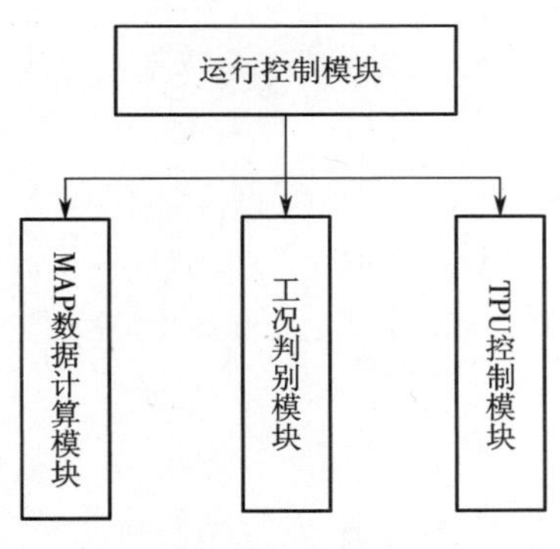

图 8 - 31　运行控制模块

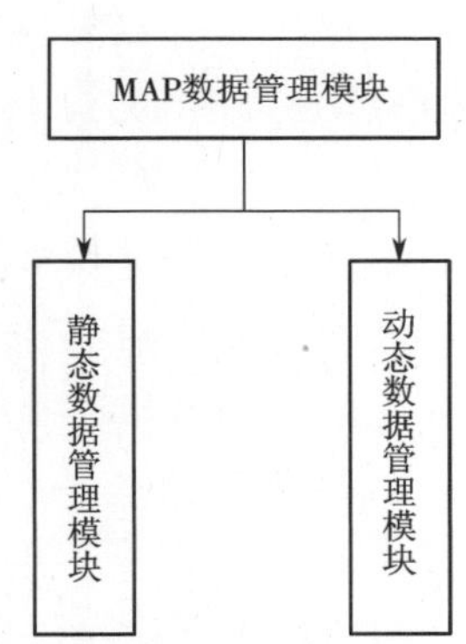

图 8 - 32　MAP 数据管理模块

7. MAP 数据管理模块

MAP 数据管理模块分为静态数据管理和动态数据管理，如图 8 - 32 所示。在 MC9S12DP256 芯片内部开辟了一块固定内存区域，存储经过标定的 MAP 数据。这些数据就是静态数据，发动机运行中的控制参数都来源于此。静态数据是永久保存的。在 MAP 数据标定的过程中需要对静态数据进行修正，必须有内存存放过渡数据，因此在 MC9S12DP256 芯片外部增加了一片 Flash，用于标定过程中的数据管理。动态数据管理模块中的数据只在标定过程中有效，一旦 ECU 掉电，数据全部丢失。管理模块能够通过通信模块将动态数据管理模块中的内容下载到 MC9S12DP256 芯片内部的静态 MAP 数据存储区域，或者以文本文件形式上传到上位机中。

8. 故障诊断模块

故障诊断模块包括三部分内容：系统（ECU）上电后，诊断模块会进行全面初始化诊断，判断各路传感器是否正常，否则存储故障码，提示错误发生；在系统运行过程中，诊断模块仍然实时监测，但是由于发动机高速运转，考虑程序实效性，仅对调速器手柄位置传感器和发动机转速信号进行监测；当发动机停机后，5 s 内诊断模块会再进行一次全面诊断，如图 8 - 33所示。

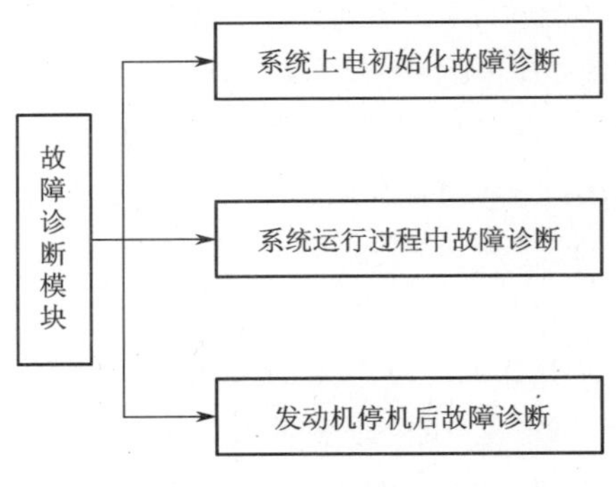

图 8 - 33　故障诊断模块

8.3.3　控制程序的编译、连接和写入

对于任何一种开放式 ECU 系统，都必须依托其所有的单片机的技术支持系统工作。目前，国内在柴油机 ECU 控制方面所用的单片机厂商主要有飞思卡尔、英飞凌、英特尔等，这些公司都为自己的产品配置了集成开发环境，开放式 ECU 系统的工作都是依托这些集成驱动电子设备(Integrated Drive Equipment, IDE)建立的。IDE 系统一般在个人电脑上运行，配合一些外围部件，能够提供单片机控制程序的编制、生成和写入作业。

当初步完成编写前面的控制程序后，需要利用 IDE 提供的输入和编辑界面完成以下工作。

1. 建立程序模块

程序模块是指用于存储源码的磁盘文件。在 ECU 技术服务商开发的环境中，可能包括：IDE 建立的初始环境框架文件、ECU 技术服务商为了建立基本框架而建立的文件、ECU 技术服务商提供的基础软件资源文件、ECU 技术服务商提供的基础软件资源与控制层开发人员的接口文件。除了以上文件外，控制层开发人员也可以建立自己的控制模块作为辅助文件。例如针对控制功能模块，将其中部分定义放在另外的模块中，按照合乎自己工作习惯的方式对控制层的文件功能进行整理，以便于对文件内容的管理修订和编辑。

2. 输入程序

将设计好的程序利用 IDE 的编辑输入功能输入源程序文件中去。当然，对于熟练的程序设计人员也常常将自己编制的源代码直接输入进去，然后再修订编辑。

3. 程序的编译和连接

程序的编译是将程序的源代码转变为一种“可重定位代码”，其中对应的程序文件一般有“. obj”的后缀。这种代码实现了由源代码向机器指令的转换，但其中的各项转移地址都还没有具体确定。这种文件是中间文件，由于最终的目标程序是由多个源程序文件组成，当这些源程序文件组合在一起时，才能确定它们之间和它们内部的转移地址。因此如果对源程序文件的源代码做编译，只能先实现对应的中间文件。对程序做编译的过程会发现并指出程序中的语法错误,引导设计者去对相应的错误做出更正。但必须明确,这种更正只能消除程序的语法错误,而不能保证程序逻辑上的正确性。逻辑上的正确性只能靠对程序进行运行和跟踪调试后才能逐渐实现。当所有文件都完成编译后,可以用连接功能将程序各中间文件模块连接成一个运行模块。为单片机生成的文件是一种绝对地址文件,其中包含的转移地址都完全用具体的地址填入。这不同于为个人电脑运行而生成的带 EXE 的文件,EXE 文件地址仍是浮动的,执行时装入内存后才能最终确定其中的转移地址。而上述绝对地址文件是根据单片机的内存布局对地址数据做了完全的确定,只要写入单片机闪存即可。

4. 程序的写入

IDE 系统提供通过专用接口模块将生成的目标代码文件写入单片机的功能。为了实现这一功能,ECU 在硬件设计上准备了专用于单片机程序写入的通道。对于单片机而言,这种写入过程需要有一定的环境条件。例如单片机要有专门的电源支持,写入的过程还需要有专门的硬件通信接口,这种通信接口可以与个人电脑 USB 口相连接,如 CAN2. 0 和 BDM 等。

8.3.4 利用模拟运行设备调试

完成编写控制程序后,必须经过调试运行的工作阶段,对其主要的工作性能做出验证。只有经历了这种调试、验证和排错的过程,才能初步保证 ECU 的基本工作能力的建立。控制程序的调试运行阶段的主要工作是通过在 ECU 模拟工作环境的支持下运行 ECU 的每个功能,对这种功能的有效性做出验证,做到各种功能的测试表现和设计意图相一致。由于 ECU 模拟工作环境提供了 ECU 正常运行的基本要素,因此可以用作对控制程序调试。

1. 模拟运行设备的选择和连接

在柴油/甲醇二元燃料燃烧系统的调试过程中,通常采用柴油机信号模拟器来进行。柴油机信号模拟实验台具有完善的模拟性能,但是其成本较高,信号模拟器已经能完全满足 ECU 调试所使用的功能,并且信号模拟器还有以下优点:采购成本较低,相对更容易配置及安装;可以采用实际的电控喷油器作为 ECU 的供油驱动负载。连接过程为:连接好各自电源;将电子柴油机信号模拟器的模拟信号输出端口与 ECU 的模拟信号输入端口连接;将 ECU 的供油驱动输出与电控喷油器及甲醇喷嘴相连接。

如图 8 - 34 所示,个人电脑上配置 ECU 和 IDE 开发环境及调试标定软件。将两者与 ECU 的通信线路和接口模块连接好。这种环境下能同时完成两方面的功能:一是可以对 ECU 的控制参数通过调试与标定系统来进行监测,二是能够利用 IDE 对控制源程序进行编辑、编译、连接和写入等操作。同时 IDE 系统一般也提供程序的调试功能,包括单步运行、断点检测、数据跟踪监测、对变量数据的动态修订等调试功能。结合应用这两种系统的功能可以对程序的执行过程做出有效的检查,即使发现程序存在各种问题,并做出修正、重新写入 ECU、重复检测和试验。利用这种环境能最大限度地调试和修订控制程序,并在较短时间内完成程序的调试。

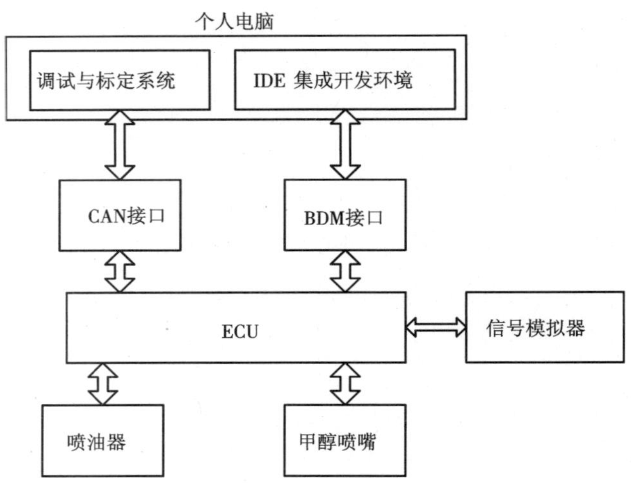

图 8－34 开发环境及调试环境

2. 各工况的模拟调试

通过对输入信号的调整,可以使 ECU 工作在不同的工况中。在不同工况下,通过对控制参数的变化情况的检查,可以对控制软件在各工况下运行的正确性做出评估。通过这种评估,才能初步保证针对实际的柴油/甲醇二元燃料燃烧系统工作控制的可行性。调试过程的目标:一是通过调试发现源程序的错误和缺陷,对源程序进行修改和修订;二是对于一些控制量和默认脉谱值做出设置,使控制过程表现出基本的正确性。

(1)停止工况

当没有曲轴和凸轮轴信号输入时,检查程序的执行情况。此时,针对传感器的信号输入值应该是正常的。通过改变传感器模拟信号的输入,确定传感器信号输入的正确性。如果关于传感器采样值和物理量目标值的脉谱尚未确定,则应在此阶段完成对传感器输入和处理过程的标定。检查每个初始化时的赋值的变量值,看它们是否与初始化赋值一致。如果存在问题,则要对程序的相应部分进行排错和修订。对各类控制脉谱数据做出初始的设置,根据一致的条件尽量给出接近正确的数据设置。尽管这些数据中有许多在实际柴油机调试运行时还要做修订,但在这一步对于控制软件正确性检验时,这些数据有着重要意义。调节曲轴和凸轮轴信号频率,观察转速的改变,转速应当随频率的增加而增大。

(2)起动工况

提高输入的曲轴和凸轮轴信号频率,转速会继续升高。当转速大于最小供油转速时,从油量脉谱中查出的每次供油量大于 0,开始出现供油驱动信号。通过前面介绍的利用示波器对供油驱动电平的检查方法,同时检测曲轴、凸轮轴和供油三个波形。如果检测到每次供油量大于 0 而同时出现了供油驱动波形,则说明起动工况下的供油机制正常。继续缓慢提高输入的曲轴和凸轮轴信号频率,针对不同转速引发的每次供油量和供醇量的变化,对照起动油量脉谱所做的数据设置,确定控制过程的正确性。缓慢调节输入端曲轴和凸轮信号频率,可以观测到每次供油量应随转速低于最小供油转速而变为 0。当转速低于设定的最低起动转速时,意味着起动过程失败,工况转回停止工况。当转速大于起动成功转速时，观察工况状态的改变是否如期实现。当完成起动成功判别后，会自动转入怠速工况。

(3)怠速工况

对于模拟测试而言，怠速工况的模拟最困难。因为在怠速工况下的模拟调试无法实现对 PID 控制参数的调整和标定，必须等到正式台架试验才能完成。

(4)常规工况、急加速和急减速工况

常规工况下的模拟调试过程主要是调整两方面的信号：一是调整油门位置信号电平或加速踏板信号电平，可以通过脉谱的设置调整，实现每次供油量和供醇量的改变；二是调整曲轴和凸轮轴信号频率，曲轴和凸轮轴位置信号的改变，可以反映柴油机使用环境下任何一个工况点。

8.4　控制 MAP 的标定

本节主要讨论柴油/甲醇二元燃料柴油机的标定。对于柴油/甲醇二元燃料燃烧系统做出完整的标定，是柴油/甲醇二元燃料燃烧系统正常工作的重要环节。因为柴油/甲醇二元燃料燃烧系统运行都是靠 ECU 控制，ECU 对柴油/甲醇二元燃料燃烧系统的控制程序是固定的，因而 ECU 中的数据决定了柴油/甲醇二元燃料燃烧系统能否正常工作。换言之，即使柴油/甲醇二元燃料柴油机机械系统、电控系统完全正常，但是只要控制数据不合适，柴油/甲醇二元燃料柴油机就无法正常运行。因此，只有通过标准化的标定步骤，逐步将控制数据做出合适的设定，才可以最终实现柴油/甲醇二元燃料柴油机的正常运行。

电控柴油/甲醇二元燃料柴油机的控制数据主要分为独立数据和脉谱数据两类。标定工作的意义就是确定这些数据。这些数据量较多，它们之间又存在着彼此错综复杂的牵连关系。确定一个标准化的电控柴油/甲醇二元燃料柴油机标定工作步骤，对于保障柴油/甲醇二元燃料柴油机正常工作运行有着重要意义。

8.4.1　标定前的数据准备工作

在开始标定工作前，要做好充分的前期准备工作，以获得一些基本的控制数据和参数。

1. 供油特性脉谱

供油特性脉谱是在燃油系统实验台试验过程中所获得和整理出的脉谱数据。对于不同的燃油系统，其形式也各不相同。对于柴油，有共轨系统供油特性脉谱、单体泵供油特性脉谱、分配泵供油特性脉谱。对于甲醇，有甲醇喷嘴供醇特性脉谱。供油特性脉谱是实现电控柴油/甲醇二元燃料柴油机工作的核心，是保证柴油/甲醇二元燃料柴油机工作性能的最基本数据保障。它获取的时间成本和物质成本比较高。如果不能保障这一数据的正确性，则其他数据调整无法从根本上解决控制问题。

2. 传感器特性数据

传感器特性数据通常由传感器供应厂商提供，但是受目前国内柴油机用传感器生产和服务水平所限，传感器在使用前还需要进行专门的标定来获得相应的脉谱数据。

3. 柴油机结构数据

柴油机结构数据直接反映了柴油机各方面结构特征，这一结构数据包括：第一缸上止点对应的齿的位置、凸轮轴第一齿对应的曲轴齿的位置、凸轮主齿下降沿与下一工作气缸上止点所夹的曲轴转角、柴油机发火顺序等。

4. 柴油机控制数据

柴油机控制数据一般包括供油时间量、起动成功转速、开始起动转速和最低起动转速。

以上的数据尽管属于独立数据，但是由于它们属于针对一台具体的柴油/甲醇二元燃料柴油机一次设定后不必再更改的数据，因此这类数据一般都是在系统初始化时赋值。

8.4.2 起动前的标定工作

在柴油/甲醇二元燃料柴油机起动前，首先需要做出标定的是各传感器的输入处理脉谱。由于这些脉谱对柴油/甲醇二元燃料柴油机有着重要影响，因此保证它们正常工作是柴油/甲醇二元燃料柴油机稳定运行的前提。

8.4.3 冷却水温度传感器的标定

冷却水温度传感器脉谱反映的是针对冷却水温度传感器输入采样值和实际温度的关系。由于这种对应关系并不取决于温度传感器本身，而是与 ECU 接收温度传感器输入电路参数有关。因此，同一种冷却水温度传感器针对不同类型 ECU，还需要重新对脉谱进行标定。

8.4.4 加速踏板脉谱标定

加速踏板脉谱是一位脉谱，第一行是与踏板位置相对应的电压值，第二行是信号电压值对应的油门开度，这两者之间的关系可以人为设定。最简单的设定为每行只有两项：第一行是输入信号的最小电压值和最大电压值，第二行则对应为 0 和 100。这种标定方式的含义是认为信号变化和电压变化呈线性关系，但并不能表现所有加速踏板的实际情况。

8.4.5 起动工况的标定

传感器的标定和采样完成后，即可转入柴油/甲醇二元燃料柴油机正式台架标定。首先涉及的就是起动工况，这是柴油机开始运行后的第一个工况。先列出在起动工况标定中需要调节的独立数据和相关脉谱。

独立数据有最小供油转速、开始起动转速、起动成功转速、起动转速通过检测计数量、起动成功检测通过次数和最低起动转速（由起动转回停止的转速）。

所需脉谱有柴油共轨系统供油特性脉谱、供油脉宽电压修正脉谱、起动油量脉谱、冷却液温度补偿修正脉谱、供油提前角脉谱、供油提前角与冷却液温度修正脉谱。

起动过程标定的具体流程如图 8 – 35 所示。

8.4.6　怠速工况的标定

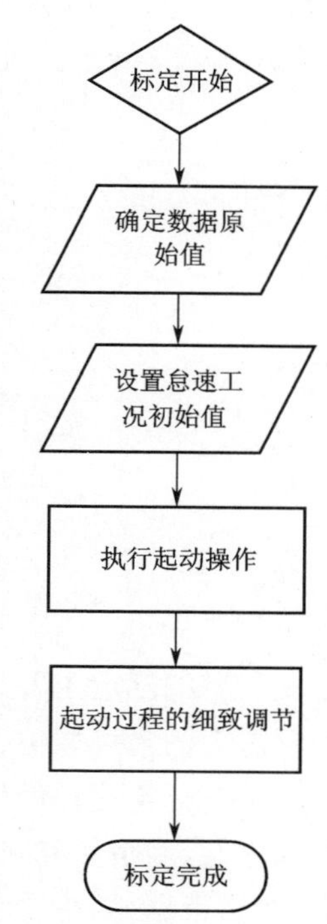

图 8－35　起动过程标定流程

怠速工况性能是柴油/甲醇二元燃料柴油机工作性能的最基本指标。怠速工况能够给柴油/甲醇二元燃料柴油机使用者和旁观者最初步、最直接的印象。好的怠速性能要实现以下基本特性:怠速运行稳定、怠速下有较好的带载能力、怠速排放好、噪声小。

要获得好的怠速性能,首先取决于柴油机的设计、制造和装配水准。但在此基础上,做好怠速下柴油机的控制标定至关重要。怠速工况的标定流程如图 8－36 所示。

8.4.7　常规工况的标定

常规工况是柴油/甲醇二元燃料柴油机正常工作时的主要工况,这一工况的基本特征是通过操作油门来调整每循环供油量和每循环供醇量达到带动外界负荷的工作目标。对常规工况的要求是:使柴油/甲醇二元燃料柴油机在整个常规工况的工作区域内实现正常运转,并具有满意的动力性;尽可能提高甲醇对柴油的替代率;减小甲醇对柴油的替换比。

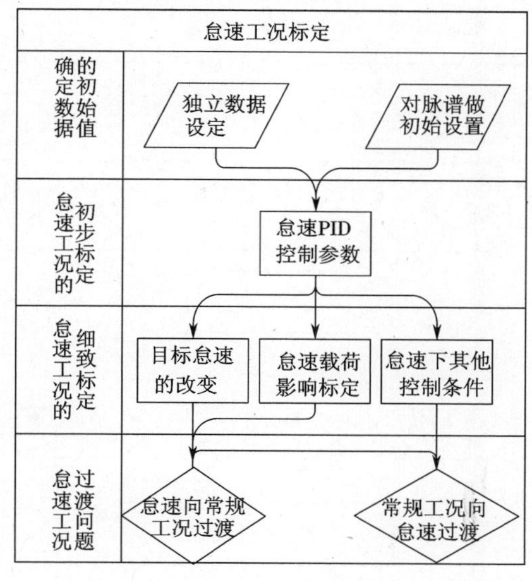

图 8－36　怠速工况的标定流程

常规工况的标定过程的基本工作与传统柴油机的外特性测试工作有着大致的对应关系。首先是明确柴油/甲醇二元燃料柴油机的最大扭矩线,其与怠速转速、额定转速和最小扭矩线之间的范围即为柴油/甲醇二元燃料柴油机可能用到的工作区域。

如图 8－37 所示,柴油/甲醇二元燃料柴油机特殊的地方在于还要根据二元燃料柴油机的工作区间,避开柴油/甲醇二元燃料燃烧边界中所示低效区、失火区和爆震区。

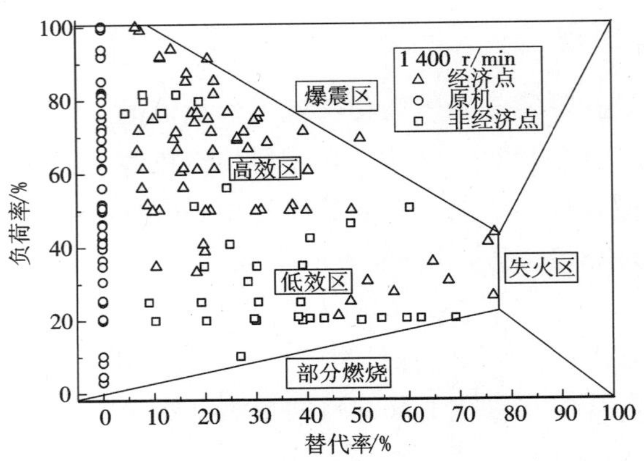

图 8-37 柴油/甲醇二元燃料燃烧发动机运行区域

常规工况的标定主要是为了测试柴油/甲醇二元燃料柴油机在可用工作区域内不同位置时控制参数的最优取值,将其写入脉谱以实现柴油机在整个工作区域的优化控制。

常规工况标定过程的做法和追求的目标有关。目前,柴油/甲醇二元燃料柴油机主要指标有动力性、经济性和排放性。通常来说,总是先根据动力性和经济性目标实现较理想的标定,然后根据排放的要求增加新的控制项目,常常是通过适当的放弃一些动力性和经济性目标来获取所追求的排放效果。常规工况的标定流程如图 8-38 所示。

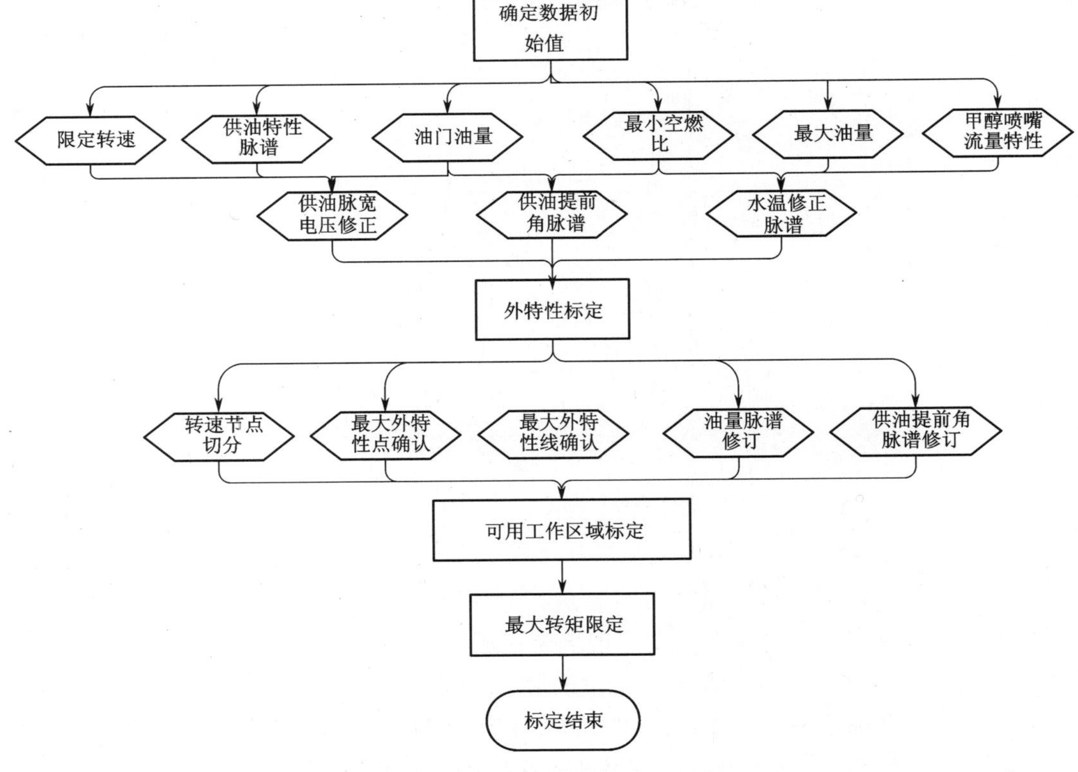

图 8-38 常规工况的标定流程

8.4.8　控制 MAP 的标定方法

燃油经济性是评价柴油/甲醇二元燃料燃烧系统非常重要的指标，而且改善发动机排放也是柴油/甲醇二元燃料燃烧系统的一大特色。因此，在标定过程中，以燃油经济性作为标定的目标，将柴油/甲醇二元燃料燃烧系统发动机的 NO_x、THC、CO 作为标定的约束条件。

甲醇对柴油的替代率的定义为

$$R_m = \frac{B_d - B_{dm}}{B_d} \times 100\% \tag{8-9}$$

式中：B_d 为纯柴油模式下柴油的消耗量，kg；B_{dm} 为柴油/甲醇二元燃料燃烧系统模式下柴油的消耗量，kg。

甲醇对柴油的替换比的定义为

$$\lambda_m = \frac{B_m}{B_d - B_{dm}} \times 100\% \tag{8-10}$$

式中：B_m 为柴油/甲醇二元燃料燃烧系统模式下甲醇的消耗量，kg。

替代率代表了柴油/甲醇二元燃料燃烧系统模式下能够节省的柴油量，而替换比则代表了柴油/甲醇二元燃料燃烧系统的综合燃油经济性。按照燃料低热值计算，每替换 1 kg 的柴油就需要 2.14 kg 的甲醇，即理论替换比应为 2.14。因此，在标定工作过程中，将替换比控制在 2.14 以内，以保证柴油/甲醇二元燃料燃烧系统的综合燃油经济性。标定工作流程如图 8-39 所示。

甲醇喷射电磁阀的流量特性对柴油/甲醇二元燃料燃烧系统性能影响很大，因此在标定工作开始前，首先要对甲醇喷嘴的流量特性进行标定。目前，使用两种流量的甲醇喷嘴：一种是流量较小的喷射电磁阀，另一种是为大功率的柴油机配备的大流量喷射电磁阀。

图 8-40 所示是甲醇喷射电磁阀流量标定曲线。电磁阀的最大流量特性与说明书提供的流量特性一致。

8.4.9　标定软件

标定软件的主要功能是对 ECU 内部数据和运行参数的在线监测、修正和管理以及对故障诊断结果的显示。

图 8-41 是上位机的标定界面。标定界面中能够实时、在线对 ECU 中存储的 MAP 数据进行修改，并且能够将 MAP 数据上传到上位机中进行存储。

图 8-42 是标定软件中发动机运行数值监控窗口。该窗口只能实时显示发动机运行和控制参数，但不能对其进行修改。

图 8-43 是发动机运行和控制参数的图形监测窗口。该窗口中的纵坐标实时滚动变化，能够根据测量参数的大小自动调整显示比例，以方便图形显示。

图 8-44 是故障诊断窗口。诊断模块能够将 ECU 检测到的故障码存储在 ECU 中，当 ECU 和上位机通信时，诊断窗口能够通过通信模块将诊断出的故障码读出。当故障码被排除后，可以通过诊断窗口清除故障码。

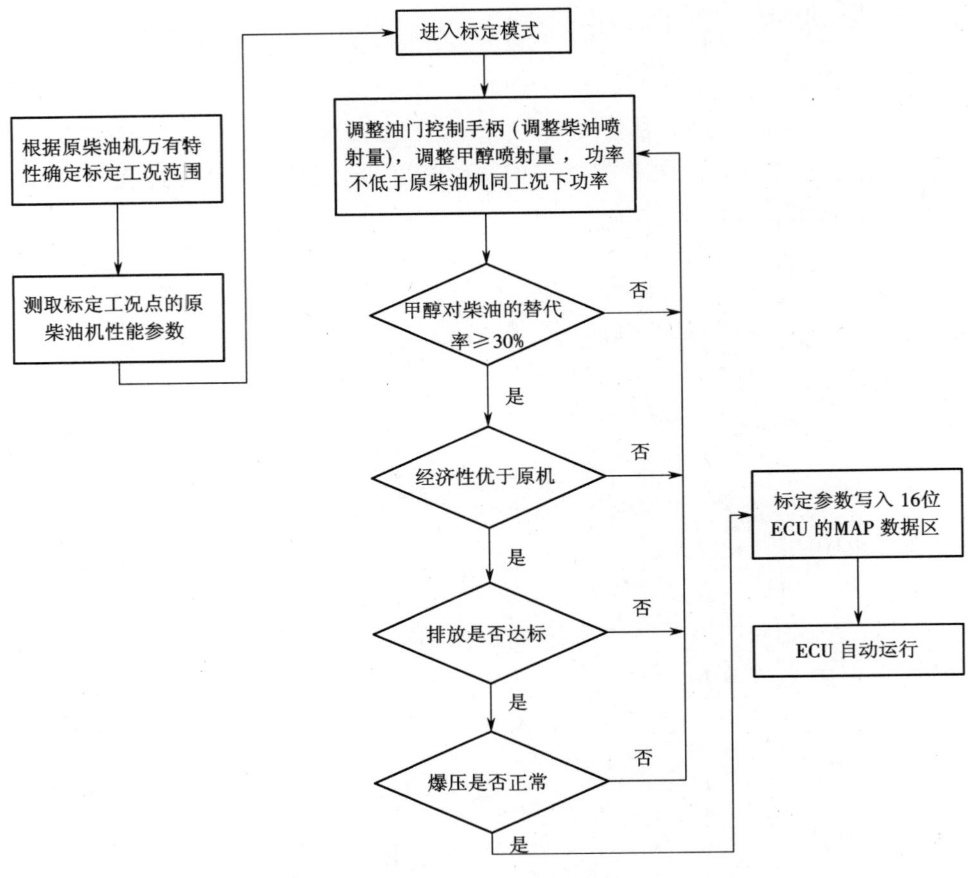

图8-39　标定工作流程

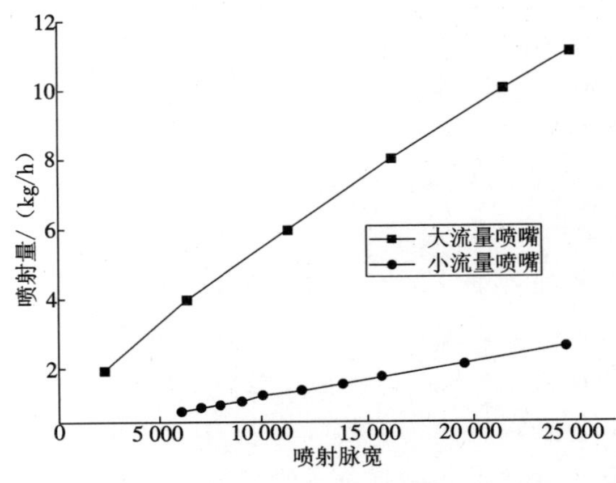

图8-40　甲醇喷射电磁阀流量标定曲线

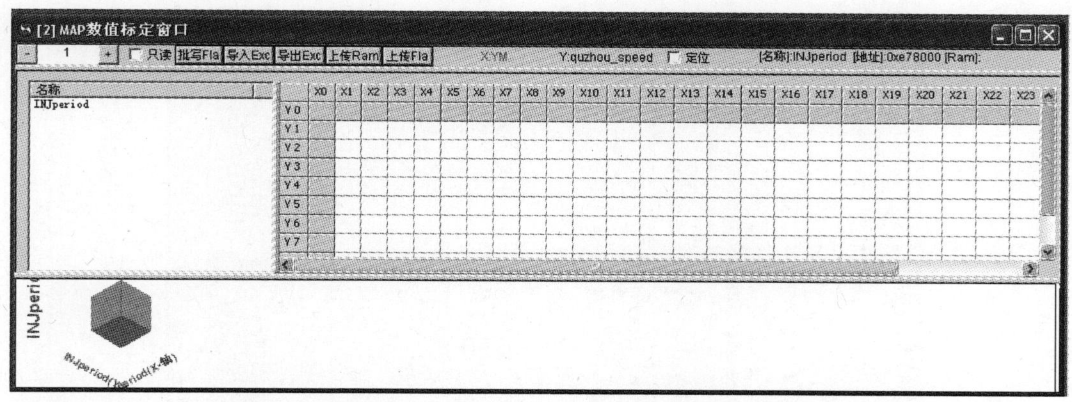

图 8－41　上位机标定界面

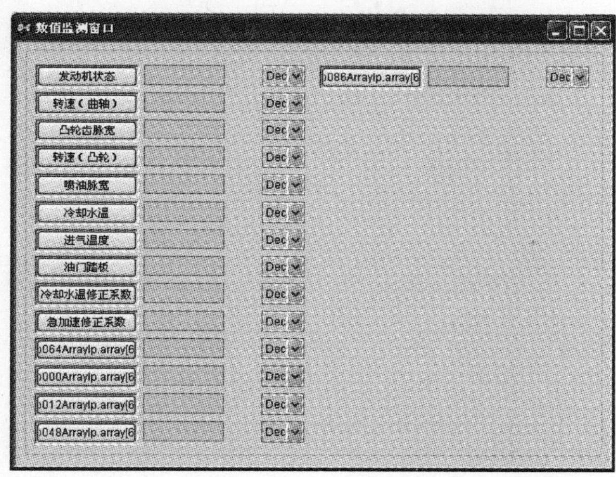

图 8－42　数值监控窗口

8.4.10　MAP 的优化方法

对控制 MAP 进行台架标定是一个非常重要的过程，数据的准确性直接影响控制精度，但是这个过程十分耗费人力、物力和时间。因此，在台架标定过程中转速标定间隔为 200 r/min，油门控制手柄开度间隔为 10%，选取有限点进行标定，形成最初的 MAP 图。但是，这样的控制 MAP 数据间隔较大，如果将其直接写入 ECU，通过插值算法计算出来的控制变量的精度可能就会受到影响。因此，在标定完成最初的控制 MAP 后，采用神经网络方法对控制 MAP 进行优化计算，得到更为紧密和平滑的控制 MAP 数据，将优化后的数据写入 ECU 数据存储区，作为发动机实际运行的控制 MAP。

1. 神经网络方法

神经网络的基本单元称为神经元，这是对生物神经元的简化和模拟。神经元的个体特性在某种程度上决定了神经网络的总体特性。大量简单神经元的相互连接构成了神经网络。一个代表性的 r 维输入的神经元模型可以用图 8－45 表示。

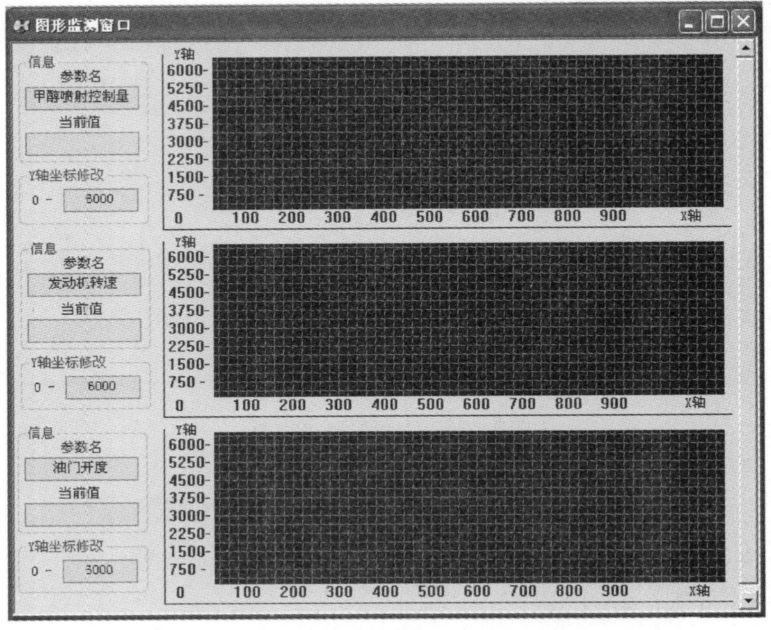

图 8-43 图形监测窗口

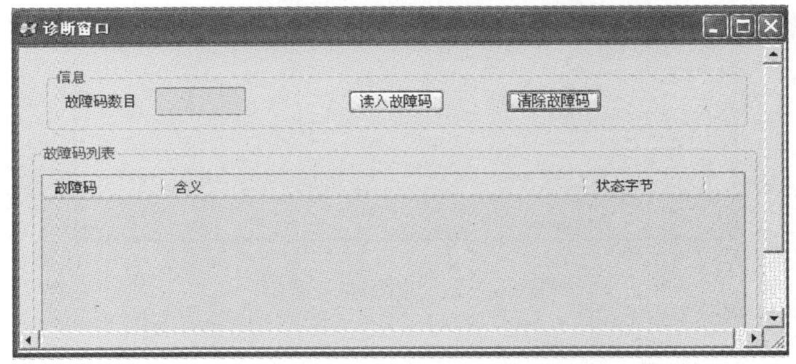

图 8-44 故障诊断窗口

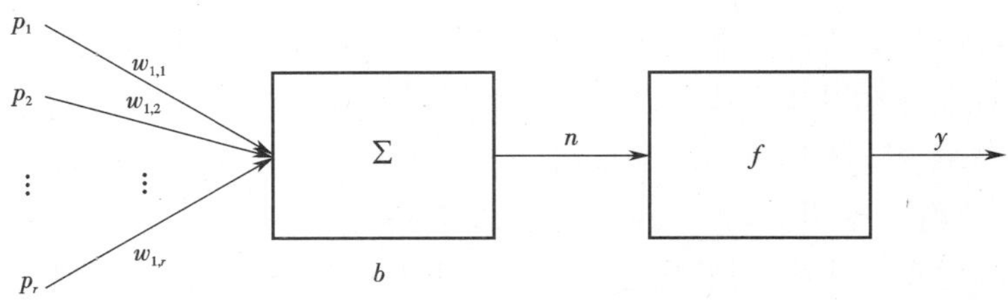

图 8-45 神经元模型

从图 8-45 可以看出，一个典型的神经元模型主要由以下五个部分组成。

(1)输入部分

$p_1,p_2,\cdots,p_r$ 代表自学习的 r 个输入，在计算表达中，输入可以用一个 $r\times1$ 维的列矢量

$\boldsymbol{p}$ 来表示(其中 T 代表取转置),即

$$\boldsymbol{p} = [p_1, p_2, \cdots, p_r]^{\mathrm{T}} \tag{8-11}$$

(2)网络权值和阈值

$w_{1,1}, w_{1,2}, \cdots, w_{1,r}$ 代表网络权值,其含义表示输入与神经元间的连接强度。b 代表神经元阈值。神经元的网络权值可以用一个 $1 \times r$ 维的行矢量 $\boldsymbol{w}$ 来表示,即

$$\boldsymbol{w} = [w_{1,1}, w_{1,2}, \cdots, w_{1,r}] \tag{8-12}$$

无论网络权值还是神经元阈值都是可以调整的。也正是基于神经网络权值和阈值的动态调节特性,神经网络才得以表现出某些行为特性。因此,网络权值和阈值的可调节性是神经网络的基本内涵之一。

(3)求和部分

该部分主要完成对输入信号的加权求和,即

$$n = \sum_{i=1}^{r} p_i w_{1,i} + b \tag{8-13}$$

这是神经元对输入信号处理的第一个过程。

(4)传递函数部分

在图 8-45 中,f 表示神经元的传递函数(激发函数),它主要用于对求和部分的计算结果进行函数运算,从而得到神经元的输出,这是神经元对信号处理的第二个过程。神经元传递函数形式有很多种,视具体情况使用不同的传递函数。

(5)输出部分

输入信号经过神经元加权求和及传递函数作用后,得到最终的输出,即

$$y = f(\boldsymbol{pw} + b) \tag{8-14}$$

学习特性是神经网络的基本特性,神经网络的学习与训练是通过不断地调节网络权值和阈值来实现的。根据学习过程的组织和管理方式不同,学习算法可以分为有监督学习和无监督学习两大类。

对于有监督学习方式(图 8-46),网络的训练需要一定数量的学习样本,训练样本需要包含输入矢量和目标输出。在学习训练过程中,神经网络不断将实际输出与目标输出进行对比,计算出二者之间的误差。当误差超过规定值时,神经网络则根据一定的规则和算法对网络权值和阈值进行调节,使误差向着减小的方向变化,从而使得实际输出逐渐接近目标输出。有监督学习方式最具有典型代表的是 BP(Back Propagation)算法——误差反向传播算法。

无监督学习方式是一种自组织学习方式,神经网络的学习过程完全是自我学习的过程,不需要提供外部样本,在学习过程中网络只需要响应输入信号的激励,按照规则反复调节网络权值和阈值,直到最后形成某种有序状态。Hebb 学习规律是无监督学习的典型代表,该种学习方式可以用在聚类分析上,通过学习将输入信号按照相似程度自动化分成若干类,并且记录下输入特征,在网络工作阶段实现识别的功能。

神经网络的学习过程就是按照一定的规则来调整网络权值和阈值的过程,这些原则就是所说的学习规则。柴油/甲醇二元燃料燃烧系统采用 δ 学习规则。

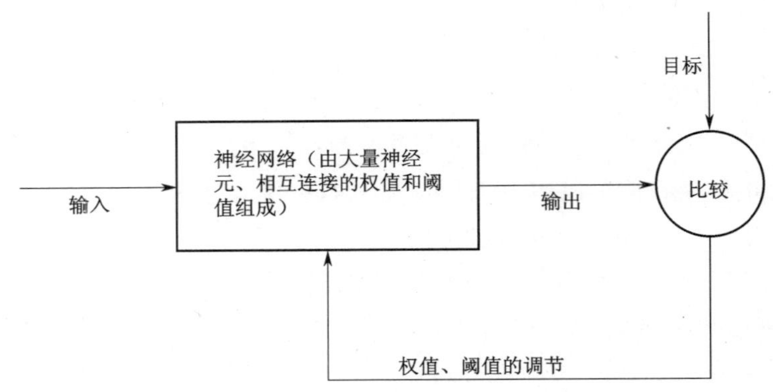

图 8－46 有监督学习方式

1960 年美国工程师 Bernard Widrow 和 Marcian Hoff 从工程应用角度出发,提出了一种有效网络学习算法,即 δ 学习规则。1962 年提出的 Widrow-Hoff 学习规则是 δ 学习规则在激活函数为线性函数时的特例。学习信号定义为

$$r_j=(d_j-y_j)f'(s_j)=(d_j-f(\boldsymbol{w}_j\boldsymbol{p}))f'(\boldsymbol{w}_j\boldsymbol{p}) \tag{8-15}$$

式中:d_j 为期望输出;y_j 为实际输出;$f'(s_j)$为激活函数在 s_j 处的导数;$\boldsymbol{w}_j$ 为权矢量。

δ 学习规则是为了获得实际输出和期望输出之间的最小平方差的条件推导出来的。平方差的定义为

$$\boldsymbol{E}_j=\frac{1}{2}(d_j-y_j)^2=\frac{1}{2}(d_j-f(\boldsymbol{w}_j\boldsymbol{p}))^2 \tag{8-16}$$

将误差 $\boldsymbol{E}_j$ 对权矢量 $\boldsymbol{w}_j$ 求导,得到误差的梯度矢量值

$$\nabla\boldsymbol{E}_j=-(d_j-y_j)f'(\boldsymbol{w}_j\boldsymbol{p})\boldsymbol{p}^{\mathrm{T}} \tag{8-17}$$

δ 学习规则能够推广到多层网络。

2. 神经网络在 MAP 优化中的应用

本文基于 MATLAB 数学工具软件编写了相应的上位机程序,采用 BP 神经网络建立了优化 MAP 数学模型。该 BP 神经网络共分为四层,第一层为输入层,第二层和第三层为隐含层,第四层为输出层,BP 神经网络的构造如图 8－47 所示。第二、三层隐含层就是对神经网络的构造。具体构造如下:输入层包含两个输入矢量——油门控制手柄开度和发动机转速;第二层神经元的个数为 20 个,采用的传递函数为“TRANSIG”;第三层神经元的个数为 5 个,采用的传递函数为“PURELIN”;输出层为甲醇的控制喷射量。规定网络训练的泛化误差为 1%[10]。

神经网络构造完成后就要按照原先标定的 MAP 数据对神经网络进行训练。学习算法采用了有监督学习算法,学习规则采用 δ 学习规则,样本采用了台架标定 MAP 数据。

训练中规定网络的泛化误差 <0.1%,图 8－48 显示的是计算过程中神经网络的泛化误差收敛情况。由图可见,在神经网络计算了 300 步后,泛化误差 <0.01%,神经网络训练结束,得出了神经网络的计算权值和阈值。

存储网络的权值和阈值后,神经网络的学习和训练过程就结束了。

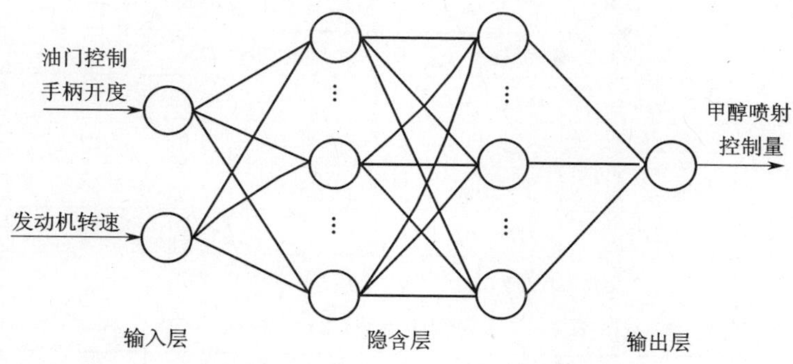

图 8-47　BP 神经网络的构造

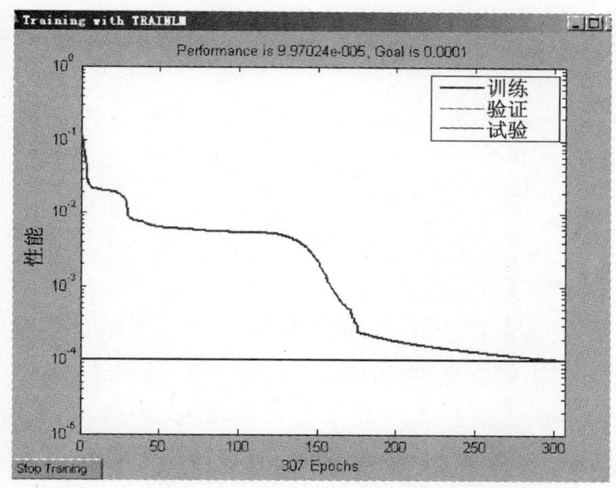

图 8-48　BP 神经网络的训练

在神经网络学习训练结束后，就具备了对控制 MAP 数据进行优化的基础。首先将发动机实际运行的参数，即发动机转速和油门开度转换成 $n \times 2$ 矩阵，将该矩阵输入神经网络中，通过已经学习训练完成得到的网络权值和阈值计算，便得到 $n \times 1$ 矩阵，该矩阵就是目标输出——甲醇喷射控制量，如图 8-22 所示。通过与标定 MAP(图 8-23)的对比可以看出，优化后的控制 MAP 明显比标定 MAP 更加平滑和紧密。

3. 对优化数据的试验检验

对控制 MAP 优化结束后，优化的结果是否能够达到柴油/甲醇二元燃料燃烧系统对经济性、排放性的要求，还需要通过试验验证。试验是在 490QDI 柴油机上进行的，选取了部分优化后的数据进行试验验证。表 8-2 显示的是优化后的燃油消耗试验数据，与纯柴油模式燃油消耗率(表 8-3)相比，甲醇对柴油的替代率均 >30%，甲醇对柴油的替换比均 <2。试验结果表明，运用神经网络对控制 MAP 进行优化后，试验结果能够达到柴油/甲醇二元燃料燃烧系统对经济性的要求。运用神经网络优化的方法不仅能够减少标定工作量，而且完全能够达到二元燃料燃烧系统的要求。

表 8-2 优化后二元燃料燃烧燃油消耗率

转速/(r/min)	扭矩/(N·m)	柴油耗量/(kg/h)	甲醇耗量/(kg/h)	R_m	λ_m
1 600	52	1.69	1.58	35.1%	1.82
1 600	72.9	1.90	2.03	39.1%	1.66
1 800	51.3	1.75	1.91	37.3%	1.84
1 800	71	2.09	2.42	41.1%	1.65

表 8-3 纯柴油燃烧燃油消耗率

转速/(r/min)	扭矩/(N·m)	柴油耗量/(kg/h)
1 600	52	2.48
1 600	72.9	3.12
1 800	51.3	2.79
1 800	71	3.55

8.5 本章小结

本章根据柴油/甲醇二元燃料燃烧发动机的特点,将发动机运行工况和工作区间进行了细分,针对每类工况提出不同的控制策略,最后形成二元燃料燃烧的总体控制思想。采用C语言和汇编语言混合编程的方法编写完成二元燃料燃烧控制软件。控制软件的编写运用模块化设计思路,采用自上向下、逐步细化的结构化软件设计方法。该软件以MC9S12DP256芯片作为运行平台,通过对发动机各路传感器的信号识别,能够准确判断柴油/甲醇二元燃料燃烧发动机的运行工况,在发动机电子控制单元的内部数据存储区间存储了发动机运行二维控制MAP图,根据发动机负荷的变化自动定时定量地控制甲醇类燃料喷射电磁阀。软件具备初步OBD(车载诊断技术)系统功能,能够在发动机运行过程中实时检测组合燃烧发动机电子控制单元各组成部分的工作情况。

提出了以甲醇对柴油的替代率和替换比为控制目标,以排放作为约束条件的组合燃烧标定方法,在发动机台架上进行了标定工作,获得基础MAP数据后,采用神经网络算法对MAP数据进行了优化,得到了更为紧密和平滑的控制MAP数据。通过对神经网络优化后的数据,再次进行发动机台架试验验证。经过反复的试验表明:柴油/甲醇二元燃料控制系统能够稳定可靠运行,而且完全能够达到柴油/甲醇二元燃料燃烧系统规模化应用的要求[5,10~11]。

8.6 参考文献

[1]董辉.日本汽车发动机电控系统与电路[M].北京:北京理工大学出版社,1996.
[2]刘振闻,陈幼平.汽车电器与电子技术[M].北京:人民交通出版社,1998.

[3]舒华,姚国平. 汽车电子控制技术[M]. 北京:人民交通出版社,2008.
[4]王尚勇,杨青. 柴油机电子控制技术[M]. 北京:机械工业出版社,2005.
[5]黄钰. 柴油-甲醇组合燃烧发动机的控制策略及试验研究[D]. 天津:天津大学,2008.
[6]于万海. 汽车单片机与车载网络技术[M]. 2版. 西安:西安电子科技大学出版社,2007.
[7]李铁军. 柴油机电控技术实用教程[M]. 北京:机械工业出版社,2009.
[8]王宜怀,曹金华. 嵌入式系统设计实战——基于飞思卡尔S1zX微控制器[M]. 北京:北京航空航天大学出版社,2011.
[9]王银山. 柴油/甲醇组合燃烧柴油机控制策略的研究与应用[D]. 天津:天津大学,2005.
[10]闻新. MATLAB神经网络应用设计[M]. 北京:科学出版社,2000.
[11]姚春德,王银山,段峰,等. 柴油机燃用甲醇-柴油二元燃料的控制与研究[J]. 拖拉机与农用运输车,2005(5):25-28.

第9章　柴油/甲醇二元燃料燃烧技术的应用

9.1　柴油/甲醇二元燃料车辆的改装

重载柴油机采用柴油/甲醇二元燃料燃烧模式可以同时减少 NO_x 和颗粒物排放，并能大幅度替换柴油和提高整机热效率。柴油/甲醇二元燃料燃烧技术在重型车辆上的应用，可有效地减少柴油的消耗量，降低石油对外依存度，并且能够改善排放，使车辆加速过程中冒烟现象得到优化。下面分别以供油系统为直列泵的在用重型车和装有电控共轨发动机的全新重型车为例，论述采用柴油/甲醇二元燃料技术的改装过程和使用注意事项。

9.1.1　柴油/甲醇二元燃料车辆的工作原理

二元燃料车辆具有两种工作状态，即原车的纯柴油工作模式和采用柴油/甲醇二元燃料同时燃烧的工作模式。其工作模式选择可以由甲醇系统 ECU 自动切换，也可以通过甲醇系统开关强制关闭二元燃料模式而采用原车模式。在车辆冷起动和小负荷时采用柴油单燃料燃烧，甲醇系统 ECU 会判断冷却液温度，当发动机热机后就切换到柴油/甲醇二元燃料模式运行。当车辆使用柴油/甲醇二元燃料燃烧模式时，同等工况下柴油供油量减少，甲醇系统供给甲醇类燃料，以压燃直喷到缸内的柴油作为引燃燃料，甲醇以预混状态在进气冲程进入缸内，发动机全工况的柴油和甲醇比例是由台架动态标定后移植到车辆上使用，所以车辆在整个运行及工况变换过程中能够平顺过渡。当车辆使用纯柴油模式时，甲醇 ECU 自动切断甲醇泵和甲醇喷嘴等部件，停止供给甲醇。若车辆运行过程中甲醇箱中燃料不足，则 ECU 会判断出甲醇液位过低而采用纯柴油模式。

9.1.2　电控甲醇喷射系统的组成

柴油/甲醇二元燃料车辆的甲醇喷射系统一般由甲醇供给系统、电子控制系统和显示系统三大部分组成。

1. 甲醇供给系统

甲醇类燃料供给系统的作用是向发动机供给二元燃料模式燃烧时所需要的甲醇。它主要由甲醇粗滤器、电动甲醇泵、甲醇滤清器、甲醇压力调节器、甲醇喷射器和甲醇管路等组成，如图 9-1 所示。

电动甲醇泵把甲醇从甲醇箱中泵出，经过甲醇滤清器滤去杂质，再通过甲醇总管分配到各个喷嘴。甲醇压力调节器可以减小甲醇管路中醇压的波动（甲醇泵输出的压力周期性变化，使甲醇喷嘴喷醇时压力变化）[1]。甲醇压力调节器保持甲醇醇轨中压力恒定，使喷醇量只受喷醇时间长短的影响，提高喷醇量的控制精度。

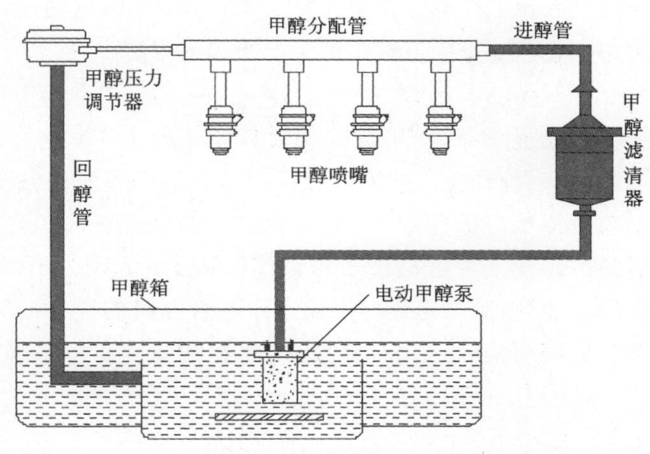

图 9－1　甲醇供给系统

2. 电子控制系统

电子控制系统的作用是检测发动机的工作状况,精确控制甲醇的喷射量和喷射时刻。它主要由各种传感器、执行器和控制器组成。图 9－2 所示是二元燃料车辆中甲醇系统的电子控制系统。

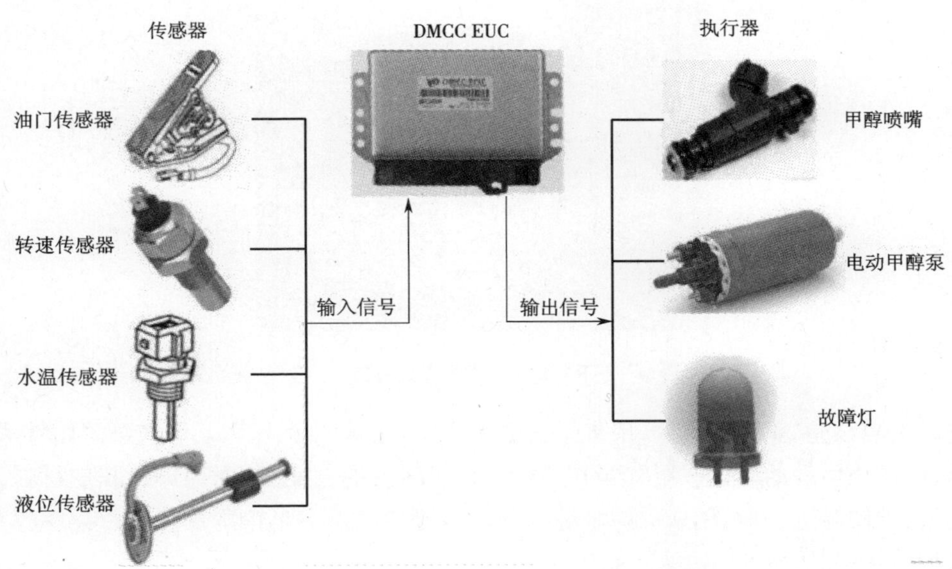

图 9－2　二元燃料车辆中甲醇系统的电子控制系统

甲醇系统的传感器主要有发动机转速传感器、油门位置传感器、冷却液温度传感器和甲醇液位传感器等。在车辆上布置这些传感器用来判断发动机的工作状况以确定甲醇的喷射。

执行器的作用是根据甲醇 ECU 的指令来完成其任务要求。甲醇系统的执行器主要有电动甲醇泵、甲醇喷嘴和故障灯。

控制系统是电子控制系统的核心。主要是把台架标定的甲醇喷射脉谱记录下来，并在车辆实际运行过程中根据传感器判断发动机的工况来喷射甲醇。

3. 显示系统

显示系统的主要作用是显示柴油/甲醇二元燃料模式的工作状态。包括故障灯、喷醇指示灯、甲醇液位表和甲醇系统开关。故障灯的作用是显示甲醇系统各个传感器的信号状态和简单故障指示。喷醇指示灯的作用，一方面显示车辆是否进入二元燃料工作模式，另一方面指示甲醇喷射量的多少。甲醇液位表可以实时指示甲醇箱中甲醇的剩余量。甲醇系统开关可以选择使用柴油/甲醇二元燃料模式工作或者原机的纯柴油模式工作。显示系统的各个部件都布置在驾驶面板处，驾驶员可以实时在线监测甲醇系统的工作情况，并合理使用甲醇系统。

9.1.3 柴油/甲醇二元燃料车辆改装过程

1. 机械部件安装和布置

二元燃料车辆增加的机械部件主要是甲醇供给系统部件及其安装支架。甲醇箱用来存储甲醇类燃料，其体积大小与柴油箱基本保持1:1的比例，材质选用不锈钢或者碳钢材料。甲醇箱布置在车辆大梁上，固定牢固且远离排气管，如图9-3所示。

图9-3 甲醇箱布置位置

电动甲醇泵是24 V直流泵，用来运送甲醇并建立醇轨中的压力。甲醇泵采用特殊材料定制，可以防止甲醇的腐蚀。甲醇泵布置在发动机附近的大梁处，周边环绕胶皮材料，起到防震效果；外侧有遮挡板，用来保护甲醇泵并防止行驶过程中车轮所带泥土污染甲醇泵，安装位置如图9-4所示。

甲醇滤清器是用来过滤甲醇中的杂质，防止损坏甲醇泵和甲醇喷嘴，一般安装在甲醇泵前端的大梁处，如图9-5所示。

甲醇调压阀布置在甲醇泵后面的管路上，调节甲醇泵泵出压力使醇轨的甲醇压力恒定，使得醇轨中甲醇压力为恒定值(0.4 MPa)，当压力超过限定值后甲醇从回路中流回甲醇箱。甲醇调压阀的布置如图9-6所示。

甲醇喷醇器的作用是促进甲醇雾化与空气均匀混合，它由甲醇管路、甲醇醇轨和甲醇喷嘴组成。甲醇喷醇器布置在中冷器后面的进气道位置，分为总管喷射方式和进气歧管喷

(a)

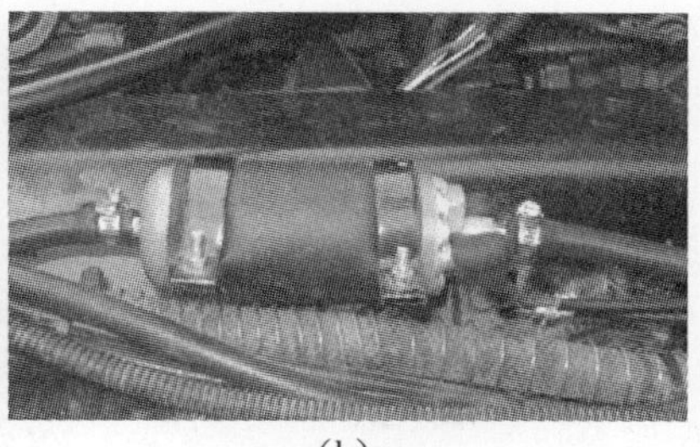
(b)

图9-4 甲醇泵安装位置

(a)安装支架板 (b)甲醇泵

(a)

(b)

图9-5 甲醇滤清器安装位置

(a)安装支架板 (b)滤清器

(a)

(b)

图9-6 甲醇调压阀安装位置

(a)安装支架板 (b)调压阀

射方式。总管喷射就是甲醇喷嘴布置在进气总管处,各喷嘴甲醇同时喷射,与进气形成均质混合气,然后进入缸内由柴油引燃。进气歧管喷射是在柴油机的每个进气歧管布置一个甲醇喷嘴,甲醇喷射后可以充分吸收进气歧管处和气门处的热量。图9-7所示是进气歧管喷醇器布置和总管喷醇器布置。

2. 传感器的安装

由上节中甲醇电子控制系统可知,甲醇系统的传感器主要有甲醇液位传感器、油门位置传感器、发动机转速传感器和冷却水温度传感器等,其安装位置和精度直接影响着发动机运行工况的准确判断,决定着甲醇喷射的精确性。

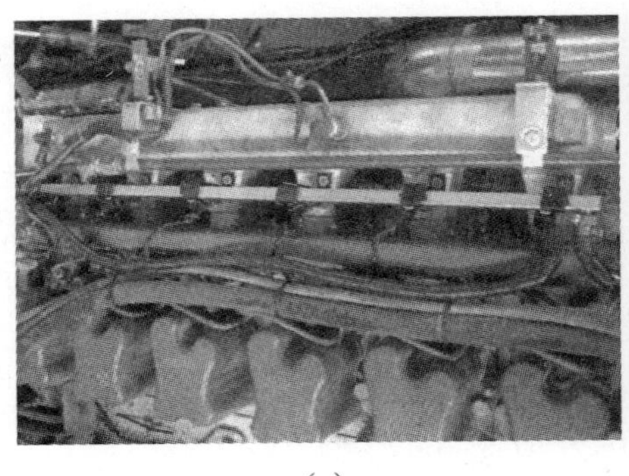
(a)

(b)

图9-7　甲醇喷射方式及布置位置

(a)甲醇进气歧管喷射　(b)甲醇总管喷射

甲醇液位计安装在甲醇箱顶部,其中液位计浮子为不锈钢材质或者加氢丁腈橡胶材质,以防止甲醇腐蚀,安装位置如图9-8(a)所示。冷却水温度传感器布置在发动机冷却水道上,用来判断发动机的冷热机状态和散热状况,安装位置如图9-8(b)所示。

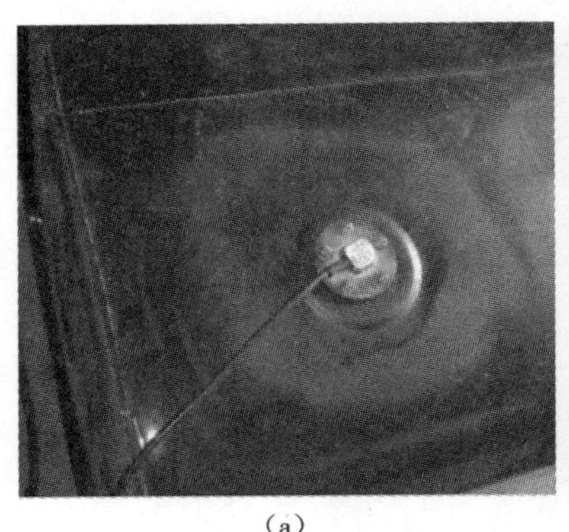
(a)

(b)

图9-8　液位计和冷却水温度传感器安装位置

(a)液位传感器　(b)冷却水温度传感器

油门位置传感器用于对柴油机负荷进行判断。直列机械泵柴油机油门位置传感器安装在高压油泵油门拉杆转轴处,加速踏板变动时运动量反映到油门拉杆处,而传感器的轴心与拉杆旋转中心一致,这样油门开度变化量就转变为传感器的角位移变量,其工作原理如图9-9(a)所示。传感器的安装是靠油门支架固定的,安装位置如图9-9(b)所示。电控柴油机采用了电子油门踏板,如图9-10(a)所示。甲醇ECU借助电子油门踏板的输出信号来判断油门开度而确定发动机负荷,信号源为插接件的VPA2,其输出电压为0~5 V,如图9-10(b)所示。

发动机转速传感器布置在发动机飞轮齿盘处,通过计算飞轮上的齿数来计算发动机的转速。传感器是磁电传感器,安装在飞轮壳上,应该保证传感器头部到信号齿顶端距离在1~2 mm,并与飞轮旋转切线方向垂直,如图9-11所示。

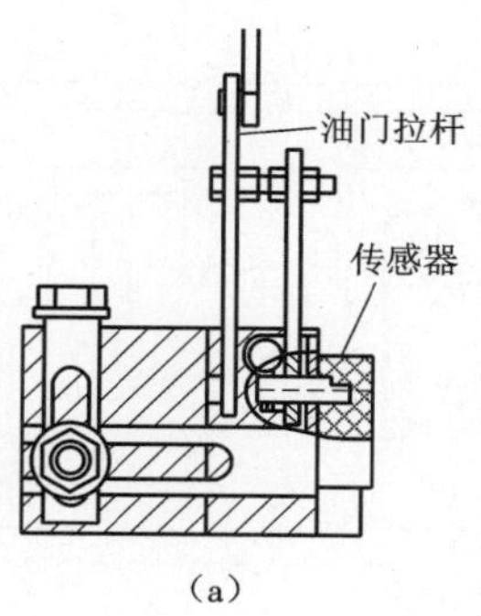

(a)

(b)

图9-9　油门开度测量原理及其安装位置

(a)传感器工作原理　(b)传感器安装

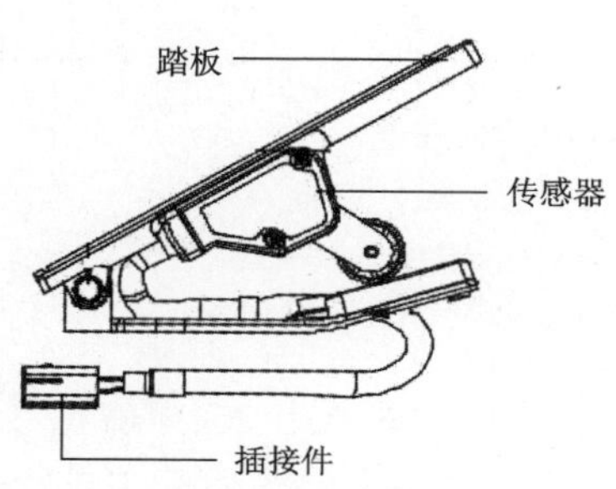

(a)

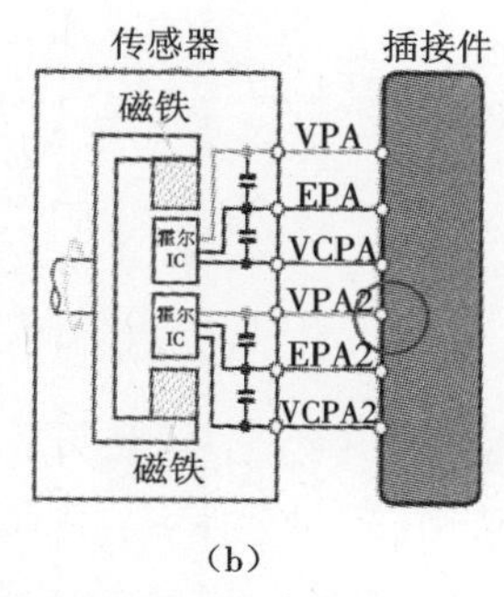

(b)

图9-10　电子油门踏板及接线方法

(a)电子油门踏板　(b)踏板接线

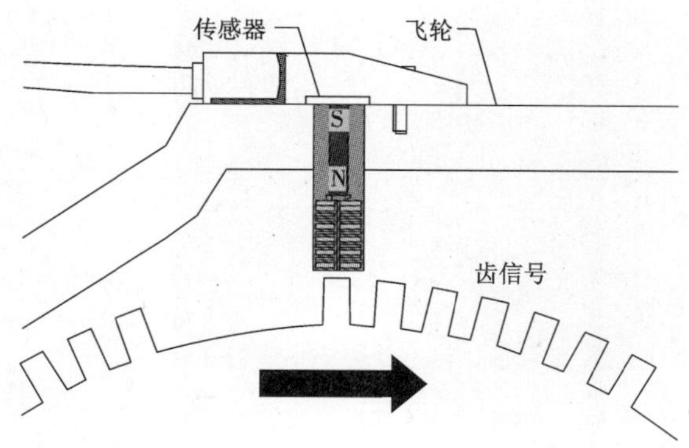

图9-11　转速传感器安装

3. 电路系统布置

柴油/甲醇二元燃料车辆甲醇电路系统包括电源、信号线和显示开关等。其中,电源走向为电瓶、保险丝、甲醇系统开关、ECU、甲醇泵和传感器。ECU 和甲醇泵采用24 V 供电,电源正极保险丝为10 A。油门位置传感器、甲醇液位计、信号灯和 CAN 通信口由 ECU 供给5 V电压。甲醇 ECU 通过 PWM 方式驱动甲醇喷嘴,甲醇电路系统布置如图9-12 所示。

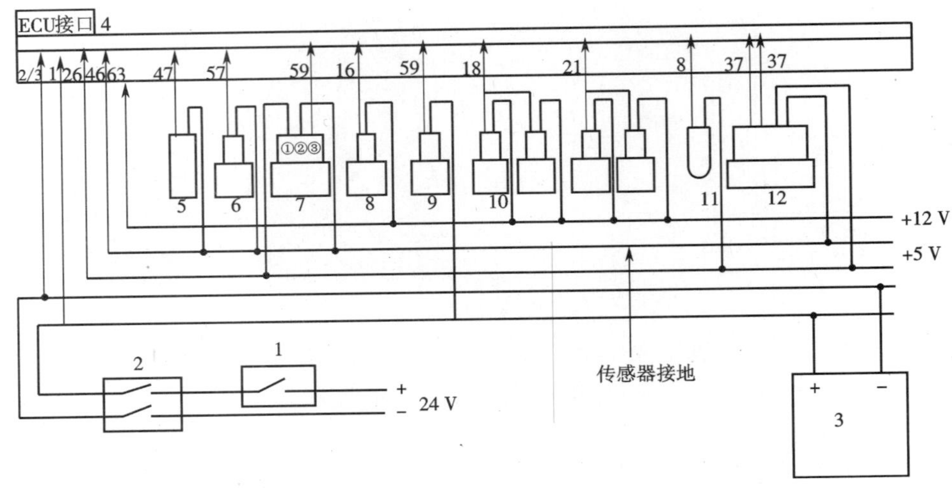

图 9 – 12 甲醇系统电路布置

1—保险丝；2—甲醇系统开关；3—甲醇泵；4—甲醇 ECU；
5—转速传感器；6—水温传感器；7—油门位置传感器；8—液位传感器；
9—甲醇继电器；10—甲醇喷嘴；11—指示灯；12—CAN 接口

甲醇系统控制面板位于驾驶员控制台上，包括甲醇系统开关、甲醇信号指示灯和甲醇液位表，该面板如图 9 – 13 所示。甲醇系统开关可以切换为纯柴油模式或者柴油/甲醇二元燃料模式工作；指示灯既可以显示甲醇系统工作状态也可以作为故障显示灯；液位表盘实时显示甲醇的液位，当指针回到最左端时，表示需要添加甲醇类燃料。

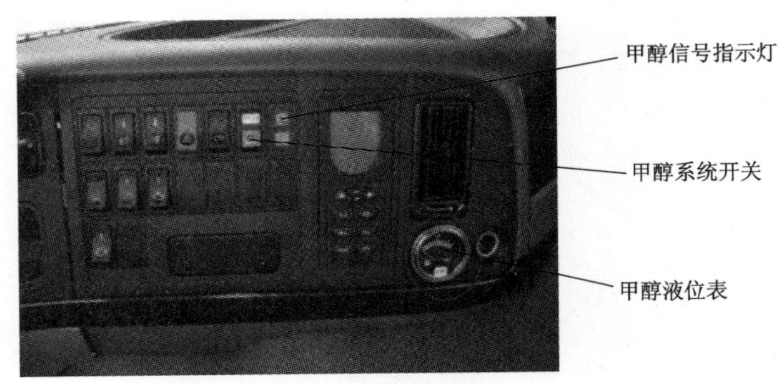

图 9 – 13 甲醇系统控制面板

甲醇 ECU 是甲醇系统的控制中心，其工作环境要求震动尽量少，且没有雨水浸湿。由于二元燃料车辆工作区域广阔，所以最佳布置位置为驾驶室控制台的下部，其周边尽量远离电子设备，以防止信号干扰等。甲醇 ECU 布置位置如图 9 – 14 所示。

4. 信号检测

车辆加装甲醇系统的机械部件、电控部件和线路连接完后，应该进行信号检测与驱动测试，车辆在使用柴油/甲醇二元燃料前确保所有传感器和执行器工作正常。车辆没有起动时，打开甲醇系统开关，查看图 9 – 13 中甲醇信号指示灯开关是否亮，若指示灯亮，则电路

图 9 - 14　甲醇 ECU 布置

系统正常；将电脑与 ECU 的 CAN 通信接口连接，检测传感器及泵是否正常工作，检测无误后起动车辆，再检测甲醇系统各传感器信号是否正常输出。

9.1.4　柴油/甲醇二元燃料车辆使用注意事项

1. 二元燃料发动机工作区域

打开甲醇系统开关后，甲醇信号指示灯亮，表示车辆进入了柴油/甲醇二元燃料模式。图 9 - 15 是柴油/甲醇二元燃料模式和原机模式的工作区间比较，其中 A 和 B 线之间的区间是发动机原机 25% ~100% 负荷区间，A 线之上都是外特性区间；C 和 D 线之间是二元燃料模式工作时 25% ~100% 负荷区间，C 线之上是外特性区间；C 和 D 线也是甲醇有效喷射区间，其中 50% ~80% 负荷区间甲醇对柴油的替代率为 35% ~45%，对应油门开度在 E 和 F 线之间。当车辆运行时油门开度在 C 和 D 线之间时，才能够进入柴油/甲醇二元燃料燃烧模式的有效范围。

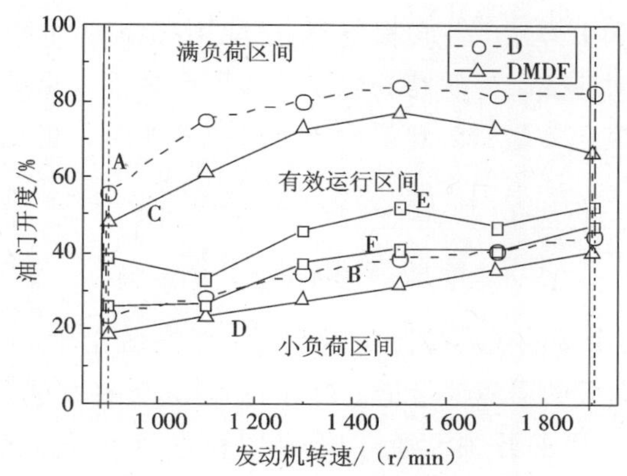

图 9 - 15　柴油/甲醇二元燃料模式和纯柴油燃料模式的工作区间比较

2. 驾驶员操作要领

车辆在柴油/甲醇二元燃料模式运行时，动力性和加速性会有所提升，但司机不能因为过度追求动力强劲就踩大油门让车辆高速行驶，或是经常踩大油门急加速然后急减速。最节省柴油的驾驶习惯是司机保持与纯柴油模式行驶时相同的车速。油门踩踏过程为轻踩、缓加、稳定，即缓慢加踩油门，达到动力为止，稳定运行在高效区间，切忌油门踩到底。柴油/甲醇二元燃料车辆的高效运行区间为发动机转速 1 200 ~ 1 600 r/min，油门开度为 30% ~70%。油门开度超过 80% 时停止喷醇，效率变低。甲醇喷射量多，指示灯闪烁频率快。

由于柴油/甲醇二元燃料车与纯柴油车在工作模式上存在一定区别，所以司机刚接触柴油/甲醇二元燃料车时，要达到一个理想的状态需要一个短期适应过程。当甲醇系统二元燃料开关打开时，位于开关下部与翘板开关集成的指示灯会亮，当指示灯一亮一灭时说明甲醇正在被使用，指示灯闪烁的频率越快，说明这时甲醇喷射量越多。刚开始接触柴油/甲醇二元燃料车的司机需要关注指示灯的闪烁情况，通过摸索踩踏油门的深度来保持车辆在指示灯闪烁快的区间工作，增加甲醇替代比例，减少柴油消耗。

在加注甲醇时应添加纯度为 99.9% 的工业甲醇，避免使用纯度较低的化肥甲醇。甲醇加注过程中，应当进行过滤处理（选用不锈钢布或者无纱纺布作为滤网），保持甲醇和甲醇箱的清洁。定时观察甲醇液位表盘，及时加注甲醇类燃料。

3. 维护保养

（1）滤清器和调压阀的更换

与其他汽车设备一样，在柴油/甲醇二元燃料燃烧系统的零部件中，滤清器和调压阀是消耗件，需要定时进行保养。滤清器每 2 万公里更换一次，调压阀每 3 万公里更换一次，及时地更换滤清器能有效延长整套系统的使用寿命。甲醇滤清器和调压阀为耐醇特制品，请勿随意购买相似部件进行更换，以免造成甲醇系统损坏。在更换过程中，进出口方向要对应，调压阀的回口接甲醇管路回路。

（2）甲醇泵的更换

如果在使用过程中出现泵损坏，需及时更换甲醇泵。具体操作规程如下：首先拆除甲醇泵两端的进出口管路和甲醇泵的正负极电路，解除甲醇泵的固定螺母，取下坏泵，用新泵替换，先固定，然后依次对应安装好管路和电路。若甲醇纯度较低或杂质多，甲醇泵极易被阻塞损坏。二元燃料车辆正常运行时建议每 3 个月或者 5 万公里更换甲醇泵（以时间先到为限）。

9.1.5 柴油/甲醇二元燃料车辆故障诊断

柴油/甲醇二元燃料车辆的主要故障可以通过甲醇系统指示灯来判别。指示灯就是图 9 - 13 中甲醇系统控制面板的甲醇信号指示灯，闪烁情况与故障对应的详细说明如下。

系统指示灯常亮表示甲醇开关已经打开，系统正常通电，但是二元燃料工作有条件限制（比如水温未达到 65 ℃），并没有进入柴油/甲醇二元燃料模式工作区间，甲醇不被消耗；系统指示灯一亮一灭频闪表示车辆进入了柴油/甲醇二元燃料模式的工作区间，甲醇正在被消耗，而且指示灯频闪越快，甲醇消耗越多；系统指示灯两亮一长灭，表示系统油门位置传感器出现故障，负荷判断出现问题，从而甲醇系统将不再工作；系统指示灯三亮一长灭，表示系统转速传感器出现故障,转速判断不精确,甲醇系统将不再工作(值得注意,车辆在没有起动的情况下,由于本身没有转速信号,这时指示灯三亮一长灭属于正常情况,只有在发动机正常运转的情况下指示灯出现三亮一长灭才说明转速传感器出现故障);系统指示灯四亮一长灭,表示甲醇箱里甲醇消耗完毕,为了保护甲醇供给系统,甲醇系统将不再工作,需要及时往甲醇箱中添加甲醇,如果甲醇箱满装甲醇类燃料时指示灯仍然出现四亮一长灭的情况,说明甲醇液位传感器出现故障。

当系统出现故障,但指示灯显示正常时,可能是泵出现问题了。当出现以下四种情况之一时,应对甲醇泵进行检查:甲醇消耗相比以前明显减少;在系统指示灯指示正常的情况下,甲醇完全不消耗;使用柴油/甲醇二元燃料模式时,车辆加速性能和动力性与纯柴油模式时无差别;二元燃料进气温度与原机相比没有明显降低。

具体检查方式有三种:直接在甲醇泵的正负极之间加上24 V直流电,看甲醇泵是否运转,如果甲醇泵正常运转,则进一步排查其他原因,如甲醇泵不工作则对其进行更换;拆卸甲醇泵出口,开启发动机,打开甲醇开关,当发动机水温高于65 ℃,转速达到950 r/min时,是否泵出甲醇;当发动机转速大于950 r/min,并且指示灯出现闪烁时,检查甲醇管路回油口是否有甲醇流出(只有一个卡箍连接,没有连接滤清器出口),如果没有,说明甲醇泵损坏,需要进行更换。

9.1.6　柴油/甲醇二元燃料车辆部分车型汇总

柴油/甲醇二元燃料车辆改装方便,对于发动机基本不改动,只需要在进气道加装甲醇喷射器和增加甲醇箱就可以实现。由于柴油/甲醇二元燃料燃烧技术成熟和部件的模块化,所以适用于各种柴油车辆的改装,无论是自然吸气式发动机还是增压式柴油机都适合,图9－16是部分改装车型汇总。二元燃料车型覆盖有公交车、牵引车和集装箱车等。

9.2　柴油/甲醇二元燃料车辆的道路试验

9.2.1　车辆的道路试验概述

汽车试验是发展汽车工业和汽车科学技术的重要手段。因为车辆的使用条件十分复杂,所以车辆在道路上进行实际行驶试验是车辆试验中不可或缺的必要环节。

车辆的道路试验是一项相当广泛的工作,在实际使用条件下变化范围很大,试验方法多种多样。车辆的道路试验既是一项科学试验工作,又是一种典型化的使用实践。它较台架试验工作更接近于实际使用情况,但是如何做出正确的试验实践是一个极其重要的问题。车辆的道路试验的目的就是要了解新设计的、新生产的或经改进的汽车是否符合使用要求,是否适应使用条件,发现存在的缺陷与问题,通过比较和反复试验,找到提高的方法。

针对柴油/甲醇二元燃料车辆的特点,车辆的道路试验工作主要测定以下方面内容。

①柴油/甲醇二元燃料车辆对环境的适应性,包括高寒、高热、高湿及不同负载条件的起动和稳定性等。

图 9-16 柴油/甲醇二元燃料车辆车型汇总

②柴油/甲醇二元燃料车辆的动力性，包括怠速加速性、爬坡能力和车速加速性测试。

③柴油/甲醇二元燃料车辆的燃料经济性，包括高速等速行驶的燃料经济性，各种路面情况下的平均柴油和甲醇消耗量，加速状态的燃料消耗量等。

④柴油/甲醇二元燃料车辆运行参数分析，包括二元燃料车辆在不同道路条件下、不同负载下，车辆的性能分析和发动机参数分析。

⑤柴油/甲醇二元燃料车辆的环保性和燃料持续性分析，包括二元燃料车辆运行时在冷起动、加速过程和低温环境下的排放等。

9.2.2 柴油/甲醇二元燃料车辆运行条件

车辆的运行条件对车辆的使用寿命和运行过程中所表现出的性能也有很大的影响。这些运行条件主要有道路条件、运行工况、运输状况以及气候条件等。

1. 道路条件

道路条件有道路等级（如普通道路、国道和高速公路）、路面覆盖层的状况和等级、道路构成情况（道路宽度、路线的曲率半径、路面的纵向和横向最大坡度等）[2]。

道路条件是车辆性能的直接影响因素。一般而言，柴油/甲醇二元燃料车辆在良好的道路上行驶，车速可以较高，燃油经济性和其他性能也较好；二元燃料车辆在凹凸不平的道路上行驶，不仅车速较低，燃油经济性也会较差，且操作稳定性和平稳性也受到影响。同时，由于换挡和制动次数的增加，加速了一些摩擦零部件的磨损，使甲醇泵频繁起停和震动，影响其寿命，而轮胎也容易受到损伤。

柴油/甲醇二元燃料车辆在山区道路（如煤矿）考核了车辆遇到上坡、下坡、窄路和多弯等情况下车辆的动力性、制动性和工况变化能力；柴油/甲醇二元燃料车辆运行在高速公路上考核了车辆最高车速和加速性能;在市区道路频繁起停考核了车辆的起步加速性和制动性,同时考核了加速烟度排放情况。

2. 运行工况

运行工况是指柴油/甲醇二元燃料车辆行驶过程中的速度状态,车辆运行随时间、地点、车况、道路交通及驾驶者的操作习惯等不同工况会有很大差别。衡量运行工况的主要参数有车速、挡位、发动机转速、油门踏板开度和制动频繁度等;在与普通纯柴油车辆对比中,还包括发动机瞬时功率、转矩、油耗、冷却水温、燃油温度、挡位变化频率等。实际运行中的汽车工况是个随机过程,所以比较柴油/甲醇二元燃料车辆和普通车辆的性能时,应选择相同区域并多次运行来概率统计归纳。

3. 运输状况

运输状况是指由运输对象的特点和要求决定影响车辆使用的各种因素,如货物的种类和特性(包括密度、存在状态等物理属性)、货物运输的批量和均匀性、货物到达的期限和运输距离等,所决定的不同车型、不同的车辆组织方式、运输路线和实载率等。这些因素对车辆的技术状况都会产生影响。

柴油/甲醇二元燃料车辆既有城市公交车辆也有运输车。运输车包括短途运输车和长途运输车,其中既包括槽罐车运输标载状况,也有运输煤和矿石等超载状况;而公交车则存在人流量不断变化而导致负载多变的情况。柴油/甲醇二元燃料车辆在不同运输状况下都进行了试验研究。

4. 气候条件

气候条件即车辆所处自然环境的温度、气压、湿度、风力、风向和太阳光辐射强度等。当然,对运行性能影响最大的还是环境的温度,车辆及总成都有最佳的工作温度范围,在此温度区域内汽车运行性能发挥得最好,且技术状况也最稳定。

温度过低不仅会造成发动机起动困难、油耗增加,而且会导致发动机磨损加剧。研究表明,发动机使用周期内50%的气缸磨损发生在起动过程中,低温条件下发动机的磨损更加剧烈,而且气温越低磨损越大。另外,由于低温下燃油汽化和雾化不良,部分燃料以液态进入气缸,冲刷了缸壁的油膜,或因不完全燃烧有一部分燃油进入曲轴箱而使润滑油被稀释和污染;还由于温度过低,不同材料膨胀系数的差异导致配合间隙不当或不均匀等。重载柴油机低温使用时常常采取的措施是冷起动进气加热,以确保发动机正常起动。柴油/甲醇二元燃料车辆在不同地区冬季进行了道路试验研究,具有代表性的是在鄂尔多斯地区冬季-30 ℃进行道路试验,车辆起动正常。为了改善低温条件,采取减小与电磁离合器连接的发动机散热风扇挡位来提高进气温度;而对于硅油离合器和刚性连接风扇的发动机,采取遮挡中冷器和减少行驶过程中中冷器换热来提高进气温度。

在高温条件下行驶的车辆,会因发动机冷却系统的散热温差小、散热能力差而使发动机容易过热。因此,往往出现发动机气缸充气效率降低、燃烧不正常(爆燃、早燃)、机油变质、零件磨损和腐蚀加剧、供油系统产生气阻等问题,从而使车辆的动力性、经济性和行驶可靠性变差[3]。

改善高温条件下车辆性能的措施主要有:在结构上改善发动机的冷却强度,同时也较好地防止了供油系统产生气阻;冷却系统进行季节性维护,并加强冷却系统水垢的清除;发动机和变速器、主减速器、转向器应在季节性维护时换用夏季润滑油;防止液压制动系统产生气阻而采用沸点较高的制动液;另外,还需要注意对蓄电池的保养和防止轮胎在高温下爆破等。柴油/甲醇二元燃料车辆可以很好地运行在高温环境下,二元燃料发动机是进气道喷射高汽化潜热的甲醇,甲醇在雾化过程中可以充分吸收机体的热量,可以显著降低进气温度和发动机机体温度,减少冷却系统的压力和冷却水带走的热量;同时可以保证发动机的进气量,不会影响车辆发动机的充量系数,使输出扭矩和功率得到保证。在 40 ℃以上的高温地区,二元燃料车辆可以充分保证动力性,且没有出现冷却液温度过高等现象。可见,二元燃料车辆具有更好的高温环境适应性。

在气压较低的高原地区,柴油/甲醇二元燃料车辆因甲醇汽化过程降低了进气温度而增加进气量,同时甲醇类燃料自身含氧量达 50%,即使在气压低、进气量少的情况下,也可以保证含氧量和过量空气系数,燃料燃烧也会更加充分,二元燃料车辆的经济性和动力性就更加具有优势,更适合高压环境。

9.2.3 柴油/甲醇二元燃料车辆动力性试验

车辆的动力性是指汽车通行于良好路面所能达到的平均速度的高低,是汽车最基本的也是运行性能中很重要的性能。作为一种运输工具,车辆的运输效率在很大程度上取决于其动力性。

车辆的动力性主要由三方面指标评定,即加速能力、爬坡能力和最高车速。

加速能力是指车辆在水平良好的路面上所能达到的最大加速度。由于加速过程的加速度是不断变化而且不易表述,所以加速能力常用加速时间(有时用加速行程)表示,分为超车加速时间和原地起步加速时间。本文中超车加速时间是指柴油/甲醇二元燃料车辆由某一较低车速全力加速至某一较高车速所用的时间。汽车超车时与被超车辆并行容易发生安全事故,所以超车时间越短,行车就越安全,车辆超车行驶能力就越强。

爬坡能力是指车辆在良好的坡路面上等速行驶所能克服的最大坡度或坡度角,针对车辆变速器不同的挡位,都有相应的爬坡能力,但通常注重考察的是车辆头挡的最大爬坡能力和最高挡的最大爬坡能力。

最高车速是指车辆在水平良好的路面上所能达到的最高行驶速度。此时,发动机的油门开度最大,变速器处于最高挡位。

上述车辆动力性的三个指标,对车辆平均行驶速度都有着直接的影响。通常对三个指标的研究分析都是针对车辆满载情况而言的。由于不同种类的二元燃料车辆运行环境不同,往往对其动力性有所侧重,如重型牵引车辆对其爬坡能力有较高要求;城市公交车在城市道路条件下需要频繁停车、起步、加速,所以其加速性能最为重要。

本节所讲的柴油/甲醇二元燃料增压柴油机主要是作为重载运输车辆的动力来源,所以主要分析其加速能力和爬坡能力。车辆无论是在纯柴油模式下运行,还是在柴油/甲醇二元燃料模式下运行,发动机的负荷保持恒定,总车重为 54 t,驾驶员为同一个人,整个过程中发动机冷却水温度保持 80 ℃。而城市公交车辆的发动机也多是柴油机,公交车却存在反复的起步、加速滑行和停车等情况，所以探讨柴油/甲醇二元燃料燃烧技术在城市公交车辆上的应用时的动力性十分必要。将完成台架标定试验后的490QDI自然吸气式直喷柴油机安装到牡丹牌中型客车上进行道路试验研究。图9－17中两车分别是用于柴油/甲醇二元燃料车辆动力测试的柴油/甲醇二元燃料重载车辆和公交车辆。

(a)

(b)

图9－17　柴油/甲醇二元燃料动力测试车辆

(a)重载车辆　(b)公交车辆

1. 柴油/甲醇二元燃料重载车辆加速性能试验

为了测量柴油/甲醇二元燃料重载车辆的实际加速性能，选定青银高速公路黄河大桥上坡路段，起点为如图9－18所示横线处。该路段车辆较少，道路为直线具有坡度，能够在较长的路段考核车辆的动力性。图9－19所示是纯柴油模式和柴油/甲醇二元燃料模式下车辆从40 km/h加速到70 km/h的加速性测试过程中油门开度和车辆速度曲线。两种模式下车辆加速过程中都出现了油门开度迅速减小的过程，此为车辆换挡过程。可以看出，在纯柴油模式下为了获得最大的输出扭矩，油门开度基本保持为100%，整个加速过程总时间为69.77 s；而车辆在二元燃料模式下运行时，整个加速过程车辆的油门开度都小于80%，加速过程的后半阶段油门开度小于50%，在一元燃料模式下此油门开度已达到发动机外特性附近区域，对应最大输出扭矩，且甲醇喷射脉谱较大，有较高的甲醇替代率，整个过程加速时间为68.52 s，较纯柴油模式时间减少了1.25 s，说明柴油/甲醇二元燃料车辆的加速性能优于纯柴油车辆的水平。

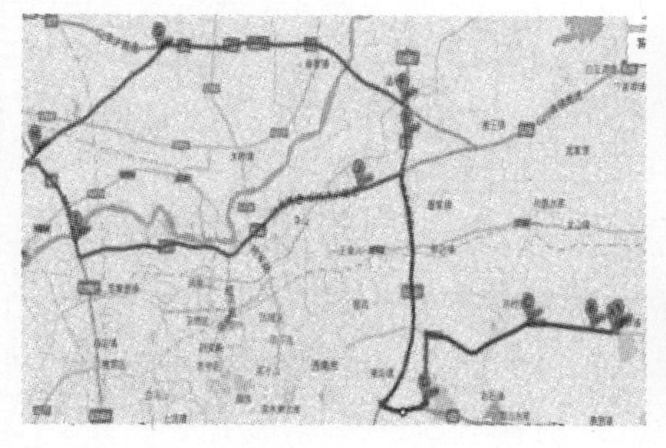

图9－18　运行路线及加速测试路段

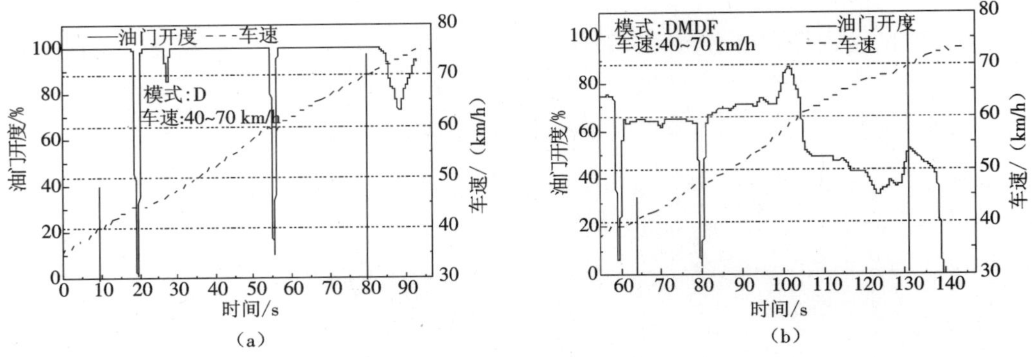

图 9-19　不同模式下车辆的加速性能对比

(a)纯柴油模式　(b)柴油/甲醇二元燃料模式

2. 二元燃料重载车辆爬坡加速性能试验

该性能测试分怠速爬行加速性能测试和固定挡加速性能测试两项。

(1)怠速爬行加速性能测试

测试要求从低挡位 2 挡开始,尽量测试到路况允许的最高挡位。

测试过程如下:

①行驶中挂入测试挡位,松开油门,离合器接合,观察诊断仪中显示的发动机转速,待发动机转速为目标怠速值,且保持在目标怠速 5 s 后,开始用诊断仪进行记录,诊断仪开始记录 5 s 后,迅速踩下油门至 100% 并保持不变;

②观察诊断仪中发动机转速,待发动机转速到达标定转速后松开油门,结束试验,终止诊断仪的试验记录;

③试验往返各进行一次,往返加速试验的路段应重合,要求车辆状态完全相同,包括往返都不开空调。

怠速爬行加速时间计算如下。

计算怠速转速 +100 r/min 至标定转速的加速时间可用于加速性能评估。

$$\Delta t_1 = t(\text{标定转速}) - t(\text{怠速转速} + 100\ \text{r/min})$$

注意:用同一次试验数据分段计算不同的加速时间,无须单独进行试验。

怠速爬行加速性能试验数据处理:以某机型为例,列出 2 至 5 挡爬行加速试验数据处理方法。

标定点转速为 1 900 r/min,行车怠速为 800 r/min,计算加速时间的转速段范围为900 ~ 1 900 r/min。

测试结果:本测试中分别测试 2、3、4、5 挡位下,保持目标怠速 800 r/min 时运行 5 s 后,迅速踩下油门至 100% 并保持不变,分别记录达到额定转速所需要的时间,见表 9-1。

可见,采用柴油/甲醇二元燃料燃烧模式后车辆的加速性能略强于纯柴油模式的水平,图 9-20 为车辆在 5 挡下运行时发动机怠速加速性能的对比。

表 9－1　怠速爬行加速性对比

运行模式	纯柴油	运行模式	柴油/甲醇二元燃料
挡位	时间/s	挡位	时间/s
2	1.95	2	1.95
3	2.75	3	2.70
4	3.73	4	3.6
5	5.83	5	5.75

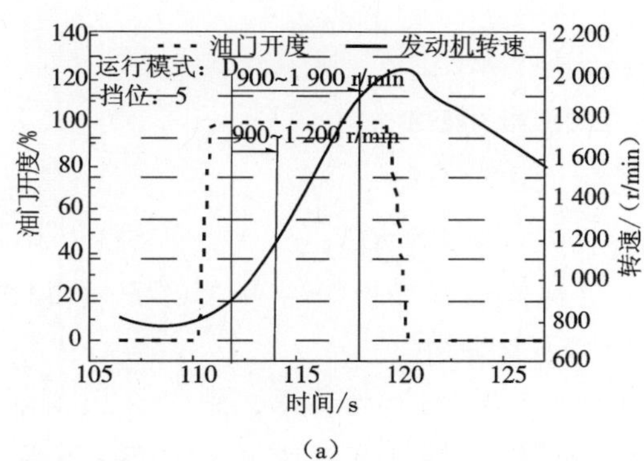

(a)

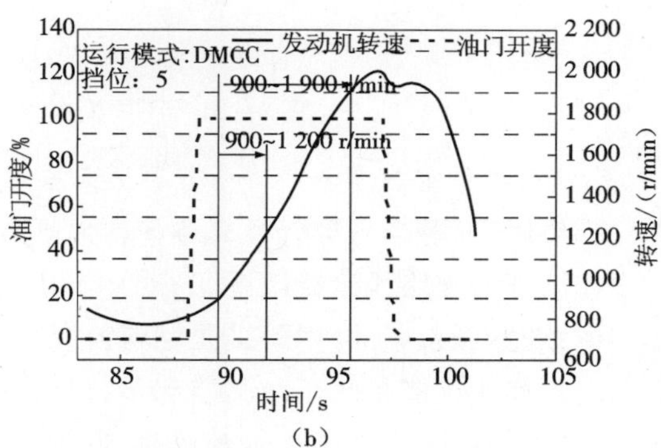

(b)

图 9－20　不同模式下车辆的怠速加速性能的对比

(a)纯柴油模式　(b)柴油/甲醇二元燃料模式

(2)固定挡加速性能测试

此项测试要求整车在固定挡位测试要求的车速段。

测试过程如下：

①在测试道路上，选取合适的长度，作为加速性能试验路段；

②汽车行驶进入预定挡位，以预定的初始车速（根据目标要求做等速行驶，用车速仪监控初速度）行驶，当车速平稳后（偏差 ±1 km/h），驶入试验路段，将油门踏板快速踩到底，使汽车加速行驶至该挡位要求测试的最高车速后松开油门；

③试验往返各进行一次，往返加速试验的路段应重合，要求车辆状态完全相同，包括往返都不开空调。

固定挡加速测试数据处理：根据记录数据，分别绘制试验车往返两次的加速性能曲线，曲线以采样时间为横坐标，以车速为纵坐标，以目标车速下油门开始变化点为起点，达到截止车速为止点，计算加速时间。

$$\Delta t_2 = t(\text{目标截止车速}) - t(\text{目标初始车速})$$

不同模式下固定挡加速测试时间计算：以某型号牵引车为例，在固定挡位 7 挡，测试车辆在不同模式下车速从 30 km/h 到 50 km/h 的加速时间。车辆在原机模式下所用时间为 28.78 s，在二元燃料模式下所用时间为 27.56 s。对比结果表明，车辆在柴油/甲醇二元燃料模式下动力性充足，加速性能优于原机。图 9－21 为车辆在原机和二元燃料模式下固定挡加速性能对比。

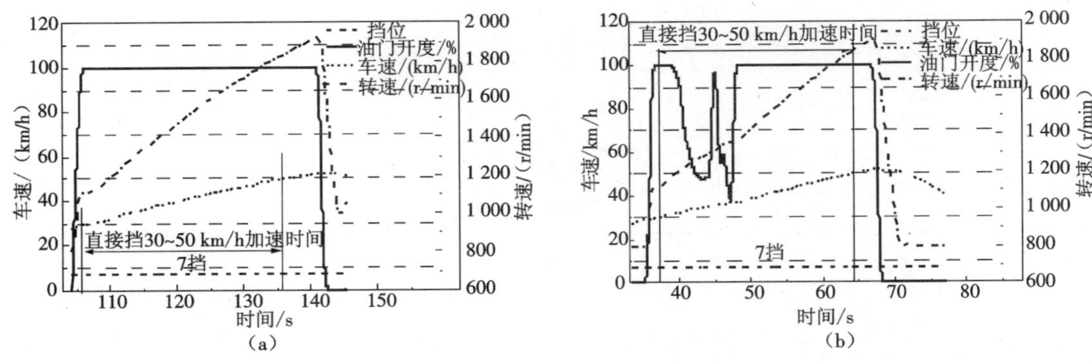

图9-21 不同模式下车辆7挡的加速性能对比

(a)纯柴油模式 (b)柴油/甲醇二元燃料模式

3. 柴油/甲醇二元燃料公交车加速性能试验

在城郊公交路线运行工况下，对中型客车进行了纯柴油汽车和柴油/甲醇二元燃料汽车加速性能试验，柴油/甲醇二元燃料公交车如图9-17(b)所示。

起步加速性能是汽车在1挡起步，以最快的速度换至最高挡，当车速达到80%最高车速时，测量加速时间。高挡加速性能是汽车在最高挡或次高挡低速加速至90%最高车速时，测加速时间。试验结果对比如表9-2所示。

表9-2 公交车辆加速性能对比

	纯柴油模式	柴油/甲醇二元燃料模式	纯柴油模式	柴油/甲醇二元燃料模式
车速范围/(km/h)	0~80		60~80	
加速时间/s	24.47	22.41	12.26	10.93
加速度/(km/s^2)	3.27	3.57	1.63	1.83

从表9-2可以看出，从起步加速到80 km/h，纯柴油模式汽车加速时间为24.47 s，柴油/甲醇二元燃料汽车加速仅用22.41 s；从60 km/h加速到80 km/h，纯柴油汽车使用了12.26 s，二元燃料汽车仅用10.93 s。这说明柴油/甲醇二元燃料公交车具有更好的加速能力，无论是起步加速还是高速加速，柴油/甲醇二元燃料燃烧模式车辆的加速性能都优于纯柴油燃烧的车辆[4]。由于在加速过程中，甲醇类燃料及时喷入进气道，雾化后同进气结合一同被吸入气缸而由柴油点燃，更多的燃料喷入，从而产生更大的功率。通过计算发现，在起步加速阶段，柴油/甲醇二元燃料燃烧模式下的车辆加速度比纯柴油模式下的加速度增加9.2%；而在高速加速阶段(超车阶段)，其加速度增加了12.3%。

9.2.4 柴油/甲醇二元燃料车辆运行参数分析

1. 空挡下二元燃料车辆的进气温度

图9-22是空挡下发动机转速1 000~1 900 r/min时进气温度和油门开度随转速的变

化趋势。从图中可以看出，在纯柴油模式下不同转速对应的油门开度值明显大于二元燃料模式下的油门开度值，这是由于进气喷射甲醇作为燃料，可以发出有效功率，在相同工况下减少了柴油的消耗量，故油门开度减小。在纯柴油模式下，随着发动机转速的增加，进气温度增加，变化范围为 7 ~ 14 ℃；在二元燃料模式下，发动机的进气温度为 -2 ~ 0 ℃。进气道喷射甲醇后甲醇雾化吸热，由于甲醇较高的汽化潜热大大降低了进气温度，所以喷醇后进气温度明显下降，同时也说明较低的进气温度不利于甲醇的雾化与蒸发，会恶化燃烧效果。

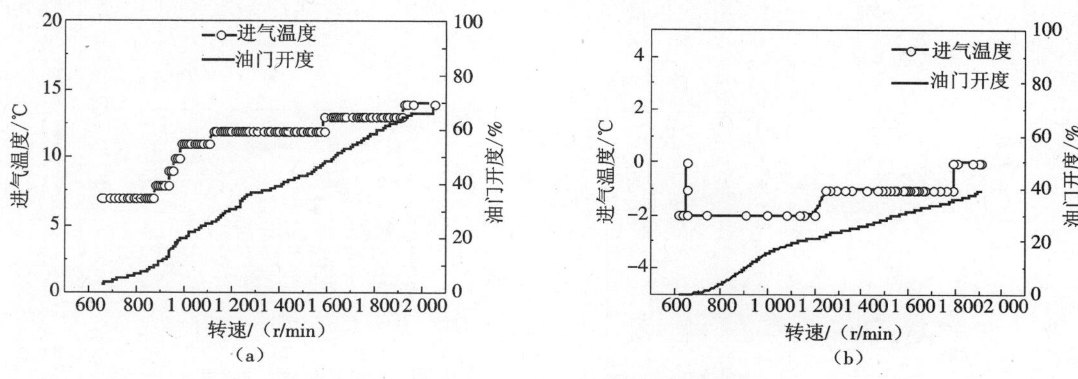

图 9-22　空挡不同转速下进气温度分布

(a)纯柴油模式　(b)柴油/甲醇二元燃料模式

2. 高速公路运行参数分析

(1)车速及蓄电池电压

图 9-23 是车辆在不同模式下运行时在绕城高速路段的整车车速和蓄电池电压值。从图中可以看出二元燃料模式和原车基本车速都是在 75 ~ 85 km/h 范围内，部分路段出现了速度小于 60 km/h，主要是由于上下立交桥及车辆拥堵等原因，车辆在纯柴油模式和二元燃料模式下的平均速度分别为 78.3 km/h 和 78.0 km/h，两种模式下车辆平均速度基本一致；二元燃料模式下蓄电池电压略高于原车的电压，平均值分别为 27.54 V 和 27.92 V，在二元燃料燃烧模式下驱动甲醇泵不会造成整车供电系统的电压下降。

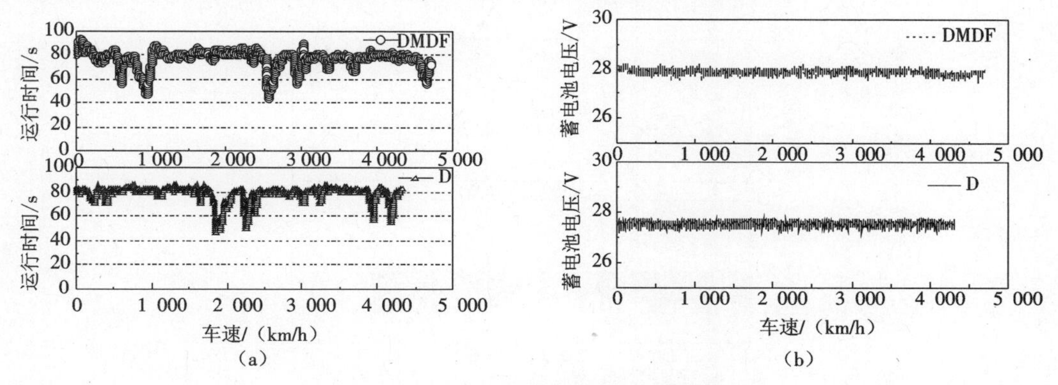

图 9-23　整车的车速及蓄电池电压

(a)运行时间　(b)蓄电池电压

(2)进气温度和燃油温度

柴油/甲醇二元燃料车辆的进气温度明显低于原车,原车高速运行的平均进气温度为27.9 ℃,柴油/甲醇二元燃料车辆的进气温度为5.4 ℃,平均下降了22.5 ℃,主要是由于甲醇为进气道喷射,甲醇具有较高的汽化潜热(为柴油的4.1倍),在气道喷射甲醇后汽化吸热,大大降低了进气温度。为了提高整车的进气温度,采取遮挡中冷器措施。二元燃料模式下运行时车辆燃油温度与原车相比有所提高,平均燃油温度从38.1 ℃提高到42.3 ℃,主要是中冷器遮挡后燃油-空气热交换器的冷却效率下降了,但是燃油温度也在正常工作范围内,如图9-24所示。

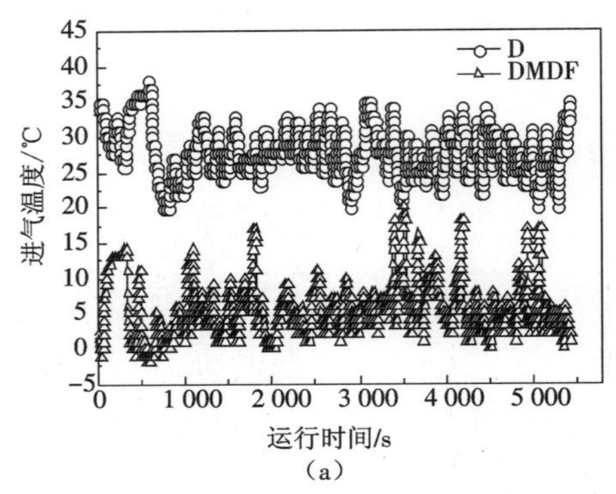

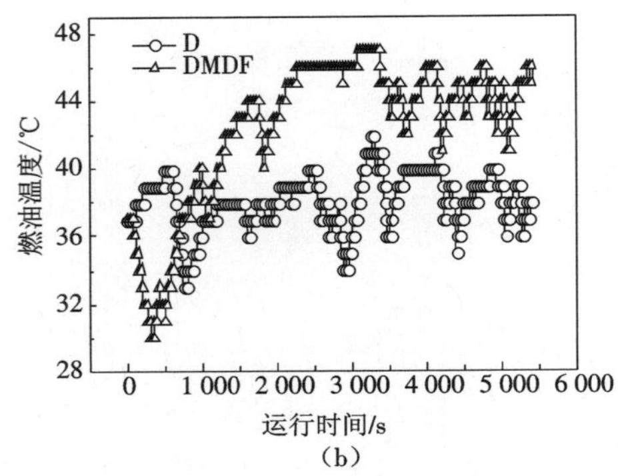

图9-24　进气温度及燃油温度

(a)进气温度　(b)燃油温度

(3)冷却液温度

图9-25为柴油/甲醇二元燃料发动机的冷却液温度。从图中可以看出,柴油/甲醇二元燃料燃烧模式与纯柴油燃烧模式下冷却液温度相对稳定,基本保持在77~81 ℃范围内,主要是由于节温器的开启温度为80 ℃;柴油/甲醇二元燃料车辆的平均温度为78.7 ℃,较纯柴油车辆的平均温度78.9 ℃略低,虽然中冷器遮挡后会影响中冷器的换热效率,但是甲醇在进气道及压缩过程中吸收机体大量热量,降低冷却液的温度,不会造成冷却液温度上升。

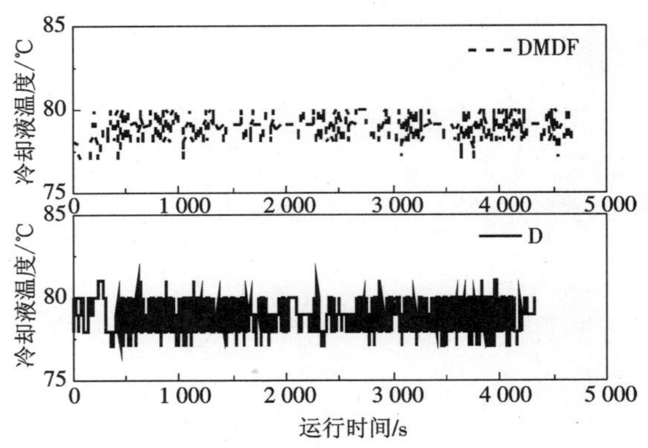

图9-25　柴油/甲醇二元燃料发动机冷却液温度

(4)高速公路运行区域频率分布

图9-26为高速公路上车辆在纯柴油模式和柴油/甲醇二元燃料模式下的柴油机运行区域的频率分布图。为了避免试验误差,车辆在两种模式下都保持车速在80 km/h运行,连续运行5 h,对其运行数据进行分析处理。从图中可以看出,车辆在纯柴油模式下运行时,分为三个区间,即1 300 ~1 800 r/min下油门开度为0的倒拖区域和100%油门开度的加速区域及1 300 ~1 500 r/min下50% ~75%油门开度对应发动机70% ~85%中高负荷区间,该区间发动机油门变化范围较大;在柴油/甲醇二元燃料模式下,发动机运行区间更加集中,基本上在转速1 300 ~1 600 r/min下油门开度为0的发动机倒拖区域和1 300 ~1 500 r/min下油门开度为35% ~50%的中高负荷区域,正好位于柴油/甲醇二元燃料模式的高替代率区域,甲醇喷射量也是相应最大量区间,发动机进气温度也明显下降到5 ℃以下,此区间是二元燃料发动机高效区间。

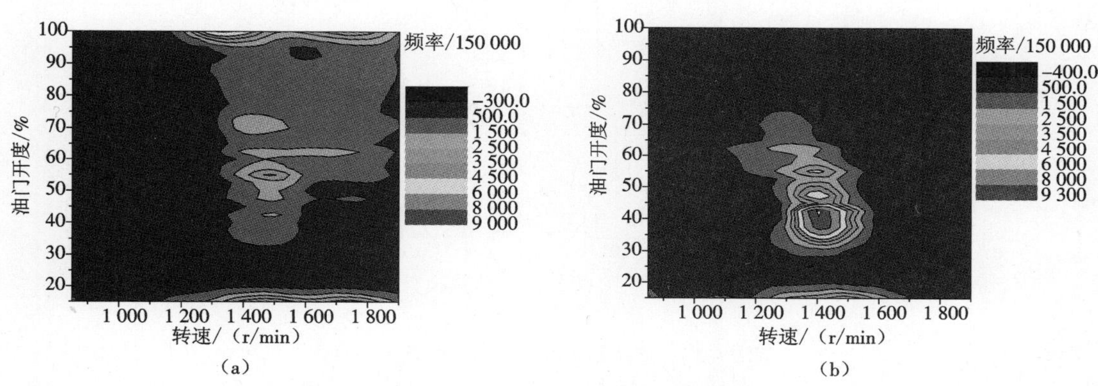

图9-26　高速公路不同模式运行区域频率分布

(a)纯柴油模式　(b)柴油/甲醇二元燃料模式

(5)运行区域分布

图9-27为柴油/甲醇二元燃料模式和纯柴油模式下发动机负荷分布图。从图中可以看出,原车的主要运行区间为1 200 ~1 500 r/min下油门开度为0、40% ~60%和100%三个阶段,其中40% ~60%为稳定运行区域,开度为0时为倒拖发动机工况,100%开度为急加速油门踩到底工况,平均转速为1 380.6 r/min,平均油门开度为55.5%。当车辆进入柴油/甲醇二元燃料模式下运行,转速分布范围为1 150 ~1 500 r/min,油门开度为30% ~60%的稳定运行区间和开度为0的倒拖区间,其中油门开度为30% ~50%的概率为54.9%,1 300 ~1 500 r/min概率为76.8%,平均转速和油门开度分别为1 370.7 r/min和38.5%,平均油门开度较纯柴油模式下降了17%,而转速基本不变。

(6)进排气温度分析

图9-28是车辆在不同模式下高速稳定运行时发动机进排气温度的分布。从图中可以看出,车辆稳定运行在80 km/h速度下,二元燃料模式的进气温度和排气温度都较纯柴油模式明显降低,其中进气温度分布区间为8 ~12 ℃,纯柴油模式分布范围为20 ~40 ℃;二元燃料模式排气温度范围为280 ~410 ℃,而纯柴油模式排气温度范围为300 ~450 ℃。柴油/甲

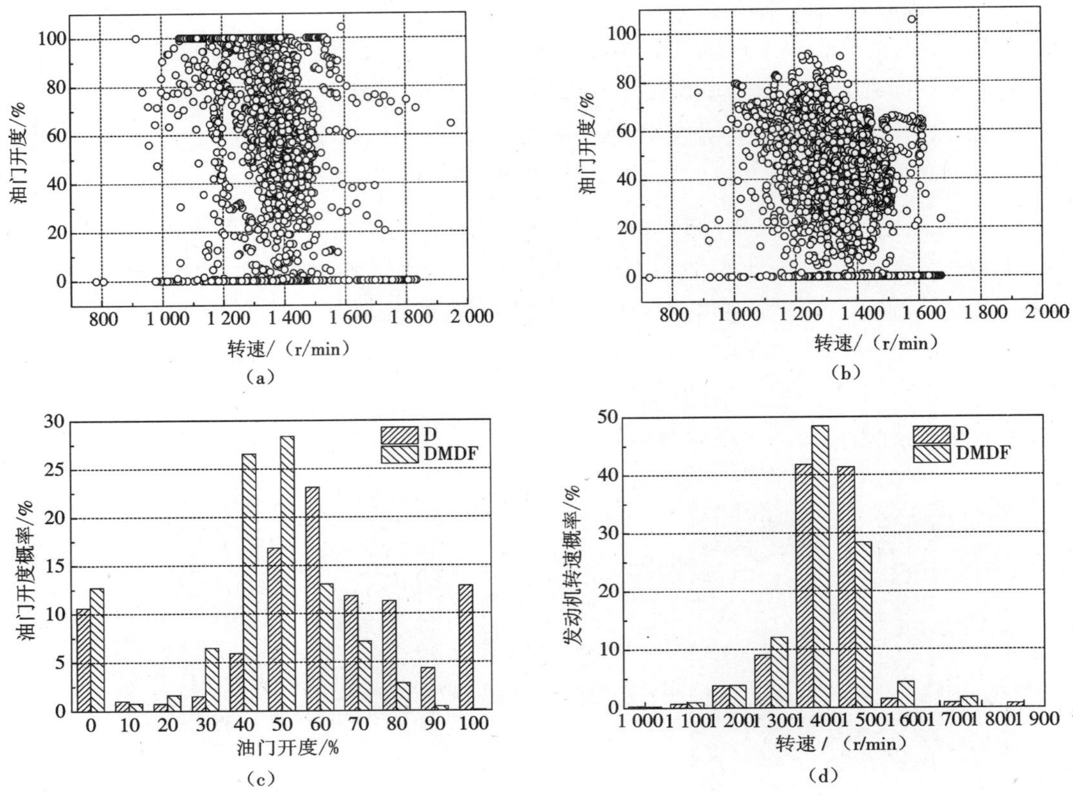

图 9－27　高速路不同模式发动机负荷分布

(a)纯柴油模式　(b)柴油/甲醇二元燃料模式

(c)油门开度概率分布　(d)发动机转速概率分布

醇二元燃料模式下发动机进气和排气温度平均值较原机下降了 19.6 ℃和 17.6 ℃。可见，进气道喷射甲醇可以吸收机体热量，同时降低排温和减少废气带走的能量。

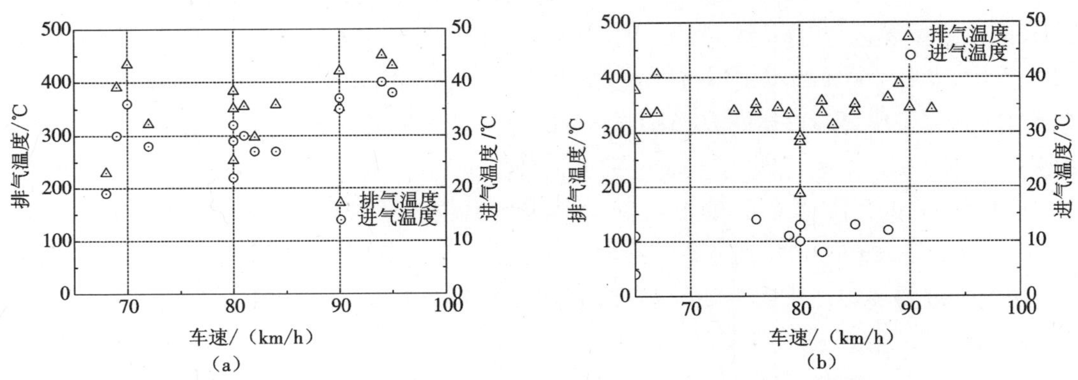

图 9－28　不同模式下发动机运行的进排气温度分布

(a)纯柴油模式　(b)柴油/甲醇二元燃料模式

3. 普通道路车辆运行区域分布

普通道路试验选择了上海焦化公司的另一条运营线路作为道路试验点。上海—江阴全程 316 公里，整个路段为高速公路和普通公路相结合，二元燃料车辆信息和运行路线如图 9－29所示。本道路试验是对空载和满载下的纯柴油模式和柴油/甲醇二元燃料模式的工况进行对比分析[5]。

(a)

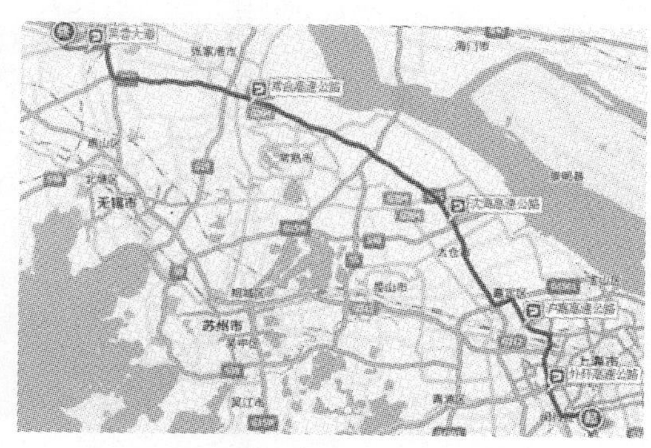

(b)

图 9－29　柴油/甲醇二元燃料车辆及运行路线

(a)柴油/甲醇二元燃料车辆　(b)运行路线

与高速公路工况点分布集中相比，普通道路工况点分布相对比较分散，转速的运行区域主要集中在 1 000 ~1 800 r/min，处于中低转速，转速运行区域的横跨度比高速公路工况点要宽，而且在普通道路行驶过程中，整车滑行的现象比较普遍。

图 9－30 为空载车在普通道路上的纯柴油模式和柴油/甲醇二元燃料模式的工况分布图。由图可以看出，空载车在普通道路上纯柴油模式的工况分布区域为转速1 050 ~1 700 r/min，负荷 43% ~66%；空载车在普通道路上二元燃料模式的工况分布区域为转速 1 000 ~1 650 r/min，负荷 34% ~57%。纯柴油模式下的平均转速为 1 357. 2 r/min，平均负荷为 49. 4%；二元燃料模式下的平均转速为 1 320. 6 r/min，平均负荷为 43. 9%。两种模式的平均转速相近，但平均负荷的下降幅度达到 5. 5%。从运行区域分布和平均转速来看，两种模式的转速范围相差并不大，但是负荷的运行区域有大幅度下降。

图 9－31 为满载车在普通道路上的纯柴油模式和柴油/甲醇二元燃料模式的工况分布图。由图可以看出，满载车在普通道路上纯柴油模式的工况分布区域为转速 1 100 ~1 750 r/min，负荷 49% ~72%；满载车在普通道路上二元燃料模式的工况分布区域为转速 1 130 ~1 780 r/min，负荷 41% ~64%。纯柴油模式下的平均转速为 1 398. 9 r/min，平均负荷为 52%；二元燃料模式下的平均转速为 1 404. 8 r/min，平均负荷为 46. 7%。两种模式的平均转速相近，但平均负荷的下降幅度达到 5. 3%。

道路试验选择了上海—江阴运营线路作为普通公路道路试验点。在道路试验过程中，分别对普通道路空载和满载工况的运行区域分布情况做了分析，发现普通道路工况下，纯柴油模式和二元燃料模式的转速运行区域也十分相近，但是与纯柴油模式相比，二元燃料

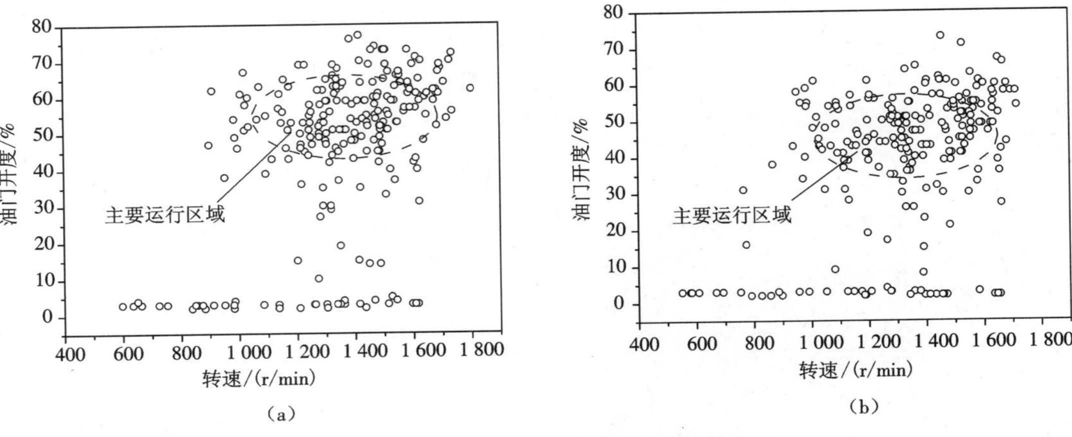

图 9-30 普通道路空载车不同模式运行工况

(a)纯柴油模式 (b)柴油/甲醇二元燃料模式

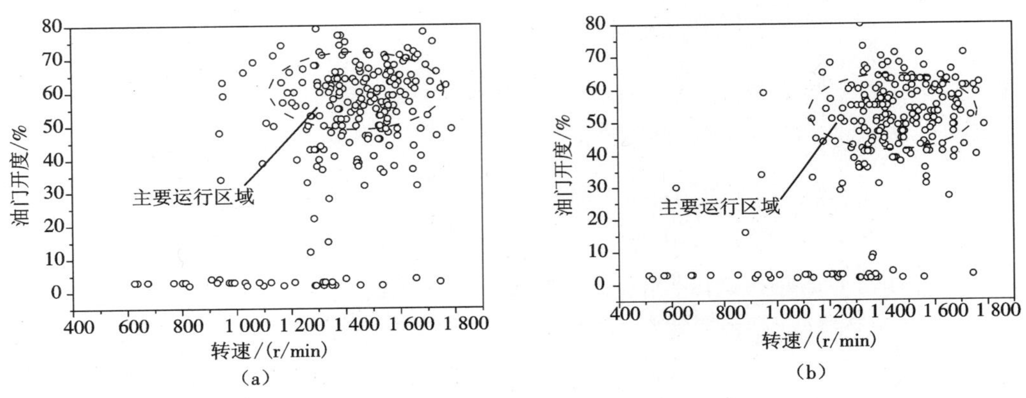

图 9-31 普通道路满载车不同模式运行工况

(a)纯柴油模式 (b)柴油/甲醇二元燃料模式

模式下的平均负荷却有大幅度下降。

针对以上的分析,对普通道路各个模式下的平均负荷的下降幅度做了统计,如表 9-3 所示。无论是空载还是满载情况,高速公路上的平均负荷下降幅度都比普通道路上要大。这表明整车在高速公路上行驶时的替代率比普通道路上要高,而且在高速公路满载工况下的平均负荷下降幅度达到了 17.0%,普通道路满载工况下的平均负荷下降幅度仅为 5.3%。

表 9-3 普通道路工况下平均负荷的降幅

模式	平均负荷	平均负荷下降幅度
普通道路空载纯柴油	49.4%	5.5%
普通道路空载 DMCC	43.9%	

续表

模式	平均负荷	平均负荷下降幅度
普通道路满载纯柴油	52%	5.3%
普通道路满载 DMCC	46.7%	

4. 山区道路车辆运行区域分布

将一辆重型卡车加装甲醇喷射系统改装为柴油/甲醇二元燃料车辆在甘肃平凉华亭煤矿进行道路试验，车辆信息和运行路线如图9-32所示。车辆在纯柴油模式和柴油/甲醇二元燃料模式下都是标准载荷，全程道路为山路，坡路起伏路况较多，车辆来回运输一趟运行距离为64 km。

(a)

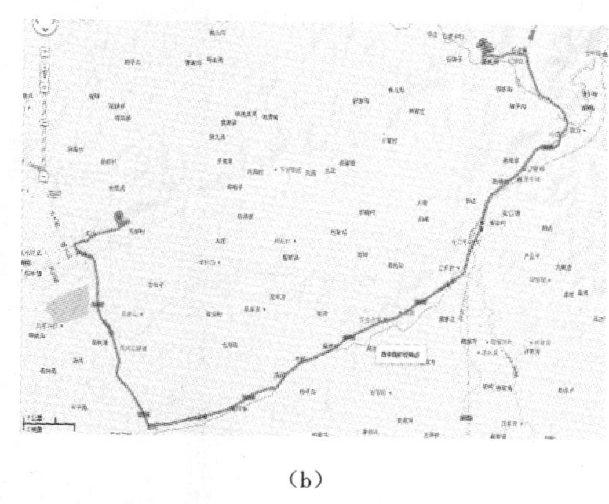

(b)

图9-32　柴油/甲醇二元燃料车辆及运行路线

(a)柴油/甲醇二元燃料车辆　(b)运行路线

图9-33为车辆空载去和满载运输煤返回两种不同模式下的运行区间频率分布。无论在纯柴油模式下或者在二元燃料模式下车辆的运行区域分为明显的两块，分别为低速小油门开度区域和高速大油门开度区域。对比发现车辆在二元燃料模式下高速大油门开度区域向左下侧平移，故车辆转速和油门开度值有所减小，这主要是因为二元燃料模式下，甲醇燃烧后发出有效功率，替代柴油减少了柴油消耗量，同时在相同转速和油门开度下，发动机在二元燃料模式下动力增加，故车辆可以以较小油门开度运行在较高的挡位上。而二元燃料模式下车辆的低转速小油门开度区域分布更加宽阔，大小负荷区域更加靠近，趋于集中分布。

图9-34为车辆在满载工况下运行在山区道路上坡工况的油门开度分布。由图可以看出，在纯柴油模式下油门开度明显大于二元燃料模式，车辆在不同模式下发动机转速都维持在1 600 r/min以下，纯柴油模式下油门开度范围为55%～80%，而二元燃料模式下油门开度范围为30%～60%，且二元燃料模式的油门开度曲线相对平滑、变动率较低。这是因为二元燃料燃烧采用气道喷射甲醇与缸内直喷柴油相结合，甲醇作为燃料可以有效替代柴油，减少柴油的消耗量，所以在较小的油门开度下，发动机具有较高的功率输出。

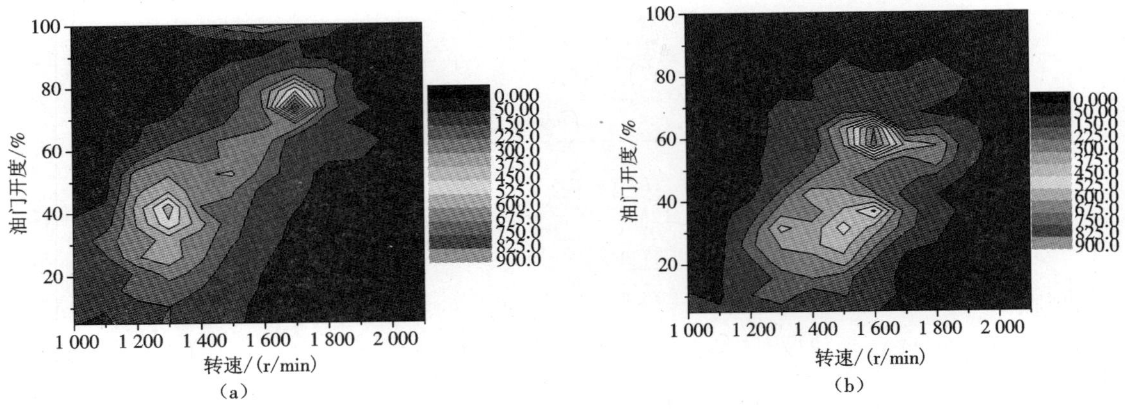

图 9-33 车辆在不同模式下山区道路运行区间频率分布

(a)纯柴油模式 (b)柴油/甲醇二元燃料模式

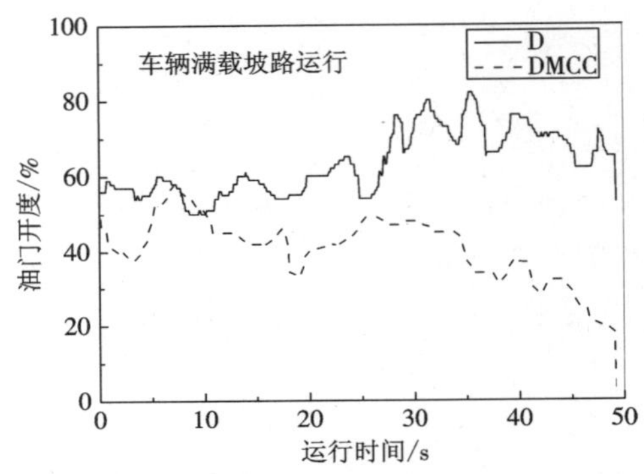

图 9-34 不同模式下车辆坡路油门开度变化趋势

5. 市区道路试验

一辆运输甲醇液体的牵引车辆在市区道路进行试验研究,车辆信息及运行路线如图 9-29所示,市区道路车辆较多且路口和红绿灯频繁[6]。对牵引车在市区道路通过开关选择使用纯柴油模式和柴油/甲醇二元燃料燃烧模式对比试验,试验过程中车速保持在 25 ~ 30 km/h。不喷甲醇的纯柴油模式和喷射甲醇的柴油/甲醇二元燃料模式运行区域如图 9-35所示。车辆在纯柴油模式运行时,发动机转速主要集中在 1 050 ~ 1 400 r/min,其负荷主要分布在 24% ~54% 油门开度,全工况的平均转速为 1 182 r/min,平均负荷对应的油门开度为 37.94%。当把车辆调至喷醇的二元燃料燃烧模式运行时,发动机转速主要分布在 1 000 ~ 1 330 r/min,油门开度集中在 19% ~52%,车辆在柴油/甲醇二元燃料模式运行时发动机的平均转速为 1 136 r/min,平均油门开度为 33.21%。可见,纯柴油模式与柴油/甲醇二元燃料模式相比,车辆发动机的转速基本保持不变,但是柴油/甲醇二元燃料模式的油门开度却相对减少了 12.5%。喷醇后主要运行区域整体明显下移,油门开度明显减小,当车辆其他条件都不变的情况下,油门开度减小使柴油消耗量下降,起到节约柴油的效果。

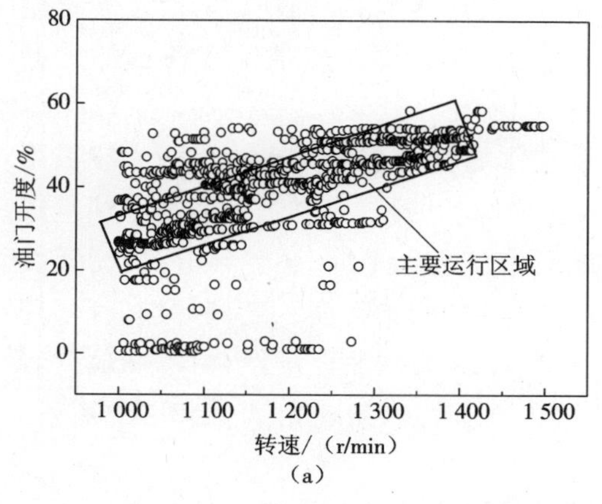

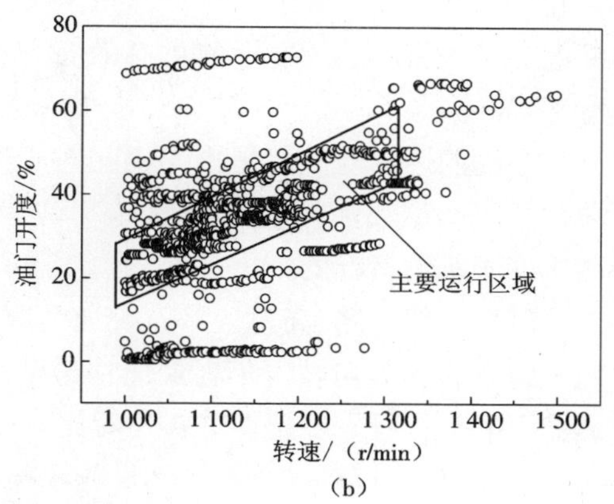

图 9－35　牵引车在市区道路不同模式的运行区域

（a）纯柴油模式　（b）柴油/甲醇二元燃料模式

图 9－36 是牵引车在市区道路运行时喷醇与不喷醇的速度和油门开度随时间的变化情况。在 1 h 的运行工况内，可以发现车辆工况多变，加减速频繁。无论是纯柴油模式还是柴油/甲醇二元燃料模式，发动机转速都是随着油门开度的增加而增大，随着油门的减小而下降。在二元燃料模式下喷醇后，发动机速度突变，油门开度变动相对比较平缓，并且油门平均开度较小。这主要是由于进气管喷入了甲醇，甲醇与进气形成均质混合气，进入气缸后由缸内直喷柴油引燃，甲醇燃烧后做功，使得发动机在相对较小油门开度时就获得了充足的动力。

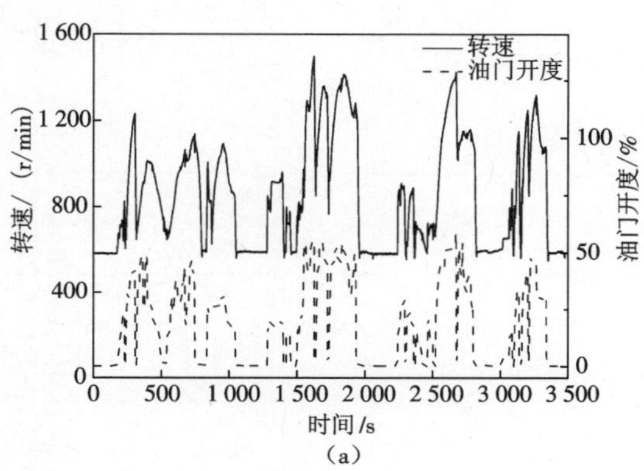

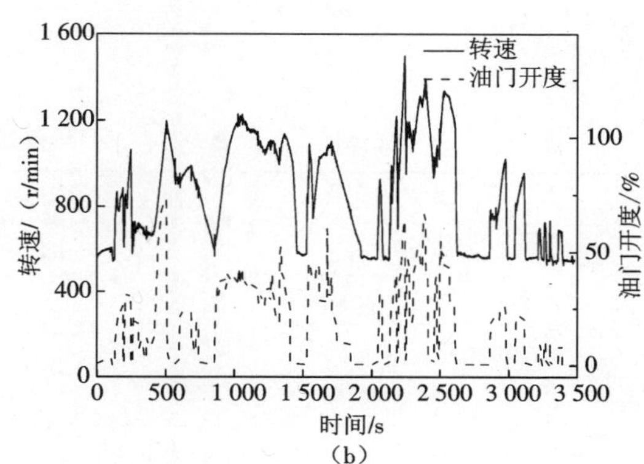

图 9－36　市区道路不同模式转速与油门开度的关系曲线

（a）纯柴油模式　（b）柴油/甲醇二元燃料模式

9.2.5　柴油/甲醇二元燃料车辆燃油经济性

汽车一直是石油产品的消耗大户，仅我国汽车消耗的汽油就占汽油消耗总量的 90% 以上，柴油占其总量的 20% 以上。尽管随着世界石油储量的减少，汽车用燃料将日趋多元化，但在当前和今后相当长一段时期内，汽油和柴油仍然是汽车发动机的主要燃料。所以，研究和提高柴油/甲醇二元燃料车辆的燃料经济性，不仅关系到汽车的运输成本，而且涉及能源的充分利用，运行中甲醇可有效替代柴油消耗，既有现实的经济价值又有深远的社会意义[7]。

车辆的燃油经济性是指车辆相对于所完成运输工作的耗油量的大小。我国一般采用单位行程的燃油消耗量表示，相应单位为 L/100 km。柴油/甲醇二元燃料车辆的燃油经济性贯穿于车辆运行的整个过程，除了车辆本身结构设计和工艺水平外，还受到道路状况（城市、郊区、一般公路、高速公路）、交通情况（路上行人和车辆的密集程度）、驾驶习惯、气候环境等各方面的影响。为了客观评估柴油/甲醇二元燃料车辆的燃油经济性，对不同地区和运输车辆都进行了经济性分析与对比。

1. 上海地区柴油/甲醇二元燃料车辆

2009 年 4 月，在上海市车牌为沪 AG2849 的槽罐运输车上加装一套甲醇喷射系统成为柴油/甲醇二元燃料车辆。该车辆是一辆由中国重汽生产的斯太尔牵引卡车，车型如图 9－29(a) 所示。空车总质量为 17.78 t，重载时槽罐车厢内装满甲醇（23 t 甲醇），总车质量为 40.78 t。主要运行区间是上海—江阴市高速路及上海市外环路线，如图 9－29(b) 所示。由于柴油/甲醇二元燃料车辆运输甲醇化学品属于危险品，所以各路段车辆速度控制在60～80 km/h。

试验结果分析按照甲醇热值为 19.7 MJ/kg，柴油热值为 42.5 MJ/kg，即 2.16 L 甲醇的热值相当 1 L 柴油的热值，所以从能量效率角度分析，甲醇对柴油的理论替换比为 2.16∶1，道路运行结果替换比低于 2.16，说明二元燃料车辆热效率提高了。该柴油/甲醇二元燃料车辆连续经过 2 516 km 道路运行，其结果见表 9－4。二元燃料车辆的整车热效率较原车提高了 11.2%。

表 9－4　不同模式下道路试验结果对比

模式	纯柴油模式	二元燃料模式
道路状况	市区－高速公路	市区－高速公路
柴油消耗量/100 km	38.27 L	25.9 L
甲醇消耗量/100 km	—	18 L
替代率	32.3%	
替换比	1.47	
有效热效率提升率	11.2%	

2. 济南地区柴油/甲醇二元燃料车辆

(1) 车辆信息

在一辆全新的排放达到国Ⅳ标准的豪沃重型牵引车上加装了一套甲醇喷射装置，成为柴油/甲醇二元燃料车辆，如图 9－37(a) 所示。该车辆的柴油/甲醇二元燃料发动机排放也满足国Ⅳ排放要求，并通过了国家有关权威部门的认证。为对比车辆的燃油经济性，车辆驾驶员为同一人，车辆运行路线为济南环城高速，如图 9－37(b) 所示。车辆额定载重后总车质量为 53.8 t，车上装有柴油/甲醇二元燃料选择开关，可以自由切换车辆的运行模式。

（a）　　（b）

图 9－37　柴油/甲醇二元燃料车辆及运行路线

（a）柴油/甲醇二元燃料车辆　（b）运行路线

（2）试验结果

车辆在原车模式下额定负载运行，百公里柴油消耗量为 52.6 L；然后切换为柴油/甲醇二元燃料模式运行，连续运行 7 500 km，经计算百公里柴油消耗量为 34.5 L，甲醇类燃料百公里消耗量为 28.5 L。甲醇对柴油的替代率为 34.41%，替换比为 1.57，柴油/甲醇二元燃料车辆的整机燃料效率提高了 10.44%，运行结果见表 9－5。

表 9－5　不同模式下高速公路试验结果对比

模式	纯柴油	柴油/甲醇二元燃料
道路状况	高速公路	高速公路
柴油消耗量/100 km	52.6 L	34.5 L
甲醇消耗量/100 km	—	28.5 L
替代率	34.41%	
替换比	1.57	
整车燃料效率提升率	10.44%	

3. 其他地区柴油/甲醇二元燃料重载车辆运行结果统计

（1）高温条件试验

为了探讨柴油/甲醇二元燃料车辆在高原和高温干燥环境条件下的燃油经济性，对一辆福田欧曼重型牵引车辆加装了甲醇供给与控制系统来实现二元燃料燃烧模式，车辆运输标准负载的甲醇类燃料，运行路线为吐和高速的新疆维吾尔自治区的库车县—阿克苏地段，车速保持 80 km/h。运行结果表明，甲醇对柴油的平均替代率为 36.4%，替换比为 1.88，整车燃料效率提高了 5.9%。

（2）山区道路试验

将一辆陕西汽车制造厂生产的德隆重型卡车增加甲醇喷射系统改装成柴油/甲醇二元燃料车辆进行道路试验，运行路线为甘肃平凉市华亭煤矿。该地区道路崎岖、坡路较多，柴油/甲醇二元燃料车辆表现出了良好的动力性,试验车辆连续运行了 5 371 km,甲醇对柴油的平均替代率为 33.25%,平均替换比为 1.74,整车燃料效率提高了 7.4%。

(3)低温环境试验

为了考察柴油/甲醇二元燃料车辆在低温环境下的燃油经济性,选用一辆重载柴油渣土车,选择天津地区普通道路进行道路试验研究,试验条件下环境温度为 -12 ℃。为提高进气温度,促进甲醇蒸发雾化过程,对车辆的中冷器采取了遮挡措施。经燃油消耗统计结果表明,车辆在标准承载工况下,甲醇对柴油的平均替代率为 31.09%,平均替换比为 1.38,整车燃料效率提高了 11.9%。

可见,柴油/甲醇二元燃料车辆具有广泛的适应性,在各种运输车辆上都表现出了良好的性能,其动力性优于纯柴油车,整车燃料效率平均提高了 6%,甲醇对柴油的替代率大于 30%。

4. 柴油/甲醇二元燃料公交车各种道路结果分析

为了全面掌握二元燃料公交车辆的燃油经济性,将试验运行的路况分为三类:城郊路线、城区公交路线和山区道路路线。试验车辆如图 9-38 所示,各个试验路线的特点都不同,驾驶员的操纵方式也不同。

图 9-38 柴油/甲醇二元燃料公交车辆

(1)城郊道路试验

在城郊公交路线中,汽车能够在较长的行驶时间内保持中等负荷,而且运行工况比较平稳,在这种工作状态下有利于二元燃料系统发挥其优势。第一阶段试验,选取了市郊道路,起点为山西晋中市榆次老城,终点为祁县乔家大院,往返总里程为 100 km。试验路段以 208 国道为主,道路状况良好,路面平整。在标准载荷下进行百公里油耗和控制系统稳定性能道路试验。百公里油耗试验是在额定载荷和相同路况下重复进行,每次往返行驶 100 km,每种模式行驶 500 km,试验结果如表 9-6 所示。测量柴油和甲醇的消耗量的方法采用了满箱加注法,即在试车前将油箱或甲醇箱加满,液面到油箱或甲醇箱的伸出口,试车后回到原加注位置,用量筒将油箱或甲醇箱加满,记录加注量。

表 9-6　百公里油耗量

往返次数	柴油模式	柴油/甲醇二元燃料模式	
	柴油消耗量/L	柴油消耗量/L	甲醇消耗量/L
1	14.00	8.13	8.10
2	13.70	8.89	7.46
3	13.28	9.46	7.20
4	13.72	8.10	7.26
5	13.12	8.28	7.13
平均油耗	13.38	8.68	7.43
替换比	1.58		
替代率/%	35.1		

(2)市区道路试验

在城市公交车路线运行工况中，车辆需要反复地起步、加速、滑行和停车，柴油/甲醇二元燃料模式在这种路况下仅能在很短的加速过程中运行，在车辆滑行过程中只能使用纯柴油工作模式。柴油/甲醇二元燃料公交车的市区道路选择路线为晋中市榆次区 4 路公交车线路共 22 站，其运行工况多变，在滑行和怠速阶段都是停喷甲醇，故采用二元燃料模式后对柴油替代率较低，为 18.965%，替换比为 2.02。对比城郊公交路线试验结果，发现在城区公交路线试验中甲醇对柴油的替代率和替换比均有变差的趋势，其策略有待进一步完善。

(3)山区道路试验

在山区道路路线中，上下坡比较频繁，发动机往往处于低转速、大扭矩的工况下；而在下坡时，驾驶员往往利用发动机进行制动，因此在下坡时只能使用纯柴油模式。试验结果是在省道 S102 上反复 4 次试验结果的平均值。在山区道路试验时，甲醇对柴油的替代率仅为 23.3%，替换比为 1.38。在山区道路工况中，由于路况比较复杂，转弯以及上下坡频繁，而且在下坡时驾驶员往往利用发动机制动。因此，二元燃料燃烧的工作运行区间范围比较狭小。

9.2.6　柴油/甲醇二元燃料车辆排放

1. 甲醇和甲醛排放

柴油/甲醇二元燃料发动机经过台架试验，其排放达到了国Ⅳ排放标准，通过了国家权威部门的认证，在 ETC 工况下甲醛的排放低于工信部发布的《关于开展甲醇汽车试点工作的通知》文件中对甲醛排放限值的要求[7]。二元燃料车辆在冷起动、加速和正常行驶过程中都没有甲醛等异味出现，后处理装置为国内某公司生产的柴油/甲醇二元燃料 DOC，起燃温度为 156 ℃，实物如图 9-39 所示。

2. 烟度排放

二元燃料重型车辆在冷起动、加速和正常行驶过程中都没有冒黑烟、白烟及蓝烟现象，说明柴油/甲醇二元燃料车辆的燃料燃烧充分。而公交车辆加减速工况变化频繁，在急加

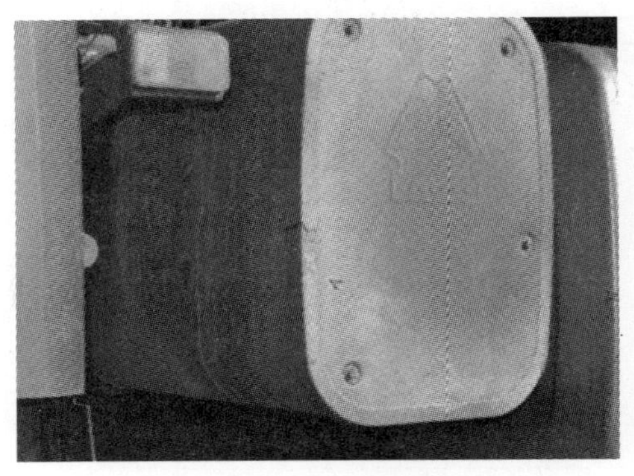

图 9-39 柴油/甲醇二元燃料 DOC

速过程中往往会因为增压器响应较慢和进气量不足，使得柴油燃烧不完善，而冒黑烟现象比较严重。图 9-40 是不同燃烧模式下公交车在起步加速时的状况。从图中可以看出，纯柴油车加速过程中排气管排出“黑烟”；相比二元燃料车辆在起步加速的过程中排气管没有看到“冒黑烟”的现象。这对城市公交车在离站和过十字路口时的排放污染有很大的改善，同时有助于提升城市形象。

(a)

(b)

图 9-40 不同燃烧模式下的公交车加速炭烟排放情况

(a)纯柴油模式 (b)二元燃料模式

通过采用柴油/甲醇二元燃料燃烧模式，发动机可消除车辆加速时冒黑烟现象，对发展具有中国特色的汽车替代燃料体系、逐步改变汽车能源结构、降低对石油资源的依赖性、缓解我国能源安全及环境保护压力具有重要意义。

9.3 柴油/甲醇二元燃料在机车发动机上的应用

经过多年的理论和试验研究，柴油/甲醇二元燃料燃烧技术已经在重型柴油机上取得了很多的基础研究成果。同时，通过在实车上的应用，总结道路试验中二元燃料车辆的性能和可能存在的问题，对以后工作有更加针对性的指导。在研究重载柴油车辆的同时，希望能够扩大这项技术的应用范围，在更大的范围内进行基础与试验研究。

基于以上想法，选择在一台中速大排量机车发动机上进行柴油/甲醇二元燃料技术的应用研究。由于这款发动机在机械构造与工作特点上与重载柴油机有些不同，因此在发动机台架上对这款柴油机进行了一定的改造，并进行了燃烧特性和燃油经济性方面的试验研究。这款发动机为中速大排量柴油机，技术参数见表 9 – 7。

表 9 – 7　机车发动机技术参数

气缸数	6	标定转速/(r/min)	1 000
燃油种类	0 号柴油	最低空载稳定转速/(r/min)	430
气缸排列形式	直列立式	压缩比	12. 5
排量/L	74. 64	额定转速/(r/min)	1 000
排放标准	铁标	气缸缸径 × 行程	240 × 275
标定功率/kW	1 100	进气形式	增压中冷
最大运用功率/kW	1 000		

9.3.1　发动机设计与改造

根据该机标定工况的耗油量，试验进行时替代柴油需要大流量稳压甲醇供应。为了确保甲醇的供给，应采取以下措施。

①采用大流量喷嘴，在每个进气歧管处安装两个甲醇喷嘴。与此同时，为了防止甲醇喷射量过大所导致的醇轨中甲醇压力波动过大的问题，在每个醇轨上安装 3 个喷嘴以尽量减少供醇压力的波动。

②为了获得发动机工作时的运行参数，一共额外安装 3 个传感器，即 1 个曲轴转速传感器、1 个凸轮轴转速传感器和 1 个油门位置传感器。

③供醇系统中采用带有压力补偿孔的压力限压阀，确保醇轨中甲醇压力恒定在 0. 40 MPa。由于甲醇对橡胶有一定的溶胀作用，故试验中选用特制耐醇管作为甲醇的输运管路。采用两级滤清，其中一级甲醇滤清器布置在甲醇箱和一级甲醇泵之间，用于过滤掉甲醇类燃料中粒径较大的杂质，对甲醇泵和流量计进行保护；二级精滤清器连接在二级甲醇泵与甲醇轨之间，用于过滤掉甲醇中的细小杂质，对喷嘴进行保护。

改装完成后的柴油/甲醇二元燃料发动机样机如图 9 – 41 所示，图 9 – 42 为甲醇供给系统关键零部件，按照样机图中顺序依次安装在试验间的固定座上。

二元燃料机车内燃机的甲醇喷射系统主要由甲醇轨和甲醇喷嘴组成，它控制着甲醇和空气的混合质量，从而影响缸内燃烧。甲醇喷嘴安装在发动机进气歧管上（图 9 – 43），由醇轨提供的 4. 0 bar 的甲醇由喷嘴产生 60°锥角的喷雾与来流空气混合、蒸发，形成均质混合气后进入气缸。为了保证甲醇的供给量，试验发动机每缸采用两个大流量甲醇专用喷嘴，分别由 ECU 控制喷射。甲醇轨的主要作用是将每个限压阀供给的压力甲醇均分到 3 个气缸，保证每个喷嘴的压力一致。试验发动机共安装了 4 个醇轨、12 个喷嘴，能很好地保证机车二元燃料发动机较大的甲醇需求量。

图 9－41　柴油/甲醇二元燃料发动机

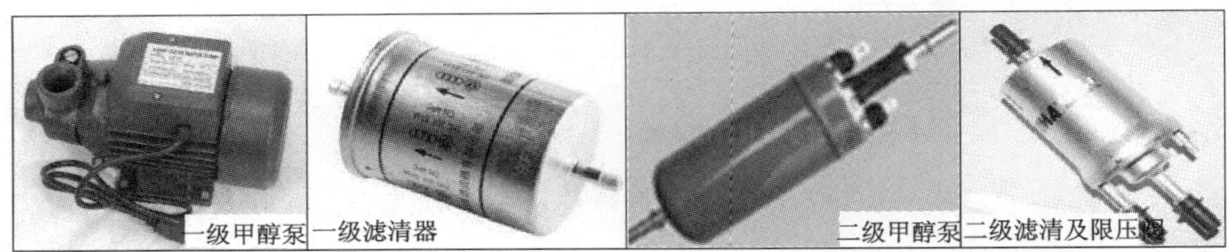

图 9－42　甲醇供给系统关键零部件

图 9－43　甲醇喷射系统示意图

试验用二元燃料发动机采用顺序喷射，通过测量曲轴位置和凸轮轴位置两个信号，ECU 计算并判断发动机各缸的相位，按照程序设定在发动机进气门打开过程中喷射甲醇。

曲轴位置传感器采用磁电式传感器，并在发动机飞轮上设计安装了一个铁磁材料的信号齿盘。整个信号轮上均布 60－2 个齿，即在信号轮顶端连续减少两个齿，成为“缺齿”，用以判断发动机第一缸上止点。该信号轮专为机车设计和加工制作。信号轮安装在发动机飞轮上，与曲轴同相位转动，同时将曲轴位置传感器安装在发动机机体上，曲轴传感器感应器顶端距信号齿的距离控制在 1～2 mm，安装如图 9－44 所示。

凸轮轴位置传感器安装在原发动机测速电机内。将凸轮轴端盖上的螺堵改造成具有

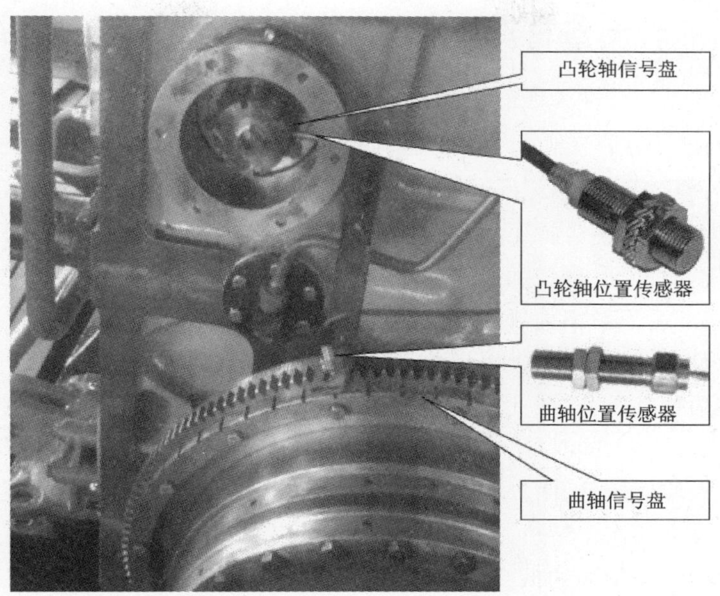

图 9－44　曲轴及凸轮轴位置传感器的安装

6＋1 个凹槽的信号盘，如图 9－44 所示。传感器采用霍尔式转速传感器安装在测速电机外罩上。由于凸轮轴在柴油机的一个工作循环内转一圈，所以每一个凸轮齿可以准确地识别柴油机曲轴的一个转角相位，以判断各缸的工作顺序。ECU 根据上述两个转速传感器的信号，经过处理计算得出发动机各缸的相位，从而控制甲醇喷射时刻和喷射量。

油门位置传感器安装在发动机油门拉杆轴端，传感器转轴与油门拉杆转轴同步转动，从而获得发动机油门位置信号，安装情况如图 9－45 所示。

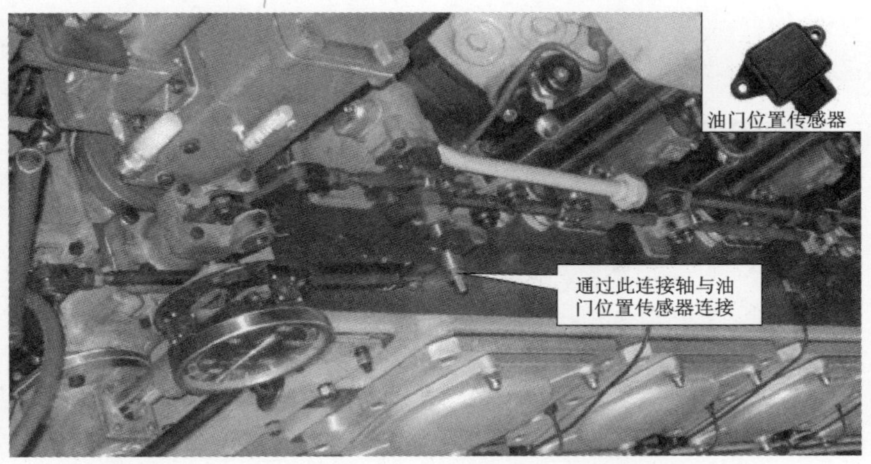

图 9－45　油门位置传感器及安装

9.3.2 二元燃料发动机燃烧特性分析

机车发动机的工作特性为推进特性，即 $P_e = Cn^3$（P_e 为功率，n 为转速，C 为系数），属于线工况内燃机，发动机正常工作时每一个转速对应一个固定的负荷。试验中选取 600 r/min 和 1 000 r/min 两种工况，根据工况不同选定三个不同的甲醇替代率。试验时，发动机先采用纯柴油模式工作，在到达目标工况稳定运行后，记录缸内压力、油耗和温度等数据；然后减少柴油的循环喷射量，甲醇控制 ECU 在进气歧管处喷入甲醇，保证输出功率与纯柴油模式一致，待工况稳定后记录相关数据。

图 9-46 为 600 r/min 和 1 000 r/min 纯柴油模式与柴油/甲醇二元燃料燃烧模式下的放热率对比。在两种工况下，二元燃料模式的燃烧始点相对纯柴油都有所推迟，放热更加集中，预混燃烧比例增大，同时最大瞬时放热率也增加。产生这一规律的主要原因有：

①甲醇的十六烷值较低，使缸内二元燃料的平均十六烷值下降，导致滞燃期增加；

②甲醇具有较高的汽化潜热，进入气缸后吸收大量热量，降低缸内温度，且甲醇进入缸内形成的热氛围会迟滞柴油的低温反应，从而减缓了柴油低温反应的进行，导致滞燃期增加，且随着甲醇喷射量的增加，这种趋势更加显著；

③着火后进入高温燃烧阶段，大量自由基生成，柴油和甲醇一起迅速燃烧，导致燃烧更加集中，最大瞬时放热率增加。

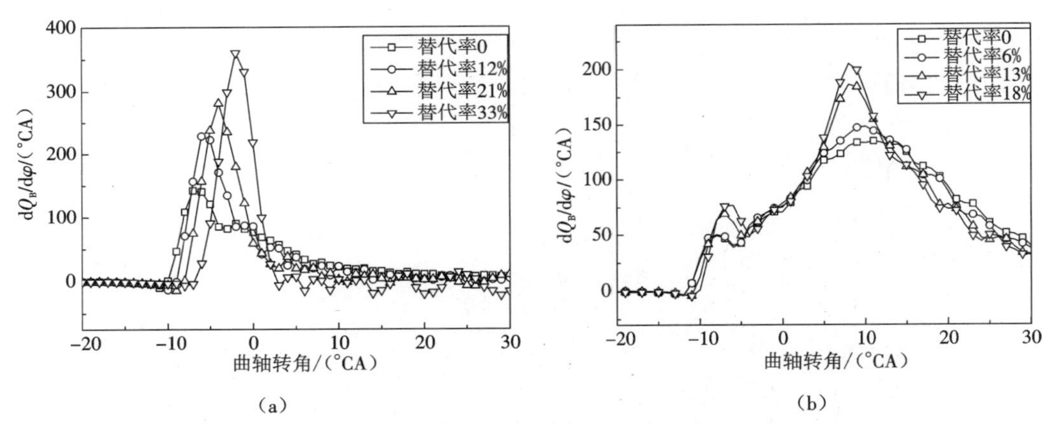

图 9-46 不同转速、不同替代率下放热率对比

(a) n = 600 r/min (b) n = 1 000 r/min

图 9-46(a)所示为在 600 r/min 工况下，纯柴油模式工作时，燃烧放热倾向于单峰放热，预混燃烧阶段占整个燃烧阶段的大部分，扩散燃烧阶段所占比例较小。这主要是由于在中低转速下喷油量相对较少，雾化效果相对较好，较低的转速同样使柴油与空气的混合时间较长，预混比例增加，燃烧速度加快。喷入甲醇后，甲醇在进气歧管吸收热量形成甲醇空气均质混合气进入气缸，柴油引燃甲醇空气均质混合气，更加倾向于单峰放热，扩散燃烧阶段基本消失，近似于准均质压燃放热规律，最大燃烧放热率大幅度升高，33% 替代率时最大瞬时放热率为纯柴油模式的 2. 3 倍。二元燃料燃烧的持续期显著缩短，且随着甲醇替代

率的升高，燃烧持续期缩短的幅度进一步加大，在 33% 替代率时，燃烧持续期缩短了 18.8°CA。图 9－46(b)所示为在 1 000 r/min 标定工况下，纯柴油模式工作时燃烧分为两个阶段：第一个阶段的预混燃烧占据了很小的一部分，第二阶段的扩散燃烧占全部放热量的 90% 以上。喷入甲醇后，双峰放热形式没有改变，预混燃烧比例有所提高，但扩散燃烧仍占整个放热量的绝大部分，燃烧持续期的变化趋势与 600 r/min 时基本一致。这主要是由于在1 000 r/min工况下，喷油量大幅度增加，柴油空气混合时间短，雾化水平差，喷入甲醇使在相同工况下的柴油喷射量减少，柴油引燃甲醇空气均质混合气后，增加了预混燃烧的比例，加快了燃烧速率，使得燃烧持续期变短[8]。

图 9－47 是 600 r/min 和 1 000 r/min 缸内压力变化图。从图中可以清楚地看出，两种工况下，二元燃料燃烧方式的缸内最大压力均大于纯柴油模式下的缸内最大压力，同时随着替代率的升高，最高爆发压力也是持续升高。二元燃料燃烧方式气缸压力上升的始点晚于纯柴油模式，但燃烧开始后，上升速度要快于纯柴油模式，且随着替代率的升高，这一特点更加明显，这与放热规律变化也是一致的。二元燃料燃烧方式最大爆发压力受到滞燃期内形成的预混混合气数量的影响，预混可燃混合气越多，燃烧开始后燃烧速率越剧烈，最大爆发压力与压力升高率增加的趋势越明显。同时，燃烧始点的推后与燃烧持续期的缩短导致放热更加集中，而此时活塞在上止点附近，燃烧定容度好，从而导致最大爆发压力与压力升高率的增加。

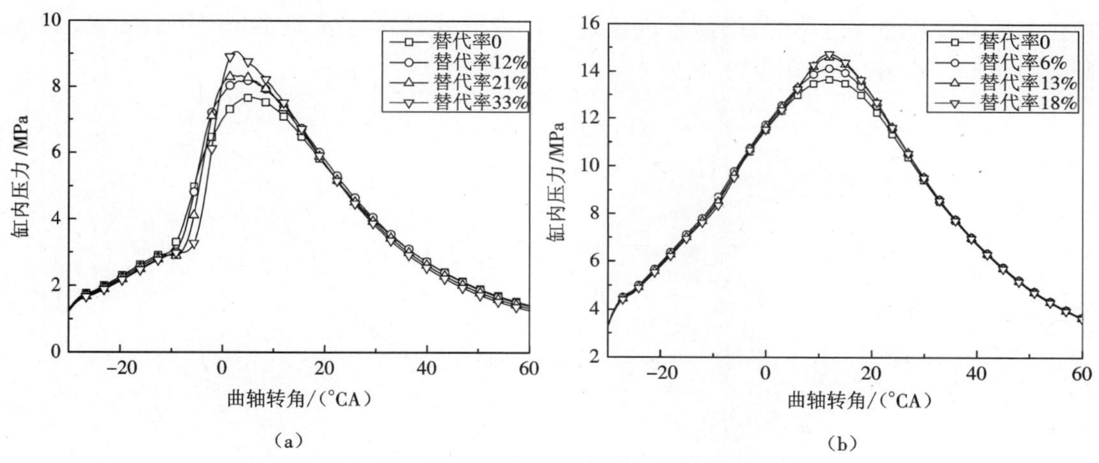

图 9－47　不同替代率下气缸压力对比

(a) $n=600$ r/min　(b) $n=1\ 000$ r/min

图 9－48 给出了两种工况下最大压力升高率随甲醇替代率的变化图。可以看出，随着甲醇喷入量的增加，最大压力升高率呈变大的趋势。二元燃料燃烧方式增加了预混燃烧部分，大部分热量在上止点附近释放，压力升高率大幅度升高，在 600 r/min 下 33% 替代率的压力升高率最大值是纯柴油模式的 2 倍。但是高的压力升高率会产生很大的燃烧噪声，甚至出现缸内压力剧烈震荡的情况。

图 9－49 为 600 r/min 和 1 000 r/min 下的缸内温度变化图。二元燃料燃烧方式温度上

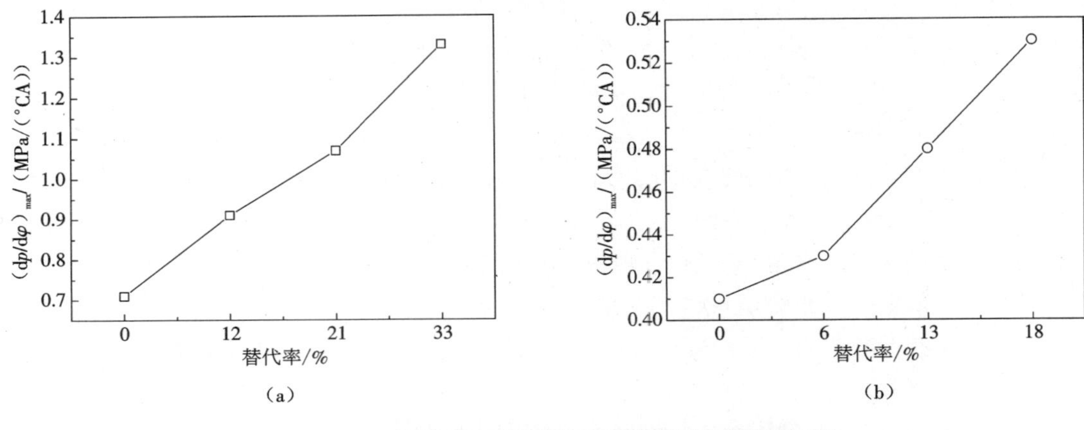

图 9-48　不同转速、不同替代率下最大压力升高率对比

(a) n = 600 r/min　(b) n = 1 000 r/min

升始点要晚于纯柴油模式，这一变化规律与缸内压力变化规律一致。从图中可以看出，二元燃料燃烧方式缸内最高温度均高于纯柴油模式，且随着替代率的增大，缸内最高温度也升高。加入甲醇后，缸内燃料的十六烷值降低，自燃温度升高，滞燃期延长，导致在自燃前产生了更多的预混混合气，一旦着火燃烧更加迅速，导致最高缸内燃烧温度升高；尽管甲醇相对柴油有更大的汽化潜热，有利于降低缸内温度，但甲醇为含氧燃料，燃烧速度快，尤其在扩散燃烧阶段会促进燃烧，增加缸内温度。缸内温度是这些因素共同作用的结果，从本研究结果可以看出，后者影响更大。

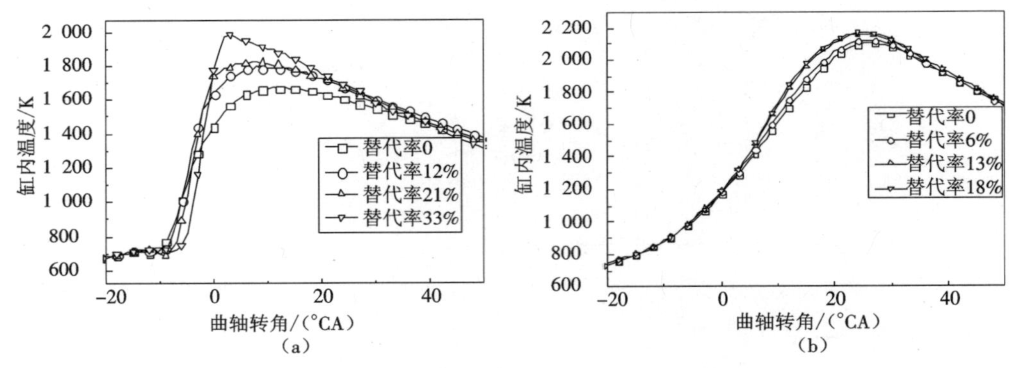

图 9-49　不同转速、不同替代率下缸内温度对比

(a) n = 600 r/min　(b) n = 1 000 r/min

在热效率方面，转速为 600 r/min 时随着甲醇的喷入，有效热效率降低，且随着替代率的升高，热效率降低幅度加大，在 33% 替代率时热效率降低最大。一方面，因为在小负荷时，燃烧温度低，过多地喷入甲醇会发生不完全燃烧，甚至产生失火的现象，由于喷入的柴油量少，有相对较长的时间进行雾化，而甲醇进入气缸后即形成均质混合气，加大了预混燃烧在整个燃烧阶段所占的比例，导致更多的热量在上止点前释放，负功增加；另一方面，由于机车用柴油机大缸径的结构特点，对燃料喷雾与气道内混合气形成要求较高，加入甲醇后,与柴油在缸内混合不好,燃料效率相对低,导致热效率下降。转速为 1 000 r/min,二元燃料燃烧方式相比纯柴油模式有效热效率略有升高。应用二元燃料燃烧方式时,应根据纯柴油燃烧的特点与不同工况的工作特点调整甲醇喷射策略,以达到最优化的目的。

9.3.3　二元燃料机车试验结论

通过在中速机车发动机上应用柴油/甲醇二元燃料燃烧技术得到相关结论:在柴油机基本结构不做调整的条件下,二元燃料燃烧方式燃烧始点推迟,燃烧持续期缩短;在中低负荷下,倾向于单峰放热;在大负荷下,预混燃烧比例增大,但保持了双峰燃烧特点。随着甲醇喷射量的增加,滞燃期延长,燃烧持续期缩短,在中低负荷下更加突出。二元燃料燃烧方式的最大瞬时放热率、最大缸内爆发压力、最大压力升高率和缸内最高温度均比纯柴油模式大。二元燃料燃烧方式在热效率变化方面表现为在中低负荷下热效率降低,在大负荷下热效率略有升高。可见,甲醇/柴油二元燃料应用在中速柴油机上是完全可行的,能够替代 30% 以上的柴油消耗量。此外,还需要在发动机燃料匹配方面进一步开展工作,为下一步道路试验打下良好的基础。

9.4　柴油/甲醇二元燃料燃烧技术在工程机械发动机上的应用

截至 2012 年底,我国工程机械保有量为 561 万 ~ 608 万台,种类涉及挖掘机、推土机、装载机、起重机等。工程机械以内燃机为动力,属于非道路移动机械,其工作环境和工作特性不同于道路机动车,主要表现在运行环境较为恶劣,且经常在高速重载的条件下工作,能耗大,维护条件较差。逐年递增的保有量和较高的能耗,使工程机械的燃油消耗占我国石油支出的比例越来越高。

与机动车排放控制相比,我国非道路移动源的排放控制起步晚。1999 年我国开始实施机动车排放控制标准,目前国内轻型汽油车已全面实施国Ⅳ排放标准,轻型柴油车的排放标准也于 2013 年 7 月 1 日开始实施,而非道路移动机械用柴油机排放限制值的国家标准于 2007 年才开始实施,目前实施到第二阶段。

清华大学的李东玲、吴烨等人[9]建立了基于实际燃油消耗率估算我国工程机械燃油消耗量及排放清单的方法,并以挖掘机和装载机为研究对象。通过分析其保有量构成、活动水平、实际燃油消耗率和排放因子等相关参数,估算了 2007 年我国挖掘机和装载机两类工程机械的油耗量及排放量。结果表明,我国 2007 年挖掘机和装载机的柴油总消耗量为 1.21×10^7 t,占当年全国各行业柴油总消耗量的 9.7%;NO_x 和 PM 的总排放量分别为 6.81×10^5 t和 5.31×10^4 t,其排放量已不容忽视。因此,工程机械发动机面临的节能减排问题日益突出。

由于柴油/甲醇二元燃料燃烧技术对原机基本不做改动,不会降低原柴油机的可靠性,且对于大能耗的工程机械发动机,柴油/甲醇二元燃料燃烧技术的应用能够提高燃烧效率,有效降低燃料成本,改善排放品质。因此,探索二元燃料技术在工程机械发动机上实现的可行性及其工作特点，既是拓宽二元燃料技术应用领域的需要，又从实践上丰富和完善了柴油/甲醇二元燃料技术的燃烧理论。

9.4.1 工程机械发动机二元燃料系统改装和试验

与重载柴油机二元燃料系统的改装类似，工程机械发动机是在维持原柴油供给系统不变的情况下，加装一套甲醇供给系统。台架上加装的甲醇系统包括甲醇 ECU、控制线束、转速传感器、油门位置传感器、喷醇器、甲醇泵、甲醇压力阀、甲醇箱、甲醇滤清器等。

为说明应用柴油/甲醇二元燃料系统时工程机械发动机的工作特性，本书结合一台改装为柴油/甲醇二元燃料的工程机械发动机的台架试验进行说明。图 9－50 为柴油/甲醇二元燃料试验台架。该发动机采用机械泵式供油系统，额定功率为 154 kW，额定转速为 2 100 r/min，最大扭矩为 920 N · m，最大扭矩转速为 1 300 r/min。

图 9－50　柴油/甲醇二元燃料试验台架

进行外特性试验时，调整机械泵的限油螺钉减少最大供油量，使得外特性的最大供油量下降 15%，通过进气道喷射甲醇恢复各工况外特性最大扭矩，并以最大爆发压力（14 MPa）和最大压力升高率（2 MPa/°CA）为限值，超过限定值即认为发动机达到机械强度的极限，不再增加甲醇的喷射量；进行部分负荷特性试验时，选择转速为 1 000 r/min、1 200 r/min、1 300 r/min、1 400 r/min、1 500 r/min、1 700 r/min、1 900 r/min 和 2 100 r/min，负荷率为 30%、40%、50%、60%、70%、75%、80% 和 90%，不同替代率对工程机械发动机燃烧特性及整机性能影响的分析。

9.4.2 工程机械发动机二元燃料工作特性

1. 外特性分析

（1）扭矩与功率

二元燃料燃烧系统采用进气道喷射甲醇形成甲醇空气的预混合气，并用柴油引燃的方式燃烧。由于进气中混入了甲醇，柴油的着火期将被推迟，在滞燃期内形成混合气数量增加，且甲醇也作为一种均质燃料进一步增加了预混燃烧的比例。因此，加入甲醇后将使缸内的爆发压力和压力升高率高于纯柴油在相同工况下的水平，在外特性下很可能超过纯柴油的机械强度极限[10]。因此，在进行二元燃料系统改装前需要调节纯柴油机外特性的最大供油量，使之较纯柴油机下降 15% 左右，损失的扭矩可以通过喷射甲醇进行恢复。这样，既保证了在外特性下能够实现对柴油的替换，又能确保发动机工作在其机械强度范围内。

在试验发动机上加装柴油/甲醇二元燃料系统后进行了台架测试。结果显示，中小转速下的外特性扭矩低于纯柴油机，高转速下的外特性扭矩能够达到纯柴油机的水平。这是由于试验过程中始终监测发动机的缸内压力和压升率，一旦爆压或压升率达到限值即不再增加甲醇的喷射量，使发动机始终工作在其机械强度范围，保证其使用寿命。图 9 – 51 是试验发动机在纯柴油、纯柴油限油和柴油/甲醇二元燃料燃烧三种模式下的外特性扭矩。从图中可以看出，在 1 900 ~ 2 100r/min 转速下二元燃料最大扭矩与纯柴油一致，但是在 1 000 ~ 1 700 r/min 转速下却比纯柴油平均低 3%。

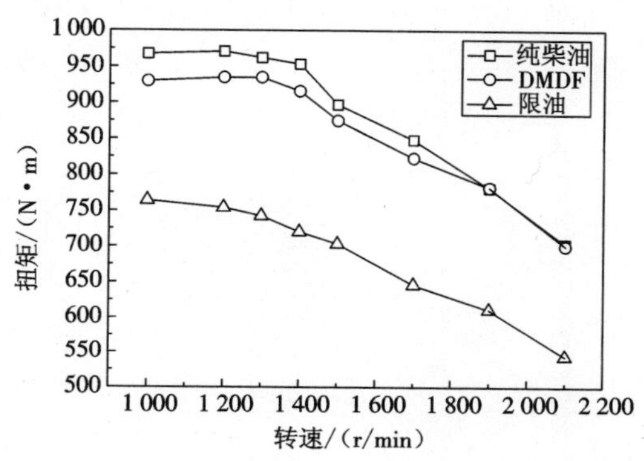

图 9 – 51　纯柴油、纯柴油限油和二元燃料模式下扭矩对比

(2) 进排气温度

工程机械发动机经常在高速重载的条件下工作，加之其自身的冷却较差，其机体温度一般高于普通的车辆发动机。由于柴油/甲醇二元燃料燃烧技术采用进气道喷射甲醇，甲醇的汽化潜热(1 109 kJ/kg)较大，约是汽油汽化潜热(310 kJ/kg)的 3. 6 倍，进气中喷入甲醇后将使进气温度大幅度下降。而工程机械发动机机体温度较高，有利于甲醇的蒸发和雾化，对二元燃料系统的使用较为有利。进气道喷入甲醇后，不仅降低了进气温度，也降低了燃烧温度和排气温度，这对降低 NO_x 的生成和提高发动机的有效热效率有利。图9 – 52是试验发动机在纯柴油模式和二元燃料模式下进排气温度的对比，其中在低转速1 000 r/min 下所对应的外特性效果最明显，进气温度与排气温度分别下降了 26. 2% 和 10. 6%，各转速外特性进排气温度平均下降 14. 7% 和 7. 2%。

(3) 当量比油耗和有效热效率

二元燃料模式下工作的发动机有效热效率高于纯柴油模式，当量油耗明显得到了改善。原因是二元燃料模式下预混的甲醇混合气可同时燃烧，增加了预混燃烧的比例，而扩散燃烧量相应减少，大量的热量在上止点附近释放，散热面积小，传热损失少，燃烧等容度好。图 9 – 53 是试验发动机在两种模式下外特性的当量比油耗和有效热效率。其中，在 1 400 r/min 转速下满负荷时二元燃料模式的当量比油耗为 195. 74 g/(kW · h)，有效热效率达到了 43. 28%。

(4) 最大爆压和最大压升率

前文已经提到，二元燃料燃烧模式与纯柴油模式相比，预混燃烧比例有所增加，因此其

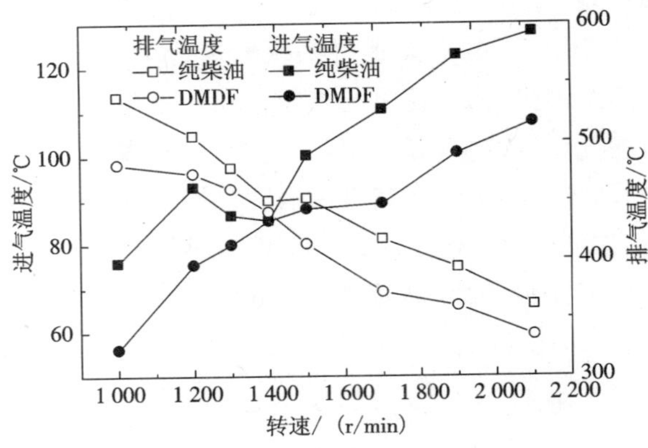

图 9－52　外特性进排气温度对比

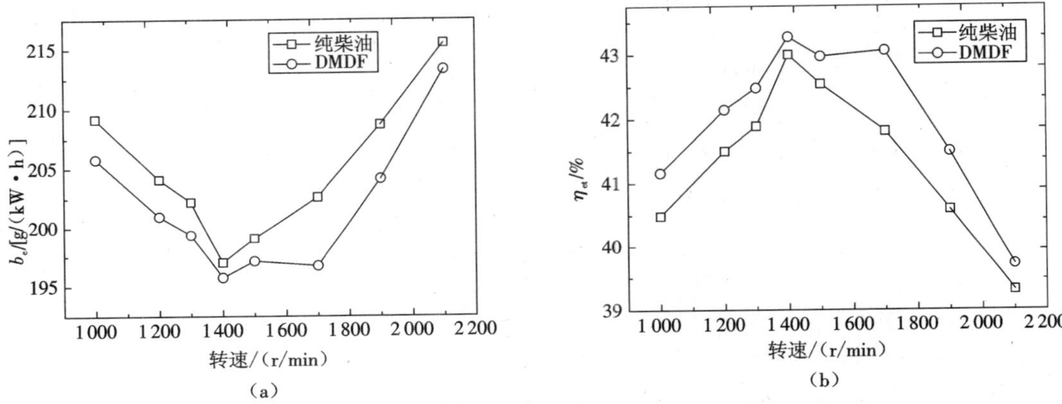

图 9－53　不同燃料模式下的外特性当量比油耗及有效热效率对比

（a）当量比油耗　（b）有效热效率

最大爆发压力和压力升高率会高于纯柴油模式相同工况下的数值。使用该技术时应予特别关注，以防止发动机的机械强度超过其设计值。图 9－54 为试验发动机在两种模式下的爆压及压力升高率对比。可见，二元燃料模式下外特性的最大爆压与最大压力升高率较纯柴油模式增加很多，平均分别提高了 6.3% 和 102%，其中在转速 1 900 r/min 下 100% 负荷时最大缸内压力达到了 14.71 MPa，最大压力升高率为 1.24 MPa/°CA；在 1 000～1 500 r/min转速时，二元燃料模式下外特性扭矩比纯柴油模式低的原因是受限于最大爆压和压力升高率，甲醇供给量不能再提高。如在 1 000 r/min 转速下，纯柴油模式的最大缸压为 13.04 MPa，最大压力升高率为 0.804 MPa/°CA，二元燃料模式下分别为 13.47 MPa 和1.35 MPa/°CA。

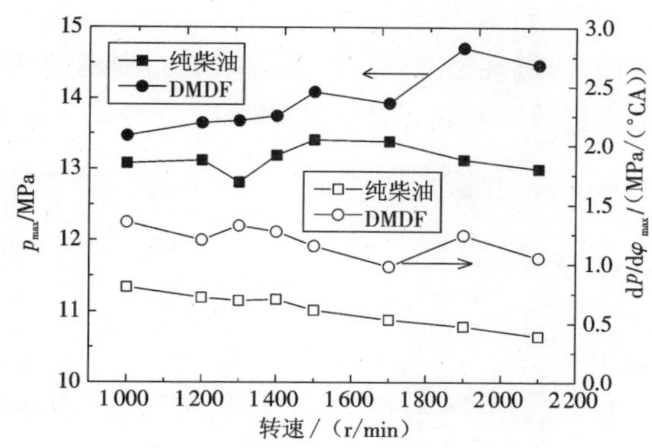

图 9-54　不同燃料模式下的发动机最大爆压与压力升高率对比

2. 万有特性分析

(1)替代率

对于工程机械发动机,高转速下甲醇对柴油的替代率高于低转速时的替代率。高转速下低负荷时替代率大于高负荷时的替代率,这主要是受最大爆发压力和压力升高率的限制,高负荷时减小了甲醇的喷射量;低转速下低负荷时替代率小于高负荷时的替代率,这主要是受压力升高率的限制,甲醇喷射量难以进一步提高。图 9-55 为试验发动机在二元燃料模式下替代率的分布图。从图中可以看出,在 1 700 ~ 2 100 r/min 转速下 30% ~ 50% 负荷最大替代率达到了 50% 以上,而在外特性附近受最大爆压和压力升高率的限制替代率在 20% ~ 30%;在低转速下(1 000 ~ 1 200 r/min)低负荷时,替代率基本都在 20% 以下,小于高负荷时的替代率,这主要是受最大压力升高率的限制。

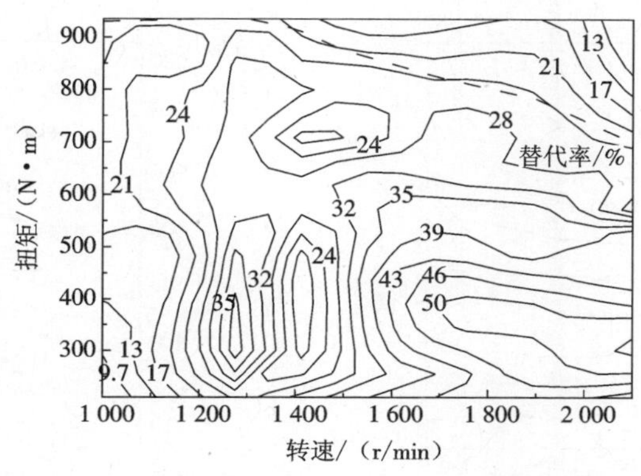

图 9-55　二元燃料模式下甲醇对柴油替代率的分布图

(2)进排气温度

与外特性工况类似,在全工况下进气喷射甲醇后,工程机械发动机的进气温度有较明显的下降。甲醇汽化潜热约是柴油的 4.4 倍,而其热值却很低,因而替换等量的柴油需要的甲醇量较多。甲醇在汽化过程中大量吸热而降低了进气温度。进气温度的降低一方面有助于进气量的增加,另一方面燃烧初始温度也随之降低,发动机的热负荷减小。图 9-56 是试验发动机在不同燃烧模式下进气温度的对比。从图中可以看出，进气温度平均降低 20 ℃左右，且无论采用哪种模式，进气温度都随转速的增加而增高，原因是转速变大时单位时间排出的废气量增多，增压器效率提高，进气量也增加。

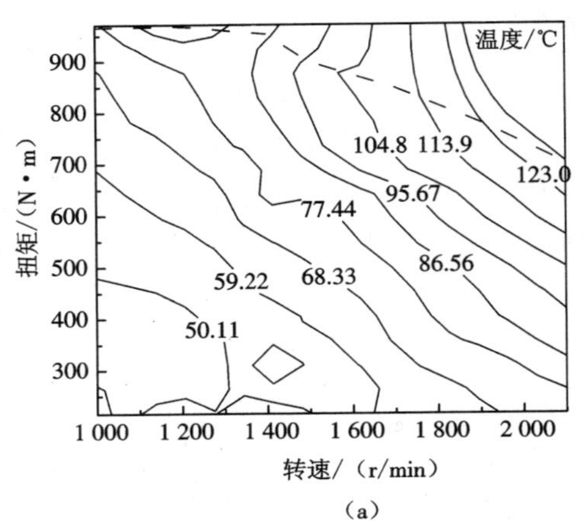

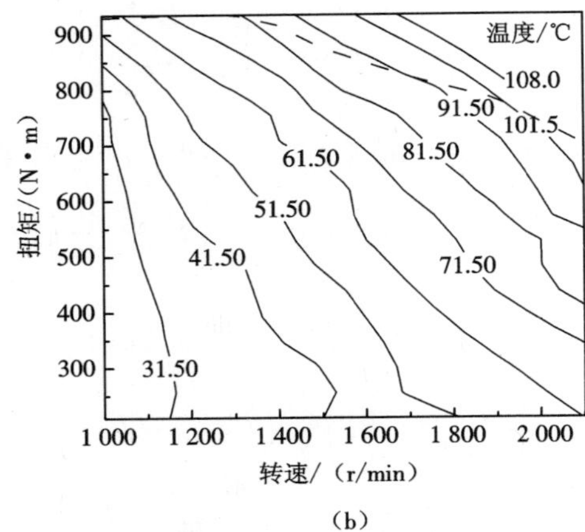

图 9－56 不同燃烧模式下发动机各工况进气温度分布图

(a)纯柴油模式 (b)二元燃料燃烧模式

采用二元燃料燃烧模式后，排气温度也随之下降。图 9－57 为试验发动机在不同燃烧模式下总管排气温度的分布图。从图中可以看出，进气喷射甲醇后，全工况排气温度平均下降 30 ℃，其中在 1 000 r/min 转速下 100% 负荷时排气温度降低了 57 ℃。排气温度的降低可以减少废气带走的能量。但是过低的排气温度会降低涡轮能力，影响增压器的效率，同时也会使尾气中排放的甲醇、甲醛等后氧化能力下降。

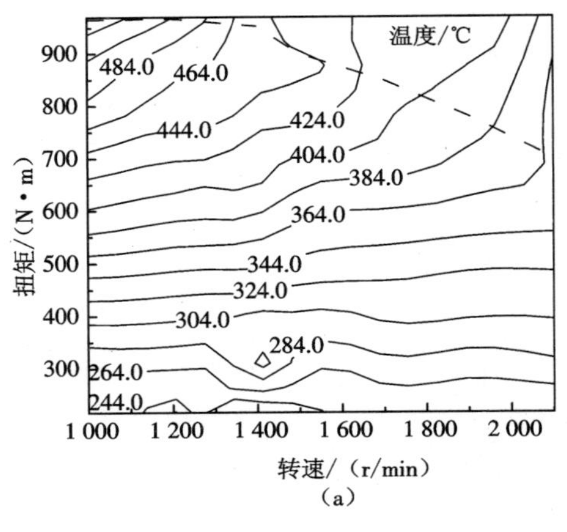

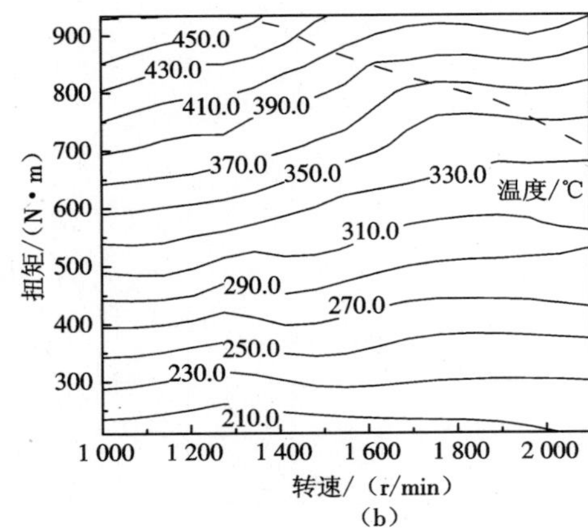

图 9－57 不同燃烧模式下发动机各工况排气温度分布图

(a)纯柴油模式 (b)二元燃料燃烧模式

(3)燃油经济性

当量燃油消耗率 b_e 和有效热效率 η_e 都是衡量发动机经济性能的重要指标。两者间的换算关系为

$$b_e = 3.6 \times 10^6/(\eta_e H_u) \quad (9-1)$$

式中：b_e 为当量燃油消耗率，单位为 g/(kW · h)；H_u 为柴油的单位质量低热值，单位为 kJ/kg。

可以看出当量燃油消耗率与有效热效率成反比，即有效热效率越高，当量燃油消耗率越低。工程机械发动机在二元燃料模式下低油耗区间比纯柴油模式下低油耗区间范围得到了拓展，各个转速下中高负荷的有效燃油消耗均比纯柴油模式低，热效率提高，只有在低负荷大替代率下有效热效率比纯柴油模式低。图 9－58 和图 9－59 是试验发动机在全工况下，纯柴油和二元燃料模式当量燃油消耗率和有效热效率的对比。从图中可以发现，在中高负荷时，柴油/甲醇二元燃料燃烧时当量燃油消耗率有很大的改善，在 1 400 r/min 转速时最大扭矩附近的当量燃油消耗率低于 195.7 g/(kW · h)，最大热效率达到了 43.28%；而在各工况中低负荷下，二元燃料燃烧模式发动机的当量燃油消耗率偏高，对应的有效热效率也相对较低，原因是中低负荷时发动机缸内燃烧温度低，进气道喷入甲醇后进一步降低了缸内温度，甲醇在缸壁附近有冷激效应，会产生淬熄现象，使燃料燃烧不完全，排出较多的 HC 和 CO 气体，热效率降低。

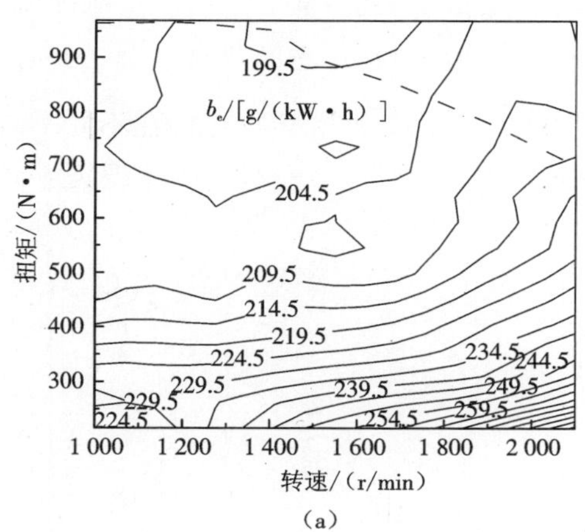

(a)

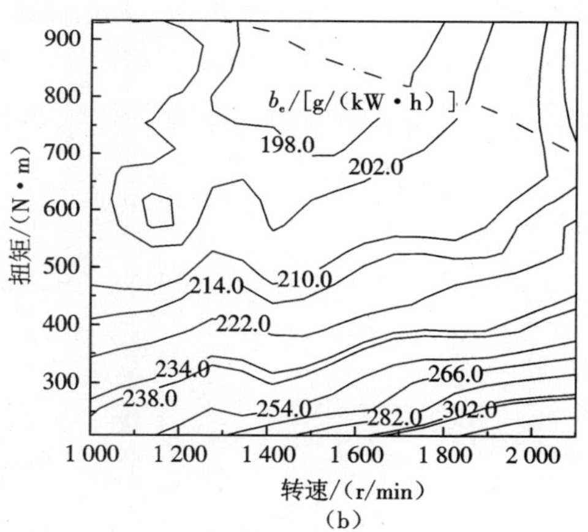

(b)

图 9－58　不同模式下发动机各工况当量燃油消耗率对比

(a)纯柴油模式　(b)二元燃料燃烧模式

(4)最大爆发压力和最大压力升高率

在全工况下，除了高转速低负荷下二元燃料的最大爆发压力小于纯柴油模式的爆发压力，其他工况下的爆发压力均比纯柴油模式的爆发压力大，但通过对甲醇喷射量的控制可以使各工况下的最大爆发压力均在发动机的安全强度范围内。低负荷时最大压力升高率比纯柴油模式的高，主要是二元燃料燃烧模式预混燃烧的比例提高，燃烧速度加快。图 9－60和图 9－61 是试验发动机在全工况下的最大爆发压力和压力升高率。从图 9－60 中可以看出，纯柴油模式下最大爆发压力集中在最大扭矩附近，最低爆发压力为低转速小负荷工况下；而二元燃料模式下最大爆发压力集中在高转速满负荷区间附近，达到了 14 MPa 以上，最低爆发压力的区域在高转速低负荷区间和低转速低负荷区间，且二元燃料最大爆发压力比纯柴油模式的最大爆发压力明显提高。从图 9－61 中可以看出，二元燃料最

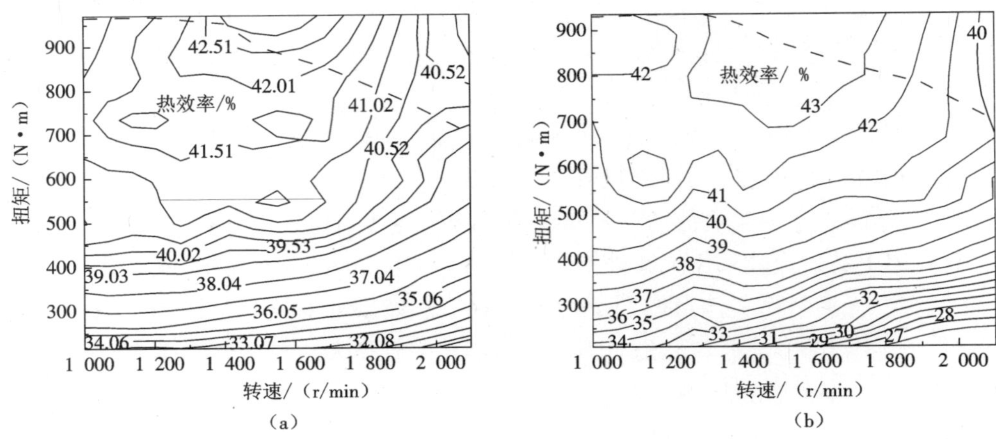

图 9-59 不同模式下发动机各工况有效热效率对比

(a)纯柴油模式 (b)二元燃料燃烧模式

大压力升高率比纯柴油模式的大，当转速为 1 600 r/min 时，中高负荷区域达到纯柴油模式的 2 倍以上；在1 000 ~1 300 r/min 转速 300 ~430 N · m爆发压力下，最大压力升高率达到了近2 MPa/°CA以上，燃烧噪声很大。总体来看，高转速大负荷时替代率的提高受限于最大爆发压力，低转速时替代率的提高受限于最大压力升高率。

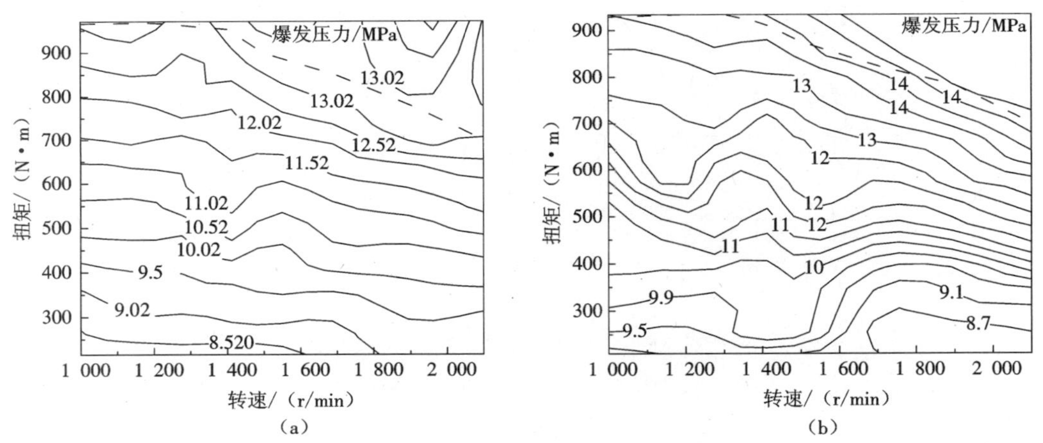

图 9-60 不同模式下发动机各工况最大爆发压力对比

(a)纯柴油模式 (b)二元燃料燃烧模式

(5)燃料成本

用户较关心燃料成本，它也是影响柴油/甲醇二元燃料燃烧技术推广应用的重要因素。为研究工程机械发动机采用二元燃料技术后的燃油成本，引用试验发动机的实测油耗值，结合试验时当地的燃料价格计算两种模式下的燃料成本，结果如图 9-62 所示。计算中，柴油的价格来自东方油气网监测的 2013 年 3 月 17 日华东地区柴油零售价格，为8 800 元/t，折合 8. 8 元/kg；甲醇的价格取自 3 月 22 日山东地区甲醇市场主流出厂价格，为2 600 元/t，折合 2. 6 元/kg。从图中可以看出，二元燃料燃烧模式下发动机的燃油成本明显降低了，平

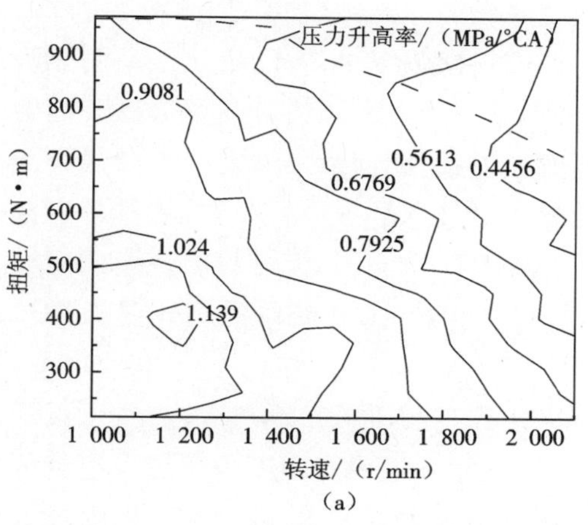

(a)

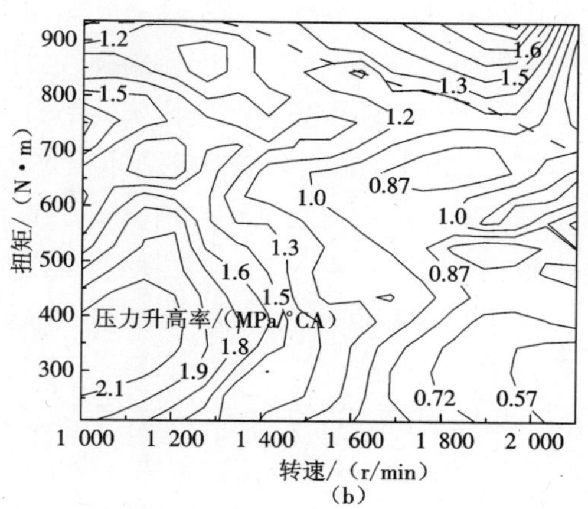

(b)

图 9-61　不同模式下发动机各工况最大压力升高率对比

(a)纯柴油模式　(b)二元燃料燃烧模式

均成本下降 10% 以上。由于甲醇价格的优势，柴油/甲醇二元燃料发动机基本上在各工况范围内燃油成本都是随着甲醇替代率增加而降低的，因此最低燃油成本所对应的甲醇替代率基本上都是最高替代率，在接近全负荷附近受发动机设计强度的限制，为了不超过发动机最大允许的爆发压力，替代率最高只维持在 20% 左右，而在中低负荷区二元燃料燃烧时的热效率明显降低，但是由于甲醇价格便宜，虽然 50% 替代率时热效率降低，但是成本优势依然明显。从图 9-62 还可以看出，二元燃料燃烧成本最低的区域是在 1 200 ~ 1 800 r/min 转速下中高负荷区域，而该区域对应的热效率也是相对较高的区域，其中在 1 300 r/min 转速下 70% ~ 80% 负荷区域的价格为 1.57 元/(kW · h)。

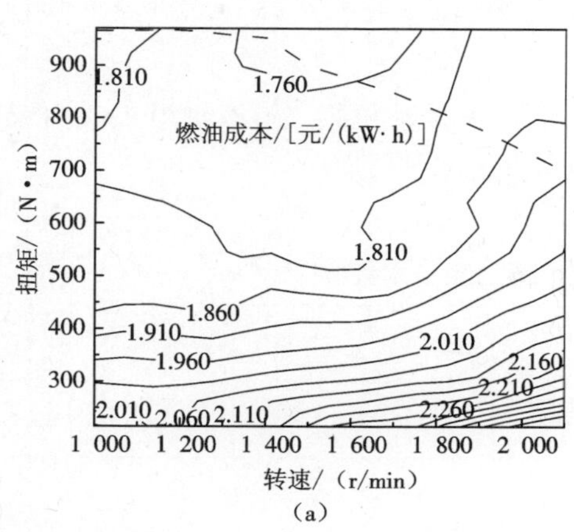

(a)

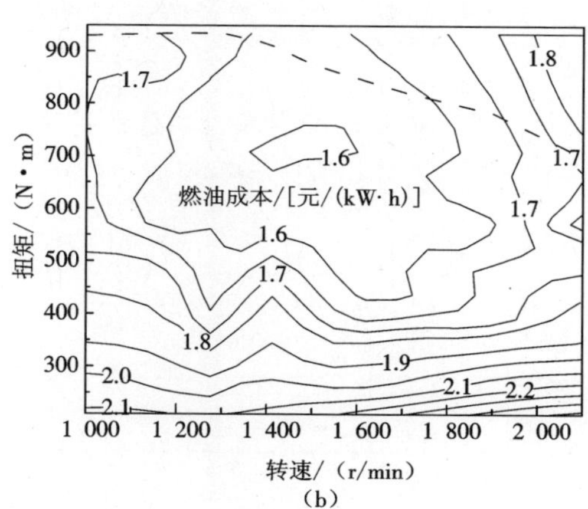

(b)

图 9-62　不同模式下发动机各工况燃油成本对比

(a)纯柴油模式　(b)二元燃料燃烧模式

9.4.3　二元燃料燃烧技术在工程机械发动机上的应用前景

已有的研究结果表明，工程机械发动机采用柴油/甲醇二元燃料燃烧技术后发动机的工作特性发生了变化:一方面,甲醇的加入能够提高预混燃烧的比例,改善扩散燃烧阶段的氧气供应,提高燃烧效率,同时进排气温度的降低也使散热损失减小,发动机热效率明显改善;另一方面,随着预混燃烧比例的增大,发动机的最大爆发压力和压力升高率会高于纯柴油模式,发动机的工作趋于粗暴,但是通过调整甲醇的喷射量,能使最大爆发压力和最大压力升高率维持在纯柴油模式的机械强度范围内。此外,虽然研究中未对发动机的排放进行检测,但从柴油/甲醇二元燃料燃烧理论和之前的研究中可以推测,二元燃料燃烧模式能够有效降低 NO_x 和 PM 排放,虽然 HC 和 CO 排放有所提高,但在加装简单的后处理器 DOC 后,HC 和 CO 排放可以完全消除。

由于甲醇的价格优势,柴油/甲醇二元燃料系统应用到工程机械发动机上以后,可以降低总的燃料成本,这为该技术的推广应用提供了巨大的可能。随着我国工程机械保有量的持续增加,节能减排任务更加艰巨,柴油/甲醇二元燃料燃烧技术既提高了发动机的热效率,能够在一定程度上缓解对石油依赖的压力,又能够有效改善发动机的排放特性。同时,该技术在降低燃油成本上的优势有利于进一步推广应用。因此,柴油/甲醇二元燃料燃烧技术在工程机械发动机上有着很好的应用前景。

9.5 柴油/甲醇二元燃料燃烧在柴油发电机组上的应用

柴油发电机组作为可移动式电源,在工矿、工地、城镇、农村、林木区、海港以及宾馆、饭店等小型用电单位得到广泛应用。由于该机组一般在室内使用,柴油机排放的大量有害气体对工作人员的健康会造成很大伤害,除在室内采取必要的排烟和通风措施外,还需从根本上减少柴油机有害物的排放。因此,将柴油/甲醇二元燃料燃烧技术应用于柴油发电机组动力源的柴油机上,能够有效降低炭烟和 NO_x 的排放,缓解石油资源的危机是十分有意义的[10]。

本研究针对的是国内某公司生产的 30GF－3 型柴油发动机组[11],该机组主要由柴油机、发电机、开关屏和调压器等组成,其主要技术参数如表 9－8 所示。

表 9－8 30GF－3 型柴油发动机组主要技术参数

柴油机型号	发电机型号	额定功率/kW	电压/V	电流/A	转速/(r/min)	功率因素	频率/Hz	效率/%	净质量/kg
4100AD	STC－30	30	400	54.1	1 500	0.8	50	88	900

理论上要求该机组的输出电压为 380 V、频率为 50 Hz,柴油机的转速为 1 500 r/min,实际上要求三相对称负载在 0～100% 或 100% ～0 变化时,该机组输出电压和频率的波动率小于 ±5%,即要求柴油机的转速变化范围为 1 425～1 575 r/min。所以,控制的主要目标是将发动机的转速控制在 1 500 r/min 附近。

9.5.1　柴油/甲醇二元燃料发电机组的控制策略

基本控制策略仍是利用组合燃烧的方法。在柴油机冷起动、暖机、低速及小负荷工作下燃用柴油，在中负荷以后，甲醇从进气管喷入，与空气形成均匀预燃混合气，进入气缸后由柴油进行引燃，并随着发动机负荷的增加，保持柴油的供给量不变，以甲醇喷射量的增加替代因负荷增加而需要的柴油量。

1. 甲醇的起喷工况的控制

甲醇的起喷工况定在柴油机冷却水温为70 ℃、转速为1 200 r/min、油门开度为65%，只有发动机同时满足这三个条件时才允许喷醇。

2. 甲醇喷射的模糊控制

在负载变化时，为保持该机组输出电压和频率的稳定，需要将柴油机的转速控制在1 425 ~1 575 r/min范围内。因此，当达到喷醇条件时，随着喷醇量的增加，发动机的转速逐渐增高，当转速进入1 425 ~1 575 r/min时，电子控制单元(ECU)对喷醇量实施模糊控制，以维持转速的稳定。

3. 甲醇断喷控制

根据该机组工作的特点，机组起动和停机都是由工作人员操作的。机组正常运行后，工作人员可不必对机组的运行情况进行现场监控，外负载发生变化时不会对机组的正常运转产生影响，甲醇的喷射可根据发动机的转速进行自动控制。一旦发动机的转速低于起喷转速或高于额定转速，甲醇会自动停止喷射。正常停机时，工作人员应先关闭甲醇喷射控制系统，然后再关闭发动机。

9.5.2　柴油/甲醇二元燃料发电机电控系统的设计

柴油发电机组甲醇喷射电控系统主要由转速传感器、水温传感器、醇箱液位传感器、甲醇泵、甲醇喷嘴和ECU组成。发电机组起动后，由工作人员将柴油机油门调节到65%的位置，在机组正常运行中不需要再调整，因此没有必要设置油门位置传感器。甲醇喷射采用多点同时喷射方式，如图9-63所示。在柴油机每一个进气歧管处都设置有甲醇喷嘴，由甲醇分配管向每一个喷嘴供给甲醇，分配管的一端安装有调压器，以调节供醇系统的压力，使多余的甲醇流回甲醇箱。ECU是电控系统的核心，主要由电源电路、主控电路、驱动电路和显示电路四部分构成，前三部分电路与车用发动机的控制电路基本相同，而在显示电路中增加了转速显示功能，以监控机组工作时转速的变化。

图9-63　多点甲醇喷射柴油机实物

9.5.3 二元燃料发电机运行

整个试验系统主要由柴油发电机组、三相对称加载箱、甲醇喷射电控系统和供醇系统组成。图 9-64 为柴油/甲醇二元燃料柴油发电机组试验系统,其实物如图 9-65(a)所示。

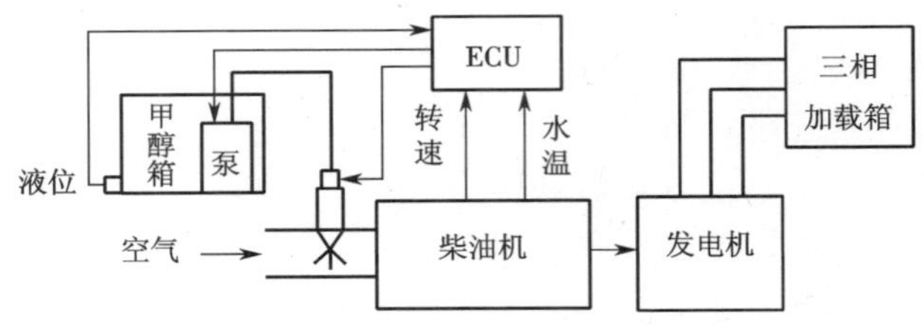

图 9-64 柴油/甲醇二元燃料柴油发电机组试验系统

(a) (b)

图 9-65 二元燃料发电机组实物图及三相对称加载箱

(a)发电机组 (b)加载箱

供醇系统包括甲醇箱、甲醇泵、供醇管路和甲醇压力调节器,用于保证在系统工作时,供醇管路中具有 0.35 MPa 压力。三相对称加载箱用于改变发电机的三相对称负载,如图 9-65(b)所示。当加载箱内的三个三相电极板浸入盐水中的深度发生变化时,便改变了电极间的电阻,从而使发电机的三相电流(即负载)发生变化。

分别对三相对称负载为 0、10 A、20 A、30 A 和 40 A 时进行了试验,观测发电机组工作 1 h 时发动机转速、发电机输出电压和频率的变化。同时,在三相对称负载从 0 到 40 A 变化时也进行了试验,结果如图 9-66 所示。

试验结果表明,在柴油/甲醇二元燃料发电机组的各种规定的外负载下以及外负载变化的情况下,均能使柴油机的转速控制在规定的范围内,从而使发电机的输出电压和频率保持在正常的工作范围内,并能维持其工作的稳定性。

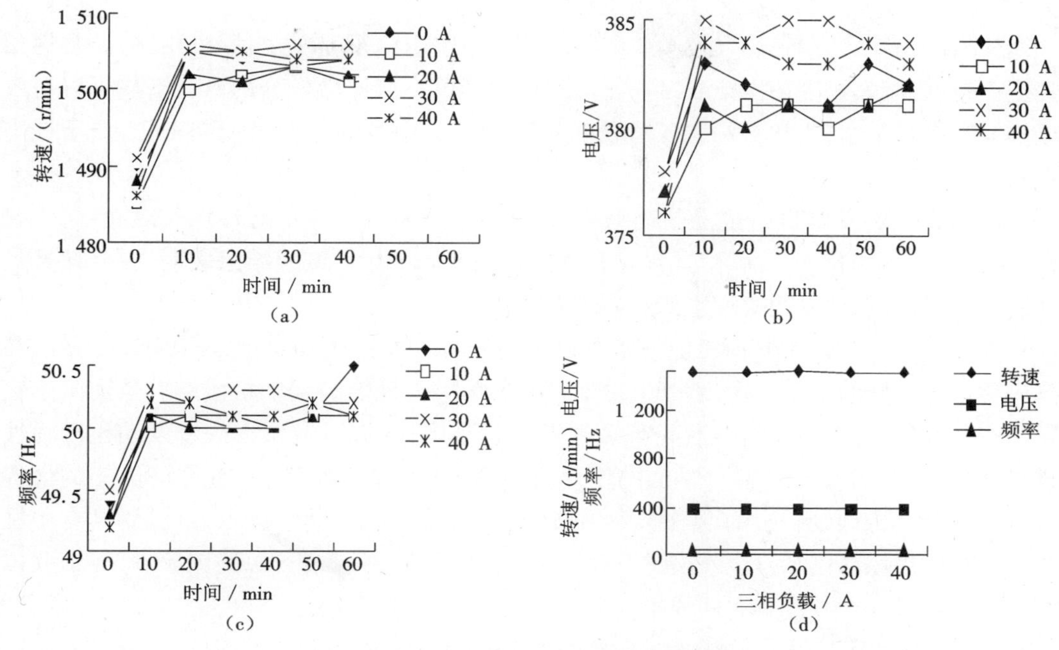

图 9－66　柴油/甲醇二元燃料发电机组运行参数

(a)转速与时间关系　(b)输出电压与时间关系

(c)输出频率与时间关系　(d)转速、电压和频率与负载关系

9.6　本章小结

本章主要介绍了柴油/甲醇二元燃料燃烧技术的应用,重点说明了重载车辆改装柴油/甲醇二元燃料燃烧模式的甲醇系统布置和控制策略,同时研究了重载车辆和公交车辆等柴油汽车采用柴油/甲醇二元燃料燃烧模式后的燃油经济性、加速性能和加速产生炭烟的情况,考察了甲醇喷射系统的可靠性,探讨了柴油/甲醇二元燃料燃烧技术进一步拓宽应用领域到机车、工程机械及发电机组柴油机,分析了二元燃料特种发动机的运行性能,得出以下主要结论。

①柴油/甲醇二元燃料燃烧技术适应面宽,甲醇系统布置方便,既适用于新车的改造也适用于在用车辆的改装,在不改变发动机本体结构的同时即可实现车辆的二元燃料模式运行;柴油/甲醇二元燃料车辆运行模式切换方便,可以通过甲醇系统开关选择纯柴油模式工作或二元燃料模式工作。

②柴油/甲醇二元燃料燃烧技术可以应用在不同类型(自然吸气式、增压式、增压中冷式)的发动机上;燃烧室类型既有直喷式又有分隔式;燃油供给系统包括机械式喷射泵、电控单体泵和高压共轨等类型。前后在 40 余台车辆上进行了道路试验,涉及公共汽车、小型客车、集装箱车、运煤车和槽罐车等,在不同地区经历了数年严寒和酷暑的考验。不同的道路研究结果表明,甲醇对柴油的平均替代率超过了 30%,整车热效率提高 5% ~12%,同时

柴油/甲醇二元燃料车辆的加速性能强于纯柴油车辆。

③柴油/甲醇二元燃料燃烧技术在工程机械上的应用结果表明,与原机相比,动力性相同甚至更佳,可以大幅度替换柴油,最高替代率超过50%,且甲醇较高的汽化潜热可以有效降低进气和排气温度,非常有利于工程机械这种增压无中冷的发动机长期工作,便于提高工作效率。

④内燃机车和发电机组也是柴油消耗大户,其工作特点都是运行环境相对稳定,工况较单一,所以更加有利于柴油/甲醇二元燃料燃烧技术的应用。试验结果表明,在有效替代柴油的同时,可以保证发动机性能满足使用要求。

总之,柴油/甲醇二元燃料燃烧技术可以应用于各种类型柴油机上,不影响动力性,在整车应用上与纯柴油机车相比,驾驶性更优;柴油/甲醇二元燃料发动机能够有效消除车辆运转中产生的黑烟,不需要复杂后处理装置即可达到国Ⅳ排放指标;在改善发动机动力性和排放性的同时,能够有效替代柴油的消耗量。在目前甲醇对柴油具有价格优势的前提下,可以大幅度降低燃料费用。因此,发展柴油/甲醇二元燃料燃烧技术,对建立具有中国特色的汽车代用燃料体系,逐步改变汽车的能源结构,降低对石油资源的依赖性,保证我国能源安全及环境保护具有重大的战略意义。

9.7 参考文献

[1]张俊红. 汽车发动机构造[M]. 天津:天津大学出版社,2006.

[2]代汝泉. 汽车运行性能[M]. 北京:国防工业出版社,2003.

[3]周龙保. 内燃机学[M]. 2 版. 北京:机械工业出版社,2005.

[4]程传辉. 甲醇在压燃式发动机上的应用研究[D]. 天津:天津大学,2008.

[5]夏琦. 柴油/甲醇组合燃烧的道路试验及燃烧特性研究[D]. 天津:天津大学,2011.

[6]姚安仁,刘军恒,魏立江,等. 柴油/甲醇组合燃烧车辆的道路试验[J]. 中国公路学报,2012,25(6):140-146.

[7]曲益平. 甲醇部分替代柴油将得到推广[N]. 商用汽车新闻,2012-3-23(19).

[8]蒋德明,黄佐华. 内燃机替代燃料燃烧学[M]. 西安:西安交通大学出版社,2007.

[9]李东玲,吴烨,周昱,等. 我国典型工程机械燃油消耗量及排放清单研究[J]. 环境科学,2012,33(2):518-524.

[10]崔心存. 醇类燃料与灵活燃料汽车[M]. 北京:化学工业出版社,2010.

[11]王银山. 柴油/甲醇组合燃烧柴油机控制策略的研究与应用[D]. 天津:天津大学,2005.

后　　记

甲醇作为石油替代燃料已经有数十年的历史。因为其特性与汽油相近，一直以来都是汽油的主要替代燃料。目前使用的甲醇汽油车全国累计超过12万辆，已经减少汽油消耗数百万吨。2012年2月国家工业和信息化部节能司发布了《关于开展甲醇汽车试点工作的通知》，将沪、晋、陕三地作为试点开展工作。2013年2月国务院办公厅发布《关于加强内燃机工业节能减排意见》，也将甲醇列为内燃机的重要替代燃料之一。作为替代燃料，甲醇正为内燃机燃料的多元化发挥越来越重要的作用。

我国的能源结构是"富煤、缺油、少气"，煤炭资源足以安全使用数百年。除此之外，我国每年因炼钢等需要而生产数亿吨的焦炭，其伴生的大量焦炉气，也是甲醇的良好原料。现有产出甲醇中超过15%的原料来自焦炉气，但还有大量焦炉气未得到利用。目前，甲醇的产能大约只发挥了60%，剩余产能得不到释放。另外，世界上许多国家（如中东和伊朗等）也兴建了大量的甲醇生产装置，并以很低的价格销往我国。这些条件都为甲醇替代石油打下了良好的基础。以2012年消耗的柴油1.69亿吨计，如果10%以甲醇替代，则需要甲醇约3 000万吨。就现有的甲醇产能和国际上的生产条件，完全可能满足供应。因此，甲醇作为内燃机动力的替代燃料，具有加入燃料多元化大家庭的资源条件。

因为甲醇具有不易压燃的特性，甲醇在压燃式发动机中一直没能得到很好的应用。尽管国家有关部门一再提出希望甲醇能为减少柴油消耗发挥作用，但皆因技术存在难度而未能实现。本书介绍的柴油/甲醇二元燃料燃烧理论以及发展的柴油/甲醇二元燃料燃烧技术，突破了甲醇应用到压燃式发动机上的技术藩篱，为甲醇替代柴油提供了一条可行的技术途径。因为甲醇燃烧的清洁性以及自身不含硫，将柴油/甲醇二元燃料燃烧方式应用到整车上，在替代柴油的同时也起到减少柴油机微粒排放的作用。该技术无论是新车应用，还是在用车改造，都将为减少柴油车的微粒排放发挥积极、有效的作用。

由于柴油/甲醇二元燃料的燃烧是一种新型的燃烧方式，所具有的特点是一种燃料喷进另一种燃料的混合气热氛围中着火、燃烧，因而既继承了压燃式内燃机的扩散燃烧特征，同时也包含点燃式内燃机火焰传播的预混燃烧特点。也就是说，二元燃料燃烧过程既受物理混合的限制，也受化学反应动力学的约束。因此，柴油/甲醇二元燃料燃烧是一种比现有的柴油在空气中着火和燃烧或汽油混合气由火花点燃的过程要复杂得多的新型燃烧方式。国际上把两种燃料一起压燃的方式称为反应活性控制压燃方式，由于这种燃烧方式在高效和清洁方面具有优势，因此成为一种热点课题得到高度关注。

本课题前期的研究发现，当采用二元燃料燃烧时，由于受控制因素超出一般单一燃料的内燃机，除了考虑一般柴油机压燃时所具有的油气混合强瞬变特征外，还要考虑着火前和燃烧中两种燃料的相互作用，因此工作过程组织较为复杂。一旦燃烧失控，后果十分严重，甚至可能发生爆震并造成活塞部件损坏。可见，二元燃料燃烧方式尽管展现了其良好的节能和替代石油的潜力和前景,但同时也表现出燃烧控制中存在的问题。由于对这种二元燃料燃烧方式认识得不够充分以及内燃机燃烧理论在该方面存在的缺失,因而对于二元燃料燃烧中存在的问题还需要进一步进行科学研究解决。

有幸的是,在国家自然科学基金委员会的支持下,我们于2013年获得重点课题基金的资助(编号:51336005),这为深入认识二元燃料着火和燃烧时两种燃料的相互作用、化学反应动力学机理以及多变量协同关系等科学问题提供了良好的保障。相信经过努力,在各有关方面的支持下,一定可以彻底掌握两种不同燃料高效清洁燃烧的关键技术,丰富和发展内燃机燃料多元化体系,为高效应用低着火性燃料(如煤层气、醇类、生物质气和天然气)能源和减少柴油机尾气排放做出应有的贡献。